MONOGRAPHS ON GREENLAND
MEDDELELSER OM GRØNLAND
Vol. 35

FACSIMILE
EDITION

Karl Ludwig Giesecke

Mineralogisches Reisejournal über Grönland 1806-13

MUSEUM TUSCULANUM PRESS
UNIVERSITY OF COPENHAGEN
2010

Karl Ludwig Giesecke
Mineralogisches Reisejournal über Grönland 1806-13

Cover design: Erling Lynder
ISBN 978 87 635 2160 4 (Facsimile Edition)

Original print edition, Copenhagen, 1910

Monographs on Greenland | Meddelelser om Grønland
Vol. 35
ISSN 0025 6676

www.mtp.dk/MoG

Published with financial support from
The Commission for Scientific Research in Greenland.

Museum Tusculanum Press
University of Copenhagen
126 Njalsgade, DK-2300 Copenhagen S
DENMARK
www.mtp.dk

Meddelelser om Grønland.

Meddelelser om Grønland,

udgivne af

Commissionen for Ledelsen af de geologiske og geographiske Undersøgelser i Grønland.

Fem og tredivte Hefte.

Med 4 Tavler.

Kjøbenhavn.
I Commission hos C. A. Reitzel.
Bianco Lunos Bogtrykkeri.
1910.

Karl Ludwig Gieseckes

Mineralogisches Reisejournal

über Grönland.

1806—13.

2te, vollständige Ausgabe.

1910.

Inhalt.

(Es wird empfohlen statt Pagina Datum zu citieren denn auf diese Weise kann die erste Ausgabe ohne weiteres benutzt werden; z. B.: 1/6 1810, statt: S. 255, 2te Ausg.)

I

Seit dem Erscheinen der Mineralogia Groenlandica hat Gieseckes Tagebuch eine andere Stellung in der mineralogischen Litteratur bekommen, als früher; denn während derjenige, der vor dem Jahre 1905 sich mit den Mineralien Grönlands bekannt machen wollte, zum grossen Teil auf dieses Tagebuch angewiesen war, so wird dasselbe in Zukunft in dieser Beziehung nur von denjenigen benutzt werden, die selbständig die Entwickelung der Kenntnis zu den Mineralien Grönlands studieren wollen. Als nun die von Johnstrup besorgte Ausgabe von Gieseckes Tagebuch fast ausverkauft war und die Frage bezüglich einer neuen Ausgabe desselben brennend wurde, stand es deshalb auch der Kommission klar, dass die neue Ausgabe nicht ein einfacher Abdruck der vorigen sein müsse. Für Johnstrup war die Aufgabe die, in gedrängter Form eine Uebersicht über Gieseckes Mineralfunde zu geben, namentlich als Leitfaden für die neuen Untersuchungen, die er ins Werk setzte. Nach der Herausgabe der Mineralogia Groenlandica ist die Aufgabe eine andere geworden, die nämlich, die Arbeit Gieseckes auf ihren rechten historischen Platz, in die Zeit um das Jahr 1813, zu stellen. Wir sind deshalb auch der Meinung gewesen, dass das Tagebuch in möglichst genauer Uebereinstimmung mit dem Manuskript hervortreten müsse: ohne Kürzungen, ohne Auslassung dessen, was einer subjektiven Auffassung minder wesentlich erscheinen könnte, und endlich ohne störendes modernes Wissen. Dies sind wir auch seinem Andenken schuldig.

Diese Auffassung erstreckt sich auch auf die Art und Weise, in welcher GIESECKE die grönländischen Namen wiedergab. Man gebrauchte damals bekanntlich FABRICIUS' Wörterbuch und Grammatik und buchstabierte und schrieb in Uebereinstimmung damit. Cand. W. THALBITZER wird nun in einer Beilage die Ortographie der grönländischen Ortsnamen behandeln.

Eine Karte wird dieser Ausgabe nicht beigefügt, weshalb besonders auf die von der Kommission im Jahre 1908 herausgegebene Karte über die Kolonien in Grönland verwiesen wird.

Um einen Begriff davon zu geben, wie GIESECKE die grönländischen sozialen Verhältnisse auffasste, folgt am Schluss seine Vorstellung an den König FREDERIK VI: Einige Worte über und für Grönlands Aufkommen 1818.

Dozent O. B. BÖGGILD, der die Mineralogia Groenlandica ausgearbeitet hat, hat diese Ausgabe des Tagebuchs besorgt.

Der Verfasser dieses Reiseberichts, der sich KARL LUDWIG GIESECKE nannte, ist am 6. April 1761 in Augsburg als zweiter Sohn des Schneidermeisters JOHANN GEORG METZLER und dessen Frau SIBYLLA MAGDALENA GÖTZ geboren und mit den Namen JOHANN GEORG getauft.

Diese Mitteilungen über die Namen Gieseckes und seiner Eltern sind Hrrn. JÜRGENSEN-WEST im königl. dänischen Reichsarchiv zu verdanken, den die Kommission dazu aufgefordert hatte bei der Einsammlung von Material für diese Biographie behülflich zu sein. Hrr. JÜRGENSEN-WEST erhielt durch Vermittelung des Chefredakteurs und Gemeindebevollmächtigten CARL STOLZ in Augsburg von dem Herrn Stadtarchivar Dr. DIRR folgende Mitteilungen: In unsern Hochzeitsamts-Protokollen hat sich folgender Eintrag gefunden (auf Seite 430) unterm 22. April 1759:

„JOHANN GEORG METZLER, ein Schneider von Edelfingen (in Württemberg, Oberamt Mergentheim) ledigen Standes und

Jungfrau Sibylla Magdalena Götz von Augsburg A. C."[1]. Eine Anfrage bei den hiesigen protestantischen Pfarrämtern über diese Trauung und über event. Nachkommen aus dieser Ehe ergab, dass Johann Georg Metzler aus Edelfingen bei St. Jacob mit der Sibylla Magdalena Götz unterm 30ten April 1759 copuliert worden ist und dass aus dieser Ehe 6 Kinder entsprossen, nämlich:

1.	Johann Georg Friedrich	geb.	27. Febr. 1760
2.	Johann Georg	-	6. April 1761[2])
3.	Anna Barbara	-	23. Juni 1762
4.	Catharina Barbara	-	7. Febr. 1764
5.	Christina Magdalena	-	25. Nov. 1764
6.	Jacobina Regina	-	24. März 1766."

Hierzu bemerkt Dr. Dirr noch: „Ein Carl Ludwig findet sich darunter nicht vor. Es gibt also nur den Schluss, dass Carl Ludwig Metzler genannt Giesecke kein ehelicher Sohn dieses Schneiders, der in Augsburg sein Geschäft ausübte, gewesen ist." Ja, so sieht es allerdings aus! Glücklicherweise hat Hrr. Jorgensen-West aber doch mit absoluter Sicherheit beweisen können, dass Johann Georg mit „Carl Ludwig" identisch ist. In dem Archiv des „Königlich grönländischen Handels"[3]) hat er nämlich gefunden, dass eine Dame, welche mitteilt, das sie Gieseckes Schwester und mit dem Schneidermeister David Mayerlin in Augsburg verheiratet ist, unter dem 28. Oct. 1810 anfragt, wie es ihrem Bruder in Grönland geht. Die Frage war somit die, ob es möglich war einen Schneidermester David Mayerlin in Augsburg zu finden, der mit einer Dame verhei-

[1]) Verkürzung von *acatholici*, dh. Nicht-Katholisch.

[2]) Dieses Datum wird in „Imperial Dictionary of Universal Biography" als Geburtstag Gieseckes angegeben. Dass Giesecke fast dieselben Namen wie der ältere Bruder erhalten hat, ist wohl daraus zu erklären, dass letzterer vor der Geburt des jüngeren Bruders gestorben war.

[3]) Auszug aus dem „Resolutions Protokoll for den Kgl. grönl. Handel vedkommende Sager" der administrirenden Direktion des Königl. grönl. Handels, C. C. 13 Nr. 55/1811.

ratet war, deren Namen den Namen einer der 4 obengenannten Töchter des Schneidermeisters Metzler entsprach. Es könnte etwas dreist erscheinen Herrn Dr. DIRR um die Beantwortung dieser Frage zu ersuchen; denn man wusste doch nur, dass die Töchter zwischen 1762 und 1766 geboren waren und dass eine derselben im Jahre 1810 mit dem genannten Schneider MAYERLIN verheiratet war; war dies doch etwas ähnliches, wie wenn man eine Stecknadel in einem Fuder Heu suchen wollte. Dr. DIRR sandte indessen folgende Auszug aus dem

Hochzeitsamtsprotokoll Bd. 28 pag. 242. 1780—1794.

Actum, Sontag d. 15ten Octobris 1786:

In praesentia herrn Paul von Stetten, herrn Joseph Linay, herrn Paul von Schwarz und herrn Joseph Anton Dueray.

4) DAVID MAYR, ein Schneider von Beradstetten ledig; und Jungfer ANNA BARBARA MEZLERIN, hiesige Bürgerstochter. Sein Beystand: Joh. Michael Mayr, ein Kistler. Ihr Beystand: Joh. Georg Mezler ein Schneider A. C.

Dr. DIRR fügt hinzu: „Dass es im Protokoll statt Mayerlin Mayer heisst, hat nichts zu bedeuten. „Mayerlin“ ist nichts als die Verkleinerungsform. Derartige Abweichungen kommen oft vor“.

Damit dürfte die Frage bezüglich der Taufnamen Gieseckes entschieden sein. In Verbindung hiermit kann angeführt werden, dass OTTO JAHN ihn, in seinem Buche über W. A. MOZART (Leipzig 1867) S. 491, JOHANN GEORG KARL LUDWIG GIESECKE nennt.

Die ersten Linien, die wir von Gieseckes Hand haben, sind das Titelblatt zu einem „Stammbuch“, welches im Nationalmuseum zu Dublin aufbewahrt wird, und die folgendermassen lauten:

„Fautoribus amicisque sacrum“

Aug. Vind	*esse voluit*
1781	*Carolus Ludovicus Metzler*
Idib. September	*cognomine Giesecke*
	Jur. utr. cultor.

Hieraus erhellt also, dass Giesecke schon im Alter von 20 Jahren die Vornamen Karl Ludwig gebrauchte und sich mit dem Zunamen Giesecke nannte. Woher dieser Zuname stammt, weiss man nicht; denn dass es nicht der Name seiner Mutter ist, wie das Imperial Dictionary of Universal Biography angiebt, ist aus dem Vorhergehenden ersichtlich. Merkwürdig ist es, dass mehrere seiner Biographen ihn wegen dieses Namens mit dem Dichter NIC. DIETRICH GIESEKE in Verbindung setzen, obgleich zwischen ihnen nicht die geringste Verbindung besteht. So zeigt das Siegel K. L. Gieseckes einen Schild mit einem Schiffsanker, auf welchem wieder ein anderer, aber geflügelter Anker angebracht ist, und längs des Siegelrandes steht: *aut bene aut non.* Das Wappen der Familie Giesecke hat aber ein ganz anderes, von diesem verschiedenes Aussehen[1]).

In dem oben genannten Stammbuch hat zwei Tage nach der Einweihung desselben, am 15. September, der Lehrer

---

[1]) Ich bin dem Herrn Verlagsbuchhändler RAIMUND GIESECKE von der Firma Giesecke & Devrient, Leipzig und Berlin, zu grossem Dank für das freundliche Entgegenkommen verpflichtet, mit welchem derselbe mir Mitteilungen über die Familie Giesecke gemacht hat. Ausser G. GIESECKE: Nachrichten von der Familie Giesecke, Eisleben 1843, giebt es noch ein als Manuscript aber ohne Jahreszahl, bei Giesecke & Devrient erschienenes Buch, Aufzeichnungen über diese Familie. Aus diesem letztgenannten hat Hrr. RAIMUND GIESECKE mich auf die interessante Erklärung davon aufmerksam gemacht, wie es geschehen ist, dass der Name Giesecke von dem ungarischen Namen KÖSZEGI hergeleitet worden ist. Die betreffende Stelle lautet folgendermassen: „Allerdings wurde der Vater des NICOLAUS DIETRICH G., der Pastor PAUL GISEKE, in Nemes-Csó (sprich: Nemesch-Tschoh) von den Ungarn Köszegi genannt, damit aber hatte es eine ganz besondere Bewandtniss. Es bestanden in Nemes-Csó zwei evangelische Kirchen, eine ungarische und eine deutsche. Letztere hatten die Deutschen aus Günz, die in Günz selbst keine Kirche haben durften, dort gebaut, so wie sie es auch waren, die den Pastor beriefen und besoldeten. Deshalb wurde von den in Nemes-Csó ansässigen Ungarn, zum Unterschiede von ihrem eigenen nationalen Prediger, der Pastor der Deutschen, mochte er heissen wie er wollte, kurzweg „der Günzer“ — scil. Pastor genannt. Nun heisst aber Günz ungarisch Köszeg und ein Günzer: Köszegi (k wird wie ein scharfes g ausgesprochen). Daher wird es leicht begreiflich, wie die allgemein verbreitete Fabel entstehen konnte: Gieseke habe eigentlich Köszegi geheissen“.

Gieseckes, M. Hieronymus Andreas Mertens: „*Gymnasii Augustani Rector et Bibliothecarius Public.*“ ihm ein schönes und lobendes Testimonium anlässlich seiner Abreise von dem Gymnasium und der Vaterstadt, die er nun verlässt um Jura zu studieren, gegeben. Er muss gleich darauf nach Göttingen gereist sein, denn nach einer gütigen Mitteilung des Herrn Universitätssekretärs an der dortigen Universität hat „Johannes Georgius Metzlerus“ von Michaelis 1781 bis Michaelis 1783 an der Universität „Jura studiert“. Hieraus erhalten wir auch den interessanten Aufschluss, dass er, obgleich er wünscht Karl Ludwig Giesecke genannt zu werden, doch offiziell seinen Taufnamen Johann Georg Metzler tragen musste.

Wie es mit dem Studium der Rechtsgelehrsamkeit gegangen ist, ist ungewiss, aber in seinem Gesuch um das Professorat der Mineralogie in Dublin, welches später angeführt werden wird, sagt er: During the course of my academical studies at Goettingen, I first applied myself to the study of mineralogy under the auspicies of the celebrated Blumenbach“; aber dann geht er plötzlich auf das Jahr 1794[1]) über, von welchem an er, wie er sagt, eine grosse Anzahl Reisen zu mineralogischen Zwecken unternahm. Es fragt sich nun; wo ist er gewesen und womit hat er sich während dieser Jahre von 1783 bis 1794 beschäftigt? Alle seine Biographen sind nun darüber einig, dass er in diesem Zeitraume Schauspieler gewesen ist; und es ist sicher ganz unberechtigt, wenn Cornet[2]) und nach ihm andere behaupten, dass er von der Universität Halle relegiert worden sei; jedenfalls hat Dr. Lehmann[3]) und später Professor J. Walther festgestellt, dass die Namen Giesecke und

[1]) Diese Angabe passt auch mit dem, was er selbst in einem Briefe an den Bischof Münter angiebt, dass er beim Bombardement Kopenhagens durch die Engländer das verlor, was er in 10 Jahren gesammelt hatte; nämlich vom Jahre 1794 an, als er anfing zu sammeln, bis er 1803 nach Dänemark kam.

[2]) Die Oper in Deutschland, Hamburg 1849, S. 24.

[3]) Johnstrup S. VII. Dass Giesecke auch nicht in Altdorf studiert hat, davon hat Prof. H. Lenk in Erlangen sich überzeugt.

Metzler sich nicht in den Protokollen der Universität Halle finden.

Wann Giesecke Schauspieler wurde und ob er anderswo als in Wien bei SCHIKANEDER auf dem Wiedner Teater auftrat, weiss man nicht. Aus: „Erneuerte vaterländische Blätter für den oesterreichischen Kaiserstaat“ Nr. 18 den 3. März 1819 ist ersichtlich, dass Giesecke 13 Jahre in Wien gelebt hat: „und nicht nur als talentvoller Schauspieler dem hiesigen Publicum, sondern auch als eifriger Mineraloge den Wissenschaftsfreunden rühmlich bekannt war“. In diesem Zeitraum soll er mehrere Stücke für das Teater teils verfasst, teils übersetzt und bearbeitet haben; vergl. das Verzeichniss über Gieseckes Werke. Umstritten ist sein Anteil an der „Zauberflöte“, in welcher er bei der Uraufführung den Ersten Sklaven[1]) spielte.

Mir bekannt hat Giesecke nie selbst diesen Abschnitt seines Lebens erwähnt, und falls man nicht in Wien Beiträge zur Geschichte des Wiedner Teaters finden sollte, wird er wohl auch nie geklärt werden, es sei denn, dass irgend einer seiner Kameraden sich Memoiren hinterlassen hätte. Eine Quelle hätte wohl, falls sie vollständig gewesen wäre, wesentliche Beiträge liefern können, nämlich Gieseckes Stammbuch, von welchem sich zwei Bände in der Royal Dublin Society finden; aber da diese Bände die Bezeichnung 3 und 5 tragen, ist es wahrscheinlich, dass 1, 2 und 4 verloren sind. Denn während die erhaltenen Stammbuchblätter durch ihre Daten und durch die Angabe der Orte, an denen sie geschrieben sind, ein gutes Bild davon geben, wo Giesecke sich von 1781 bis 1784 und von 1800 bis zu seiner Ansiedelung in Dublin 1813 aufgehalten hat, fehlen dagegen fast alle Angaben für den Zeitraum 1784 bis 1800. Das Vol. 3 dieses „Stammbuchs“, auf welches man erst bei den Nachforschungen nach Material

---

[1]) Vgl. CORNET: Die Oper in Deutschland, S. 24; OTTO JAHN: Mozart, 1. Ausg. IV. S. 603; Vgl. ferner Allgemeine Deutsche Biographie Vol. IX, und Geografisk Tidsskrift II. 1878, S. 98.

zu dieser Biographie aufmerksam geworden zu sein scheint, befindet sich in der Royal Dublin Society, wohin es durch Kauf bei einer Versteigerung des Nachlasses eines Mr. LANGFIELD gekommen ist. Bei weiteren Nachforschungen gelang es dem Registrator dieser Gesellschaft, Mr. R. J. Moss, Vol. 5 zu erhalten; es fand sich bei einer alten Dame in London, Miss HUTTON, die in einem Briefe an Mr. Moss diesem mitteilte: „My father was named his (Gieseckes) Executor when he died in 1833. I was nine years old, and I remember what a great deal of anxity and trouble my father had. There was a sale, but I suppose all his notes and observations were sent to the various Societies to which he belonged[1]), for my father had nothing of the kind, only fossils and stones set or unset. I remember my Mother had one set in a brooch, also albums full of quotations and little pictures stuck in, not of any interest. Most of them have been given away, but the only one we have, I will send you to show your friend, if I receive an assurance that it will be sent back intact". Mr. HUTTON hat also die Stammbücher Gieseckes behalten ohne eigentlich von der Bedeutung derselben eine Ahnung zu haben, und sie sind dann später „given away", mit Ausnahme des Vol. 5, welches die Bezeichnung trägt „Souvenir für Karl Ludwig Giesecke, Kön. Preuss. Bergrath". Es ist zu hoffen, dass auch die verschenckten Bände in den Besitz der Royal Dublin Society gelangen mögen, wie dies jetzt mit den Bänden 3 und 5 der Fall gewesen ist. Und dies ist um so glücklicher, als Band 3 das von Giesecke selbst geschriebene Titelblatt des Stammbuches enthält[2]). Die beiden Bände bestehen je aus

[1]) Von Familie oder Verwandten ist hier also gar nicht die Rede.

[2]) Wegen des Verbots gegen Verleihung englischer Manuskripte von englischen Biblioteken habe ich die Stammbücher nicht selbst gesehen, sondern habe mich damit begnügen müssen von der Unterschrift, dem Orte und dem Datum eines jeden Blattes eine Abschrift zu erhalten; diese namentlich wegen der Undeutlichkeit der Namen gar nicht leichte Arbeit ist von Mrs. LAVRA STEPHENS in Dublin ausgeführt, wie mir scheint mit grosser Sorgfalt. Als Cand. THALBITZER im Auftrage der Kommission im Herbste 1909 in den Biblioteken in Dublin Nachforschungen anstellte, waren diese Tagebücher noch nicht gefunden.

etwa 350 Blättern, auf welchen teils klassische Zitate, teils mehr persönliche Auslassungen aufgezeichnet sind. Viele tragen kleine Skizzen in Blei, teils Porträts, teils Landschaften, von denen mehrere koloriert sind. Merkwürdig ist die Ordnung der einzelnen Blätter jedes Bandes, oder besser, es scheint keine Ordnung zu bestehen, denn obgleich die Blätter mit fortlaufender Seitenzahl versehen sind, sind sie doch weder chronologisch noch alphabetisch geordnet. So finden sich z. B. in beiden Bänden Blätter vom Jahre 1781 von Augsburg und bis zum Jahre 1805 von Dänemark. Doch entstammt die Hauptzahl der Blätter des dritten Bandes dem Jahre 1781 und den darauffolgenden Jahren, während die grösste Anzahl Blätter des fünften Bandes aus den Jahren ca. 1800 bis in die 1820'er stammt. Aus dem 13-jährigen Aufenthalt Gieseckes in Wien stammen nur zwei Blätter, die beide Wien datiert sind, das eine den 6. Oktober 1789 und von einem Schweden unterschrieben, das andre den 15. Oktober 1799 von einem Dänen unterzeichnet. Vielleicht kan man aber auch an dieser Stelle zwei Blätter setzen, die von Nanette Schikaneder am 13. November 1800 unterschrieben sind, denen aber die Ortsangabe fehlt[1]).

Während also die gefundenen Stammbuchbände uns bezüglich der Schauspielerperiode Gieseckes ganz im Stich lassen, sind sie hingegen ein vorzügliches Mittel für uns ihm auf seinen mineralogischen Reisen vom Jahre 1800 ab zu folgen. Der Ort, an dem Giesecke sich — natürlich abgesehen von Augsburg, woher sich ca. 100 Stammbuchblätter datieren — am häufigsten aufgehalten hat, ist Bremen. Der Grund hierfür ist vermutlich in Familienverhältnissen zu suchen; wie sich feststellen lässt, hat er sich dort kürzere Zeit in den Jahren 1781, 1782, 1783, 1785 und 1802 aufgehalten. Auch seine kurzen Aufent-

[1]) Der Probst Schmidt berichtet in seinen Tagebüchern, Giesecke habe ihm erzählt, er sei mehrere Jahre bei einem Esterhazy in Augsburg gewesen, so wie auch dass er in Wien gewesen sei, als Bernadotte im Jahre 1798 daselbst Gesandter war.

halte in Frankfurt a. M. in den Jahren 1782, 1783, 1802 und 1803 sind wohl auf einen entsprechenden Grund zurückzuführen.

Im Jahre 1800 hielt er sich vom 30. Aug. bis zum 3. Sept. in Salzburg auf, vom 6.—16. Sept. in Neuöttingen[1]), in Erlangen vom 9. Oct. bis zum 10. Dez. und in Würzburg vom Dezember 1800 bis zum Februar 1801. Im Jahre 1801 besuchte er Bayreuth, Bamberg, Jena, Leipzig und hielt sich in Berlin vom 10. Febr. bis zum 3. Juni auf[2]), und in Freiberg vom 27. Juni bis zum 3. Oct. Im selben Jahre besuchte er ferner Johanngeorgenstadt, Goschnitz im Erzgebirge, Chemnitz, Schneeberg, Würzburg und Aschaffenburg. Im Jahre 1802 war er in Hamburg, Marburg, Cassel, Braunschweig, Helmstedt, Hildesheim, Göttingen, Bonn und Oldenburg. Im Jahre 1803 besuchte er Städte an der Nordküste Deutschlands, wie Hamburg, Lübeck, Greifswald, Stralsund, Rostock, die Inseln Rügen und Alsen, und ging sodann über Kopenhagen nach Schweden, wo er über Gotenburg nach Stockholm geht. In das Jahr 1804 fällt sein Aufenthalt in Upsala und mehreren schwedischen Städten mit Bergwerken, und Ende September ist er sodann wieder in Kopenhagen.

Giesecke muss die Fähigkeit gehabt haben ausserordentlich leicht Bekanntschaften zu machen, und nach allem, was uns

---

[1]) Zwei von den 3 Stammbuchsblättern, die von dort datiert sind, tragen den Vermerck: Geschrieben im Hauptquartier. Dies sieht etwas kriegerisch aus, und es fällt einem unwillkürlich ein, was Waller im Imperial Dictionary of Universal Biography Vol. II, pag. 621—22 erzählt, dass er nämlich in österreichischen Diensten verwundet worden sei. Betrachtet man indessen den Beruf der drei Herren, muss das Wort Hauptquartier wohl in etwas friedlicherem Sinne aufgefasst werden; es sind dies nämlich: ein Impressario, ein Schauspieler und ein Sänger.

[2]) Hier hat er die Vorlesungen von Karstens gehört; denn in der Nat. Library of Ireland findet sich ein umfangreiches Manuskript, Karl Ludwig Giesecke: Katalog einer vollständigen systematischen Mineralien-Sammlung nach Karstens Grundsätzen geordnet und beschrieben. 1801. 350 Seiten Fol. Die Rettung dieser Handschrift ist wohl dem Umstande zu verdanken, dass Giesecke dieselbe mit nach Grönland nahm; denn bekanntlich gingen alle seine sonstigen Bücher beim Bombardement Kopenhagens im Jahre 1807 verloren.

vorliegt, muss er ein sehr gewinnendes Wesen gehabt haben. „Gentleman" ist der Ausdruck, der den Engländern in die Feder läuft, wenn sie von ihm reden; und das dies auch der Eindruck war, den Sir HENRY RAEBURN bekam, als er sein Bild malte, geht zur Genüge aus diesem hervor (siehe Tafel IV).

Er war Freimaurer, was ihm ohne Zweifel den Zutritt zu den besten Kreisen in den von ihm besuchten Städten erleichterte, so z. B. in Kopenhagen. Das Freimaurerzeichen gebrauchte er fast bei allen seinen Unterschriften, so wie es aus der im Facsimile auf Tafel I wiedergegebenen Unterschrift ersichtlich ist (das Dreieck mit den drei Punkten). Urteilt man nach L. LEWIS: Geschichte der Freimaurerei in Oesterreich (Wien 1861), scheint er Mitglied der Loge: „Zur neu gekrönten Hoffnung" gewesen zu sein.

Wenn es Giesecke gelang sich einen sehr bekannten Namen zu schaffen, so beruht dies nicht darauf, dass er ein wirklich hervorragender Forscher gewesen, sondern darauf dass er eine ausserordentliche Fähigkeit besass Mineralien zu bestimmen, in Verbindung mit seiner Eigenschaft als eifriger Sammler. Seine Hauptaufgabe scheint die gewesen zu sein Sammlungen herzustellen, und zahlreich sind deshalb auch die Sammlungen, die er an die mineralogischen Museen Europas verteilt hat. Es fragt sich nun, welches war der Zweck dieser Sammlungen?

THOMSON[1]) sagt von ihm: He has long been well known on the continent as a dealer in minerals, adding to unbounded zeal a great knowledge of Mineralogy. Hierzu bemerkt JOHNSTRUP: „Es scheint nicht der geringste Beweis dafür vorzuliegen, dass er Mineralienhändler gewesen sei, jedenfalls lässt sich nicht nachweisen, wann er dies Geschäft betrieben hat". Hierzu ist jedoch zu bemerken, dass die Hauptkassenbücher der Universität Kopenhagen zeigen, dass in den Jahren 1804, 1805 und 1818 mehrere hundert Rdlr. an Giesecke für Einkäufe für das Natur-

[1]) Ann. of Phil. 1813 I. S. 218.

historische Museum gezahlt wurden. Er verkaufte also doch Naturalien, aber andererseits wissen wir auch, dass er Mineraliensammlungen verschenkte, z. B. an die Universität Upsala und an die Herlufsholmer Schule; und dasselbe war doch eigentlich auch teilweise der Fall mit den grossen Sammlungen, die nach Wien gingen.

Ein reicher Mann war er nicht, wenn er es vielleicht auch einmal gewesen ist[1]), das ist aus seiner Antwort an SCHREIBERS ersichtlich, als dieser ihm bei seiner Rückkehr aus Grönland mitgeteilt hatte, dass das Museum jetzt der schlechten Zeiten halber sich nicht im Stande sehe die grossen Sammlungen zu bezahlen, die Giesecke, wie er ihn hatte wissen lassen, aus Grönland mitgebracht hatte; er schreibt nämlich: „Giesecke gab indessen die tröstliche Versicherung, dass er wo nicht alles, doch den grössten und kostspieligst scheinenden Theil jener Sammlungen, der ihm nämlich selbst keine unmittelbaren Auslagen verursachte, sondern nur Mühe und Arbeit machte, Sr. Maj. als Geschenk zu Füssen zu legen und sich glücklich schätzen wolle, Allerhöchstdemselben und dem Staate damit einen schwachen Beweis seiner Dankbarkeit und Anhänglichkeit zu geben, Sr. Majestät grosse Sammlungen zu bereichern und sich an denselben ein ehrenvolles Denkmahl seiner Wissenschaftsliebe zu stiften[2]).“

Hier haben wir vielleicht den Schlüssel zum Verständnis des merkwürdigen Auftretens Gieseckes: Eine glühende Begeisterung für die Mineralogie trieb ihn von Ort zu Ort um Mineralien zu sammeln und die Museen damit zu versehen; und da er nicht reich genug war dies unentgeltlich tun zu können, so war er genötigt zum Teil für dieselben Bezahlung zu nehmen sowie auch für das Bestimmen älterer Sammlungen.

---

[1]) WALLER: Imp. Dictionary: „His love of music amounted to a passion and he wrote the music of two operas. Attaching himself to a theatrical company, he dissipated his means ...“.

[2]) Erneuerte vaterländische Blätter für d. österr. Kaiserstaat den 3. März 1819.

Wenn er sagt, dass er durch das Bombardement Kopenhagens 1807 durch die Engländer das Resultat der Arbeit seiner letzten 10 Jahre verloren habe, so zeigt diese Äusserung, dass er seine Sammlungen mit sich führte, und dasselbe ist auch aus der 3. Abteilung der Mineralien ersichtlich, die er Wien schenkte, denn diese bestand aus: „402 einzelnen Stücken theils grönländischen, und isländischen, theils englischen, schotländischen und irländischen, auch einigen nordamerikanischen Mineralien, welche aus dem grossen Vorrathe, zu diesem Ende hierher gebracht, ins besondere ausgewählt wurden"[1])

Auf Geld scheint Giesecke kein Gewicht gelegt zu haben, dagegen war er nicht unempfänglich für solche Ehrungen wie Aufnahme in wissenschaftliche Gesellschaften. Die Unterschrift auf Tafel IV, welche nach dem Titelblatt seiner letzten Arbeit abgedruckt ist, zeugt davon, dass er dieselben auch erlangte.

Giesecke in Schweden, Dänemark, auf den Färöern, in Norwegen und Grönland.

Aus einen Schreiben des Kanzlers der Universität Upsala Axel Fersen vom 7. April 1804 geht hervor, dass Giesecke damals in Upsala war, und dass man ihm aufgetragen hatte eine „vorigen Sommer" vom König geschenkte Mineraliensammlung, die ohne Etiketten war, mit solchen zu versehen, besonders wird hervorgehoben eine Sammlung, die Friderich II von Preussen der Königin Lovise Ulrica geschenkt hatte. Giesecke wird hierin als „en af Tysklands mineralogiske Produkter särdeles kunnig man" bezeichnet (ein in den mineralogischen Erzeugnissen Deutschlands besonders kundiger Mann). Er erhielt dafür unter dem 25. Mai 1804 100 Rdlr. Banco. Am 28. April wurde Giesecke (zugleich mit G. Cuvier) zum auswärtigen Mitgliede der Königl. Wissenschafts-Gesellschaft in Upsala gewählt.

[1]) Ebendort.

Am 19. September wird mitgeteilt, dass Giesecke der Mineraliensammlung der Academie mehrere Gaben geschenkt hat; ferner schenkte er Bücher (3 in Fol., 4 in 4to und 8 in 8vo, meistens numismatische und historische Werke) sowie 5 Silbermünzen. Von Kopenhagen schickt Giesecke ein vom Juli 1805 datiertes, lateinisches Dankschreiben an den Rector und die Professoren der Universität Upsala und unterschreibt sich: D. Carolus Ludovicus Giesecke. Nach A. E. NORDENSKIÖLD (Den andra Dicksonska Expeditionen S. 75) findet man seine Etiketten auch in der Mineraliensammlung des Riksmuseums.

Den ganzen Sommer hindurch hielt Giesecke sich in Schweden auf; im September war er wieder in Kopenhagen.

Veranlasst durch Schreiben der königl. grönländischen und färöischen Handelscommission vom 8. März und 6. Mai 1805 an das Finanzcollegium macht dieses unter dem 7. Mai 1805 alleruntertänigste Vorstellung beim König wegen einer Unterstützung für den preussischen Bergrat Giesecke zu einer Reise nach Grönland zu mineralogischen Zwecken. Da diese Vorstellung ganz charakteristisch ist, wird sie hier in Ueberzetzung wieder gegeben:

„Die grönländische und färöische Handels-Commission hat dem Finanzcollegium berichtet, dass sie die in Grönland angestellten Handlungsbediensteten angewiesen hat auf das genaueste die Naturerzeugnisse des Landes zu untersuchen und davon einzusenden, was nach ihrer Meinung mit Nutzen angewandt werden könnte oder selten ist, und hat versucht sich auf diesem Wege über die wenig untersuchten Naturerzeugnisse des Landes Aufklärung zu verschaffen. Verschiedene der eingesandten Gegenstände und darunter namentlich einige Kupfer- und Bleierzstoffe, von denen besonders das Kupfererz nach den vom Professor MANTHEY angestellten chemischen Proben sehr reichhaltig befunden ist, namentlich die Kupfer-Lazur, welche ungefähr 80 pCt. Kupfer von sehr guter Beschaffenheit enthält, so dass dieselbe mit Vorteil als Erz hierher geführt werden könnte, bestätigen die Vermutung, dass Grönland abgesehen von den möglicherweise dort vorkommenden Naturseltenheiten ein oder anderes bisher unbenutztes Material besitzen könnte, welches für die Bewohner des Landes ein neuer Erwerbszweig und für den königlichen Handel eine neue Einnahmequelle werden könnte. Die Commission hat daher schon lange den Wunsch gehegt, dass ihr eine passende Gelegenheit gegeben werden möge die grönländischen Naturalien und namentlich die Mineralien einer wissenschaftlichen Untersuchung unterwerfen zu lassen, und eine solche Gelegenheit bietet sich jetzt dem Handel dar, da der preussische Bergrat Giesecke bereit ist auf folgende Bedingungen eine dreijährige mineralogische Reise nach Grönland zu unternehmen. Er verlangt nämlich freie Hin- und Rückreise, freien Aufenthalt und während desselben ein passendes Honorarium, dessen nähere Festsetzung er anheimstellt, sowie ein don-gratuit, wenn seine Aufgabe vollendet ist; dagegen verpflichtet er sich dazu alle Zeit und Kräfte auf die Erreichung des Endzwecks der Reise einzusetzen und die 2 besten Exemplare der vorgefundenen Fossilien an die Commission abzuliefern".

„Da der Bergrat als ein sehr guter Mineraloge bekannt ist und in mehreren Beziehungen interessante und nützliche Beobachtungen von seiner Reise in Grönland zu erwarten sind, so stellt die Commission den Vorschlag, ob ihm nicht, wenn der Handel ihm freie Reise und Verpflegung im Lande verschafft, in Uebereinsstimmung mit den Inspektoren, von der Cassa Eurer Majestät 300 Rdlr. zur Equipierung und 500 Rdlr. jährlich in den drei Jahren ausgewirkt werden könnten, während welcher er das Land bereist."

„Anlässlich dieses Vorschlages fand das Finanzcollegium sich dazu veranlasst die Commission darauf aufmerksam zu machen, dass es wohl kaum zum Ziele führen würde, wenn die Untersuchung sich auf die Beschaffenheit und Menge der vorhandenen Fossilien und namentlich der Metalle beschränkte, da die Entscheidung der Hauptfrage, ob die Bearbeitung der grönländischen Erze sich lohnen würde, wohl vorzugsweise auf eine genaue Untersuchung der Beschaffenheit der Bergmassen und auf die Richtung der Erzgänge beruhen würde, und die Untersuchung also mehr geognostischer als mineralogischer Art sein müsse. Ob der Bergrat Giesecke auch im Besitz der hierzu notwendigen Kenntnisse sei, wisse man nicht; aber man vermute, dass möglicherweise beim Kongsbergschen Seminarium oder unter den norwegischen Bergwerksmeistern und andern Sachverständigen, welche Gehalt bekommen und deshalb dazu verpflichtet sind die Geschäfte zu übernehmen, die die Rentenkammer ihnen auftragen möchte, irgend jemand mit der nötigen Einsicht in den geognostischen und mineralogischen Wissenschaften zu finden sei; und da ein Eingeborener ein grösseres Interesse an einem glücklichen Ergebnis einer auf sein und des Landes Wohl abzielenden Untersuchung haben würde, so scheine nach der Ueberzeugung des Finanzcollegiums ein Eingeborner für die genannte Aufgabe einem Fremden vorgezogen werden zu müssen, vorausgesetzt dass nicht der letztgenannte dem ersteren an Kentnissen und an Einsicht notorisch bedeutend überlegen sei."

„Die grönländische und färöische Handelscommission ist darauf, durch diese Bemerkungen veranlasst, dahin vorstellig geworden, dass der Zweck dieser mineralogischen Reise in ein so wenig besuchtes Land nach der Anschauung, die die Commission sich davon gebildet hat, eigentlich der sein müsse festzustellen, welche Mineralien sich im Lande finden und dadurch möglicherweise dem Bergmann Aussichten zu eröffnen, deren nähere Untersuchung eine Folge der Entdeckungen des Mineralogen sein werden. Und sollte das sicherste und grösste Ergebnis dieser Reise auch nur der Naturgeschichte des Vaterlandes und andern damit verbundenen Wissenschaften zufallen, so können solche vermehrten Kentnisse doch zu Resultaten practischer Verwendbarkeit im System des bürgerlichen Lebens führen, und was vorerst so in wissenschaftlicher Beziehung gewonnen wird, kann möglicherweise mit der Zeit dem Handel zum Gewinn werden. Um die Natur in ihren verschiedenen Operationen und Erzeugnissen zu erforschen, und namentlich in einem Lande wie Grönland, dazu sind mehrere Eigenschaften erforderlich, die man nur selten vereint findet. Hierzu gehört ein an den Enthousiasmus grenzendes Interesse, welches bewirkt, dass man unverdrossen allen Hindernissen begegnet, eine Geistes- und Körperkraft, die gross genug ist dieselben überwinden zu können, und eine im Voraus genaue und vorzügliche, durch Erfahrung und gesunde Philosophie erworbene Kenntnis der Natur im Grossen wie auch im Kleinen."

„Dass Bergrat Giesecke diese Eigenschaften in einem Umfange besitzt, der einige Aufmerksamkeit verdient, hat die Commission gemäss der Aussage des Professors Manthey geglaubt, und sie hat später sein schriftliches Zeugnis darüber eingeholt. Diesem Zufolge ist der Bergrat ein vorzüglich kundiger Mineraloge, in naher Verbindung mit dem Geheimrat Karstens in Berlin, dem Ober-Berg-Commissair Werner in Freyberg, dem Abbé Stütz in Wien und mehreren berühmten Gelehrten. Vor nicht langer Zeit begab er sich zur Academie Upsala und wurde von dem Kanzler derselben, dem Grafen Fersen, auf Begehren der dortigen Gelehrten, dazu aufgefordert die ausgezeichnete Sammlung dieser Universität in bessere Ordnung zu bringen. Im Laufe von sechs Monaten vollführte er diese Arbeit wofür er sowohl reichlich belohnt als auch durch Ehrenbezeugungen und Beweisen der Hochachtung ausgezeichnet wurde. Bei seinem späteren Aufenthalte hier hat er die Sammlung des Professors Manthey geordnet und über selbige ein Katalog verfasst, welches nach dem Urteil der Sachverständigen einen unzweideutigen Beweis seiner gründlichen und hervorragenden Einsicht in die Geognosie und Mineralogie ablegt, die er sich auf einer achtjährigen Reise erworben hat."

„Das Finanzcollegium schliesst sich nach diesen letzteren

Mitteilungen dem Vorschlage der Commission an, da es, wenn auch die Reise nicht die unmittelbare Veranlassung zu einem für das Land und den Handel neuen Industriezweig geben sollte, doch zweckmässig sein dürfte, dass Grönland von einem kundigen Manne bereist wird, und man stellt deshalb in tiefster Untertänigkeit der allergnädigsten Resolution Ewr. Majestät anheim: Ob nicht dem preussischen Bergrat Giesecke zu der von ihm nach Grönland geplanten wissenschaftlichen Untersuchungsreise allergnädigst ein für alle mahl 300 Rdlr. zu Ausrüstungskosten bewilligt werden möchten, sowie 500 Rdlr. jährlich in den drei Jahren, in welchen er das Land bereist, und diese Ausgaben aus den Ersparnissen des zur Belohnung verdienter Persönlichkeiten reservierten Teiles des Pensionsfondes entrichtet werden möchten.

Im Finanzcollegium, den 7.ten Mai 1805.

E. G. Schimmelmann. Wendt. I. N. Tetens. C. Birch.

Kellermann."

Die königliche Resolution auf obige Vorstellung fiel am 18. Mai und lautet folgendermassen:

Die für den preussischen Bergrat Giesecke für eine zu mineralogischen Zwecken geplante Forschungsreise nach Grönland vorgeschlagene Geld-Unterstützung finden Wir uns zu bewilligen Allergnädigst nicht veranlasst.

Kopenhagen im Geheimen-Staatsrate d. 8.ten Mai 1805.

CHRISTIAN R.

E. G. Schimmelmann. Moltke. I. N. Tetens. C. W. Lange.

Kellermann.

Aus einer Notiz im Journal des Finanzcollegiums unter dem 6. Juli 1805 (Nr. 1835) geht hervor, dass Giesecke die Erlaubnis erhielt auf eigene Kosten eine Reise nach Grönland und den Färöern vorzunehmen, „welche letztere er zuerst anzutreten beabsichtigt."

In einem Schreiben vom 5. Juli 1805 ersucht die färöische und grönländische Handelskommission die königliche Rentekammer der Obrigkeit auf den Färöern nahezulegen ihm alles mögliche Zuvorkommen und alle mögliche Beihülfe zur Erreichung des Zwecks seiner Reise erweisen zu wollen[1].

Nach Johnstrup[2]) hielt er sich vom 8. August bis zum 14. September auf den Färöern auf, wo er auf allen Inseln mit Ausnahme einiger kleineren (Kunö, Kalsö und Dimon) Untersuchungen anstellte und Sammlungen vornahm; Ende September kam er nach Kopenhagen, wo er am 18. April 1806 einen — später verschollenen — Bericht über diese Reise einreichte. [Sollte es vielleicht Graf Vargas Bedemar sein, der diesen Bericht Gieseckes für seine Reise nach den Färöern im Jahre 1819 gelichen hat?].

Nach der Rückkunft von den Färöern besuchte er im November und Dezember Arendal, Kongsberg und Christiania.

Auf welchen Bedingungen Giesecke dann im Jahre 1806 nach Grönland abreiste, wissen wir nicht, abgesehen von dem, was aus dem Beglaubigungsschreiben ersichtlich ist, welches die Direktion der Handelskommission ihm mitgab und das bei Johnstrup abgedruckt ist. Dieses Schreiben wird hier nicht abgedruckt, da es nur ein gewöhnliches Kreditiv ist, das zwar für einen Mann, der in Grönland reisen will, notwendig ist, aber, wie jedes gewöhnliche Kreditiv, nicht erwähnt, wer der eigentliche Bezahler ist[3].

---

[1]) Færö og Grönland. I. C. Nr. 9 im Reichsarchiv zu Kopenhagen.

[2]) Erste Ausgabe dieses Tagebuchs. S. IX.

[3]) In einem Briefe an Frederikke Brun, geb. Münter, vom 26. Novbr. 1817 sagt Giesecke, dass er die Reise nach Grönland „aus eigenem Antriebe" unternahm, „von der königlichen dänischen Regierung edelmüthig unterstüzzet". (Ny kgl. Saml. 1992, i, 4to, in der königl. Bibliotek, Kopenhagen). A. E. Nordenskiöld scheint die Bemerkung im Hamburger Correspondenten vom 31. März 1819, dass Giesecke „ein sehr vermögender Mann" war, so aufzufassen, als ob er ein sehr wohlhabender Mann war; dies ist aber kaum richtig; dagegen war er wohl ein sehr einflussreicher Mann. Den andra Dicksonska Expeditionen till Grönland. Stockholm 1885, (S. 75).

Am 19. April 1806 reiste Giesecke alsdann nach Grönland und kam am 31. Mai in Frederikshaab an.

Am 1. Juni beginnt das Tagebuch und wird in der Folgezeit in demselben ruhigen und gewissenhaften Tempo, durch die folgenden Jahren hindurch, fortgesetzt, bis es auf der Reede von Leith am 19. September 1813 schliesst. Man merkt fast nicht, dass seine Bekanntschaft mit dem Lande und der Bevölkerung sich im Laufe dieser vielen Jahre erweitert hat. Er scheint bezüglich des Landes und der Bevölkerung auf seiner ersten Reise nach Kap Farvel ebenso orientiert wie auf der letzten nach dem Diskofjord im Jahre 1813. Dass er im Laufe dieser langen Reihe von Jahren jedenfalls etwas Dänisch und Grönländisch gelernt haben muss, ist wahrscheinlich[1]), aber ein direkter Beweis dafür lässt sich nicht führen, abgesehen davon dass er die dänischen und grönländischen Namen versteht und dass er Dänisch lesen kann. Wenn man das Tagebuch liest, hat man ein sicheres Gefühl davon, dass man sich vollständig auf alle seine Angaben verlassen kann, ja sogar dass man auf Tag und Stunde angeben kann, wo er gewesen ist, und wann und wo er dies oder jenes Mineral gefunden hat. Nur ein Mineralienfund bildet eine merkwürdige Ausnahme davon, nämlich das Kryolith. Nach dem Tagebuch sollte man glauben, dass er nicht ahnte, wo das Kryolith zu finden war, ehe er im August 1809 Arsuk zum dritten Male passierte. Aus seiner Abhandlung „On Cryolite“ im Edinburgh. philosoph. Journal Vol. VI 1822 ist aber ersichtlich, dass er schon im September 1806 bei Ivigtut gewesen war und die Stelle ganz genau untersucht hatte. Dagegen kann man aber aus dieser Abhandlung nicht sehen, dass er den Ort im August 1809 wieder besuchte[2]).

---

[1]) Das er doch schon in 1809 Dänisch schreibt, sieht man aus einen Mineralien-Katalog in Godthaab, jetzt in Kopenhagen.

[2]) Eine Eigentümlichkeit des Tagebuches ist es, dass Giesecke auf den Titelblättern desselben meistens vor seinen Namen ein D setzt. Johnstrup (S. VII) hat gemeint, dies bedeute, Giesecke habe den Doctor gemacht. Dies

Wie trocken nun auch Gieseckes Darstellung seines Reiselebens in Grönland im Tagebuch meistens ist, so ist er doch zweifellos ein Mann gewesen, der mit guter Laune das aufnahm, was ihm begegnete, was z. B. aus einem an den Professor Münter gerichteten Brief hervorgeht, der von Holsteinsborg am 25. Mai 1807 abgeschickt ist und in welchem es heisst: „Einen Winter habe ich nun auf diesem grossen steinernen gefrorenen Schauplazze durchlebt. Sie wissen ich bin überall gleich eingewöhnt, und spiele mit eben dem Gusto morgen Comödie, mit welchem ich übermorgen zur See gehe. Daher kann ich auch nie sagen: das hätte ich nicht erwartet. Ich bin nun abermals auf meinen mühsamen und doch angenehmen Wanderungen begriffen und haue und schlage von Morgen bis in die Nacht. Steine sammeln und Steine zerstreuen hat seine Zeit, sagt der weise Salomo, unser Schutzpatron. Nun wird nur gesammelt, komme ich aber glücklich nach Koppenhagen, so solls übers Zerstreuen in alle Welt losgehen [1]).“

Aus einem Briefe an denselben zwei Jahre später, vom 12. Juni 1809, geht aber hervor, dass seine gute Laune durch

---

ist aber kaum richtig; denn wäre dies der Fall gewesen, so wäre er doch wohl unzweifelhaft mit dem Doctortitel tituliert worden; dies ist aber nur ein Mal der Fall, und zwar auf einem grönländischen Tabacksbeutel, der früher in seiner etnographischen Sammlung in Wien ausgestellt war. Auf diesem war genäht: *Dr. K. L. G.* Wie schon oben gesagt, findet dies D sich auch vor seinem Namen in dem lateinischen Dankschreiben, welches er der Upsala Academie schickte, und hieraus kann man vielleicht entnehmen, dass er nichts dagegen hatte, wenn dies als Dr. ausgelegt wurde, es andererseits aber damit verteidigen wollte, dass es hier als „dominus“ erklärt werden konnte. Wäre er Dr. gewesen, hätte er es unzweifelhaft auf das Titelblatt seines grossen Mineralienkatalogs vom Jahre 1832 gesetzt, vergl. Tafel IV, wo der Titel Bergrat weggelassen ist. Wäre er Dr. gewesen, würde auch Dr. C. Pingel, der ihm seiner Zeit so nahe stand, es sicher erwähnt haben, namentlich da er etwas ironisch bemerkt: dass er es verstanden hatte in Berlin sich den Titel eines königl preussischen Bergrats zu verschaffen. Vgl. Grönl. hist. Mindesm. III S. 760. Ebend. S. 763 erwähnt Pingel auch, dass Giesecke Mitglied der Kommission war, die im Winter 1817—18 tagte um über die Untersuchung der Ostküste zu beraten.

[1]) Briefe an Bischof Fr. Münter im königl. Reichsarchiv zu Kopenhagen.

die einsame Stellung im Lande, von allen abgeschnitten, in bedeutendem Grade herabgedrückt ist: „Wir haben alle ein elendes Jahr verlebt, und sehen nur einem elenden entgegen. Wenn ich an glückliche oder unglückliche Gestirne glaubte, so müsste ich denken eines der letztern hatte mich in diesen Auskehrichtswinkel von allen Unangenehmlichkeiten unserer sonst so schönen Erde gejagt, wo ein Schreckniss der Natur mit dem andern im evigen Wettlaufe begriffen ist, und die Nacht mit der Stille des Grabes kokettirt. Die Engländer welche nach allem greifen haben bisher noch Respect für dieses Klima gehabt und uns „indtil videre“ (ↄ: bis auf weiteres) in Ruhe gelassen ...... Die Engländer haben die Früchte eines zehnjährigen Schweisses mit leichter Mühe aus der Welt bombardiert; eine Nachricht welche ich unter dem Brande der Petrikirche mir dachte, so schmerzlich mir auch die Bestättigung derselben war ...... Hier im Lande lebt man nicht so wohlfeil, als man in Europa glaubt; das habe ich, ungeachtet ich beynahe alles frey habe, selbst erfahren. Die Grönländer sind unglaublich eigennüzzig, und geben nur Geschencke um doppelt so viel wieder zu erhalten ...... Ich könnte beynahe nun den weinenden Ovid parodieren: „*Iam didici Arctice Grönlandiceqve loqui*“.“

Nach der Ankunft in Leith schreibt er am 22. Oktober 1813 an denselben: „Ich habe nun endlich nach einer langen Prüfungszeit von 7 Jahren dies Land des Elends verlassen und befinde mich nun in Leith oder richtiger in Edinburgh in dem Hause des Banquiers Thomas Allan bey welchem ich den Winter zubringen will, weil ich unmöglich meine mit saurem Schweiss erworbene Sammlung der Gefahr der Aufbringung aussezzen will ...... Ich will den Winter, im Falle ich hier zu bleiben durch Umstände gezwungen werde, dazu anwenden um meine Materialien zu einer Beschreibung von Grönland in Ordnung zu bringen. Mein Tagebuch, welches über 1200 Seiten in 4to beträgt, habe ich mit dieser Gelegenheit an die Direction gesandt; ich hoffe alles gethan zu haben was ein einzelner Mensch ohne Beyhilfe thun kann — und in dieser Ueberzeugung finde ich meine Belohnung".

Bei seiner Ankunft in Leith stellte Giesecke Wechsel auf den grönländischen Handel zu einem Betrage von 308 Rdlr. aus; sie wurden nie zurückbezahlt, sondern standen bis zu seinem Tode im Jahre 1833 in den Büchern der Handelscompagnie aufgeführt. Da die Direktion die Beamten und Bediensteten des Handels aufgefordet hatte, Giesecke als ihren Gast zu empfangen, und versprochen hatte ihnen ihre Auslagen zu ersetzen, schickte der Inspektor in Nordgrönland MOTZFELD eine Rechnung von 700 Rdlr. N. V. dafür ein, ihn in $3^1/_2$ Jahren, so gut es ihm möglich war, „bewirtet sowie mit einer „Trocknerin"[1]) und anderer Aufwartung, mit grönländischen Kleidern und anderer Notdurft versehen zu haben"[2]). Ob der Inspektor MYHLENPHORT in Südgrönland eine ähnliche Vergütung erhalten hat, weiss man nicht. Auch weiss man nicht, ob Giesecke eine Geldbelohnung erhielt[3]). Unter dem 28. Juni 1814 wurde er zum Ritter des Dannebrogordens und bei einem späteren Aufenthalte in Kopenhagen 1818 am 27. Februar zum Kommandeur desselben Ordens ernannt. Nach Vorschlag des Professor WAD wurde er am 12. Dezember 1817 zum Mitglied der Gesellschaft der Wissenschaften ernannt. Aus dem Vorschlage WAD's vom 21. November 1817 erfahren wir, dass die

---

[1]) Kleider aus grönländischen Fellen erfordern viele Sorgfalt und Arbeit beim Trocknen und Weichmachen, was von den eingebornen Frauen besorgt wird.

[2]) Resolutions Protokoll I. I. 77 Nr. 411/1817 der Grönl. und Färöischen Handelsdirektion.

[3]) Dass die Compagnie indessen erwartete einen Teil ihrer durch die Reise Gieseckes in Grönland entstandenen Unkosten ersetzt zu bekommen, erhellt aus einem Schreiben vom 23. April 1816 (Den kgl. grönl. Handels adm. Direktions Kopibog H. 248), in welchem es heisst: „... aber da es noch unentschieden ist, ob und welche Refusion der Handel für die Ausgaben erwarten kann, die der Aufenthalt des Bergrats in Grönland im Ganzen verursacht hat...".

„Societät in Dublin“ ihm eine goldene Medaille verliehen hat, die dort wie ein Orden getragen wird, und dass seine Freunde eine Medaille mit seinem Bildnisse haben prägen lassen (Vgl. nebenstehende Abbildung derselben).

Bei seiner Ankunft in Edinburgh erfuhr Giesecke, wie es mit seinen im Jahre 1807 von den Engländern genommenen Sammlungen gegangen war.

Thomas Allan hat in einem Bericht: „Memorandum respecting some Minerals from Greenland“, gelesen den 20. April 1812, folgende Schilderung von dem Zustande gegeben, in welchem er sie vorfand[1]):

„The minerals filled no less than nine or ten old boxes and barrals: a few specimens were wrepped in coarse paper, but a scanty supply of dry medow moss was the only other material with which they were prevented from injuring each other. Before I examined them they were turned out on the floor of a merchants warehouse in Leith and lay such a spectacle of uninvited rubbish that they were thought wholly unworthy of attention by all those who had previously seen them, which principally arose from the very great quantity of rubbish and water-worn stones, many of them covered with marine insects, with which the collection was loaden ...... I carefully examined each separate specimen, and after thrown aside

[1]) Annals of Philosophy. London 1813. Vol. I. S. 99.

about one half of the entire bulk as useless, the remainder turned out to be of much more value than I at first expected. I can not help being surprised that such an ill assorted collection should have been made by a Mineralogist of M. Gieseckes character; a wonder what object he could have had in view by loading it with the quantity of useless rubbish which I have had to throw out[1])". Er berechnet den Wert allein vom Kryolith auf 5000 £, während das ganze für 40 £ gekauft wurde.

Giesecke hatte sich noch nicht einen ganzen Monat in Edinburgh aufgehalten, als er folgendes Gesuch Professor an der Royal Dublin Society zu werden einsandte[2]):

„During a short stay in Edinburgh, I observed by an advertisement in the newspapers, that The Dublin Society are in want of a person qualified to give lectures on mineralogy, in the quality of a professor, and I now take the liberty of offering my services".

„During the course of my academical studies at Goettingen, I first applied myself to the study of mineralogy, under the auspices of the celebrated Blumenbach".

„From the year 1794 until now, I have made a variety of voyages, in order to render myself useful to this science, during which I have had occasion to form a literary acquaintance with most of the celebrated mineralogists of Germany and Sweden, and I have maintained a correspondence during my voyages with Werner, Karstens, Klaproth, Gallitzin, Crete, Elkeberg, Afzelius etc. and I have the honor to be member of several literary societies, such as Berlin, Upsala and Jena".

„Besides the journeys I made throughout Germany, my

---

1) Bei der Durchsicht seiner Zeit der Sammlung, die Giesecke der Schule Herlufsholm geschenckt hatte, wunderte auch ich mich über das viele „rubbish", d. h. kleine Gerölle und wertlose Stücke, die es dort gab, da er doch an Ort und Stelle sich durch wenige Hammerschläge weit bessere Stücke hatte verschaffen können. Merkwürdigerweise erwähnt ALLAN nicht, ob sich einige Etiketten vorfanden.

2) „Minutes" of the Royal Dublin Society.

native country, I have been over Hungary, Transilvania, Bohemia, Styria, Carinthia, Italy, Sweden, Norway and the Faröe Islands. I undertook a journey to Greenland in the Spring of 1806 and have examined during seven years, that wast and interresting country, no less than four times from Cap Farwell in lat. 59°16′ to Gletschers in lat. 76°4′ and am at present returned from these mountains hitherto almost unknown, with an immense quantity of fossils, many of them new and interesting".

„The length of my residence in that conntry is the reason which prevents me from furnishing more satisfactory testimonies of my capacity and of my conduct, which are equally necessary for a candidate to such a situation. I nevertheless hope in the course of a short time to be enabled to give you proofs of my ability in a science to which I have sacrificed a very considerable part of my life-time. On this account I beg leave to recommend myself to your notice in the election of a professor of mineralogy".

„Althoug I am unable at this time to deliver a course of lectures in English, I shall occupy myselv with the utmost assiduity to acquire the language, and hope to surmount the difficulty in a very short time".

Das Gesuch war von zwei Empfehlungsschreiben begleitet, das eine von Thomas Allan, vom 17. Oktober 1813 datiert, das andere von Leslie Fostfr, datiert Lurgan (Irland) den 20. Oktober 1813.

In diesem letzteren heisst es: „I have lately had opportunities of knowing him personally in Edinburgh and of seeing the very high estimation in which he is held by the scientific people there, he is considered as not inferior to any mineralogist in Europe, and certainly not Jameson. I can also certify (which is important for our purpose) that his manners are peculiarly prepossessing and gentleman-like ...... He is now about to give to the world a very full account of these unknown regions [Grönland] and it would surely add to our reputation as well as to his own that such a work should be publisbed by our professor. We should also secure the important accession of his collections, which are of course most valuable. I have only to add, that the Edinburgh men of science feel great interest in the event of the election from conceiving it be a real object to fix him in the British Islands"[1]).

Obgleich Giesecke in seinem Gesuch keine Andeutung davon giebt, dass er einen Reisebericht herausgeben will, so ist doch aus den obigen Empfehlungsschreiben ersichtlich, dass dies sein Plan gewesen ist, und an mehreren andern Stellen hebt er es auch selbst deutlich genug hervor. So z. B. in einem Briefe an Frau Frederikke Brun vom 26. November 1817, in welchem er (von sich selbst sagt): „Er schlägt den Weg der Subscription ein um sich bey einem so kostspieligen Unternehmen zu dekken, und sich gegen Dieberey der Nachdrukker einigermassen sicher zu stellen". Frau Brun hat sich mit dieser knappen Mitteilung nicht begnügen lassen, sondern muss mündlich nähere Aufklärung gesucht haben; denn in ihrem Briefe an die Bibliothèque universelle vom 8. Dezember 1817[2]) weiss sie, dass das Werk aus 3 Voll. mit 50 Tafeln bestehen wird, und ferner: „celles qui représenteront les habitations, ustensiles, costumes etc. des peuples qu'il a visités, seront enluminées, les autres pour la pluspart gravées au burin. J'ai vu celle de Disco-eiland executée d'après le dessin de l'auteur; cèst un

[1]) Schon im Dezember 1813 soll seine Ernennung zum Professor der Mineralogie stattgefunden haben, und im Jahre 1816 soll er seine ersten Vorlesungen über die Naturgeschichte Grönlands gehalten haben. Wenn Johnstrup (S. XVII) sagt, dass er zum Professor der Mineralogie und Chemie ernannt worden sei und erst später davon befreit wurde über Chemie zu lesen, so ist dies nicht richtig; denn gerade weil man beschlossen hatte die Mineralogie von der Chemie auszuscheiden, wurde der Posten als Lehrer der Mineralogie als vacant annonciert. (vgl. Waller: Imperial Dictionary of Universal Biography. Vol. II).

[2]) Tome VII Sciences & Arts 1818 pag. 139.

tableau d'une beautée sauvage et imposante[1]). L'ouvrage sera publié en allemand et en anglais, et l'édition anglaise est deja terminée, mais on se propose de les publier en même temps, pour éviter autant qu'il sera possible, les dangers de la contrefaçon[2])".

Das Werk erschien bekanntlich nie, aber es müssen doch so ausfürliche Berichte darüber veröffentlicht sein, dass man die Auffassung, als sei es erschienen, hat bekommen können. So steht bei WURZBACH[3]): „Auch gab er 1830 eine Beschreibung seiner Reise nach Grönland in den Jahren 1805—9 [soll sein 1806—13] heraus". Und in KEFERSTEIN's Geschichte und Litteratur der Geognosie, Halle 1840, steht unter der Litteratur über Amerika angeführt: „C. L. Giesecke: account of eight Years Residence of Grönland 1819". WALLER giebt an[4]): „The knowledge derived during this Period [der Aufenthalt in Grönland] is contained in a valuable unpublished journal (still extant) and partially given to the world in his: „Lectures on the Natural History of Greenland" [5]).

Im Jahre 1814 besuchte Giesecke Kopenhagen, namentlich

---

[1]) Vermutlich das auf Tafel II hier wiedergegebene Bild.

[2]) WAD sagt in seinem Bericht an die dänische Gesellschaft der Wissenschaften vom 21 XI 1817: Und bald wird er sich um die gelehrte Welt dadurch verdient machen, dass er seine Reisen in Grönland herausgiebt, welche auf Englisch in zwei Quartbänden mit Kupfern erscheinen werden.

[3]) Biograph. Lexikon d. Kaiserthums Oesterreich 1859.

[4]) Imp. Dict. of Univers. Biography Vol. II.

[5]) Muss wohl das sein, welches gedruckt ist in BREWSTERS: The Edinburgh Encyclopædia Vol. X p. 481, 1816. Aus einem Bericht an die Roy. Dublin Society vom 17. Juni 1819 sieht man auch, dass seine Reise in den Jahren 1817—19 u. a. auch den Zweck hatte eine Ausgabe seines Reiseberichts zu veranstalten: „That he had a further motive for his journey there (in which we are convinced the Society participate) viz: the publication of his work on Greenland, which he has ready for the press in German, but which had not been translated into English; a work, the publication of which your Committee looks forward to with impatience, convinced as they are, that it will not only enlarge the sphere of our knowledge, but will reflect credit on its author, and fame on the Society, which can boast of him as their Professor".

wohl um sein Verhältnis zur Grönländischen Handelscompagnie zu regeln; aber erst auf seiner grossen Reise, die vom Mai 1817 und bis tief ins Jahr 1819 dauerte, so lange, dass man in Dublin anfing seinethalben unruhig zu werden, konnte er sein stolzes Programm verwirklichen, welches er in dem Briefe an den Professor Fr. Munter vom 25. Mai 1807 dargelegt hatte: „die eingesammelten Mineralien über die ganze Welt auszustreuen". Gelang es ihm nun zwar nicht, seine Sammlungen über die ganze Welt auszustreuen, so verteilte er sie doch über einen grossen Teil Europas, wie das Verzeichnis der öffentlichen Sammlungen und Personen zeigt, denen er Mineralien geschickt hat; dasselbe befindet sich in der Roy. Dublin Society. Und er sandte nicht nur Mineralien, sondern auch Pflanzen, Tiere und etnographische Sachen aus Grönland, ausserdem aber auch Mineralien aus England, Bücher usw., ganz in derselben Weise, wie er sie, wie oben gesehen, 1804—5 nach Upsala schickte und wie er sie auch den Kopenhagener Sammlungen schickte.

Er muss in Wirklichkeit, was er auch selbst sagt, grosse Massen von allerhand Naturalien und etnographischen Sachen mitgebracht haben. Die grösste und verschiedenartigste Sammlung ging nach Wien[1]). Die Sammlungen wurden von Kopenhagen über Kiel, Hamburg, Lüneburg und Leipzig nach Regensburg und von dort auf der Donau nach Wien geschickt. Der Kaiser bezahlte die Fracht und gab den Befehl die Sammlungen vorläufig in der Hofburg aufzustellen.

Die Sammlung bestand 1. aus 215 etnographischen Nummern[2]); der Wert derselben wurde zu 100 Ducaten gesetzt.

---

[1]) Siehe: Autentische Darstellung der Acquisition der k. k. Hof-Naturalien-Cabinette an den Natur- und Kunstmerkwürdigkeiten aus Grönland des Hern. Prof. Ritters von Giesecke; aus der Zeitschrift: „Erneuerte vaterländische Blätter für den österreichischen Kaiserstaat" Nr. 18, Mittwoch den 3ten März 1819, S. 69—72.

[2]) Unter diesen fiel mir bei meinem Aufenthalte in Wien im Jahre 1901 ein Frauenstiefel wegen seiner grossen Breite oben besonders auf, da er den

2. Eine Sammlung von 41 Skelettteilen von Wallfischen und Seehunden, welche als ganz unschätzbar bezeichnet wird und welche als Aequivalent für die Auslagen zu 200 Ducaten gesetzt wird. 3. Eine Sammlung von 43 Stück Fellen von Seehunden, Füchsen und Vögeln, zu einem Werte von 100 Ducaten angesetzt. 4. Eine zoologische Sammlung in Spiritus, mehrere Conchylien, eine Sammlung von mehr als 200 getrockneten Pflanzen, Algen, Lichenen, und einige naturgeschichtliche englische, grösstenteils kostbare Werke (unter diesen Transactions of the royal irish Academy at Dublin 12 voll.). Ebenfalls zu 100 Ducaten gesetzt. 5. Nordische Mineralien in 3 Abteilungen, 325 Stk. von Südgrönland, 145 Stk. von Nord-Grönland und 402 Stk. teils grönländische und isländische, teils englische, schottische und irländische und auch einige nordamerikanische: „welche aus dem grossen Vorrathe zu diesem Ende hierher gebracht, ins besondere ausgewählt wurden". Im Ganzen 832 Stk.[1]), „welche sämmtlich sehr frisch und gut erhalten und von ansehnlichem zum Theil sehr grossen Format sind". Der Wert dieser Sammlung wird auf 1000 Ducaten geschätzt, wobei der Preis, in dem z. B. Kryolith stand, gar nicht berücksichtigt ist. Es wird hinzugefügt, dass diese Sammlungen einen besondern Wert haben „als Beleg der vom Hrn. Prof. Giesecke ausgearbeiteten Reisebeschreibung, wovon der erste Theil bereits zum Druck bereitet ist". Alle Sammlungen zusammen wurden zu einem Wert von 6—7000 Gulden geschätzt, und der

---

Stiefeln ähnelt, die bei ELLIS: A voyage to Hudson's Bay, London 1748, besprochen und abgebildet sind, und von denen gesagt wird, dass die Frauen die Kinder in denselben anbringen. Dass solche Stiefeln auch in dem dänischen Grönland angewandt wurden, ist gänzlich unbekannt.

Nach HANS KJÆR war es diese Sammlung in Wien, die C. J. THOMSEN den Gedanken eingab ein etnographisches Museum in Kopenhagen zu errichten. Bricka: Biogr. Lexikon, Bd. XVII, S. 223.

[1]) JOHNSTRUP schätzt die Gieseckesche Mineraliensammlungen, die sich im Mineralog. Museum der kopenhagener Universität befinden, auf 1635 Stück. Hierin sollen die 2 Sammlungen die der königl. Grönl. Handel bekam nicht mitgerechnet sein.

Kaiser schenckte Giesecke 1000 Ducaten als Beitrag zur Dekkung der Reisekosten sowie eine prächtige „goldene Dose“ mit Brillianten und der Namensziffer des Kaisers.

Bei dieser Gelegenheit giebt CORNET die interessante Schilderung der Persönlichkeit Gieseckes[1]): „Im Sommer des Jahres 1818 zu Wien, setzte sich einst ein feiner alter Herr im blauen Frack und weissem Halstuch mit einem Orden geziert, zu uns an den Wirthstisch. Der ehrwürdige schneeweisse Kopf, die gewählte Art zu sprechen, das ganze Benehmen machte einen angenehmen Eindruck auf uns alle. Es war der ehemalige Chorist Giesecke“. — Aus demselben Jahre finden wir auch die Auslassung des Probsten FREDERIK SCHMIDT über Giesecke: „Er ist ein interessanter und anspruchsloser Mann[2])“.

Nach der Rückkehr von dieser Reise, auf der es ihm unter anderem aufgetragen war für 300 £ Mineralien für die Roy. Dublin Society zu kaufen, scheint er den übrigen Teil seines Lebens in Irland verbracht zu haben, wo er mehrere mineralogische Reisen nach den nordwestlichen Teilen der Insel unternahm.

Seine ausserordentliche Beliebtheit und Popularität hielt sich bis zu seinem Lebensende; so sagt WALLER: „Sir Charles continued to lecture on mineralogy and metallurgy with eminent success and popularity“.

Giesecke starb plötzlich am 5. März 1833. Er war nicht verheiratet und scheint ziemlich allein gestanden zu haben. In den Dubliner Zeitungen aus dieser Zeit, die Cand. W. THALBITZER genau untersucht hat, ist sein Tod nicht bekannt gegeben; dagegen wird er besprochen in Proceedings of the Roy. Dublin Society vol. 69, 1832—33: Meeting Thursdag 7th Mars 1833: The Assistent-Secretary having announced to the Vice-President in the chair the lamented death of their highly talented and

---

1) I. Cornet: Die Oper in Deutschland. Hamburg 1840. S. 24.

2) Die Tagebücher des Probsten Frederik Schmidt, hrsgg. von N. Hancke. Kopenhagen 1868.

esteemed Professor of Mineralogy and Keeper of the Museum, Sir Charles Giesecke, which melancholy event took place in the afternoon of Tuesday last, very suddenly.

Resolved,

That the Society do express, by placing the same on the Minutes of their Proceedings, their sincere sorrow at the loss they have thus sustained and the high sense they entertaine of the long tried talents, as a Scientific Professor, and the amiable manners and character, as a gentleman of the late Sir Charles Giesecke.

Resolved,

That as a mark of respect to the memory of Sir Charles Giesecke, the Museum be closed for one fortnight".

Wie erwähnt, lebt noch in London eine Dame, Miss Hutton, die sich sehr wohl Gieseckes erinnert, da er oft in dem Hause ihres Vaters kam. Miss Hutton spricht sich folgendermassen über Giesecke aus: „He was a singular man, very shy I fancy".

Die Arbeit, die Gieseckes Hauptwerk hätte werden sollen, erschien also nie, und es ist wohl sehr fraglich, ob sie überhaupt so weit gediehen war, wie es oft angedeutet worden ist, dass die deutsche Ausgabe zur Drucklegung fertig war.

Man hat lange gewusst, dass es sowohl in Dublin als auch hier in Kopenhagen eigenhändig geschriebene Exemplare des Reiseberichts Gieseckes über die grönländische Reise gab; aber das Verhältnis derselben zu einander ist erst jetzt durch die Untersuchungen des Cand. Thalbitzers in Dublin festgestellt worden. Es kann jetzt wohl als ziemlich sicher angesehen werden, dass Giesecke zwei Exemplare schrieb, eins für sich selbst uns eins für den Königl. Grönländischen Handel, und da mehrere Bemerkungen und Berichtigungen, die in dem Dubliner Exemplare am Rande angeführt sind, in dem Kopenhagener Manuscript sich im Texte finden, so ist damit festgestellt, dass letzteres die eigentliche Reinschrift ist. Ähnlich ist das Verhältnis mit der kleinen Beilage: „Einige Worte über und für Grönlands Aufkommen". Auch von diesem giebt es zwei Exemplare, beide mit der Hand Gieseckes geschrieben; das eine befindet sich in der Universitätsbibliotek, das andere im Reichsarchiv in Kopenhagen. Beide sind in ganz gleicher Weise ausgestattet, aber da das im Reichsarchiv befindliche den Vermerk trägt, dass es dem Könige gehört hat, ist dies also das Hauptexemplar, und beim Vergleichen sieht man auch, dass dasselbe nicht wenige, wenn auch unwesentliche Berichtigungen enthält. Das zuerst ins Reine geschriebene Exemplar hat Giesecke behalten und später dem Grafen Moltke gegeben, von dem es dann an die Universitätsbibliotek gekommen ist. Dies ist es, welches hier abgedruckt ist, da man damals das Exemplar des Reichsarchivs nicht kannte.

Gieseckes Werke.

1. Oberon, König der Elfen. 1790. Musik von P. Wranitzky.
2. Lutz von Unterstein. Ritterliches Schauspiel. Wien und Leipzig 1792.
3. Der travestirte Hamlet. Eine Burleske in deutschen Knittelversen mit Arien und Chören. Wien 1798. 8vo.
4. Die Pfaueninsel. Oper. Wien 1799.
5. Der travestirte Aeneas. Wien 1799.
6. (Die Zauberflöte) — Il Flauto magico — Deutsche Oper in zwei Akten von E. Schikaneder — Siehe Schletterer (H. M.) Breitkopf & Härtel's Textbibliothek etc. Nr. 21. [1878]. 8vo.
7. Katalog einer vollständigen süstematischen Mineralien-Sammlung nach Karstens Grundsätzen geordnet und beschrieben. 1801. Fol. Mss. in der Nat. Lib. of Ireland. Dublin.
8. „Geognostiske og mineralogiske Bemærkninger over de færöiske Insuler" mit Beilagen. Ein dem „Königl. Grönl.

und färöischen Handel" 1806 zugesandtes Mss (Nach dem Færö Journal Nr. 1645[1]) verschollen.

9. Ein Brief, veröffentlicht in der Zeitung „Dagen" vom 20. Februar 1808.

10. Ein Brief an einen Freund in Berlin, gedruckt in „Kjøbenhavns Skilderie" April 1808. Nr. 54 cfr. Skand. Litt. Selsk. Skrifter 1809.

11. Bericht einer mineralogischen Reise in Grönland in Form eines Tagebuchs gehalten 1806—13. Mss. im Archiv des „Königl. Grönländischen Handels" [2])

12. Meteorologische Beobachtungen, angestellt in Nord- und Süd-Grönland" von 1. Novbr. 1806 bis 16. August 1813. Mss. B. U. H. Add. Nr. 323. Abschrift. Vgl. Johnstrup S. XV.

13. „A Syllabus of a Mineral-System" for a course of lectures. Dublin 1815.

14. „Greenland" in Brewsters: „The Edinburgh Encyclopaedia" Vol. X. 1816.

15. „Einige Worte über und für Grönlands Aufkommen". Seiner königl. Majestät allerunterthänigst zugeeignet von Karl Ludwig Metzler-Giesecke. 1818. Mss. im Reichsarchiv und B. U. H.

16. „On the temporary residences of the Greenlanders during the Winterseason and on the populations of North-

---

[1]) Diese Arbeit war doch wohl auf Deutsch geschrieben. Aus einem Mineralienkatalog vom April 1809 ist doch ersichtlich, dass Giesecke schon damals gut dänisch schrieb.

[2]) Dieser ist zu betrachten als eine Reinschrift des Manuscripts in Dublin. Siche Nr. 20 der Manuscripte in National Library of Ireland. (Report for 1900 and the Quarter ended 31st March 1901). Sowohl in der Universitätsbibliotek zu Kopenhagen als auch in der Nat. Library of Ireland giebt es Abschriften von demselben. Das Exemplar der B. U. H., welches dem Grafen Moltke gehört hat, ist, so weit ersichtlich, eine sehr gute Abschrift nach dem Original im Archiv des „Kön. Grönl. Handels"; dagegen soll die Abschrift in Dublin eine Abschrift nach dem Exemplar der B. U. H. sein.

and South Greenland". Edinb. Phil. Journ. by Brewster and Jameson. Vol. I. pag. 127. 1819.

17. „On Cryolite". Edinb. Phil. Journ. Vol. VI. pag. 141. 1822.

18. „On the Mineralogy of Disko-Island (Read April 4. 1814. Edinb. Royal Soc. Transact. IX. p. 263. 1823. Mit einer Karte und 2 Prospekten[1]).

19. „Remarks on the Structure of Greenland, in support of the opinion of its being an assemblage of Islands and not a continent". W. Scoresby jun. Journ. of a voyage to the Northern Whale-Fishery. Edinb. 1823[2]).

20. A Syllabus of lectures on the external characters of metallic substances, to be delivered in the Theater of the Roy. Dubl. Society. Dublin 1824. 8vo.

21. „On the Norwegian Settlements on the Eastern Coast of Greenland, or Osterbygd, and their Situation. Read Jan. 26. 1824. Transact. of the Roy. Irish Academy XIV. pt. I. Antiquities p. 47 mit einer Karte. 1825"[3]).

---

1) Die Karte über die Disko-Insel ist wahrscheinlich von irgend einem Seekundigen, z. B. von I. A. Geraae gezeichnet, der im Jahre 1781 eine Karte über Nord-Grönland zeichnete. Vgl. Bibliographia Groenlandica Nr. 84. S. 223. Nichts deutet darauf hin, dass Giesecke die Karte selbst gezeichnet hat. Die beiden Prospekte sind ganz interessant, weil sie sicher zu den Tafeln gehören, die dem geplanten Werke über Grönland beigefügt werden sollten. Das Bild von Unartorssuak bei Godhavn, welches hier auf Tafel II wiedergegeben ist, muss als ganz gut bezeichnet werden, wenn auch die Grenzen der Basaltschichten zu schematisch und zu unbeholfen angedeutet sind. Dagegen kann das andere Bild, genannt „Mannik in the Waygat", hier Tafel III, nur als mislungen bezeichnet werden. Mannik ist ein grasreicher Zeltplatz auf der Nordseite von Waigat. (Vgl. Rink: Nord-Grönland II. S. 144), und man muss annehmen, dass die pyramidenförmige Bergspitze, die Giesecke hat, der Berg Ugpatdluk sein soll (vgl. Graf H. Moltkes Profil auf der Beilage zu Heft 24 der M. o. G.); aber in diesem Falle ist die Perspektive unglücklich wiedergegeben.

2) Die Karte hier ist, so weit Grönland betrifft, nach der grossen Karte von Olavsen über Grönland vom Jahre 1783 kopiert (Bibliographia Groenlandica S. 223 Nr. 85). Doch is Disko wie auf der Karte zu: On the Mineralogy of Disco Island.

3) Diese Karte ist eine Kopie der grossen Karte von Olavsen über Grönland 1783, auf der das Distrikt Julianehaab wieder eine Kopie der Karte von

22. Syllabus of a course of Lectures on Mineral Substances to be delivered in the Theater of the Roy. Dublin Society. Dublin 1827. 8vo.
23. Account of a mineralogical excursion to the country of Donegal (A descriptive catalogue of the mineral substances found in the County): Dublin 1826. 8[vo]. App. to Proc. of Roy. Dublin Society. Vol. 63. p. 30. 1827.
24. Second account of a mineralogical excursion to the counties of Donegal, Mayo and Galway. Dublin 1828. 8[vo].
25. Account of a mineralogical excursion to the County of Antrim. Dublin 1829.
26. Account of a mineralogical excursion to the Counties Londonderry, Tyrone and Down. App. Nr. 1 to Proc. of the Roy. Dubl. Soc. Vol. 67. 1831.
27. List of the minerals collected near and at the mines of the County Wicklow. App. Nr. 3 to Proc. of the Roy. Dubl. Soc. Vol. 68. 1832.
28. A descriptive Catalogue of minerals in the Museum of the Roy. Dublin Society, to which is added an Irish Mineralogy. Dublin 1832. 8vo.

Es versteht sich von selbst, dass ich nicht allein das umfassende Material habe zuwegebringen können, welches zu dieser Biographie benutzt ist. Zuerst muss ich in dieser Be-

---

Andreas Bruun vom Jahre 1780 ist (Vgl. Bibliogr. Grönl. S. 223. Nr. 82 und 85). Nicht nur die Karte in dieser Abhandlung ist ohne Angabe entliehen, sondern, wie Peter Eberlin mich seiner Zeit darauf aufmerksam machte, ist die Identifizierung der Fjorde wahrscheinlich auch „geliehen“, nämlich von Johann Christian Mörchs Frietimer [Mussestunden], 1. Stück, geschrieben in Julianehaab 16ten Febr. 1801 (wo Giesecke vom Verfasser eine Abschrift bekommen haben kann). Ny kgl. Saml. Nr. 1976[e] 4to. Liest man sein: Einige Worte usw. S. 481, so könnte man glauben, er habe angenommen, dass Österbygden auf der Ostküste lag, ebenso wie im Titel dieser Abhandlung.

ziehung meine beiden Mitarbeiter nennen, nämlich Herrn Cand. polit. Jürgensen-West im königl. dänischen Reichsarchiv, der unsere heimischen Archive durchsucht und von Augsburg Klarheit über die Geburt und die Eltern Gieseckes geschaffen hat; sodann Herrn Cand. mag. W. Thalbitzer, der die Biblioteken und die Archive in London und Dublin durchsucht und dadurch festgestellt hat, dass das Exemplar des Tagebuches, welches sich hier in Kopenhagen befindet, das zuletzt geschriebene und somit das Hauptexemplar sein muss. Von auswärtigen Herren, die mich mit grosser Bereitwilligkeit bei meinen Nachforschungen unterstützt haben, ist zu nennen Prof. emer. Th. Fries in Upsala, der die Archive dort und in Stockholm durchforscht und dadurch zum ersten Male volle Klarheit über den Aufenthalt Gieseckes in Schweden zuwegegebracht hat. Derjenige indessen, der infolge der Verhältnisse im Stande gewesen ist, mir die wesentlichsten Beiträge zu verschaffen, ist der Registrator Mr. R. J. Moss der Royal Dublin Society. Mit unermüdlicher Bereitwilligkeit hat er mir den einen Beitrag nach dem andern gesandt, von denen besonders hervorgehoben werden muss, dass er meine Aufmerksamheit auf die beiden Bände von Gieseckes Stammbuch gelenkt hat, die noch in Dublin sind. Von andern Herrn, die mir wesentliche Dienste geleistet, sind noch zu nennen der Bibliotekar der National Library of Irland, Mr. T. W. Lyster, die Herren Proff. Lenk in Erlangen und J. Walther in Halle, und der Herr Verlagsbuchhändler Raimund Giesecke von der Firma Giesecke & Devrient in Leipzig und Berlin.

Kopenhagen, im April 1910.

K. J. V. Steenstrup.

Mineralogisches

Reisejournal

über Grönland

gehalten

von **Karl Ludwig Giesecke,**
Kön. Pr. Bergrath.

Erstes Jahr.

Godthaab 1806.

Billig sollte diesem mineralogischen Berichte über Grönland eine Nachricht über das Geognostische Verhalten dieser ungeheuren Gebirgsstrecken im Allgemeinen vorausgehen. Da ich aber bisher nur einen kleinen Theil dieses Landes nach Süden, Südosten, u. zulezt gegen Norden, eine Strecke von ungefehr hundert und fünfzig Meilen bereist habe, so will ich fürs erste mehr die Form eines topographisch-mineralogischen Tagebuchs beybehalten, und bey jeder Stelle die Naturprodukte nennen, welche ich gefunden habe. Ich sammelte für das Pflanzen und Thierreich, als Verehrer dieser beyden Naturwissenschaften, ohne jedoch ein grosser Kenner zu seyn. Doch schränkte ich mich der Kürze der Zeit wegen die für meinen fernern Reiseplan leider nur allzugeschwinde verstreichen wird, hauptsächlich auf meine Wissenschaft ein, und bin daher im voraus überzeugt, wie viel in diesem grossen für Naturhistorie unerschöpflichen, und für den Forscher wichtigen Lande noch zu finden seyn wird. — Ich rede hier nur von der Küste. — Das Innere des Landes verschliesst und bedeckt zum Theile eine unersteigliche Festung, der Eisblink, welcher von Jahr zu Jahr fürchterlicher wird. —

Die Königliche Handelsdirection, welche Grönland durch vieljährige Berichte kennt, kennt ohne meine Errinnerung auch die Schwierigkeiten einer solchen Reise, und wird aus diesem Gesichtspunkte meine Bemerkungen lesen und beurtheilen. Vieles merkwürdige habe ich vieleicht übersehen, welches bey einer so weitläufigen Reise unvermeidlich ist, vieles vieleicht schief gesehen, da ich oft mit fremden Augen sehen, mit fremden Ohren hören musste, da ich nicht allezeit des Windes, des Eises, des Wetters wegen, mich, so lange ich es wünschte an jedem Orte aufhalten konnte, und den Berichten der unwissenden Eingebohrnen nicht viel zu trauen ist.

Ich habe im eigentlichsten Sinne des Wortes, wie Schönning sagt, nur das Eis gebrochen. Zufrieden werde ich seyn, wenn man Horazens: «*ubi plura nitent*» meinem Fleisse zugesteht, und die anklebenden Mängel u. Flecken zu gute hält.

Ich theile am Schlusse dieses Aufsatzes meine vom ersten November 1806 bis zum April 1807 angestellte Wetterbeobachtungen mit.[1] Ich gebrauchte hiezu ein von Molinari in Koppenhagen verfertigtes Reisebarometer, und ein zweytes von Lerra. Nach dem erstern habe ich die Abweichungen des Queksilbers aufgezeichnet. Die Thermometerbemerkungen habe ich mit vier Instrumenten angestellt, welche an den äussern Seiten des Inspektoratgebäudes nach den vier Weltgegenden zu, unbedekt, befestigt waren. Dieser Instrumente zwey waren von Molinari, mit Spiritus, eins von Lerra mit Queksilber, und eins, das ich der Güte des Herrn Assessor Esmark zu danken habe, ebenfalls mit Queksilber gefüllt. Sie differirten selbst bey heftiger Wirkung des stärksten Nord u. Nordosts nur einen Grad. Mit herzlichem Danke muss ich hier noch beym Anfange dieses Aufsatzes das gefällige Betragen u. die zuvorkommende Freundschaft der Herren Handelsbedienten rühmen, welche die Beschleunigung meiner Reise durch ihre zweckmässige Anstalten beförderten, und mir auch als Gast alle mögliche Ehre erwiesen. — Oben an unter diesen würdigen Männern steht mein Freund Herr Inspekteur Myhlenphort, welcher mit biederm Patriotismus eine unermüdete uneigennützige Thätigkeit verbindet. Ich war sein Gast und Hausgenosse über ein halbes Jahr, und weiss ihm meine Dankbarkeit nicht besser zu be-

---

[1]) Disse Meddelelser er udeladt i denne Bog.

zeigen, als dass ich sein edles und gefälliges Betragen gegen mich bey einer Hochlöblichen Königlichen administrirenden Direction anrühme, so wie ich es öffentlich einst vor der ganzen Welt bey Bekanntmachung meiner Reise durch den Druck thun werde.

Alle meine literärischen Freunde sollen erfahren, wie bereitwillig mir von der Königlich Dänischen Regierung, so wie von der Königl. Grönländischen Handelsdirection zu dieser, so wie zu der färöischen Reise die Hand durch kräftige Unterstüzzung gereichet wurde.

Ich übergehe hier die Geschichte meiner Reise von Koppenhagen nach Grönland, und melde nur, dass wir gerade 6. Wochen zur See waren, und nach 2. schweren, überstandenen Stürmen, wovon der leztere im Atlantischen Meere uns den Garaus zu machen drohte, endlich den 31 May Mittags halbzwölf Uhr im Hafen vor Friederichshaab vor Anker kamen. Gerade in der nemlichen Stunde, am nemlichen Tage verliessen wir vor sechs Wochen Koppenhagen. Unser aller sehnlichster Wunsch, zuerst nach Julianehaab zu kommen wurde zu Wasser, weil das Eis, das uns im Wege lag, nicht zu Wasser werden wollte. Dieser unangenehme Umstand raubte mir etwas von meiner kostbaren Zeit, die ich nun eben benutzen musste, so gut es die Umstände zuliessen. Ich würde wahrscheinlicherweise gegen Südosten und Osten von Grönland weiter haben vorrücken können, wenn ich früher nach Julianehaab gekommen wâre.

Friederichshaab.

Den ersten Junius.

Es war mir sehr lieb, den Herrn Inspecteur Myhlenphort hier zu treffen, und ihn noch, bevor ich mein Winterquartier bey ihm bezog persönlich kennen zu lernen. Er gehört zu den Menschen, welche man sogleich ihres offenen und ungekünstelten Betragens wegen lieb hat. Ich besuchte noch diesen Tag ein paar benachbarte Klippen, welche aus Sienit bestanden, der seines starken Eisengehaltes wegen okkergelb aussah, und göstentheils zwischen den Fingern zerreiblich war. Er ist stellenweise stark mit schiefriger Hornblende gemengt. Die Dänen nennen diese Klippen rodnede Fielder, die Grönländer Anersoak. Der Sienit dieser schroffen Felsspitzen, deren ich ungefehr 17. bemerken konnte, besteht aus bald grünlichem bald röthl. braunem Feldspath, der zuweilen ins schwarze und schwarzgraue sich zieht, und endlich auch ins weisse übergeht. Die innliegende Hornblende in kleinen undeutlichen Prismen ist bald mehr bald minder häufig, und die ganze Steinart zuweilen mit Kies und wenigem Wolfram gemengt. Die Klippen bilden durchaus bald mehr bald minder verwitterte sphärische Kuppen. Die Verwitterung oder Auflösung dringt zuweilen bis auf einen Fuss tief in diese abgerundete, geschiebeähnliche Felsenstücke, deren Kern da, wo die verwitterte eisenschüssige Kruste abgefallen ist, durchaus rauchgrau u. fest erscheint. Die verwitterte Rinde ist zwischen den Fingern zerreiblich, uud stürzt in grossen gewönlich 1/2 bis 1. Zoll dicken schiefrigen Platten nieder, welche während dem Herunterstürzen in groben eckigen meist rhombischen Sand (Feldspathsand) zerfallen, in welchem man an einigen Stellen auf den Klippen, so wie am Fusse des Berges bis uns Knie watet. — Sie sind daher sehr steil und gefährlich zu besteigen. — Zwischen den tiefen Schluchten dieser Felsenstücke finden sich häufige kleine stark abgerundete Geschiebe, welche nicht in dieser Gegend zu Hause sind, oder vieleicht auf höhern nun durch Jahrtausende zerstörten Punkten dieser Felsenmassen einst angestanden haben. Diese Gebirgsart ruhet auf Granit, und hat hie und da mächtige Gneislager. Alle diese ungefehr 17. einzelne Felsspitzen liegen in einem halben Zirkel nahe neben einander, und biegen sich von Nordost nach Südwest. Wahrscheinlich waren sie vor langer Zeit in eine Spizze vereint, welches die steilen Schluchten die sie absondern, ziemlich gewiss machen. Sie liegen kaum ein tausend Schritte vom Koloniegebäude entfernt. Vieleicht möchten sie bey näherer Untersuchung würdig seyn benutzt zu werden.

Cochlearia officinalis, *Lichen Islandicus* u. *proboscideus* findet sich hier in beträchtl. Menge rund umher. Den dritten und vierten Junius hinderte mich der eingefallene Schnee Excursionen zu machen. Er lag bis 1. Fuss tief, das Thermometer stand 2. Grade unterm Frierpunkt.

Freytags. d: 6. Junius,

besuchte ich die Gegend der Nordlichen Bucht bey Friederichshaab, ungeactet des dicken Nebels. Ich entfernte mich gegen $1^1/_2$ Meile von der Kolonie in Betrachtungen vertieft, und vergass darüber mich um Mittag bey Tische einzufinden. Da ich um 4. Uhr Nachmittags noch nicht zurückgekommen war, so wurde der Herr Inspekteur sowohl als Kapitän Kettelsen besorgt, ich möchte mich verirrt haben, da der Nebel so sehr überhand genommen hatte, dass man nicht 10 Schritte vor sich hin sehen konnte. Sie feuerten deswegen gegen Abend einige Kanonen ab, welche ich aber der beträchtlichen Entfernung wegen nicht hören konnte. Herr Missionär Rosenwold schickte den Katecheten, u. Herr Kaufmann Astrup einige Grönländer aus, welche mich aber verfehlten, bis ich endlich ganz dichte unter der Kolonie Abends 8. Uhr dem Katecheten in die Hände lief, welcher mich zur grossen Freude meiner besorgten Freunde zurückbrachte. Ich melde dies als einen Beweis von der gütigen Aufmerksamkeit dieser würdigen Männer für mich, und zolle ihnen dafür meinen wärmsten Dank.

Auf dieser Wanderung fand ich derben pistaziengrünen Arctizit, welcher in dem zwischen Granit gelagerten Hornblendeschiefer sich befindet.

Sonnabends. d: 7. Junius.

Auf Innuksuks-Vare sah ich den Moroxit, (Spargelstein) in Gneis und Glimmerschiefer, kristallisirt in 6. seitigen Prismen, bald im Feldspathe, bald im Quarze liegend, zuweilen eingewickelt in schwarzen Glimmer. Auch fand ich hier Granit zu Thoneisenstein aufgelöst in beträchtlichen Massen, kristallisirten gelblichen Feldspath, geflossenen Quarz, dünnschiefrigen Sienit, Wakke mit glasigem Feldspath in mächtigen Gängen, welche in allen Richtungen die Hauptgebirgsart durchsetzen, und hie und da lagerweise goldgelben Glimmer als Gemengtheil eines verwitterten Granits. — Nur selten fand sich im Granit oder Gneis, Schwefel u. Kupferkies, auch Bleyglanz eingesprengt. Auf dem nemlichen Berge ist eine klafterbreite an einigen Stellen bis zu 10 Klaftern tiefe senkrechte Kluft, wahrscheinlich das Werk einer neuern Erdrevolution, vieleicht eines Erdbebens, welche sich von Süden nach Norden durch sechs Berge, alle durch kleine Buchten von einander abgesondert in gerader Linie forterstreckt. Diese Kluft durchschneidet Talkschiefer mit eingemengtem Eisenglimmer.

Montags. d: 9. Junius.

wurde das Schiff klarirt. Ich entschloss mich, bey Herrn Kettelsen am Bord zu bleiben, und mit ihm die Reise nach Julianehaab zu machen, weil ich, da die Grönländer gröstentheils mit ihren Konebooten auf den Sommerplätzen von der Kolonie entfernet standen, keine Rechnung auf baldige Beförderung mit Booten machen konnte.

Dienstags. d: 10. Junius.

giengen wir Morgens 2. Uhr unter Seegel, mussten aber um 6. Uhr, da der Wind in Südwest gieng wiederzurückgehen, und kamen gerade noch bevor es zu stürmen anfieng, vor Anker.

Mittwochs. d: 11. Junius.

Schneyte es den ganzen Tag mit stürmendem Südwest. Das Thermometer stand $2^1/_2°$ unter 0 das Barometer $27^1/_2$.

Donnerstags. d: 12. Junius.

Machte ich eine Exkursion nach Innuksük, an die südliche Seite dieses Berges, wo ich grosse Massen von schiefrigem Sienit an den körnigen angelehnt fand; er steht ganz senkrecht, u. hat lagerweise porphyrartigen Grünstein mit eingesprengtem, glasigem Feldspathe, auch kleinere Parthien von glasartigem Strahlsteine, Talkschiefer, u. Hornblende. Der Feldspath ist meistens röthlich, u. roth.

Das Thermometer stand heute Mittags im Schatten auf 13° Wärme, u. der gestrige Schnee war in wenigen Augenblicken wie weggeblasen. Welche ein gewaltiger Sprung der Temperatur von gestern zu heute. Abends trieb die Neugierde eine zahlreiche Menge Grönländer in Kajaks und Umiaks aus den umliegenden Gegenden an unser Schiff.

Freytags. d: 13. Junius.

Um Mittags 12. giengen wir mit Nordwind unter Seegel, und waren um $^1/_2$1 Uhr ausser den Scheeren. Um 5. Uhr passirten wir durch eine ungeheure Menge Eisklippen Umenak vorbey.

Sonnabends. d: 14. Junius.

Um 1. Uhr Morgens passirten wir Tindingen, grönländisch Kingiktok. Wir seegelten von 8—12 Uhr unaufhörlich durch Eisfelder, welche uns wenig Hoffnung liessen, Nunarsoit passiren zu können. Die ganze Gebirgskette zwischen Friedrichshaab und Nunarsoit ist äusserst kahl und steil, und gewährt einen schauderlichen Anblick. Die Insel Sermesut bildet eine kleine Kette von 12 schroffen Felsspizzen, die nur durch senkrecht abstürzende Schluchten von einander getrennt sind. Die äusserste derselben hat die Form eines Zukkerhuts, eine Gestalt, welche überhaupt den Grönländischen Klippen eigen ist. Zwey Meilen ungefehr vom festen Lande ab, ligt Omenarsuk, eine ungeheure nakte Klippe, welche 3. hohe unersteigliche Spitzen hat. Wir kamen Nachmittags um 2. Uhr Assuts Storøe vorbey, u. näherten uns um 3. Uhr Sennerut, einer grossen Insel, welche sich ebenfalls durch 12. steile Spitzen oder Zacken auszeichnet, und 20. Meilen südlich von Friederichshaab liegt. Wir näherten uns Nunarsoit bis auf 6. Meilen, konnten aber leider des guten Nordwests ungeachtet nicht weiter kommen, weil das Eis ringsum bis unter das feste Land ungefehr eine Meile von uns fest anlag, u. uns einzuschliessen drohte. Wir wendeten Abends um 4. Uhr, und kamen um 8. Uhr glücklich in einem schmalen Sunde dicht unter Assutsforsög vor Anker. Nordliche Breite war 61° 13′.

Sonntags. d: 15. Junius.

Ich bestieg des heftigen Schneegestöbers ungeachtet mit Kapitän Kettelsen den Kunnak, von den Grönländern auch Kunnätpamiaetlutà genannt. Er ist einer der höchsten Berge Grönlands, und gehört unter die, welche den Schiffern zum Wegweiser dienen. Damit mein Journal nicht allzufragmentarisch werde, welches ich, wo ich nur kann, vermeiden will, so verspare ich das, was ich über diesen Berg, und über die Gebirgsgegend um Assut überhaupt zu sagen habe, auf meine Rückreise aus Süden nach Norden. Wir kamen um 2. Uhr Nachmittags müde und durchnässt an Bord zurück. Abends 6. Uhr erhob sich plötzlich ein schwerer Orkan aus Südost, der Trossen u. Kabbeltau sprengte; das Anker wich zu gleicher Zeit, und das Schiff trieb in einem Nu aus dem Sunde gegen eine vorstehende Klippe an. Herr Kettelsen liess augenblicklich ein zweytes Anker werfen, welches fasste, und uns von dem Unglücke rettete im Hafen Schiffbruch zu leiden; denn wir waren keinen Büchsenschuss von der Klippe entfernt. Der Sturm dauerte mit Hagel u. Schnee die ganze Nacht durch. Das Thermometer stand 1° unter 0.

Montags. d: 16. Junius.

Das Eis war uns durch den gestrigen Sturm, welcher noch immer wüthete, eine Meile nachgerückt. Um 7. Uhr N. M. begann eine Sonnenfinsterniss, deren Anfang, da noch immer einzelne Wolken trieben, ich nicht genau bemerken konnte. Abends 10. Uhr war sie total und sehr bemerkbar, weil sich der Horizont ganz aufgeklärt hatte. Der Thermometerstand war noch 1 Grad unter dem Frierpunkt.

Dienstags. d: 17. Junius.

Starker Nebel in Süden mit Südost. Gegen Mittag hatten wir Sturm aus Norden, u. schwere See; doch ziemlich klares Wetter. —

Mittwochs. d: 18. Jjunius.

Ich seegelte Morgens 8. Uhr mit Herrn Kettelsen in der Schaluppe nach Assut Storøe, welche $1^1/_2$ Meile westlich von Kunnak an der offenen See liegt, und kamen um 11. Uhr dorten an. Das Wasser ist selbst nahe an den Scheeren zu 8 bis 10 Faden tief. Nächst dem Strande, wo wir landeten, welcher zwischen 2. Klippen einen kleinern Hafen von 10—12 Faden Wasser formirt, stehen noch die Ueberbleibsel von ein paar Grönländischen Winterhäusern, welche schon seit vielen Jahren nicht bewohnt worden sind. Die Grönländer kommen nun nur selten im Sommer des Seehundfanges wegen hieher, so lange die Zeltezeit dauert.

Die Klippen, welche nach der See hinausgehen bestehen aus senkrechten Schichten von schiefrigem Sienit, durch welchen der Quarz u. Feldspath in geschlängelten breitern und schmalern Streifen sich zieht, zuweilen nähert er sich sehr dem Gneise. Ich bestieg die südlichste Spitze dieser Insel, welche nordwestlich lothrecht niederstürzt, deren Spitze mit Schnee bedeckt war; auf welcher sich eine Vare befindet. — Die Haupmasse dieser steilen Klippe, auf welcher man mit blossem Auge gegen Norden Sermesut, Omanarsoak, Tindingen und Omanak, gegen Süden Kornok, Sennerut, die Kitiksutsøer und Nunarsoit übersehen kann besteht aus Sienit und Sienitschiefer, welcher hie und da mit Basalt und Grünsteinporphyradern durchzogen ist, auch einzelne Lager von Quarz und Hornblende hat. In der Tiefe ist Thon und Dachschiefer in ungeheuren Massen angelehnt. Einzelne hie u. da hervorstehende Granitblöcke lassen vermuthen, dass die Unterlage Granit seyn mag. Auf der höchsten Spitze fand ich kleine Granitgeschiebe, welche durch die Ströme u. Schneewasser, die in diesem Lande überhaupt von unbeschreiblicher Macht und Wirkung sind, entstanden zu seyn scheinen. Das Thermometer stand um 12 Uhr Mittags auf der Vare 5° unter 0, in der Tiefe hatte es zu gleicher Zeit 9° Wärme. Die ganze Insel scheint in ihrem Innern ein ungeheures Eisenlager einzuschliessen. Ich muss dies aus der unglaublichen Menge des derben Akantikone, der öfters von magnetischem Eisensteine u. Eisenglanze begleitet ist, und dem Arendaler ausserordentlich ähnelt, aus dem Eisenvitriol, der die Wände der herabfliessende Schneeströme oder Elve bekleidet, und aus dem äussern Ansehen der ganzen Steinmasse überhaupt vermuthen. Auch die einzelnen rund umher zerstreuten Stücke von Schmirgel, späthigem Eisensteine, u. Brauneisensteine weisen darauf hin. Einzelne Stücke von grünem Hornsteine, wahrscheinlich durch Eisen gefärbt, fand ich auch daselbst. Der Eisenvitriol ist geträuft. Der ganze Berg sieht einer grossen Halde ähnlich.

Um halb drey Uhr giengen wir bey schwerer See zurücke. Der Wind brach uns den Fockmast entzwey. Wir seegelten bey Hvidserk vorbey, und kamen mit Mühe Abends 10 Uhr zurück an Bord.

Donnerstags. d: 19. Junius.

Wir lichteten die Anker um 2. Uhr Morgens, wurden von Grönländern ein Stückweit boxirt, u. passirten um 9. Uhr Assuts Storøe vorbey in die offene See. Das grosse Eis lag ziemlich vom Lande ab. Um 2. Uhr kamen wir durch mächtige Eisklippen Sennerut vorbey. Um 5. Uhr waren wir nahe bey den Kitiksuts Inseln, und abermal vom Eise eingeschlossen. Ueberdies ward es Windstille und ein starker Strom trieb gegen uns — Nahe bey dem Schiffe stürzte eine ungeheure Eisklippe, deren schönes Saphirblau wir so eben kaum bewundert hatten, unter fürchterlichem Krachen sich wälzend, in Trümmer zusammen, u. versezzte ringsum die See in heftige Bewegung. Kapitän Kettelsen liess Anker werfen und ein Boot aussezzen. Wir ruderten beyde mit 4 Mann durch das Treibeis, um den ein 1/2 Meile hievon entlegenen sogenannten Grönländerhafen zu besehen. Er hat eine doppelte Einfahrt, u. liegt zwischen den Klippen vor Kastwinden ziemlich verwart. Blinde Scheeren gibt es zwar hier herum genug, doch ist das Wasser selbst nahe bey diesen immer 8 bis 10 Faden tief, u. der Ankergrund Granitsand mit Thon gemengt. Das Volk musste die ganze Nacht durchhwarpen bis wir endlich

Freytags. d: 20. Junius.

Morgens 8. Uhr zwischen den Inseln einen Kanonenschuss von dem sogenannten Kitiksutshafen vor Anker kamen.

Ich liess mich Morgens nach einigen der nahen Inseln rudern, und fand fast durchaus reinen Sienit als die Hauptmasse dieser einzelnen Klippen, welcher sehr der Steinart des Rodned Field bey Friederichshaab ähnelt, nach allen Richtungen durch Revolutionen gesprengt und gespalten, und sehr bröklich ist. Hornblendschiefer, Strahlstein, blättriger u. schiefriger Chlorit, und Jadde finden sich lagerweise. Hie und da ist magnetischer Eisensand beygemengt.

In den häufigen Felsspalten halten sich unzälige Theisten *(Uria grylle)* und Angeltaschen *(Anas hiemalis)* auf, welche uns mit ihren Eyern bewirthen mussten. Auch Eidervögel, *(Anas mollissima)* und Havorren, oder Buntköpfe *(Anas spectabilis)* nisten hier in beträchtlicher Menge. Die Grönländer besuchen selten diese Inseln, deren ich so weit meine Auge reichte 17. zählen konnte, die zum Theile bis auf 4. Meilen vom festen Lande abstehen sollen.

Sonnabends. d: 21. Junius.

Reisten einige Grönländer vorbey nach Norden zu, welche uns berichteten, dass Süden von Nunarsoit die See mit Eis, so weit das Auge reichte, bedeckt wäre.

Sonntags. d: 22. Junius.

Nachmittags 5. Uhr begann ein schwerer Südoststurm, der uns mit berghohen Eismassen blokirte. Herr Kettelsen liess das Schiff im Bog mit 6. Tauen verwahren, und über den Löb, da wo das Eis zudrang, 3. Thaue ziehen. Das Schiff schlingerte sehr.

Montags. d: 23. Junius.

Ich gieng mit Kettelsen nach einer Insel, wo eine Vare steht; weil er sich nach dem Eise umsehen wollte. Auf dieser Excursion fand ich, zum erstenmale auf Grönland, den Zirkonit unter den nemlichen Umständen, wie er sich bey Friederichswärn in Norwegen findet, das heisst: in einem Sienitartigen Gesteine von rabenschwarzer Hornblende, schwarzem u. schwarzbraunem Feldspathe begleitet. Der ist röthlich und röthlich braun, die Farben nähern sich etwas den Zeilanschen. Der breiteste Gang war 1/2 Lachter breit, u. war mit Hornblende, grünlich und graulich weissem Feldspathe und magnetischem Eisensteine gefüllt. Auf dieser Insel traf ich auch beträchtliche Lager von körnigem Magneteisensteine, der allem Anscheine nach Chrom oder Titanhältig ist. Grosse Adern und Gänge von bläulich weissem, und weisslich grauem gemeinem Quarz durchsetzen die Gebirgsmasse nach allen Richtungen. Die kleine Buchten sind mit magnetischem Eisensande bedeckt.

Am Strande findet sich *Fucus nodosus* und *esculentus*, auch *Isis Hippuris* in grosser Menge. Der *Mytilus edulis* ist ebenfalls hier zahlreich, seltener die *Mya truncata Linnaei.*

Vom 23 zum 30. Junius waren wir so sehr vom Treibeise verschanzt, dass wir weder aus noch ein wussten. Den 28. Junius Abends 9. Uhr stand der Thermometer 1° unter 0; wahrscheinlich ist dies der grossen Eismenge zuzuschreiben, welche unserer alten Arche manchen Stoss versezte. Den 30ten Abends kamen einige Grönländer von Krippisakok der östlichen Seite von Senneruts Insel aus Neugierde auf Besuch zu uns.

Monat Julius.

Dienstags. d: 1. Julius.

Morgens 7. Uhr liess der Kapitän die Schaluppe aussezzen. Ich leistete ihm Gesellschaft auf einer Reise nach der Nordseite von Nunarsoit. Er wollte untersuchen, ob wir nicht Torsukataks Löb erreichen könten, um mit dem Schiffe nach dem Hafen Vaskerballie (Grönländisch Erkesoit) zu kommen. Der Fiord, der die Mündung von Torsukataks Löb macht, ist forne so breit, dass man kreuzen könnte, doch ligt gleich beym Einlaufe in der Mitte eine Scheer, welche man aber ohne Gefahr gar wol vermeiden kann. Nunarsoits-Klippen sind ausserordentlich steil kahl und spitzig, und gewähren einen fürchterlichen Anblick. —

Die vorwaltende Steinart ist Granit, welcher grobkörnig, sehr eisenschüssig und bröcklich ist. — Gangweise durchschneiden die Hauptmasse Adern und Gänge von 1/2 Fuss bis zu 1. Elle breit, welche von röthlichem Feldspath ausgefüllt sind. In diesem sitzen hie und da grosse Hornblendekristalle, von raben u. kohlenschwarzer Farbe, welche härter als die gemeinen sind, und einen licht berlinerblauen Strich geben. Sie schmelzen vor dem Löthrohre augenblicklich in eine blasige Schlakke. Grosse Stücke von Magneteisenstein lagen allenthalben zerstreut herum, u. das Ganze lässt beträchtl. Eisenlager vermuthen. — Grünsteinporphyr mit grünlichem Feldspathe, u. Urfelsconglomerat, bestehend aus röthl. Quarz, Grünstein u. Thonschieferbrokken findet sich rund herum in grossen Blökken. Auf einer senkrechten Trappader, welche den Berg in 2. Hälften theilt, stiegen wir von dem Gipfel, wie auf einer, obgleich ziemlich gefährlichen Treppe herunter. Die Schichtung der Masse geht von Südost in Nordwest.

Weiter in den Löb einzudringen war uns unmöglich, da er mit Eis ganz vollgestopft war. Wir wendeten also um sechs Uhr Abends wieder nach dem zwey Meilen davon liegenden Schiffe zurück.

Vom zweyten bis zum sechsten Julius hatten wir beständig mit Sturm und Eis zu kämpfen.

Montags. d: 7. Julius.

wurden wir endlich nach einer dreywochentlichen Prüfungszeit aus diesem Loche erlöst. Um 6. Uhr Morgens waren wir unter Seegel, und um 8. Uhr ausser den Scheeren. Wir passirten, bey Nunarsoits höchsten Klippen, Eismassen, wie wir sie noch nicht gesehen hatten. Auf einer Felsspizze, welche tief heraus in die See gieng, bemerkten wir eine aufgerichtete Vare. Nördliche Breite war hier 60° 47′. Flokkenweise spielten unzälige Seehunde um unser Schiff. Michal, ein Grönländer war als Lotse am Bord. Um 6. Uhr Abends passirten wir Nunarsoits südlichsten Felsen. Redekammen und Cap Farvel lagen sehr klar vor uns in Süden. Man kann wirkl. auch diese Klippen malerisch interessant finden, wenn man sich ein paar Attributen einer schweizerischen Felsengegend hinzuphantasirt.

Wir blieben der Küste bis auf eine halbe Meile nahe, und kamen zwischen 8 u. 9. Uhr Abends zu Kikerteitsiaks Inseln.

Dienstags. d: 8. Julius.

Morgens um 2. Uhr passirten wir Pisisalik, um 9. Uhr giengen wir durch die Karmetsinseln, um 12. Uhr Atamiut vorbey und über den Atamiutfiord. Um 5. Uhr Abends gieng der Wind plözzlich in Süden, wir mussten daher, so nahe wir auch bey der Kolonie waren, doch noch einmal ankern. Dies war unter Holländer Øe.

Die Steinart der flachen Vorgebirge, welche wir nun von Nunarsoit an durchseegelt hatten, ist sich durchaus sehr ähnlich, u. besteht aus Granit mit rothem Feldspath, graul. Quarz u. grünl. Glimmer, welcher zuweilen in Talk übergeht; die Hornblende, die aller Orten sichtbar ist, kommt hier ungleicher vertheilt, und mehr parthien oder nester u. lagerweise vor.

Mytilus edulis und *Cancer araneus* ist hier zu treffen.

Abends 10. Uhr kam Herr Mörch von Julianehaab, an welchen Herr Kettelsen einen Kajaksmann mit Briefen abgesandt hatte mit 2. Konebooten zu uns und blieb über Nacht des Eises wegen am Bord.

Mittwochs. d: 9. Julius.

Vormittags hatten wir von 4 bis 9. Uhr so schwere Windstösse aus Süd und Südost, dass wir uns in dem schmalen Löb, (Ikaresusuk) wo wir vor Anker lagen kaum halten konnten. Das Eis trieb von allen Seiten, u. versezzte uns einen Leck am Ruder. Das Schiff musste vom Anker ab gegen eine Klippe gewarpt werden, um es aus dem Eisstrome zu bringen, welcher gegen uns trieb. Endlich um 10. Uhr gieng der Wind in Nordwest, u. wir unter Seegel. Um 1. Uhr M. passirten wir Pilepilakinseln und kamen in Kakortoks (Julianehaabs) Fiord. Um halb vier Uhr ankerten wir endlich **in der Bucht** bey **Julianehaab.**

Donnerstags. d: 10. Julius.

Bey der Excursion welche ich hier zuerst vornahm, fand ich Granit als die herrschende Gebirgsart, in welcher doch der Feldspath vorwaltend ist. Der Sienit liegt lagerweise mit ganz weissem Feldspathe drinnen. Grosse weisse u. eisenschüssige Quarzadern durchschneiden das Gebirge. Von Nordwest nach Südost geht eine Kluft, welche in ihrer Mitte bis zu einer Höhe von 20. Lachtern von der Meeresfläche an gerechnet, mit Geschieben angefüllt ist, gegen welche sie sich an beyden Enden allmälig hinabneigt. Die beiden kleinen Buchten auf beyden Seiten beweisen, dass die See hier nach und nach einen kleinen Sund mit Geschieben verstopfte. Ein ungleich breiter Trappgang, gemengt mit grünlichem Quarz u. Bergkristall in körnigem Kalksteine durchschneidet diesen Berg in ungleicher Breite von Nordwest nach Südost. Der

Feldspath der Hauptgebirgsart wird zuweilen blass schmuzziggrün, u. hat hie u. da glasartigen Stralstein beygemengt, welchem er vieleicht seine Farbe zu danken hat. Den eingelagerten Sienit durchsezzt trümmerweise Chloritschiefer u. Feldspath, der auf der Oberfläche stark gestreift u. fettglänzend ist. Ich bemerkte hie und da am Gesteine schwache Spuren von Kupfergrün.

Sonnabends. d: 12. Julius.

Ich durchwanderte die Gegend am Laxelfe und um den Landsee, wo ich nichts besonders merkwürdiges fand, ausser derben Lepidolith und körnigen Flussspath, welcher auf der Nordwestlichen Seite von Julianehaab hie u. da das Gestein durchsezzte. Der Thermometer zeigte Mittags im Schatten 13. Grade Wärme.

Ich musste zu Julianehaab wider meinen Wunsch und Willen stille liegen, ungeachtet mir Herr Mörch noch den ersten Tag Beförderung versprochen hatte. Herr Schythe wendete sich, da er nun konstituirter Kaufman wurde, an die Mährischen Brüder zu Lichtenau, welche auf der Stelle Rath schafften. Auf den kleinen Excursionen, welche ich vom 13 zum 19. Julius machte, fand ich nichts besonders merkwürdiges. Die Witterung war diese Tage über besonders schön, um so schmerzlicher war mir das Stilleliegen. Das Thermometer stand 14 und 15 Grade im Schatten, und es regnete sehr wenig seit 8. Tagen.

Sonnabends. d: 19. Julius.

Verliess ich das Schiff, der Frühling genannt, den nemlichen Tag und die nemliche Stunde in welcher ich dasselbe vor 13 Wochen betreten hatte, und trat meine Reise nach Süden mit einem Grönländischen Weiberboote von 6. Ruderinnen, und 2. Grönländern in Kajaks begleitet, an. Herr Missionär Beck von der Mährischen Brüdergemeinde zu Lichtenau hatte dieses Volk sogleich mit einem Grönländischen Zelte für sie und mich nach Julianehaab gesandt, weil Herr Mörch weder Volk noch Boot bei seinen Leuten zu erhalten im Stande war. Der Böttcher Sören Geraae folgte mir als Steuermann, Dollmetscher und Aufwärter. Wir sezzten über Kakortoksfiord passirten innen um Mathiesens Land Sarlok u. Omanarsuk vorbey, sezzten über Akadleksfiord, passirten Torsukatak, u. Karsok, landeten zu Serfartursok, u. kamen Mitternacht

Sonntags. d: 20. Julius.

zu Lichtenau an, die Grönländer nennen es Kernektok. Die Mährischen Brüder nahmen mich sehr gefällig auf. — Die Hauptgebirgsart in dieser Gegend ist Sienit, mit lichtröthl. breiten Granitgängen, welche aus schneeweissem Feldspath, grünlichem Glimmer und graulich schwarzem Quarz bestehen; hie u. da sind auch kleine Granaten beygemengt. Den Sienit begleitet zuweilen Grünstein, der sich in runde knollige schaalige Stücke ablöst, und glasartiger Stralstein. Der Wind war Nordwest. Der Thermometer zeigte 14° Wärme.

Montags. d: 21. Julius.

Reisten wir früh 6. Uhr ab, sezzten über Agluitsoks-Fiord passirten Ounartok und Annik, und kamen Mittags nach Innuksuktalik. Die Gesteinart der hier herum zerstreuten kleinern Inseln von unbedeutender Höhe ist meistens röthlicher eisenhaltiger Granit. Die Schichtungen gehen durchaus von Nordost nach Südwest. Die Klüfte und Spalten von Nordwest nach Südost.

Nachmittags 4. Uhr ruderten wir Cap Farvel vorbey, (Grönl. Sermesok). Abends 10. Uhr erreichten wir Nennortalik, eine Insel, wo die südlichste Königl. Handels Anlage sich befindet. Ich war Willens, die Besichtigung dieser Insel auf meine Rückreise zu versparen, u. blieb deswegen hier nur über Nacht.

Dienstags. d: 22. Julius.

Der Wind war morgens bey meiner Abreise von hier Nordwest, die Luft dicke u. neblicht. Nachmittags zwey Uhr kam ich Netingiak vorbey, eine beträchtliche Klippenkette, welche einige Meilen tiefer im Lande steht, und der äussern Gestalt nach dem Redekam ziemlich ähnlich sieht. Tief hinter dieser ragt noch eine steilere und höhere Felsenklippe hervor, welche sich durch ihr rötlichbraunes Gestein besonders auszeichnet. Sie muss tief im Innern des Landes stehen. Gegen Abend kamen wir zu einer steilen Felsenmauer, deren mittelster Punkt 5. schroffe kegelförmige Spitzen hatte. Wir liefen wegen starkem Strom in Pusursuak Fiord ein, und blieben in Pusursuak über Nacht. Hier schlief ich zum erstenmale mit 3. Grönländern, 6. Grönländerinnen, und 2. Kindern unter einem 6. Schritte langen und 4. Schritte breiten Zelte, mit ihrem und meinem ganzen Haabe und Hausgeräthe. Ich muss es gestehen, die erste Nacht wurde mir, ungeachtet ich an Ungemächlichkeiten aller Art gewohnt bin, verzweifelt sauer — Nun habe ich aber auch dieses ertragen gelernt. —

Mittwochs. d: 23. Julius.

Wir reisten bey starkem Nebel morgens sehr frühe ab. Ich fand hier, so wie auf der ganzen Küstenstrecke von Nennortelik hieher Gneis und Granit meistens mit kleinen Granaten eingesprengt als herrschendes Gestein, ersterer ist meistens sehr dünnschieferig.

Wir fuhren grösstentheils West Süd West nach Ost-Nordost, dann durch einen Löb von Süden nach Osten in Pomiasuksfiord, wo wir zur rechten Hand eine schroffe drey Meilen lange Bergkette hatten, welche eine einzige Insel ausmachte. Wegen heftigem Sturm aus Südost, der sich augenblicklich erhob, mussten wir Abends 7. Uhr an der Insel Pomiasuk landen, und unser Zelt aufschlagen.

Donnerstags. d: 24. Julius.

Es stürmte den ganzen Tag mit heftigen Windstössen, bald aus Nord, bald aus Südost. Auf einer Excursion fand ich 2. Heidnische Gräber, ein männliches u. ein weibliches. Bey dem ersten lag eine Lampe und zerbrochenes Jagdgeräthe; die Lampe nahm ich mit. Ich öffnete auch das weibliche und fand das Skelett eines Weibes und Kindes. Das Kind lag zwischen den Schenkeln der Mutter, in den Hölungen zwischen den Steinen lagen die Bruchstücke eines *Kollipsiut*, u. andrer weiblicher Geräthschaften; das Kind war mehr ausgetrocknet als verwest. —

Diese Insel hat zwey beträchtliche Flächen oben zwischen den Bergen, und 3. kleine Landseen. Die Steinart ist der obenbenannte Granit mit schmalen Adern von Turmalin.

Freytags. d: 25. Julius.

Machte ich eine Excursion um die Insel, u. fand auf der Seite gegen die offene See zu einen Gang von körnigem grünsteinartigem Basalt, der an einigen Stellen bis zu 3. Lachtern mächtig wurde, u. grosse glasige Feldspathkristalle eingemengt hatte. Er gieng von Nordwest in Südost.

Das Eis hatte uns ganz eingeschlossen, Abends war schwerer Sturm aus Südost.

Sonnabends. d: 26. Julius.

Der gestrige Abendsturm hatte eine Lücke durch das Treibeis

gemacht, und der Wind nachgelassen; ich wagte es also weiter. Wir kamen glücklich durch, ungeachtet wir einigemal festsassen, und die kleinern Eisträmmer auf die Seite drehen mussten. Ich sezzte ein Stück in Illoamiutsfiord, musste aber des Eises wegen wieder wenden. Wir giengen weiter in Ikareseksuaksfiord. welcher das sogenannte Staatenhuk, das auf den meisten Karten fälschl. als festes Land verzeichnet ist von dem festen Lande trennt. Zu Staatenhuk gehört eigentlich eine Reihe von vier grossen Inseln. Die äusserste südlichste nennen die Grönländer Kangersuak oder Kangek Kyerdlek, die nächste u. runde: Omanak.

Die Hauptgebirgsart dieser Gegend ist durchaus Granit meistens mit beygemengtem Granat. Als Geschiebe fand ich hier am Strande Bergkristall und Chalzedon.

Abends gegen 7. Uhr begann es abermals heftig aus Südost zu blasen, u. der Seegang nahm augenblicklich so sehr zu, dass wir nur mit Mühe das feste Land von Ikareksuak, welches reichlich mit Scheeren verschanzt ist, erreichen konnten, wo wir bleiben mussten, obgleich kein Zelteplatz war. Unter anhaltendem Platzregen nahm der Sturm uns in der Nacht zweymal das Zelt weg, ungeachtet die Felle rundum mit Steinen belegt waren.

Sonntags. d: 27. Julius.

Morgens 6. Uhr bestieg ich die höchste Kuppe dieses Berges; die Gebirgsart des Fusses so wie des Gipfels war sich gleich, nemlich der obenbeschriebene Granit. Blauer Quarz, Schörl, grüne u. rothe Granaten waren ihm ausserordentlich beygemengt. Lagerweise fand sich auch Chlorit, u. der Urgrünstein füllete eine Kluft von Nordost nach Südwest. Dieser zerspringt und zerfällt in unvollkommen rhomboidalische Bruchstücke, u. hie und da war er mit grünlich braunem an den Kanten durchscheinendem gemeinem Talk und Topfstein (Veegsteen) gemengt.

Montags. d: 28. Julius.

Starker Wind aus Südost und Regen den ganzen Tag. Ich erstieg die der gestern erstiegenen gegenüberstehenden Klippe, und kam bey dieser Gelegenheit um meinen Hut, der mit grossen Saltimortali in die See hinabtanzte. Wir mussten die ganze Nacht auf den Beinen bleiben, weil Wind und Regen uns den Garaus zu spielen drohte.

Dienstags. d: 29. Julius.

Sturm und Regen war auch diesen Tag über so heftig, dass

wir es nicht wagten aus dem Zelte herauszukriechen. Unsre ganze Bagage war durchnässt. Meine Grönländer beteten und brummten wechselweise, und so kriegten wir auch den Tag drauf gut Wetter.

Mittwochs. d: 30. Julius.

Ich reiste weiter, obgleich das Fell unsers Bootes so schlapp wie ein nasser Lappe war. Um Mittag passirten wir Sertak. Süden vor liegt Kangek oder Kangersuak, die äusserste Spitze von Staatenhuk. — Wir fuhren durch einen langen Fiord, innen um Krippisakok, eine grosse sehr steile Insel.

Das Hauptgestein derselben ist Granit mit Granat übermengt. Ich landete hier bey den Ueberbleibseln eines sehr alten zerfallenen Grönländischen Hauses, und fand nahe dabey drey Heidnische Gräber. Bey einem derselben lag eine ganz mit Moos überwachsene Lampe und einige vermoderte ganz unkenntliche Geräthe. Die Lampe nahm ich mit. Gegen Abend fuhren wir durch einen Fiord, welchen quer ein Basaltzug von Nordost nach Südwest durchschneidet. Dieser führte uns nach einem sehr schmalen Löb, der nach der offenen See geht, wodurch wir des Eises wegen, das aussen dicht vorlag, nicht kommen konnten. Den Löb nennen die Grönländer Akajarosèk, und die Stelle, wo wir über Nacht bleiben mussten, Akajarovanik. Die Gebirgsart dieser Gegend ist Granit, dessen Quarz etwas schillert. Basaltadern und Gänge zerkreuzen ihn nach allen Richtungen. Ich sah auch in kleinern Lagern Talkschiefer mit eingemengtem Asbest.

Donnerstags. d: 31. Julius.

Morgens früh schickte ich Mosen und Ephraim meine beyden Kajaksmänner auf Kundschaft aus. Sie kamen Abends mit einem Südländer, namens Ababelèk, welcher mit den fernsten Ostländern Handel treibt, und die eingetauschten Waaren von Zeit zu Zeit, wenn es das Eis erlaubt, nach Nennortelik abliefert. Er wohnt auf der Insel Keppingajak, 2. Meilen von unserm Standorte, u. sagte, dass das Eis dicht unter Land anläge. Wir behielten ihn und seinen Sohn über Nacht in unserm Zelte.

Monat August.

Freytags. d: 1. August.

Ich liess Morgens 5. Uhr in Ababelèks, und seines Sohns Begleitung einen Versuch machen durch das Eis zu kommen. Aller angewandten Mühe ungeachtet aber konnten wir nur die Näss Nunarsoeitsiak, von einigen auch Allik, oder Alluk genannt, erreichen, wo wir ganz zwischen dem Eise sassen. Durch Hülfe der vier Kajaksmänner, konnten wir uns mit dem Boote, das ein Loch und ein Löchlein bekommen hatte, wieder zurückziehen, und legten unter Kakasoeitsiak ans Land, weil der schmale Löb, durch welchen wir herausgekommen waren, nun mit Eis verstopft war. Ich bestieg mit Ababelèk die höchste Kuppe dieses beträchtlichen Berges, und sah, so weit das Auge reichen konnte, nicht als Himmel und Eis.

Die Hauptmasse dieses Berges ist vom Fusse bis an den Gipfel Granit. Ein besonders schönes Gebirgslager zog hier meine Aufmerksamkeit an sich. Es formirte eine Treppe von graulich weissen und milchblauem Quarz. Auf beyden Seiten bildete schneeweisser kristallinischer Feldspath mit einsizzenden grossen schwarzen Glimmertafeln das Geländer, und steigt zu einer Höhe von 6. Lachtern von der See herauf, wo es sich sodann unter der Hauptgebirgsart verliert. Auch fand ich hier milchblauen Quarz, Avanturinquarz und ein schwarzes mir unbekanntes Fossil, das in Granit eingewachsen war, u. die Kristallform der gemeinen Hornblende hat.

Ich war herzlich froh, dass das Eis von dem schmalen Passe wich, und wir also, obgleich späthe in der Nacht noch unsern gestrigen Zelteplatz zu Akajarovanik erreichen konnten, wo wir über Nacht blieben. Der Südländer Ababelèk und sein Sohn trugen ihre Kajaks über die Berge, und versuchten auf diese Weise heimzukommen.

Sonnabends. d: 2. August.

Weil ich früh morgens bemerkte, dass der Wind das Eis aus der See gegen die Buchten und Fiorde trieb, und also Ursache zu befürchten hatte, dass uns der Rückzug nach Nennortelik abgeschnitten werden möchte, so hielt ich es für das Klügste, meinen Vorsazz, weiter östlich vorwärts zu dringen, fahren zu lassen, und — — umzukehren; um so mehr, da es für eine beträchtliche Reise vorwärts nach Osten schon zu späth im Jahre war, und ich eben keine Lust hatte, mein oder der Grönländer Leben muthwillig aufs Spiel zu sezzen, welche schon bange zu werden anfiengen. Ueberdies gebrach es unsern Lampen an Oel und unsern Mäulern an Proviant. Doch bin ich der Meynung, dass es sehr wol möglich wäre, mit Konebooten, besezzt mit Nationalvolk, welches seinen Magen weit leichter, als ein Europäer befriedigen kann, dicht unter dem Lande, eine beträchtliche Reise nach der Ostseite zu machen. Doch könnte man hiezu niemals die Zeit der Hin und Rückreise gerade auf Einen Sommer oder Ein Jahr einschränken. Unwidersprechlich ist es, dass die Südländer nach Osten reisen können; ferner: dass die Ostländer doch von Zeit zu Zeit nach Südost, wenigstens bis in die Gegend kommen, wo ich war. Ob es das Ungemach lohnen würde, getraue ich mir nicht so geradezu zu behaupten; noch weniger, dass man das gehoffte gepriesene Land finden würde, wo Milch und Honig innen fleusst. Dazu zeigen sich keine Vorzeichen. Ich muss im Gegentheile aufrichtig gestehen, dass ich auf meiner Reise das Land um nichts besser, ja wol gar, besonders hinter Staatenhuk schlechter gefunden habe. Besonders die düstern schmalen Pässe auf der schwarzblauen See zwischen himmelhohen senkrechten schwarz bemoosten Felsenwänden erregen ein schauerliches Gefühl, und errinnern, durch das steete Prasseln und Krachen der fernen Eisberge vermehrt, an den Orkus der Alten. Ich habe überhaupt ziemlich einerley Gedanken mit Herrn Justitzrath von Eggers, und ausserdem noch so allerley andre Ideen um Østerbygd, verlohrene und erschlagene Normänner *et caetera*, welche nun hier zu erörtern zu weitläufig wären. Ich werde sie herzlich gerne bey Gelegenheit mittheilen, sobald ich mich nur noch mehr in der Sache orientirt habe. Doch wie gesagt, es sind nur Ideen — Meinungen!! — — — Dass ich umzukehren, das heisst: zurückzureisen, wo ich herkam, beschlossen hatte, habe ich schon oben gemeldet, und es war auch wirklich die höchste Zeit, denn das Eis drückte sich von allen Seiten und mit aller Macht so zwischen die Inseln und das feste Land, dass wir in forcirten Tagereisen zurückeilen mussten. Wir brachten den ersten Tag nach einer Tour von 10. Meilen einen Theil von Staatenhuk hinter uns, und mussten des Eises wegen zu Irasutsuit über Nacht bleiben. Der Platz fürs Nachtquartier war steil und gefährlich. Granit, der sich ins Grünliche zieht, war hier die Hauptmasse. Ein Landsee, der, etwas höher vom Strande ab, auf einer beträchtlichen Fläche sich ausbreitete, zeigte ein Wasser, das von aufgelöstem Thone milchblau gefärbt war. Wir sahen hier viele Ryper, hie und da schönes fettes Gras und eine ungeheure Menge *Cochlearia* u. *Angelika.*

Sonntags. d: 3. August.

Wir passirten Staatenhuk vollends vorbey, und um 12. Uhr Pomiasuk. Das Eis machte uns viele Sorgen. Um 6. Uhr Abends umfuhren wir den südlichen Theil von Nunarsoak. Diese Insel hat 2. hohe Gipfel, u. fällt steil gegen Westen ab. Rechts hatten wir die steilen Berge von Umiarsoit, welche mit dem festen Lande zusammenhängen und von Nordwest nach Südost ziehen. Abends 8 Uhr passirten wir den Berg Tippok, an welchem sich aufgeschwemmtes Land, das erste, das ich in dieser Gegend bemerkt habe, gegen Pusursuak zuzieht, wo wir Nachts 12. Uhr ankamen u. bleiben mussten. Hier trafen wir viele Südländer, alle Heiden, welche so eben vom Klappmützenfang zurückgekommen waren und uns mit einem fürchterlichen Freudengeschrey bewillkommten. Die Grönländer in Süden sind wohlgebildeter, munterer ü. gefälliger als die im Westen, und die Heiden oder Wilden sind uneigenüzziger als die Christen. Woher kömmt das?? —

Sie traktirten uns mit frischem Klappmüzzefleisch, das ich Ehrenhalher mitspeiste.

Montags. d: 4. August.

Ich besuchte sehr früh Morgens den gegenüberstehenden steilen Fels Najak, oder Nujak. Er besteht aus feinkörnigem Gneise, der in den rhombischen Ablösungen stark eisenschüssig ist. Schwere Basaltgänge durchschneiden ihn senkrecht.

An einem grossen Laxelv wächst viel *Angelica, Cochlearia,* und fettes Gras. Um 2. Uhr passirten wir die Gebirgskette Korossuak, deren mittelster Fels wie abgeplättet ist. Im Hintergrunde liegt die steile Klippe Naporsuak, zu welcher ein langer und breiter Fiord führt. Nahe hiebey kamen wir an eine gefährliche Stelle, wo zwey Ströme zusammenstossen, Onoasuk genannt, u. waren des ungeheuren Treibeises wegen in steeter Todesgefahr, bis wir endlich nach Mitternacht glücklich nach Nenortelik zurückkamen, und also auf der Reise nach der Ostseite von hier aus gerade 14. Tage zugebracht hatten.

Dienstags. d: 5. August.

Ich machte eine kleine Excursion in der Nähe des Handelsgebäudes; es liegt südlich auf einer grasreichen Fläche. Der Berg, welcher eigentl. Nenortelik (Bäreninsel) ausmacht, besteht aus Granit mit grossen Gneis und Sienitlagern, u. liegt Südost von Cap Farvel. Er ist gegen Norden sehr steil, gegen Nordost und Südwest etwas sanfter abfallend, und besteht aus mehrern flächern u. niedrigern Kuppen.

Mittwochs. d: 6. August.

Ich wanderte mit dem Grönländer John nach der Nordostseite der Insel, und fand bey dieser Gelegenheit Turmalin und Granat in Granit, welcher leztere auf dieser Seite minder sichtbar ist; da es zuweilen sogar scheint, als ob der Gneis ihn verdrungen und zu einer untergeordneten Gebirgsart gemacht hätte. Grünlichweisser Chlorit mit schwarzem Glimmer füllt hie und da senkrechte Klüfte aus. Tief herab gegen die See auf der Ostseite kommt Graphit ebenfalls in Granit vor, hie und da Turmalin und kleine rosenrothe Granaten in weissem Quarz, welche der Steinart ein behagliches Ansehen geben. Der Topfstein findet sich hier in Gesellschaft des Chlorits. Ein grauer Thon, der wahrscheinlich aus aufgelöstem Trapp entstanden ist, findet sich hie und da lagerweise.

Donnerstags. d: 7. August.

Auf der Östlichen Näss und höher oben auf einer Kuppe befindet sich Arsenikkies in Granit, welcher mir auf Grönland auf keiner Stelle noch vorgekommen ist.

Freytags. d: 8. August.

Abgereist nach Tuarbek, 2. Meilen Südost bey Nenortelik. Der Granit ist hier weiss, der eingelagerte Gneis hat violetten Feldspath u. graulichen Quarz. Die ganzen See zwischen Cap Farvel und Nenortelik war mit grossem Treibeise bedeckt, dass wir uns kaum durcharbeiten konnten. Wir passirten Ikariut, welches an Cap Farvel eine Halbinsel ausmacht. Ich gieng hier ans Land, und fand als Gebirgsart weissen Granit mit Almandin. Um 12. Uhr passirten wir Amiktok, u. um 3. Uhr Angmalortok. Um 4. Uhr war Konamiut u. Konermiut uns gerade gegen über. Lezteres ist gegen Cap Farvel zu die äusserste Stelle der Herrnhutischen Grönländer. Um 5. Uhr kamen wir nach Ikaretusùk, eine kleine flache Insel nächst an Cap Farvel. Um 6. Uhr landeten wir auf Cap Farvels Kangek, wo ich verweilen wollte.

Sonnabends. d: 9. August.

Die Hauptsteinart dieses grossen Vorgebirges, welches die Grönländer Sermesòk nennen, ist feinkörniger Granit mit grossen Adern von Granit u. vielen Quarzlagern. Die Hauptmasse ist nach mehrern Richtungen, doch vorzüglich senkrecht von breiten Trappgängen durchschnitten. Die Hauptschichtung geht von Nordwest zu Südost. Der ewige Schnee, der hier in den Klüften und Hölungen liegen bleibt, macht die Gebirgsart von oben zu immer mürber und bröcklicher, welche in ungeheure Grusmassen zusammen und niederstürzt;

daher die Klippen immer steiler und unersteiglicher werden. — Heute bemerkte ich den ersten Nachtfrost: das Thermometer stand morgens 4 Uhr 4 Grade unter 0, und die kleine Bucht, worinnen wir lagen, war mit dünnem Eise überfroren. Doch waren um 6. Uhr allbereits. die kleinen Mücken wieder sehr geschäftig, diese Harpyen, welche mir besonders in den Fiorden tiefer im Lande, und auf den bewachsnen Flächen so erbärmlich mitspielen.

Cap Farvels mittelste und spizzeste Klippe nennen die Grönländer Napposorsuak. Mit vieler Mühe erstieg ich die höchste Spizze dieser Bergreihe gegen Nordwest, und fand in dem vorhin beschriebenen Granit hie und da eingewachsenen Turmalin in 6. seitigen Prismen, Moroxit in kleinen Körnern, Milchquarz, adernweise, und Gadolinit in kleinen doppelt 4. seitigen Piramiden in Gesellschaft mit oktaedrischem Magneteisensteine. Nachmittags fuhr ich nach Kikertarsoeitsiak, 1. Meile Nordwest von Cap Farvel, welches Vorgebirge ich hier in seiner ganzen Ausdehnung überschauen konnte, da es klar Wetter war. Kikertarsoeitsiak ist eine lange schmale Insel, und hat an beyden Enden flaches aufgeschwemmtes Land. Sie wird dermalen nicht mehr von Grönländern bewohnt, ungeachtet sie für den Fang sehr bequem liegt. Die dortigen Grönländischen Häuser sind ganz zerfallen. Die Gebirgsart ist dem Granite zu Cap Farvel vollkommen ähnlich. Bey einem alten Grabe fand ich einen Grönländischen Augenschirm. Die Gesteinart ist hier wie zu Cap Farvel ausserordentlich geborsten, und zeigt an mehrern Stellen unverkennliche Spuren einer neuern grossen Erdrevolution.

Sonntags. d: 10. August.

Vormittags 10. Uhr reiste ich von Cap Farvel ab; auf der ganzen Strecke von hier bis Tuktuartok findet sich regenerirter Granit mit Milchquarz und eingewachsenen rundlichen Glimmerschiefergeschieben, auch Granit mit Hornblendschieferbroken. Tuktuartok hat seinen Namen von den Rennthieren, welche sich ehmals in grosser Menge hier sollen gefunden haben. Wir ruderten Annik vorbey und landeten bey Ounartok. Die Gebirgsart dieser Insel ist Granit. Um die Gegend der warmen Quelle ist aufgeschwemmtes grasreiches Land. Ich badete mich um 2. Uhr Nachmittags bey gutem Wetter in der grossen warmen Quelle, über welcher eine schwache Dampfwolke stand, und konnte die Wärme des Wassers an allen Theilen des Körpers ohne Beschwerde ertragen. Die Tiefe ist ungleich; an der tiefsten Stelle reichte mir aufrecht sizzend das Wasser bis an den Mund, also ungefehr 2. Fuss Tiefe. Einige Schritte weiter auf 2. verschiedenen Stellen sind noch 2. kleinere Quellen, die zwar wol mit dieser in Verbindung stehen, aber nicht so warm sind und wenig Wasser haben. Die Wärme der Luft war nach Reaumur 10 Grade. Auf den drey Quellpunkten der grossen Quelle unter dem Wasser zeigte das Thermometer 32°, ausser diesen Punkten, doch im Wasser, 30 Grade. In freyer Luft, nachdem es abgetroknet u. kalt geworden war wies es wie zuvor 10. Grade. Während ich im Wasser war, fieng es stark zu regnen an; es war wie ich zu Lichtenau hörte seit 8. Wochen der erste Regen in dieser Gegend. Dies machte in einer Viertelstunde Zeit, während ich mich ankleidete, eine merkl. Veränderung in der Temperatur des Wassers. Das Thermometer stieg kaum zu 24. Graden. Der Grund der Quellen ist violetter feiner Sand. Das Ueberwasser schlängelt sich durch eine nur wenig über die Oberfläche des Meeres erhobene Grasfläche auf einer Strecke von 400 Schritten hinab zur See, und setzt auf den Geschieben, über welche es geht einen weissen Kalktuff ab, der einen starken etwas stechenden Salzgeschmack hat, die Geschiebe nahe bey der Quelle auf der Oberfläche ganz überzieht und sich in mehrerer Entfernung verliert. Das Wasser selbst ist geschmack u. geruchlos, machte auch auf meinen Körper ungeachtet ich ein

Glas voll trank, keine Wirkung. Doch muss ich gestehen, dass dieses bey mir auch der Fall mit andern mineralischen u. salzigen Wassern ist, wenn ich nicht eine beträchtliche Quantität zu mir nehme. Herr Christian Mørch soll, wie er sagt, bloss durch das Waschen der Füsse sehr krank geworden seyn. Ich befand mich aufs Baden und Trinken sehr wohl und gestärkt, ungeachtet ich des Regens wegen der mich im Wasser überfiel, selbst eine Erkältung vermuthet hätte. Freilich was dem Einen auf die Beine hilft, bringt den andern ins Grab, sagt das Sprichwort. — —

Die Grönländer, geschworne Feinde alles Waschens und Badens (mit Urin ausgenommen) benuzzen die Quelle, wenn sie hieherkommen bloss um ihre Felle zu reinigen. — Es wäre vieleicht doch der Mühe werth, dies Wasser genau chemisch zu untersuchen, ob es nicht als Heilmittel der unaufhörlichen Hautkrankheiten brauchbar wäre, womit die Grönländer geplagt sind. Die Gütige Natur hat doch jedem Volke Mittel gegen gemeine Uebel gegeben, sollte sie denn nicht auch für dieses gesorgt haben. Man wird mir diesen Seitensprung über mein Territorium der guten Meinung wegen verzeihen; ich trete bescheiden in mein Geleise zurück, und denke an die goldne Sentenz: *Ne sutor ultra crepidam!!!* — — Um 3 Uhr Nachmittags verliess ich Ounartok, u. kam unter beständigem Regen Abends um 8 Uhr müde und ganz durchnässt nach Lichtenau, wo ich über Nacht blieb.

Montags. d: 11. August.

Den ganzen Vormittag war heiter Wetter, doch sehr schwül; das Thermometer stand im Schatten auf 14 Graden. Nachmittags zwischen 3 und 4. Uhr donnerte es dreymal ziemlich stark, worüber die Grönländer, als eine seltene Sache, bange wurden; ein starker Plazzregen folgte darauf, welcher eine halbe Stunde anhielt; doch war der Blizz nur schwach bemerkbar. —

Dienstags. d: 12. August.

Morgens 8. Uhr reiste ich ab, wir passirten Sonen, eine lange schmale sanft ansteigende Klippenreihe. Hier ist ein Schiffshafen. Um 10. Uhr landete ich zu Serfartursòk. Die Gebirgsart ist hier Granit mit röthlichem Feldspathe, u. sparsam beygemengtem Akantikone. Die hier äusserst liegende Insel ist Innuarsuk. Regen den ganzen Tag. Wir passirten Usesoak, und kamen um 1. Uhr nach Karsuk, welches zum festen Lande gehört.

Ich bestieg den schroffen zerklüfteten Gipfel, und fand Granit mit rothem Feldspathe von Fusse bis zu oberst als die Hauptmasse. In diesem liegen Eisensteinlager, welche theils aus Magneteisensteine, theils aus Eisenglanz u. Eisenglimmer bestehen. Senkrecht durchschneidet den Berg von Nordwest nach Südost eine grosse Basaltader, in welcher sich mandeln u. nierenweise glasiger Feldspath u. strahliger Zeolith befindet. Derber Thallit, kristallisirter Feldspath, u. prismatischer Quarz ist in Bruchstücken herumverbreitet. Kräkebeere *(Empetrum nigrum)*, Blaubeere, Sauerampfer u. Löffelkraut finden sich in unbeschreiblicher Menge. Um 2. Uhr hatten wir links Grysseløe (Omanarsuk). — Mein Boot war durch das Treibeis so leck geworden, dass wir kaum das Land erreichen konnten, und unter Omanarsuk über Nacht bleiben mussten. Gebirgsart war hier Granit mit rothem Feldspath und beygemengtem Akantikone. Die Nacht durch wüthete unter anhaltendem Regen ein heftiger Südweststurm welcher uns das Zelt wegnahm. Eine sehr unangenehme Sache!

Mittwochs. d: 13. August.

Ich liess das zerrissene Boot nähen und flikken so gut es in der Eil geschehen konnte, u. reiste um 10. Uhr morgens ab. Die herrschende Gebirgsart auf Matthiesens Land ist Granit, mit grossen Lagern von Talkschiefer. Die hier häufig wachsende Krächebeere und Blaubeere verursachten, dass meine Grönländerinnen, während ich mich nach Steinen umsah, alle davon liefen, und mich über eine Stunde im Regen stehen liessen. Um 3. Uhr passirten wir Kaaberøe (Ikarekarsuak) und um 4. Uhr kam ich nach einer vierwochentlichen Reise glücklich zurück nach Julianehaab. Der Blanding Böttcher Sören Geraae von der Kolonie, u. die beyden Kajaks Grönländer Moses und Ephraim von der Mährischen Brudergemeinde zu Lichtenau verdienen ihres gefälligen Betragens und geduldigen Ausharrens wegen, dass ich Ihrer hier rühmlichst gedenke, wie ich es stets thun werde.

Donnerstags. d: 14. August.

Wurde Anstalt zu einer fernere Fahrt gemacht; deswegen ruhte ich ein wenig aus.

Freytags. d: 15. August.

Reiste ich morgens 9. Uhr mit Herrn Missionärs Fleischers Boot, Sören Geraae und 6. Grönländerinnen der Kolonie nach dem Igalikko Fiord. Um 11. Uhr landete ich auf Kaaberøe (Ikaresusuk). Das Hauptgestein dieser Insel ist Granit. Das Kupferglanzerz, von welchem bereits seit längerer Zeit Proben nach Koppenhagen gesendet worden sind, findet sich hier nester und nierenweise in weisslich grauem Quarze eingewachsen. Es ist theils dichtes, theils blättriges, und hat auf den Ablösungen einen schwachen Beschlag von Kupfergrün. Da die Insel klein ist, so konnte ich auf mehrern Punkten Nachforschung anstellen, und fand das nemliche Erz auf mehrern Stellen, aber so sparsam vertheilt, dass von Bearbeitung desselben kein Nuzzen zu erwarten ist. — Erze müssten sich auf Grönland in ungeheuren Massen finden, wenn sie die Kosten lohnen sollten. Der Heidnische Grönländer Anarnèk, welcher hier im Sommer durch mehrere Jahre seinen Zelteplatz hatte, hat dieses Kupfererz zuerst gefunden und zur Kolonie gebracht. Grünlicher stängliger Quarz mit Stralstein in einer Granitbreccia, Urgrünstein und Gneis in langen rhombisch-stänglig-abgesonderten Stücken finden sich in grossen Massen hier. Wir reisten Nachmittags 4. Uhr ab, giengen durch Kakortoksfiord, und kamen gegen 7. Uhr nach Redekammen (Illeiutit, von einigen auch Kidloak genannt). — Ich gieng bey Kirkefield (Kakortok von den grossen weissen Granitflekken genannt) ans Land, um die Rudera der Normännischen Kirche zu besehen. Sie sind noch ziemlich wohl erhalten. Die ganze Gegend ist besonders am Strande gegen Redekammen zu stark mit Lyng bewachsen, hat drey besonders grosse Laxelve, u. ist ausserordentlich grasreich, kurz eine der besten Gegenden, welche ich noch auf Grönland gesehen habe. Ich gieng oder watete vielmehr durch das kurze dichte Gesträuche einen mühsamen Weg nach Redekammen, wohin ich das Boot hatte gehen lassen um dorten zu übernachten.

Sonnabends. d: 16. August.

Bestieg ich mit Sören Geraae den Redekamm; dass er einer der steilsten und beschwerlichsten Berge ist, ist bekannt. Die Hauptgebirgsart ist Granit abwechselnd mit Sienit und Gneis. Im erstern findet sich weissgrauer Labrador mit Adern von rothem Granit, welche ihn nach allen Richtungen durchkreuzen, ferner grosse Hornblendekristalle, welche einen berlinerblauen Strich geben; grauer, schwarzer und weisser Labradorscher Feldspath, braunrother gemeiner, und grüner gemeiner Feldspath, welcher lezte vieleicht Arctizit zugehören möchte. Einzelne Basaltkristalle fand ich lose zerstreut. Der Redekamm, eigentlich eine Bergreihe, zieht sich von Westen nach Osten. Der erste mit ihm zusammenhängende Berg ist rund, heisst Ivian|gnuset, hat gegen Süden einen kleinern Hügel anstehend, und hängt mit Tatoksfield zusammen; von diesem ab zieht sich in einem Halbzirkel Kisauviaksfield, und bildet einen niedrigern Rücken, gleichsam eine Brücke zu dem Redekammen, welcher von hier in 3. ziemlich steilen Absäzzen ansteigt. Der höchste Absatz hängt durch einen schmalen an einer Stelle kaum klafterbreiten an beyden Seiten schroffabstürzenden sattelförmigen Rücken zusammen. Von dieser Spizze aus kann man nur noch eine einzige besteigen, welche von der übrigen durch fürchterliche Schluchten getrennt ist. Auf der ersten höchsten grub ich ein C in eine vor mir liegende Gneisplatte, und richtete dabey von Steinen eine Ruhebank auf. Diese erste Spizze oder Zacke des Redekamm durchschneidet ein Trappgang mit Feldspathtafeln senkrecht.

Als ich auf der Spizze war, fieng es mit Westwind an zu schneyen, da es im Thale regnete. Das Treiben der Nebel vor der Sonne, Schnee und Sonnenschein im nemlichen Augenblicke lässt sich nicht beschreiben, so wenig als die schauerlich schöne Aussicht nach dem fernen innern Eislande, nach den schwimmenden Eisinseln der offenen See, deren Silberglanz das Auge blendet, nach Kangerdluarsuks düstern senkrechten Abgründen, nach Kirkefields gegen überstehender weisser kahler Granitmauer, in deren Thale die milchblauen Schneewasser sich sammeln, und mit dem fürchterlichsten Gebrause durch zertrümmerte Riesenmassen bald senkrecht bald in Schlangenkrümmungen sich in die grosse Bucht stürzen. Der weisse Haase, der blaue Fuchs, das Schneehuhn und die grosse weisse Eule sind die einzigen Geschöpfe, welche diese öde Klippen beleben. Mit vieler Mühe kletterte ich auf der Südseite des Redekamm durch Klüfte u. Schluchten hinab, und kam, durch den Wasserfall mich durcharbeitend müde und nass um 10 Uhr Abends nach meinem Zelte. Meine Grönländerinnen speisten so eben ein Gericht roher u. ungewaschener Hasenkaldaunen, mit Kräkebeeren und Thran gemengt mit vielem Appetite, und gönnten mir gerne den Hasen! *De gustibus non est disputandum*, dacht ich mir!

Sonntags. d: 17. August.

Früh 7. Uhr reisten wir ab. Die Bucht hier unter Redekammen und Kirkefield ist eine Meile breit, u. Kakortoks Fiord, bis an die Stelle, wo man in den Igalikko kommt $1^1/_2$ Meile lang. Die ganze schmale Strecke von Bergen, welche von Julianehaab an sich zwischen Kakortoks, Igalikkos, Kangerdluarsuks, u. Tunuliorbiks-Fiord hinzieht, hängt mit dem festen Lande zusammen. Die andere Seite des Fiords macht hier eine grosse Insel: Apaisovit mit ziemlich flachen Bergen, wo so eben 2 Grönländische Zelte standen, um Kräkebeere für den Winter zu sammeln. Gegen über schliesst Upernaviarsuk an den Kirkefield an, wo sich Ueberbleibsel von mehrern Norischen Gebäuden finden. Ueberhaupt waren des Angmarset u. Laxfanges und der grasreichen Gegend wegen die Normänner hier vorzüglich zu Hause. Johannes Andersen, der nun am Ende des Igalikko sich niedergelassen hat, wohnte ehmals hier. Nun ist diese erd u. grasreiche Gegend ganz verlassen.

Die Gebirgsart dieser flachen Kuppen ist Sienit mit rothem Feldspath. Abends 7 Uhr kamen wir nach Musotut wo wir über Nacht blieben. Hier ist eine beträchtliche ganz mit Steinen u. Geschieben bedeckte Fläche; die Hauptgebirgsart ist Sienit mit rothem Feldspath; Hornblendeschiefer. Die flachen Stellen an der See, besonders die sogenannten Zelteplätze sind grösstentheils angeschwemmtes Land, haben vieles u. fettes

Gras, u. verbinden oft durch eingeschwemmte Geschiebe 2. Inseln miteinander, wie dies hier der Fall war.

Montags. d: 18. August.

Früh um 8. Uhr passirte ich Kanneitsuk; in Norden lag ein hohes steiles Gebirge Inarsuak. Hie u. da ungeheure Trapplager mit breiten Quarzgängen. Das Thermometer stand 11 Grade, es regnete stark. Um 11. Uhr kamen wir nach Sirksaluktok, wo eine grosse Schlucht die senkrecht niederfallenden Klippen trennt, um halb ein Uhr erreichten wir die Näss Nulluk. Zwischen beyden Stellen sind grosse Gänge von braunrothem Trapp, welcher als Farbenmaterial zu benüzzen wäre. Dieser Trapp verbreitet sich bis ans Ende des Fiords Igalikko, wo wir um $1^1/_2$ Uhr ankamen.

Hier lebt Johannes Andersen, ein Sohn des verstorbenen Anders Olsen, verdienten thätigen ersten Kaufmanns der Kolonie Julianehaab. Er ist der einzige und erste Bauer, den Grönland noch hatte und hilft sich mit seiner Familie, die aus 9. Kindern besteht, kümmerlich durch. Er hält Schaafe und Kühe, und würde vieleicht etwas vor sich bringen können, wenn er nicht seiner zahlreichen Familie wegen den Zuwachs an Vieh jährlich schlachten müsste, um bey der Kolonie für das frische Fleisch Winterproviant einzuhandeln, wohin er auch Butter und Wolle abliefert. Er machte Versuche Käse und gegossene Lichte zu bereiten, welche gut gerathen sind. Ich habe ein solches Licht zu Probe an Herrn Inspekteur Myhlenphort abgeliefert. Er war auch ein guter Kajaksfänger, ist aber theils seit mehrern Jahren von Schwindel geplagt, theils zu weit von der See, und guten Fangestädten ab. Er wohnt 8 Meilen tief im Fiord, wohin selten Seehunde kommen. In Freystunden beschäftigte er sich sogar mit der Steinschleiferey; die Proben, welche ich davon sah, sind so, dass man sie von einem Manne, der weder Maschienen noch Anweisung hiezu hatte, unmöglich besser erwarten kann. Mich nahm er mit besonderer Gastfreundschaft auf, die mir so unerwarteter war, da er nicht von der Kolonie abhängt, u. gieng noch den nemlichen Tag mit mir in den benachbarten Gegenden herum, wo er etwas merkwürdiges wusste.

Der Sienit ist hier ganz von aufgelagertem Porphyr bedeckt, der theils anliegt, theils in kleinen Kuppen aufliegt. Mit ihm wechselt rothbraun u. weiss gestreifter Hornstein, der in körnigen Sandstein übergeht. Hie u. da sitzt in kleinern Kuppen eine Breccie auf, welche aus Geschieben von blutrothem Jaspis u. schneeweissem Quarz, meistens eyförmig, von der Grösse einer kleinen Bohne bis zu 1. Elle im Durchmesser besteht. — Die ganze Masse ist zum Theile wie in einander geschmolzen, und hat das vollkommene Aussehen einer Lava. Hie und da sind einige ausgeschwizzte eisenhaltige Körner bemerkbar. Die Oberfläche des Gebirges selbst, das anfangs in mehrern Hügeln sanft ansteigt, hat durchaus ein verbranntes Aussehen, u. ist in vielfachen Richtungen geborsten und gespalten. In dem Sienite selbst findet sich rother u. grüner Hornstein in Jaspis übergehend, Chlorit mit Stralstein, Quarz stänglich, und an einigen Stellen auch dünnblätterig wie Schieferspath, welche äussere Gestalt wahrscheinlich von dem Glimmer, der in dünnen Blättern eingewachsen war, u. verwitterte, herrührt: ferner Bergkristall, röthlich und grünlich in senkrechten Adern und Gängen, Basalt lager u. adernweise, Porphyre verschiedener Art, u. grosse u. kleine Granit und andre Geschiebe, in dem um die Bucht verbreiteten flachen Lande. Eisenstein ligt hier in einem beträchtlichen Lager unter dem rothen Thonstein, u. Quarzporphyre, und findet sich von grosser Mächtigkeit besonders zu Kartsutut, gegen den Tunuliorbiksfiord zu, auf dem Punkte, wo man Redekammen von der Nordostseite sehen kann. Auf der entgegengesezzten Seite des genannten Fiords findet sich ungefehr in gleicher Höhe mit diesem Lager ein aufgelöster zusammengeschwemmter rother Trapp zu Aukolluktòk, welcher mit Oel gerieben eine gute haltbare Farbe gibt.

In dieser Gegend wohnten die alten Normänner vorzüglich, welches die vielen Rudera zeigen. Einen Theil derselben benuzzte Johannes Andersen zu seinem Winterhause, einen andern zu einem Stalle u. Proviantgebäude. Mitten im Wasser, oder im Becken der Bucht steht auf einer Scheer ein einzelnes meistens zusammengefallenes steinernes Gebäude, welches zur hohen Fluthzeit unter Wasser steht, und vieleicht ehmals ein Fischerhaus war. Grosse noch kenntl. Steingehäge haben wahrscheinlich zum Zusammenhalten des Viehes gedient. Die Erde ist durchaus schwarze fette

Moorerde, u. das Gras an einigen Stellen so hoch, dass es bis an den halben Leib reicht. Abends zwischen 11 u. 12. Uhr war ein starkes Nordlicht in Südwest, das erste, das ich in diesem Jahre bemerkte.

Mittwochs. d: 20. August.

Ich reiste Vormittags 9. Uhr bey Nebel u. Regen mit Südwest ab. Um 10. Uhr Abends kam ich nach Redekammen, wo ich übernachtete.

Donnerstags. d: 21. August.

Den ganzen Tag abwechselnd Nebel und Regen, Schnee u. Sonnenschein. Ich erstieg den Redekamm noch einmal. Die Bemerkungen, welche ich diesmal machte, habe ich der Ordnung wegen Seite 30 bis 31 zugleich mitgetheilt und übergehe sie hier.

Freytags. d. 22. August.

Nebel und Regen den ganzen Tag. Um 8. Uhr reiste ich ab, und landete noch einmal auf Storøe oder Kaaberøe (Ikaresusùk), wo ich mich einige Stunden aufhielt, aber weiter nichts als was ich oben Seite 29 meldete, bemerken konnte. Abends fuhr ich nach Julianehaab zurück, u. logirte bey Herrn Schythe, dermalen constituirten Kaufmann der Colonie. Vier Tage von Sonnabend den 23 bis Dienstag den 26. August musste ich des Windes u. Eises wegen stille liegen. Doch endlich gelang es uns

Mittwochs. d: 27. August

die Kolonie zu verlassen, mit herzlichem Danke gegen die Herren Schythe, Monrad, u. Herrn Missionär Fleischer, welche sich alle mit vielem Eifer wechselweise gefällig gegen mich bezeigten. Sechs Grönländerinnen von der Mährischen Brüdergemeinde folgten als Ruderinnen, mein voriger Begleiter, Böttcher Sören Geraae, als Dollmetscher u. Steuermann, Markus ein Grönländer von Lichtenau als Kajaksmann mit. Um 1. Uhr Mittags kamen wir nach Matuk, u. Abends 7. Uhr ans Ende des 3. Meilen langen Kangerdluarsuks Fiord, wo wir unter Nunasusuksfield das Zelt sezzten, u. übernachteten. Der Wind war Südwest.

Donnerstags. d: 28. August.

Nebel und Regen. Ich bestieg Nunasusuksfield. Die Hauptgebirgsart ist Gneis, hie u. da in Talk u. Chloritschiefer übergehend. Die Schichtung geht von Nordwest nach Südost. Der Gneis ist nach der Quere der Schichtung gangweise von Graphit (Reissbley) durchschnitten. Trümmerweise durchsezzt ihn nach allen Richtungen späthiger und okkriger Eisenstein, ersterer zuweilen in Rhomben, welche mit Chalzedon überträuft sind; der Eisenspath ist öfters ausgewittert. Ferner begleitet ihn Kalkspath in Piramiden, Quarz u. Bergkristallen mit aufsizzenden Flussspathwürfeln; nesterweise weisslich grauer Thon zwischen Talk. Der Flussspath von allen bekannten Parthien findet sich in kleinen Parthien derb, seltener in losen Oktaedern und abgestumpften Würfeln beym Reisbley. Oben auf liegt eine trappartige Kuppe in horizontalen Schichten; Granit mit Hornstein (Hornfels, Quarzfels) von grünlicher, röthlicher, graulicher und bräunlicher Farbe. —

Am Fusse ist angelehnt ein besonderes Granitgemenge, mit rothem Granat, lauchgrünem u. gelblichem Korundähnlichem Feldspathe, schwarzer Hornblende, sternförmigem Stralsteine, u. einem grünen leicht verwitternden granatförmig kristallisirten Fossile; seltener noch mit einer pfirsichblüthrothfarbenen fettglänzenden dem Feldspathe ähnlicher blättriger Steinart, welche die hohe Farbe auf frischem Bruche sogl. beynahe ganz verliert. Beträchtliche Lager von grauem zuweilen Labradorschem Feldspath findet sich in dieser ganzen Gegend. Der Basalt mit eingewachsenen Feldspathkristallen durchschneidet den Berg horizontal u. vertikal. Ich verirrte mich des dicken Nebels wegen, fand mich aber doch wieder, obgleich mit vieler Mühe, zurechte und kam Abends gegen 10 Uhr müde und durchnässt wieder zum Zelte zurücke. —

Freytags. d: 29. August.

Südostwind und gutes Wetter. Ich durchwanderte die Gegend an beyden Seiten der Bucht, welche ziemlich grasreich ist, u. einen grossen Laxelv hat. Etwas höher sah ich 2. kleine Landseen, doch bemerkte ich keine Norische Rudera. Die ganze Gegend zeigt von einer ehmaligen grossen Wasserrevolution.

Sonnabends. d: 30. August.

Ich reiste 8. Uhr Morgens ab, und fand auf der rechten Seite aus dem Fiord vorzüglich Sienit, hie u. da mit Granit abwechselnd. Um 1. Uhr fuhren wir in Tunuliorbiksfiord, welcher 15. Meilen lang ist passirten 6. Uhr Abends Nunasornàk (den ronde Humpel) u. kamen nach Mitternacht durchnässt von Regen, u. ganz steif vom Südwestwind zu Pertiksut auf Itiblik zum Nachtlager, wo wir das Zelt sezzten.

Sonntags. d: 31. August.

Ich gieng zu JOHANNES ANDERSEN, welcher jenseits dieses 1/2 Meile breiten Landstriches an Igalikko Bucht wohnt. —

Monat September.

Montags. d: 1. September.

Morgens 7. Uhr reiste ich in ANDERSEN's Begleitung von Itiblik. Wir sezzten quer über Tunuliorbiksfiord, welcher hier 2. Meilen breit ist, u. landeten gerade gegen über zu Iliortafik. Hier ist ein schöner rother Sandstein mit gelblichen runden Flechen (dem Chemnizzer Thonsteine sehr ähnlich) in grossen Massen gelagert in horizontalen Schichten; auf ihm liegt eine graue eisenschüssige Breccia mit Kalkspathadern, abermals abwechselnd mit gebändertem Sandsteine, der in Hornstein übergeht, diesen deckt grünsteinartiger Basalt. Auf der ganzen linken Seite des Fiords, welche sich hie und da sehr verflächt, ist die nemliche Steinart mehr oder minder sichtbar; die dünnen leicht trennbaren Schichten zeigen, dass sie durch Aufschwemmung entstanden ist. — Wir passirten Sidlisit, wo die oben erwähnte rothbraune Farbe ebenfalls vorkommt. Schon die alten Normänner kannten und benutzten dieses Farbematerial.

Von hier aus konnten wir rechts in den Eisblink hinein die grosse Jomfrufield (Niviersietkakat) sehen. Wenn ihr Gipfel mit einer Rauchwolke bedekt ist, folgt starker Nordost oder Südostwind. Wir passirten Kortlortok um ein Uhr, und um 2. Uhr erreichten wir das Ende des von seiner Mündung an 15 Meilen langen Fiords, Kingoa genannt. Hoch oben im Lande sind noch Norische Rudera. Das Wasser des Fiords ist hier so seicht, dass wir ans Land waten mussten, welches von Kortlortok an aus unebenen kleinhügligen aufgeschwemmten Flächen besteht. Ganz am Ende des Fiords ist ein grosser Laxelv. Die Bucht von Kortlortok an bis ans Ende (Kingoa) heisst Tessiursak, u. wird durch einen schmalen Strich aufgeschwemmten Landes formirt, welcher aus Osten hereinreicht, spitz zugeht, und den Fiord hier sehr schmal macht. — Mehrere gute Laxelve finden sich im ganzen Fiord zerstreut. — Ich sah einige Zelteplätze, wo sich ehemals die Grönländer zur Jagdzeit aufhielten, als es hier noch Rennthiere gab.

Die Geschiebe, welche man hier findet, sind Granit oder Gneis.

Die ganze Gegend ist ziemlich grasreich, hat auch kleines Gesträuche in ziemlicher Menge. Adler und Falken finden sich hier vorzüglich ein; blaue Füchse und Haasen gibt es an mehrern Stellen des Fiords, Nepiseten, Dorsche und Laxe sind ebenfalls häufig.

Das meiste Gehölze dieses Fiords findet sich auf der Ostseite; doch ist es durchaus klein und knopricht, so wie es eben, von den schweren Winden niedergedrückt zwischen den Klippen fortkriechen kann. Man würde den Stammen selbst für die Wurzel ansehen, wenn man nicht das Laub daran fände. Dass es immer weniger wird, ist sehr begreiflich. Denn jeder nimmt, was er braucht; und besonders der Grönländer, der sich da, wo er Fuss gefasst hat, für Souverän hält, haut u. brennt, so lange er findet, und zieht dann, wenn es alle ist, weiter. Ich traf auf meiner Reise manche grosse Stellen, welche durch die Nachlässigkeit, mit welcher sie Feuer machen, ganz kahl gebrannt waren.

Auf der Ostlichen Seite des Fiords fuhr ich Abends zurück, und kam um 7. Uhr nach Akuliaralek, einer ziemlich grossen Fläche, wo der Eisblink mit Niviersietkakat ganz nahe zu liegen scheint. Ein runder Hügel mit Buschwerk besezzt ist das beträchtlichste Gehölze in dieser Gegend, worüber ich bloss auf das Gesagte mich berufe. Ich weiss nicht, wie einige solches Gestrippe Wälder nennen mögen. Hier fand ich sehr kenntliche Norische Rudera, und zwey Grönländische neuere Gräber. Der heidnische Grönländer*** hatte so eben mit seiner Familie den Zelteplatz verlassen, wo es recht kannibalisch aussah. Dieser Mann ist Vater von 10. muntern Kindern, Knaben und Mädchen, welche er mit zwey noch lebenden Weibern zeugte. Gewiss ein seltenes Beyspiel Grönländischer Fruchtbarkeit! Er lebt sehr einig mit seiner Familie! Der heutige Tag war sehr schön, der Wind Nordost, der Abend kalt. Um 9. Uhr Abends zeigte sich ein starkes Nordlicht. Der Wind wurde Nord; das Thermometer zeigte drey Grade Kälte.

Dienstags. d: 2. September.

Wir reisten 6. Uhr Morgens ab, und kamen um 9. Uhr gegen Korossuak, einen kleinen Arm des Fiords, welcher dicht unter den Eisblink hineingeht; er hatte so eben viel Eis ausgestossen. Wir wagten uns demungeachtet hinein. Zu Niakornarsuk gieng ich mit Andersen, u. Sören Geraae ans Land. Die Hauptgebirgsart ist hier grobkörniger Granit, mit Gneis in grossen Lagern. Der Glimmer des Granits ist schwarz, und in Rhomben kristallisirt. Nesterweise fand ich im Granit kristallisirte Hornblende, in sechsseitigen Prismen mit Kalkspath u. Feldspath, leztern in kleinen Kristallen, schörlartigen

Beryll, Ichthyophthalme, und ein grünliches körniges der Skorza ähnliches mir unbekanntes Fossil mit basaltischem Grünstein und Gneus. Magnetischer Eisenstein findet sich hier in grossen Lagern.

Wir mussten uns mit dem Boote über Hals und Kopf zurückziehen, weil das Eis mit der Fluth gegen uns andrängte. Es ist äusserst selten, dass man auf diese Stelle kommen kann. Wir fuhren weiter und giengen zu Kangersuannuak ans Land, wo ich Basalt u. Grünsteinlager fand; passirten sodann die Bucht Atartneitsok, welche zu ANDERSENS Grund gehört, und giengen um die Näss Ikartlut, wo sich der rothe Thonstein gerade unter den nemlichen Verhältnissen findet, wie er im Fiord gegen über zu Aukolluktok ansteht.

Um 4. Uhr Abends kamen wir nach Pertiksut bey Itiblik zum Zelte zurücke. Das Wasser in der Gegend von Korossuak, u. beynahe bis hieher ist dicke, milchicht, und trübe, welches von dem Eisblinke herrührt. Die bedeutendsten Berghöhen in dieser Gegend sind in Nordwest Iglofiksalik und Igánnak; in Südost ligt Iliortafik, der höchste ist Terklorotit, nächst an ihm ligt Akuliarasèk, der hinterste höchste tief im Lande ist Nivisakakàt. Gegen Mitternacht zeigte sich ein starkes Nordlicht in Südwest, welches sehr unruhig war.

Mittwochs. d: 3. September.

Früh 6. Uhr verliess ich den gefälligen JOHANNES ANDERSEN, und seine wakkere Familie, und sezzte quer über den Fiord gegen Aukolluktòk zu. ANDERSEN beurlaubte sich von mir mit einem Reiseliede, das er von einer Klippe am Strande auf dem Waldhorn blies.

Ich kam Nauietkakat (Maagefield) vorbey, und um 3. Uhr Nachmittag zum runden Humpel (Nunasornak) wo ich ans Land gieng. Die Hauptmasse dieses kegelförmigen Berges ist Urgrünstein, welcher von vielen Trapp und Basaltadern meistens senkrecht durchschnitten ist. Angelehnt fand ich porphyrartigen Grünstein mit Kalkspath, Analcime, Quarz u. grünlichen Prehnitadern; häufige Hornblende in weissem Feldspath. Als wir weiter auswärts gefahren waren, so legten wir bey einem grossen Laxelf, dem Redekamm gegen über abermals ans Land. Hier fand ich das grüne granatförmige Fossil auch weisslich, so wie auch andre Steinarten, welche ich unter Nunasusuk in Kangerdluarsuksfiord fand und oben Seite 34 u. 35 beschrieben habe. Reisbley findet sich auch auf dieser Seite des Nunasusukfields. Kasikfield, dem runden Humpel gegen über ist seines grotesken und zerrissenen Aussehens wegen interessant.

Wir waren kaum eine halbe Meile wieder weitergefahren, als sich, wie ANDERSEN voraus sagte, ein schwerer Sturm aus Südost erhob, der in diesem Fiord allezeit augenblicklich einen gefährlichen Seegang macht. Das eine Steuerruder u. die Hintersteve des Boots gieng in Stücke, und GERAAE war kaum im Stande das Kantern desselben zu verhüten; um so schwerer, da die Grönländerinnen gleich die Ruder sinken liessen, und nach ihrer Art zu heulen anfiengen. Durch besonderes Glück kamen wir aus dem Strome um Narksaks Näss u. erreichten eine flache Stelle, wo wir unter Narksaks'field in einem zerfallenen Grönländischen Hause unser Zelt aufschlugen.

Donnerstags. d: 4. September.

Ich reiste früh Morgens bey schwerer See ab. Die Nordseite von Narksak sinkt in Sermiliksfiord, die Südseite in Tunuliorbik'sfiord nieder. Die Hauptmasse dieses grossen Berges ist Granit, mit angelehntem Sienit u. Gneislagern. Hornblendschiefer ist sehr häufig.

Wir giengen ein Stück in Sermiliksfiord, mussten aber des vielen Treibeises wegen wieder zurück. Hier standen einige Heidnische Grönländer. Wir hielten uns gegen die Nordseite des Ikersuaksfiord weiter gegen Westen. Tolloktok, ein schroffes Klippenland lag uns in Süden. Hir hatten wir an vielen Stellen den Eisblink offen vor uns, in Osten war Sermiliksfiord u. Narksak, u. südöstlich sahen wir noch zuweilen einige Spizzen des Redekamm. Der Wind war nördlich. — Abends schlugen wir unser Zelt zu Musset in Ikersuaksfiord bey einigen zerfallenen Grönländischen Häusern auf, wo schöner Grasboden war. In der Nähe standen uns 4. Grönländische Zelte. Die Nacht war kalt, der Thermometer 4° unter 0, u. starkes Nordlicht in Südost.

Freytags. d: 5. September.

Vormittags 10. Uhr kamen wir aus dem gefährlichen Ikersuaksfiord heraus, und passirten Pisisalik um Mittag. Vom Ausgange des Ikersuaksfiords hieher werden die kurz vorher so steile Felsen allmählich flacher, und bilden meistens auf beiden

Seiten rundliche einige Lachtern über die Meeresfläche hervorragende Granit und Sienitkuppen, meistens kleine flache Inseln, welche hie u. da von den Grönländern zu Sommers u. Winterszeit, der nahen See u. des guten Fanges wegen bewohnt werden. Die Seehunde finden sich zwischen diesen Inseln zuweilen in grosser Menge ein. Abends giengen wir durch enge Pässe und Scheeren, verfehlten aber den Weg; und mussten zwischen den Klippen der Kikerteitsiaks Inseln über Nacht bleiben. Wir hatten gutes Wetter mit Südwest u. Nordlicht.

Sonnabends. d: 6. September.

Um 7. Uhr reisten wir ab, und hatten bald starken Regen mit Südwind, welcher uns wol zu statten kam. Wir passirten um 9. Uhr Kikerteitsiak, wo viele Grönländer standen, kamen sodann an Torsukataks Löb, welcher ganz nahe hier beginnt und passirten denselben mit Wind und Strom, doch steeten Platzregen so schnell, dass wir um 3. Uhr Knäkken vorbey waren. Hier wendeten wir uns mehr Nordost, giengen unter Nunarsoaks Nordland, das an der Eisblink hinzieht, und mit dem festen Lande zusammenhängt, u. legten des Regens und zunehmenden Sturms wegen in einer Bucht ans Land. In der Nacht nahm uns der Wind abermals unser ledernes Haus weg! —

Sonntags. d: 7. September.

Wir mussten des Regens wegen abermals liegen bleiben, die Grönländerinnen wollten nicht von der Stelle. —

Die Gebirgsart ist hier Granit mit rothem Feldspathe, und Gneis. Am Fusse dieses Berges ist Chloritschiefer mit starken Talkadern gelagert.

Wir fanden hier noch Tonnentrümmer von Kapitän Burcards Schiffbruche, welche uns sehr zu statten kamen, da wir kein Holz mehr hatten. Die Gegend ist fürchterlich wild, öde, u. weit und breit menschenleer. Abends war Windstille u. Nordlicht. Der Horizont klärte sich auf.

Montags. d: 8. September.

Abgereist um 7. Uhr mit gut Wetter. Nachtfrost. Thermometer: 2. Grade Kälte. Nordwind. Wir kamen um 9. Uhr innerhalb Sennerut zu der Overbärested, welche 80. Schritte breit ist. Es wimmelte hier von Medusen. Wir passirten Sennerutsfjord, welcher sehr unruhig war. Unter Senneruts östlichem Abhange unweit Krippissakok machten wir Nachtquartier.

Dieser Theil von Senneruts Land besteht aus Granit mit grossen eingemengtem Massen von (Prof. Schuhmachers) quarzigem Hornsteine; am Fusse ligt Chlorit, und sehr reiner

Hornblendschiefer, nur hie u. da mit Trümmern von Quarz durchsezzt; auch silberweisser Glimmerschiefer. In der Nähe des Zelteplazzes fand ich ein paar Stückchen Kryolith.

Dienstags d: 9. September.

Wir kamen um 10. Uhr Morgens zu Krippisakok, einen schmalen Meerespass, rechts hatten wir eine kleine Insel, wo sich Bergkristalle finden. Etwas weiter im Löb, links wo man dem Eisblink am nächsten ist, ist eine kleine Insel von zusammengestürzten Steinarten, welche wahrscheinlich das Landeis so zerstört hat. Die kaum kenntliche Basis, welche dieser Schutt bedeckt, ist okkergelber und braungelber Granit, mit verwittertem Kies u. magnetischer Eisensand, welcher in ungeheurer Menge das Ufer bedeckt. Eine schmale Basaltader, grösstentheils in kurze, meist vierkantige braungelbe Stükke zerfallen, welche diesen Granit durchsezzte, liegt hier zerstreut. Die übrigen herumliegenden Fragmente sind: Hornsteinartiger Quarz in dünne Schiefer zerfallen, auf deren Oberfläche zarter Glimmer liegt, welcher also eine Art Glimmerschiefer bildete, u. ein dem Zeolithe ähnliches Fossil, Chabasie vieleicht, in rhombischen Tafeln mit Kalkspath auf schiefrigem Sienit. Das Wasser ist hier kaum 3. Fuss tief, u. sieht, durch den graulichen Thon vom Eisblink gefärbt, wie dünne Milch aus. Von hier giengen wir innerhalb Kornok, wo uns 2. *Kerpokaken (Balaena Boops)* so nahe Gesellschaft leisteten, dass wir Land suchen mussten, bis sie ihrer Wege giengen. Endlich kamen wir Hvidserken vorbey, wo ich Kieselschiefer und Thonschiefer in grossen Massen fand, und landeten, da es stark zu wehen und zu schneyen anfieng, auf Assuts Øe, wo wir über Nacht blieben. Die Hauptgebirgsart dieses Inselberges ist Thonschiefer mit späthigem Eisenstein, Dachschiefer, welcher dünnschiefrig, theils gerade theils wellenförmig schiefrig ist, von grauer und eisenschüssig gelber Farbe, u. Basaltadern und Gänge mit glasigem Feldspath. — Der Wind war Nord, und das Thermometer stand 4. Grade unter 0.

Mittwochs. d: 10. September.

Wir giengen morgens frühe zu Boote u. hatten Konnaksfield ganz mit Schnee bedeckt vor uns. Die Grönländer nennen ihn Konnekpammejéllukta. Er vertoont sich von Südwest wie ein schroffes Hausdach mit vier Flächen. Um 1. Uhr Nachmittags erreichten wir Assutsforsög, welches gerade unter diesem Berge liegt. Ich nahm hier zum erstenmale in meinem Leben Nachtquartier in einem Grönländischen Hause, da mein Zelt durch Wind und Regen ganz verdorben u. zerlöchert war. Der Formand Jonas Berglund hatte bereits meinetwegen Unterricht vom Herrn Inspekteur erhalten, und that mir alles zu Gefallen, was in seinen Kräften war. Hier verliess mich mein bisheriger Begleiter der Böttcher Sören Geraae von Julianehaab, dessen ordentliches und schickliches Betragen ich nicht genug rühmen kann, und gieng mit den Lichtenauer Grönländern zurück. Ich hatte nun auch höchste Ursache auf die Beschleunigung meiner Reise nach Godthaab zu denken, da ich noch mehr als 60. Meilen, zumalen über gefährliche Stellen, besonders für diese späthe Jahreszeit, nemlich Torngarsuk, Tindingen, den Eisblink, Kangarsuk, Buxefiorden etc., zu passiren hatte, und meine Bücher, Proviant etc. bereits mit dem Transportboote nach Godthaab gegangen waren. Ich beschloss daher, für diesmal zu eilen, und diese Gegenden in dem dritten Sommer meines Hierseyns vor meiner Abreise nocheinmal zu besuchen, um so mehr, da ich in Friederichshaabs Distrikte merkwürdige Spuren eines Zinnsteinganges entdeckt habe, welche in jedem Falle doch einer nähern Untersuchung werth sind, da man noch nie dergleichen bemerkt hatte.

Ich werde also den Faden meines Journals im nächsten Jahre bey Assutsforsög wieder anknüpfen, und so weit nach Norden ausdehnen, als es der Himmel, die Elemente, u. meine Gesundheit erlauben werden, welchen Dingen sich jeder Reisende demüthig unterwerfen muss!

Bericht

einer mineralogischen

Reise

in Grönland.

In Form eines Tagebuchs

gehalten von

D. Karl Ludwig Giesecke.

K. Pr. Bergrath.

Zweytes Jahr.

1807.

Godhavn, auf Diskoeiland
in Nordgrönland.

Reise
von der **Colonie Godthaab**
nach
dem **Nördlichen Grönland.**

Das anhaltende Tauwetter, welches im Anfange des Monats April wieder Vermuthen eintrat, und den Schnee so ziemlich von den Gebirgen wegzehrte, gewährte mir die angenehme Aussicht, meine Reise in der Mitte dieses Monats antreten zu können; ich packte daher über Hals und Kopf ein, um keine Zeit zu versäumen. Allein ich hatte die Rechnung ohne den Wirth gemacht. Denn gegen die Mitte des Monats bis in die letzten Tage desselben fiel noch mehr Schnee, als die letzten warmen Tage des Märzen, und die ersten des Aprils verzehrt hatten. Die Gebirge waren wie um Weihnachten bedeckt, und die Kälte nahm wieder zu, wie die beygefügten Wetterbeobachtungen zeigen. Auch das Eis am Strande, welches bereits los worden war, fror abermals fest. Ich musste daher die Abreise auf günstigere Zeit verschieben, welche sich endlich im May fand.

Mittwochs. d: 6. May, 1807

verliess ich mit Herrn Missionär Wolf, welcher einige Tage vorher mit der Jacht von Holsteinsburg in Amtsgeschäften hiehergekommen war, die Colonie Godthaab. Ich wählte zu dieser Reise, welche Beförderungsart, aller ihrer Beschwerlichkeiten ungeachtet für Reisen meiner Art, immer die beste bleibt, auch die wohlfeiste ist, und den Handelsgeschäften nicht die im Sommer so nöthige Mannschaft und Fahrzeuge entzieht. Man kann auch mit den Grönländern sehr gut zu rechte kommen, wenn man nur Geduld hat, nicht ekkel ist, und sich in sie zu schicken weiss. Zudem kann man ein solches Fahrzeug bey jeder Kolonie, und auch ausserhalb denselben für billige Bezahlung erhalten. — Ein Umiak ist mit 6. Ruderinnen und einem Steuermann hinlänglich besetzt, und 2. Männer in Kajakken folgen gewöhnlich mit, welche bey schwerer See oder starker Strömung sich an beyde Seiten des Fahrzeuges anhängen, dass es nicht umschlagen kann. — —

Ich wäre hier noch einen Bericht über die Küstenstrecke von Assut nach Godthaab schuldig, welchen ich im Tagebuche von 1806 Seite 42 versprochen habe. Da ich aber vor meiner Abreise aus Grönland diese Gegend noch einmal besuchen werde, und überhaupt damals der mit Schnee hereinbrechende Winter wenig Bemerkungen erlaubte, so werde ich diese Schuld im letzten Jahre meines Aufenthaltes abtragen. —

Um Mittag verliessen wir die Kolonie, bey welcher ich mich seit dem 15. Oktober des vorigen Jahres aufgehalten, und in dem freundschaftlichen Umgange des würdigen Herrn Inspecteurs Mylenphorts, bey welchem ich wohnte und speiste, viel gutes genossen hatte, wofür ich ihm nicht dankbar genug seyn kann. Wir setzten mit schwachem Wind über Baals-Revier, und giengen über den Nepisætsund. Weil bald darauf ein dichter Nebel fiel, so blieben wir in demselben ungefehr 3. Meilen von der Kolonie zu Ekallungoit über Nacht. —

Die Gesteinart der hier herum zerstreuten flachen Klippen, meistens Inseln, ist Granit mit schwarzem Glimmer und röthlichem Feldspathe, grossen Hornblendeschieferlagern und eingemengtem magnetischem Eisenstein.

Donnerstags. d: 7. May.

Verliess ich den Nepisætsund und gieng Kangarsuk vorbey. eine lange schmale Felsenzunge, welche in die offene See hinausreicht, und mit Nordenwind des schweren Seegangs wegen mit kleinen Fahrzeugen gefährlich zu passiren ist.

Die Gebirgsart daselbst ist der vorhin beschriebene Granit, doch hier mehr eisenschüssig mit grossen Gneisslagern. Nachmittags um 5. Uhr kamen wir nach Okoariksok, 7. Meilen von Godthaab, wo wir über Nacht blieben. Es ist eine sehr kleine Insel mit einigen Zelteplätzen. Die Gebirgsart ist graulicher Granit mit magnetischem Eisensteine.

Freytags. d: 8. May.

Reisten wir Vormittags 10. Uhr ab, ungeachtet wir des dicken Nebels wegen kaum hundert Schritte weit sehen konnten. Da in den schmalen Pässen zwischen den kleinern Inseln das Eis noch fest lag, so mussten wir durchaus in der offnen See aussen um dieselben gehen. Wir kamen nach Pissukbitinseln, welche eine Strecke von 5 Meilen dem festen Lande entlang von Süden nach Norden sich ziehen, mussten uns des vielen Eises wegen nach der offenen See zu halten, und nach dem Compasse richten, um vom

Lande nicht abzukommen, weil der Nebel so dick wurde, dass man nicht mehr 10. Lachtern lang sehen konnte. Wir landeten um 5. Uhr Nachmittags auf einer der äussersten Inseln, weil es zu gefährlich wurde, weiter zu gehen, und blieben daselbst über Nacht. —

Die Insel ist ziemlich gross; ihre Hauptmasse röthlicher Granit, mit Lagern des obengenannten grauen Granits, grossen grauen Quarzgängen, und eingemengtem Akantikone.

Cochlearia anglica findet sich hier häufig. Auf einer Stelle gegen Süden bemerkte ich mehrere Zelteplätze, und vieles Treibholz. — Diese Inseln wurden ehmals von den Grönländern sehr stark besucht. Die Nacht durch schneyte es; das Thermometer stand auf 8. Graden Kälte. Auf einer dieser Inseln war ehemals ein Missionsgebäude, welches von einem Catecheten bewohnt wurde, aber nunmehr eingegangen ist.

Sonnabends, d: 9. May.

Reisten wir Morgens 9. Uhr ab, und kamen die Flagstang vorbey, welche in ältern Zeiten hier aufgerichtet wurde, wo auch Missionär Ginge ehemals eine Art Observatorium hatte. — Hier müssen einst viele Grönländer gewohnt haben. Ich zählte 11. Rudera von zerfallenen Häusern, und sah viele alte Steingräber, in welchen die Knochen zum Theile ganz zerreiblich waren. Wir passirten sodann Niakok, und den Zelteplatz Atamik, und kamen Kalotten, grönländisch Nisangoak vorbey. Die Fahrt ist hier gefährlich, weil die offene See gerade unter das feste Land geht. —

Die Gebirgsart auf dieser ganzen Strecke ist röthlicher Granit und Gneiss, in welchem der Syenit zuweilen auch der Hornblendschiefer beträchtliche Lager ausmacht. Im festem Lande ragt ein schroffer Berg über die andern hoch hervor, welches die Grönländer Tikarnak nennen.

Von hier aus setzten wir über Ekalluit, wo im Sommer für die Grönländer guter Angmarsætfang ist. Rechts unter dem festen Lande liegt ein Berg, Sullukutut oder Finnfield genannt, an welchem sich eine schmale Bergkette, welche .... heisst, hinzieht, deren äusserstes Ende gegen Napasoksfiord zu bey Iglytsiak gegen die See sich verflächt. — Rechter Hand liegt eine grosse Insel. — Wir setzten, da es ruhig war, noch über die Bucht, $1^1/_2$ Meile von Nappasoks Land, und blieben zu Nappasok über Nacht, einer Insel, welche 16. Meilen von Godthaab, und 8. bis 9. Meilen von Nye Sukkertoppen liegt. Diese Stelle wird des guten Seehundfanges wegen von Grönländern im Winter bezogen, auch stehen hier 2. Grönländische Häuser. Die Grönländer hatten bereits die Stelle verlassen, doch kam uns eine Schaar von Hunden entgegen. Die Menge von Schnee, Koth und Wasser, so wie auch die hungrige Zudringlichkeit der Hunde, zwang uns auf dem Dache eines dieser Häuser unser Zelt aufzuschlagen, welches mit jedem Tritte durchzubrechen drohte.

Ich gieng noch auf den nächsten Bergen herum, und fand als Hauptmasse röthlichen Gneiss mit vielen Hornblendschieferlagern, und gemeiner Hornblende.

Sonntags. d: 10. May.

Brachen wir mit Tagesanbruch auf, passirten den $1^1/_2$ Meile breiten Pustefiord oder Nappasok, sodann Bredebugt, oder Kangarsub-Ikerak, und kamen wieder nach dem festen Lande, unter welchem wir um Kangarsuksnæs herumgiengen, welche frey gegen die offene See zu steht, und bey unruhigem Wetter schwer zu passiren ist. Von hier aus giengen wir durch schmale Läufe, passirten Omanak und Sillakangitsortorbik, oder Brändvinsmanden, auf der Insel Ukaleselik, und kamen Tornarsulik vorbey. Bey Omanak bestieg ich die Spitze, um zu sehen, ob der Isortoksfiord ruhig sey. Isortok ist das gefährlichste Stücke Wegs auf der ganzen Reise zwischen Godthaab und Zukkertoppen, da er einen heftigen Strom hat, welcher sich in der Mitte durch einen graulich schwarzen Strich zeigt, und auch des Seeganges, so wie der Windstösse wegen oft fürchterlich ist. Mit Süden und Nordenwind passirt man ihn am leichtesten; ausserst gefährlich ist er mit Ostenwind. Doch dieser legt sich gewönlich gegen Abend, wo man zwischen 6 und 7. Uhr am sichersten übersetzen kann. — Als wir hier vom Lande ablegten, fiel der Steuermann, Catechet Jakob Berthelsen durch einen Stromschlag in die See, wurde aber von mir und Herrn Missionär Wolf ohne Schaden herausgezogen. Von Tornarsulik aus kann man gewöhnlich eine Meile Wegs zwischen kleinen Inseln (Isortoksøer) gehen, wir mussten aber, da das Eis darinnen noch fest lag, den Weg aussen herum nehmen und kamen nach Sukkertoppens-Fiord, welcher da, wo man nach der Kolonie übersetzen kann, $^1/_2$ Meile breit ist. Um 4. Uhr Abends erreichten wir glücklich die Kolonie Nye Sukkertoppen, oder Manetsok, und ich nahm bey Herrn Kaufmann Olrik Quartier.

Die Kolonie liegt auf einer ziemlich grossen Insel, zwischen steilen Felskuppen, durch und in deren Thäler die See sich hie und da mit schmalen Armen und Buchten drängt. Der höchste nordlichste Berg dieser Insel ist Pattefield oder Iviengoit, so genannt, weil seine beyden Gipfel von ferne Weiberbrüsten gleichen. Zu ihm führen von der Kolonie aus zwey Thäler, zwischen welchen sich eine mindre Kuppenreihe erhebt, die sich mit den Thälern endet, und eine unebene Fläche mit kleinen Hügeln gegen Pattefield zu bildet. — Die Steinart dieser Gegend ist dünnschiefriger Gneiss, in welchem grauer Granit mit grauem Feldspath lagerweise liegt. — In beyden Steinarten findet sich hie und da Hornblende, magnetischer Eisenstein, und Gadolinit in kleinen Körnern, eingewachsen. Urgrünstein- und Basaltgänge fand ich hier nicht. Oben in Nye Sukkertoppens Fiord findet sich Asbest, und Granaten mit Glimmerschiefer lagerweise. Die Gegend um die Kolonie war in den Thälern noch durchaus mit Eis und Schnee bedeckt. Zwey grasreiche Inseln, Store, und lille Grässøe liegen aussen vor der Kolonie.

Montags d: 11. May.

Nahm der Blanding Sievert Johnsen, Harpunier zu Holsteinsburg, welcher mit einer Jacht hier vor Anker lag, eine Grönländerin von Neu-Herrnhut, welche unserm Boote als Ruderin gefolgt war, in gütiger Protection, und fuhr mit ihr heimlich nach Holsteinsburg ab. Ich schrieb Herrn Inspecteur Myhlenphort sogleich den Vorfall.

Von Dienstags d: 12. May, bis Sonntags d: 17. May

mussten wir der unruhigen See wegen stille liegen. Ich benützte die Zeit, so viel es möglich war, zu Excursionen auf der Insel, und fand durchaus die obenbeschriebene Gebirgsart. — In der Gegend des Kirchhoffes fand ich lagerweise Granat in weissem Feldspath, und Quarz; rothen Feldspath; ein grünes, granatähnliches Fossil in blaulichtem Quarz, Gadolinit in Granit eingesprengt, und schwarzen Glimmer mit metallischglänzender Oberfläche.

Montags d: 18. May.

als am Pfingstmontag verliess ich mit einem Umiak von Herrn Kaufmann Olrik, begleitet vom Catecheten Friederich Berthelsen als Steuermann, und 2. Kajaksmännern, und befördert von vier Grönländerinnen als Rudervolk die Kolonie Nye Sukkertoppen. Von hier aus rechnet man $32^{1}/_{2}$ Meile nach Holsteinsburg und 25 nach Godthaab. Wir mussten der schweren See wegen innen um Sukkertoppens Insel gehen. Rechts oder in Osten hatten wir das feste Land, auf welchem Ikamiut, ein Winterwohnort der Grönländer dieses Distrikts ligt. An denselben stösst gegen Nordost eine schwere Felsenkette von hohen schroffen Klippen, genannt Suillarsorbik. Wir giengen durch den sogenannten Hamburgersund, wo wir vielen Kajakken und Umiakken begegneten, welche auf den Sommerfang zogen, und kamen Kjerlingefield, grönländisch Arngnasoaksakait oder Nakafik vorbey, welche den Namen von einer Grönländerin erhalten hat, die sich vor mehreren Jahren, um den mörderischen Verfolgungen ihres Mannes zu entgehen, von der Spitze des Berges mit ihrem Kinde auf dem Rükken in die See hinabstürzte. Er soll ihr zuweilen nach den Berichten der Grönländer mit einem Frillbohrer in die Schenkel gebohrt, zuweilen ihr mit einem an der Spitze gesägten Messer die Haut der Lenden aufgeschlizzet haben. Sie wohnten beyde im Thale Karosut, der Mann lief hinter ihr hinauf um sie einzuhohlen. Als sie auf die Spizze kam, giong sie rüklings, mit dem Gesichte gegen den sie verfolgenden Mann gekehrt, nach dem Abhange zu, und stürzte sich so hinab. — Die Grönländer welche gegen über zu Ikamiut wohnten sahen sie fallen. Der Berg ist sehr schroff, wie alle hier herum. — Diese Felsenkette zusammen nennen die Grönländer Ingik, weil ihre Spizzen wie Messerspizzen sind, und die ganze grosse Insel, oder das sogenannte Hamburgerland, heisst Sermesok, von *Sermek*, Landeis, weil alle Gipfel, Flächen und Thäler dieser Berge mit Eisblink bedeckt sind. Auch das feste Land in diesem Sunde ist grösstentheils unter ewigem Eise begraben; der Elv, welcher vormals in Sermilik herabstürzte ist nun ganz zugefroren, und nicht mehr sichtbar. An einer Stelle unter Sermesok in der Nähe des sogenannten Kommandanten ist eine bisher noch unergründliche Meerestiefe. —

In dieser Gegend von Ingik gieng ich ans Land, und fand als Gebirgsmasse Granit mit rothem Feldspath und Granaten. Um 7. Uhr Abends kamen wir nach Akpamiut, oder Alkested, 6. Meilen von der Kolonie, wo wir über Nacht blieben. Die Stelle war ehmals im Winter und Sommer bewohnt. Die herrschende Gebirgsart von Nye Sukkertoppen bis hieher ist Granit mit röthlichem Feldspath, die Gebirge durchaus sehr steil. Zu Akpamiut fand ich ebenfalls röthlichen Granit mit senkrecht angelehntem Hornblendschiefer, dabey ein grünliches Fossil mit Granat und Quarz.

Dienstags d: 19. May

Reisten wir Morgens 8. Uhr ab. Das Thermometer zeigte 2. Grade Kälte. Wir passirten Sandhullet, (Ikaresarsuk) 1. Meile nördlich von Akpamiut, und hatten Kin of Sael, oder Omannak in Süden. Auf der Westlichen Seite dieses Laufes findet sich viel Glimmersand. Wir setzten über Gamle Sukkertoppensfiord, oder Ikèk, und kamen nach Gamle Sukkertoppen, oder Kangamiut, 2. Meilen. Der den ganzen Tag anhaltende Regen, und die schwere See nöthigte uns hier über Nacht zu bleiben. Wir landeten um 2. Uhr Nachmittags in einer kleinen Bucht. Man sieht hier noch Spuren der ehemaligen Kolonie, und viele grönländische Häuser, worunter auch ein paar sind, welche über die 1786 verstorbenen zusammengeworfen wurden, auch eine beträchtliche Anzahl alter Gräber.

Die Hauptgebirgsart ist Granit mit Hornblende und rothen Granaten. In demselben liegen ungeheure Lager von Urgrünstein in rhombischen Trümmern, Glimmerschiefer, zuweilen grauer und rother Feldspath im nemlichen Granite eingemengt, körniger weisser Quarz und wenig Glimmer, auch ein grünliches Fossil (Sahlit?) in Granit mit Grünsteinadern, hie und da blauer Quarz mit rothem Feldspath. Der gemeine *Echinus* ist häufig auch wächst schönes Gras.

Mittwochs d: 20. May

Reisten wir bey schwerer See Morgens ab, die drey Klippen vorbey, wovon Sukkertoppen den Namen hat, welche nördlich liegen, das Omanak der Grönländer; setzten über den Südlichen Strömfiord, (På), die Simiutæts vorbey, welches mehrere Inseln sind, die mitten in der Mündung des Strömfiords liegen. Hier ist die Gebirgsart röthlicher Granit ohne Glimmer, mit Hornblendeschieferlagern.

Der *Blennius Gunellus*, (Schleimfisch) grönländisch *Kurksaunak*, findet sich häufig im Tange. Von Gamle Sukkertoppen zu Strömfiords nördlichem Ufer rechnet man 6. Meilen. — Man kann die Simiutæts nach Umständen östlich oder westlich passiren; doch bleibt allezeit dieser Fiord seines fürchterlichen Stromes wegen mit Umiakken eine gefährliche Tour. Er soll bis 20. Meilen ins Land hineingehen, aber am Ende schwer mit Eis überlegt seyn. Doch sollen sich auf beyden Ufern schöne Grasflächen finden. Auf dem festen Lande in Osten zeichnet sich ein Berg besonders aus, welchen die Grönländer seiner obenabgeplätteten Figur wegen mit einem umgestürzten Umiak vergleichen und daher Umiarsusuk nennen. Der schweren See wegen mussten wir auf dem festen Lande auf einer schmalen Erdzunge zwischen Lille Amertlok und store Ikertoksfiord liegen bleiben. Wir hatten 3. Grade Kälte und mussten auf Wasser und Eis kampiren.

Donnerstags d: 21. May.

Lagen wir der schweren See wegen abermals stille, und ich gieng auf Excursion; doch war leider der grösste Theil des Landes noch mit Schnee und Eis bedeckt. Hier zeigt sich ebenfalls der röthliche Granit als die Hauptmasse mit beträchtlichen Gneisslagern, deren Trümmer in grossen rhomboidalischen Bruchstücken umher zerstreuet liegen. Nachmittags wurde die See etwas ruhiger; wir verliessen daher diese schlimme Stelle und kamen um Mitternacht nach Omanak, wo wir des hohen Eisstandes und der Ebbe wegen nur mit vieler Mühe das Boot, welches Schaden genommen hatte, aufs Land hinauf schleppen konnten. Die Steinart, welche hier des vielen Eises wegen nur wenig bemerkbar war, ist Granit. Am Ufer lagen Serpentin und Topfsteinstükke überall zerstreut.

Freytags d: 22. May

Reisten wir Morgens 6. Uhr ab. Um Omanak herum liegen Grundene, eine ungeheure Menge kleiner Klippen, über welche man zur Ebbezeit bis über eine Meile nach der offenen See hinausgehen kann. Wir mussten aussen um Anders Olsens Sund reisen, weil er durchaus noch mit festem Eise belegt war. Von Omanak zu des Sundes nordlichem Ende rechnet man 4. Meilen. Wir setzten von hier über Itibliksfiord, 2. Meilen breit nach Näsfieldet grönländisch Kingersoak. Da alle Pässe auf der ganzen Reise noch zugefroren waren, so mussten wir durchaus die offene See suchen, sonst hätten wir auch hier zwischen kleinen Inseln Egils Haus vorbey einen weniger gefährlichen und sichereren Weg reisen können. Von Anders Olsens Sund zu Lille Ikertoksfiord rechnet man $1^1/_2$ Meile. Wir setzten noch über denselben, und blieben zwischen Lille und Store Ikertoksfiord auf einer Scheer über Nacht, wo wir weder Holz noch Wasser hatten.

Die Hauptmasse dieser kleine Klippe ist Granit mit Spuren von Kupfergrün und grossen Lagern von Glimmerschiefer, welcher in sehr dünne Platten zerspalten und zerfallen umherliegt

Sonntags [Sonnabends] d: 23. May.

Setzten wir Morgens bey 5 Graden Kälte über den Store Ikertoksfiord nach Nepisenè, 1½ Meile. Die dortigen Überbleibsel eines Europäischen Gebäudes hält Herr GLAHN, und nach ihm Herr THORHALLESEN unrichtig für Normännische Rudera. — Wir kamen nach Omanarsuk 1½ Meile, wo eine Königliche Wallfischfangeranlage ist. Wir setzten über Amertloksfiord aussen um Tömmermandsøen herum, und kamen nach

Holsteinsburg,

32½ Meile von Nye Sukkertoppen entlegen, nachmittags um 2. Uhr nach einer 6.tägigen Reise. Alles war hier noch tief mit Schnee bedeckt; es war also für diesmal nicht möglich Excursionen zu machen. Ich logirte bey Herrn Kaufmann HJORTH. — Die hier wohnenden vermuthen aus dem dumpfen Tone, der sich hier bey jedem Tritte hören lässt, dass unter der Erde grosse Höhlungen seyn mögen. Auch spührt man fast jedes Jahr Erderschütterungen. —

Dienstags. d: 26. May

Giengen wir mit einer Schaluppe nach der eine Meile von hier auf der nordlichen Seite des Amertloksfiords belegenen Wallfischfängersloge Kikértursok.

Die Hauptmasse der Gebirge auf dieser ganzen Strecke ist Granit mit Gneiss abwechselnd, der Glimmer des Granits fast durchaus schwarz, zuweilen stahlgrau von metallischem Glanze, mit vielem eingemengtem Magneteisenstein. Hie und da waren auch sehr kleine Granaten von der Farbe des Zinnsteins eingesprengt. — Der feine schwarze hier befindliche Sand, der als Streusand benutzt wird, hält viel Magneteisensand. Der hohe Berg, welcher dieser Loge in Nordwest liegt, ist unter dem Namen Kjerlinghätten bekannt.

Sonnabends d: 30. May

Verliess ich die Kolonie Holsteinsburg mit einem Umiak, gerudert von 6. Grönländerinnen. Der Blanding DANIEL JOHNSSEN, Harpunier, begleitete mich als Steuermann, und zwey Grönländer mit Kajakken. Wir passirten Prästefield, wo ehemals die Missionäre wohnten, und giengen sodann nach der äussersten Näs zu, 1. Meile von der Kolonie. Wir kamen zu vielen kleinen Inseln, welche durch sehr schmale Sunde von einander getrennt sind, und durchaus aus Syenit bestehen. Bey Kangarsuk, 3. Meilen von der Kolonie giengen wir ans Land. Hier war ehemals eine Garnstelle, auch sind ein paar alte grönländische Häuser, und einige

Zeltestellen daselbst. Die Grönländer gehen gerne von hier aus auf die Rennthierjagd. Diese Spitze des festen Landes ist ziemlich flach, mit sehr vielen kleinen Hügeln besetzt, von ziemlicher Erstreckung, und mit Sand und Geschieben aufgeschwemmet, weswegen Herr Inspecteur MYHLENPHORT vermuthete, dass es hier Steinkohlen geben möchte, doch habe ich keine Spur gefunden. —

Diese Näs ist mit Südwest und Nord des schweren Seeganges wegen sehr gefährlich. — Die Hauptgebirgsart ist eisenschüssiger Granit und Syenit, letzterer vieleicht etwas zinnhaltig.

Wir setzten über Söndre Kangerdluarsuksfiord, welcher sich südöstlich ins feste Land zieht. Eine Bergreihe trennt diesen von Nordre Kangerdluarsuk, welcher nordöstlich seinen Lauf ins Land nimmt. Im erstern ist ein grosser Lachselv. Wir passirten sodann Isortosimiutak, rundliche Klippen, um welche viele Scheeren liegen. Wir sezten über Nordre Isortoksfiord, welcher eine ausserordentliche starke Strömung hat, und besonders mit Südwest schwer zu passiren ist. Nach dem Berichte der Grönländer soll er sich durch starke Krümmungen an seinem Ende dem Ende des Südlichen Strömfiords, welcher zwischen Sukkertoppen und Holsteinsburg fliesst nähern, und die Grönländer von dem einen zu dem andern vermittelst eines Landsees, der zwischen beyden Fiorden liegt mit ihren Umiaks überkommen können. Von seinem nördlichen Ufer bis Südbay rechnet man 3. Meilen, wo wir Abends halb 7. Uhr ankamen und über Nacht blieben. Hier, 6. Meilen nördlich von Holsteinsburg stand ehemals die nördlichste Kolonie von Südgrönland. Mehrere Grönländische Häuser liegen in Ruinen.

Die Gebirgsart ist Granit mit Scapolith und Granat gemengt, welcher mir titanhaltig zu seyn scheint. Das Gestein ist sehr verwittert. Hiebey ein grünliches, gelbliches und schwarzes Fossil, erstere beyde halbdurchsichtig; ferner eingemengter Eisenglanz, und lagerweise Glimmerschiefer mit blassrothen Granaten. Der Gang worin diese verschiedenen Fossilien vorkommen, ist stehend; die Schichtung der Steinart von Nordwest in Südost abfallend. Der Quarz ist durchaus sehr glasigen Bruchs. — Auf dem flachen Lande und gegen die See zu findet sich sehr feiner etwas eisenhaltiger Quarz- und Granat-sand. — Der Glimmer der Gebirgsart ist schwarz, zuweilen von metallischem Glanze. —

Sonntags. d: 31. May.

Stand das Thermometer auf 4. Graden Kälte, und die Nacht

durch fiel ziemlich Schnee. Wir reisten um 10. Uhr Vormittags ab, passirten Temert .... und Pirit .... öer, und giengen Niakok, eine Näs vorbey, wo mit Nordwind schwerer Seegang ist. Unter dem Lande liegen hier viele Scheeren. Wir setzten über den gefährlichen Nordre Strömfiord, welcher mit .... Wind schweeren Seegang hat, und wie ein Maalstrom treibt. Bis hieher rechnet man 10. Meilen, und der Fiord ist die Gränze des Nordl. und Südl. Inspectorats.

Nordgrönland.

Wir giengen Strömfiords Storoe, oder Simiutak welche Insel mitten im Fiord liegt, und Iglorsoit, wo ehemals mehrere Grönländerfamilien wohnten vorbey, kamen nach Innuksuks äusserster Näs, und sodann nach Rommelpotten, oder Ekallursoit, 4. Meilen. — Der Ebbe und der steilen Eiskanten wegen konnten wir auf der südlichen Seite desselben nicht aufs Land kommen, und giengen in Rommelpottensfiord aufwärts, mussten abermals 2. Stellen verlassen, ohne landen zu können, und kamen endlich gegen 12. Uhr Mitternachts an eine beeiste Insel Akfik genannt, wo wir über Nacht blieben. —

Die ganze Gegend, welche wir diesen Tag durchstrichen, besteht aus ziemlich niedrigen Kuppen von Granit und Gneiss mit Syenite abwechselnd. Die Gebirgsart hält meistens Almandin und Granaten, auch Hornblendekristalle, und der Glimmer ist schwarz, oft eisengrau, und auf der Oberfläche metallisch glänzend. Rommelpottens reicher Lachselv und Landsee ist der grösste in Grönland. — Die Gebirgsart ist hier herum durchaus stark eisenschüssig, und hält auf der Nordseite des Elvs viel Reisbley. Die vier Meilen von Strömfiord hieher sind bey unruhiger See sehr gefährlich. Die Stelle ligt 15. Meilen von Holstensburg.

Monat Junius.

Montags d: 1. Junius.

Reisten wir um halb 10. Uhr ab, und mussten meistens aussen um die Inseln gehen, da vieles Treibeis dazwischen lag. Wir passirten Omanarsuk oder Rifkol, und Nunarsoak, wo einst eine Anlage war, welche nun geschleift ist. —

Auf der Südwest und Westseite von Rifkol findet sich Kieselschiefer und hornblendartiger Basalt in Granit.

Von Rommelpotten hieher sind 7. Meilen. Wir giengen um die Näs Isisortok, wo einst guter Seehundfang war, und viele zerfallene grönländische Häuser zu sehen sind. Wir setzten über Fattighusfiorden. Aussen vor liegen mehrere Inseln. Bey einer Manetsok genannt, landeten wir Mittags. Hier ist Granit die vorwaltende Gebirgsart, lagerweise grünlicher Granit. Nachmittags von 4 bis 7. Uhr zeigte sich bey neblichter Luft ein sehr starker dreyfacher Sonnenring. Wir giengen Nunarsoak vorbey, nach Simiutuluk, Frygt og Fare genannt, weil Kaufmann Dorf hier einmal mit einem Fahrzeuge kielseegelte. Daselbst blieben wir, obgleich die Stelle noch ganz mit Eis und Schnee bedeckt war, über Nacht.

Dienstags den zweyten Junius

mussten wir eines schweren Sturmes wegen, welcher aus Nordost den ganzen Tag anhielt hier stille liegen bleiben. —

Mittwochs d: 3. Junius

Nachmittags reisten wir ab, da die See sich etwas gelegt hatte. Wir setzten vollends über Atanarmefiord, welcher $^1/_2$ Meile breit ist, und kamen durch mehrere kleinere Inseln nach Aulusuviksfiord, $1^1/_2$ Meile breit, nach Biörnenässet oder Innuksulik, einem schmalen Erdstrich, der ein ziemliches Stücke in die See hinaus reicht. Hier stehen viele Grönländische Rudera. Vor ein paar Jahren gieng hier ein Umiak mit einigen 20. Personen zu Grunde. Von Atanarme hieher rechnet man 7. Meilen. Hier in der Nähe auf Lille Simiutak, wo wir gegen Mitternacht ankamen, blieben wir über Nacht.

Die Gebirgsart auf dieser Insel so wie in der ganzen Gegend ist grobkörniger Granit mit Adern und Lagern von fleischrothem Feldspath.

Der *Lichen saxatilis* und *proboscideus* findet sich in grosser Menge. Nachts hatten wir 5 Grade Kälte, und Schnee.

Donnerstags d: 4. Junius.

Reisten wir Morgens 9. Uhr ab. — Das Land verflächt sich hier herum die Berge werden sanfter. Das Thermometer zeigte 5° Kälte. — Wir passirten viele Inseln, und kamen nach Kikkertarsoeitsiak, $3^1/_2$ Meilen. Auf dessen nördlicher Seite liegt eine Klippe, welche viel Eisenokker in Granit hat. Hier finden sich auch lose Bergkristalle. Von hier nach Portusok rechnet man 1. Meile, von wannen wir über 1. Arm des Nivaakfiords oder vielmehr Sundes, $1^1/_2$ Meile, setzten, und sodann nach Mangamiut kamen. Von hier aus rechnet man noch 3. starke Meilen nach Egedesminde. Wir konnten aber der schweren See wegen Kangarsuk nicht vorbeykommen, und mussten in einer südlich vor dieser

Stelle liegenden Bucht Tessiursarsuk über Nacht bleiben. Die Anlage Westereiland war uns in Nordwest.

Freytags, d: 5. Junius.

Reisten wir Morgens 8. Uhr bey Windstille und 2. Graden Kälte ab, giengen Kangarsuk vorbey und kamen um 1. Uhr nach Egedesminde, grönlandisch Ausiæt. Die Bucht und die ganze Gegend war noch mit Eis und Schnee belegt, doch war ersteres bereits im Hafen geborsten. Wir mussten uns also über die Trümmer wagen, um nach der Kolonie zu kommen und den Umiak auf der Stelle, wo wir landeten zurücklassen. — Ich wurde von Herrn Koren und Missionär Hartz sehr freundschaftlich aufgenommen. —

Sonnabends d: 6. Junius

Giengen wir durch die Inseln über Diskobucht nach Hundeeiland, und von da nach Kronprindseneiland, wo wir wegen Sturm den 7ten stille lagen.

Montags, d: 8. Junius

Reisten wir ab, und Komafik vorbey, und trafen Nachmittags 5. Uhr, nach einer Reise von 5. Wochen, zu Godhavn, auf Diskoeiland ein.

Aufenthalt zu Godhavn.

Die gütige Aufnahme, welche ich bey Herrn Inspecteur Motzfeldt genoss, ist über mein Lob erhaben; die frohen Tage, welche ich in seinem liebenswürdigen Umgange zubrachte, werden mir, so lange ich lebe, unvergesslich bleiben. Freundschaft kann auch das Herz in einem so kalten Klima erwärmen. Wir benutzten, wenn es die Witterung, die beständig nass, kalt und unfreundlich blieb, es zuliess, die Zeit zu kleinen Excursionen, schrieben auch zugleich den 11 Junius an die Königlich Grönländische Handelsdirection in Kopenhagen, und gaben den Brief einem Englischen Kapitän, namens Starey, welcher in dem Hafen vor Anker lag, mit. —

Donnerstags d: 18. Junius

Machte ich mit Herrn Assistenten Mörk, welcher auf den Speckhandel nach Iglytsiak reiste, eine Excursion. Die Stelle liegt 4. Meilen östlich von Godhavn auf Diskoeiland. Um 7. Uhr Abends kamen wir mit der Schaluppe dorten an, und nahmen in dem Zelte eines Grönländers Quartier. Ich wiedmete den Abend und die Nacht, mich in der Gegend umzusehen.

Das Grundgebirge ist Gneis mit Granit, auf welchem die dieser Insel durchaus eigene Trappformation aufsitzt. Grössere und kleinere Geschiebe von diesen Steinarten sind in einem

Sandlager auf und eingeschwemmt, in welchem ich Alaunschiefer mit gelbem Beschlag, Schieferthon, Kohlenschiefer, Braunkohle und Pechkohle fand. Ein der schwarzen Kreide ähnlicher Schieferthon zeigt sich ebenfalls hier. Der Trapp, an welchem dieses Sandlager ansteht, enthält kleine Analcime und Chabasiekristalle. — Der vorkommende Basalt ist meistentheils fünfkantig prismatisch. Besonders ausgezeichnet sah ich bey einem Elv eine Basaltklippe von gebogenen Säulen, welche schön gruppirt, und ganz von dem Meere umströmt ist.

Westlich vom Zelte waren mehrere Zelteplätze auf Hügeln und Flächen mit Geschieben der Gebirgsart bedeckt, auf welchen viele Weissfischknochen umherlagen. Auch mehrere alte heidnische Gräber finden sich hier. Bey einem derselben fand ich Ueberbleibsel von grönländischen Geräthschaften und einen *Ullo.* — Die Stelle war ehemals auch zur Winterszeit bewohnt. —

Freytags d: 19. Junius

Morgens um 2. Uhr seegelten wir mit Speck und Thran wohlbeladen, unter einem scharfen Südwestwinde zurück, und hatten kaum den Hafen erreicht, als sich plötzlich ein Orkan erhob, welcher das Transportboot im Hafen von Tau und Anker riss, und treiben machte; welches aber doch gerettet wurde. Wären wir nur eine Viertelstunde späther von Iglytsiak abgereist, so würden wir ohne Rettung verlohren gewesen seyn. —

Mittwochs d: 24. Junius.

Sahen wir von der Udkik ein Danisches Schiff ungefehr 4. Meilen vom Lande, welches für den Hvidfisk erkannt wurde. Der Herr Inspecteur sandte eine Schaluppe aus, um die Papiere entgegen nehmen zu lassen, welche auch gegen Abend zu unser aller Freude damit zurückekam. Heute und gestern fiel auf Disko einen halben Fuss tiefer Schnee. —

Donnerstags. d: 25. Junius.

Morgens 4. Uhr gieng Schiffer Lindberg mit dem Schiffe Hvidfisken im Hafen bey Godhavn vor Anker.

Freytags d: 26. Junius

Fiel abermals bey 2. Graden Kälte ziemlich viel Schnee, der ganzen Tag anhielt. —

Sonntags. d: 28. Junius

Erblichten wir abermals von der Udkig ein Dänisches Schiff. Heute war 3 Grade Wärme.

Montags. d: 29. Junius

Morgens 7. Uhr kam Kapitän MATHIESEN mit der Brigg hvide Björn vor Anker. Ich erhielt durch ihn ein gütiges Schreiben von der Königlich Grönländischen Handelsdirection.

Monat Julius.

Sonnabends d: 4. Julius

Verliess Kapitän MATHIESEN Godhavn, um seine Reise nach Omanak fortzusetzen.

Sonntags. d: 5. Julius

Erhielt ich von Herrn Inspecteur MOTZFELDT die nöthigen Papiere und Instructionen zu der vorhabenden Reise nach Upernavik; da er mich mit dem Auftrage beehrt hatte, sein Stellvertreter bey den dortigen Verhandlungen und der Zusammenberufung der Grönländer zu seyn. —

Reise nach Upernavik mit der Brigg Hvidfisken.

Montags — den 6ten Julius

Morgens halb 7. Uhr trat ich mit Herr RITTER und seiner Frau die Reise an. Das Schiff war bereits aus dem Hafen, weil die Anker von dem Schiffer gelichtet wurden ohne den zweyten Seegelschuss zu thun. Wir fuhren mit einer Schaluppe nach, und holten es aussen vor Lindbergs Scheer ein. Um 8. Uhr hatten wir Kiödøen in Osten. Der Wind war Südost, wir steuerten in West Nordwest. Gegen 9. Uhr kamen wir an Fortunebay und Kangarsuk, gegen Mittag an blaa Field und gegen Abends an Diskofiord.

Dienstags d: 7. Julius

Wind: S. S. W. dann Stille; um 3. Uhr Nachmittags neblicht. Nördliche Breite 69° 28′. Gegen Mitternacht hatten wir Diskolands Nordhukk in Südost, und waren ungefehr 3. Meil. vom Lande.

Mittwochs d: 8. Julius.

Wind: Nordost, dann etwas südlich. Wir hatten Disko Bay in Ost gen Ost, und waren kaum drey Meilen vom Lande. Nördliche Breite war 69° 37′. Abends: Wind: Ost Nord Ost. Kurs: Nord. In Ost gen Ost lag uns Haseneiland. Das Waygat in Südost. Wir sahen Kapitän MATHIESEN unter dem Lande seegeln, und wendeten nördlich. —

Donnerstags d: 9. Julius.

Morgens: Wind: Nordost gen Ost. Kurs: Nord N. West. Um 8. Uhr wendeten wir in Nordost. Die Luft war ziemlich klar.

Unter Omanaksfiord lagen mehrere Eisberge. Mittags hatten wir Haseneiland in Ost, und waren ungefehr 4. Meilen vom Lande. Nördliche Breite war 70° 2'. — Abends wurde der Wind Südlich. Kurs: Ost, Nord Ost.

Freytags d: 10. Julius.

Wind Südlich. — Wir hatten Mittags ukjendte Eilande in Süd Südwest. Nördliche Breite 71. Grade.

Sonnabends d: 11. Julius

Gegen Mittagszeit lag uns Svartenhuk in Ost Süd-Ost. Der Wind war südlich und die Nordliche Breite 71° 34'. —

Sonntags d: 12. Julius

Sahen wir viele Eisberge und Eisfelder. Gegen Mittag hatten wir Karsorsoak in Ost Nord Ost und waren ungefehr 3. Meilen vom festen Land. Der Wind war West Süd West.

Montags. d: 13. Julius

Passirten wir Fuglefield mit Südlichem Winde. Mittags hatten wir Karsorsoak in Südost. — Um halb 7. Uhr passirten wir Upernavik, giengen durch den Sund Ikersoak, und warfen im Hafen Sidleit bey Itiblingoak, um 8. Uhr Abends Anker. —

Dienstags, d: 14. Julius

Machte ich eine Excursion nach Itiblingoak und fand auf dieser Stelle viele Überbleibsel von Häusern und Gräbern. Die Gebirgsart ist Granit, mit häufig eingemengtem edeln Granat, und einem braunen blättrigen dem sogenannten Antophyllite ähnlichen Fossile. Das Gebirge ist sehr zerklüftet, und an vielen Stellen in eine Menge groben Sandes zerfallen. —

Mittwochs d: 15. Julius

Morgens besuchte ich die Gebirge, welche südlich von Itiblingoak liegen. Ich fand hier die *Clio retusa*. — Merkwürdig ist es, dass in dieser ganzen Gegend am Seestrande keine *Lepas* mehr zu sehen ist.

Donnerstags d: 16. Julius

Besuchte ich die bey Itiblingoak nordlich liegenden Berge. In Osten jenseits eines Sundes lag mir der steile Karsorsoak. Die Gebirgsart ist Glimmerschiefer und Granit mit vieler eingelagerter Hornblende.

Ich bemerkte hier gegen den Strand zu mehrere Eidervögelnester auf hohen Felsenkuppen. Vieleicht ziehen sie zuweilen so hoch, um vor Nachstellungen sicherer zu seyn. — Überhaupt finden sich die Eidervögel in den Nördlichsten Gegenden mehr unter dem festen Lande ein, da sie in den südlichern sich mehr nach der See zu auf kleinen Inseln besonders in der Brutzeit aufhalten.

Freytags. d: 17. Julius

Machte ich eine Excursion auf der Insel Upernavik selbst, gegen die Nordre oder Griisebugt zu, wo gewöhnlich die Fahrzeuge und Schaluppen liegen. Hier fand ich den Gneiss vorwaltend, in demselben magnetischen Eisenstein, lager und nesterweise ein lauchgrünes dünnblättriges dem Sahlite etwas ähnliches Fossil, in undeutlichen kleinen Prismen sparsam eingemengt, mit dem obengemeldeten braunen dem Antophyllithe ähnlichen Fossile, ferner Chlorit, Quarztrümmer von Kupfergrün gefärbt, und am Strande eine ungeheure Menge magnetischen Eisensandes mit vielem schwarzem Glimmersand. Daselbst findet man auch den Gneiss in grossen sehr feinkörnigen grauen Platten, mit wenig Glimmer in horizontaler Richtung gelagert.

Sonnabends d: 18. Julius.

Gieng ich Nordre Bugt vorbey, nach Upernaviks äusserster Spizze, wo ich viele alte Gräber und durchaus Gneiss als die Hauptmasse fand. Ich musste die ganze Zeit bisher auf kleine Excursionen verwenden, da ich noch keine Gelegenheit hatte, ein Dänisches oder Grönländisches Fahrzeug mit Besezzung zu erhalten.

Sonntags, d: 19. Julius

als am nemlichen Tage an welchem ich laut meinem letztern Tagebuche die Reise von der Südlichsten Kolonie nach Staatenhuk angetreten hatte, trat ich auch heute von der Nördlichsten Kolonie Upernavik, meine weitere Reise nach dem Nördlichen Eisblink an.

Reise nach dem **Nördlichen Eisblink.**

Sonntags, d: 19. Julius

Nachmittags um 4. Uhr gelang es mir endlich abzureisen,

nachdem von den 6. gemietheten Grönländern den Tag über bald der eine oder der andere weggelaufen, oder wieder nach Hause gegangen war. — Der Grönländer SAKKAK oder ZACHARIAS folgte als Steuermann mit. Wir landeten zuerst auf Upernaviarsuk, 2. Meilen nördlich von der Kolonie. Es ist eine kleine flache Insel, und war ehemals ein Wohnort der Grönländer, wo viele Weissfische gefangen wurden.

Sie besteht aus Granit, hie und da mit schönem blaulichem Quarze, grünlichem Feldspathe, Wernerit, Grünem Flussspathe, und Magneteisenstein. Am Strande fand ich in den von der See ausgespühlten Vertiefungen des Gesteines schön kristallisirtes kubisches Seesalz. — Wir kamen um Mitternacht Arbeitsiak an, wo wir liegen blieben, weil ein schwerer Südweststurm begann. Ich gieng die Nacht durch auf Excursion. Die Gebirgsart ist Granit mit häufigem Granat, grosse Lager von Glimmerschiefer mit Granat, ein grünes talkartiges Fossil mit Quarz in kleinen Lagern beym Granite, hie und da ein wenig Graphit beygemengt. — Im Granite bemerkte ich an einigen Stellen blauen Quarz, welcher sich auch gangweise einfindet, und zuweilen ganz dunkelblau ist.

Auf der westlichen Näs gegen die offene See zu traf ich viele Zelteplätze, und an vielen Stellen eine Menge von Eidervögeln auf den Nestern. Ich war leider auf dieser Stelle Augenzeuge von dem barbarischen Vergnügen der Grönländer, die jungen Eidervögel, welche noch kaum schwimmen konnten, von den Nestern in die See zu jagen, sie dann mit Steinen zu verfolgen, oder gegen die Klippen zu schleudern, ohne einen andern Zweck zu haben, als ihre Mordlust zu befriedigen. — Sie wachsen mit dieser grausamen Begierde auf; der Vater kann seinem kleinen Jungen, wenn er vom Fange zu Hause komt, kein angenehmeres Geschenk mitbringen, als einen armen Vogel, mit welchem er spielen, das ist: ihn von einer Ecke nach der andern schleudern, und zulezt mit seinem kleinen Pfeile unaufhörlich nach ihm werfen, und ihn so auf diese Art zu Tode martern kann. Es hilft nichts, ihnen hierüber etwas zu sagen, so lange sie noch auf der untersten Stufe der Aufklärung stehen, und — PONTOPPIDANS Heilsordnung klärt sie wahrlich nicht auf, so wenig als THOMAS A KEMPIS.

Montags d: 20. Julius

Es stürmte die ganze Nacht aus Südwest, wir mussten also Vormittags liegen bleiben; welches eben nicht sehr behaglich war, da wir kein Zelt mit uns hatten, und also alle zusammen under das Schaluppenseegel kriechen mussten. Um 5. Uhr Abends liess der Sturm etwas nach, und wir reisten also ab. Nach ein paar Stunden, als wir aus den Inseln herauskamen, begegnete uns das Speckboot von Upernavik, welches nach Tessiursak gehen sollte, um Produkte für die Einschiffung zu holen. Ich gieng an Bord desselben, und liess die Schaluppe mit der Mannschaft nachfolgen. — Der Wind blies sehr scharf südlich, so dass wir noch die nemliche Nacht nach 1. Uhr Tessiursak ein Forsög, 16. Meilen nordlich von Upernavik erreichen konnten. — Der Hafen hier ist geräumig und liegt östlich unter dem Lande, ist tief genug, und vor schweren Gebirgswindstössen hinlänglich gesichert. Rechts am festen Lande beym Einlaufe liegt Imnersoak, ein hoher steiler Granitberg sonst auch Maagefield genannt. — Ich musste von hier noch 1/4 Meile über Land gehen, um das Zelt des dortigen Formands Mads Thomsen, welcher hier die Produktenhandlung und den Garnfang betreibt, zu erreichen, wo ich ein paar Stunden schlief.

Dienstags d: 21. Julius.

Vormittags sah ich mich auf dieser Insel um. Die Gebirgsart ist Granit mit grossen Urgrünstein und Chloritlagern. Dem Granit ist edler Granat, und das braune blätterige Fossil, welches sich auch zu Upernavik findet, beygemengt. Auch hier ist der magnetische Eisenstein sehr häufig, welcher überhaupt auf der ganzen Küste von Grönland von Süden nach Norden allgemein verbreitet ist. —

Ausser Mads Thomsen, welcher hier auch ein Grönländisches Haus für sich erbauet hat, so wie auch ein Speckhaus, stand noch ein von einer heidnischen Grönländerfamilie bewohntes Zelt. — Sobald Mads Thomsen den Speck und die andern Produkte abgeliefert hatte, reiste ich in seiner Begleitung mit meinen Grönländern bey Westlichem Winde weiter nach Norden ab. Wir passirten Kasorsoak, zum festen Lande gehörig, wohin die hiesigen Grönländer gewöhnlich auf den Rennthierfang gehen, hatten zu Osten eine kleine Insel, Kamutsuengoak, von *Kamutit* ein Schlitten so genannt, weil die Grönländer hier im Sommer ihre Schlitten aufbewahren. In Nordwest lag uns Ujortlersoak, und Uiortlengoak, welche Insel ich, auf der Rückreise zu besuchen mir vornahm. In N. N. W. lag uns . . . ., welches so viel heisst: als eine Insel, welche . . . . In Osten war uns Saitok, oder etwas, das flach ist. Die Gebirgsart dieser Insel ist Granit. Sie war ehemals bewohnt, aber im Jahre . . . . froren hier ein paar Grönländerfamilien ein, welche, weil sie nicht auf den Fang gehen konnten, unbeschreiblichen Hunger litten. — Seit dieser Zeit wird die Stelle, welche für den Bärenfang sehr gelegen war im Winter nicht mehr bewohnt. — Wir fuhren sodann durch Ikaresarsuk, welches ein grosser breiter Sund ist, nach........., wo ich ans Land gieng. Ich fand hier viele alte Ruinen von verlassenen Grönländischen Häusern, mehrere heidnische Gräber, kaum noch kennbare Spuren von Zeltepläzzen, aber nirgends eine menschliche Seele. Meine Grönländer machten hier Schwierigkeit weiter zu reisen, so wie sie sich überhaupt die ganze Zeit über widerspenstig und träge, den einzigen Steuermann Sakkak ausgenommen, zeigten; doch mit Mads Thomsen Hülfe brachte ich sie wieder von der Stelle.

Die Gebirgsart in diesem ganzen Sunde ist Granit mit Gneiss, ersterer oft mit Granaten, in beyden grosse Lager von Hornblendschiefer. — Den ganzen ein $^1/_2$ Meile langen Sund constituirt auf beyden Seiten die nemliche Gebirgsart. — Wir wendeten nun in demselben, welcher sich beynahe in einem halben Kreise zieht, nach Nordwest, und blieben, da schon Mitternacht vorbey war, über nacht zu Ikaresa..... auf der Nördlichen Seite des Sundes. Auch hier waren Spuren von alten Zelteplässen, doch nicht von Winterwohnungen.

Mittwochs d: 22. Julius.

Ich benützte die ganze sogenannte Nacht, da die Sonne in Norden ziemlich hoch über den Felsen stand, zu Excursionen.

Die Gegend ist fürchterlich verstürzt und zerrissen. Man meynt, jeden Augenblick müssten die ungeheuersten Gebirgsmassen, welche hie und da ganz frey überhängen, und scheinbar, nur auf kleinen Punkten ruhen, herunterstürzen. — Die fürchterlichen zum Theil ganz neulich losgerissenen Granit und Gneissmassen, deren Bruchflächen noch ganz scharf und unbemoost sind, und an vielen Stellen zusammenpassen, zeigen hinlänglich die Revolutionen jedes kommenden Frühlings, wo sich die durch Eis losgesprengte Stücke ablösen, und niederstürzen, welchem gefährlichen Schauspiele ich oft um diese Zeit auf meinen Wanderungen mit Entsetzen zugesehen habe. — Ich fand hier Granit häufig mit edelm Granate, und grossen

6. seitigen schwarzen Glimmertafeln, geadertem Feldspath; Granit mit rosenrothem und grünlichem Quarz; in weissem Quarz kleine, gelblichgrüne Feldspath (Wernerit?) kristalle, und viel Magneteisenstein. Die niedergestürzten zum Theil mit Moosarten überwachsene, zum Theil noch frische Steinarten sind mit einem glimmrigen braunrothem und gelblich braunem Thone bedeckt; den der schmelzende Schnee im Sommer von den höhern Kuppen niederschwemmt: das hie und da festliegende Eis so wie der Schnee war beynahe blutroth davon gefärbt, welches im Glanze der Sonne wie brillantirte Rubinen aussah. — Die grossen Sprengungen in der ganzen Gegend sind Beweise von Gewaltigen Erderschütterungen.

Mit frühestem Morgen reisten wir von hier ab nach Nullok (Röv, oder Rumpe). Hier stehen späth im Herbste gewöhnlich Grönländer, um Weissfische welche des tiefen Wassers wegen dicht unter Land gehen mit Lanzen zu erlegen. Vor kurzer Zeit missten hier bey solcher Gelegenheit einige Grönländer ihren Umiak, welcher durch einen Orkan in die See geschleudert wurde.

Die Gebirgsart ist der vorhin beschriebene Granit mit grossblättrigem schwarzem Glimmer und Quarz, mit gelblichgrünen kleinen rhombischen Kristallen. —

Von Ikaresa...... aus bis hieher hatten wir eine Menge Eisberge zu passiren, die der Eisfiord, über welchen wir sezzen mussten, auswarf. Lunde *(Alca Grönlandica)* und Theiste *(Uria Grylle)* bedeckten hier gleichsam die See. — Das feste Eis des Blinks lag kaum 1/4 Meile von uns. Ich gedachte noch so weit nördlich zu gehen, als es möglich wäre, und so wagten wir uns um Nulloks Næs herum. —

Die Gebirgsart des oben erwähnten Granits wurde durch sehr grosse Lager von Hornblendschiefer unterbrochen; das Gebirge des festen Landes ist hier ausserordentlich steil.

Wir erreichten endlich den ungeheuren Nördlichsten Eisblink, welcher eine Näs weit gegen die See hinaus bildet. — Das Treibeis, welches bey ziemlich starkem schäumendem Seegange der nördliche Windstoss auf uns zutrieb, machte mich sehr besorgt, als zu allem Unglücke noch ein dichter nachtähnlicher Nebel fiel. Wir wendeten zwar sogleich, aber demungeachtet verirrten wir uns doch in eine Bucht, weil wir des Eises wegen kreuz und quer uns durchschlagen mussten, welche den Grönländern ganz unbekannt war. Wir mussten also den Weg durch die Eistrümmer wieder heraussuchen, um freye See zu gewinnen. — Es war ein schwüler Tag und die Eisberge krachten unaufhörlich von allen Seiten. Wir setzten westlich nach der offenen See hinaus, und sahen endlich, als sich der Nebel etwas vertheilte, das wir südwestlich von Nullok ab, und ungefehr 2. Meilen vom Lande waren. Wir legten nun wieder gegen das feste Land, und kamen mit vieler Mühe bey einem raschen nördlichen Winde nach Saitok um Mitternacht, von wannen wir

Donnerstags d: 23. Julius

nach einstündiger Ruhe um 1. Uhr Morgens unsere Reise wieder fortsetzten. Wir kamen bey dichtem Nebel nach Ujortlit, der nördlichsten dieser drey äusserst zur See liegenden Inseln, auf der mittlern Uiortlersoak stieg ich ans Land und brachte daselbst 3. Stunden zu. Nach dem Berichte einiger Grönländer sollten sich hier Steinkohlenlager finden. Das Probestück welches einer vor einiger Zeit bey Herrn Kaufmann Winding abgeliefert hatte, war rabenschwarze feinkörnige Hornblende. Die Insel ist klein von allen Seiten gleich schroff und steil, so dass man nur mit Mühe hinaufklettern kann, welches die Grönländer im Frühjahre thun, weil in den steilen Felsenwänden der Insel sich viele 1000 Mäwen und Tattarakken der Brutzeit wegen aufhalten. Die ganze Insel ist durchaus Urgebirge, keine Spur von Flöz, oder aufgeschwemmtem Lande. Der Gneiss ist vorwaltend, mit Glimmerschiefer und Granitlagern, in welchen Graphit sich findet. Im Granit bemerkte ich ausserdem noch ein neues unbekanntes grünes, sowie ein blaues Fossil in eingewachsenen 6. seitigen Prismen, ferner Strahlstein, und das dem Anthophyllithe ähnliche braune Fossil. — Der schwarze Glimmer ist in 6. seitigen Prismen und Tafeln kristallisirt. In kleinen Lagern findet sich schöner weisser Feldspath, Wernerit, und blauer Milchquarz. Magneteisenstein ist an allen Stellen sichtbar, und die ganze Insel sieht von ferne okkergelb aus, welches von dem verwitterten Glimmer mit Graphite herkommt. —

Wir verirrten uns bey dem eingefallenen dichten Nebel abermals ein wenig, fanden uns doch wieder zu rechte und kamen Kamutsuengoak vorbey, worauf wir um 10. Uhr Vormittags glücklich zu Tessiursak bey Mads Thomsens Zelte anlangten, wo ich ein paar Stunden der Ruhe nöthig hatte. —

Abends um 4. Uhr reiste ich in Begleitung von Mads Thomsen von hier wieder ab. — Das Speckboot war bereits zur Kolonie zurückegeseegelt. Wir hatten in Nordosten Imnersoak, oder Maagefield, südlicher lag uns . . . . . ein alter grönländischer Wohnplatz, in Südost Imneitsiak, eine sehr steile Klippe und nahe dabey eine kleine Insel, ebenfalls Upernavik genannt, ein Sommeraufenthalt der Grönländer — doch nun ist diese ganze Strecke bis Najait unbewohnt. Wir wendeten hierauf nach N . . . ., einer langen und breiten Insel, wo wir über Nacht blieben, da es Mitternacht war.

Freytags. d: 24. Julius.

Ich war die Nacht durch auf Excursion. Die Insel besteht vorzüglich aus Granit und angelehntem Glimmerschiefer. Im erstern fand ich edeln Granat, und das lauchgrüne Fossil von Fettglanze, welches auch zu Arbeitsiak vorkommt; lagerweise Hornblendschiefer mit Quarzartigem Hornstein, weissen geaderten Feldspath, Wernerit, kristallisirten Feldspath, Strahlstein, braunen und braunrothen feinkörnigen Sandstein in grossen losen Massen, und am Strande horizontalgelagerten Thonschiefer mit Dachschiefer, auch rosenrothem Quarz in losen Stücken. —

Viele schöne Krytogamien. In der See die *Clio retusa,* eine beutelförmige Meduse, einen besondern Krebs, und eine *Sepia Loligo.* —

Vormittags 9. Uhr reisten wir mit scharfem Nordwestlichen Winde ab, hatten in Osten das hohe feste Land Karsarsak, an diesem südlich eine Näs an welchem Ikkek, ein Fiord, gegen 5. Meilen lang in 2. Armen südlich und nordlich unter das feste Land hinein bis an den Eisblink reicht. Am Einlaufe des Fiords liegt ein Omanak. Man kann hier von Südwest aus stehend, den Eisblink an 4. Stellen aus dem festen Lande hervorragen sehen. Auch hier soll einst nach der Grönländer Bericht eine Durchfahrt nach der Ostseite des Landes gewesen seyn.

Rund herum liegen viele kleine Inseln . . . . genannt, zerstreut, unter diesen war eine kleine flache ehemals ein gewöhnlicher Grönländischer Winterwohnort, man sieht noch ein zerfallenes Haus. Es wächst hie herum ziemlich Gras, und die Eidervögel nisten auf diesen kleinen Inseln in unglaublicher Menge. — Hier rechnet man gerade den halben Weg oder 9. Meilen zwischen Tessiursak und Upernavik. Auf der ganzen Reise stand ein Nebelbogen über unserm Zenith von 10. Uhr Vormittags bis 4. Uhr Nachmittags, ohne dass das Land in Osten verhüllet geworden wäre. — In Nordwest, nördlich von Najait lagen uns die äussersten Inseln: .... lezteres Wort will so viel sagen, als: etwas, das im Wege liegt (dass man nicht auf den Fang kommen kann). Wir hatten in Westen Tussa...., einen grönländischen Zelteplatz, und östlich .... eine Winterwohnstelle, und kamen sodan nach Najait, oder Maageøer, wo wir bey dem Grönländer Simon, Bruder meines Führers Sakkak über Nacht blieben. Dies hier war zwischen einer über 30. Meilen langen Landstrecke der Küste entlang, nebst der Familie zu Tessiursak, die wenigen Grönländer, in allem ungefehr 20. Personen, welche ich angetroffen habe. —

An dieser Stelle, welche aus mehrern schroffen Inseln besteht, fand ich als die Hauptgebirgsart Gneiss mit vielem edelm Granat eingesprengt. Der Gneiss ist in grosser Menge in 4. kantige und rhombische Bruchstücke zerfallen. In demselben liegen Lager von grobschiefrigem Schriftgranit, und Granit mit Graphit, hie und da mit etwas saphirblauem feineingesprengtem Flussspath.

In der Bucht, welche zugleich auch ein Hafen ist, sah ich mehrere *Cliones retusas (Akaursæt)* und *Tullukaursæt* oder *Tullukeit* auch mehrere schüsselförmige graublaue ziemlich zähe Medusen. —

Sonnabends d: 23. [25] Julius

Reisten wir mit gutem Nordwestwinde Vormittags um 10. Uhr ab, passirten Arbeitsiak, und Upernaviarsuk, woselbst wir landeten. Wir giengen sodann die Landspizze von Sermesok, und die Bucht von Kasorsoak vorbey, welche uns in Osten lagen, und kamen Abends 4. Uhr glücklich nach der Kolonie Upernavik zurück. —

Sonntags. d: 26. Julius.

Entledigte ich mich des von Herrn Inspekteur Motzfeldt erhaltenen Auftrags, und liess die Grönländer des Bezirkes zusammenberufen, um ihre etwanigen Beschwerden anzuhören, und die gewöhnlichen Belohnungen für Fleiss und Strebsamkeit auszutheilen. In Hinsicht dieser Verrichtung beziehe ich mich auf Herrn Inspecteur Motzfeldts hierüber an die Königlich Grönländische Handelsdirection eingesandten Bericht, da die Sache nicht in dieses Tagebuch gehört. Die erste Prämie erhielt Simon von Najait, der beste und geschikteste Seehundfänger dieses Distrikts. Die zweyte erhielt KASSIGIAK, und die dritte AVIO. Der Sohn des Böttchers und Unterassistenten LARS NIELSEN, und des Formands MADS THOMSEN, erhielten ihrer frühzeitigen Geschicklichkeit im Rudern und Fangen wegen, jeder eine kleine Handelskiste zum Geschenk. Mehrere Grönländer hatten das Distrikt der Kolonie verlassen, und waren nach Omanak gezogen. Abends hatten wir einen schweren Sturm aus Südwest, welcher den ganzen folgenden Tag anhielt. —

Montags d: 27. Julius.

Abends um halb neun Uhr fuhren wir nach dem Hafen, um 9. Uhr wurden die Anker gelichtet, und das Schiff von zwey Schaluppen durch den langen Sund boxirt, weil es haarstille war. — Die Bogsirung musste durch eine Strecke von 2. Meilen Länge fortgesetzt werden. — Wir giengen Bruunsoe, Aonarsuk und Kikerteitsiak vorbey, wo Herr WINDING und ROSBACH, da es schon nach Mitternacht war, Abschied nahmen und mit ihren Schaluppen das Schiff verliessen. —

Dienstags. d: 28. Julius.

Morgens um 2. Uhr fieng ein rascher Nordlicher Wind zu blasen an, so dass wir gute Fahrt hatten. Karsorsoak lag uns in Südost; wir waren bald 2. bald 4. Meilen vom festen Lande, und steuerten südlich. — Mittags hatten wir Fladöerne in Süd gen Osten, und 72° 19′ Nördliche Breite, und seegelten 4—5 Meilen in der Wacht.

Mittwochs. d: 29. Julius.

Gegen Mittag hatten wir den Huck von Londonsküst in Südsüdost. Der Wind gieng Nachmittags in Ost Nordost über. —

Donnerstags. d: 30. Julius.

Morgens: Wind: West Nord West. — Ich war um 2. Uhr Morgens auf dem Verdeck, weil Herr LINDBERG mich nach Herrn Inspecteur MOTZFELDTS Ordre zu Norsoak ans Land sezzen sollte; allein er hatte keine Lust dazu, obgleich nur Bram und Leeseegelswind blies, wie vermutlich auch sein eignes Journal ausweisen wird. Er konnte sich nicht durch Unkundigkeit des dortigen Fahrwassers entschuldigen, da er vor ein paar Jahren auf der nemlichen Reise Herrn WINDINGS nunmehrige Frau ebenfalls von Norsoak abgehohlt und nach Upernavik gebracht hatte. Es entgieng mir also durch seine Weigerung die schöne Gelegenheit, die Steinkohlenlager von Haseneiland und Omanak zu besuchen, — und vieleicht auf diese Weise nützlich seyn zu können. — Nachmittags giengen wir Omanak und Haseneiland vorbey. — Die nördliche Breite war 71° 20′ —

Freytags. d: 31. Julius.

War der Wind Ost Nord Ost. Wir hatten Mittags die Disko

Bay in Südost; und waren 3. bis 4. Meilen vom Lande; es war schwerer Seegang, von Nordosten. —

Monat August.

Sonnabends. d: 1. August.

War die Nacht durch dicker Nebel. Um 2. Uhr Morgens waren wir bereits aussen vor Godhavns Udkig, nahe an Kiödøe. — Um 5. Uhr kam der Harpunier Jens Wille mit einer Schaluppe von Godhavn um uns zu bogsiren. — Um 8. Uhr lagen wir bereits im Hafen vor

Anker!

Aufenthalt auf **Godhavn.**

Dienstags. d: 8. [4] August

Bemerkten wir von der Udkig zwey Dänische Schiffe in der Bucht. Das eine war Jupiter, das andere den hvide Björn. Kapitän Riwerts seegelte rasch unter Land, und legte sich beym Einlaufe des Hafens fest; aber Lars Mathiesen suchte die offene See. —

Montags. d: 10. August.

Kam Kapitän Riewerts in Hafen bey Godhavn vor Anker. — Ich schrieb an die Königlich Grönländische Handelsdirection, und übergab den Brief an Schiffer Lindberg.

Dienstags. d: 11. August.

Gieng Kapitän Riewerts mit 2. Schaluppen aus, um Kapitän Mathiesen in Hafen zu helfen, welcher noch immer See hielt; und den folgenden Morgen kam er glücklich vor Anker. —

Mittwochs. d: 12. August

Gegen 11. Uhr Abends stürzte in der Kluft am grossen Elv, am östlichen Abhange des Berges eine ungeheure Felsmasse nieder; deren Fall man zu Godhavn deutlich spürte. —

Donnerstags d: 13. August

Seegelte Lindberg nach Europa zurück. Um 6. Uhr Abends zeigte sich die Sonne mit einemmale blutroth und matt, wie bey einer Sonnenfinsterniss.

Vom 13tem bis zum 20. August

hatten wir anhaltendes Sturmwetter mit abwechselndem Regen und Schnee.

Freytags. d. 21. August

traten die Kapitäns Riewerts und Mathiesen morgens 8. Uhr ihre Rückreise an. —

Vom 22 bis zum 30. August

Benutzte ich die Zeit so gut wie möglich, um kleine Wanderungen über Land nach den auf Disko in der Nähe von Godhavn liegenden Gebirgen zu machen, worüber ich mich unter Einer Rubrik ausführlich erklären werde, um die Übersicht der Gebirgsarten und einfachen Fossilien, welche sich auf dieser grossen Insel finden, zu erleichtern.

Sonntags. d: 30. August

gegen Abend gieng ein grosser Eisberg, welcher gestern Abend mit der Fluth in den Hafen getrieben wurde vor dem Inspectorats Hause mit fürchterlichem Donnern und Krachen in Trümmer. — So nahe vor den Augen gewährt dieses schreckliche Schauspiel, wenn man sich in Sicherheit weiss, ein seltnes Vergnügen. Doch zur See hat es mir, besonders, wenn ich mit den schwachen grönlandischen Lederfahrzeugen mehrere Meilen durch diese aufgethürmte Eiskolossen reisen musste, manche bange Stunde gemacht. Es ist grauenvoll schön, wenn eine solche Masse zu knittern beginnt, erst kleine Stücke von sich wirft, und gleich darauf, unter fürchterlichem Donnern, gegen welches eine Kanonenbatterie Kleinigkeit ist, die geborstenen ungeheuren Trümmer mit betäubendem Gebrause in den Abgrund der tiefen See stürzen, nach einigen Minuten wieder heraufpfeifen, dann wieder untertauchen, sich unter dem Wasser wälzen und drehen, und also stets in anderer Gestalt wieder zum Vorschein kommen. Das Wasser sprüht und schäumt als ob es kochte; die grössern und kleinern Eismassen umher fangen, durch diese heftige Bewegung erschüttert, zu tanzen an, und die See, welche vor wenig Augenblikken spiegelglatt war, geht so hohl beynahe eine Meile im Umkreis, als ob ein Sturm gewütet hätte. Es ist ein Schauspiel, welches man sehen muss, um es begreifen zu können. —

Montags. d: 31. August.

Reiste ich mit Herrn Inspecteur Motzfeldt mit einer Schaluppe nach Kulfieldet, grönländisch Amarurtiksæt, oder Ippiksoit, 10. Meilen östlich von Godhavn auf Diskoeiland, wo wir um 9. Uhr Abends ankamen. —

Monat September.

Dienstags. d: 1. September

Es scheint mir hier, bevor ich das Steinkohlenlager auf Diskoeiland beschreibe, die beste Gelegenheit zu seyn, von dieser ganzen grossen Insel, so weit ich sie bisher auf Excursionen kennen lernen konnte, in Hinsicht ihres Geognostischen Verhaltens zu sprechen, und auch etwas über ihre übrigen Naturprodukte beyzufügen.

Die Insel Disko

macht gegen Norden die Gränze der Bucht, welche die Straat Davis gegen Osten unter das feste Land von Grönland hineinmacht. — Gegen Süden ist Disko 13. Meilen von dem festen Land entfernt, und auf der Ostseite durch das Waygat davon getrennt, welches einen 4. bis 5 Meilen breiten Sund bildet. Gegen Westen und Norden wird sie von der Strasse Davis bespühlt. Sie liegt im 70ten Grade Nordlicher Breite, und ist von Süden nach Norden 18 bis 20. Meilen lang, und von Westen nach Osten gegen die Bucht zu, 12. Meilen breit — gegen Norden läuft sie schmal zusammen. Dermalen ist sie, die Königliche Loge Godhavn ausgenommen auf allen übrigen Punkten unbewohnt, streifende Grönländerfamilien ausgenommen, welche im Sommer zuweilen hie oder da ihre Zelten aufschlagen. In Diskofiord wohnt ein pensionirter Kolonist mit einigen ihm verwandten Grönländern, und lebt vom Seehundfange. Hasen, der Isatis [Fuchs] und Schneehühner sind die einzigen Landthiere der Insel, von denen man dermalen noch, obgleich sparsamen Nuzzen hat. — In vorigen Zeiten soll es sehr viele Rennthiere auf dieser Insel gegeben haben; ich habe selbst auf meinen Wanderungen ins Innere halb vermoderte Skelette und Geweihe dieser Thiere gefunden. — Die noch lebende Wittwe des verstorbenen Kaufmann Dalagers, war, nach ihrer Erzählung mit ihrer Familie oft auf diese Jagd mitgegangen. Nun suchen die Grönländer diese des Fleisches und der Felle wegen ihnen so angenehmen Thiere einzig und allein auf dem festen Lande auf, und vertändeln leider mit dieser ihrer Lieblingsneigung gar oft den Sommer, und die gute Fisch und Seehundfangezeit desselben, so dass sie zuweilen, besonders wenn ein strenger Winter einfällt, wo sie, des Eises wegen nicht mit den Kajakken ausfahren können, dieses genossene Vergnügen durch einen schmerzlichen Hunger büssen müssen; ja wohl zuweilen, wenn sie zu lange auf dem Rennthierfange ausbleiben, und des Frostes wegen sodann ihre Häuser nicht mehr auszubessern im Stande sind, noch obendrein im Frühjahre von Kälte und Nässe schmerzlich gemartert werden, worauf denn gewöhnlich, wenn sie aus Heisshunger ihre Zelte, Boote, Kajakke, Kleider und alles, was sie seit langer Zeit in Mist geworfen haben, kochen und aufzehren, gewöhnlich tödliche Krankheiten folgen. — Sie gehören zu den Menschen, welche durch Schaden nicht klug werden, und beginnen und enden doch das folgende Jahr abermal nach der Weise des Vergangenen.

Einige Raubvögel halten sich doch in diesen Klippen auf. — Ich habe mehrmalen den Fischgeyer *(Vultur albicilla)*, den gefleckten Falk *(Falco rusticolus)*, den Wanderfalk *(Falco fuscus)* und den weissen Falk *(Falco Islandicus)* auch die weisse Eule *(Stryx Nyctea)* gesehen. Der Rabe *(Corvus corax)* der zu einer beträchtlichen Grösse wächst, hält sich wie auf dem ganzen Lande, gerne in der Nähe bewohnter Plätze auf. —

Von kleinern Landvögeln oder Singvögeln ist mir nur der Schneevogel oder *Kopanauarsuk (Emberiza nivalis)*, welcher der

Vorbote des Frühjahrs ist, und der Lappländische Fink *(Fringilla Lapponica)* vorgekommen. —

Von Seevögeln finden sich alle die Arten hier ein, welche auf der ganzen Küste von Grönland vorkommen; doch vorzüglich die Mäwe *(Larus glaucus)* und der Tattarake *(Larus tridactylus)*. Aber unter allen am häufigsten, jawohl zu hunderttausenden sieht man den Mallemukken *(Procellaria glacialis)* in der Diskobucht; besonders zur Zeit des Wallfischfanges, wo er bey den treibenden Aasen der abgeflensten Wallfische seine volle Nahrung findet. Er schmeckt so hässlich, dass selbst die Grönländer ihn nicht allgemein speisen.

Der Grönländische Hund is das einzige Hausthier, und besonders im Nördlichen Grönland als Zugthier für die Schlitten beym Eisgarnfange, so wie zur Bekleidnung unentbehrlich. — In Süden hält man sie selten. —

Die Seethiere sind nun der ganzen Strasse Davis, sowie der Diskobucht gemein; doch lassen sich einige derselben an bestimmten Orten und in grösserer Menge sehen.

Den vorzüglichsten Fang für Diskoland, und die Königlichen Anlagen gewährt doch immer der Wallfisch *(Balæna mysticetus.)* —

Der Wallfisch kommt gewöhnlich im Monat December, geht sodann nördlich bis über Upernavik unter dem Lande weg, kommt durch das Waygat wieder zurück, und verliert sich am Ende des Junius ganz. — Der Finnfisch *(Balæna Physalus)* kommt selten bey Disko unter Land. — Der Butskopf *(Balæna Boops)* streicht durch die Bucht unter dem festen Lande, und durchs Waygat.

Am häufigsten, oft zu tausenden kommt der Narval *(Monodon monoceros)* und der Weissfisch *(Delphinus albicans)*, besonders wenn die Bucht sich mit Eis belegt hat, wo er den Grönländern den einträglichsten Verdienst gewährt. Er wird von ihnen oft hundertweise bey den Eislöchern, wo sie in Schaaren sich heraufdrängen, erlegt. — Das Wallross *(Trichechus Rosmarus)* findet sich in die Bucht selten ein. Der weisse Bär *(Ursus marinus)* kommt ebenfalls nur, wenn die Bucht viel Eis hat, und spatziert oft, wen bereits Wallfischaase am Lande liegen auf Godhavn, besonders bey des Doctors und des Assistenten Wohnungen herum. — Der eigentliche Seehundfang ist auf Godhavn, den Eisgarnfang ausgenommen, der beständig unruhigen See wegen unbeträchtlich, doch fangen die Grönländer meistens so viel, als sie zu ihrer Nahrung brauchen. —

Alle Arten des Seehundes finden, oder verlieren sich vielmehr einzeln in der Bucht, die Klappmütze oder der Seelöwe *(Phoca Leonina)* ist der seltenste, der *Urksuk* *(Phoca barbata)* wird zuweilen auch in den Weissfischgarnen im Winter gefangen. Gewöhnlicher sind die grosse Phoke oder Svartside *(Phoca Grönlandica)* und die kleine Phoke, oder Robbe *(Phoca vitulina)*, *Kassigiak* der Grönländer. Am häufigsten findet sich, besonders in den Eisgarnen der kleine *Neitsek*, oder *Phoca fötida* ein. Fischreich ist die Gegend der Insel bey Godhavn nicht, kleine Fische ausgenommen;

doch findet sich in Diskofiord eine Hälleflynderbank, welche zuweilen einige Erfrischungen gewährt. Dieser Fiord ist auch für den Seehundfang sehr gut, und der Kolonist, welcher daselbst wohnt, hat eine beträchtliche Menge Speck zum Handel abgeliefert.

Dies ist eine kurze Übersicht alles dessen, was die Natur auf und bey dieser Insel aus dem Thierreiche giebt. — Ich will nun auch erörtern, wie sie sich in Hinsicht des Mineralreiches verhält, worinn sie wirklich sehr merkwürdig ist. —

Das Schroffe, Zerrissene und Zersprengte dieser durchaus unbeschreiblich steilen Felsen, und ihre Steinart sticht so sonderbar gegen die Steinart des festen Landes von Grönland ab, dass man den Grönländern die närrische Lüge verzeihen muss, welche in ihren Traditionen behaupten, dass die Insel vor alten Zeiten an einer andern Stelle gestanden habe, dass aber ein grosser *Angekok* oder Hexenmeister sie dorten weggenommen, und hinter seinem Kajak der Strasse Davis entlang bis in die sogenannte Diskobucht bogsiret habe. — Da man so wenig um das Alter der Grönländischen Traditionen weiss, und vor Davis Entdeckungsreise in dieser Strasse das Westliche Küstenland besonders gegen Norden zu gänzl. unbekannt war, so ist es wohl möglich, dass unter dieser Fabel ein Ereigniss zum Grunde liegt, dass vor langer Zeit diese Insel eine merkwürdige Revolution erlitt, dass sie vieleicht, und mehrere Stücke vom festen Lande von Grönland, von welchem sie nun durchs Waygat getrennt ist, abgerissen wurde. — Haseneiland, welches dieser Insel zunächst in Norden liegt, ist ganz gewiss ein Stück von derselben, wie die durchaus gleiche Formation zeigt. —

Die kleinern Erhöhungen, welche hie und da vor Diskoeiland liegen, auf deren einigen die Loge Godhavn steht, bestehen aus Granit und Gneiss, welche miteinander abwechseln, und mit wenigem Grase, gröstentheils mit Moos, Torfmoor, und auch Geschieben überdeckt sind. In Südost von Godhavn ist auf diesen Klippen ein kleiner Landsee, welcher durch Eis- Schnee- und Regenwasser entstanden ist. Eine eigentliche Quelle habe ich nirgends gefunden. — Die Hauptmasse der über die Meeresoberfläche hervorragenden Berge gehört zur Trapp-formation. Man wird selten die Formation dieser Steinart so reihenweise gleichhochaufgethürmt, wie auf dieser Insel finden. Ihre Steilheit nimmt von Jahren zu Jahren zu, da das im Winter in den Klüften sich ansetzende Eis die milde und mürbe Steinart sprengt, so dass gegen den kommenden Sommer die ungeheuersten Trümmer von der Höhe herunterstürzen. Die Höhe der Berge wird auch von Zeit zu Zeit etwas abnehmen, da der Rükken bey einigen schon so schmal ist, dass man mit genauer Noth über denselben hinkriechen kann. Ich war lange ungewiss, ob diese Trappmassen, wie auf den Färöern, durchaus bis in die See hinabreichten, oder auf Urgebirge aufsassen, bis es mir endlich am Berge Ounartorsoak bey Aukpallartok, eine Meile von Godhavn, gegen Fortunebay zu, gelang, eine Kluft zu erklettern, welche von der Spitze des Berges bis in das eindringende Meer hinabreichte. Ich gieng dieselbe von Süden gegen Norden ganz durch, und sah an mehreren Stellen, dass der Trapp auf Gneiss auflag, und fand sodann auch auf einigen Flächen in weit von der See entfernten Thälern hoch über des Meeres Oberfläche viele Gneissgeschiebe, welche zum Theile von beträchtlicher Grösse waren. In dem Gneisse selbst liegt zuweilen zunächst am Basalttuff eine Breccie von Glimmerschieferbrokken und Quarzgeschieben lagerweise. — Auf dem Gneisse liegt in dieser Kluft Basalttuff oder Trappbreccia unmittelbar auf, der Gneis ist von einem schmalen Quarzgange durchzogen. In dem Basalttuff, welcher bey weitem die beträchtlichste Schichtung ausmacht, sind Lager von gebogenem und gegliedertem Säulenbasalte vertheilt. — Der Basalttuff selbst besteht aus einem Gemenge von unförmlichen Basalt und Wakkebrokken, welche durch aufgelösten Wakkenthon verbunden sind; er ist stark von Zeolithadern und kleinen Zeolithnieren durchdrungen, aber durchaus sehr mürbe, so dass man kaum ein ganzes Stück gewinnen kann. Auf demselben ruht eine schwere Schicht von dichtem sehr hartem Basalt, auf welchen abermals Basalttuff, doch in einer minder beträchtlichen Masse, als die unterste ist, folgt. Auf diesem liegt wieder Basalt, abwechselnd mit Mandelstein, welcher Stilbit und Chabasie in kleinen Nieren enthält; diese Masse reicht bis auf den höhesten Punkt, wird aber an 2. Stellen in ziemlich gleicher Entfernung von 2. ungefehr 3 bis 4 Fuss mächtigen Schichten rothen Eisenthones durchschnitten. Die ganze Schichtung fällt von Süden gegen Norden ab, so dass am Ende der Kluft, welche ungefehr 2000 Schritte lang, und oft zwanzig zuweilen nur 5. Schritte breit ist, der unterliegende Gneiss unsichtbar wird. — Der Weg durch diese Kluft ist mit ungeheuren Felstrümmern verstürzt, durch welche ein reissender Wasserfall von dem schmelzenden Eise der Berghöhen herunterbraust und nach der nahen See strömt. Die Oberfläche dieses und der benachbarten Berge, so wie die höchsten Thäler zwischen denselben sind bereits mit ewigem Eisblinke bedeckt, welcher von Jahr zu Jahr zunimmt. An den Felsenwänden zu beyden Seiten hängen Eiszapfen von mehrern Schuhen im Durchschnitt an einigen Stellen herab, welche alleine schon, die beständig herabstürzenden grössern und kleinern Steine ungerechnet, besonders gegen den Sommer zu den Durchgang sehr gefährlich macht. Bey dieser Kluft gieng den 19. April 1808 eine grosse Trappmasse nieder, als wir gerade mit Schlitten nach Skarvefield fuhren. —

Von Aukpallartok, dem Strande entlang, ziehen sich einige flache Gneissmassen hin, welche grosse Lager von Syenit und Hornblendschiefer enthalten. Eine Meile von hier liegt gegen Westen Fortunebay, wo ehmals eine Wallfischfänger-Anlage war, nun aber eine unbewohnte Stelle ist. Der Westlichste Punkt ist die Näs Kangarsuk, von dieser an beginnt die Westseite der Insel. —

Kangarsuk besteht grösstentheils aus Sienit und Hornblendeschiefer. Die Oberfläche des Landes daselbst liegt voll solcher Geschiebe. In der darangränzenden Lachsebucht ist ebenfalls Hornblende- und Syenitschiefer mit äusserst wenigem Feldspath, vorwaltend. — Die kleinen Inseln, welche die Fortunebay bilden, bestehen aus Gneiss und Granit, mit vielen grossen Hornblende und Syenitschieferlagern. Auf diesen liegt Trapp, grösstentheils Basalt, auf dem Gipfel mit Eisblink bedeckt, und mit schmalen Schluchten und steilen Thälern durchschnitten. —

Gegen Westen ist ein kleiner Landsee, welcher viele Lachse hat. Bey dem Grönländischen Hause zu Fortunebay geht eine Berghöhle durch den Gneiss ziemlich tief abwärts. Aber sie ist die grösste Zeit des Jahres mit Schneewasser gefüllt, und nun war sie zum Theile bereits zugefroren; ich konnte also nicht tief hinunter kommen. Nach der Grönländer Sage sollen in einiger Tiefe die Fackeln auslöschen. Die Bay hat mehrere kleine Sunde, durch welche die Seehunde zu gewissen Zeiten häufig gehen. Herr Inspekteur MOTZFELDT treibt hier gewöhnlich im Winter Weissfisch und Seehundegarnfang, war aber dieses verflossene Jahr sehr unglücklich, so wie überhaupt bey den meisten Kolonien alles fehlschlug. Zuweilen stehen Grönländer auf den Fang hier. Der Einlauf von Osten her ist seicht und liegt voller Scheeren. Der Einlauf von Westen ist für Schiffe gut. — Aukpallartok oder das Rothe, östlich von Fortunebay liegend, hat von den Grönländern diesen Namen von einer Klippe erhalten, welche am Meeresstrande liegt, aus Gneiss und Granit mit hochrothem Feldspathe besteht, dessen rothe Farbe in einer ziemlichen Entfernung vom Lande bemerkt werden kann. Einwärts bey dieser Klippe am Fusse des Trappgebirges stehen die Reste eines Grönländischen Hauses, welches vor einigen Jahren zum Behufe des Garnfanges auf Seehunde und Weissfische angelegt worden war, welcher den Hoffnungen nicht entsprach. Gegen den Strand zu fand ich eines Tags die frischen Fussspuren eines Eisbären; ich konnte ihn aber nicht ansichtig werden. Hier zeigt sich gerade hinauf zwischen zwey steilen Bergen eine schmale auf beyden Seiten steile Schlucht, bey deren Eingange ich auf der linken Seite eine grosse Menge weissen Granitsandes fand.

Im Innersten der Schlucht fand ich grünen und braunen Walkerthon in kleinen Parthien in Wakke eingewachsen, Chabasie mit abgestumpften Ecken und Kanten zuweilen in Zwillings und Drillingskristallen, gelben Kalkspath in Prismen, rothen Bol, röthlichen Eisenthon und braunrothen Schieferthon mit Spuren von Braunkohle.

Westlich von Fortunebay und Kangarsuk liegt Blaae Fieldet, oder der blaue Berg, auf grönländisch ...., den ersten Namen hat er wahrscheinlich von den Seefahrenden erhalten, weil der Basalt desselben sich in der Ferne zur See blaulich darstellt, wozu nun auch der Landnebel vieles beyträgt. Er ist sehr steil, und hängt durch ein breites von mehrern kleinen Bergrükken unterbrochenes Thal welches von der Lachsebucht an sich allmählich erhebt, mit den andern Gebirgen des Diskolandes zusammen. Er macht einen Theil des rechten Ufers des Diskofiords aus. An demselben liegt ein kleiner fischreicher Landsee. — Über Itiblick hinüber kommt man nach Diskofiord, auf dessen nördlichen Ufer

Naïengisæt eine Wohnstelle liegt, wo der Kolonist JOHANN DRENGHAM Seehundefang treibt. —

In der Nähe des Hauses, bey Annarsoit, ist rothbrauner und brauner Mandelstein welcher auf Basalt liegt. In demselben bey einer grossen Kluft kuglichter geträufter auf der Oberfläche bräunlicher strahliger Zeolith, zuweilen mit aufsizzendem Stilbit, oder auch Chabasie. Die Kluft zieht sich gerade nach Norden. Die Unterlage ist Gneiss. Die Gebirge in Disko Fiord sind wie jene in der Gegend von Godhavn äusserst schroff und zerrissen — hier findet sich in der Trappformation eine grössere Menge von gelbem Kalkspathe, Heliotrop, Quarz, Chalzedon, und Agat. Der gemeine Opal ist selten.

Der Fiord selbst hat mehrere Bänke, auf welchen sich Asterien, Chitonen und kleine Phalangien finden. Dorsche, Hälleflynder, Lachse, und Kabliaue trifft man an mehrern Stellen. — Er bildet verschiedene kleine Buchten, und theilt sich am Ende bey Akulliarursersoak in 2. grosse Arme, deren einer bey Kwannorsoit gegen Norden, der andere bey Kangikerdlæt gegen Süden eine Bucht bildet.

Zu Kwannorsoit findet sich Heliotrop und fasriger Zeolith in Wakke. Auf der Nordseite des Fiords, auswärts gegen Westen bey Niakornængoak und Kemotullivæt fand ich in Wakke und Mandelstein geträuften Chalzedon und kristallisirten Bergkristall, Zeolith und kleine Augitprismen.

Wenn man aus dem Diskofiord heraus, und Kangek vorbey kommt, oder auch die Bergkette gegen Norden uberstiegen hat, so kommt man zu Kangerdluarsuksfiord, welcher gegen 4. Meilen ins Land hineinreicht. Auf seiner Südseite zu Kassigiengoak findet sich die *Phoca vitulina* zuweilen hæufig ein. Auf der Nordseite zu Ekallungoit ist ein Elv, wo sich vieler und guter Lachs befindet. — Hier ist auch ein Hafen. Wenn man aus diesem Fiord heraus, und um die Næs Malle setzt, so kommt man nach Korosak, einen eben so langen und bey der Mündung sehr breiten Fiord, an dessen Ende sich ein grosser breiter Elv befindet, der bis unter den Eisblink hinaufreicht; in der Nähe desselben ist Kassimavingoak, eine gute Stelle zum Seehundfange. — In æltern Zeiten wurde dieser Fiord von den Grönländern fleissig besucht. Aussen vor liegt Kikertak, eine ziemlich grosse, ehemals des guten Seehundfanges wegen von Grönländern bewohnte Insel. An der Nördlichen Mündung dieses Fiords liegt eine kleine Insel Kikertarsuk, gut für den Seehundfang gelegen, und am äussersten

Ende ein Lachselv, Ekalluit, welcher sehr fischreich ist. — Nördlichst auf der Westseite der Insel liegt noch eine grosse Bucht, welche gewöhnlich Diskobucht oder Bay genannt wird. Sie war ehemals auch von Grönländern bewohnt, welche von da aus gerne auf die Renthiersjagd giengen. Die noch lebenden erzälen, dass ihre Vorfahren mehrmalen daselbst einen fürchterlich grossen Bären, welchen sie *Amarok* nennen gesehen hätten, der auf die Jäger losgegangen wäre, und manchen von ihnen gefressen hätte. — Sie gehen daher nun nicht mehr ins Innere der Insel. — Gegen Norden läuft dieselbe ziemlich schmal zusammen. —

Die nördlich hinter Disko anliegende Insel Haseneiland, woselbst sich die bekannte Braunkohle mit Bernstein findet, scheint ein von Disko abgerissenes Stück Landes zu seyn. Das Vorkommen der Kohle ist dorten dem auf Disko ganz conform.

Von Diskofiord führt, wenn man zwischen Niakornak und Kassigiarak den Berg hinaufgestiegen ist, ein schönes breites Thal nach Godhavn oder der grossen Diskobucht zu, welches wahrscheinlich die Bergströme, die im Sommer von beyden Seiten niederstürzen, nach und nach mehr erweitert haben. Es steht im Tauwetter des Frühjahres grösstentheils unter Wasser. Auf der Ostseite dieses Thals folgen in gerader Linie 5. sich ziemlich ähnliche hohe steile Berge. Der südlichste ist Skarvefield, auf grönländisch Imnersoak, wahrscheinlich der grösste und höchste auf dem ganzen Eilande. — Auf der Westseite dieses Thals sind die Berge weder so hoch noch so steil, und in mehrere kleinere Kuppen abgetheillet und von häufigen Klüften durchschnitten.

Ihre durchaus vorwaltende Steinart ist reiner Basalt. — Einige Verhöhungen des Urgebirges, welches an mehrern Stellen hervorragt, und sich auch durch mehrere Gneiss und Granitgeschiebe genugsam zu erkennen gibt, machen dieses Thal uneben; man kommt allmählich höher bis es sich endlich gegen Skarvefield und Diskobucht zu allmählich wieder senkt.

Von des Thales höhester Stelle übersieht man den grössten Theil des Diskofiords und seiner zwey beträchtlichen Arme, welche den hohen steilen Berg Akulliarursersoak umströmen. Wo man gegen Diskobucht zwischen Karartut oder sorte Huck und der Sandbay, auf grönländisch Siorarsoit niederkommt, findet sich ein Elv, welcher sich in senkrechtem Niedersturze auf mehrere Absäzze theils von dem ebenbeschriebenen grossen Thale, theils aus einer schmalen tiefen Felsenkluft, vereinigt in die Diskobucht ergiesst. Auf beyden Seiten stehen unter vielen einzelnen Basaltpfeilern, und natürlich gebildeten Mauren ganze Gruppen welche wie Ueberbleibsel von zerfallenen oder abgebrannten Gebäuden aussehen. — Oben in genanntem grossen Thale fand ich in einer Kluft kuglig geträuften strahligen Zeolith mit aufsitzendem Chabasie. Der grosse Elv, welcher sich durch die schmale Felsenkluft hervordrängt, hat mehrere steile Abstürze, reicht bis unter den über ihm thronenden schroffen Berg Særkangoak, von welchem er im Sommer sein Eiswasser erhält, und wird, da die Felsenmauern an beyden Seiten so hoch sind, nie ganz von Eise frey.

In seinen Wänden, welche grösstentheils aus Mandelstein bestehen, findet sich strahliger Zeolith, Stilbit, Chabasie und Kalkspath in Rhomben. Der Bol macht eine dünne Schicht zwischen Mandelstein und Basalt. Auf einer über dieser Kluft unter der Felsenmauer des Berges Særkangoak liegenden Stelle fand sich Analcime in doppelt achtseitigen Piramiden an beyden Endspizzen vierflächig zugespitzt, die Zuspitzungsflächen auf die abwechselnden Seitenkanten aufgesetzt, auf fasrigem Zeolith und Wakke aufgewachsen. Auf einer andern mehr westlich von der Kluft belegenen Stelle findet sich die nemliche Kristallisation der Analcime, welche flachgedrückter, und linsenförmiger ist; mehrere Kristalle sind in einander verwachsen; dabey Bol, Walkerthon und Eisenthon, etwas mehr entfernt von diesem Orte fächerförmiger Stilbit, sogenannter Prehnitförmiger Zeolith. Bey einer andern Mandelsteinkuppe in dieser Gegend, welche täglich niederzustürzen drohet, fand ich im Mandelsteine sehr feinen haarförmigen Zeolith, zuweilen von der so eben beschriebenen Kristallisation des Analcime begleitet, und Stilbit. Jenseits des Elvs in Osten erhebt sich der steile Skarvefield von den Grönländern Imnersoak genannt. Er ist ohne allen Zweifel der höchste auf dem ganzen Eylande. Er zeigt seine ganze Mauer steile Länge gegen die Diskobucht, und der Trapp bedeckt von dieser Seite ganz das Urgebirge bis in die See hinab. Auf seiner nordlichen Seite ist es jedoch hie und da ein wenig sichtbar, und besteht aus Gneiss. Von Süden und Westen ist es unersteiglich, von Norden und Nordost kann man, obgleich mit vieler Mühe hinaufkommen. — Der westlichste Fuss desselben beginnt bey Sortehuk grönländisch Karartut genannt, wo die See in den Mandelstein und Basalt, woraus er besteht, grosse Löcher und Höhlen gewühlet hat. Man kann im Sommer der schweren Brandung und der vielen Klippen wegen, welche von dem Elv an gegen den Strand zu liegen, mit Fahrzeugen nicht leicht beykommen, aber im Winter, wenn die Diskobucht zufriert, lässt sich die ganze Strekke mit Schlitten bereisen, wo man jedoch der vielen [Stellen], wo das Eis allezeit sehr dünne ist, und der Eissprünge wegen, sehr vorsichtig seyn muss.

Die Hauptmasse dieses grossen Berges ist Säulenbasalt, welcher bald horizontal, bald perpendikular, bald bogenförmig, bald excentrisch gelagert ist. Mit diesem wechselt Basalttuff und Mandelstein, doch in mindern Massen, als bey dem oben, Seite 75 beschriebenen Berge Ounartorsoak, ab; in beyden liegen Bolus und schwarze Wakke lagerweise, auch kleine Lager von Braunkohle und bituminösem Holze, welche sich hier bereits merklich zu zeigen anfangen. Der Basalttuff ist hier sehr verwittert, welches nun auch zum Theile die Einwirkung des Seewassers verursacht. In ihm, so wie im Mandelstein, findet sich fasriger, (sogenannter asbestartiger) Zeolith, fächerförmig zusammengehäufter Stilbit, und Mesotype in 4. seitigen, vierflächig zugespitzten sehr niedern Säulen. Die Zuspizzung ist zuweilen abgestumpft, und die Säulen selbst bestehen grösstentheils aus mehrern zusammengewachsenen Kristallen. Zuweilen ist bey denselben rhombisch kristallisirter Kalkspath aufgewachsen. Einige der Mesotypekristallen haben eine blassgrüne ins apfelgrüne sich ziehende Farbe. Die Oberfläche derselben ist meistens etwas schuppig, weil sie aus mehrern zusammengewachsenen Säulen bestehen. Sie blättern sich in der Salpetersäure sehr geschwinde nach der Lage ihrer Blätter auf mit grossem Aufblähen, und geben zulezt eine perlgraue Gallerte.

Ich habe sie bey meinen Excursionen im Winter an den steilen

Felsenwänden des Skarvefields, und seinen Höhlen am Fusse des Berges in Basallttuff gefunden; doch die meisten Stücke sind, da sie gefroren und von Eis durchzogen waren, in kleine Brocken zerfallen, wenn sie bey meiner Zuhausekunft aufthaueten; so dass ich nur wenig deutliche Kristalle übrig behielt. —

Ebengedachte Höhlen und Grotten am Fusse dieser Berge gewähren im Winter einen überraschenden Anblick. Die Wände derselben sind mit den mannigfaltigsten feinsten Eis und Schneekristallisationen geziert, welche bey der geringsten Berührung in Staub zerfallen. Bey dem Eingange in dieselben erheben sich von allen Seiten weisse, schmaragdgrüne und saphirblaue, im Glanze der Sonne durchsichtige Eiskolumnen, welche wie wendelförmig gedreht, von der Dekke dieser ungeheuern Felsenmauer senkrecht in die gefrorene See hinabreichen, und oft selbst der Sonne des grönländischen Sommers zu trotzen scheinen. — Die sonst so wüthende See dieser Bucht, welche besonders unter dem beschriebenen Berge beständig empört und aufgerührt ist, trägt geduldig die schwere Eisbrükke, welche die Macht der Fluth so oft hebt, und doch nicht zu zerbrechen vermag. Auf dieser unübersehbaren mauerfesten Eisebene ragen in unglaublicher Menge die ungeheuren Eisberge, welche den Sommer über aus dem Eisfiord treiben, nah und ferne in den abwechselndsten Gruppen hervor, und bilden, das Auge täuschend, eine mit Häusern und Thürmen geschmückte stille Winterlandschaft. — Um sie herum sieht man zerstreute Haufen von Grönländern, welche Eisgarne sezzen, oder bey den Stromlöchern mit Lanzen und Schiessgewehren lauern, bis ein Seehund, ein Weissfisch oder Narhval, um Luft zu schöpfen, heraufkommt, und ihnen eine willkommene Beute wird. Hie und da lässt sich ein hungriger Eisbär sehen, der auf seinen Raub lauert, und von den raschen Jägern erlauert und erlegt wird. Schaaren von Hunden, gespannt mit Ellen langen Riemen an die mit Seethieren schwer beladenen Schlitten, schleppen die Nahrung des dürftigen Grönländers der Heimath, der wartenden Familie zu. Und alle diese beynahe romantische Anlagen der Winternatur, kann ein einziger Südweststurm in einer halben Nacht so gänzlich zernichten, als ob es bloss ein Traum, oder das Zauberspiel lebhafter Phantasie gewesen wäre! Und alle die schönen Säulen und Bogengängen aus Eis stürzen in den Abgrund der See. Das beklagenswürdigste bey allem diesem ist nur, dass man selbst dieses erhabene Schauspiel der Winternatur, der grässlichen Kälte wegen, die aller Vorkehrungen bey solchen Reisen ungeachtet bey 31 und 32. Graden der Kälte bis ins Mark und Bein dringt, nicht so ganz froh geniessen kann; — obgleich die Schlitten-fahrt mit Hunden unglaublich rasch von statten geht, da man bey ebenem Eise eine Meile in einer Viertelstunde ohne Anstrengung oder Nachtheil für die Thiere zurücklegen kann. — Die Fusswanderungen nach diesen Trappgebirgen sind im Winter, wie im Frühjahre gefährlich und beschwerlich der vielen

Eisstellen wegen, welche an den Abhängen stets mit dünnem Schnee oder Reif bedeckt sind, wo der Wanderer unvermuthet glitschen und hinabstürzen kann; und doch ist zu Untersuchungen gerade diese Zeit sehr gelegen, weil man an viele Stellen, besonders gegen die See zu, wo die Steinarten am kahlsten vor Augen liegen, nur um diese Zeit kommen kann. Die flächeren Stellen sind gewönlich mit Moos oder Gesträuche gegen das Innere der Bergseiten zu so verwachsen, dass man die Steinart kaum erkennen kann. —

Skarvefield oder Imnarsoak hat am Strande gegen Süden hin so schöne Basaltgruppirungen und Grotten, dass sich das Auge des Mineralogen kaum satt sehen kann. Es ist das Staffa der Grönländer. — Die wichtigsten stellen sich gleich östlich bey Sorte Huck oder Karartut, in der Nähe einer kleinen Biegung der See, Brändvinshavn genannt, dar. Hier befindet sich eine von der See aufgerissene Kluft, welche sehr steil 63. Schritte in den Berg aufwärts geht und noch etwas westlicher eine andere, in welcher sich graue Thonwakke findet. Auf einer abhängigen Fläche unter der Felsenmauer sieht man eine grosse Menge von Basaltbogen, Basaltmauern, einzelnen hervorragenden hohen thurmähnlichen Pfeilern, Thorpforten, und andere Gegenstände, welche den Anblick einer durch Feuer oder Erdbeben zerstörten Stadt lebhaft darstellen; ringsherum liegt der Schutt der niedergestürzten Steinmassen. — Eine derselben stehen in der See, so dass man durch die gewölbten Bogen der krummen Basaltsäulen zur Fluthzeit mit einer Schaluppe durchseegeln kann.

Im Frühjahre, wenn das Eis zu schmelzen anfängt, stürzen die durch dasselbe abgesprengte Säulenstücke haufenweise herab, und vermehren diese natürliche Ruinen mit Schutte. Unter diesen Basalt-Ruderen zunächst an der See findet sich Basalttuff, mit Mandelstein; ersterer sehr verwittert und bröcklich. — Die See spühlt hier gewöhnlich die grossen Höhlen und Grotten an solchen Stellen aus, wo Basalttuff angestanden hat, weil er ihrer Macht weniger widersteht. In demselben findet man hier schmale Adern und kleine Nieren von fasrigem Zeolith — im Mandelsteine Analcime, grünlichen

6*

obenbeschriebenen Mesotype in Prismen, gelben Kalkspath in Rhomben, Stilbit, Chalzedon und Quarz. Im Basalt sind zuweilen sehr kleine Feldspathkristalle eingesprengt. —

Bey einer dieser Basaltmauern, welche dicht unter dem Lande, doch in der See stehen, verunglückten vor ein paar Jahren die noch lebenden Grönländer Sillakuluk, Andreas Egede und einige andere mit einer Schaluppe, und retteten sich mit Mühe auf eine dieser Felsenmauern, wo sie 6. Tage ohne Speise und Trank zubrachten, etwas Tang ausgenommen, den ihnen die See zuwarf. Sie waren dem Hungertode nahe, als zum Glücke ein Transportboot aus der Bucht so dicht an der Stelle vorbeykam, dass die Mannschaft desselben ihr Angstgeschrey hören, und sie mit am Bord nach Godhavn zurückführen konnte. — Die Stelle liegt doch nur eine halbe Meile von der Kolonie gegen Osten, aber freilich unter den obengedachten steilen Felsenmauren in einem abgelegenen Winkel. Ein Beweis wie leicht man in diesem Lande so nahe bey Menschen für Elend zu Grunde gehen kann!

Von Brändvinshavn aus zieht sich der steile Imnersoak noch über Pehr Damms Skib hinaus, welches eine von ferne einem Schiffe ähnliche, in der See, doch nahe am Lande stehende bogenförmige sehr hohe und steile Basaltklippe ist, durch welche die See eine breite gleichsam gewölbte Pforte gebohrt hat. Sie besteht grösstentheils aus Säulenbasalt, mit kleinen Lagern von äusserst verwitterbarem Basalttuff, in welchem Stilbit in 4. seitig geschobenen Prismen sich findet. — Hier so wie auch bey Brändvinshavn bemerkt man dünne Schichten von Braunkohle, welche auf Basalttuff aufliegt, und mit Basalte bedekt ist. — Wenn man ein Stücke Wegs über Pehr Damms Skib hinauskommt, so erreicht man das östliche von Imnarsoak oder Skarvefield. An dasselbe stösst eine beträchtliche Kuppe, welche bloss aus aufgeschwemmten Trapp-, Gneis-, Granit- und Glimmerschiefergeschieben besteht, welche wahrscheinlich aus dem grossen Thale, das östlich bey Imnarsoak, gegen das Innere des Landes zugeht, theils von der See selbst, welche hier beständig sehr unruhig ist, zusammengetrieben, theils von den Bergströmen hingespühlt wurde. Sie sind alle sehr abgedreht, ein Beweis, dass sie in langer und starker Bewegung gewesen seyn müssen. Das südöstliche Ende des Imnarsoak ist besonders in den höhern Punkten sehr zersprengt, und zerrissen; mehrere einzelne Basaltpfeiler ragen frey hervor. — Von hier an wird das Land am Strande etwas flacher, besonders gegen Ippik zu, welches in Osten 2. Meilen von der Kolonie entfernt liegt, wo sich eine beträchtliche Sandfläche befindet. — Von hier an zeigt sich die Braunkohle abermals an mehrern Stellen. Der Trapp sticht hier nur in einzelnen schroffen Mauern und Zakken aus dem festen Lande hervor, welches sich verflächt. Grösstentheils ist es Basalttuff und Trapptuff — der Basalt sieht an einigen Stellen wie geschmolzen aus. Es findet sich dabey fasriger Zeolith, Mesotyp in kleinen 4. seitigen Prismen, fächerförmiger Stilbit, Grünerde, Kalkspath, und nadelförmiger Igloit, auch hie und da Quarz und Kalzedonkugeln. — Noch eine Meile von hier weiter gegen Osten, also 4. Meilen von Godhavn zu Iglytsiak ist das hohe Gebirge noch mehr gegen Norden zurückstehend, und die Schichten der Braunkohle nehmen zu; man findet sie auch schon häufig in den aufgeschwemmten Sandlande. — Das Grundgebirge zeigt sich hier ebenfalls mit Gneiss und Granit, auf welchem die Trappformation aufsitzt. Grössere und kleinere Geschiebe von diesen Steinarten sind ebenfalls in einem Sandlager auf und eingeschwemmt und zunächst am Trapp ligt Schieferthon mit Kohlenschiefer und Braunkohle, auch etwas Pechkohle. — Hie und da zeigt sich Alaunschiefer mit etwas eingesprengtem Kies, und ein der schwarzen Kreide ähnlicher abfärbender Schieferthon. Der Basalt ist fünfkantig prismatisch, und enthält so wie der dortige Mandelstein Analcime und Chabasie. Bey einem grössern Elv etwas mehr östlich gegen Makkak zu steht eine schön gruppirte vom Meere umströmte Basaltklippe von gebogenen 5. kantigen Säulen. Westlich finden sich mehrere Zeltepläzze und viele alte heidnische Gräber auf den Flächen und kleinen Hügeln am Strande, welche mit aufgeschwemmten Trapp- und Urgebirgs-Geschieben bedeckt und mit Gesträuche überwachsen waren.

Eine Menge Weissfisch- und Narhvalknochen liegem am Strande umher. — Die Gegend wurde ehemals in der Fangezeit von den Grönländern stark besucht, und noch stehen sie zuweilen im Sommer in Zelten hier.

Zu Makkak, von dem Grönländischen Worte *Makkak* Thon, des vielen feinen grauen Thones wegen, welcher sich hier findet, so genannt, findet sich ein grosses Thonlager gegen den Strand zu aufgeschwemmt, zugleich mit weissem sehr feinem Granitsande. — Hier findet sich die Kohle bereits in mehrere kleine Lager vertheilt, und man könnte hier gewiss mit Grabung seine Rechnung finden, wenn die Lager bey Kulfield minder ausgiebig werden sollten. —

Ein paar zerfallene Erdmauern von Häusern, auf welchen viel *Cochlearia* wächst, sind noch die wenigen Überbleibsel auf dieser ehemaligen Winterwohnstelle der Grönländer. Eine kleine Strecke weiter östlich am Strande steht Troldmandshus oder Hexenhaus, zwey einander gegenüberstehende Basaltmauern, wovon die Grönländer fabeln, dass es durch Hexerey entstanden sey, und dass der berühmte *Angekok*, glorreichen Andenkens, welcher das Eiland Disko von Süden nach Norden bogsirt hatte, hier gewohnt hätte. Weiter östlich ist eine kleine Landspizze, wo die Gegend ziemlich eben ist. Hier liegt dermalen das Wrak einer Englischen in Brand gerathenen Wallfischfängerfregatte. — Von hier an krümmt sich der Strand ein wenig einwärts; man kommt einen beträchtlichen Elv vorbey, der von Zeit zu Zeit viele und ziemlich grosse Lachse gibt. — Von hier aus sieht man weiter gegen Osten eine steile Basaltmauer, welche einer Schanze (Skandse) ähnlich sieht, und von den Grönländern Imnarsoit genannt wird. Sie erhebt sich dicht am Seestrande über die Sandfläche, welche durch viele kleine Bergströme aus den hinterliegenden Gebirgen zerrissen ist. —

Der Sandstein, in welchem besonders bey Amarurtiksæt, und Ippiksoit die Kohlen liegen, ist zuweilen sehr mürbe, und beynahe zerreiblich — zuweilen erreicht er jedoch einigen Grad von Festigkeit. Es ist sehr natürlich, dass die spühlende See, und die Bergströme vieles zu seiner Verwitterung beytragen. Die Braunkohle ist am Strande hin in Sand und Sandstein wagerecht in ziemlich gleicher Linie gelagert.

Es ist meistens Braunkohle, Pechkohle, in deren Ablösung Faserkohle, (Mineralisirte Holzkohle) auch hie und da Kohlenschiefer. (Brandschiefer) — Der Sandstein schliesst öfters sehr grosse vollkommen runde Sandstein und Kieskugeln ein. — In den höhern Hügeln, welche theils bis zu einer Viertelmeile vom Strand entfernt sind, findet sich die Kohle besser, und auch von grösserer Mächtigkeit bis zu 2. und 2.½ Ellen Dicke in der Lagerung. — Sie ist auch fester und nähert sich oft der Kennelkohle. Man bemerkt von der Tiefe des Strandes bis zu der Höhe gegen die Trappgebirge zu vier Hauptschichten. Zu unterst ligt Sandstein, welcher auf Granit ruhet. Etwas höher feiner Sand mit häufigen Geschieben von Hornstein, Jaspit, Jaspachat, Feuerstein, seltener Chalzedon und Quarz. Nächst der Kohlenschicht findet sich über und unter derselben Eisensandstein mit häufigen Eisennieren und Eisensandbreccia, auch etwas Holzstein, der sich jedoch mehr dem bituminösen Holze nähert. —

Bey den höchsten Hügeln, welche an Trapp an und aufliegen findet sich der Thoneisensandstein am meisten. — Dass die Kohlen auch hier auf Trapp an mehreren Stellen aufliegen, zeigen einzelne hervorstechende Basaltsäulen. — Die höchsten dieser aufgeschwemmten Hügel sind zu 300 bis 400. Fuss hoch. — Die Sandsteine in den Thälern zwischen den höhern Hügeln sind sehr weich, wie geträuft, cylindrisch und zakkicht, welches von den Bergströmen und Schneewassern herkommt. — Die Kohlengruben am Strande hin, wo das grönländische Erdhaus steht, sind ziemlich ausgegraben; ein Theil der noch unten anstehenden Kohle ist im Anfange der Gräberey vernachlässigt worden. — Es wurde zu sehr gewühlt und der ausgegrabene Sand und Sandstein auf die unterliegenden Schichten geworfen, wodurch dieselben bedeckt und unbrauchbar wurden.

Weiter gegen Osten verflächt sich die Ebene immer mehr — und wird mohriger und sumpfiger. Doch ist der Torf, welcher hier das Land bedeckt, sehr schwach und sandig, man kommt gleich auf die unterliegenden Geschiebe. — *Ledum palustre* und *Grönlandicum, Lichen Islandicus, rangiferinus, proboscideus* und *jubatus* wachsen in dieser Gegend sehr häufig. Letztere beyden Moosarten überziehen beynahe alle Steine der ganzen Gegend; ihre Nuzbarkeit als Färbestoff ist bekannt. Von hier an zieht sich das Unterland am zurükstehenden höhern Gebirge ganz flach und eben hin; die Erhebungen in demselben werden seltener; es wird eine hie und da mit Moor und Torfgras überwachsene Sandebene, welche daher den Namen Flakkerhuk, auf Grönländisch Saitorsoak erhalten hat. — Von dieser Landzunge, oder dem Huk an wendet sich das Küstenland dieser Insel in ziemlich gerader Linie gegen Norden, und ein Sund, das Waygat genannt, trennt Diskoeiland, von dem in Osten gegen über liegenden Arveprindsenseiland, welches durch einen schmalern Sund .... von dem festen Lande getrennt ist. Am Einlaufe in das Waygat, westlich an Disko geht eine Bucht ins Land hinein, von ihrem thonigen Grunde Moderbucht genannt. — Die Ebene bey Flakkerhuck hat von dem Ufer an bis an die höhern Sandberge eine halbe Meile Breite.

Die Grundlage des Eilandes ist hier vorwaltender Granit, doch findet sich auch Gneiss. — Das Sandgebirge ist gegen den Strand zu grösstentheils über den Basalt und Trapp verbreitet, welcher erstere an einer Stelle eine ziemliche Strecke vom Strande ab, wie eine aufgerichtete Mauer hervorragt. Das über den Sandstein und losen Sand, in welchem man alle die bey der Schanze oder Imnarsoit, und Kulfield oder Amarurtiksæt befindliche Geschiebe wahrnimmt, hervorragende Gebirge ist Flöztrapp, wie auf der ganzen Insel. In der Höhe des Sandgebirges steht ebenfalls Braunkohle an. — Diese findet sich von der Moderbucht an auf Basalt aufliegend und bald mit Wakke, bald mit Mandelstein bedeckt. Die Lager sind hier mächtiger, und reichen unter das höhere Gebirge hinauf; die Kohle selbst ist besser, und hält weniger Thon. —

Das Ufer ist hier mit Mäven, *Tattarakken*, und Struntjägern gleichsam übersäet, ein Beweiss, dass in dieser Gegend ergiebige Fischbänke seyn müssen, welche ihnen Nahrung gewähren können. Die Ostseite von Diskoeiland, welche sich dem Waygat entlang gegen Norden hinaufzieht, war ehemals des ergiebigen Fanges wegen ziemlich von Grönländern bewohnt. Die Wallfische und die *Keporkake* ziehen gewöhnlich, wenn sie die grosse Diskobucht verlassen, durch denselben, gen Norden. — Auf einer grönländischen

Winterwohnstelle Isengoak trieben die Eingebohrnen ehemals guten Seehund und Weissfischfang. Es ist nur schlimm, dass hier theils beständig schwere See geht, theils im Anfange und am Schlusse des Winters das Treibeis gewöhnlich am Fange hindert. — Hier wohnten diesen Winter die lezte Grönländerfamilie, welche nun auch die Stelle verlassen hat. —

Hier nähern sich die hohen Trappgebirge allmählich wieder mehr dem Strande. Mandelstein und Basalt ist in denselben vorwaltend und abwechselnd. In dem ersteren findet sich fasriger (sogenannter asbestartiger) Zeolith, Stilbit in geschobenen vierseitigen Prismen, und Bol in schmalen Schichten zwischen Basalt und Mandelstein. —

Dies sind die Bemerkungen, welche ich auf mehrern Wanderungen während meines einjährigen Aufenthalts auf Godhavn und Diskoland gemacht habe. — Ich wollte sie nicht durch tagweise angestellte Bemerkungen zerstükkeln, um doch ein Ganzes liefern zu können, welches bey einem längern Aufenthalt an einem Orte, wo man bald in dieser, bald in jener Richtung geht zu viele Wiederhohlungen und Zurückweisungen bey einer journalistischen Erzählung erforderte. Den Südlichen Theil der Insel habe ich am fleissigsten durchwandert. Im Pflanzenreiche finden sich hier auf dieser Insel gewiss auch viele interessante Gegenstände für das geübte Auge eines Botanikers. — Mir fehlen leider hiezu die nöthigen genauen Kenntnisse; und ich muss aufrichtig gestehen, dass mir selbst für mein Fach die Zeit zuweilen zu kurz wurde, dass ich also wenig Excursionen um Pflanzen zu sammeln, machen konnte. — Doch pflückte ich, wie man sagt, das Blümchen am Wege — Die mir bekannten hier wachsenden Pflanzen sind: *Ledum palustre* und *Grönlandicum*, *Pyrola minor* — *Campanula rotundifolia*, *Epilobium latifolium* und *angustifolium*, mehrere Arten der *Pedicularis*, letztere besonders in der Gegend von Godhavn, die *Pedicularis flammea* und *lapponica*, ferner *Alchemilla vulgaris* und *alpina*, *Bartsia alpina*, *Epilobium latifolium*, *Polygonum viviparum*, *Eriophorum vaginatum*, *Lychnis alpina*, und andre.

Mittwochs d: 2. September

kam ich mit Herrn Inspecteur Motzfeldt, welcher mir auf der Reise nach Kulfield gefälligst Gesellschaft geleistet hatte, und Herrn Hvalfangerassistent Brandt, welcher von der Güte gewesen war die Schaluppe zu steuern, glücklich Abends sehr späthe wieder nach Godhavn zuruck. Wir sahen bey der Rückreise mehrere *Keporkake*, welche der Schaluppe ganz nahe kamen, so dass wir sie unter uns in der Tiefe der See konnten streichen sehen.

Montags. d: 14. September.

Gieng ich mit Herrn Inspecteur MOTZFELDT, welche seine herbstliche Besichtigungsreise mit Herrn Hvalfangerassistenten BRANDT in der Bucht herum machen wollte, um 12. Uhr Mittags an Bord von Godhavns Jacht Martinette, welche von dem Speckschneider HANS NIELSEN geführt wurde. —

Herbstreise in der Runde der Diskobucht herum.

Gegen Abend wurde der Wind mehr nordlich, und es fiel ein dichter Nebel. — Wir waren bereits über Makkak vorgerückt, und trieben nun mit konträrem Seegange, wozu auch der Strom half, bis Iglytsiak wieder zurück. —

Dienstags. d: 15. September.

War der Wind nordlich, doch schwach; aber es gieng schwere See. Wir sahen viele *Keporkake,* welche uns ziemlich nahe kamen.

Mittwochs. d: 16. September.

War der Wind Morgens schwach südlich, und wurde etwas südwestlich; wir seegelten Kulfieldet oder Amarurtiksæt vorbey, und kamen Nachmittags 3. Uhr bis an die Westliche Seite von Flakkerhuk, wo wir des anhaltenden schweeren Seeganges wegen in offener See vor Anker gehen mussten. — Herr MOTZFELDT liess sich mit mir ans Land sezzen, und nahm gütig Theil an meiner mineralogischen Wanderung. — Meine Bemerkungen über diese Gegend von Disko habe ich bereits oben Seite 88. mitgetheilt. Um 8. Uhr Abends kamen wir wieder an Bord zurück.

Donnerstags. d: 17. September.

Hatten wir gegen Morgen schwachen südlichen Wind. Wir giengen unter Seegel, kamen aber wenig vorwärts, weil es bald wieder stille wurde, und wir noch dazu den Strom gegen uns hatten. Den ganzen Tag über gieng schwere See, der Wind kam nördlich mit Regen und Schnee; daher wir uns auch nicht ans Land sezten lassen konnten. — Wir lagen den ganzen Tag vor Anker, und trieben zweymal. —

Freytags. d: 18. September.

Stürmte es aus Nordost. — Die See gieng sehr hohl. Es regnete und schneyte zugleich den ganzen Tag. Das Schiff schlingerte so heftig, dass wir uns kaum auf dem Verdeck halten konnten. — Die Luft war dicht und neblicht.

Sonntags [Sonnabends] d: 19. September.

Hatten wir den ganzen Tag nordlichen Sturm. Gegen Abend wurde es ganz stille. Gegen Mitternacht lief der Wind in Südwest mit einem tobenden Sturm. — Der Steuermann HANS NIELSEN hielt es für das beste, ungeachtet der Nebel stockdicke über der See lag, unter Seegel zu gehen, um nicht etwa aufs Land geworfen zu werden. Morgens 5. Uhr befanden wir uns unter Arveprindsenseiland dem Lande ziemlich nahe, welches zu erkennen der dichte Nebel uns verhindert hatte, und halb sieben Uhr Morgens giengen wir auf der östlichen Seite des Waygattes unter einem rasenden Sturme bey der Anlage Klokkerhuk vor Anker. —

Klokkerhukk, auf grönländisch Aglekto ..... genannt, liegt auf dem südwestlichen Ende von Arveprindsenseiland, und gehört unter die auf eben dieser Insel gelegene Kolonie Rittenbenk, grönländisch Akpet, sonst auch Svarte Vogelbay genannt; der Sund Ikarasek, nicht Pakitsok, wie die Europæer ihn gewöhnlich unrichtig nennen, trennt diese Insel, welche ein längliches Viereck ausmacht, von dem festen Lande. — Wir dankten Gott, dass wir diese Stelle glücklich erreichten, da die wilden Südost- und Südweststürme in dieser Gegend besonders zwischen dem Lande in einem so dichten Nebel sehr gefährlich sind. — Es ist überhaupt für kleine Fahrzeuge in dieser Bucht sehr schlimm, dass sich an der ganzen Südlichen Küste von Disko, von Godhavn aus bis beynahe unter das feste Land von Grönland keine taugliche Bucht, kein Hafen findet, wo auch nur ein kleines Fahrzeug einlegen könnte. Auch bey Klokkerhukk liegt man besonders vor dem Südwestwinde sehr unsicher, und jedes Fahrzeug thut am besten sogleich die offene See zu suchen, wenn es von daher zu stürmen anfängt. Zum Glück liess der Sturm, als wir unter Land kamen, etwas nach. —

Die Berge ven Arveprindsenseiland sind gegen die Bucht zu schroff, und ziemlich kahl aber nicht sehr hoch, doch ziemlich zersprengt und zerklüftet. Die Hauptgebirgsmasse ist Gneiss mit grossen Lagern von Syenitschiefer; adern und fleckweise findet sich häufig zeisiggrüner derber und dichter Akanthikone, hie und da in den weissen Quarzadern Turmalinkristalle. — Granit findet sich ebenfalls in grossen Lagern, der Feldspath desselben ist schön hochziegelroth. —

Am Strande fand ich mehrere aufgeworfene *Lepades tubulares* und bey der Flaggklippe eine *Spongia* welche ich hier im Lande noch nicht gesehen habe. — Der Südweststurm kam nachmittags wieder abwechselnd mit Regen und Schnee. —

Montags d: 21. September

Vormittags um 11. Uhr kam Herr Assistent KARL DORFF mit dem Boote Kellelluak von Jakobshavn. Noch in der Nacht nach Mitternach musste HANS NIELSEN des Sturmes wegen mit der Yacht Martinette den Hafen verlassen. — Abends hielt Herr Inspekteur MOTZFELDT Zusammenberufung der Grönländer, welcher ich beyzuwohnen die Ehre hatte. Bey dieser Gelegenheit lehrte ich den braven Grönländer GABRIEL kennen, welcher aus eigenem Antriebe mehrere Kinder in der Religion und in Lesen unterrichtete, und deswegen vom Missionskollegium eine silberne Medaille zur Auszeichnung erhalten hat.

Diese Insel war ehemals von den Grönländern stark bewohnt, welches die vielen Überbleibsel von alten Wohnhäusern, besonders gegen Norden hinauf, so wie die vielen alten Gräber zeigen. Ungefehr auf dem halben Wege zwischen hier und Rittenbenk liegt eine alte Wohnstelle Iglytsiak bey einer kleinen Bucht, woselbst eine Dänische Handelsanlage war, welche nun seit mehrern Jahren geschleift ist. Der nunmehrige Inspecteur in Südgrönland, Herr MYHLENPFORT, war hier vor 22. Jahren, als er zu Lande kam, Assistent. — Von hier aus rechnet man 1. starke Meile nach Rittenbenk. Von Rittenbenk über das Waygat nach dem nächsten Kohlenlager rechnet man 4. bis 5. Meilen, und die Länge von Arveprindsenseiland .. Meilen. Um die Insel herum von Westen gegen Osten zieht sich ein gebogner Arm der See, welcher von den Grönländern Torsukatek bey der Biegung genannt wird. — Hier findet sich im Frühjahre eine sehr grosse Krabbenart, *Cancer Phalangium* ein; auch hat man in dieser Gegend eine Bank von sehr grossen Hälleflyndern *(Pleuronectes Hyppoglossus)* gefunden. Hasen und Schneehühner liefert diese Gegend in ziemlicher Anzahl. Zu Klokkerhuk macht der Wallfischfang, weswegen diese Stelle angelegt ist, den vornehmsten Handelszweig aus. —

Dienstags. d: 22. September

Wurde der Wind östlich. Gegen Mittag reisten wir mit dem Boote Kellelluak, geführt von Herrn KARL DORFF nach Jakobshavn ab. Wir passirten Pakitsok, eine Bucht, welche sich hinter Arveprindsenseiland ins Land zieht. —

Hier liegt Urthonschiefer auf Granit und in demselben lagerweise Wetzschiefer, doch ist der grösste Theil dieses Gebirges, bereits vom Eisblink überdeckt. —

Um 3. Uhr kamen wir nach Iviangarnek, oder Pattefieldet, von seinen 2. Gipfeln so genannt, und Pungiliktok (oder det Springende) vorbey. — Der Sund welcher Arveprindsenseiland von dem festen Lande trennt, heisst nicht Pakitsok, sondern Ikarasek. — Pakitsok ist eigentlich der eine nördliche Arm des Iisefiords (Sermilik oder Illulirsæt) und wendet sich hinter Rode Bay gegen Süden, wo er hinter Jakobshavns Land mit dem grossen Iisefiord zusammenstösst, und also dasselbe zu einer grossen Insel macht, welche nun aber zum festen Lande zu rechnen ist, weil der Eisblink den Zusammenhang des Armes Pakitsok mit dem Iisefiord überdeckt und verstopft hat. — Wir kriegten hier Südlichen Sturm mit Schnee und gewannen gerade noch so viel Zeit in die Rode Bay oder Okaitsut einzulaufen, wo wir bey dem Grönländer Takkak, welcher daselbst noch im Zelte stand, Nachtquartier nahmen. — Es stürmte die ganze Nacht heftig; das Thermometer stand auf 4. Grade Kälte.

Mittwochs d: 23. September

Stürmte es hart aus Südwest mit Schneegestöber. Ich gieng demungeachtet heute so wie gestern auf Excursion. Das Hauptgebirge ist Granit, oft in Gneiss, oft in Syenitschiefer übergehend; an vielen Stellen adern und fleckenweise, stark mit zeisiggrünem Akanthikone gemengt. Schwere zuweilen bis 4. Schuh breite weisse Quarzgänge durchsetzten denselben bald horizontal, bald vertikal, und beynahe in allen Richtungen. In dem Quarze fand ich hie und da kleine Moroxitprismen eingewachsen. Auf einer Stelle, in der Nähe des dortigen Grönländischen Garnfangerhauses, welches zu Jakobshavn gehört, und von Herrn Myhlenpfort angelegt wurde traf ich im Granit ein beträchtliches Thonschieferlager, in welches Kupfer und Schwefelkies in kleinen Lagern eingemengt ist. —

Im Monate October lassen sich hier gewöhnl. die *Keporkake* und im November die Weissfische und Narhvale, zuweilen in grossen Schaaren sehen. Die Bucht ist für Eisgarnfang gut gelegen. — Gegen die See hinaus, am Itiblik fand ich mehrere heidnische Gräber, wo vermoderte Jagdgeräthschaften und auch weibliche Hausgeräthe lagen. Dermalen ist die Stelle von einer einzigen Familie des Takkak im Winter bewohnt. Die Bay ist so gross, dass eine ganze Flotte darin liegen könnte, und wurde ehemals während dem Wallfischfang von den Holländern stark besucht, von welchen sie auch den Namen Rode Bay erhalten.

Donnerstags d: 24. September.

Morgens gieng der Wind in Osten und sodann in Nordost über. — Wir reisten daher ab, passirten über Brede Bugt, einige kleine Inseln vorbey, nach Jakobshavns Nördlicher Näs, wo zuweilen für die Kolonie Torf gegraben wird, und kamen um 11. Uhr bey Jakobshavn vor Anker. Man rechnet von Klokkerhukk hieher 6. Meilen. Jakobshavns Kolonie von den Grönländern des Hafens wegen Kangerdluarsueitsiak von des Eisfiords wegen auch Illulirsæt genannt, ist, wie bereits oben angemerkt wurde, eine Insel, wurde aber durch den überhandnehmenden Eisblink durch eine Eisbrükke mit dem festen Lande verbunden. Das Land besteht aus mehrern nicht sehr hohen Bergen. Der höchste und steilste derselben Korarsok liegt im Hintergrunde der Kolonie gegen Osten.

Die vorwaltende Gebirgsart des Landes ist abwechselnd Granit und Gneiss; in beyden liegen Lager von Dolomit mit eingewachsenem gemeinem und glasigem Tremolith. — Diese Steinart ist der Schweizer zu Tremola sehr ähnlich. — Die ganze Hauptmasse des Urgebirges ist mit dem zeisiggrünen derben Akanthikone sehr stark gemengt, besonders der Granit und Gneiss. —

Sonnabends d: 26. September

Bestieg ich begleitet von Herrn Assistenten Andreas Dalager den Berg Korarsok, — von dessen Spizze man nach dem Eisblink sehen kann. Man kommt zuerst über eine tiefe schmale Kluft, Killaritsok genannt, in welcher ich grosse Lager von Hornblendeschiefer und im Granit viel derben Akantikone gemengt fand. — Oben auf Korarsok fand ich ebenfalls den Dolomit mit glassartigem Tremolith in Lagern. —

Der Anblick des sich am Fusse dieses Gebirges ausdehnenden Iisefiords, des fürchterlichsten, grössesten und gefährlichsten im ganzen Lande gewährt ein schauerliches Gefühl. So weit das Auge von der Höhe des Berges gegen Osten reichen kann sieht man nur das grauenvolle Eislager, welches den Übergang nach dem östlichen Grönland zu Lande unmöglich macht. — Das ewige Donnern und Krachen der unten im Thale durch den Fiord treibenden unermesslichen Eislasten betäubt das Ohr; man schwindelt bey dem Gedanken, dass solche ungeheure Berge sich von dem festen Eise des Landes lossreissen, und für ihre Höhe tief genug Wasser finden können. Ich mass eine dieser Eisinseln, noch lange nicht die grösste, welche 2047. Schritte im Umfange hatte. Die Höhe über des Wassers, oder Eises der Bucht Oberfläche war, mit einer Line gemessen, 49. Fuss, die höchsten Spizzen derselben war ich mit meinen Fusseisen versehen, doch nicht zu erklettern im Stande. Und neun Zehentheile dieses Kolosses reichen unter das Wasser. — Im Neu und Vollmonde stösst er seine fürchterlichen Lasten von sich, setzt die See in der Nähe seines Wirkungskreises zu 3. und 4. Klaftern mit plötzlichem Steigen und Fallen in Bewegung und überschwemmt die grosse Diskobucht weit und breit umher mit beweglichen Eisinseln und Bergen. Dem ungeachtet nimmt diese unbeschreibliche Eisbrükke im festen Lande mit jedem Jahre augenscheinlich zu und wird mit der Zeit den grössten Theil der Westküste bedecken. — Im Iisefiord selbst sah Assistent ANDREAS DALAGER vor mehrern Jahren noch Überbleibsel alter Grönländischer Winterhäuser, welche nun unter dem Eise begraben sind. Es ist ausser allem Zweifel, dass dieser Fiord ehemals ein Sund war — die alten Traditionen der Grönländer bestättigen dies auch. Noch heutzutage sind sie bey starkem Südostwind bange, die so gefürchteten *Kablunæts* möchten, wenn bey so einer Gelegenheit der Sund sich wieder einmal öffnen würde, von der Ostseite oder aus der Mitte des Landes herüber kommen, und sie mit Stumpf und Stiel vertilgen. — Wer kann mit dieser Furcht den Muth reimen, welche einige den Vorfahren dieser feigen Menschen zuschreiben, dass sie die in diesem Lande einst angesessenen tapfern Normänner bekriegt und vertilgt haben sollen; sie die sich aus der bessern Gegend jenseits der Strasse Davis von ihren kriegerischen Nachbaren verjagen liessen, und nach und nach herüber auf diese Seite flüchteten. Durch den obengenannten Iisefiord geht noch ein starker Stromfall, welcher wahrscheinlich von Zeit zu Zeit das über dem Wasser gewölbte Eis ausspühlet, welches sodann bersten und aus Mangel an hinlänglicher Unterstüzzung niederstürzen muss. Zuweilen treiben auch Holzstükke, welche sich nie unter dem gewöhnlichen Treibholze der Strasse Davis finden, auch nicht auf dieser Seite des Landes wachsen, zum Exempel: Buchen und Eichenholz, auch abgerollte Bimssteinstücke, wahrscheinlich von Issland, deren einige ich selbst am Strande aufgelesen habe, durch den Fiord heraus. Auch auf Grönlands Südostseite habe ich dergleichen Stücke im Treibeise eingefroren gefunden. Aussen vor der Kolonie liegt die Insel Sermermiut, wo nun auch Torf gegraben wird, da derselbe bey der Nördlichen Näs sehr abnimmt. — Abends wohnte ich der Versamlung der Grönländer bey, wo BENIAH die erste Belohnung des Fleisses im Fange erhielt. —

Sonntags. d: 27. September.

wonten wir der Predigt bey, welche Herr Missionär BRAM hielt.

Montags. d: 28. September.

reisten wir um 11. Uhr ab, um über den Iisefiord zu sezzen. Das Thermometer stand im Lande auf 8° und auf dem Fiord zwischen dem Eise auf $13^1/_2$° Kälte, ungeachtet die Sonne schien. Auf der nordlichen Seite des Iisefiords bestiegen wir noch eine Klippe, um zu sehen, welchen Weg wir durch die Eisberge nehmen könnten. — Nur mit äusserster Anstrengung gelang es uns durch die zum Theile durch frisches Eis zusammengebakkenen grossen Eisklippen uns durchzuarbeiten, denn wir konnten dieselben nicht umfahren, da sie weit verbreitet waren, und gegen 3. Meilen nach der Bucht hinauslagen. — Ja wir wären vielleicht auf dem halben Wege wieder umgekehrt, wenn es nicht eben so gefährlich gewesen wäre zurück, als vorwärts zu gehen, indem ein starker Strom gieng, welcher das Eis hinter uns her wieder zusammentrieb; und der Wind nordlich war. — Um 2. Uhr erreichten wir endlich das südlichste Ufer dieses gefährlichen Fiords in der Nähe von Iisland, einer Wohnstelle der Grönländer, bey einem kleinen Arm, welchen der Iisefiord nördl. bey Claushavn unter das Land bildet. Die Gegend ist mit Geschieben überschwemmt. Ehemals wohnten einige Grönländerfamilien des guten Eisfanges wegen auch im Winter hier; nun ziehen sie bloss im Sommer und Herbst mit Zelten hieher. Von hier aus kamen wir um 3. Uhr nach Claushavn, grönl. Illimennak, einer zu der Kolonie Christianshaab gehörigen Wallfischfängeranlage, deren Grönländer der Nähe des Iisefiords wegen auch guten Seehundfang treiben. —

Die Berge hier herum bestehen aus Gneiss und Glimmerschiefer, in welchen Hornblende- und Syenitschiefer in horizontalen Platten liegend, angelagert sind. Die ganze Gebirgsmasse ist in allen Richtungen zersprengt, und enthält häufig eingemengten magnetischen Eisenstein, und, der Hornblendschiefer besonders, Granaten. In der Gegend von der hohen Vare, grönl. Innuksuk, ist ebenfalls Gneiss die Hauptgebirgsart bis hinunter nach dem Strande zu, mit grossen Lagern von Hornblendschiefer, welcher sich in sehr dünne Platten spalten lässt. Nahe bey der Kolonie bemerkte ich in demselben Kupfergrün und Kupferkies, zugleich mit etwas eingesprengtem Zinnstein, dabey hie und da weisses und grünliches zuweilen etwas eisenschüssiges Steinmark. Der Glimmer ist aus dieser Steinart ausgewittert und der Feldspath meistens kristallisirt.

Ich sammelte einige *Lepades* und Seegewächse. Abends wohnte ich der Zusammenberufung der Grönländer bey, welche Herr Inspecteur Motzfeldt in der Kapelle hielt. — Hier wohnt ein seltener Grönländer, namens Ole, welcher in jüngern Jahren der beste

Fänger war, und stets, um vor Mangel gesichert zu seyn, ein Magazin von getrocknetem Fleische, von Fischen u. s. w. für den Winter sammelte, um selbst nicht zu hungern, und auch seinen darbenden Landsleuten damit aushelfen zu können. Ein seltenes Beyspiel unter den Grönländern, welche nie auf die Zukunft denken, und nach dem Sprichworte: Kommt der Tag, so bringt der Tag! leben. Er erhielt vom Herrn Inspekteur Motzfeldt, welcher keine Gelegenheit unbenützt vorbeygehen lässt, um die Grönländer zur Thäthigkeit zu ermuntern ein Privatgeschenk an Zukker und Kaffee für seinen Eifer. Der Atarsoakfang hat in Norden, besonders in der Diskobucht seit 2. Jahren fehlgeschlagen, daher die Grönländer Mangel an Kajaksfellen leiden; auch der diesjährige Sommer- und Herbstfang war schlecht. — Im verflossenen Handelsjahre wurde hier kein Wallfisch gefangen.

Mittwochs d: 30. September.

Vormittags 11 Uhr verliessen wir Claushavn, passirten de tre Skiärs vorbey, so wie auch den Schaluppshafen und kamen nach tre Øer, wo wir etwas Halt machten. — Diese tre Øer machen eigentlich nur Eine Insel mit 3. Kuppen aus, welche von ferne wie 3. Inseln sich darstellen. — Sie bestehen aus Gneiss mit Granaten. Bey Jagtholm geht eine breite Thon und Sandbucht ins Land hinein, welche Leerbugt heisst.

Sie hat ziemlich hoch aufgeschwemmtes Land. Dem hier befindlichen nordlichen Elv entlang finden sich die bekannten Fischabdrücke in grauem sandigem Mergel und andere sonderbar gebildete verhärtete Mergelstükke.

Von Claushavn bis hieher rechnet man eine starke Meile. Wir giengen Jakobsholm, und Maagefield vorbey, und setzten über Lachsebucht, grönländisch Ekallungoit. Unter Maagefield ist es gewönlich ganz stille, da es hingegen, wenn man über die Lachsebucht kommt, beständig bläst. Wir kamen sodann Sauik vorbey, wo gewöhnlich Garnfang getrieben wird, und kamen um 5. Uhr Abends bey der Kolonie Christianshaab an. —

Ich machte noch eine kleine Excursion nach der Vare, welche südwestlich der Kolonie liegt, fand in dem allgemein verbreiteten Gneisse, Hornblendschiefer und Glimmerschiefer in grossen Massen, mit vielem schneeweissem Quarze, dem Gemengtheile eines eingelagerten grobkörnigen Granits. Um

7. Uhr Abends kam ich zu Hause; es war ziemlich finster, so dass ich beynahe den Weg verfehlt hätte. —

Monat Oktober.

Donnerstags. d: 1. Oktober.

Trat ich früh Morgens, begleitet von dem Grönländer JAKOB THORNING meine Wanderung an. — Ich gieng zuerst nach der sogenannten Studeerkammer, oder Bings Hul, eine Felsengrotte, nach einem Missionär so genannt, welcher im Sommer die meiste Zeit hier wie ein Einsiedler zubrachte. Die Höhle ist aus einem durch die Tagwasser und den Schnee ausgewaschenen, und ausgewitterten grobkörnigem Granitlager entstanden, und liegt südwestlich von der Kolonie. Sie geht ungefehr 20. Schritte etwas aufwärts in den Felsen hinein. Ich fand hier kristallisirten in Adular übergehenden Feldspath, grosse weisse Glimmertafeln, und kristallisirten Bergkristall, auch die zerfallenen Skelette einer Isatis und eines Rabens. — Die ganze hohe Gebirgsmasse, von Südwest nach Nordost hinziehend, und von den Grönländern Kakarsoit genannt, besteht aus Glimmerschiefer, welchem wahrscheinlich Gneiss zur Unterlage dient. — Sie ist sehr zusammengesetzt. Ich fand adernweise Jadde und Nephrit, gangweise Strahlstein, Bergkork und Tremolith in Dolomit und Kalkstein, und Sahlit. Letzterer mit Strahlstein gemengt macht auf beyden Seiten eines Quarzganges, der mit Magneteisenstein gleichsam besäet ist, das Sahlband aus. Diese Schichten laufen im Südlichsten Berge, grönländisch Issua genannt, von Osten nach Westen hinab. — Die Gänge sind ungleich, die beyden stärksten sind der Dolomit und Tremolith. — Die schwächsten, 2 bis 6. Zolle dichten sind: der Sahlit mit Strahlstein und einer Art Talkschiefer, doch findet der Stralstein mit etwas Sahlit sich auch hie und da in kleinen Lagern. Der körnige Kalkstein komt in schmalen Adern und Gängen vor, ist an den Seitenflächen etwas verwittert und mit feinem graulichem

Tropfstein bedeckt. Er findet sich in grossen Platten, und wäre zu Tischplatten und dergleichen tauglich. — Die steilen Wände von Kakarsoit sind an mehrern Stellen in der Tiefe mit Kupfergrün überzogen, und halten ziemlich häufig Kupfer und Schwefelkies. In Granit und Glimmerschiefer fand ich auch Graphit oder Reisbley, und grasgrünen Akanthikone derb und dicht hie und da in grossen losen Blökken. —

Auf einem der Gipfel von Kakarsoit gegen Issua zu steht eine Vare. Die um diese Berge befindliche Flächen haben besonders bey dem Landsee, welcher die Kolonie im Winter mit Wasser versieht, viele schöne Grasplätze und mehrere Pflanzen. Auch gegen Osten sind grosse, aber mohrige Grasflächen. Die *Pediculares*, beyde *Lapponica* und *Grönlandica*, *Ledum palustre* und *Grönlandicum*, *Pyrola rotundifolia*, *Epilobium angustifolium*, *Campanula rotundifolia*, *Empetrum nigrum*, und etwas Gesträuche, so wie viele Moosarten, besonders *Lichen rangiferinus* und *Islandicus* wachsen hier in grosser Menge. Die Südoststürme sind hier wie in der ganzen Bucht die schwersten und schrecklichsten. Die Insel, wo man dermalen Torf gräbt, liegt aussen vor der Kolonie. Auf den obengenannten mohrigen Grasflächen findet sich etwas Torf. In dem östlichen Gebirge fand ich gleichfalls Gneiss und Glimmerschiefer. Die höchsten Punkte der ganzen Gebirgskette waren schon gröstentheils mit ziemlich tiefen Schnee bedeckt. Der Ort, wo die Kolonie nun steht, hängt durch einen Itiblik oder Tragplatz mit dem festen Lande zusammen. Diese flachen Stellen sind mit häufigen Geschieben überdeckt, haben aber doch Felsgrund. — Abends hielt Herr Inspecteur Motzfeldt Versammlung und Musterung der Grönländer. Jakob Thorning, ein Sohn des in diesem Jahre verstorbenen pensionirten Assistenten Adam Thorning erhielt die erste Prämie. Die Kolonie stand vorher auf einer andern Stelle, der nunmehrigen gerade gegen über in einem Tale. — Dermalen wohnen nur 2. Grönländerfamilien bey derselben. —

Freytags. d: 2. Oktober.

Ich gieng mit Jakob Thorning auf Excursion nach der Südwestlichen Bergstrekke, der Bucht entlang, an welcher sich eine schmale Näs bildet, die sich 1. Meile lang gegen Süden nach der See hinauszieht. Die ganze Strecke heisst Kangerdluluk und die äusserste Näs Nogme, eine Wohnstelle der Grönländer. Die Bucht nennt man ....

Die hier stehende schmale minder hohen Klippen, bestehen bloss aus Glimmerschiefer, welcher hie und da in Talkschiefer übergeht, mit unbedeutenden Lagern von Granit, in welchen sich Parthien von kieshaltigem Quarze befinden. Der Glimmerschiefer ist sehr verwittert, mit einer unendlichen Menge rissiger Granaten und Almandinen verwachsen, und der Glimmer geht an mehreren Stellen in Graphit über. Im Granite und Quarze findet sich Amianth, Strahlstein und Talk; bey dem Graphite Thoneisenstein. Turmalin ist in kleinen Prismen im Quarze eingewachsen. Einzelne Plätze dieser Klippenreihe, besonders, wo Quarz sich befindet, sind auf der Oberfläche an mehrern Stellen von einem Ocher überzogen, der zwischen dem Pistazien- und Zeisiggrünen, oder der Farbe des Nikkels und Chromokkers das Mittel hält. — Ich habe diese oberflächliche Färbung an mehrern Stellen in Grönland, zum Exempel: zu Nullok, Naïait, Ujortlersoak, Kangarsuk bey Holsteinsburg, Godthaab, Assuts Storoe oder Kikertarsoak, Kangerdluarsuk, bis zu Kakatsoeitsiak östlich bey Staatenhuk, doch stets nur auf der Oberfläche, nur angeflogen, und zwar beym Glimmerschiefer bemerkt. Ujortlersoaks Kuppen und Verhöhungen sind beynahe alle davon gefärbt. Doch hier findet sie sich weniger. —

Sonnabends d: 3. Oktober.

Gieng Herr Inspecteur Motzfeldt mit mir auf Excursion nach Bings Hul, und der dortigen Gegend. Meine Bemerkungen über dieselbe habe ich bereits oben Seite 98—99 mitgetheilt. —

Sonntags. d: 4. Oktober

verliessen wir Morgens 7. Uhr die Kolonie Christianshaab mit einer Schaluppe. Wir giengen Nogme, wo sich Granaten in Glimmerschiefer finden, und Akudlek, eine Garnstelle, wo sich am Strande Bruchstükke von Heliotrop gefunden haben, vorbey. Um 8. Uhr passirten wir Soutit, ehemals auch eine Garnstelle, nahe hiebey liegt die Torfinsel der Kolonie. Der Torf ist sehr wurzelreich, aber zu wenig fett, und kann keine anhaltende Wärme geben.

Wir erreichten um 12. Uhr Mittags Tüssame, oder Tyssok, eine lange halbmondenförmige Insel, welche man fast über den halben Weg, der doch 6. Meilen beträgt gleichsam vor der Nase liegen hat, ohne sie zurückzulegen. Sie liegt 4. Meilen von der Kolonie. Von hier aus konnten wir, da es klar Wetter war, bis ans Ende der Südostbucht sehen, welche die Gränze von Christianshaabs-Distrikt ausmacht. Der nördliche Theil derselben wird auch Wildebay und der Südliche Spiringsbay genannt. Gegen West und Nordwest lagen uns die grünen Eylande, ihrer vielen Grasflächen wegen sogenannt; sie bestehen aus 3. grossen und mehrern kleinern Inseln, welche zuweilen von den Grönländern bewohnt werden. Bey hoher See kann man sie in einer Schaluppe kaum über der Oberfläche des Wassers bemerken.

Daselbst giebt es Glimmerschiefer, viel Glimmersand und Geschiebe.

Hier verhungerte oder erfror vor einigen Jahren der Kaufman Nörregaard, mit seinen Leuten. Sie litten mit dem Fahrzeuge Schiffbruch, und wurden erst im Frühling des folgenden Jahrs zwischen Eis und Schnee gefunden. — Wir setzten glücklich über die Südostbucht, welche nach unserm Course 8. Meilen breit ist, und kamen Upernavik vorbey, eine schmale, kleine flache Insel, welche den Grönländern im Sommer zu Zeltepläzzen dient. Nicht weit von derselben zieht sich zwischen Ikamiut und Ujarartafik eine Bucht ins Land hinein. — Hier sind grönländische Winterwohnpläzze. Von hier aus kann man, wenn man gerade zu nach Süden reisen will hinter Egedesminde vorbey durch den Nivaaksund gegen Biörnenässet zu gehen. — In Nivaak wird guter Eisgarnfang getrieben, und das Eis ligt gewöhnlich noch im Anfange des Monats Julius fest. — Die *Sepia Loligo* und *Octopodia* findet sich hier in unglaublicher Menge. — Die Frühjahre kommen die Grönländer zuweilen auf Angmarsætfang hieher. — Herr Inspecteur Myhlenphort hat, als er noch den Handel zu Egedesminde vorstand, hier ein Garnhaus und Spekhaus des Eisgarnfanges wegen erbauet, welches noch benüzzt wird. Um 5. Uhr Abends kamen wir Nye Nouk vorbey zu einer runden steilen Klippe Tulluartolik, oder Ravnøe genannt, wo wir landeten. — Sie ist die erste, wenn man die Südostbucht passirt hat. — Die See hat um diese Klippe herum reinen Felsgrund; man konnte auf dem Grunde den *Ecchinus saxatilis* zu tausenden sizzen sehen, weswegen sich auch die Raben so gerne hier einfinden, weil oft so viele von der Brandung aufs Land geworfen werden.

Die Klippe selbst besteht aus Granit mit röthlichem Feldspath grünem und schwarzem Glimmer mit wenig grauem Quarz. Hornblendschiefer findet sich hier mit ihm, wie fast allenthalben vergesellschaftet.

Es wächst hier trefflich fette *Cochlearia anglica* in grosser

Menge. Isländisches Moos, Mariægræs, *Lichen rangiferinus* und *proboscideus* bedeckt beynahe die ganze Insel. Letzterer, so wie der *Lichen jubatus* und *capillaris* hat alle Felsen schwarz überzogen. — Sie ist zu steil, als dass sie bewohnt werden könnte. — Von hier aus giengen wir durch den langen Sund, oder Ikaresarsuk, auf dessen westlicher Seite Akunak, oder Akunaut, das ist: eine Reihe von mehrern Inseln ligt, welche im Frühjahre und Herbste öfters des Fanges wegen von Grönländern besucht werden. Auch dermalen standen einige hier, welche sogleich auf uns zuruderten, um — etwas Tobak zu erhalten. Dieser Lange Sund oder Ikaresarsuk führt in gerader Linie hinter Egedesmindes Insel vorbey; man muss Nordwest steuern, wenn man zur Kolonie kommen will. — Ein schmaler Lauf, Kakangoak genannt, liegt 4. Meilen in Osten von der Kolonie. — Es ist der nächste Weg nach der Kolonie von Nougarsuk aus, kann aber nur zu Fluthzeit mit einer Schaluppe befahren werden. Das östliche Ufer von Langesund oder Ikaresarsuk gehört zu Nivaaksland. Das Ende dieses Sundes gegen Egedesminde zu wird auch Smale Sund genannt. Um halb 9. Uhr Abends kamen wir zu Egedesmindes Oe, grönländisch Ausiæt, von seiner Form genannt, und erreichten endlich um 10. Uhr Abends glücklich die Kolonie, nachdem wir mit unstätem Winde und schwerer See diesen 12. Meilen langen Weg in 13. Stunden zurückgelegt hatten. —

Montags. d: 5. Oktober

Gieng ich früh morgens, in so weit es die mit Schnee bedeckten Berge zuliessen, auf Excursion nach ein paar kleinen Buchten und nach der Breite über die ganze Insel, welche ungefehr 2. Meilen im Umfange hat.

Die Berge derselben sind von keiner beträchtlichen Höhe, und bestehen aus Glimmerschiefer und Gneiss mit grossen Granitlagern. Gegen Osten bey zwey Landseen findet sich gangweise im Granit, welcher die überwiegende Gebirgsart dieser Insel ausmacht, Dolomit mit Tremolith, am Strande hin sah ich Hornblendschiefer eingelagert. Ich sammelte daselbst einige *Lepades*, welche sich hier von der See aufgeworfen werden, und ziemlich gross sind. Auch verschiedene Tangarten gibt es hier. —

Mittwochs d: 7. Oktober

war ich auf der Östlichen und Südöstlichen Seite der Insel auf Excursion, und Abends wohnte ich der Zusammenberufung der Grönländer bey. Egedesminde hat dermalen nur 246. Mann christliche Grönländer. Die beyden grossen Krankheiten, besonders die letztere Blattern Ansteckung nahm diesen Districkt gewaltig mit. Er beginnt gegen Norden, von Nye Nouk südlich, und reicht bis an Nordre Strömfiord. Die Anlage Westereiland, oder Kidlit liegt ungefehr 6. Meilen von hier in Nordwest. — Sie besteht eigentlich aus 5. Inseln, zwischen welchen sich 3. gute Hafen für Schiffe und kleine Fahrzeuge bilden. Diese Inseln liegen, da man von denselben rings um die See überschauen kann, für den Wallfischfang besonders gut, zu wessen Betrieb die Anlage auch gemacht worden ist. — Im Jahre 1795 wurde ein grönländisches Haus erbauet, und das Werk durch einen Vormann betrieben; nun ist das Europäische Haus, welches vorher zu Rifkol stand, hieher gebracht worden, und ein Assistent steht dem Wallfischfang vor. Der Fang für die Grönländer ist hier auch besonders gut. Im Herbste kommen gewöhnlich die *Atarsoakke* und im Frühjahre die Klapmützen und *Uksukke*. Das einzige schlimme ist, dass Westereiland kein frisches Wasser hat, und die dort wohnenden sich mit Eis und Schneewasser behelfen müssen. Die dorten wohnenden Grönländer sind als gute Fänger bekannt.

Freytags. d: 9. Oktober.

Morgens um 8. Uhr verliessen wir mit einer Schaluppe diese Kolonie. Ihr gegen über ligt eine grosse Insel, von den Grönländern Manetsok genannt, auf den Seekarten unter dem Namen Bonkeeiland bemerkt. Sie ligt gegen Norden von der Kolonie, und hat ungefehr 2. Meilen im Umkreise. — Die Nordwestseite ist besonders gut für den Atarsoakfang, welche Seehundeart im Herbst von hier nach der Südostbucht streicht, und zuweilen in eine in der Insel sich befindliche grosse Bucht, Tarajonisuk genannt, geht. — Vor der grossen Epidemie von 1784 bis 1786 hielten sich hier mehrere Grönländerfamilien auf, welche guten Seehund- und Weissfischfang hatten. Die Stelle musste gewiss auch für den Wallfischfang ergiebig werden, weil dieselben hier dicht unter dem Lande vorbeystreichen, wenn sie gegen den Iisefiord zugehen. Nun halten sich hier selten Grönländer auf. — Nah unter dem Lande sind auch gute Kabliau und Hälleflynderbänke, und eine beträchtliche Menge Rayen.

Die Insel ist sehr steil und besteht aus Granit, auf der östlichen Seite findet sich Labrador.

Man reist von hier aus nach Hundeeiland zu durch mehrere Inseln, und den Tattaraksund; in West und Nordwest liegt Tattarait und Kullen; nordlicher gegen die See hinaus liegt noch eine grosse und steile Klippe, über welche das Wasser bey starken Südweststurm und Seegang sprizzen und schlagen kann. Auf diesen Inseln wächst viele *Cochlearia Anglica*. Wir kamen um 12. Uhr Mittags nach Hundeeiland, grönländisch Kittiksursoit genannt, eine Wallfischfangeranlage, welche unter die Kolonie Kronprinsenseiland gehört, und $3^1/_2$ Meilen gegen Norden von Egedesminde entfernt ligt. — Es gehören mehrere kleine Inseln dazu, welche alle ziemlich viel Gras und vielen obgleich magern Torf haben. — Herr Inspekteur MOTZFELDT hielt Zusammenkunft mit den Grönländern, deren 82. getaufte dermalen diese Insel bewohnen. — Die kleinere Inseln sind unbewohnt. —

Die Hauptsteinart ist feinkörniger Granit, mit Lagern von grobkörnigem Granit und Gneiss, Hornblende und Syenitschiefer. — Im Granite fand ich an den Seekanten beträchtliche Lager von weissem und grauem feinkörnigem Urkalkstein. —

Um 4. Uhr Abends reisten wir ab, passirten de tre Øer, grönländisch Tiktusilik, eigentlich nur Eine Insel mit 3. von des Meeres Oberfläche abgesonderten Bergkuppen. Nächst hiebey ligt auch Upernavik, ein Sommerwohnort der Grönländer, wo sie zuweilen mit Zelten auf den Fang stehen. Um halb 7. Uhr Abends kamen wir nach Kronprindsenseiland, welches 3. Meilen von Hundeeiland liegt. Auf den Seekarten werden diese Inseln Hvalfiskøerne, und von den Grönländern Kittiksut genannt. — Mehrere Inseln herum gehören unter die Loge Kronprindsenseiland. Eine der grössten heisst Storøe, nun auch Vogeløe genannt, weil auf derselben der Missionär VOGEL, welcher so eben ins Land kam, und sich hier aussetzen liess — man weiss noch nicht, auf welche Art — verlohren gieng. Zwischen diesen Inseln bildet sich ein geräumiger Hafen, welcher 4. Ausläufe hat. Der Südliche ist der schmaleste, und doch wagte sich einmal eine Englische Fregatte durch. Die Südweststürme sind hier so fürchterlich, dass man zuweilen nicht im Stande ist, sich auf den Beinen zu erhalten. Der Weg von der See hinauf zu den Gebäuden ist steil, doch sind die Klippen nicht hoch. Das Wasser ist schlecht. Hier wohnen nur 75. Grönländer. — Der Seehundfang ist unbedeutend. Der Wallfischfang wird mit 3. bis 4. Schaluppen getrieben, und hat schon einige Jahre fehlgeschlagen, obgleich diess der beste Erwerb seyn sollte. — Ehemals waren diese Inseln mehr bewohnt — ich fand um die Flagstange herum und auch an andern Stellen viele Gräber. —

Die Hauptgebirgsart ist grauer feinkörniger Granit mit grossen ziegelrothen Feldspathgängen und Lagern, auch etwas Syenitschiefer. Der Torf wird auf der Insel bey und um die Loge gegraben. Er ist braun und leicht, doch nicht über $^1/_2$ Elle dick, findet sich in Menge, trocknet aber des ewigen Nebels wegen sehr schwer. Auf einer der kleinen Inseln zeigte sich etwas Kupfergrün u. Kupferkies.

Sonnabends. d: 10. Oktober.

Herr Inspecteur **Motzfeldt** liess die Grönländer zusammenberufen. Der Seehundfänger **Amejunna** erhielt die erste Prämie des Fleisses. —

Sonntags d: 11. Oktober.

Lagen wir wegen schwerem Südweststurm stille.

Montags. d: 12. Oktober.

Reisten wir um 9. Uhr Vormittags nach dem Schiffshafen. Hier findet der *Ecchinus saxatilis* sich in Menge. — In der sogenannten Leerbugt zwischen diesen Inseln findet sich aufgeschwemmter Thon von blaulich grauer Farbe, welche bey den nächsten Handelsplätzen zum Bauen benüzt wird. Wir wollten mit der Egedesminder Jacht Dorothea, welche so eben hier im Hafen lag, nach Godhavn abreisen, als wir aber zu den äussersten Inseln kamen, wurde der Wind Nordost, die Jacht musste wenden und wieder einlaufen, wir nahmen eine Speckschaluppe, und halfen uns so ziemlich mit Rudern fort. Wir kamen nach Komaufik, oder Pisseøe, welche in Nordwesten ligt. Hier wurde ehemals ein Versuch auf Wallfischfang getrieben, aber es kam wenig Vortheil heraus. — Das hiezu erbauete grönländische Haus, und die Flagstange ist noch vorhanden. Die Insel ist nun unbewohnt. — Sie besteht aus Granit mit Hornblendschieferlager. Die *Alca grönlandica* und *Procellaria glacialis (Mallemukke)* ist hier in Menge. Wir passirten Brändvinsscheeren in Osten vorbey. — Wir sezzten, da uns der Wind hiezu günstig war, mit einer Harpunierschaluppe, welche wir auf dem halben Wege trafen, gerade nach Godhavns Anlägg oder Kangek, wo wir um 5. Uhr ankamen, und über Land nach der Loge Godhavn zurückgiengen, von welchen wir volle vier Wochen abwesend gewesen waren. — Die Gebirge von Disko waren bereits alle mit Schnee bedeckt. —

Aufenthalt zu **Godhavn**.

Ich kann mich in Hinsicht meines Aufenthalts auf Diskoeiland nun kürzer fassen, da ich bereits alles das, was ich auf Diskoland auf vielen Excursionen und mehrern Tagereisen gesehen und bemerkt habe, im Zusammenhange von Seite 71 bis 89. angeführt habe. Ich merke also aus meinem Tagebuche nur dasjenige an, was mir als Reisenden merkwürdig war, ob ich gleich sehr gerne glaube, dass es jedem andern das nicht scheinen möchte. Inzwischen weiss ich, dass jeder, der selbst Reisen gemacht hat, auch kleine oft unbedeutende Nachrichten eines andern Reisenden mit Vergnügen liest, weil sie ihm Gelegenheit geben sich besser in die Lage des Erzählers zu denken. Doch will ich damit kurz seyn.

Montags. d: 19. Oktober

Wir erhielten von Jakobshavn die Nachricht, dass der Assistent Andreas Dalager in 5 *Keporkake* die Harpune gesezzt habe, dass aber wegen schwerer See und Stürmen keiner ans Land gebracht werden konnte. —

Sonntags. d: 25. Oktober.

Blies ein wüthender Sturm aus Südwest. Die Brandung der See schlug bey Anlägg über das Haus, und die armen Grönländer wurden fast aus ihren Häusern gespühlt.

Sonntags. [Sonnabends] d: 31. Oktober.

Reiste ich mit Herrn Inspekteur Motzfeldt nach Fortunebay. Siehe Seite 76.

Monat November.

Dienstags, d: 3. November

Brach auf einer Excursion, welche ich nach Diskos Felsenmauern machte, das Eis zweymal unter mir; ich half mir aber doch glücklich wieder in die Höhe. —

Sonntags. d. 15. November

Blies abermals ein schrecklicher Südweststurm. Die Jacht Martinette trieb Nachts 7. Uhr von Anker und Tau, wurde aber doch, da es gleich bemerkt wurde, ohne Schaden geborgen. —

Montags, d: 16. November.

Hielt Herr Inspekteur Motzfeldt die jährliche Versammlung der Grönländer zu Godhavn, und theilte die Prämien aus. Karl Egede erhielt die erste, Uinek ein gewesener *Angekok* die zweyte, und Angutakalak die dritte Prämie des Fleisses. Dermalen wohnen 206. Grönländer, meistens getaufte, auf Godhavn. Die feuchte und unbeständige Witterung machte viele kranke unter den Eingebohrnen; einige starben. —

Dienstags d: 24. November

Wurden die Linien in die Harpunierschaluppen bey wehender Flagge eingeschossen. Eine Feyerlichkeit, der gewönl. alle Beamte beywohnen.

Mittwochs d: 25. November.

Fieng ich für Herrn Inspecteur Motzfeldt, welcher grosse Lust zur Mineralogie bezeigte, Vorlesungen über dieselbe an.

Sonntags. d: 29. November

konnte die im Almanach angezeigte Sonnenfinsterniss nicht mehr bemerkt werden, da die Sonne bereits unter unserm Horizonte blieb, allein sie äusserte sich in ihrer Wirkung durch eine grosse Dunkelheit. —

Monat December.

Freytags. d: 4. December

Gieng ich, da der Himmel sehr klar war, auf Excursion nach Særkangoaksfield. Ich genoss hier um Mittag einen feyerlichen Anblick. Die Sonne, welche uns im Thale schon seit mehrern Tagen unter dem Horizonte geblieben war, drängte westlich von Komaufik ihre letzten schwachen Strahlen durch die blutrothen Wolken herauf, und verbreitete über die saphirblauen vorstehenden Eisklippen ein unbeschreibliches Kolorit, welches sich auf der schwarzen hoch und schwer wogenden See wie in einem Feuermeere schön und schrecklich brach, indess die Fluth über die schwarzen Basaltklippen des Strandes den milchweissen Schaum zwischen grossen Eisträmmern heraufsprizzte. Einige segelnden Schiffen ähnliche Eismassen trieben am fernen Horizonte der Strasse Davis hin, und entpressten dem Herzen schwere Seufzer der Sehnsucht nach dem sanftern Vaterlande. Auf dem Berge tobte der Nordost und jagte wirbelnde Wolken von Schnee auf. Ich schien mir ganz allein in der Schöpfung; doch endlich begegnete mir ein einziger Grönländer, welcher missmuthig mit leeren Händen von der Jagd zurückkam. — Kein Vogel regte sich; ein paar Schneehühner waren die einzigen Thiere, welche ich sah. Sie suchten Schutz vor dem Winde im Schnee, und blieben ruhig sitzen, als ich vorbeygieng. Bey stockfinsterer Nacht kam ich Abends um 4 Uhr über einen mühseligen Gebirgsweg ziemlich müde zu Hause. —

Vom 7. bis zum 13. December

liessen sich mehrere Wallfische in der Bucht sehen, aber bald stürmte es zu sehr, und bald gieng schwere See, so dass man mit den Schaluppen nicht auf Brandwache kommen konnte.

Montags d: 14. December

wurde die erste Brandwache mit fünf Schaluppen bey Godhavn gehalten. —

Mittwochs d: 16. December.

wurde der erste Weissfisch *(Delphinus albicans)* in diesem Winter von dem Grönländer Iksiak gefangen. Est ist ein alter Nationalgebrauch, dass der erste, welchen ein Grönländer fängt, Preis gegeben wird. — Diese Preisgebung ist einer der possierlichsten Auftritte, den man sehen kann. — Sobald der Fisch vor dem Hause des Fängers ankommt, wozu nun alles, was Beine hat, unter einem barbarischen Freudengeschrey hilft, so thut der Fänger den ersten Schnitt, gewönlich am Ende des Kopfes um den Hals, um damit anzuzeigen, dass dieser Theil als sein und seiner Familie unverletzbares Eigenthum unangetastet bleiben soll. — Und nun fallen alle andre, Männer und Weiber, Knaben und Mädchen, mit Ullos und andern Messern über den Fisch her; die kleinsten Kinder kriechen den Erwachsenen durch die Beine oder steigen über ihren Rükken weg, wie sie nur beykommen können, und purzeln zwischen den Messern auf dem Fische herum, schneiden sich einen Lappen von der Haut, sogenanntes Mattak mit Speck herunter, und verzehren ihn noch warm und rauchend wie hungrige Hunde. — Die elendesten Fänger sind bey solcher Gelegenheit die unverschämtesten, und manche fressen sich, besonders wenn so ein Glück zur Zeit des Mangels kommt, eine Krankheit auf den Hals. Einen ähnlichen Gebrauch beobachten sie beym Fange des ersten Wallrosses oder Narhvals.

Seit dem 23. December

konnte des vielen Treibeises und der schweren Stürme wegen keine Brandwache gehalten werden, ob man gleich viele Wallfische sah.

Mittwochs, d: 30. December

Erhob sich Morgens zwischen 1. und 2. Uhr ein fürchterlicher Orkan aus Nordost und Südost, welcher sich in einen anhaltenden Sturm mit Schnee und 13. Graden Kälte verwandelte, und bis zum Schlusse des Jahres gleich heftig wütete. —

Bericht
einer mineralogischen
Reise
in Grönland.

In Form eines Tagebuchs

gehalten von

D. **Karl Ludwig Giesecke.**
K. Pr. Bergrath.

Drittes Jahr.

1808.

Godthaab, auf Südgrönland.

Aufenthalt zu **Godhavn** auf **Disko-eiland.**

Ich kann die ersten Monate dieses Jahres kurz zusammenfassen, da ich die Resultate meiner Auswanderungen auf dieser Insel bereits im Tagebuche des vorigen Jahres von Seite 71 bis 89. unter Einem mitgetheilt habe. Die Bemerkungen, über die Witterung des vorigen, so wie des antretenen Jahres, folgen dem Tagebuche als ein Anhang. — Mit dem Anfange des Jahres fieng auch der Mangel unter den Grönländern zuzunehmen an, weil sie der Stürme wegen nicht auf den Fang gehen konnten, und sich auch keine Vögel sehen liessen, so dass auch die Europæer gezwungen waren, allein von ihrem Deputate zu leben.

Die Gronländer hieben und hollten die alten halbverfaulten Wallfischschwänze aus dem Eise der See heraus, welche schon, so weit man sehen konnte, überfroren war; aber an Eisfang war doch noch nicht zu denken, da der unruhigen See wegen bald hie bald da die Decke durchbrach. — Den 8. Jänner speisten wir, da kein anderes frisches Fleisch mehr zu erhalten war, den ersten Braten von Hundefleisch, welchen ich ohne Widerwillen zu fühlen mir schmekken liess. Die Grönländer speisen dieses Fleisch nicht allgemein, — und dann nur im Nothfalle.

Sonnabends. d: 9. Jänner

kamen die ersten Schlitten über die See aus dem Diskofiord, mit der Nachricht, dass das Eis hie und da noch einbräche, dass aber der Seehundefang im Fiord ziemlich gut wäre, worauf mehrere Grönländer mit Schlitten dahin abreisten.

Montags. d: 11. Jänner

Herr Inspecteur Motzfeldt machte heute für diesen Winter den ersten Versuch über die See zu fahren, wobey ich ihn begleitete. — Es ging ziemlich gut. — Wir fiengen auch einen Seehund, welcher ein willkommener Braten war! —

Sonntags d: 17. Jänner

War die Sonne Mittags wieder zum erstenmale auf einige Augenblikke am Rande des Horizontes sichtbar. — Diese Wiedererscheinung war den ehemaligen heidnischen Grönländern ein grosses Fest, welches mit Tanz und Gesang gefeyert wurde. Nach meiner Meinung dürften es auch die Christlichen nicht ausser Acht lassen. Höher in Norden hat sich dieser alte schöne Gebrauch noch vollkommen, wie ehemals erhalten. —

Donnerstags d: 28. Jänner.

War die Sonne bey den Wohnpläzzen der Kolonie zum erstenmale wieder zu sehen.

Freytags d: 29. Jänner

wurde der Geburtstags des Königs unter Abfeuerung der Kanonen *in pleno* gefeyert.

Sonntags d: 31. Jänner

Reiste ich mit Herrn Inspecteur Motzfeldt, auf Hundeschlitten nach Diskofiord, welcher 7. Meilen von Godhavn entfernt liegt. — Dieses Fuhrwerk machte mir seiner Schnelligkeit wegen viel Vergnügen, ob wir gleich eine Kälte von 30. Graden nach Reaumur hatten. In weniger als 4. Stunden waren wir an Ort und Stelle. Man kann sich von der Geschwindigkeit einer solchen Reise keinen Begriff machen; nur muss man eine gute Portion Stösse ertragen können. Bey kleinern Touren und auf dem Eise der See kann man ohne den Thieren wehe zu thun, 1. Meile in $^1/_4$ Stunde zurücklegen. —

Monat Februar.

Montags. d: 1. Februar.

Reisten wir über die See in 3. Stunden von Diskofiord nach Godhavn zurück. Bey der Lachsebucht brach am Strande das Eis; ich tauchte ein wenig ins Wasser; doch die unangenehme Nässe der Beine abgerechnet, ohne weitere Folgen.

Dienstags d: 2. Februar

kam der erste Postexpresse mit Schlitten über die Diskobucht von Egedesminde. —

Freytags. d: 5. Februar

kam ein Postexpresser von Rittenbenk über das Waygat und die Diskobucht mit Schlitten. — Die Kälte hielt sich mit anhaltendem schneidendem Nordost seit der Mitte des Jänners von 24 bis 32° Reaumur mit wenig Abwechslung.

Donnerstags. d: 11. Februar.

wütete ein schwerer Südoststurm in der Nacht zum 12ten welcher viele Eisgarne mitnahm.

Monat März.

Mittwochs, d: 2. März.

Nachmittags 3. Uhr wurde der erste Wallfisch für diesen Winter mit 2. Harpunen gefangen; an welchem Jubel ich in einer Schaluppe mit Theil nahm. Um halb 8. Uhr Abends wurde der Fisch von 8 Schaluppen in den Pauls Hafen unweit Anlägg einbogsirt. Die armen hungrigen Grönländer frassen sich im Mattak halb todt.

Donnerstags d: 3. März

wurden gegen 50. Hayfische bey dem gestern eingebrachten Wallfische erlegt. Der gröste war $7^{1}/_{2}$ Elle lang, und hatte beynahe eine Tonne Leber. —

Sonntags d: 27. März

kam ein Postexpresser mit Schlitten von Omannak, mit der Nachricht, dass daselbst bereits über 5000 Seehunde im Garn gefangen worden wären. Zu Jakobshavn wurde ein Keporkak *(Balaena Boops)* gefangen.

Monat April.

Donnerstags. d: 7. April

fuhr ich mit Herrn Inspecteur MOTZFELDT unter Skarvefields Felsenmauer über die Bucht, um von dieser Stelle, wo man im Sommer der Brandung wegen nicht beykommen kann, Steinarten zu holen. In einer grossen, daselbst befindlichen von der See ausgespühlten mit Eis tapezirten Basaltgrotte tranken wir Thee bey einer Kälte von 11 Graden. Vieleicht die erste Theegesellschaft dieser Art, gewiss die erste an dieser Stelle, wo sonsten die Seehunde auszuruhen pflegen.

Montags. d: 11. April.

Zeigten sich um 3. Uhr Nachmittags mehrere farbichte Nebensonnen, ungefehr in beystehender Richtung.[1]) Sie standen bis 6. Uhr Abends. Man hält sie besonders in Springzeit für Vorboten von schweren Stürmen. Die Grönländer nennen sie die Ohrenringe der Sonne. —

Dienstags d: 19. April

Gieng bey Aukpallartok eine ungeheure Steinmasse von der Höhe des Trappgebirges nieder.

Donnerstags d: 21. April

Liessen sich Mittags die Vorboten des Frühlings die Schneevögel *(Emberizae nivales)* bey den Häusern wieder sehen.

Freytags d: 22. April

Kam ein Postexpresse mit Schlitten von Omannak und Uperna-

---

[1]) Her er der i Dagbogen tegnet en Skitse, som ikke er medtaget, da den ikke har nogen videre Interesse.

vik. Zu Upernavik wurden den Winter über 149. Weissfische und Narhvale, über 2000 Seehunde im Garn und 8. Bären auf der Jagd gefangen. Wir sahen Abends die erste Engl. Fregatte.

Sonnabends d: 23. April

Erhielten wir von dem gefälligen Kapitän JOHN MARSHAL die ungeheuchelten Nachrichten von den leider traurigen Ereignissen in Europa und einige Englische Zeitungen.

Mittwochs d: 27. April

Reiste ich mit Schlitten nach Diskofiord. Über diesen Fiord habe ich mich im Tagebuche des vorigen Jahres, Seite 77. und folgenden, bereits erkläret.

Monat May.

Donnerstags d: 5. May

Waren bereits 5. Englische Wallfischfängerfregatten in der Disko Bucht angekommen. Die abwechselnde Witterung machte dieses Jahr viele Grönländer besonders an Seitenstechen krank.

Sonntags d: 8. May

Heute wurde ein Wallfisch gefangen, welcher sich dicht unter Land auf einer Scheer hin und her rieb. Um 7. Uhr morgens lag er schon in der Pauls Bucht vertauet. Sein Schwanz sass voller Läuse, welches wahrscheinlich die Ursache war, dass er sich unter den Klippen am Lande rieb. —

Freytags. d: 13. May

Fiel die Nacht durch über 1. Fuss tiefer Schnee.

Sonntags d: 15. May

Erhielt Herr Inspekteur MOTZFELDT durch einen Englischen Wallfischfängerkapitän einen Brief vom Kapitan JEPSEN aus London vom 15. Febr. 1808 datirt, wodurch wir Nachricht von dem Verluste 5. Dänischer Handelsschiffe erhielten, welches mich doppelt schmerzte, da ich mit denselben meiner dieser 2. Jahre über mit vieler Mühe gemachten Samlungen verlustig wurde. Die Englischen Kapitäne, welche zuweilen ans Land kamen, äusserten alle ihr Missvergnügen über das Betragen ihrer Regierung, und waren willig uns mit Erfrischungen zu unterstüzzen. — Die ganze Bucht lag voll Englischer Schiffe. —

Mittwochs d: 18. May

kam ein Postexpresser mit Briefen aus Südgrönland, welcher die angenehme Nachricht brachte, dass Kapitän QUALE mit einem Schooner, beladen mit etwas Proviant von Fahrsund angekommen wäre, und bey Sukkertoppen läge. — Zugleich lief aus der Bucht die Nachricht ein, dass Herr HOUNT zu Jakobshavn d: 20. April gestorben sey. — Mehrere Engländer kamen zu uns ans Land. — In der Bucht liessen sich die Zeit über viele Wallfische sehen, aber das unruhige Wetter verhinderte die Brandwachen. Überdies lag die Bucht voller Englischen Schiffe.

Sonntags d: 22. May.

trafen endlich die Posten von Godthaab und dem Südlichsten Grönland hier ein. Wir erhielten hiemit auch Briefe von Herrn Kaufmann STEEN von Hitterøe in Norwegen.

Donnerstags d: 26. May

Kam die erste Schaluppe über das Waygat von Rittenbenk mit Herrn ROUSING.

Monat Junius.

Mittwochs d: 1. Junius

Wollte ich meine Rückreise von Godhavn nach Südgrönland antreten; wurde aber durch das viele Treibeis gehindert.

Donnerstags d: 2. Junius

Blies ein starker Sturm aus Südwest mit Schnee den ganzen Tag.

Reise von **Godhavn** nach **Godthaab** in **Südgrönland**.

Freytags d: 3. Junius

Vormittags um 10. Uhr verliess ich Godhavn, begleitet von meinem Freunde Herrn Inspecteur MOTZFELDT, mit welchem ich ein ganzes Jahr vergnügt verlebt, und viele Beweise seiner Güte genossen habe, welches ich ewig mit lebhaftem Danke erkennen werde. Herr RITTER folgte in Geschäften mit nach Egedesminde. — Wir passirten Brändvinsskiæren. Wenn man diese 3. Scheeren so zur Seite hat, dass man durch sie abgesondert sehen kann so hat man den halben Weg zwischen Kronprindsenseiland und Godhavn, oder 3. Meilen zurückgelegt. — Wir kamen sodann an Komaubik, giengen durch den Rävesund, welcher bereits von Eise frey war, und dann die Leerbugt vorbey, auch Storøe und gelangten 3. Uhr Nachmittags zu Kronprindsenseiland an. Diese Loge ligt 6. Meilen von Godhavn, und 1½ Meile von Komaufik. Wir hielten uns hier nur 1. Stunde auf, und reisten um 4. Uhr nach Hundeeïland ab, 3. Meilen von Kronprindsenseiland, und 3½ Meilen von Egedesminde entfernt, wo wir um 8. Uhr Abends ankamen und über Nacht blieben. Um Mitternacht begann ein Sturm aus Nordwest zu blasen.

Sonnabends. d: 4. Junius

Der Vormann KARL DALAGER wurde vom Herrn Inspekteur MOTZFELDT mit einem Umiak und grönländischer Besezzung für meine Reise nach Süden in Accord genommen, weil die Europäer so wie die Schaluppen dermalen für den Handel unentbehrlich waren. Vormittags mussten wir des Sturms wegen stille liegen, doch waren wir im Stande nachmittags 2. Uhr, obgleich bey ziemlich hohler See abzureisen. Wir giengen Anarsuk vorbey, durch den Tattaraksund; in Süden lag Kullen und Tattarait, kamen durch die Inseln, und Manetsoks Land vorbey und erreichten um 6. Uhr Abends die Kolonie Egedesminde. Der ganze Hafen lag noch voller Eis, über welchem doch bereits ein Fuss hoch Wasser stand, so dass wir mit vieler Mühe über dasselbe gehen, oder vielmehr waten mussten. —

Sonntags. d: 5. Junius

Hielt Herr Missionär HARTZ Gottesdienst für die Europæer. — Die Grönländer hatten schon alle die Kolonie verlassen, und waren bereits theils zum Angmarsætfange, theils auf die Rennsthierjagd nach Süden abgereist. — Nachmittags 4. Uhr fieng südlicher Wind zu blasen an, weswegen Herr Inspecteur MOTZFELDT von hier nach Jakobshavn, wegen Herrn HOUNTS Absterben, reiste. — Ich begleitete ihn eine Strecke über das Eis an die Schaluppe, wo ich mich mit schwerem Herzen von diesem braven Manne trennte, dessen Andenken, so lange ich lebe in meinem Herzen gewiss nie erlöschen wird.

Montags, d: 6. Junius

Kamen die Herren MÖRK von Westereiland, und BAST von Kronprindsenseiland zur Kolonie, zugleich langte auch der Vormann KARL DALAGER mit seinem Umiak, Zelte und zweyen Kajaksmännern hier an, um mich zu meiner Reise nach dem Südlichen Grönland abzuhohlen.

Dienstags d: 7. Junius.

Konnten wir eines schweren Östlichen Sturmes wegen nicht reisen. Auch regnete es den ganzen Tag. — Doch versahen wir uns indessen mit dem nöthigen Proviant. — Herr KARL DALAGER nahm auch sein Grönländisches Zelt mit, weil diese zum Reisen tauglicher und bequemer hier im Lande sind, als die Europäischen, wenn man sich nur mit der Nationalausdünstung, die zuweilen freilich etwas. stark ist, vertragen kann.

Abreise von **Egedesminde** nach **Holsteinsburg**.

Mittwochs, d: 8: Junius

Trat ich mit Herrn KARL DALAGER, welcher den Umiak steuerte, und seinem Grönländischen Volke die Reise an. Wir hatten noch einen Ballast von Kindern mit, welche nach vollbrachter Reise bey der Duunsammlung mithelfen sollten. — Wir giengen bey ziemlich ruhiger See das sonst so schlimme Kangarsuk, einen Huck des festen der ein Stück weit in die offene See der Strasse Davis reicht, vorbey setzten über die daselbst in Osten liegende Buchten Tessiursarsuk, und Tessiursak vorbey, hatten in Westen Tupertulik, und Illutulik, länger hin Westereiland, auch Sertluarsoit, und mehrere kleinere Inseln, und kamen sodann nach Mangamiut, $3^1/_2$ Meilen von der Kolonie. —

Wir setzten sodann über den Nivak Sund, $1^1/_2$ Meile, in welchem von Europæern Garnfang getrieben wird. Am westlichen Ende des Nivaak Sundes auf Kikertarsoeitsiak, war vor einigen Jahren ein Versuch auf Seehundgarnfang, welcher aber des unbeträchtlichen Vortheiles wegen wieder aufgehoben und nach Mangamiut verlegt wurde. — Doch ist hier Gelegenheit zum Kabliau und Hälleflynderfange. — Hier blieben wir über Nacht.

Die Gebirgsart ist Granit, mit Lagern von Glimmerschiefer, in welchem sich Moroxitkristalle finden, dabey Magneteisenstein und etwas körniger Kalkstein. Der Glimmerschiefer eines Berges in der Nachbarschaft gegen Norden ist sehr verwittert, und sieht von Ferne wie gelber Eisenokker aus. —

Donnerstags d: 9. Junius

Mussten wir eines Südweststurmes wegen den ganzen Tag stille liegen. —

Freytags d: 10. Junius

Reisten wir Vormittags 9. Uhr, da die See wieder etwas ruhig geworden war, von Kikertarsoeitsiak ab, giengen Portusok, eine Insel, welche 1. Meile hievon liegt, vorbey; in Südwesten lag uns Aukpallartoak und Aukpallartok, von dem röthlichen Granit und verwitterten Glimmerschiefer, woraus diese Inseln bestehen, so genannt. In Westen hatten wir Kamutsoit, oder Slædestedet, in Westsüdwest Kidliet, oder Innuksuliks Næs, und in Nordwest Kidlit oder Westereiland. Mittags landeten wir zu Sungangarsuk, welches uns in Osten lag, und zum festen Lande gehört. —

Die Stelle hat den Namen von den gelblich grünen Flecken, womit das Gestein gefärbt ist, welche von dem von der See aufgelösten vitriolischen Schwefelkiese herrühren. Ich fand hier Granit mit Glimmerschieferlagern, und Quarzlagern, welche von dem verwitterten Schwefelkiese auf der Oberfläche grünlich und gelblich gefärbt sind, kleinen Lagern von schönem lauchgrünem Feldspathe, Moroxit in Feldspath und Glimmerschiefer, kristallisirt in 6. seitigen Prismen ohne Zuspizzung, fleischrothem Feldspathe und Adular mit blaulicher Spielung, auch etwas Magneteisensteine im Granite. —

Wir reisten sodann weiter nach Innuksulik, oder Biornenäs, woselbst mehrere Grönländerfamilien von Egedesminde und Westereiland in Zelten standen, um auf den Angmarsætfang und die Renthierjagd zu gehen. — Angekunna, ein ungetaufter Grönländer, war so höflich, uns in sein Zelt auf ein Stück frisches Seehundefleisch einzuladen, welches wir mit Dank annahmen. Er ist einer der besten Fänger in diesem Distrikte. Wir reisten, nachdem wir gegessen hatten, wieder ab, und kamen Abends 8. Uhr in Aulusiviksfiord, unweit Kippingarsuk, Egedesmindes Garnstelle, an, welche 5. Meilen in Ost Süd Ost von Innuksulik, oder dem Einlaufe in Aulusiviksfiord, und 14. Meilen von der Kolonie liegt. Der Stelle, wo wir standen, gegen über liegt eine kleine flache mit vielem Grase bewachsene Insel: Saitok.

Die Gebirgsart ist hier Granit, mit Lagern von Glimmerschiefer, in welchem sich Moroxitkristalle finden, dabey Magneteisenstein und etwas körniger Kalkstein.

Die Garnstelle Kippingarsuk wurde 1796. errichtet. Es steht daselbst ein Grönländisches Haus, wo der Eisgarnfang von Europäern, gewöhnlich Kolonisten, getrieben wird. Es finden sich hier im ganzen Fiord sehr viele kleine Sunde welche für den Seehundegarnfang ausserordentlich vortheilhaft sind. — Einer der Kolonisten kam vom Garnversuche, um etwas Proviant zu hohlen, zu uns herüber, weil sie seit langer Zeit von der Kolonie des vielen Treibeises wegen keine Unterstüzzung hatten erhalten können, und die Seehunde bereits weggezogen waren. — Er erhielt so viel, als ich, ohne selbst Mangel zu leiden, missen konnte. —

Die Grönländische Wohnstelle Aulusuvik ligt 2. Meilen weiter hinein in den Fiord, von Kippingarsuk ab, und 16. Meilen von der Kolonie. Der Fiord hat hier zwischen mehrern kleinern Inseln auch mehrere kleine Arme, welche ihn für den Seehundfang sehr gelegen machen; nahe bey der Wohnstelle liegt auch eine grosse Bucht Tessiursak, mit kleinen Inseln, wo beträchtliche Duunsammlung zuweilen auch Angmarsætfang fällt, und zwey in die Bucht sich ergiessende Elve geben vielen, und schönen Lachs. Seit den letzteren Sterbejahren ist die Stelle Aulusuvik meistens unbewohnt. Der Fiord selbst ist 14. Meilen lang.

Montags, d: 11. Junius.

Verliessen wir Aulusuviks Fiord, giengen innerhalb um die Inseln über Tinnutakiursak, von den Europäern Grundene genannt, kamen Ikaresarsuk, und Ikarasek vorbey, welche beyde im Attanarmefiord liegen. Bey der erstern Stelle ist guter Lachsfang, bey der andern, nahe bey den Grönländischen Häusern Kabliau und Hälleflynderfischerey. Auf dem ganzen Fiord überhaupt ist reichliche Duunsammlung. Seit der Seuche von 1785 und 1786 werden beyde Stellen selten von Grönländern bewohnt. — Bey der Mündung des 1. Meile breiten Attanarmefiord liegt Simiutarsoak, und Simiutuluk, zwey Inseln, wo guter Fang und beträchtliche Duunsammlung ist, auch zuweilen Treibwallfische gefunden werden. Hier strandete auch 1790 eine Englische Wallfischfängerfregatte. Die Europäer nennen die Insel Simiutuluk, Frygt og Fare, weil der Kaufmann Dorff hier vor mehreren Jahren mit einer Schaluppe kielseegelte, aber sich doch mit der Mannschaft rettete. — Seit der Seuche von 1785 und 1786 sind beyde Inseln unbewohnt. Der Attanarmefiord ist von seiner Mündung bey Simiutarsoak an bis ans Ende 16. Meilen lang, gegen 1. Meile breit, und von allen Seiten durch Inseln eingeschlossen, so dass man keinen Auslauf sehen kann. Daher kan auch das Eis früher sich hier einfinden, und länger liegen bleiben. — Die kleinen Inseln theilen ihn in viele kleine Arme. —

Zu Simiutuluk findet sich schwarzer Glimmerschiefer mit Hornblende und edelm Granat in Granit, und grobkörniger Granit mit grünlichgelblichem Feldspath lagerweise.

Zwischen diesen schmalen Sunden streichen beständig viele Seehunde. — Es ist nach sachkundiger Männer, worunter man Herrn Inspekteur Myhlenphort oben an sezzen kann, die beste Fangestelle in Egedesmindes Distrikt. Seit den Sterbejahren 1785, 1786. und 1787 ist die Stelle unbewohnt. Die Grönländer haben einen Abscheu für Wohnplätzen, welche durch grosse Krankheiten ganz ausgestorben sind. — Hiezu kommt noch, dass der Fiord gegen 20. Meilen von der Kolonie ligt, und sie also Pulver, Bley, Tobak und andre Bedürfnisse, der grossen Entfernung wegen nicht so leicht erhalten können. Der Fiord friert auch, wie ich weiter oben angemerkt habe, frühzeitig zu, und das Eis verliert sich erst im Junius. Ein thätiger Europäer würde hier sowol mit Eisgarnfange, als auch mit Kabliau und Lachsfang vieles erwerben können, wenn hier ein kleines Europäisches oder Grönländisches Haus errichtet würde; und die Grönländer könnten auch ihre Bedürfnisse leichter erhalten, und würden von freyen Stücken wieder hier wohnen, wenn sie einen Europäer an der Stelle fänden, um so mehr, da hier im Fiord, welcher gegen 20. Meilen ins Land hinauf reichen soll auch guter Angmarsætfang ist, und die ihnen so liebe Gelegenheit zur Rennthierjagd sich auch so nahe findet.

Von hier kamen wir nach Illuyelik, ein Fiord, der West Nord West bey Atanarme ligt, und viele Buchten und Krümmungen hat. Er soll gegen 12. Meilen von seiner Mündung ins Land hineinreichen. Hier ist gute Gelegenheit zur Kabliau und Hällefischerey. Die Stelle ist seit 1785 und 1787 ebenfalls öde; denn die Grönländer starben alle in diesen Jahren nach einander weg. — Der Seehundfang war hier jedoch allen Berichten nach beständig nur mittelmässig, daher die Europäischen Kolonisten den Fiord, seiner geringen Specklieferung zum Handel wegen, Fattighusfiord nannten. Nahe in Nordwesten liegt die Insel Akonak, welche ehemals eine gute Fangstelle war. Die Grönländer lieferten im Jahre 1795 hier 90. Tonnen Seehundespeck, und gegen 200. Felle. Die Duunsammlung ist hier einträglich, so wie auch der Kabliau und Hälleflynderfang. Die Stelle ist nun unbewohnt, da sie so weit von der Kolonie liegt, und der Grönländer auf dieser Küste zu wenige sind. —

Wir landeten sodann wieder bey Nunarsoak, wo einst ein Forsög war, welchem Assistent CHRISTENSEN vorstand, um theils mit den Eingebohrnen zu handeln, theils Treibwallfische und etwaniges Schiffswrach zu bergen, der Versuch dauerte von 1793 bis 1798 unter dem Namen Forsöget Rifkol, wo er afgegeben wurde, weil die meisten Grönländer wegzogen. — Das Haus wurde weggebracht, und hernach zu Westereiland aufgerichtet.

Die Gebirgsart ist Granit mit schwarzem Glimmerschiefer und Granaten. Hie und da grünlicher Hornstein.

Die Insel hat viele *Cochlearia*. Gegen Westen hinaus liegt Saitut, wo ebenfalls für des Handels Rechnung im Jahre 1792 ein grönländisches Haus errichtet wurde. — Es gieng aber ein so bald Forsöget Rifkol zu Nunarsoak errichtet wurde. Auf dieser Insel, welche nun unbewohnt ist, finden sich viele Eidervögel ein.

Wir setzten sodann über Ikaresak. Es ist ein Sund zwischen Nunarsoak und Omanak, welcher südöstlich gegen das Land geht. Omanak wird auf den Seekarten Rifkol genannt. Omanak gegen über in Nordosten liegt Tattarangoit, der Aufenthalt vieler tausend Mäven und Tattarakken. Die Klippe besteht aus Glimmerschiefer. Östlich hinter Omanak geht der Okutilikfiord südöstlich ins Land. Hier liegen nur wenig kleine und niedere Inseln vor dem festen Lande. Zwischen einer Menge kleiner Scheeren halten sich beständig viele Seehunde auf. Gegen die See zu um Omanak herum liegen vielen blinde Klippen, wo manche Schiffe scheiterten; davon kommt auch wahrscheinlich der Holländische Name Rifkol. Wir blieben auf der Südseite von Omanak oder Rifkol über Nacht.

Ich zählte auf einer südlichen Näs 13. zerfallene Grönländische Häuser; ein Beweis, dass hier ehemalls viele Familien gewohnt haben. Man findet auch viele heidnische Gräber. Der grosse Hafen hat seinen Einlauf gegen Südosten.

Die Hauptgebirgsart auf Omanak, welches eine Insel von beträchtlichem Umfange ist, ist schiefriger Syenit meistens sehr verwittert; in demselben streicht von Norden nach Süden ein grosser Gang, mit Feldspath und Kalkspath, in demselben gemeiner und glasiger Tremolith, lagerweise Glimmer und Glimmerschiefer mit vielem Quarz; Moroxit in Kalkspath und Feldspath eingesprengt. Der Tremolith ist zuweilen schwachgrünlich. Ferner findet sich im Syenit Quarz lagerweise mit gemeiner Hornblende. — Der Glimmer der Granitlager ist zuweilen in schmalen vierseitigen Tafeln kristallisirt. Ein Glimmerschiefer, welchen ich in losen Blöcken umherliegend gefunden habe, hat grünlichen Quarz, der Glimmer desselben ist weisslich und fein. Die Steinart nähert sich dem sogenannten Avanturino.

Sonntags d: 12. Junius.

Hatten wir schweren Nordweststurm mit Schnee. — Ich gieng vormittags nach der nemlichen Richtung, wie gestern auf der Gebirge, um die gesammelten Mineralien abzuholen. — Um halb 12. Uhr reisten wir, obgleich ziemlich schwere See gieng, ab, weil der Wind etwas abgestillet hatte. Wir setzten über Okutilik welcher Fiord, oder eigentlicher Bucht sich ein ziemliches Stücke südöstlich ins Land zieht. In Westen lag uns Manetsok, eine grosse Fangestelle, welche nun unbewohnt ist. Da wir Kangek, eine Näs, welche frey nach der offenen See zu liegt, des schweren Seeganges wegen nicht vorbeykommen konnten, und der schmale Lauf welcher hinter derselben durchgeht, noch zugefroren war, so mussten wir in der Bucht nördlich bey Kangek auflegen. —

Die Gebirgsart daselbst ist Grünstein, und Syenitschiefer, beyde sehr verwittert und eisenschüssig. —

Hier stehen Überbleibsel von mehreren Grönländischen Häusern und alten Gräbern. Die Gegend war, wie man aus diesen mit Gras und Moos überdeckten Haustrümmern schliessen kann, seit langer Zeit nicht bewohnt. In einem der Gräber fand ich einen kleinen beinernen langgestielten Löffel, von der Form der Kaffeelöffel, deren sich, wie ich nachher erfuhr, ehemals die Grönländer bedienten, um das Mark aus den Rennthierbeinen damit herauszuholen. — Diese Stelle ist für die Rennthierjagd sehr gelegen und soll in ältern Zeiten auch in dieser Hinsicht fleissig besucht worden seyn. Der Wind fieng aus Osten zu stürmen an, und es fiel bey 4° Kälte die Nacht viel Schnee.

Montags den 13. Junius

Die See war gegen 10. Uhr Vormittags doch so weit ruhig geworden, dass wir Kangek vorbeykommen konnten. — In Nordwesten lag uns Kitiksut, wo es viele Eidervögel gibt, und eine auserlesene Duunsammlung ist. — Wir passirten sodann Naviarsoit, und Omanarsuk; nordlich bey jener Insel ist eine grosse Bucht, auf dieser, — eine Vare. Die Bucht heisst: Store Bugt.

Wir näherten uns Ekallursoit, oder gamle Egedesminde, welche Stelle zum festen Lande gehört. Sie liegt 4. Meilen gegen Süden von Akonak, und ungefehr 28. Meilen von der nunmehrigen Kolonie Egedesminde, und ist seit der Zeit, dass die Kolonie an die nördlichere Stelle auf die Insel Ausiæt verlegt wurde, weder von Grönländern noch Europäern mehr bewohnet geworden. — Der Fang der Grönländer war hier unbedeutend, und mit dem Garnfange, wozu hier schöne Gelegenheit ist, war man damals noch nicht bekannt. — Die Gegend rund umher ist mit kleinen Inseln besäet, wo beträchtliche Duunsamlung fällt. — Ungefähr eine halbe Meile von der Stelle, wo ehemals die Kolonie stand, liegt ein grosser Landsee, welcher über 18 Meilen lang seyn soll, und eine sehr angenehme Lage hat. — Von diesem See ergiesset sich ein grosser und breiter Elv, vieleicht der grösste auf der ganzen Küste Grönlands, nach der offenen See zu, durch ungefehr eine Strekke von einer Achtel Meile von oben gedachtem Landsee an gerechnet. — In und bey diesem Elv findet sich beständig eine unglaubliche Menge sehr schöner und grosser Lachse. Herr Inspekteur Myhlenphort, welcher ehemals in Handelsgeschäften öfters diese Stelle besuchte, fieng daselbst im Jahre 1792 in acht Tagen mit einigen kleinen Garnen 3538 Stücke, welche er grösstentheils im kommenden Winter, wo etwas Mangel einfiel, für die nothleidenden Grönländer gut benüzzen konnte. Von hier aus ist auch gute Gelegenheit nach dem festen Lande auf die Jagd zu gehen, weil die Rennthiere sich hier fleissig einfinden, und einmal in kurzer Zeit über 100 Thiere geschossen wurden.

Die Grönländer behaupten, dass der grosse Landsee in gerader Linie nach Norden bis beynahe an die Südostbucht sich erstrecken soll. Die Assistenten Smidt und Thorning sollen ihn einmal der Länge nach ganz befahren haben. Die Grönländer nennen ihn Ekallursoit, so wie die unten liegende ehemalige Colonie. Durch eine Thalöffnung kann man den hohen Berg Kingiktorsoak im Innern des Landes sehen.

An beyden Seiten des Elvs finden sich Granaten in Glimmerschiefer; am nördlichen Ufer Reisbley in beträchtlicher Menge. Der Glimmerschiefer ist zuweilen in Staub verwittert, und sieht wie Eisenokker aus. Die Stelle wo Gamle

Egedesminde stand, besteht aus Gneiss mit Granaten und Glimmerschiefer mit Granaten.

Südlich bey derselben biegt sich eine lange Bucht ins Land hinein, welche ebenfalls Ekallorsoit, oder Rommelpottenfiord genannt wird. — Rommelpotten ist der Name, welcher dieser Breite von den Schiffern beygelegt wird.

Im Monate Junius und Julius, wo sich zuweilen die Angmarsæt hier einfinden, stehen mehrere Grönländerfamilien in Zelten hier, und gehen sodann auf die Rennthierjagd. Übrigens ist die ganze Gegend seit der Zeit der Verlegung der Kolonie, unbewohnt.

Südgrönland.

Wir passirten um 4. Uhr Nachmittags bey ziemlich ruhiger See Kangarsuk, auf der Nordseite von Nerksutok oder Nordre Strömfiord gelegen, giengen Pakitsungoak, einen schmalen Sund, bey einer runden Klippeninsel vorbey, setzten über den so gefährlichen Nordre Strömfiord, von den Grönländern Nerksutok genannt. Er macht die Gränze zwischen dem Nördlichen und Südlichen Grönland, und soll 22 Meilen ins Land hineingehen. — Hier trafen wir Eidervögel (*Anates mollissimæ* und *spectabiles*) und Theiste (*Uria grylle*) zu tausenden. In dem Fiord lag uns in Osten ein hoher Berg, Tikkak genannt. — Wir passirten sodann Simiutæt, einige steile Inseln, welche mitten im Fiord liegen, denselben in beynahe gleiche Hälften theilen, und viele Eidervögel beherbergen; und langten Abends um 10. Uhr bey den Piritisutsinseln an, wo wir gleich beym Einlaufe zwischen denselben über Nacht blieben. —

Die Stelle, wo wir standen, liegt auf dem Südlichen Ufer des Nordre Strömfiords. — Sie gehört mit zum festen Lande, bildet aber doch mit höchstem Fluthwasser eine Insel. — Nahe bey uns nisteten zwey Adler (*Vultur albicilla*) welche so eben aus dem festen Lande mit Beute für die Jungen gekommen waren. —

Die Gebirgsart ist verwitterter Gneiss mit Glimmerschiefer, und Granaten.

Der Wind war Nordost, die Kälte 5 Grade, und die Nacht durch fiel ziemlich Schnee. —

Dienstags d: 14. Junius.

Reisten wir Nachmittags 4. Uhr bey starkem Schneegestöber durch die Piritisutsinseln weiter. Im festen Lande lag uns eine hohe und steile Klippe Tetsimatak genannt, und Naïarsoit, ebenfalls ein hoher Berg. Sodann giengen wir um Niakok, eine offen gegen die See zustehende Näs, setzten über einen Arm des Isertoksfiord, und blieben zu Isertok, in des Fiords nördlicher Bucht, über Nacht. Der Südost ist der Windstösse wegen, welche durch die tiefen Schluchten der hohen Berge des festen Landes kommen, hier herum sehr gefährlich für Fahrzeuge. —

Die Gebirgsart ist hier Syenitschiefer mit vieler Hornblende, Glimmerschiefer mit Granaten, isabellgelbe Feldspath (Wernerit?) Kristallen in Quarz, Granaten in Quarz, und überhaupt viel Magneteisenstein von Kangarsuk an bis hieher verbreitet. Die Berge des festen Landes sind von Rommelpotten an sehr hoch und steil. — Die Gebirgsart ist sehr verwittert und gegen die See zu in Sand aufgelöst, daher so viele kleine Buchten ins Land gehen, welches gegen die See zu viele Sandflächen hat. Man fieng ehemals hier viele Rennthiere; und noch viele Hasen, Füchse und Rypen. —

Mittwochs d: 15. Junius.

Wir reisten um 9. Uhr Morgens ab, passirten Südbay, grönländisch Isertok, wo ehemals Holsteinsburgs Kolonie stand, und giengen bey starker Südwest-Dinning durch Isertocks-Simiutät, wo eine Dänische Schaluppe auf Duun, und — leider! — Eyersammlung lag. — Wir passirten Kangarsuks Garnstelle, wo etwas von der See aufgeschwemmtes Land ist, in welchem, nach Herr Hjorths Aussage, Steinkohlen liegen sollen; doch findet sich nicht die mindeste Spur.' Gegen Westen 4 Meilen vom Lande liegen die Kassitinseln, ein Aufenthalt der Eidervögel. Wir kamen endlich Præstefield, vorbey, und erreichten um 5. Uhr Nachmittags, bey raschem Seegeln, die

Kolonie Holsteinsburg.

42½ Meilen von Egedesminde entlegen, wo ich noch meine Freunde, Herrn Inspekteur Myhlenphort und Herrn Missionär Wolf, welche beyde in Ammtsgeschäften hiehergereiset waren, antraf. — Ich überlieferte sogleich an Herrn Inspecteur das Postportefeuille, welches mir, um doppelte Ausgaben zu ersparen, von Herrn Inspecteur Motzfeldt zu Godhavn anvertrauet worden war. —

Donnerstags d: 16. Junius

Vormittags gieng ich auf Excursion nach der Udkig, und bemerkte in derselben Gegend rund umher viel Torfland, doch ist es nur einen halben bis ⅔ Fuss mächtig, und unten zu sandig. —

Freytags, d: 17. Junius

Gieng ich auf Excursion nach Kjerlinghätten. Ich fand als die Hauptgebirgsart: feinkörnigen Granit mit grauem

Feldspathe und schwarzem Glimmer, eingesprengtem Schwefelkies, lagerweise röthlichen und eisenschüssigen Granit mit Granaten und Zirkonit, Magneteisenstein und Adular, auch verwittertem Syenitschiefer in grossen Lagern.

Am Fusse des Berges erstreckt sich ein grosser Landsee, und rund umher bedeckt Torfmoor die übrige Fläche. Viele Stellen sind vom Glimmersande ganz überdeckt. Auf der höchsten Spitze des Berges steht ein Wetterhahn.

Samstags. d: 18. Junius

Gieng ich auf Excursion nach Lachsebucht und Præstefieldet. Letztere erhielt diesen Namen, weil das Missionshaus ehemals am Fusse dieses Berges stand. — Das Gebirge und der Strand ist von den Bestandtheilen der Gegend um Kjerlinghætten; nur findet sich hier noch lagerweise rother opalisirender Feldspath, welcher der Adular sich nähert.

Sonntags. d: 19. Junius

Reiste Herr Karl Dalager, welcher mich mit seinem Umiak, und alles mögliche Lob seines gefälligen Betragens wegen verdient, von hier wieder ab, um zuerst auf die Duunsammluug und sodann nach der Diskobucht wiederzurückzugehen. Er erhielt zugleich die Briefe und Pakette mit, welche nach Norden abgehen sollten.

Montags. d: 20. Junius

Kam eine Schaluppe von der Südlichen Duunsamlung hieher zurück, welche 6. Liespfunde Duun, und 5400. Eyer einbrachte.

Dienstags. d: 21. Junius

Kam die zweyte Schaluppe ebenfalls von der Südseite mit 5. Liespfunden Duun nnd 4400. Eyern. — Fünf bis sechs solcher Eyertransporte werden bloss bey dieser Kolonie jährlich vergeudet, die Menge der Vögel nicht zu rechnen, welche auf diesen Zügen in der Brut-Zeit geschossen werden. — Ein Beweis von der leichtsinnigen Denkungsart der Nation, die nur auf den Vortheil des heutigen Tags denkt.

Mittwochs. d: 22. Junius

wüthete ein schlimmer Südweststurm, wobey wir abermals mit $^1/_2$ Fuss tiefem Schnee heimgesuchet wurden. —

Donnerstags. d: 23. Junius.

dauerte der gestrige Sturm mit ununterbrochenem Schnee und Schneegestöber den ganzen Tag fort, so dass an keine Excursion zu denken war. —

Freytags. d: 24. Junius

Gieng ich mit Herrn Inspecteur nach Temerdlit um das

neue Speckhaus zu besehen. — Die Gebirgsarten finden sich auf dieser Seite der Kolonie wie auf den andern beschriebenen.

Abreise von **Holsteinsburg.**

Sonnabends, d: 25. Junius

Verliess ich in Gesellschaft des Herrn Inspecteurs und Missionärs Wolf, mit dem Transportboote von Godthaab, auf welchem sie beyde hieher gekommen waren, die Kolonie Holsteinsburg. — Wir giengen durch den Sund bey Tömmermannsøen, Temerdlit, und die Forhaabningsbugt vorbey, woselbst die Schaluppen gewöhnlich auf dem Wallfischfange liegen, und kamen in den Amertlokfiord.

Auf dem nördlichen Ufer in den Höhen dieser steilen Bergkette, welche sich nach Nordost durch den ganzen gegen 10. Meilen langen Fiord zieht, stehen einige säulenartige aufrechte Granitfelsenstücke, welche unter dem Namen Pehr Steen, og hans Börn bekannt sind. Sie sind ein Wahrzeichen der Seeleute, da sie bey klarem Wetter weit gesehen werden können. Wir giengen innen um Theistøe, und kamen um 12 Uhr Mittags im Fiord zu der

Loge Kikértursok,

welche eine Meile von der Kolonie entfernet liegt, und für den Wallfischfang errichtet worden ist, welcher auch hier mit Vortheil betrieben wird. Der ganze Fiord wimmelt zuweilen von Fischen, so dass es gefährlich wird, mit den Schaluppen auszugehen.

Die Gebirgsart ist hier Gneiss, mit viel eingemengtem Magneteisenstein, und Glimmerschiefer mit meistens schwarzem viel eisenkörnerhaltenden Glimmer, welcher sich in grosser Menge aufgelöst am Strande findet und als Streusand benutzt wird. Grünstein und viel Hornblendschiefer finden sich in grossen Lagern. Trappgänge durchsetzen, meistens vertikal, die Gebirgsmasse. Abends gieng ich noch nach Tessiursarsuk, oder Lachsebugt, wo ich die nemliche Steinart fand. In dieser Bucht gibt es ziemlich viele Lachse.

Sonntags d: 26. Junius

Stürmte es mit anhaltendem Regen aus Südwest. Ich gieng nach der Speckhausbugt, wo zwey schöne, noch vollkommene Wallfischskelette lagen. Das grössere war ein weiblicher Fisch, und hielt von der Spizze des Mundes bis zu der Spalte des Schwanzes 28. Ellen, von der Spizze der Underlippe zu den Seitenflossen 11. Ellen, von der Spizze der Oberlippe zum Anfange des Blaseloches 8¼. Ellen. Jede Seitenflosse hatte 4. Ellen Länge, und ½ bis 1. Elle Dicke. .... der Blaselochshöhlen waren beynahe ½ Elle lang. — Die Rippenbeine waren 26. an der Zahl, die längsten Barden hielten über 13. Fuss Länge. Der Fisch war den äussern Kennzeichen nach noch sehr jung. —

Abends gegen 4. Uhr stürzte eine ungeheure Steinmasse westlich bey der Loge vom Bergė.

Montags, d: 27. Junius.

Gieng ich nach der schmalen Erdzunge nach Tessiursarsuk auf Excursion, wo ich mehrere zerfallene Häuser und viele alte Gräber bemerkte. Die Steinart war meist Granit.

Dienstags d: 28. Junius.

Verliessen wir Morgens halb 10. Uhr die Loge Kikertursok mit östlichem Winde. Es wurde aber, als wir über den Fiord gekommen waren, stille, regnete stark, und wir mussten bogsiren lassen. Mit dieser langweiligen Arbeit erreichten wir endlich um 4. Uhr Nachmittags die

Anlage Omanarsuk.

Sie wurde ebenfalls zum Behufe des Wallfischfanges errichtet, und gehört mit der Loge Kikértursok unter Holsteinsburg.

Die Hauptgebirgsart daselbst ist Granit, in demselben lagerweise gemeine Hornblende, Glimmerschiefer von grauer Farbe, und feinen Blättern, magnetischer Eisenstein, gelblich grauer labradorischer Feldspath, mit einem dünnblätterigem schwärzlich grünem, sprödem Fossile, und Aplome. Der Granit ist an vielen Stellen in Sand aufgelöst.

Auch hier wütheten die Blattern im Jahre 1801. — Die Grönländer bezogen nun doch im verflossenen Winter die Häuser, welche noch voll von Todten lagen, und warfen die Skelette herans. Hier finden sich viele sehr alte Gräber und Hausrudera. —

Mittwochs d: 29. Junius

Mussten wir wegen sturmendem Südwest stille liegen. —

Donnerstags. d: 30. Junius.

Reisten wir mit Nordlichem Winde Vormittags um 10. Uhr von Omanarsuk ab. — Wir giengen durch mehrere kleine Läufe unter dem Lande, hatten Store Omanarsuk in Osten, auf diesem Berge steht eine Vare. —

Wir giengen sodann nach Nepisenè, 1½ Meile. — Die Europæische Rudera, welche sich dorten finden, eignet Herr Glahn, und auf dessen Ansehen Herr THORHALLESEN den alten Normännern zu; da sie doch eigentlich nur die Überbleibsel eines Packhauses sind, welches nach der Grönländer Erzählung die Holländer vor langer Zeit, da sie noch in diese Gegend auf den Wallfischfang kamen, errichtet hatten. — Diese Ueberbleibsel müssten überhaupt weit mehr Schutt um sich her haben, wenn man ihnen ein solches Alter zuschreiben sollte. Die Mauern sind sehr dicke, von Felssteinen aufgeführt, und haben 2. einander gegenüberstehende breite Eingänge. Sie stehen ungefehr $^1/_2$ Viertelmeile von der Stelle, wo ehemals das Dänische zu Holsteinsburg gehörige Anlägg war. Von hier aus sezzten wir über den Store Ikertok $1^1/_2$ Meile, sodann Egils Hus vorbey uber den lille Ikertok $1^1/_2$ Meile giengen durch Ikertoksinseln nach Näsfieldet, grönlandisch Kingarsoak, und über Itiblicksfiord nach Anders Olsens Sund, nördlicher Seite, grönländisch Tunnuâ, 2. Meilen. — In dem Sunde sind viele Scheeren. Bey Itiblik zeigt sich tief im festen Lande ein runder Berg von vulkanischer Form. Über diesen Itiblik kommen zuweilen die Grönländer vom südlichen Strömfiord, innen im festen Lande herüber, um mit den Nordländern, welche auf der Rennthiersjagd liegen, zu handeln und zu tauschen. Die Berge im festen Lande von Holsteinsburg an sind sich ziemlich ähnlich, schroff, spitz und zackig, beynahe von einerley Form. — Wir blieben auf der rechten Seite von Anders Olsens Sund, am südlichen Einlaufe zu Innuksuktusuk über Nacht, und vor Anker. Der Sund ist 2. Meilen lang. Hier wird Garnfang für Holsteinsburg im offenen Wasser getrieben. Die Stelle ist eine Insel, gegen die Seeseite zu steht auf dem höchsten Berge derselben eine von dem verstorbenen thätigen Anders Olsen errichtete Vare; auch finden sich noch die Überbleibsel seines Grönländischen Wohnhauses.

Die Gebirgsart ist Granit mit blaulichem Quarz, Hornblendschiefer und Syenit lagerweise, ebenso Glimmerschiefer mit Magneteisenerz, und grosse Trappgänge in Granit.

Viele *Echini* Krabben und *Asterien* finden sich hier. Im Winter kommen, um diese zu verzehren, viele Füchse *(Isatis)* vom festen Lande, uber das Eis dieses schmalen Sundes, welcher sehr leicht zufriert, herüber.

Monat Julius.

Freytags. d: 1. Julius.

Mussten wir wegen schwerem Nordsturm stille liegen. Nachmittags zeigten sich zwey Nebensonnen mit einem in Farben spielenden Sonnenringe. Ich bestieg Anders Olsens Vare; sie formirt ein zwey Ellen hohes Quadrat von platten Gneis- und Glimmerschiefersteinen, zu dessen oberster Fläche 4. Stufen führen. Es ist die höchste Vare auf der ganzen Küste, und kann ihres hohen Standpunktes wegen mehrere Meilen weit zur See gesehen werden.

Sonnabends. d: 2. Julius

Reisten wir von Innuksuktusuk über Grundene oder Kangek nach Omanak zu, eine Entfernung von zwey Meilen. — Diese Gründe reichen 2. Meilen in die offene See hinaus. Zu Ebbezeit kann man von einer dieser blinden Scheeren zur andern gehen. Als wir uns Simiutak, 4. Meilen südlich von Omanak näherten, so erhob sich ein schwerer Südweststurm, wir mussten auf der nordlichen Seite des Söndre Strömfiords Hafen oder Ankerplatz suchen. — Unser Nachtlager war sehr nass und sumpfig.

Sonntags. d: 3. Julius.

War es Windstille mit Regen. Wir fiengen an, in den Fiord hinein zu bogsiren, um innen um die Inseln zu kommen, aber vergebens. Dazu fiel ein dichter Nebel; wir mussten also 1¼ Meile von der vorigen Stelle bey Naïait einem schmalen Laufen das Fahrzeug anvertrauen. Es stürmte heftig aus Südwest und regnete anhaltend; wir lagen auf sumpfigen Boden, und das Wasser von der naheliegenden steilen Klippe gieng in Strömen durch unser Zelt. —

Die Gebirgsart auf dieser kleinen Insel ist Granit mit milchblauem Quarz, zuweilen mit Almandin und Magneteisenstein.

Montags d: 4. Julius

Wurde der Sturm aus Südwest noch heftiger mit Regen und Schnee, so dass wir in unserm Lager beynahe schwammen. In der Nacht stürzte ein Windstoss unser Zelt übern Haufen.

Dienstags d: 5. Julius.

bogsirten wir, weil der Sturm etwas nachgelassen hatte, gegen Kikertarsoak zu, um wenigstens auf eine bessere und sicherere Stelle zu kommen; doch mit genauer Noth erreichten wir noch eine kleine Bucht, als es plötzlich wieder aus Südwest zu stürmen, zu regnen, und zu hageln anfieng, so dass wir abermals nass ins Zelt kamen.

Mittwochs d: 6. Julius.

Versuchten wir des Sturmes ungeachtet abermals Kikertarsoak zu erreichen, welches noch 1½ Meile aufwärts im Fiord vor uns lag, und nun waren wir so glücklich dahin zu kommen, und ziemlich guten Ankergrund zu finden, aber unsere Lagerstelle fiel eben so schlecht aus. —

Kikertarsoak, oder Simiutäts Storöe ist von allen Seiten sehr steil. Auf der Mitte dieser Insel steht ein runder steiler, über die andern aufragender Berg, welcher aus Urgrünstein besteht, der auf Granit aufliegt. Er ist von allen Seiten sehr zerklüftet. — Der Granit hat an den meisten Stellen Hornblende eingemengt, und geht in Syenit über; seine Farbe zieht sich oft ins violette, und dann ist er sehr feinkörnig, und hat wenig Glimmer; der Feldspath ist zuweilen bräunlich und labradorisch, und findet sich von dieser Farbe auch lagerweise. — Der Quarz ist grösstentheils milchblau; die Hornblende, besonders wo sie sich in Lagern findet, gelb und verwittert. — In den mindern Erhöhungen fand ich nesterweise Kupfergrün, Kupferkies, Magneteisenstein und rindenförmigen Kalktropfstein.

Der Glimmerschiefer ist meistens mit gelben Lichen überzogen. *Lichen proboscideus, jubatus, coralloideus* und *rangiferinus* findet sich in unglaublicher Menge. An Hasen und Schneehühnern ist kein Mangel. — Leztere waren gerade in der Brütezeit; und ich fand, was wirklich selten ist ein Nest mit 10. Eyern; fünfe bis sechse haben sie gewöhnlich. — Auch waren bey allen Felstrümmern häufige Spuren der *Isatis* zu bemerken. —

Donnerstags d: 7. Julius.

Das Wetter blieb beym alten, wir mussten in Geduld bessere Zeiten erwarten. Ich gieng nach der Südostseite der Insel, und fand daselbst mehrere Zelteplässe und alte heidnische Gräber. Die Grönländer gehen gerne den Südlichen Strömfiord hinauf, wenn sie auf die Rennthiersjagd wollen. Der Fiord soll von der Mündung an 16. Meilen ins Land hineingehen, und schöne Flächen und Grasplätze haben. — Es regnete und schneyete den ganzen Tag. —

Freytags. d: 8. Julius

Der Sturm aus Südwest dauerte mit Regen und Schnee fort, ungeachtet es heute Vollmondsspring war. — Ich fand auf der Nordseite der Insel im grauen sandigen Thone kleine Bänke von calcinirter *Mya truncata*, und Bruchstücke der *Lepas Tulipa* in einer ziemlichen Höhe von der See. —

Sonnabends, d: 9. Julius

klärte es sich die Nacht durch auf, doch gegen Morgen begann der Südwest wieder seinen alten Tanz. Ich gieng auf Excursion, konnte es aber nur bis gegen Mittag aushalten, wo ich ziemlich durchnässt zum Zelte kam.

Sonntags, d: 10. Julius

Verliessen wir bey vollkommener Windstille eines heftigen

Platzregens ungeachtet unter Bogsirung von 2. Jollen diese Insel, wo wir von allen unsern Sünden durch 4. Tage ziemlich rein gewaschen wurden; weil zu befürchten war, dass der Bergstrom, welcher durch den anhaltenden Regen angeschwollen war, und an unserm Zelte vorbeybrauste, am Ende dasselbe mit unserer ganzen Bagage nach der See führen möchte. Wir sezzten um die östliche Näs von Kikertarsoak und über den Südlichen Arm des Südlichen Strömfiords, mussten aber des gewaltigen Gegenstromes und des Südweststurmes wegen, welcher sich gegen 1. Uhr Mittags mit einem schweren Hagelwetter erhob, nach einer Meilenlangen Bogsirung auf der Südlichen Seite des Strömfiords in einer westlich liegenden Bucht vor Anker gehen und uns vertauen. Sie wird Mathiesensbucht genannt, weil der Matros MATHIESEN, vor ein paar Jahren, hier über Bord gieng und von dem Strome mit fortgerissen, auch nicht wieder gefunden wurde. — Bey dem nemlichen steilen Lande, wo wir lagen, geht gegen Südwest eine grosse Bucht ins feste Land hinein, welche wir des schweren Stromes wegen nicht erreichen konnten. Zwischen beyden Buchten ist eine Vare aufgerichtet. — —

Die ziemlich steilen Berge bestehen aus Granit mit graulichem Glimmer und blaulichem Quarz, bräunlichem Feldspathe, welcher oft labradorisch ist, zuweilen mit beygemengtem Almandin. Gegen die grosse Bucht zu findet sich lagerweise weisslicher Hornstein mit grauen Flecken; Sahlit, und ein dem Marekanit ähnliches Fossil mit weissem körnigem Kalk; gegen Norden zu Syenit mit Almandin. Am Strande fand ich einen Turbinit, und ein madreporähnliches Gewächs.

Montags d: 11. Julius

verliessen wir endlich Morgens 3. Uhr nach 9. tägigem Herumtreiben in diesem verwünschten gefährlichen Wasser den Südlichen Strömfiord und die Simiutätsinseln mit frischem Nordostwinde, giengen durch die Hällefiskeøer, zwischen welchen beträchtliche Hälleflynderbänke liegen, ($1^1/_2$ Meile), passirten den Sermilikfiord und Kangersoarsoeitsiak, oder Evigheds-fiorden. — Umiursak, ein oben platten Berg zeichnet sich im festen Lande durch seine Abflächung, welche die Grönländer mit einem umgestürzten Weiberboote vergleichen, besonders aus. — Wir hatten sodann Narksamiut, eine grönländische Winterstelle zur Linken und Omanak und Kangamiut oder gamle Sukkertoppen zur rechten Hand: letztere Stelle habe ich auf der Reise des verflossenen Jahres besucht, und bereits im Tagebuche beschrieben. — In dieser Gegend begegnete uns MATHIAS, ein Habakuksgrönländer, und erzählte, dass der Grönländer THOMAS vor ein paar Tagen auf dieser Stelle mit dem Kajakke auf dem Fange verunglückt sey. Von Hällefisköer bis Kangamiut rechnet man 4. Meilen. Da es stille wurde, so mussten wir uns von hier aus abermal über Gamle Sukkertoppens und Fiskefiord bogsiren lassen. — Im erstern liegt linkerhand Manetsok, ein Winterwohnort der Grönländer.

Wir kamen nach Sandhullet, welches eine kleine Bucht bildet. Die See spühlt die Menge Sand, welche sich hier findet, aus dem anstehendem ziemlich verwitterten Granit los. In demselben liegt lagerweise gröberer Granit mit labradorischem Feldspathe, Schmaragdit, und einem feinkörnigen grünem dem Olivin ähnlichen Fossile, welches sich auch sandartig und ausgespühlt dorten findet. Von Kangamiut hieher rechnet man 2. Meilen. Hier beginnt ein Lauf oder kleiner Sund, Ikaresarsuk, 1. Meile lang.

Wir giengen durch denselben, das Spanske Hest vorbey, dies ist ein verborgener Klippenrükken, deren mehrere hier liegen, sodann passirten wir einen hohen Berg, auf dessen Spizze sich ein Heide begraben liess, aus Furcht, die Getauften möchten ihn noch nach seinem Tode beunruhigen. Wir kamen an die Skildvagt, ein freystehendes grosses Granitfelsenstück, am Strande des festen Landes, nordlich bey Akpamiut, einem Winterwohnort der Grönländer, welche Stelle wir gegen Abend erreichten und daselbst der Windstille wegen über Nacht blieben. —

Die dortige Gebirgsart ist Granit mit Hornblende, Granat und magnetischem Eisensteine. — Dolomit lagerweise.

Ehemals wurde hier Wallfischfang getrieben; auf dem Lande soll noch ein Wallfischschedel liegen, welchen ich aber nicht sah. Akpamiut hat Überfluss an Hasen, Schneehühnern, Falken, Füchsen, Gänsen und Adlern, im Winter vielen Alken, daher es auch den Namen von Akpa, eine Alke erhalten hat. — Die ganze Gegend, besonders die kleinen Läufe, und der lange Hamburgersund sind sehr fischreich, welches die vielen Mäwen und Tattaraken anzeigen, die sich hier beständig aufhalten. Auch ein sehr grosser ergiebiger Lachselv zieht sich durch eine Strecke des flachen Landes. Die Stelle ist für Grönländer eine der nahrhaftesten und war ehemals stark bewohnt, welches die vielen zerfallenen Häuser und Gräber beweisen. —

Dienstags. d: 12. Julius.

Reisten wir mit schwachem Nordost morgens 9. Uhr durch den Hamburgersund ab, welcher wegen der schroffen und spizzen Felsen des gegenüberstehenden Landes Ingik genannt wird. Das äusserste Land von Ingik gegen Westen hinaus heisst Kernertok, oder das Schwarze. Die Berge sind schroff und zerrissen, haben tiefe steile Schlünde und Thäler. Die Thäler sind so wie die Gipfel mit ungeheuren Eismassen, bis zu des Meeres Oberfläche herab gefüllt. Dieses ganze Land, eine grosse Insel, gewöhnlich Hamburgerland, grönländisch Sermesok (Eisland) genannt, hat ein fürchterliches Aussehen, und gränzt mit seiner Westseite an Kin of Sael, ist auch auf einigen Karten und Fortooningen, weil es gegen die See zu in der Tiefe schwarz und in den höhern Punkten von Eise bedeckt und weiss aussieht, als ein sicheres Wahrzeichen für Seefahrende angegeben worden. —

Über die ganze Insel verbreitet sich allmählich ein allgemeiner Eisblink, welcher von Jahr zu Jahr zunimmt. Auf der Nordseite der Insel, Akpamiut gegenüber, ist einer der grössten Lachselve in dieser Gegend.

Die Felsen des Landes bestehen gröstentheils aus Grünstein und sind fast alle der Steilheit und des ewigen Eises wegen unersteiglich.

Wir passirten im Sunde aufwärts gegen Osten zu einer Stelle, genannt der Kommandant, von einem grossen auf der Höhe stehenden freyen Felsenstücke. Dicht unter diesem Felsen am Lande ist eine bisher noch unergründliche Tiefe. Sodann kamen wir an Näs oder Kjerlingefield, 3. Meilen von Akpamiut, wo der Sund der von Westen hereingeht, sich gegen Süden wendet, über diese Gegend, und Kjerlingefield habe ich bereits in meinem vorjährigen Tagebuche, Seite 50 — gesprochen. Gegen Osten in einer mit Eis belegten Bucht ist ein grosser nun aber gänzlich überfrorener Lachselv. — Wir giengen Kangerdluarsuk, und Sermilik vorbey. Näsfield gegen über bey Sermilik liegt Ikamiut eine Grönländische Winterwohnstelle auf dem festen Lande. Von der Näs an wurde es wieder stille. — Man musste also bogsiren zuerst lille Manetsok, 1. Meile vorbey, in Südost lag uns Dragkistefield, grönländisch Iglofik, zum festen Lande gehörig. — Endlich erreichten wir Store Manetsok, oder Nye Sukkertoppensinsel. — Wir wendeten um Nappasok, und Sauik, woselbst ein Hafen ist, in welchem Kapitän Quale von Fahrsund in Norwegen mit dem Schooner Norges Haab noch vor Anker lag. — Endlich kamen wir nach vieler Anstrengung nach Mitternacht

Mittwochs d: 13. Julius

um 1. Uhr Morgens bey der Kolonie Nye Sukkertoppen, grönländisch Manetsok an nachdem wir 19. Tage auf einer Reise von 32. Meilen in beständiger Nässe und Unruhe zugebracht hatten.

Die Gebirgsarten dieser Insel habe ich bereits oben

Seite 48 beschrieben; ich muss nur noch beyfügen, dass ich in dem Granite lagerweise Hornblende mit Magneteisenstein und Skapolith gefunden habe. —

Nye Sukkertoppen hat sehr wichtige Hälleflynder und Kabliaubänke; auch kann man hier zwischen den Inseln jährlich einen guten Vorrath von Treibholz sammeln. —

Donnerstags. d: 14. Julius

stürmte es aus Südwest mit vielem Regen. — Da Kapitän Quale bereits mit Kolonisten, welche zu Hause reisen sollten, überladen war, und auch weder das Schiff in ganz gutem Zustande, noch auch die übrigen Aussichten auf der Reise für mich sehr günstig waren, so beschloss ich, noch ein Jahr in Grönland zuzubringen, und noch so viel möglich zu untersuchen und einzusammeln, da die sauren Früchte meiner bisher angewandten Mühe grösstentheils in Englische Hände gefallen sind.

Freytags. d: 15. Julius

Hatten wir Regen, mit Weststurm und schwere See.

Samstags d: 16. Julius

War ich wieder im Stande eine kleine Excursion nach dem Gebirge zu machen.

Sonntags, d: 17. Julius

Reiste ich mit Herrn Kapitän Quale, geführt in einer Jolle von seinen Leuten nach Kin of Sael, oder Omanak der Grönländer, welche Berginsel 1. Meile Nordwest von der Kolonie ligt. Es ist ein hoher nahe am Lande doch frey in der See stehender Berg, welcher über 18 Meilen weit gesehen werden kann, und den Seefahrenden in der Strasse Davis eine gute Wegleitung ist. Er gränzt nahe an das oben S. 133 beschriebene Hamburgerland oder Sermesok, welches ich hier auch von der Westseite genau zu besehen Gelegenheit hatte. — Das Unterland vertoont sich ganz schwarz, weil es steiler Fels ist; das Oberland ist mit ewigem Schnee garnirt. — Die Nordliche Seite von Kin of Sael ist ersteiglich, die südliche Seite ist sehr steil. —

Die Hauptgebirgsart ist Granit, mit Granaten, Hornblende und Magneteisenstein abwechselnd gemengt. Lagerweise findet sich grauer Feldspath zuweilen in eingewachsenen Kristallen. Gegen Abend reisten wir wieder zurück. —

Montags. d: 18. Julius.

Übergab ich an Herrn Kapitan Quale ein Schreiben an die Königlich Grönländische Handelsdirection, auch einen Brief an Herrn

Justizrath Manthey, welchem letztern ich einige in Nordgrönland erhaltene Briefe nach Koppenhagen beyschloss, da ich nicht selbst nach Europa abreisen konnte. Herr Quale lag schon seit langer Zeit seegelfertig, und harrte nur auf guten Wind, welcher bey den unaufhörlich wüthenden Südweststürmen sich nicht einfinden konnte. —

Reise
nach **Godthaab.**

Nachmittags um halb zwey Uhr traten wir die Reise nach Godthaab an, giengen Kistefieldet, Sukkertoppens Fiord und lille Dragkiste vorüber, sezzten über Isortoks-Fiord, welcher, sonsten sehr gefährlich, heute ziemlich ruhig war. Er ist beynahe 1. Meile breit. Wir kamen an die Isortoksøer, bey welchen 2. Hafen für Transport-fahrzeuge sich befinden, einen Weg von 3. Meilen, und blieben zu Tornarsulik, nordlich bey dem sogenannten Brändvinsmand über Nacht.

Gegen über im festen Lande liegt Finnfieldet, von den Grönländern Suttorsoit genannt.

Die Gebirgsart zu Tornarsulik ist sehr zusammengesezzt. — Die Hauptmasse ist Granit mit Granat, Glimmerschieferlager mit Granat, der Glimmerschiefer ist oft sehr verwittert. — Ferner Hornblendelager, Sahlit und Strahlstein mit eingewachsenem Moroxit; Quarz mit grauen blättrigen schörlartigen Kristallen, dann dass zu Omanarsuk bemerkte schwärzlich grüne blätterige Fossil in Hornstein, ein graues glimmriges, dem Tremolithe und Skapolithe ähnliches Fossil, welches mit Glimmer innigst gemengt ist. — Der Quarz ist meistens blaulich, die Steinart überhaupt gelb, eisenschüssig und stark verwittert.

Die Insel hat viele kleine Buchten mit einer Menge von Krabben, *Echinis*, *Asterien*, und andern Seeinsekten.

Dienstags d: 19. Julius

Reisten wir um 8. Uhr ab, passirten Ukaleselik, oder Hareøe, wo es aber keine Hasen mehr gibt, und Sillakangitsortorbik, oder den sogenannten Brändvinsmand vorbey. — Diese Stelle hat den Namen von einer Spalte im Felsen, in welcher die Kolonisten sehr sinnreich einen hölzernen Mann mit einem Glase in der Hand aufgerichtet haben, und wenn man vorbeyfährt, ihren Tribut, dass heisst: ein Glas Brandwein sich erbitten. —

Wir kamen sodann an eine Näs Kangarsuk genannt, wo beständig die See sehr unruhig ist, sezzten über Bredefiord, welches eigentlich nur eine Bucht ist, über Nappasok, oder Pustefiord, welcher nördlich bey der Insel Nappasok sich ins Land hineinzieht, und den Dänischen Namen seiner schlimmen und gefährlichen Windstösse wegen, welche aus dem Fiord kommen, erhalten hat. — Wir kamen sodann nach Nappasok, wo einige von Sukkertoppen Grönländern gewöhnlich im Winter stehen, da es eine der besten Fangestellen im Distrikte ist. — Sie liegt 9 bis 10. Meilen südlich von Sukkertoppen entfernt, und habe der Stelle bereits in meinem Tagebuche des vorigen Jahres Erwähnung gethan. Wir passirten sodann einige Inseln, zwischen welchen sehr gute Kabliau und Hälleflynderfischerey ist; kamen durch Stralsund, und Kalotten vorbey, welche Klippe die Grönländer bald mit einem Delphine, bald mit einer Wallfischflosse vergleichen, und Nisangoak nennen. — Hier geht immer sehr schwere See. Das Boot schlingerte so gewaltig, dass wir uns kaum auf dem Verdecke halten konnten. — Wir passirten die Haybucht, wo die Hayen sich zuweilen in beträchtlicher Menge einfinden. In dieser Gegend sieht man im festen Lande einen sehr steilen Berg, welchen die Grönländer Tiķarnak nennen. — Wir kamen die zur See ausstehende Näs Niakok vorbey, um welche viele Scheeren liegen; mit einer derselben hatten wir auch ein wenig zu bestellen, doch wischten wir mit ein paar unfreundlichen Stössen davon. Von Niakok sind noch 2. Meilen zur Flagstang.

Der Wind, welcher den Tag über scharf Nordost geblasen hatte, liess auf einmal nach. Wir hatten heute 11. Meilen zurückgelegt. Von Nappasok hieher rechnet man sieben, und von Flagstange nach Godthaab acht Meilen. Wir blieben hier, da es beynahe Mitternacht war, über Nacht. —

Die Gebirgsart auf dieser Insel ist: Granit mit grossen Grünsteingängen und Lagern.

Ich zählte 11. zerfallene Häuser, unter welchen auch Missionär Ginges sogenanntes Observatorium war. Ich weiss nicht, ob etwas von seinen hier durch mehrere Jahre angestellten Beobachtungen durch den Druck bekannt gemacht worden ist.

Man findet eine grosse Menge alter heidnischer Gräber. Auch wird besonders in dieser Gegend von Jahr zu Jahr vieles Treibholz ans Land geworfen. —

Donnerstags [Mittwochs] d: 20. Julius

Morgens gegen 8. Uhr reisten wir ab, uud passirten Pissukbikøer, unter welchen Ullomik sich befindet; giengen durch Setiksut, oder Setiksunguit, das heisst: mehrere kleinere Inseln, welche zu äusserst liegen, dann Okoariksok und Kangarsuk vorbey. Es gieng schwere Stromsee. Weit und breit in die See hinaus liegen hier ausserordentlich viele Scheeren. —

Der Wind stillte ganz ab, und wir mussten bugsiren lassen,

wobey uns der Grönländer, Harpunier Elies Paulsen, Sohn des Catecheten Paul Andersen zu Godthaab, ein Enkel des um Grönland und den Handel so verdienten Anders Olsen gute Hülfe leistete, da er gerade mit einer Schaluppe von Holsteinsburg nach Godthaab reisen sollte, und uns von Zukkertoppen aus folgte. —

Doch, nachdem wir uns 3 Meilen mühsam bey schwerer See durchgeschleppt hatten, stürmte es auf einmal aus Süd und Südwest, so dass wir kaum noch unter der Nordwestseite des Nepisetsundes den Hafen gewinnen, und vor Anker gehen konnten. — Ueber die Gebirgsart der Inseln und des Landes, welches auf der nordlichen Seite von Baalsrevier, oder Godthaabsfiord lieget, werde ich bey Gelegenheit meiner Reise nach diesem Fiord ausführlicher sprechen können. —

Donnerstags d: 21. Julius.

Stürmte es den ganzen Vormittag schwer aus Südwest mit Regen und Schnee, und es gieng eine schwere See. — Wir hielten es demungeachtet fürs beste, da wir Godthaab so nahe waren, das Transport Boot zu verlassen, und mit unserer Harpunierschaluppe durch den Sund und über Baals Revier zu sezzen. Um ein Uhr Nachmittags reisten wir, mit dem Harpunier Elies Paulsen als Steuermann vom Hafen ab, giengen durch den Nepisætsund, und nahmen, da es abermals sehr stürmte, ein paar Kajaksmänner von den dorten stehenden Neuherrnhutsgrönländern mit, als Adjutanten; wir wurden beynahe von Regen ersäuft, und kriegten auf dem Fjord von den treibenden Sturmwolken eine Stürzung über die andere, kamen aber doch Abends um 8. Uhr nach vieler überstandener Gefahr glücklich, doch sehr durchnässt, bey der Kolonie Godthaab an. —

Aufenthalt zu **Godthaab**.

Freytags, d: 22. Julius

Kamen Postkajakke mit Briefen von den Südlichen Kolonien an.

Samstags, d: 23. Julius

Kam das Fahrzeug, mit welchem wir die Reise von Holsteinsburg gemacht hatten, mit einigem Proviantvorrath für die Südl. Kolonien glücklich an. Nach Norden giengen Posten ab.

Sonntags, d: 24. Julius.

Schwerer Südweststurm mit Hagel. —

Montags, d: 25. Julius

Nahm der Sturm zu, mit Regen. —

Dienstags, d: 26. Julius.

Südweststurm mit halbklarer Luft. Ich gieng auf Ekskursion

nach Thorhallesens Vare, worüber ich weiter unten reden werde.

Donnerstags. d: 28. Julius

Wurde das Transport ausgeschickt um Treibholz für den Winter zu sammeln. Nachmittags kam ein Südweststurm. —

Reise
in **Baals-Revier,**
oder **Godthaabs-Fiord.**

Freytags. d: 29. Julius,

Morgens um 8. Uhr reiste ich mit einer Harpunierschaluppe, welche von dem Katecheten Paul Andersen geführt wurde, besetzt mit Holsteinsburgs Grönländern von Godthaab ab, um das weitumfassende Baals Revier, oder eigentlich Baals River zu besuchen. Dieser gewiss der grösste und breiteste Fiord auf Grönlands westlicher Küste zieht sich bey den Kooksinseln etwas über zwey Meilen westlich von der Kolonie westsüdwestlich zwischen Inseln ins feste Land, wo er sich am Ende in mehrere Buchten, und 2. besonders grosse Arme theilt, deren einer gegen Nordost, der andere gegen Südost sich wendet. Er ist über 16. Meilen lang und an einigen Stellen 2. Meilen breit. Drey grosse und viele kleine Inseln liegen in demselben. — Bey der Mündung ist die Südliche Seite desselben mit einer Menge grösserer und kleinerer Inseln besäet, welche im Fahrwasser zwischen diesem und dem ebenfalls grossen Ameraglikfiord liegen. Die nördliche Seite beginnt bey Kangek, und der daranliegenden Garnstelle Sausavik, woselbst die Steinart, so wie auch auf Reensøe, aus Granit besteht. Diese kleine Insel liegt dicht unter Kangek. Bey Kangek gründete Hans Egede die erste Anlage zur Missionswohnung, welche nachher an die nunmehrige Stelle auf das feste Land verlegt wurde. — Die Einseeglung der Schiffe geschieht am besten von jener Seite der Kooksinseln bey Jakobsholm, woselbst der Kapitän Riewertz Boysen auf einer 7. Ellen lange Stange eine Tonne aufrichtete, weil hier in dem Fahrwasser mehrere Scheeren liegen. Auf den daselbst liegenden Kooksinseln gibt es viel Torf, und *Cochlearia.* Sie bestehen aus Granit. — Wenn man sich von Jakobsholm aus nach Sadelen zu, einer hohen Berginsel, welche im Fiord, östlich der Kolonie liegt, in gerader Linie hält, so hat man bis zur Kolonie reines und freyes Fahrwasser.

Bey der Kolonie selbst findet sich kein Hafen, doch guter Ankergrund, und Ringe, um das Schiff gehörig zu vertauen. — Doch ligt ein Hafen hinter Neu Herrnhut, welches der gewöhnliche Schiffshafen ist, und ein andrer östlich der Kolonie in Baalsrevier, der sogenannte Wildmannshafen. Doch bin ich überzeugt, dass im Fiord selbst bey der Kolonie ein Schiff sicher vor allen Winden liegen und verwahrt werden kann, da das Transportboot bey den schweresten Stürmen das ganze Jahr über ohne Gefahr hier ligt. Der Wildmannshafen lauft zuweilen Gefahr bey Nordostlichen Winden, mit Treibeise von den Eisblinken aus dem Fiord gesperrt und verlegt zu werden. — Über die Lage der Kolonie selbst werde ich weiter unten Gelegenheit haben mehr zu sprechen. — —

Gerade der Kolonie gegen über in Norden ziehet sich ein Sund durch die Landspizze, welche bei Kangek sich endet, Nepisætsund genannt, in welchem die Grönländer sich gerne im Frühjahre des Nepisefanges wegen aufhalten, welche Fische sie zum Wintervorrath trocknen und so als ein leckeres Gericht verzehren. Gegen Osten desselben, wo das feste Land eigentlich beginnt, erhebt sich Akonak, wo sich viele grasreiche Thäler und ein sehr guter Schiffshafen befindet. — Eine Stelle, welche in jeder Hinsicht zu Anlegung einer Kolonie passender gewesen wäre, als diejenige, wo sie zum zweytenmale errichtet wurde. Aber es scheint, dass mehrere Kolonien bloss aufs Gerathewohl, ohne vorhergegangene genauere Kenntniss und Untersuchung des Wassers und des Landes angelegt wurden. Zu Akonak werden noch zuweilen Rennthiere geschossen. Von hier gegen Malotut zu, ist viel Unterland, besonders eingeschwemmter Letten, und mehrere kleine Buchten. Zu Illuilek war ehemals eine grönländische [Wohnstelle], welche nun öde liegt. Hier liegt durchaus am Strande aufgeschwemmter grauer sandartiger Thon. — Wir kamen auf der nordlichen Seite weiter nach Kanneitsut, oder Ulkebugt, in gerader Linie $2^1/_2$ Meile quer über von der Kolonie, wo wir über Nacht blieben. Hier sind mehrere grönlandische Zeltplätze, und einige Gräber. Das Wasser wimmelt im Sommer von Ulken und Lachsen, erstere sind die Hauptnahrung der letztern. Einige Tage nach meinem Aufenthalte daselbst fieng Herr Inspecteur Myhlenphort auf der nemlichen Stelle in zwey Tagen 510. Stücke mit einem Garne, und würde noch weit mehr erhalten haben, wenn das schlimme Wetter ihn nicht nach Hause getrieben hätte. — Am Ende der Bucht stürzet ein grosser Elv aus dem Gebirge nieder, und fliesst durch ein zerstörtes steinvolles Thal zwischen grossen Felstrümmern in die See, wo dann die Lachse zuweilen in das süsse Wasser hinaufstreichen.

Auf der Nordseite der nächsten Berge zieht sich ein langer nicht sehr breiter Landsee von Westen nach Osten bis an den ersten Arm des Fiords Kooksut genannt, hinauf, welcher nach der Grönländer Berichte auch sehr fischreich ist. Zuweilen finden sich viele Rennthiere in dieser Gegend ein, da der *Lichen rangeferinus* sich in unbeschreiblicher Menge hier findet. Die Grönländer nehmen ihre Kajakken mit, wenn sie von hier aus auf den Rennthierfang gehen, um über den See zu sezzen, oder auf demselben östlich reisen zu können. Wir sezzten auch ein Garn und fiengen einige Lachse. Die der See zunächstgelegenen Berge sind flach und abgerundet, und von geringer Höhe.

Granit, dessen Gemenge viel Glimmer, blaulicher Quarz und röthlicher Feldspath ist, geht hie und da in Gneiss, und dieser in Glimmerschiefer über. Die Thäler sind von mergelartigem grauem Thone mehr oder minder überall bedeckt. —

Sonnabends. d: 30. Julius.

Hatten wir Südweststurm mit Regen. Wir reisten demungeachtet um 8. Uhr Morgens ab, giengen Gamle Sadlok vorbey, und landeten bey Nye Sadlok, um etwas Brennholz zn suchen und mitzunehmen. Die See brach sich hier fürchterlich. — Es ist die Winterstelle mehrerer Grönländischen Familien, welche alle gute Seehundsfänger sind.

Die Gebirgsart ist Granit mit vielen Hornblendelagern, schwarzem Glimmer und Magneteisenstein. — Wir giengen Kannitsieit, oder lille Ulkebugt vorbey. Die Gebirgsart ist auch hier durchaus Granit mit Hornblendschieferlagern. — Die Hornblende ist überall im ganzen Reviere anzutreffen. Nachmittags 2. Uhr kamen wir nach Kanniorsoit, oder store Ulkebugt, wo wir Quartier nahmen. Die Gebirgsart ist hier Granit, mit blaulichem Quarz und rhombisch kristallisirtem Glimmer; weissem Feldspath, opalisirender Adularia, und Schörlkristallen beygewachsen. Auch Almandin und Magneteisenstein findet sich hie und da in demselben. —

Ehemals gab es hier viele Rennthiere; sie finden sich noch zuweilen ein; ich fand selbst einige Spuren im Schnee von ihnen, so wie auch von Hasen, Füchsen und Schneehühnern. Gegen den Elv zu gibt es eine ungeheure Menge Lachse. Das Ufer ist sehr lettig und sandig. — Der obenbemeldete Landsee zieht sich hier nur $^1/_2$ Meile von der See hinter einer ziemlich steilen rundlichen Klippe vorbey. — Die Bucht ist von der Mündung an über $^1/_2$ Meile lang, und am Ende, wo der Elv in sie strömt, sehr seicht. — Von Kanneitsut hieher rechnet man 2. Meilen.

Sonntags, d: 31. Julius

Reisten wir um 4. Uhr Morgens ab, passirten eine steile Klippe, Tertek, von den hier nistenden Adlern genannt. Wir kamen nach Iviengoak, einer guten Grasfläche, und Zelteplatz der Grönländer; giengen um Kingiktok, einen hohen schroffen Berge, wo ich im Granit, der in Syenit übergeht, grosse Lager von Hornblendeschiefer fand. Ich sah hier auch ein paar Grönländische Gräber. — Während ich an dem Strande aufwärts gieng, und die

Schaluppe aussen um gehen liess, so trugen meine Grönländer, welche sich gegen meinen Führer Paul Andersen widerspenstig bezeigten, und durchaus nicht mehr weiter rudern wollten, Gepäkke und Zelt bey Kognersoak ans Land. — Ich musste also wider meinen Willen, als ich auf meiner Wanderung dorthin kam, über Nacht daselbst blieben, ungeachtet es noch nicht Mittag war.

Die Gebirgsart ist hier sehr zerspaltet und verstürzt — und grobkörniger Granit, auf demselben liegt Urgrünstein; in diesem Stralstein, glasartiger Tremolith, Stralstein zum Theile mit Glimmer gemengt. Grosse Kalkspathgänge, und Sahlit in kleinen Parthien. — Im Granite auch weissblaulicher Hornstein. — Hie und da im Grünsteine Spuren von Kupfergrün und Kupferkies. Das untere Land besteht aus niedern Granitklippen mit Glimmerschiefer abwechselnd, zuweilen derber Akanthikone beygemengt. Die Thäler sind an einigen Stellen mit dem allgemein im Fiord verbreiteten Thone, oder eigentlich Thonmergel zuweilen zu 3. bis 4. Lachtern hoch gefüllt. An einem dorten befindlichen kleinen Elv, und den Felsspalten wächst viele *Angelika.* Die See macht von Westen nach Osten eine längliche Krümmung ins Land.

Monat August.

Montags..d: 1. August.

Reisten wir Morgens 6. Uhr von hier ab. Wir passirten Nouga, eine Näs, welche die bey Kognersoak angehende Landkrümmung endigt. Hier beginnt ein nordöstlicher kleinerer Arm des Fiords, oder eine Bucht, welche Kooksut genannt wird. An der Näs liegt der Grönländische Zelteplatz Jussurartok. Auf der Nordseite in der Bucht liegt eine lange schmale Halbinsel, Niakornak genannt, wo die Grönländer ehemals im Sommer besonders während der Zeit des Angmarsætfanges, sich aufgehalten haben. Wir seegelten ziemlich rasch die ganze Strekke von Kognersoak aus bis aus Ende dieser Bucht, eine Strekke von ungefehr 3. Meilen. In Südost der Bucht liegt die Insel Kikertarsusuk, und mitten in der Bucht eine kleine runde Insel und einige Scheeren. Wir blieben bey einer aus Thon aufgeschwemmten Fläche, unter Aukpallartok oder röde Field. Sie hat diesen Namen von grossen rothen Flecken, welche sich an der Aussenseite des Bergs zeigen. Man findet aber die Flekken, wenn man hinaufsteigt, bald braungelb, bald orangegelb, es ist verwitterter eisenschüssiger Glimmerschiefer. Das Wasser der vielen kleinen Arme von Kooksut fällt in der Springzeit bis zu einer halben Meile weit aus, und zeigt sodann lettigen Grund, oder den obengemeldeten Thonmergel, in welchen man oft bis über die Knie einsinkt. Hier in einem der nördlichen und südlichen Arme dieser Bucht findet sich der bekannte Abdruck des Angmarsak *(Salmo Arcticus)* in Thonmergel nebst verschiedenen andern sonderbar abgedrehten Mergelfiguren, doch die meisten der letzteren sind oval oder rund. Hieher kommen die Grönländer gerne auf Angmarsætfang, und gehen sodann von hier aus auf die Rennthierjagd. — Ziemlich hoch vom Strande auf dem Laimlande fand ich viele *Lepades*, den *Pecten Islandicus*, und die *Mya truncata* in Thon eingewikkelt, und wahrscheinlich bey schweren Brandungen der See hinaufgeworfen, oder aufgespühlt.

Die Unterlage der Berge in dieser Bucht ist Granit, auf welchem Glimmerschiefer aufliegt. Im Granit fand ich grosse Lager von Stralstein. — Die Felsen sind durchaus sehr zerklüftet und verwittert. —

Die Bucht hat ziemlich viel niederes Gesträuche, und die Isatis findet sich zahlreich hier ein. Eine alte lief wie ein Hund hinter mir her, weil ich der Jungen auf der Spur war. Nicht weit von uns standen ein paar Grönländerfamilien von Neuherrnhut in Zelten. Die Männer waren schon seit einigen Tagen auf die Rennthierjagd ausgezogen, und die Weiber liefen, da sie eine Schaluppe kommen sahen, aus Furcht nach dem Gebirge. Sie meynten, wir wären Engländer, welche gelandet hätten — denn von Godthaab aus pflegt man nie mit Schaluppen in den Fiord zu reisen. — Sie wussten bereits, das Dännemark Krieg mit England hätte, und waren für ihr armes Leben bange.. Doch sobald sie sahen, dass Landsleute von ihnen dabey waren, kamen sie wieder zurück. —

Dienstags, d: 2. August.

Seegelten wir mit gutem Nordlichem Winde ab, um über diesen Arm des Fiords zu sezzen. Wir hatten aber noch nicht die Insel Kikertarsusuk zurückgelegt, als ein schwerer Nordweststurm zu blasen begann. Wir wagten es doch, quer über den Fiord zu sezzen, und erreichten mit vieler Mühe bey Tesserarsoit, Kikertarsusuk gegen über, Hafen und Zelteplatz. Die Stelle liegt südwestlich von Aukpallartok, eine halbe Meile von dem Orte, wo wir vorigen Tag standen.

Die Gegend gehört zum festen Lande, und besteht aus Granit; auf demselben liegt Glimmerschiefer und Urgrünstein. Gang und adernweise findet sich körniger Kalkspath mit figurirtem Quarz, dabey Granat, Augit, Sahlit und Stralstein.

Auf einer Höhe von 20 bis 24 Lachtern aufwärts von dem

Meere sahe ich einen grossen breiten Landsee, welcher sich auf der Südostseite durch das Thal krümmte, mehrere Bergströme aufnahm, und sich senkrecht über ein Klippenbeete in die kleinere Bucht hinabstürzte. — In demselben lag eine kleine Insel. — Ich traf mehrere Füchse, Hasen und Schneevögel, auch Spuren von Rennthieren, welche sich des schönen Mooses wegen zuweilen häufig hier einfinden. Die flachen Stellen der Bucht sind mit dem obenbeschriebenen Thonmergel gefüllt. Hier ist guter Angmarsætfang. Die Gegend hat vieles Gesträuche, und eine grosse Menge *Angelika Archangelica.* Der Letten lag bey ausfallendem Wasser voll von Angmarsæts, welche für den Isatis eine lekere Speise sind. Man kann hier bey der Fluthzeit beynahe mit Augen sehen, wie der Thonmergel diese kleinen Fische einwikkelt, welcher nachher an der Sonne oder Luft trocknet. — Das Fleisch löst sich auf, und die Knochen mit den Abdrücken bleiben zurück. Hoch oben am Landsee fand ich ein heidnisches Grab, und bey demselben einen hölzernen grossen Löffel. —

Mittwochs, d: 3. August.

Reisten wir Morgens 8. Uhr weiter, und passirten Narksarsuk, eine Sommerstelle, welche des Angmarsætfanges wegen besucht wird, sodann Tattarait, eine schroffe Felsenwand, aus grauem Granit bestehend, wo Skarve und Tattarakken im Frühjahre nisten. Wir sahen überhaupt von Kognersoak an den ganzen Fiord mit Millionen von Tattarakken und Mäven bedeckt; ein Beweis dass er sehr fischreich seyn muss. Bey Store Nougarsuk kriegten wir starken westlichen Wind, und konnten seegeln — ein Labsal für meine faulen Schlingel, welche nicht rudern wollten.

Wir passirten Serbek, von den vielen Theisten oder Seekadetten, welche sich hier bey den Stromstellen aufhalten, so genannt. Hier stehen Überbleibsel eines alten grönländischen Hauses.

Sodann kamen wir an eine hervorragende Glimmerschieferwand, welche mit vieler Hornblende gemengt ist, Kidloeit genannt.

Es wurde wieder windstille, meine Grönländer erklärten sich, dass sie nicht mehr weiter reisen wollten, und so gieng ich in eine Bucht daselbst, Ittivinga. Eine schmale Fläche führt von hier nach der entgegengesetzten Seite zu der Bucht Tessiursak. —

Zu Ittivinga ist das Grundgestein grobkörniger Granit mit grossen Lagern von graulich blauem Quarz, welcher an einigen Stellen in Hornstein übergeht. An den Fuss dieser Berge ist Talkschiefer angelehnt, in welchem sich viel mit Glimmer gemengter Stralstein findet. —

Viel Gesträuche, welches mir das Gehen sehr erschwerte, da es über die Steinbrokken hin gewachsen ist, und viele *Angelika* wächst in der Gegend.

Donnerstags. d: 4. August.

Reisten wir Morgens um 8. Uhr ab, und passirten Tessiursak, welche Bucht quer über von Tesserarsoit liegt. In derselben ist guter Angmarsæt- auch Lachsfang. — Der Wind wurde wieder westlich, so dass wir seegeln konnten. Wir giengen Imnaiuortok, den höchsten und steilsten Berg dieser Gegend vorbey. Er besteht aus Granit, und ist der Wohnort von Millionen Tattarakken und Mäven, welche in dicken Wolken uns um die Köpfe flogen. Ein weisser Falk schwang sich mit seinem noch lebenden Raube, einer jungen Mäwe, über uns auf. — — Die ganze schwarze Felsenmauer von der See bis an den Gipfel war in den kleinsten Ritzen durch diese weisse Vögelgruppen gleichsam lebendig, und gewährte einen schönen Anblick. — Der östliche Theil dieses Berges, welcher durch eine schmale Fläche mit dem festen Lande zusammenhängt, dreht sich in einen kleinen Arm dieses Fiords Illulyelik genannt, in welchen wir fuhren, und zu Iglorsoit über Nacht blieben. Ungefehr eine halbe Meile von uns auf der andern Seite der Bucht standen 4. Grönländerfamilien auf den Angmarsæt- und Rennthierfang, wo ich Seehundefleisch für das Volk kaufte. Die dortigen Grönländer hatten bereits 21. Rennthiere geschossen. — Schade ist es nur dass sie den grössten Theil der erlegten Tiere auf der Schussstelle zur Beute der Adler, Falken und Füchse zurücklassen müssen, da sie nicht im Stande sind, es den langen Weg oft von 10 bis 12. Tagereisen nach dem Strande zu tragen, da sie gewönlich ausser der Kugelbüchse auch ihre Kajakke mit haben. Gemeiniglich nehmen sie von jedem Thiere das Herz, das Bruststück, den Rückgrad, einen Schenkel, das Talg, selten die Geweihe, hauptsächlich aber das Fell mit, welches letztere für sie die Hauptsache und ein Artikel des Luxus für die Weiber ist. — Die Männer selbst sind oft tolle genug ein schönes Fell unter sich selbst mit fünf bis sechs Reichsthalers Werth zu bezalen; eine Summe, welche sie nur mit der äussersten Mühe in ihren Kajakken kaum in 2. Monaten verdienen können. Es ist überhaupt unrichtig, wenn man glaubt, dass die Weiber in Grönland Sklavinnen ihrer Männer sind. — Das Loos zu dienen trifft hier so wie in Europa arme elternlose Mädchen und Wittwen, — Die Frau thut, wie bey uns, was sie gerne thun will, und überlässt das übrige den andern Weibern im Hause.

Man wird in einem Tagebuche solche Ausschweifungen über die Gränzen des Hauptgegenstandes verzeihen, da der Reisende gewönlich in stillen Abendstunden einsam seine Gedanken dem Papiere anvertraut, weil er sie niemandem mittheilen kann. —

Die Bucht in welcher wir lagen, war ehemals von Grönländern

bewohnt und stark besucht, da es eine gute Jagdstelle auch für Hasen und Rebhühner ist, und die Seehunde sich auch zuweilen häufig einfinden.

Die Normänner sollen hier ehemals ein grosses Haus gehabt haben, welches der Grönländische Name Iglorsoit anzeigt; aber selbst die Grönländer, welche hier in der Nähe wohnten, konnten mir hierüber keine Nachricht geben. Es geht ihnen oft wie unsern Geistersehern, sie sehen vieles in der Einbildung.

Das Land ist am Ende der Bucht sehr flach und sandig, mit vielem niedern Gesträuche bewachsen. Zelteplätze findet man häufig am Strande. Von den höhern Bergen sah ich mehrere Landseen, welche mit 2. grossen Bergströmen, zu welchen eine breite mit Geschieben bedeckte Sandebene führt, in Verbindung stehen.

Die nähern Berge, welche die Gegend begränzen, bestehen aus Granit mit sparsam eingemengter Hornblende. Im Granite fand ich an mehreren Stellen runde kesselförmig ausgedrehte beträchtliche Vertiefungen, die vieleicht durch Wasserströme, welche kleinere Steine auf diesen Stellen im Kreise dreheten entstanden sind. Das Ufer der ganzen Bucht, welche mehrere kleine seichte schmale Arme hat, ist rund herum mit grauem Thonmergel bedeckt. Der Kassigiakfang ist in derselben zuweilen beträchtlich.

Freytags, d. 5. August.

Reisten wir frühe Morgens nach lille Nougarsuk. Von dieser Stelle an rechnet man den Anfang des nordlichsten Armes dieses Fiords, Ujaraksoak genannt.

Bey Nougarsuk gieng ich ans Land, und fand schönen Glimmerschiefer, welcher auf Granit gelehnt ist. Ersterer so wie der in demselben vorkommende Quarz hat viele grosse doch unreine Almandine. —

Wir kamen Nunaluktok, das heist: ein ziemlich steiles Land, vorbey, und erreichten um 2. Uhr Nachmittags das Ende des Nordlichen Arms dieses Fiords, Ujaraksoak oder grosser Stein genannt. Der Grund desselben ist gegen das Ende zu an mehreren Stellen sehr seicht. — Auf dem Nordöstlichsten Ende stehen die vier ins Quadrat aufgerichtete Mauern, von welchen Hans Egede und Thorhallesen sprechen. Sie sind von Gneiss und Glimmerschieferplatten, auch Granitstükken aufgeführt; doch sind die Steine nicht durchaus förmlich zugehauen. Man findet keine Spur von Kalk oder anderm Bindungsmittel mehr. Die Länge des Quadrats ist zwanzig Fuss auf jeder Seite, die Höhe sieben Fuss, sechs Zolle, die Dicke der Mauer beynahe drey Fuss. Die Höhe des Einganges, welcher gegen Osten ist, sechs Fuss, die Breite desselben zwey Fuss neun Zolle. Zunächst über dem Eingange liegen 3. Steinplatten über einander, und über denselben die von beyden Schriftstellern berührte ganz grosse Steinplatte. — In und ausserhalb dieser Ruine liegen viele Steine in Haufen durcheinander gestürzt. — Einige derselben haben kleine Granaten eingesprengt. — Sie sind alle aus den nahestehenden Gebirgen genommen. Das in der Nähe dieser Steinmauern sich befindliche 48 Ellen lange und 36. Ellen breite längliche Viereck ist bereits ganz von Gesträuchen bedeckt, mit Schutt verstürzt, und mit Moos und Gras überwachsen, daher nur mit Mühe noch zu erkennen. Die ganze Fläche ist mit schönem Grase bewachsen, welchem man noch die ehemalige Düngung und Pflege anmerken kann. —

Am Ufer rund herum finden sich zu mehreren Lachtern angehäufte Hügel von grossen Steingeröllen, welche der ungeheure Bergstrom, der mit fürchterlichem Brausen sich über die steilen durchsprengten Klippen herabstürzt, zusammengewälzt hat.

Die Grundlage der Berge ist Granit, auf und in demselben findet sich lagerweise Glimmer und Talkschiefer mit Tremolith und allen Arten des Strahlsteines, und ein dem Beilsteine ähnliches Fossil von dunkellauchgrüner Farbe in beträchtlichen Parthien. Der Granit ist grobkörnig, hat zuweilen weissen dem Adular sich nähernden Feldspath und graulichen Quarz. Etwas weiter gegen Nordost, wo der grössere östliche Arm des Ujaraksoak sich hinaufzieht, fand ich ein grosses Lager von Talkstein oder Topfstein, *Okesiksak* der Grönländer, woraus sie ihre Lampen und andere Geschirre hauen. Doch bedienen sie sich im Nothfalle hiezu auch des Talkschiefers. Talkartige Steinarten findet man nordlich von Sukkertoppen auf der Küste von Grönland äusserst selten. Die grössten und meisten Lager fand ich in Godthaabs Distrikt vom 63 bis 65ten Grad nördlicher Breite, bis zu Sukkertoppen.

In Ujaraksoaks Arm, wo derselbe sich östlicher zieht, liegt eine kleine Insel an der Mündung, und ganz am Ende desselben finden sich mehrere, doch ebenfalls grösstentheils unkenntliche Norische Rudera. Grosse Bergströme stürzen in demselben nieder. — Es ist ein grauenvoller Felswinkel. — Das ganze Unterland hat den öfters angeführten grauen lettigen Grund, und das Wasser fällt besonders in diesem längern Arm bey der Ebbe in Springzeit über eine halbe Meile aus. *Angelika* und grosses Gesträuche findet sich hier häufig. — —

Als ich mich zu unserm Zelteplatze, der mit hohem Wasser eine kleine Insel bildet, übersezzen liess, glitt der Bootshaken, da ich ans Land springen wollte, von dem Gesteine ab, und ich stürzte in die See, kam aber doch, die unangenehme Verkältung, da ich voller Schweiss war, abgerechnet, ohne Schaden ans Land. — Wir fanden auf dieser Stelle ein Umiak und zwey Kajakke, welche Grönländern zugehörten, die von hier aus nach dem Rennthierfange gereist waren. — Man findet hier der Jagd und des Angmarsætfanges wegen viele Zelteplätze.

Sonnabends d: 6. August

begann es mit Vollmondsspringzeit aus Südwest zu stürmen und zu regnen. Wir mussten also liegen bleiben. Nachmittags gieng ich über Naviengoit auf der östlichen Seite des grossen Bergstromes über die hohen Klippen auf Excursion. — Von dem höchsten Berge kann man hier den Eisblink des Fiords übersehen, welcher sich nach Südosten zieht. Abends sahen wir viele Seehunde in der Bucht. —

Die Gebirgsart ist durchaus Granit, und der Feldspath dieser ganzen Gebirgsstrecke grösstentheils weiss. —

Sonntags. d: 7. August

Setzten wir frühe Morgens über Ujaraksoak, und giengen auf der Südseite unter dem Lande weg, welches grösstentheils aus Granit besteht, und sich zuweilen ziemlich schroff erhebt, gegen den Südöstlichen Arm von Godthaabsfiord zu, um die Näs Nougerdluk herum, welche zum Eisblink führt. —

Ein kleiner Theil desselben ist bereits im Innersten der Bucht, welche wir so eben verlassen hatten, sichtbar. Als wir uns demselben näherten, so liessen die Grönländer, welche sich auf der ganzen Reise widerwillig und träge bezeigt hatten, die Ruder fahren, und sagten mir, dass sie nicht mehr weiter reisen, sondern zur Kolonie zurückekehren wollten. — Das nemliche hatten sie bereits vor 8 Tagen gegen meinen Steuermann den Catecheten Paul Andersen geäussert, welches wir aber beyde nur für eine vorüberfliegende Grönländische Laune hielten. Diesmal aber war es wirklich ernst. Ihr Betragen war mir um so mehr auffallend, da das Fahrzeug eine Holsteinsburgische Harpunierschaluppe war, und diese Grönländer alle im Winter in des Handels Diensten beym Wallfischfange standen, also doch gewissermassen abhängig waren, um so mehr, da sie auch für diese Reise Bezahlung erhielten. Ich erfuhr nachher, dass Berthel, der Sohn des Catecheten Jakob Berthelsen, welcher auch nicht viel taugt, der Stifter dieser Widersetzlichkeit war. Laban und Manasse nahmen keinen Theil daran. — Ich wollte mich sogleich auf der Stelle an dem Eisblink ans Land sezzen lassen; da die Stelle aber zu abgelegen steil und gefährlich [war], so gieng ich quer am Eisblink vorbey nach Narksak, und von da gerade hinüber nach Narkseitsiak, liess mein Zelt aufschlagen, und blieb daselbst ganz alleine zurück, und sandte Schaluppe und Mannschaft unter Paul Andersens Anführung mit einem Briefe an Herrn Inspecteur Myhlenpfort, worinnen ich das schlechte Betragen der Grönländer berichtete, und mir andere Beförderung ausbat, nach der Kolonie Godthaab zurück. —

Montags d: 8. August.

Es regnete die ganze vorige Nacht, so dass ich meine liebe Noth im Zelte hatte, da ich ganz allein war. Die Stelle wo ich. stand, machte meine Einsamkeit schauerlich schön. — Gerade gegen über in Osten stand der fürchterliche Eisblink, welcher die ganze Nacht durch unaufhörlich donnerte, und, da es gerade Vollmond war, ungeheure Eisberge unter schrecklichem Geprassel in die See stürzte, welche wie kochende Milch aufschäumte. — In wenig Stunden war das Wasser rund umher mit diesen schwimmenden Kolossen bedeckt. In Nordwest lag mir der steile Imnajuortok, dessen junge Vögel unter beständigem Gekreische die Stelle in wolkendichten Schaaren umflatterten, oder sich auf den kleinen Eisstücken der See wiegten; und um mich her versammelte sich nun mit einemmale den folgenden Morgen eine Heerde von Grönländischen Weibern und Kindern, welche so eben mit ihrem Umiak von der Topfsteingräberey aus der Nachbarschaft zurückgekommen waren, mich neugierig vom Kopf bis zum Fusse musterten, und sodann mit ihren kleinen Verehrungen, als da sind: Rennthiersehnen, Stiefelsohlen, Steinen, Seehunde- und Rennthierfleisch, und Talg, nicht ohne Ursache, das heisst, in billiger Hoffnung eines Gegengeschenkes, angezogen kamen. — Sie kochten mir Thee und meine Erbsensuppe, und waren sowohl mit mir, wie ich mit ihnen zufrieden. Sie sind alle an der obenbenannten Stelle zu Sadlok zu Hause.

Nachmittags wurde es klar Wetter, und ich gieng auf Excursion, wobey mich die Mükken oder Moskitos *(Culex pipiens)* welche im Sommer am festen Lande eine unbeschreibliche Plage sind, jämmerlich zurichteten; denn die Stelle ist sehr mohrig, aber grasreich. —

Die Hauptmasse des Gebirges dieser Gegend ist Granit mit angelehntem Hornblendeschiefer, auf diesem liegt Glimmerschiefer mit Stralstein, Sahlit hie und da mit etwas Kupferkies, Asbest in horizontalen Adern, und in beträchtlichen Lagern Topfstein mit Schwefelkies. —

Als ich Abends ziemlich müde und durchnässt, denn es regnete strichweise, von meiner Wanderung nach dem Zelte zurückkam, so erhielt mein hungriger Magen eine Wassergrüzze, welche indessen von einer Grönländerin gekocht wurde. — Weil aber die Köchin auf gut Grönländisch dieselbe in einer eisernen Pfanne, welche von Regen und Seewasser eine Rostrinde erhalten hatte, ans Feuer sezzte, ohne sie vorher zu scheuern, so sah die Grüzze wie Dinte aus, schmeckte wie Dinte und hatte die Wirkungen des Pyrmonter Stahlwasser; welches auch die Grönländerinnen zu fühlen bekamen, welche nach mir den Rest verzehrten. —

Dienstags d: 9. August.

Gieng ich der unerträglichen Mükken ungeachtet auf Excursion gegen Westen zu, wo ich im Granite mächtige Lager von Talkschiefer und Topfstein fand. — Ich habe überhaupt im ganzen Lande, und selbst in diesem Fiord keine Stelle gefunden, wo sich beyde genannte Steinarten in solcher Menge finden. —

Hier halten sich auch die Grönländer im Sommer oft mehrere Wochen auf, um diesen für ihre Lampen, welche die Stelle unserer Ofen vertreten, so nothwendigen Stein zu holen. Eine grosse Menge von solchen Lampen und Kochgeschirren bezeichnet einen wohlhabenden Grönländer. Denn sie bezalen dieselbe selbst unter sich in einiger Entfernung von Godthaab sehr theuer. Im Talkschiefer, welchen sie nur im Notfalle benüzzen ist zuweilen glasartiger Stralstein eingewachsen, welcher für den Mineralogen interessant, dem Grönländer aber unwillkommen ist. Diese Steinart sieht der Tirolischen vom Greinerberge vollkommen ähnlich. Abends kamen die Männer dieser Grönländerinnen zum Theile von der Rennthierjagd zurück. — Sie hatten zusammen 11. Rennthiere geschossen, wovon ich nun auch einen Theil als Geschenk für — ein Gegengeschenk erhielt. — Nun wurde aber auch unter ihnen die ganze Nacht gekocht gesungen und gegessen. — Der Eisblink kanonirte den ganzen Abend gewaltig, weil es den Tag über sehr warm gewesen war. —

Mittwochs d: 10. August.

War ich Nachmittags auf Excursion in der nemlichen Gegend, wo ich vorgestern gewesen war, und fand sehr schönen Glimmer, Sahlit mit Hornblende, Akanthikone in Stralstein, asbestartigen Stralstein, Kupfergrün auf Hornblende angeflogen, Tropfstein auf Hornblende, asbestartigen Tremolith, Hornblende in körnigen Kalkstein, Glimmerschiefer mit Moroxit, Amianth mit asbestartigem Stralstein, goldgelbem feinem Glimmer, schwarzem kristallisirtem Glimmer, lichtgrünem Stralstein, und ein 4. seitig prismatisch kristallisirtes grünliches durchscheinendes Fossil, in gemeiner Hornblende eingewachsen. Die Hauptgebirgsart hier ist durchaus Granit. — Der Eisblink krachte heute heftig, besonders gegen Abend.

Donnerstags d: 11. August

War ich den ganzen Tag auf meinen Wanderungen begriffen, und fand auf der Westlichen Seite von Narkseitsiak eine durch Wasserströme und Erdrevolutionen ganz zerstörte Gegend. Die Steinart ist hier sehr feinkörniger grünlicher Granit, lagerweise verhärteter Talk mit glasartigem Stralstein.

Abends um fünf Uhr kam mein treuer Führer der Catechet Paul Andersen mit einem Umiak besetzt von fünf Neuherrnhuts-Grönländerinnen von Godthaab hier an, um mich aus meinem freyen Arreste zu erlösen. — Der Eisblink warf den ganze Abend schwere Stücke in die See. —

Freytags, d: 12. August

Vormittags um 10. Uhr reisten wir ab. — Wir mussten uns im ewigen Zickzack durch die ungeheuren Eisberge arbeiten. Ein der Gegend kundiger Grönländer von Sadlok, namens Christoffer begleitete uns im Kajak. Wir kamen nach und nach gegen den Eisblink zu auf die entgegengesetzte Seite dieses Armes des Fiords, welcher Kangersunæt heisst, und kamen in der Berggegend Nunatarsoak bey Iglorsoit, dem Ende des längsten oder Östlichen Arms von Godthaabsfiord Nachmittags um 2. Uhr an. —

Auch hier zeigen die vielen gepflanzten Grasplätze Spuren von der Existenz der Normänner auf dieser Stelle. Hie und da finden sich zusammengefallene Steinhaufen, Spuren von Mauern, und einzelnen Gebäuden, doch sind sie mit Erde, Gras und Gesträuchen bedeckt Das lange, breite, mit Gras bewachsene Thal führt zu einem runden Hügel, welcher am Ende desselben in der Höhe auf der rechten Seite steht. Mitten auf seiner Spizze liegt ein grosser Stein. Man könnte diesen Hügel in der Ferne beynahe für einen Normännischen Grabhügel halten.

Dieses Thal zieht sich auf der entgegengesetzten Seite wieder abwärts zur See; hat wie das erstere in seiner Mitte einen grossen reissenden Bergstrom, und wendet sich theils gerade zur See hinab, und theils durch eine andere Krümmung um einen andern kleinern Berg gerade nach dem östlich liegenden Eisblink zu.

Dieser Eisblink ist grösser, steiler, und gefährlicher als der nordöstliche, und hat im Hintergrunde keine aus seiner Oberfläche hervorragende Berge; man sieht bloss die unermesslichen himmelangethürmten Eismassen. — Hier ganz nahe an dem Eise fand ich ein deutliches, noch über das kleine Gesträuche hervorragendes Überbleibsel von einem alten Normännischen Gebäude. Es war vollkommen 4 eckicht, hielt an jeder Seite nicht volle 50. Fuss; die Mauern ragten hie und da noch eine Elle und darüber aus dem Moose, Grase und Gesträuche hervor. — Die Zwischenmauren waren nicht mehr deutlich zu bemerken, doch zeigten durch das Gesträuche sich einige Spuren, aus welchen man vermuthen kann, dass es 3. Hauptabtheilungen gehabt haben mag. — Mehrere andere Gebäude in diesem Felsenthale sind allem Vermuthen nach seit langer Zeit unter dem Eisblinke begraben.

Die beyden zwischen den oben beschriebenen Thälern dieser Gegend liegenden Berge, welche ich bestieg, sind ausserordentlich zerspalten; die Klüfte sind zuweilen eine Lachter und darüber breit und unabsehbar an vielen Stellen. — Die Oberfläche derselben ist von ungeheuren losgerissenen Trümmern bedeckt, deren dermalige oft abentheuerliche Gruppirung das Werk einer nicht sehr alten Erderschütterung ist; denn die Bruchstükke, welche hie und da zusammenpassen, sind noch sehr scharf. — Im jenseitigen Thale gegen den Eisblink zu fliesst ein grosser Landsee, welcher über die Felsenwand hinab am Eisblink ins Meer stürzt. — Im Thale am Landsee weideten ruhig einige Rennthiere, bis ich ihnen ungefehr fünfzig Schritte nahe war; worauf sie pfeilschnell nach der Gegend des Eisblinks zu rannten. — Es muss viele Hasen, Füchse und Schneehühner in dieser Gegend geben, da ich mehrere sah. Sie vermehren sich hier auch unter dem festen Lande sehr leicht, da die Grönländer nur im Sommer hieher kommen, und die Grönländer aus Furcht, sie möchten die Rennthiere verscheuchen, auf diese kleinen Geschöpfe keinen Schuss thun. —

Von dem höhern der genannten beyden Berge konnte ich Pissisarbik einen Theil des Ameraglikfiords mit seinen kleinen Inseln, so wie auch die beyden Eisblinke dieses Fiords übersehen. Letztere gehören eigentlich mit zu der grossen Eisdecke, welche das ganze feste Land von Nordwest nach Südost überzieht. Der Anblick auf diesen kahlen Felsenmauern ist fürchterlich schön, und lohnt die Beschwerlichkeit des Aufsteigens.

Die Gebirgsart der ganzen Gegend ist grauer Granit mit schwarzbraunem Glimmer, von grossen Quarzgängen und Adern durchschnitten. Lagerweise graulicher Quarz, Chlorit mit Kupfergrün, weisser Feldspath und Adular. Bey einem Granit mit fleischrothem Feldspath und schwarzem Glimmer findet sich magnetischer Eisenstein, ein dem Gadolinit ähnliches Fossil kristallisirt in 4 seitigen, etwas geschobenen Prismen, und in der nemlichen Steinart kleine prismatische dem Zirkon ähnliche Kristalle.

Es regnete den ganzen Tag, und ich kam Abends um 10. Uhr nach einem 3. Meilen langen Marsche ziemlich müde und durchnässt nach dem Zelte zurück. — Auf der Stelle, wo wir waren, befinden sich des Rennthierfanges wegen mehrere Zelteplätze. Ich bemerkte auch ein Grab.

Sonnabends, d: 13. August,

Blies ein warmer Sturm aus Südost, bey vielem Nebel und dichtem Regen, wodurch viel Eis vom Eisblink losbrach. Ich gieng nach den Gebirgen am Strande, und von da nach dem Eisblink auf Excursion, und fand die nemliche Hauptgebirgsart, bloss dass hier mehr Glimmerschiefer eingelagert ist. Ich traf auf meinem Wege mehrere Rennthiere. Am Ufer gegen den Eisblink findet sich grauer Thon. Ich wagte es nach der majestätischen Eisbrükke hinunter zu steigen, und sah, dass diese Masse, welche von ferne so glatt wie ein Spiegel zu seyn scheint, äusserst hökkerig und uneben ist, welches das Gehen um so beschwerlicher macht. — Die Oberfläche sieht so wellenförmig wie ein stürmisches gefrorenes Meer aus. Ich war kaum eine Viertelstunde darauf fortgegangen, als auf einmal eine breite Kluft mir den Weg abschnitt. — Ich legte mich auf den Bauch nieder, um in diesen Schwindel erregenden Abgrund hinunter zu sehen, konnte aber, so weit mein doch ziemlich scharfes Auge reichte, nichts als Eis bemerken.

Sonntags, d: 14. August.

Blies ein Sturm aus Südwest mit starkem Regen, und viel Treibeis gieng im Fiord. Ich gieng nach den Nordostlichen Bergen, und fand im Granit goldgelblichen Glimmer gangweise, und trümmerweise Magneteisenstein; hoch in einer Klippe sah ich das obenbenannte gadolinitähnliche Fossil von bräunlicher Farbe gangweise in Granit von gröberm Korne eingewachsen. —

Monntags d: 15. August

Lag die ganze Bucht, so weit man sehen konnte, voller Eis. Wir versuchten aber da es zu stürmen und zu regnen aufgehört hatte, durchzufahren und reisten um 8. Uhr Morgens ab, mussten aber wieder Land suchen, da das Eis unser Boot mehrmalen anritzte, wodurch diese ledernen Leichenkisten gar leicht Löcher bekommen. Mit dem zweyen Versuch, welchen wir eine Stunde spæther machten, gieng es besser; der Kajaksmann KRISTOFFER gieng voraus, und wir folgten. — Wir setzten nahe bey dem Eisblink gegen Pissiksarbiks Itiblik über, und waren nach zwey Stunden gefährlicher Arbeit aus dem Eise. — Wir giengen Sisserartok vorbey, und kamen gegen 8. Uhr Abends glücklich nach Narkseitsiak zurück.

Die ganze Strandkette, welche wir heute den Tag über durchlaufen hatten, besteht aus dem obengemeldeten feinkörnigen grauen Granit, ohne andere beygemengte Fossilien. — Grosse Talklager mit Asbest, Stralstein und andern damit verwandten Fossilien habe ich nur zu Narkseitsiak bemerkt, doch finden sie sich hie und da in kleinen Parthien.

Donnerstags, [Dienstags] d: 16. August.

Stürmte es abermals aus Südwest. Es ist unglaublich, wie hoch die See bey Stürmen so weit in den Fiorden und zwischen dem festen Lande gehen kann. — Gegen Abend gieng ich auf Excursion gegen Westen, wo ich abermals im Granite bedeutende Topfsteinlager und in denselben glasartigen Stralstein fand. Die Nacht durch fiel ziemlich Schnee, und die Berge rund herum waren weiss. —

Mittwochs, d: 17. August,

Reisten wir um 9. Uhr Morgens ab, und passirten Narksarsuk einen Zelteplatz. Als wir über die Bucht Kangejursak sezzen wollten, kam uns plötzlich ein Südweststurm mit Schnee und Regen auf den Hals, so dass wir kaum in die Bucht uns retten, und den Umiak bey Tattarait, einem Zelteplatze ans Land bringen konnten. Nachmittags zeigten sich 3. Regenbogen.

Ich gieng auf Excursion, und fand den genannten feinkörnigen grauen Granit mit Adern von verhärtetem Talke.

Die Gegend dieser Bucht, welche ziemlich weit in einem Halbzirkel ins Land hineingeht, ist fischreich; daher sieht man auch viele Tattarakken und Mäwen. Auf dem nächsten Berge kann man einen Theil von Pissisarbik übersehen. — Von hier aus führt hinter Kangek vorbey eine grasreiche Fläche, welche mitten einen kleinen Landsee hat. —

Die Bucht, so wie der Elv hat ziemlich viele Lachse. Die

Gegend soll ehemals von Grönländern des Angmarsætfanges wegen, sehr besucht worden seyn.

Donnerstags, d: 18. August.

Reiste ich, da die See sich gelegt hatte, obgleich der Regen anhielt, und mit Schnee abwechselte, von Tattarait ab, kam eine lange Strekke von aus grauen Granit und schieferigem Syenit bestehenden äusserst steilen Felsen vorbey, an welchen eine einzige kleine Fläche, zu einem Zelteplatze kaum gross genug, Sedliarusæt genannt, liegt. — Wir wendeten sodann um Kangek, wo ziemlich starke See gieng, kamen durch Ikaresak, einen Sund, auf dessen rechter (westlicher) Seite Kikertarsoak, eine grosse durchaus steile Insel, mit vielen schroffen Bergspizzen liegt, deren Felsen aus Granit und Syenit bestehen.

Auf der linken (östlichen) Seite lag uns Ittivik eine Bucht, von welcher man gerade über nach Tattarait zu gehen kann. — Vor einigen Jahren starben hier plötzlich siebenzehn Grönländerinnen von der Mährischen Brüdergemeinde, welche auf Angmarsætfang hier lagen, in einer Nacht. Sie fühlten alle auf einmal Schmerzen in der flachen Hand und unter den Fusssohlen, sodann im Unterleibe, und starben so nacheinander weg. Die Veranlassung konnte ich nicht erfahren. Die Männer, unter welchen der noch lebende Grönländer HENDRIK sich befand, kamen gesund zur Kolonie. Seit dieser Zeit wagt sich kein Grönländer mehr auf dieser Stelle ans Land. Östlich von Ittivik sind noch zwey andre Buchten Patusok, und Amitsiarsuk, welche die Grönländer nun ebenfalls vermeiden. Mitten im Sunde Ikaresak liegt die Insel Omanak, einst ein Winterwohnort, und guter Fangeplatz der Grönländer, nun unbewohnt. —

Wir kamen auf Pissisarbik zu, wo wir zween Kajaks Grönländern begegneten. Von Kangek bis Pissisarbik rechnet man eine starke Meile. — Bey Pissisarbik soll das grosse Gefechte zwischen den alten Normännern und Grönländern vorgefallen seyn. — Sie kämpften mit Bogen und Pfeilen, wovon die Stelle auch den Namen erhalten hat. Die eine Parthey stand nach der Volkssage auf einer hohen steilen Klippe, die andere auf einer flachen Scheer in der See. Dieses Gefecht ist eben so wahrscheinlich, als ein Duele mit Pistolen, wovon der eine zu Koppenhagen, der andere zu Friederichsberg steht, denn so gross ist die Entfernung von der Spizze der Klippe nach der Scheer hinab. —

Wir blieben zu Pissisarbik über Nacht. Diesen Namen führt der ganze südlichste Arm von Godthaabsfiord oder Baals Revier. —

Hier stehen einige Überbleibsel von Grönländischen Häusern; mehrere Zelteplätze, und Gräber bemerkte ich ebenfalls in dieser Gegend.

Die Gebirgsart ist feinkörniger Granit, mit weissem Feldspathe und Quarze, besonders bey den hohen Klippen. Grosse grobkörnige Granitgänge mit Adular und schwarzem Glimmer, Moroxit? und Magneteisenstein in demselben, und schwere Trappadern durchschneiden die ganze Gebirgsart. Grosse Hornblende- und Glimmerschieferlager mit Stralstein, hie und da mit häufigem Kupfergrün finden sich ebenfalls.

Freytags, d: 19. August.

Stürmte es heftig aus Südost mit Regen. — Wir mussten stille liegen, und ich war den ganzen Tag auf Excursion. —

Sonnabends, d: 20. August.

Dauerte der Südoststurm mit schwerer See und Regen den ganzen Tag fort. Ich war auf Excursion und fand östlich bey der hohen Klippe Überbleibsel eines alten Norischen Gebäudes. — Hier ist der Strand hoch mit Geröllen aufgeschwemmt, welche die grossen Bergströme noch vermehren. Die ganze Gegend um die Klippen, besonders bey den zerfallenen Häusern hat sehr schönes hohes und fettes Gras, höher hinauf vieles Gesträuche, und an den Bergströmen wächst viel *Angelika Archangelika,* eine Lieblingsspeise der Grönländer. Der Regen hielt den ganzen Tag, so wie die Nacht hindurch an, und das Wasser floss um Mitternacht in Strömen durch unser Zelt. —

Sonntags, d: 21. August,

Dauerte der Südoststurm mit Nebel und Regen den ganzen Tag hindurch fort, und beschloss die kalten Grönländischen Hundstage. Ich gieng dem Strande entlang gegen Osten auf Exkursion, und fand jenseits der grossen Klippe einen sehr breiten Bergstrom bey einer kleinen Bucht, in welcher ich viele Lachse und Krabben bemerkte. Gegen Abend klärte sich der Himmel etwas auf. —

Montags, d: 22. August,

Morgens gegen 8. Uhr reisten wir von hier ab. Das Land, welches bey Pissisarbik noch so ausserordentlich steil ist, verflächt sich nun auf einmal, und hat selbst auf Verhöhungen vieles Gesträuche und Gras. — Wir passirten einige Zelteplätze, sahen ganz am Ende des Fiords mehrere Delphine *(Delphinus Delphis)* in der See spielen, und kamen endlich gegen 11. Uhr zu Kapiselik, am äussersten Ende dieses Armes von Godthaabsfiord an. — —

An dieser Stelle findet sich ein grosser Elv, welcher sich durch 3. Seen, wovon der oberste im Lande über eine Meile lang ist, sehr vergrössert, und bey Kapiselik in die See stürzt. Er war so eben des anhaltenden Regenwetters wegen auserordentlich angeschwollen, so dass die Grönländer, welche des Fischfanges wegen hier gelegen hatten, mit leeren Händen wieder abziehen mussten. Von dem *Clupea Harengus* oder Häringe, *Kapiselik* auf Grönländisch, hat die Stelle den Namen, welche, ausser diesem, der sich nur selten eingefunden hat, vortreffliche Lachse liefert. — Dieser wegen halten sich viele Mäwen, Tattarakken, Falken und Adler hier auf. — Ein Adler, welcher sich so eben einen schönen Lachs geraubt hatte, flog von seiner Beute auf, als wir ans Land ruderten. Er hatte nur erst den Kopf verzehrt, als wir ihn störten; den Rest, welchen ich von diesem Vogelkönig erbeutete, liess ich mir seines unausgesetzten Protestirens ungeachtet, gut zu Mittag schmecken. —

An diesem Elv, besonders oben bey dem dritten See, von wannen man hinüber nach Ameraglik gehen kann, wohnten ehemals viele Normänner; die Gründe der Wohnungen sind zuweilen noch sehr deutlich zu sehen. — Eine Brücke über den Elv von Gneiss- und Glimmerschieferplatten, mit einer schmalen Öffnung mitten durch für das Wasser steht noch; so wie das Stück einer Mauer am Strande. Die Stelle wird der Rennthierjagd und des Lachsfanges wegen im Sommer besucht. — Die Grönländer hatten hier in der Nähe in diesem Jahre 5. Rennthiere geschossen. Ich traf mehrere dieser Thiere bey meiner Wanderung an. —

Die Steinart ist hier, wie an der ganzen Strecke grauer Granit mit vielen Hornblendeschieferlagern, Murkstein, etwas Topfstein und Stralstein. —

Die Gegend hat viel Gras, doch wenig Gesträuche, mehrere Elve, und kleine Landseen, und ist durchaus sehr mohricht. Nachmittags gieng ich über Itiblik hinüber nach Kangersunæt. Der Boden über Itiblik ist ebenfalls grasreich, aber sumpfig. Auf dem Wege dorthin bey dem ersten Lachselve bemerkte ich den Grund eines Normännischen Überbleibsels 8. Schritte breit und 15. Schritte lang; rund umher viele niedergefallene Steine und nur wenige Schritte davon zur rechten und zur linken Hand, ebenfalls Schutt von Gebäuden. Zwey Fusswege führen um die Klippen über die Fläche nach Kangersunæt, welches abermals voll von Eis und in dichtem Nebel lag. Die Länge des Wegs über Itiblik ist eine halbe Meile. Grönländer wohnten hier herum niemals, weil diese Bucht sehr frühzeitig zufriert. — In der Bucht liegen 9. kleine Inseln und einige Scheeren. Erstere haben viel Laimland und Geschiebe. Abends 10. Uhr kam ich zum Zelte zurück.

Dienstags, d: 23. August,

Reisten wir Morgens zwischen 7. und 8. Uhr bey Regenwetter ab, passirten Angmarsoit-Nouga, Pissiksarbik gegen über, es ist hier ein Zelteplatz, wo die Grönländer Angmarsæt zu troknen pflegen. Die Stelle hat zum Hintergrunde viele kahle steile Felsen, deren Gestein grauer Granit, wie in der ganzen Bergkette ist. Hinter Nouga ist eine grosse Bucht mit einem zerfallenen Wohnhause, Iglorsoit genannt. Auch hier sollen ehemals Normänner gewohnt haben. Einige Grönländer kamen zu mir ans Boot um Seehundefleisch für Tobak zu vertauschen. Wir giengen durch Pissiksarbik-Sund, dessen südliche Seite festes Land, und die Bergkette, welche Baals Revier von Ameraglikfiord absondert, die nördliche aber Kikertarsoak ist. Letztere grosse Insel besteht durchaus aus hohen steilen zakkicht spizzen Felsen von grauem Granit. Auf derselben ist Naïarsoit, eine alte Grönländische Wohnstelle, welche wir vorbey fuhren, und sodann an Korok kamen. Dies ist der kleinste und lezte Arm von Godthaabs Fiord; er geht nur $1^1/_2$ Meile weit ins feste Land, zieht sich aber in einen schmalen Arm wie eine Angel gekrümmt, durch die Berge, welche sehr schroff sind, und einen Theil des Nordlichen Ufers des Ameraglik Fiord ausmachen. — Der Østlichste derselben ist Uioa, an denselben stösst ein anderer steiler Berg, dessen Oberfläche sich wie ein mit dem Forderfusse aufrecht liegender Stiefel bezeichnet. —

Die Berge, welche die Bucht Korok umgeben, sind durchaus sehr steil. Ihre Hauptmasse ist der graue Granit, in welchem sich viel Quarz, schwere Trappgänge, viele Granaten und etwas Magneteisenstein finden.

Wir sezzten quer über Pissiksarbikfiord, welcher hier über $^1/_2$ Meile breit ist, und blieben zu Siksakriesungoak auf Kikertarsoak über Nacht, nachdem wir heute zwölf Meilen gereist waren. — Die Stelle, wo wir standen, lag unter einem breiten steilen Abhange.

Der Granit ist hier feinkörnig und mehr röthlich, hat aber ebenfalls grosse Hornblendelager.

Die Stellen unter dem Abhange sind dicht mit ziemlich grossen Gesträuche bis an den Strand bewachsen. Es giebt viel *Angelika* und *Syra* hier. —

Abends gegen 9. Uhr brachen uns gegenüber grosse Eismassen mit fürchterlichem Geprassel von dem Klüften los, und stürzten mit grossem Knalle in die See. —

Am Strande liegt viel Glimmerschiefer angelehnt; der *Echinus* findet sich häufig hier.

Mittwochs, d: 24. August,

Reisten wir Morgens 8. Uhr ab; es war einer der schönsten Tage dieses unfreundlichen Jahres — und passirten Kikertangoak, eine kleine Insel mit einem Zelteplazze. Gegen über ist Kikertarsoabnouga, ebenfalls ein Zelteplatz, rund um denselben steile Granitmauren. Hier standen vor einigen Jahren die Missionäre der Mährischen Gemeinde, Mentzel und Rudolph lange Zeit, und konnten des Eises wegen nicht über den Sund kommen. Sie wagten sich endlich, durch den Hunger getrieben, mit dem Umiak über die Eisstücke, und giengen einen mühsamen Weg über die Berge zu Hause. Wir verliessen den Sund, giengen die Insel Sadelen grönländisch Samitsiak genannt. Der höchste Rükken dieses Berges hat von ferne eine Sattelform.

Die ganze Masse ist steil, besteht aus grauem Granit, und hat lagerweise rothen Granit und Hornblendegestein.

Vor ein paar Jahren verunglückte hier ein Umiak mit *Angmarsæt* beladen auf der Heimreise mit allem Volke. Wir passirten die Südlichste Näs der Insel, Poaktorbik genannt. Zwee alte Wohnhäuser, nun verlassen, stehen auf Ersaak, der nordlichsten Näs. Man kann von hier aus ein Stück von Björneöen, oder Karosut, von den Höhlen und Löchern in den Felsen so genannt, sehen, doch nur das südlichste Ende, welches sich nordwestlich hinter Sadelen hinzieht. Einige nennen diese Insel auch Nennokikertak. Sie war ehemals bewohnt, und hier wurden besonders viele blaue Füchse gefangen.

Die Hauptgebirgsart ist Granit, welcher an vielen Stellen in Syenit übergeht.

Wir kamen mit gutem Ostenwind die Näs Sergvarsungoit vorbey, wo schwere Strömung geht, sodann eine kleine Biegung ins Land, Itiblingoak genannt. Die Stelle war ehemals bewohnt. Der letzte Grönländer, welcher hier stand, war Samuel, der erste von den Mahrischen Brüdern auf diesem Lande getaufte Heide. —

Von hier aus zieht sich zwischen den Bergen ein Thal bis zur Kobbebugt, grönländisch Kangerdluarsuk genannt, unter dem Hjortetakken oder Kingiktorsoak hin. — Von hier aus kann man auch gerade hinauf in Baals Revier nach Ujaraksoak sehen. Wir setzten über Quannebugt (Quannengoit), kamen lille Malena vorbey, so wie auch Wildmannsnäs (Kassigiengoit) und Dievelsklöerne. — Von der Quannebucht bis Kakortoks Näs geht allezeit eine sehr schwere Strömung. Wir setzten endlich um Kakortok, oder Godthaabs Näs herum, und kamen bey ziemlich gutem Wetter Nachmittags um halb zwey nach einer Reise von vier Wochen alle glücklich und gesund zur Kolonie Godthaab grönländisch Nogme genannt, auf der Südlichen Seite von Baals Revier liegend, zurück. —

Aufenthalt
zu Godthaab.

Donnerstags, d: 25. August,

Abends kamen Grönländer von den Kooksinseln mit der Nachricht, dass sie dorten Stükke eines gescheiterten Schiffes gefunden hatten. Sie brachten ein Bruchstück von dem Spiegel eines Englischen Schiffes mit; ich konnte noch mit genauer Noth folgende Worte, da das Brett sich an den Klippen ganz abgerieben hatte, herausbringen:

„*the Convoy without Notice given & lea*
„*o for that Purpose he shal be iable to bear be*
„*against in the high Council of Admiralty*
„*the Suit of the Crown for Disobedience (ath*

Dies war nur das mittelste Stück der Addresse, wie man auch aus den Fugen des Brettes sehen konnte. Der obere und untere Theil also der Anfang und das Ende der Schrift war verlohren gegangen. Die Buchstaben waren weisse Rotund und Cursiv Schrifft auf schwarzem Grunde. — Herr HEILMANN, welcher heute von Fiskenäs hier ankam, berichtete ebenfalls, dass die Grönländer zu Lichtenfels ein Fässchen mit Essig und andere Kleinigkeiten geborgen hätten.

Freytags. d: 26. August.

Bargen die Grönländer bey den Kooksinseln eine Tonne mit verdorbenen Schiffsbrode.

Sonnabends, d: 27. August

Kamen die Grönländer der Kolonie von der Rensthierjagd zurück. Sie hatten gegen 30. Thiere geschossen, aber das Fleisch beynahe alles selbst aufgefressen. —

Sonntags, d: 28. August,

Erhielten wir Nachricht, dass zu Sadlok Holzwerk von dem oben gemeldeten Schiffe gefunden worden wäre. — Das Transportboot kam heute mit etwas Treibholz von dem Nordlande zurück. Aber was ist das unter so viele? —

Montags, d: 28. [29] August

wurde ein junges Rennthier zu Akonak, der Kolonie gerade gegen über, geschossen. Es ist ein äusserst seltener Fall, das diese Thiere so weit gegen die See herauskommen. —

Dienstags d: 30. August

Wurde ein Speckfass von Neu Herrnhutsgrönländern beym Handel eingebracht, welches mit „Julianehaab 1805“ bezeichnet war. Man vermuthet, dass dieses seit Kapitän BURKARDS Schiffbruch irgendswo auf einer Insel gelegen und wieder in die See getrieben habe. —

Freytags [Mittwochs] d: 31. August.

Bliess ein schwerer Südweststurm mit Regen den Tag und die Nacht durch. Die Grönländer brachten mehrere Trümmer der gescheiterten Schiffes ein. —

Monat September.

Donnerstags, d: 1. September

Dauerte der gestrige Südweststurm den ganzen Tag durch ununterbrochen fort.

Freytags, d: 2. September

Fror die Nacht durch das Wasser auf allen unsern Landseen.

Samstags, d. 3. September

Gieng ich mit Herrn Inspecteur nach Dievelsklöerne und der Wildmannsnäs auf Excursion. Meine Bemerkungen auf mehrern kleinen Fusswanderungen, will ich, wenn ich von der Gegend um Godthaab überhaupt sprechen werde, unter einer Rubrik mittheilen. —

Sonntags, d: 4. September,

Blies abermals ein schwerer Südweststurm. Ich hatte beschlossen, sogleich mit dem Anfange des Monats nach dem Ameraglik-Fiord abzureisen, allein die täglichen Stürme und die unaufhörlich unruhige See machte dieses Jahr manchen meiner Plane zu Wasser. — Wir hatten, da doch sonsten gewönlich um diese Jahrszeit die nordlichen Winde herrschen, beynahe täglich südliche Stürme mit Regen und Schnee, und äusserst wilde See.

Montags, d: 5. September,

Fiel ein halb Fuss tiefer Schnee. Schlimme Aussichten für mich! — Mittags langten wider alles Vermuthen zwey Postkajakke von Holsteinsburg mit Briefen von Godhavn hier an, woselbst Herr John Jarrath Junior, Leutenant der Englischen Marine auf einem Barkschiffe Neptunus genannt, mit Proviant angekommen war. — Ein zweytes Schiff, welches nach dem Südlichen Inspectorate hätte reisen sollen, litt den mittkommenden Nachrichten zu Folge bey Kap Farwel im Westeise Schiffbruch, ohne das ausser der Mannschaft, welche glücklich den Bord des Neptunus erreichte, das mindeste gerettet werden konnte. Neptunus beseegelte noch einige Kolonien in der Bucht, und war Willen nach Holsteinsburg und von da nach London zurückzugehen. Der Herr Inspecteur erhielt Briefe von Lieutenant Jarrath, Consul Wolff und Kapitän Jepsen in London. Ich übersezzte die Englischen Papiere ins Dänische. —

Dienstags d: 6. September,

Stürmte es aus Südost; die vorige Nacht fiel abermals Schnee. —

Mittwochs, d: 7. September,

wüthete abermals ein anhaltender Südweststurm mit schwerem Seegang.

Donnerstags, d: 8. September

Der rasende Sturm, welcher die ganze Nacht durchgetobet hatte, dauerte mit Schnee und Schlagregen den ganzen Tag fort.

Freytags, d: 9. September

War es Vormittags etwas ruhig, der Wind war mehr südlich, nachmittags fieng es mit verneuerter Kraft aus Südwest mit heftigem Regen zu stürmen an, und dauerte die Nacht durch.

Sonnabends, d: 10. September,

Tobte unausgesetzt der gestrige Sturm unter abwechselndem Regen und Schnee.

Sonntags, d: 11. September,

Kam abermals der alte Südwest, welcher die Nacht durch ein wenig ausgeruhet hatte, so stark als in den vorigen Tagen wieder. Die Berge waren ringsum mit Schnee bedeckt.

Montags, d: 12. September,

Wurde der Wind südlich, und die See nach Mitternacht ruhiger. Da es sich aufzuklären schien, so trat ich um 9. Uhr Vormittags meine Reise nach dem Ameraglikfiord an. —

Reise
um Godthaabs Land
nach
Kariæt, und **Ameraglikfiord.**

Es wird vieleicht hier am passendsten seyn, die Bemerkungen, welche ich auf mehreren Wanderungen in der Gegend von Godthaab gemacht habe, hier mitzutheilen, da diese Kolonie gerade zwischen Baals-Revier und Ameraglikfiord liegt. — Dass die Kolonie auf einer bessern Stelle liegen könnte, habe ich schon oben erwähnt, und wird niemand, der die Gegend kennt, in Zweifel ziehen.

Die Gebäude der Kolonie, so wie der Kirche liegen an einem Bache, oder Elve, welche von Herrn Cranz bereits gemachte Bemerkung der spitzfindige Herr Glahn sehr spitzfindig gefunden hat; und Elve sind, wie man aus aller Erfahrung weiss, den Gebäuden nicht sehr erspriesslich. — Diesen Winter, wo nun auch freylich die ganze liebe Mutter Natur sich auf den Kopf stellte, um uns das Leben recht sauer zu machen, hat auch dieser Elv das seinige gethan, und bey einem eingefallenen Thauwetter das Wohnungshaus durchwässert, aber ihm doch keinen grossen Schaden thun können, da es ein steinernes Gebäude ist, welches dem Clima trotzt, so wie sie alle in diesem Lande seyn sollten. Hans Egede erbaute es im Jahre 1728. Ringsum stehen ziemlich niedere Klippen, welche aber doch bey Thauwetter gegen die Gebäude starken Abfall haben. — In Süden, eine Meile in gerader Linie entfernt, steht der Hjortetakken, oder Kingiktorsoak, der höchste Berg im Lande, in Südost Store Malena, und vor demselben, der Kolonie etwas näher Lille Malena. Von seiner Spizze kann man im Westen die Kookinseln, die nördliche Landzunge von Godthaabsfiord bis Sausavik und Kangek, in Osten Sadelen, und oben im Fiord Kingiktok, in Südost den Sund zwischen Kikertarsoak und Korok, welcher nach Pissiksarbik führt, übersehen. In Süden liegt Store Malena, in Norden Nepisetsund und Akonak. In Godthaabs Land gehen viele Buchten und Einschnitte der See von allen Seiten. — Hinter Neu Herrnhut, welches in einem etwas mohrigen Thale steht, gehen zwey Buchten ins Land hinein, wovon die eine den sogenannten Schiffshavn bildet, und sich unter Store Malena hinzieht.

Die Hauptgebirgsart dieser ganzen Landzunge ist Granit, in welchem sich hie und da Adern von Milchquarz finden. Hornblendeartiger Basalt durchschneidet gangweise diese Hauptmasse nach allen Richtungen, doch meistens senkrecht. — Im Granit findet sich lagerweise derber Scapolith und Tremolith, welcher sich dem sogenannten Anthophyllite nähert. — Seltener ist dem Granite Turmalin in ganz kleinen Prismen beygemengt. Ausserdem trifft man besonders gegen Store Malena zu grosse Glimmerschiefer- Hornblende- und Hornblendeschieferlager an. Beyde Malena-Berge trennt ein Thal, von diesem aus kann man gegen Osten den Store Malena mit leichter Mühe ersteigen. Beyde Malena's haben Granit zur Hauptmasse. Auf Store Malena finden sich grosse Lager und Gänge von weissem, weissgrauem und röthlichweissem geadertem Feldspathe, welcher zuweilen etwas opalisirt. Im Hornblendeschiefer fand ich hie und da etwas Kupferkies und Kupfergrün, und in einer Erhöhung, welche aus Urgrünstein besteht, Schwefelkies. — Der Granit hat durchaus Magneteisenstein bald in Körnern bald in kleinen Nieren beygemengt. Der

Lille Malena besteht, wie gesagt, ebenfalls aus Granit, welcher viel Magneteisenstein enthält, ist minder steil, hat Hornblendschiefer und Grünsteinlager, und grosse breite senkrechte Trappgänge. — Im Granit findet sich zuweilen Milchquarz.

Obenerwähntes Thal, welches beyde Malena's scheidet, ist ziemlich geräumig und ziehet sich in einem halben Kreis von Westen nach Norden und Nordosten gegen die Quannebugt, grönländisch Kvannengoit hinab. Mitten in demselben bey der Biegung, wo sich auch höher hinauf gegen Store Malena zu ein grösseres Thal öffnet, stehen ein paar kleine Hügel. Zwey Elve welche, der eine durch dieses, der andere durch ein anderes jenseits einer Hügelreihe sich befindliches Thal ziehen, und beyde ihr Schnee und Eiswasser von den beyden Malena's erhalten, stürzen nach der Quannebucht hinab, und in die See. — An diesen wuchs ehemals viel *Angelica Archangelica* oder Quanne, woher die Bucht den Namen erhalten hat. —

In dieser Bucht wechselt der Granit mit dick und dünnschiefrigem Gneisse ab. Oben bey dem breitern Elv fand ich in Gneiss, welcher in Glimmerschiefer übergeht, grosse Lager von Topfstein, oder Vegsteen, *Okesiksak* der Grönländer welcher sich auch im Granite unter Store Malena gegen die Kobbebucht zu findet; er geht zuweilen besonders am Tage in erdigen Talk über. Im Topfsteine selbst finden sich Knollen von graulich grüner Jadde. Ich machte einige der Grönländer mit diesem neuen Topfsteinlager bekannt. In Lagern von grobkörnigem Granit, welcher mit Talktheilchen gemengt ist, findet sich derber und kristallisirter Magneteisenstein von blätteriger Absonderung; in den Absonderungsflächen, so wie auf der Oberfläche röthlich braun angelaufen; auch finden sich in der nemlichen Granitart Almandine und kleine Gadolinitkörner, so wie ein röthlich weisser, etwas opalisirender Feldspath. Der hornblendartige Basalt durchschneidet auch hier, doch meistens senkrecht die Hauptmasse. Lagerweise sah ich Syenit und Hornblendschiefer und adernweise Milchquarz. —

Gerade aus vor der Bucht im Baalsrevier erhebt sich der majestätische, steile, schneebedeckte Sadelen. Von hier aus geht der Weg nach der Kolonie über ziemlich steile, doch nicht hohe Felsen am Lille Malena hinweg, gegen Wildmansnäs oder Kassigiengoit zu, wo sich ebenfalls Glimmer und Hornblendeschiefer, Chloritschiefer, gelber Glimmersand, auch ein grünliches talkartiges Gestein mit Quarzkörnern, und im Granite Milchquarz und weisser etwas opalisirender Feldspath sich befindet.

Hier zieht sich der Vildmanshavn, welcher von den vielen sogenannten Wildemansdärmen (einer Tangart) seinen Namen hat, ins Land hinein, welcher zwar gross und tief genug ist, aber mit östlichen Stürmen vom grossen Treibeise, welches von den Eisblinken des Fiords kommt, viel auszustehen hat. — — Sodann kommt man durch eine Felsenkluft, welche den Namen Dievelsklöerne, warum? ist mir unbekannt, führt.

Hier ist ein beträchtliches Grünsteinlager. Mehr aufwärts in Süden steht auf einer Granitkuppe Thorhallesens Vare, in welcher gangweise Milchquarz mit gemeinem Quarze und weissgrauer etwas opalisirender Feldspath vorkommt.

In dem Thale, welches nächst der Kolonie ist, liegt ein Felsenstück, Tornarsuk genannt, von welchem die alten Grönländischen Weiber viel zu fabeln wissen. — Dahin hielt der würdige verstorbene Bischof der Bewegung halber täglich bey jeder Witterung seinen Spaziergang. Die Näs bey dem Hügel, worauf die Flagstange steht, nennen die Grönländer Kakortok, oder das Weisse, von dem weissen Feldspathe, welcher dem Granite beygemengt ist. —

Im Thale zwischen diesem Hügel und dem Inspectoratsgebäude findet sich ein Lager von Talkartigem Gesteine, mit Stralstein gemengt. Hier herum sind mehrere alte Gräber. — Das Inspectorats Gebäude liegt unter allen am höchsten, und hat leider auch Wind und Gewässer von der ersten Hand, welche beyde oft vielen Schaden thun. — Ein Patient ohne Rettung! Chalzedon und Jaspis habe ich in dieser Gegend am Strande in kleinen Bruchstücken gefunden. Bey Neu Herrnhuts höchster Vare, zunächst der Kolonie, findet man Milchquarz gangweise in Granit, doch kann man ihn nur in kleinen Stückchen erhälten; denn das Wasser, welches sich durch die feinen Risse dieses Minerals zieht, und im Winter friert, zersprenget diese schiefrige Steinart, daher die Stellen, wo er sich findet voller kleiner Splitter liegen. — Zusammenhängender sind die undurchsichtigen Stücke, welche sich mehr dem gemeinen Quarze nähern. Aus gleicher Ursache findet man auch den Granat beständig in kleinen Stücken. — Er findet sich meistens nur hoch im festen Lande. —

Wir nahmen den Weg unserer dermaligen Wanderung nach dem Ameraglikfiord dicht an Neu Herrnhut in einem Umiak, mit 6. Rudermädchen, und einem Kajaksmann vorbey. Der Catechet Paul Andersen, welcher mich auf dem vorigen Zuge begleitet hatte, folgte mir auch diesmal als Steuermann. — Wir giengen zwischen Kikertarsoak und Tatok durch. — Die erste Insel hatten wir in Westen, die zweyte in Osten. —

Beyde bestehen aus Syenit mit grossen Hornblendeschieferlagern.

Weiter hin in Westen zeigten sich die Strömøer, auf grönländisch Sargveit, von *Sarbak*, die Strömung, — sonnst auch Nangiarsungoit von *nangiarnak*, gefährlich, — so genannt. Es sind kleine Eylande, bey denen der Grönländer Blanding Lars Similius an Weihnachten des verflossenen Jahres, als das Volk von der Garnstelle zurückreiste, und des Sturmes wegen die Jolle, welche im Schlepptau gieng, kappen musste, da er in dieselbe gesprungen war, kielseegelte, und auf dem Kiele reitend auf eine dieser Inseln geworfen wurde, acht Tage daselbst hungerte, da man aller Nachsuchungen ungeachtet ihn nicht finden konnte, und sich beyde Füsse erfror. — Endlich nahm ihn der Grönländer Eugen von Neu Herrnhut wahr, welcher mit seiner Familie hier vorbey, zurücke nach Haus reiste, und brachte ihn auf seinem Boote nach seiner Wohnstelle Kariæt. — Nach einigen Tagen wurde er von da nach der Kolonie abgeholt. Nach einigen Tagen lösten sich beyde Fussplatten bis an den Knöchel von selbst ab, weil er auf der Insel seine Stiefel mit Riemen fest um diese Stellen geschnürt hatte, in der Meinung, die Füsse dadurch die Nächte über warm zu erhalten; aber wahrscheinlich damit den Umlauf des Geblutes hinderte. Er schnitt die Sehnen selbst mit einer Scheere ganz kaltblütig ab, der Brand wurde durch Herrn Inspecteur Myhlenphort mit Eichenrinde in Ermanglung andrer Mittel gesteuert, und ist nun übrigens ganz frisch und gesund, kann auch wie vorher im Kajak auf den Fang gehen. — —

Wir setzten über den Ameraglikfiord, um zuerst nach Kariæt zu gehen. — Ungefehr mitten in der Mündung desselben liegt die Insel Simiutak, auf dem südlichen Ufer, Kingiktok.

Alle die Inseln hier herum bestehen theils aus Granit, theils aus Syenit, und haben grosse Hornblendeschiefermassen an und eingelagert.

Wir kamen hierauf Narksak eine Winterwohnstelle vorbey, wo die See viele kleine Einschnitte ins Land macht, hatten zur Rechten Alliortok oder Spögelses Öe, (Geisterinsel) und kamen um halb zwey Uhr nachmittags nach

Kariæt.

Die See macht hier eine beträchtliche Bucht ins feste Land, deren Ende sich in zwey Armen östlich und südlich zieht. — In ältern Zeiten wohnten hier viele Grönländer, welches man aus den vielen zerfallenen Häusern und der Menge von alten Gräbern abnehmen kann. Die meisten starben vor ungefehr 25 Jahren an der Gelbsucht weg, nun stehen nur zwey Familien von Neu Herrnhut den Winter über auf den Fange. — Der Seehund- und Fuchsfang ist sehr gut. Höher in der Bucht giebt es auch Hälleflynder und Lachse. Ich gieng östlich und westlich umher.

Die Hauptgebirgsart ist Granit, mit Lagern von schönem weissem Feldspathe, grauem und blaulichem Quarz, Lagern von Hornblende und Glimmerschiefer. — Im Granit sieht man häufig Magneteisenstein und Granaten. — Der Glimmerschiefer findet sich auch in ganzen Kuppen. Es schneyete und hagelte den ganzen Nachmittag. Unser Kajaksmann fieng einen *Aglertok,* oder junge Svartside. —

Dienstags. d: 13. September.

Begann Morgens früh der in diesem Jahre so gewöhnliche Südweststurm mit Schnee und Hagel. Ich war den ganzen Tag auf Excursion gegen das östliche Ende der Bucht hinauf, und wurde sehr durchnässt und müde.

Ich fand hier eine der grössten Glimmerschieferformazionen, welche von einem grossen Talklager durchschnitten wird, und sich von Südost nach Nordwest in gerader Linie zieht. In dieser Masse findet sich schwarzer und grünlicher Glimmer in Strahlstein, gemeine Hornblende und Sahlit nesterweise; der Sahlit ist zuweilen beynahe kugelförmig, mit einer Kruste von Glimmer und Hornblende in dem unterliegenden Granit, in welchem sich auch hie und da Schwefelkies, Magneteisenstein, Molybdæn und Milchquarz befinden. In der eingelagerten Talkmasse fand sich ferner Amianth zuweilen röthlich, adern und gangweise, glasartiger grasgrüner Strahlstein und Tremolith. Die Oberfläche der ganzen Masse ist sehr verwittert, stellenweise in gelben Sand zerfallen, und hat auf den höchsten Punkten viele Zakken und Hökker. Das ganze grosse Talklager zieht sich in gerader Linie von Südost nach Nordwest. — In der Tiefe gegen den Seestrand zu liegt Granit und auf demselben Hornblendschiefer mit Quarzadern. —

Mittwochs, d: 14. September.

Gieng ich auf Excursion gegen Osten, und fand ausser den vorangezeigten Fossilien ein graulich schwarzes fettiges kristallinisches Fossil in rötlichem Asbest, ferner Glimmer in Tafeln mit Amianth durchwachsen, und glasartigen Tremolith, splittrigen Hornstein mit Glimmer, gestreiftem Feldspathe von Fettglanze, Hornblende mit Feldspathe und Glimmer, und grasgrünem Stralsteine dem Schmaragdite ähnelnd. Nachmittags reiste ich ab. —

Ich landete auf Alliortok, oder Spögelsesöe, deutsch Geisterinsel, wo ich perlgrauen labradorischen Feldspath, von perlemutterähnlicher Opalisirung, und Milchquarz in Granit, auch kleine grösstentheils verwitterte Stralstein und Hornblendelager fand. — Der unterliegende Granit ist nur an der Seekante bemerklich, und ist grösstentheils mit in Sand aufgelöster gemeiner Hornblende bedeckt. —

Abends 8. Uhr kamen wir nach Narksak, welches so viel heisst als: eine Ebene, eine Meile von Kariæt. — Hier blieben wir über Nacht. — Der Ort ist eine gute Winter- und Fangstelle der Grönländer von Neu Herrnhut, aber dermalen war er gerade unbewohnt. —

Donnerstags, d: 15. September,

Blies bey ziemlich klarem Wetter ein schwerer Sturm aus Nordost. Ich war den ganzen Tag auf Excursion gegen den nordlichen Theil des Landes.

Die Hauptgebirgsart ist Granit und Gneiss mit viel Glimmerschiefer und gemeinen Hornblendelagern. — Akanthikone,

Granat, Sahlit und Scapolith kommt beysammen mit Quarz und Kalkspath in einem Gange von Westen nach Osten ziehend vor. Lagerweise fand ich Gadolinitähnliches Fossil in Granit mit Hornblende. —

Eine grosse Kluft zieht sich von Süden nach Norden hinüber, an deren Ende der hohe Hjortetakken mit Eisbedecktem Haupte hervorstickt; von dieser Kluft kommt ein grosser Elv herab. Das ziemlich ebene Unterland hat mehrere kleine Buchten, alte Grönländische Häuser, Gräber, und Zelteplätze; auch sammelt man hier einiges Treibholz. —

Reise
in **Ameraglik Fiord**

Freytags, d: 16. September,

Morgens reisten wir von Narksak nach dem Ameraglik Fiord ab, kamen nach Serbarmiut, eine alte, seit langer Zeit verlassene Wohnstelle, und giengen in Præstebugt, oder Præstefiord, einen Südlichen Arm des Ameraglikfiords, wo die Missionäre in ältern Zeiten Holz sammeln liessen, woher es auch diesen Namen erhalten hat. Die Grönländer nennen ihn Ekalluit, und Ekallungoit, von *Ekalluk,* ein Lachs, weil hier guter Lachsfang ist. Es sind daselbst einige kleinere, auch ein grosser Lachselv, und oben auf dem festen Lande zwey fischreiche Seen.

Die Gebirgsart verhält sich ganz wie zu Narksak, dem es auch gegen über in Norden liegt. In der Bucht rund herum wächst viel *Angelika.* Das Ufer hat sehr hoch aufgeschwemmtes sandiges Thonland.

Samstags, d: 17. September,

Reisten wir früh 8. Uhr von Prästefiord oder Ekalluit ab, passirten die Näs Niakornak und den Zelteplatz Narkseitsiak, giengen um den steilen Berg Innuksuksoak, von der Vare, welche auf dessen Gipfel steht, so genannt; es ist eine der gefährlichsten Stellen im Fiord, hohe steile Granitfelsen von Niakornak an, und kamen um 4. Uhr Abends nach Kassigiengoit, wo wir über Nacht blieben. —

Hier liegt gleichfalls viel aufgeschwemmtes Land am Urgebirge, in kleinen Hügeln über das ganze Unterland verbreitet, welches hie wahrscheinlich, wie zu Ekalluit, theils durch die Anspühlungen der See, theils durch den gewaltigen Bergstrom, welcher hier, wie dorten niederstürzt, entstanden ist. —

Von hier aus geht ein Thal hinten um den obengenannten Berg Innuksuksoak nach Ekalluit hinüber. — In der Höhe bey Kassigiengoit, nicht weit von dem grossen Bergstrome finden sich Überbleibsel eines grossen Norischen Bauerhofes, dessen Mauern grösstentheils mit Gesträuche überwachsen sind. Ein grosser Steinhaufen, zum Theile aus Geröllen bestehend, welcher nahe dabey sich befindet, scheint eine Grabstelle durch seine längliche Form anzudeuten. Die ganze mit Sand und Thonmergel aufgeschwemmte Gegend ist mit niedrigem Gesträuche und Gras bewachsen; auch soll hier sehr guter Lachsfang seyn. —

Die Steinart des Gebirges ist Granit mit viel Hornblende. Im Granite findet sich nesterweise das gadolinitähnliche Fossil. Glimmerschiefer mit Granat kommt lagerweise vor. Der Glimmer des Granits findet sich, besonders auf den Höhen in grossen von Amianth durchwachsenen Kristallen, und dem Feldspathe auch ein granatähnliches Fossil beygemengt. Auch fand ich ein loses quarzähnliches blass himmelblaues Fossil, welches aber beym Reiben nicht phosphorescirt, auch keinen brenzlichen Quarzgeruch entwikkelt — so wie auch lose Stücke Hornblende mit etwas Sahlit.

Die ganze Gegend ist mit Kräge und Blaubeeren reichlich gesegnet, daher sich auch viele Hasen Füchse und Schneehühner hier einfinden. —

Sonntags, d: 18. September.

Wir reisten Vormittags um 11. Uhr wieder ab, passirten Ikerdlek, hinter dessen Näs sich ein Zelteplatz befindet, kamen an mehrern steilen Klippen vorbey, giengen nach Nougerdluk, welche Näs zu dem grossen Ekalluit in Süd Südost führet, und Anordleuitsok, das heisst: eine Stelle, wo nie ein Wind bläst, vorbey, wo sich sodann die grosse Bucht Ekalluit zeigte. Diese Gegend hat einen sehr grossen Lachselv, und ist für diesen Fischfang die beste im ganzen Fiord. —

Die Flächen derselben sind beträchtlich, mit vielem Gras und niedrigem Gesträuche bewachsen, aus welchem sich kleine Sandhügel erheben, die sich von ferne wie die Wälle einer Festung ausnehmen. Dies ganze von Sandhügeln durchschnittene Thal ist mit hohem mergelartigem Sande aufgeschwemmt, in welchem man Geschiebe der benachbarten Gebirgsarten findet. Hier ist die grösseste Bucht des östlichen Armes dieses Fiords; sie hat Grundüberreste von zwey alten Normännischen Gebäuden aufwärts am Strande. Wir blieben unter einem steilen Berge Kitingursak, an einem östlichern Bergstrome, bey einer Stelle welche .... heisst, über Nacht. — Ich gieng auf Excursion am Strom hinauf gegen Kitingursak zu, und fand hier die Spuren des Wegs, welchen die Grönländer gewönlich auf der Rennthierjagd zu nehmen pflegen.

Die Gebirgsart ist feinkörniger Granit, mit grossen Hornblendelagern, unten ist Glimmerschiefer mit Granaten, abwechselnd mit Hornblendschiefer angelehnt. —

Montags, d: 19. September,

Reisten wir Morgens um acht Uhr ab, und setzten quer über den östlichen Arm des Ameraglikfiords nach Killajarbik, eine Meile wegs. — Hier bey einem Elve finden sich die Überbleibsel eines ehemaligen Norischen Bauerhofes. Der Fiord geht von hier noch eine Meile gekrümmt gegen Süden hinauf, ist aber bey Ebbe selbst für einen Umiak zu seicht, und überhaupt beynahe nur Thonschlamm; das wenige Wasser, welches darauf steht, sieht wie eine dicke Milch aus. — Hier befindet sich viel Gesträuche, besonders wakre Weiden, viel Gras, welches noch deutlich die Spuren ehemaliger Kultur verräth, und einer der grössten Lachselve dieses Fiords. —

Die Steinart ist Granit, angelehnt Glimmerschiefer und Hornblendschiefer, in beyden etwas Granat. Im Granit zuweilen auch Magneteisenstein. — Grosse Geschiebe am Strande. — Auch hier fand ich das gadolinitähnliche Fossil, doch sehr sparsam in Granit. Ich gieng bis ans Ende des Fiords, welcher bereits eine dünne Eisrinde hatte. —

Dienstags, d: 20. September,

machte ich Morgens fünf Uhr noch eine kleine Excursion nach einer nahe gelegenen Klippe, wo ich im Glimmerschiefer Kupfergrün bemerkte.

Auch fand ich ein sehr altes wahrscheinlich Normannisches Grab, bey einer Stelle, wo die obenbenannten Hausrudera stehen. — Einige der Gebeine stachen heraus, und liessen sich wie Papier blättern. Um 8. Uhr reisten wir ab, passirten sehr schroffe Gebirge, wie die meisten auf beyden Seiten dieses Fiords sind. Diese waren Granit mit eingelagertem Hornsteine. Wir kamen hierauf nach Iglordluit, welches so viel als elendes Haus bedeutet, und sodann nach Nouga, wo vor vier Jahren ein Grönländischer Knabe beym Angelika-sammeln über eine hohe steile Felsenwand herabstürzte, und sich ganz zerschmetterte. —

Wir kamen in den nordlichen Arm des Ameraglikfiords, und blieben unweit Itiblik zu Kikertangoak über Nacht. — Dies ist eine kleine rundliche Insel gegen das Ende dieses Armes, obgleich Herr Thorhallesen behauptet, dass im ganzen Fiord keine Insel zu treffen wäre. —

Sie besteht aus Granit mit Lagern von körnigem Kalk, Hornblende, Glimmerschiefer mit Granaten und etwas Amianthe. —

Im körnigen Kalk findet sich ein grünes Fossil, und im Granite das gadolinitähnliche Mineral mit Magneteisenstein. Der Strand ist mit grauem Thon angeschwemmt, in welchem sich die bekannten losen Schwefelkieskristalle finden, deren Stelle nun aber sehr ausgespült ist. Die ganze Insel ist mit Geschieben und Sand überdeckt, auf welchem häufige Krägebeere, *(Empetrum nigrum)* und Blaubeere wachsen. Wasser giebt es hier nicht; wir mussten es vom festen Lande holen lassen. —

Mittwochs, d: 21. September.

Reistens wir Morgens um acht Uhr gegen Akajaminek ab. — In der Nähe dieser Stelle findet sich im Granit ein Lager mit Hornblende, Quarz und Granat. — Die Klüften dieses Gesteines sind mit gelblichem vitriolischem Kalkstalaktit überzogen. Zu Akajaminek, wo wir Quartier nahmen, eine Meile von Kikertangoak gegen Westen ist die Hauptgebirgsart Granit mit Hornblende und Stralsteinlagern. —

Es ist ein gewöhnlicher Zelteplatz für die Rennthiersjäger. — Ich fand in dieser Gegend mehrere alte heidnische Gräber; und in einem derselben drey Schedel. Auch an dieser Stelle sollen einst Normänner gewohnt haben. Doch fand ich keine Rudera. —

Donnerstags, d: 22. September.

Reisten wir weiter, passirten über die Bucht bey Akajaminek nach Nunangitsok, einem Zelteplatz der Rennthierjäger, sodann Kvanneit, den steilen Berg Uioa vorbey, welcher zwischen Korok und Ameraglik steht, nach dem Lachselv Kook, wo ehemals auch Normänner gewohnt haben sollen, und kamen um 12. Uhr Mittags nach Kausulik $1^1/_2$ Meile, wo wir einen Grönländer von Neu Herrnhut mit seiner Familie antrafen, welche auf die Krägebeere-Einsammlung reisten. Das Barometer fiel seit gestern 26.7. auf einmal acht Linien. —

Die Hauptgebirgsart dieser Gegend ist Granit; — lagerweise findet man Glimmerschiefer, Talkschiefer und Quarz mit Turmalin, Moroxit, und Strahlstein, auch lagerweise ein gelblichbraunes serpentinähnliches Talkgemenge, grosse Trappadern, Bitterspath? Magneteisenstein, weisser Feldspath und grüner Quarz mit etwas Glimmer.

Freytags, d: 23. September,

Hatten wir einen fürchterlichen Südweststurm, und schwere Brandung. — Ich war auf Excursion, wol einer der beschwerlichsten in meinem ganzen Leben. — Der Sturm dauerte mit Regen und Schnee die ganze Nacht durch. — Die See brach mit der Fluth wüthend über unser Zelt, und stürzte durch dasselbe in Strömen, so dass wir die Kisten übereinanden sezzen, und uns darauf flüchten mussten. Unser Proviant, und alle unsere Bagage wurde ganz durchnässt und verdorben. Der Grönländer Thomas, welcher uns zur Seite stand, musste in Sturm und Regen mit seinem Zelte, welches kleiner war, samt Weiber und Kindern, höher hinauf unter die Klippen flüchten, um nicht weggespühlt zu werden. Mit der Ebbe nahm die Brandung ab, so dass die See nicht mehr unser Zelt erreichen konnte. Es war gerade Springzeit. — Die folgende Nacht war bitter; wir vergingen beynahe für Kälte und Nässe. —

Samstags, d: 24. September,

Der Sturm dauerte mit Schnee und Hagel fort. Ich gieng oder lief vielmehr auf Excursion, um mich ein wenig zu erwärmen. Wir waren des Wetters wegen nicht im Stande Feuer zu Thee aufzumachen.

Sonntags, d: 25. September,

Stillte der Wind und die See ab. — Mein Kajaksmann war dieser Reise satt und müde, und bat mich um Erlaubniss, zu der Kolonie zurückreisen zu dürfen, welche ich ihm auch ertheilte, weil es überhaupt nichts nüzzt, die Grönländer wider ihren Willen zu ihrer Pflicht anzuhalten. Um Mittag gieng er mit seinem Kajak ab, und ich auf Wanderung.

Montags, d: 26. September,

Gieng ich ebenfalls den ganzen Tag auf Excursion, weil ich es für Nässe und Kälte im Zelte nicht aushalten konnte. Es schneyte und regnete anhaltend mit Südwestwind.

Dienstags, d: 27. September,

Südwest mit Regen. — Wir sahen eine Strekke von uns das Transportboot bey Nunaugiat einlaufen, wo er Holz sammeln sollte. Der Grönländer Thomas verliess uns heute auch mit seiner Familie. —

Ich gieng auf Excursion, verstieg mich in den Klippen, und sah mich genöthigt, über eine Felsenwand herunter zu springen, welches aber doch, da ich in den weichen Schnee fiel, eine kleine Quetschung am Schenkel abgerechnet, glücklich ablief. —

Mittwochs, d: 28. September,

Reisten wir Morgens nach ausgestandenem Kreuz und Leiden mit nasser Haut von Kausulik ab, und giengen nach Nunangiæt, welches Ikerdlek gegen über, doch etwas südöstlicher liegt. Von hier aus reicht zwischen den hohen Bergen ein Thal nach Korok in Baals Revier. —

Der Transportboot war bereits abgereist. Diese Zeltstelle hat ziemlich viel Gesträuche, und liegt eine starke Viertelmeile Westen von Kausulik. Herr Inspecteur Mylenphort war vor einigen Tagen mit seinen Leuten auf Holzsammlung hier. —

Ich gieng ans Land, und fand Syenit als die Hauptgebirgsart, mit Lagern von Almandin und schwarzem gemeinem Schörl. — Auf der ganzen Nördlichen Seite des Ameraglikfiords bis Tuapaksangoit finden sich die steilen Felsen fleckenweise mit Kupfergrün gefärbt, besonders zu Kausulik und Nippinganek, welche letztere Stelle auf der Westseite von Nunangiæt liegt. —

Von Nippinganek kamen wir nach Tuapeit, oder Tuapaksoit, von *Tuapak,* ein Steinhaufe, der vielen niedergestürzten Steine wegen so genannt. Hier ist viel Gesträuche, ein Zelteplatz, und ein beträchtlicher Bergstrom. — Ein hoher steiler Berg, welcher von der Kolonie aus in Süden bey Sadelen zu sehen ist, und Tuapeit heisst, steht hier im Hintergrunde. Die Gebirge sind schroffe kahle Felsen von Nunangiæt an, mit vielen Hornblendeschieferlagern.

Mit scharfem Ostwinde giengen wir nach Ittivinga. An dem hier aufsteigenden Berge Puttuk, von einen grossen Felsenhöhle, welche sich oben im Berge befindet, so genannt, zieht sich ein Thal nach der Kobbebucht hinab. Wir kamen mit dem Beginnen eines Ost-Sturmes nach Tuapaksangoit, und mussten den Umiak mit der Fluth auf den Strand jagen, um uns ans Land retten zu können. — Die Stelle liegt $1^1/_2$ Meile weit westlich von Kausulik, und hat einen Itiblik, oder Trageplatz nach der Westseite, so wie auch Zelteplatz. Wir blieben hier über Nacht. Ich fand viele heidnische Grabstellen mit Steinhaufen, worunter ehmals die Kajakke und Jagdgeräthe der Verstorbenen vergraben wurden.

Die Gebirgsart ist Syenit mit viel Hornblende und grossen Lagern von Hornblendeschiefer. — Der ganze Itiblik besteht aus Geröllen. —

Donnerstags, d: 29. September,

Mussten wir wegen Südweststurm und Regen stille liegen. — Während ich auf Excursion war, besuchte eine Grönländerin heimlich den Sack, worinnen ich Erbsen und Grütze hatte, und wurde von ein paar andern Mädchen, welche Theil an der Mauserey nehmen sollten, verrathen. Ich liess ihr, nach einer ernstlichen Vorstellung, dass so etwas unerlaubt wäre, gerne die Beute, der guten Absicht wegen, weil sie bey ihrer Zuhausekunft ein paar Kinder damit bewirthen wollte. —

Freytags, d: 30. September,

Reisten wir bey Seegang, Regen und Schnee, weil unser Proviant zu Ende gieng, um 9. Uhr Morgens von Tuapaksangoit ab; wir passirten lille Nougarsuk, wo einige Scheeren liegen. — Daselbst ist ein Zelteplatz und Itiblik.

Die Gebirgsart ist Gneiss mit grossen Hornblendeschieferlagern. —

Wir giengen Store Nougarsuk vorbey. Nördlich bey dieser Landspizze unter Hjortetakken, grönländisch Kingiktorsoak ist eine kleine Bucht mit einem Zelteplazze. Wir sezzten durch den Hamburgersund, giengen um den Hjortetakken herum, welcher ohne allen Zweifel der höchste Berg dieses Landes ist.

Dieser Koloss besteht aus Granit, mit grauen Glimmer. Lagerweise findet sich Glimmerschiefer, bald mit eingemengten Granaten, bald mit glasigem und asbestartigem isabellgelbem Tremolith, und Stralstein. Zuweilen nahm ich im Granit kleine Moroxitprismen wahr. Die Hornblende ist sehr häufig. Tremolith findet sich auch in der Nähe noch zu Kyadlame.

Der Hjortetakken hat seinen Namen, von den 3. Hirschgeweihähnlichen Spizzen; er ist ein Wegweiser der Grönlandsfahrer. — In Westen lag uns Theistøe, ferner Ravnøe und Rypøe. Der Wind blies zu einem Sturm auf, so dass unser schwacher Umiak zu krachen anfieng. — Doch wir mussten vor den Wind gehen; diese Fahrzeuge erlauben bey Seegang kein andres Manövre. Es regnete und schneyte unaufhörlich. Wir sezzten über die Kobbebugt, grönländisch Kangerdluarsuk genannt, welche eine Meile weit gegen Osten unter dem Hjortetakken ins feste Land hinein sich zieht. Auf der andern Seite erhebt sich der Store Malena, von den Grönländern Okesiksæt genannt, weil sich dorten Topfstein findet. In Kobbebugt gibt es grosse Krabben, *(Cancer Phalangium)* auch Hälleflynder. Die Ufer sind steil. Wir kamen sodann Store Malena Näs, Niakornarsungoit der Grönländer, Skibshavn, und Neu Herrnhut vorbey, und erreichten unter Regen, Sturm und Schnee nach einer 3. wochentlichen Reise Mittags die Kolonie Godthaab. —

Aufenthalt
zu Godthaab.
Monat Oktober.

Montags, d: 3. Oktober,

Kamen zwey Postkajakken mit Briefen aus Südgrönland. — Ich erhielt eine ausgetrocknete Europæische Schwalbe, welche ein Grönländer den 15.ten Junius daselbst geschossen hatte. — Herr Assistent Wolff berichtete mir — dass einige Grönländer, welche auf die Rennthierjagd nach Quannefiord gegangen waren, ein Thier von ungeheurer Grösse mit grossen Hörnern gesehen hätten, welches sie so sehr erschreckte, dass sie sogleich wieder zurückereiseten, und für dieses Jahr auf die Jagd Verzicht thaten. Der Beschreibung zu Folge, welche sie machten, muss dies ein Elenthier gewesen seyn. Wirklich zwey neue Erscheinungen in Grönland für dieses Jahr. —

Montags, d: 10. Oktober,

Kam der Grönländer Ephraim mit seiner Familie aus Ameraglik Fiord von der Rennthierjagt zurück. Er hatte beschlossen diesen Winter über in dem Fiord zu wohnen. Da er aber auf der Jagd sich zu lange aufhielt, so kam ihm der Winter zu früh übern Hals, so dass er nicht mehr sein Haus bauen konnte. Er musste also wieder die Kolonie suchen und sich in andern Grönländischen Häusern einflicken, da er seine Haus verkauft hatte. — Eine schlimme Folge der leidigen Rennthierjagd, welcher zu Liebe die Grönländer gar oft auf den Winter zu denken und zu sammeln vergessen. Das dorten geschossene Fleisch hatten sie grösstentheils bereits aufgezehrt. —

Dienstags d: 11. Oktober

Bliess ein schwerer Südweststurm, mit Regen, welcher

Mittwochs, d: 12. Oktober

zunahm, und mit Wuth den Tag über, so wie die Nacht durch dauerte. —

Donnerstags, d: 13. Oktober,

War der Wind mehr südlich und ruhig mit etwas Schnee, aber

Freytags, d: 14. Oktober

Gegen Morgens 1. Uhr fieng ein unerhörter Orkanähnlicher Sturm auf ein mal zu wüthen an, und dauerte bis gegen Mittag. Er beschädigte mehrere Häuser und Dächer. — Die Grönländer glaubten, der jüngste Tag wäre im Anzuge. Es war dabey 1. Grad Wärme. Gegen Abend wurde es ganz stille. —

Sonntags. d: 16. Oktober

Hielt Herr Pastor Wolf Grönländische Predigt und Komunion. — Die Grönländer beyderley Geschlechts haben den Gebrauch nach derselben alle zu den Europæern zu kommen, und ihnen die Hand zum Beweise der Freundschaft zu reichen, welches sie auch heute thaten. Abends stürmte es abermals aus Süd und Südwest.

Montags, d: 17. Oktober,

Kamen einige Grönländer, welche des Fanges wegen zu Ameraglik gewesen waren, zurück. — Ich hatte sie ersucht, einen Krug mit Butter, und einen Sach mit Mineralien, welches beydes die Grönländer bey meiner letzten Reise aus dem Fiord zu Tuapaksangoit vergessen hatten, von dorten mitzunehmen; aber die Grönländer, oder (nach der Grönländer Aussage) die Füchse hatten den Krug zerslagen, die Butter gefressen, ja sogar den Sach, worin die Steine waren, aufgezehrt — letztere waren also in Schnee gefallen, so dass ich nichts davon erhalten konnte. —

Dienstags, d: 18. Oktober,

Kam das Transportboot mit etwas Holz von Ikerdlek aus Ameraglik Fiord zurück. Es war in dem letztern Orkan zweymal in Gefahr Schiffbruch zu leiden. —

Montags, d: 24. Oktober,

Gieng viel Treibeis aus Godthaab Fiord.

Dienstags, d: 25. Oktober,

Gieng das Transportboot nach Merkuitsok, zu dem Wrak von Marie Luise ab, um zu sehen, ob daselbst noch etwas Brennholz aufzufischen wäre. —

Mittwochs, d: 26. Oktober,

kamen zwey Grönländer zur Kolonie, welche berichteten, dass sie aussen vor den Kooksinseln ein Schiff in der See gesehen hätten, welches den Kurs nach Godthaab richtete, aber des konträren Windes wegen abwenden musste. Diese Nachricht sezzte uns alle in lebhafte Bewegung und Erwartung.

Freytags, d: 27 [28]. Oktober,

wurde die Hoffnung in Hinsicht des gesehenen Schiffes zu Wasser, da andere Grönländer aussagten, dass das Gesehene nur ein Eisberg gewesen wäre. Auf diese Art werden die Erwartungen in diesem Lande oft getäuscht.

Sonntags, d: 30. Oktober,

Kam die letzte Post für dieses Jahr von der Loge Fiskenäs hier an. —

Monat November.

Dienstags, d: 1. November

Kam das Transportboot von Merkuitsok ohne Brennholz rurück, welches uns sehr niederschlug, da Mangel an diesem in Grönland sehr empfindlich ist. —

Mittwochs, d: 2. November,

Giengen die Postkajakke für das Südliche Grönland wieder nach Fiskenäs zurück.

Donnerstags, d: 3. November

Morgens 3. Uhr begann eine totale Mondsfinsterniss, wobey nur ein kaum merkbarer Glimmer an der Nordlichen Seite des Mondes sichtbar war. Sie dauerte bis halb sieben Uhr, wo der Mond wieder ganz klar wurde. — Es fiel seit einigen Tagen ausserordentlich viel Schnee.

Sonntags, d. 6. November

wurde von Herrn Missionär Wolf Dänischer Gottesdienst und Communion gehalten.

Dienstags, d: 9. [8] November

Liessen sich mehrere *Naïauarsuit (Larus candidus)* nahe bey der Kolonie auf dem Fiord sehen. Diese Mäwenart hält sich gewönlich nur bey Spitzbergen auf, und kommt selten in die Strasse Davis. —

Donnerstags, d: 10. November

wurde bey Neu Herrnhut am Strande ein in Grönland äusserst seltener kleiner Seevogel, *Angilik* genannt, gefangen. —

Montags, d: 14. November

Gieng eine Feuerkugel, welche ihre Richtung von Osten nach Westen nahm, im Fiord hinter dem Berge Sadelen nieder. —

Donnerstags, [Dienstags] d: 22. und
Mittwochs, d: 23. November

Kam viel Treibeis aus Baalsrevier. — Die Kälte war vom 18 bis 25. November mit nordlichen Winden äusserst strenge. Die See war mit dickem Frostrauch bedeckt.

Sonnabends, d: 26. November

Fiel Südwest mit Thauwetter ein. —

Dienstags, d: 29. November

Kam das Transportboot von der Garnstelle Sausavik bey Kangek zurück, woselbst für diesen Winter 61. Seehunde mit Garnen im offenen Wasser gefangen wurden.

Monat December.

Sonnabends, d: 3. December

Stieg und fiel das Thermometer den Tag über sechs bis siebenmal zu einem und zwey Graden so oft sich der Wind veränderte. Morgens und Abends war die Kälte sechs Grade. —

Mittwochs, d: 7. December

Blies ein schwerer Südweststurm.

Donnerstags, d. 8. December,

Reiste Herr Platou mit dem Transportboote nach Sadlok in Godthaabs Fiord ab.

Sonntags, d: 11. December,

Kam das Transportboot von Sadlok zurück. Der Fang war dorten bisher äusserst schlecht. Diese so fleissigen Grönländer konnten alle zusammen, über ihre eigenen Bedürfnisse, nicht mehr als 10. Ballien Speck, 4 Fuchs- und ein Seehundfell erübrigen. —

Dienstags, d: 13. December,

untersuchte der Herr Inspecteur den Zustand der Kolonie-Magazine. Seit den von Europa eingelaufenen traurigen Nachrichten waren alle Europæer zuerst auf halbe, dann auf $^3/_4$ Manns Kost gesetzt worden. Mit dieser Vorsicht wird es möglich, mit dem Proviante bis zum Junius 1809. auszureichen. Auch die Mährischen Brüder zu Neu Herrnhut erhielten einige Unterstüzzung.

Sonntags, d: 17. [18] December,

Stieg das Thermometer Morgens 8. Uhr mit Südwestwind Sturm und Regen auf einmal zu 7—8. Graden Wärme, etwas unerhörtes im December in Grönland. Der Bach bey der Kolonie fieng, wie mitten im Sommer von seiner obersten Höhe mit grossem Gebrause zu strömen an, ein Vorfall, dessen sich kein Grönländer erinnert. Es regnete den ganzen Tag heftig.

Montags, d: 19. December,

Fiel die Nacht und den Tag über bey 1—4 Grad Kälte $1^1/_2$ Fuss tiefer Schnee, so dass man keine Thüre öffnen konnte; und hielt so den ganzen folgenden Tag an. —

Donnerstags, d: 22. December

Bahnte sich bey einem halben Grad Wärme der durch den Schnee verstopfte Bergstrom einen neuen Weg, brach durch das Eis, und überschwemmte das Koloniehaus, welches aber weiter keinen Schaden litt, da es von Felssteinen aufgeführt ist. Die ganze Gegend stand in der Tiefe unter Wasser. —

Freytags, d: 30. December,

Zeigte sich Abends gegen 10. Uhr ein sehr schönes abwechselndes, in grünlichen und gelblichen Farben spielendes starkflammendes Nordlicht von Südwest nach Südost.

Sonnabends, d: 31. December,

Brannte gegen 12. Uhr Mitternacht, ein schönes Nordlicht in hellgrünen Farben gegen Westen. So schloss sich dieses sonderbare Jahr!

Bericht
einer mineralogischen
Reise
in Grönland.

In Form eines Tagebuchs

gehalten von

D. Karl Ludwig Giesecke.
K. Pr. Bergrath.

Viertes Jahr.

1809.

Godthaab in Südgrönland.

Aufenthalt zu **Godthaab**, im Jahre 1809.

Monat Jänner.

Sonntags, d: 1. Jänner

Morgens um sieben Uhr zeigte sich ein sehr schönes streifiges Nordlicht in Nordwesten, welches in den schönsten Färben des Regenbogens spielte, und erst mit Tages Anbruch verschwand. —

Mittwochs, den 5 [4] Jänner

Sahen wir bey sehr klaren Luft abermals ein farbiges gelblich grünes Nördlicht, welches wie ein Regenbogen in einem schmalen Streifen von Südost nach Nordwest stand und in feinen Stralen wirbelte. — Es war Abends um 9 Uhr am schönsten. —

Donnerstags, d: 12. Jänner.

Zeigte sich gegen Abend eine besonders starke Röthe, obgleich die Sonne seit 3 Stunden unter dem Horizonte war, welche die ganze See vergoldete. —

Sonnabends, den 14 Jänner

hatte der Hjortetakken (Kingiktorsoak) um den höchsten Gipfel Morgens um 8 Uhr einen Lichtschein wie eine Glorie. Den ganzen Tag von Früh morgens an zeigte das Reaumursche Thermometer 7 Grade Wärme, gegen Osten hängend 9° Wärme. — Abends gegen 6 Uhr zeigte sich abermals ein weisser Lichtschein über Hjortetakken. Der Wind war südost.

Sonntags, d: 15 Jänner

Morgens zwischen 7 und 8 Uhr zeigte sich der nemliche weisse Lichtschein über Hjortetakken. Das Thermometer stand den ganzen Tag auf 5 Graden Wärme. Gegen Abend kam ein Südost-Sturm. —

Montags, den: 16 Jänner

War ich auf Excursion nach Thorhallesens Vare, über welche Gegend ich bereits im Tagebuche des vorigen Jahres Seite 164 Nachricht gegeben habe. — Wir hatten heute den ganzen Tag 4 Grade Wärme mit Südostwind. —

Dienstags, d: 17 Jänner

Gieng ich auf Excursion nach lille Mallina Berg. Auch über diesen habe ich im Tagebuche des vorigen Jahres Seite 162 gesprochen. Das Thermometer zeigte Null bis 2 Grade Wärme. Es war ein sehr schöner Tag und viele Klippen waren bereits von Schnee entblösst. Ich bemerkte sogar, dass das *Empetrum nigrum* hie und da in den Thälern frisches Kraut zu treiben anfieng. Ich sah Lomme (*Karksauk, Colymbus septentrionalis*) Grönländische Zugvögel, die Vorbote des Sommers. Nach der Grönländer Aussagen soll auch das Land im Ameraglikfiord wenig Schnee mehr haben. Diese Witterung ist für Grönland, und für diesen Monat sonderbar. —

Donnerstags, d: 19 Jänner

hatten wir Abends 10 Uhr 5 Grade Wärme mit Südost. — Um 6 Uhr Nachmittags sahen wir über lille Mallina einen weissen Lichtschein, welcher von Zeit zu Zeit heller und grösser, dann wieder kleiner und dunkler wurde. —

Sonnabends, d: 21 Jänner

Fühlten wir gegen 6 Uhr Abends einen Erdstoss, welcher in allen Grönländischen Häusern ebenfalls bemerket wurde. — Er wurde einigemale darauf nach einem Zwischenraume von einigen Minuten wieder gespüret, und gieng von Südost nach Nordwest. Man hörte dabey etwas, welches dem Brausen des Windes oder Prasseln des Feuers ähnlich war. In den Grönländischen Häusern waren die Stösse mehr bemerkbar, als in den Europæischen; Im Freyen sehr wenig. — Die Gronländer zu Neu Herrnhut, und einige andere, welche in Baals Revier zu Pissiksarbik, beynahe 8 Meilen von der Kolonie auf dem Fang lagen, bemerkten die Stösse ebenfalls. —

Sollte vieleicht der Hekla auf Island wieder eine Revolution erlitten haben, oder etwa selbst im Innern von Grönland eine merkwürdige Veränderung vorgefallen seyn? —

Dienstags, d: 24 Jänner,

Reiste ein Umiak nach dem Ameraglikfiord ab, um für uns etwas Lyng und Gesträuche zu sammeln, weil wir an Brennholz gänzlichen Mangel litten.

Freytags, d: 27 Jänner

Erhielten wir Nachricht, dass zu Sadlok in Baalsrevier von den Grönländern mehrere Weissfische gefangen worden wären.

Sonnabends, d: 28 Jänner

Kam vieles und grosses Treibeis den ganzen Tag über aus Baals Revier.

Sonntags, d: 29 Jänner

Wurde König FRIEDERICHS VI Geburtstag bey einem freundschaftlichen Mahle im Stillen mit wehender Flagge gefeyert, da der Mangel an Pulver die gewöhnlichen Salven nicht erlaubte. —

Dienstags, d: 31 Jänner.

Liessen sich die Alken, welche einige Zeit weggeblieben waren, wieder zu vielen tausenden sehen. —

Monat Februar.

Mittwochs, den 1 Februar

Wüthete ein fürchterlicher Nordoststurm mit Schnee und Schneegestöber, von morgens bis abends. Der ganze Fiord trieb voller Eis. —

Donnerstags, den 2 Februar

Nahm der Sturm noch mehr zu. — Der ganze Fiord war mit einer Eisbrükke belegt. —

Montags, den 6 Februar

Sahen wir den ganzen Abend und die Nacht durch ein in unaussprechlichen Abänderungen über den ganzen Horizont hinflammendes Nordlicht, das schönste, welches man seit langer Zeit im Lande gesehen hat. Es wirbelte in glänzenden farbigen Stralen, wie der Blitz auf und nieder, stand zuweilen so tief, dass man es knittern hören konnte, und flog pfeilschnell wieder auf. — Es stand die ganze Nacht in Osten, gegen Westen wirbelnd, und war noch nach Mitternacht sichtbar. —

Dienstags, d: 7 Februar

Morgens um 6 Uhr war das gestrige Nordlicht abermals in seiner vollen Pracht mit schönen Farbenabwechslungen zu sehen. Ein minder feuriges stand uns im Zenith, und wirbelte beständig von Westen nach Osten. —

Donnerstags, den 9 Februar

Hatten wir mit einfallendem Südostwind fünf bis sechs Grade Wärme. —

Sonnabends, den 11 Februar

Kam der in Ameraglikfiord geschickte Umiak mit etwas Brennholz zurück, — Sie hatten bey Nunangiæt gesammelt. —

Sonntags, d: 12 Februar,

so wie auch gestern liessen sich viele Schwertfische *(Ardlurksoak, Delphinus Orca)* die feindlichen allzufrühen Vorboten des Frühjahrs auf dem Fiord unter Land sehen. —

Montags, d: 14 [13] Februar

fiel auf einmal wieder 14 Grade Kälte ein. Sie stieg

Freytags, den 17 Februar

mit anhaltendem Nordoststurm und Gestöber, auch Frostrauch bis auf 17 Grade. Heute Nachmittags waren auch zwey Nebensonnen, Vorboten von Stürmen sichtbar. —

Montags, den 20 Februar

Hatten wir wieder $2^1/_2$ Grad Wärme bey Südost und einzelnen heftigen Windstössen und Tauwetter. Von

Dienstags, den 21 Februar, bis
Dienstags, den 28 Februar

stieg die Kälte wieder mit schneidendem Nordostwinde, beständigem Frostrauche und Schneegestöber, so dass man kaum vor die Thüre kommen konnte, bis $13^1/_2$°. Eine schmerzliche Kälte in unserer dermaligen Verfassung, bey Mangel an Brennholze, und den gewöhnten nothwendigen Nahrungsmitteln. Wir mussten uns mit grönländischer Kost und grönländischen Speklampen behelfen, um es aushalten zu können. Rypen und Hasen waren gleichsam wie weggezaubert. Alken und Eidervögel war das einzige frische Fleisch, welches wir zuweilen erhalten konnten. Was die Grönländer fiengen, behielten sie meistens für sich selbst, da wir ihnen keinen Europæischen Proviant, welchen sie so sehr lieben, reichen konnten. —

Monat März.

Mittwochs, den ersten März

stand das Thermometer mit Nordenwind auf 14° Kälte. Dagegen

Donnerstags, den 2 März

Mittags, mit Südwestwind auf 1 Grad Wärme.

Freytags, den 3 März

Bey dicker Luft, und Südostwind auf 5 Graden Wärme.

Sonntags, den 5 März

War ich auf Excursion nach Thorhallesens Vare. Das Barometer fiel heute auf 26.6.

Montags, den 6 März

Kamen Abends um 6 Uhr die ersten Posten von Fiskenæs, frühe im Jahre eine seltene Erscheinung. Das Erdbeben vom 21 Jänner wurde daselbst, so wie zu Lichtenfels, ungefehr zu gleicher Zeit, und unter den nemlichen Umständen, wie hier, verspühret. Es zog von Südost nach Nordwest, und hielt 2 Minuten an. Die Witterung war auch die Zeit des Winters über mit der zu Godthaab ziemlich gleich. —

Donnerstags, den 9 März

Fieng ich an meinen Bericht für die Königlich Grönländische Handelsdirection, über das Jahr 1808 ins Reine zu schreiben. —

Sonnabends, d: 11 März

Rasete Morgens 3 Uhr ein fürchterlicher Südweststurm mit Schneegestöber, welcher die doppelten Hausthüren aufsprengte und das ganze Vorhaus mit Schnee füllte. —

Sonnabends [Sonntags] d: 12 März

Reichte der Schnee bereits über das ...... hohe Gartenthor. Der Sturm dauerte mit Gestöber fort. —

Montags, den 13 März

Wurde es früh morgens stille. Die Postkajakke reisten nach Fiskenæs wieder zurück. Nachmittags erhub sich ein Südoststurm mit Gestöber, und Windstössen.

Montags, den 20 März

Das Aequinoctium brachte heute einen erträglichen Tag. — Das Barometer veränderte sich seit 4 Wochen unglaublich viel, und zuweilen, ohne dass merkliche Veränderung in der Atmosphære folgte. — Es scheint, dass noch vieler Jahre fleissige vergleichende Beobachtungen dazu gehören um die Sprache der Veränderungen dieses räthselvollen Instruments zu verstehen. —

Dienstags, den 21 März

tobte ein heftiger Nordoststurm mit Schnee und Schneegestöber. Ich vollendete die Abschrift meine Berichts an die Königlich Grönländische Handelsdirection für das Jahr 1908. —

Sonntags, den 26 März.

Die Tattarakken *(Larus tridactylus)* zogen schaarenweise in den Fiord ihren Sommerpläzzen zu. —

Mittwochs, den 29 März

Hörten wir gegen 1 Uhr Nachmittags zwey heftige Donnerschläge, und sahen die Blizze, welche aus Südost kamen. Es schneyte dabey sehr stark. Um 4 Uhr Nachmittags erhub sich urplötzlich ein Orkanähnlicher Sturm aus Südwest, der rasendste, welcher, nach aller Eingebohrnen Aussage seit Menschengedenken hier gewüthet hat. Er trieb den Schnee in schweren Massen in die Höhe, und warf alle, die sich aus den Häusern wagten, nieder. — Er schleuderte einen Grönländer zu Neu Herrnhut von einem Hausdache zu dem andern, nahm einen Theil vom Dache des Brüderhauses mit, und beschädigte den linken Flügel des Gebäudes im Fundamente. Die See sprühte bis an die Fenster der Brüderwohnungen über 200 Schritte weit und schleuderte eine ungeheure Menge von Geschieben und Eismassen an das feste Land. Bey der Kolonie schlug er die südwestliche Füllung am Braushause ins Gebäude hinein und die nordostliche hinaus, an der Kirche warf er ebenfalls die südwestliche Füllung ein, und zersplitterte die Flagstange bis ans Gestelle. Mein Zimmer im Inspektoratsgebäude, welches auf der Südwest Seite liegt, krachte im Gebälke unaufhörlich, als ob es jeden Augenblick zusammenstürzen wollte. Man musste alles Feuer in den Oefen, in den Heerden, und Küchen ablöschen. Gegen 6 Uhr Abends liess er zwar ein wenig nach, rasete aber doch die ganze Nacht durch. —

Monat April.

Ostersonntags, den 2ten April,

liessen sich die ersten *Kopanavarsut (Emberizæ nivales)* die Vorboten des Grönländischen Frühjahrs bey den Häusern sehen. Sie kommen gewöhnlich mit stürmischem Wetter. —

Mittwochs, den 5 April

Zeigte sich Nachmittags um 3 Uhr ein starker Ring um die Sonne. —

Donnerstags, den 6 April.

Heute und gestern sahen die Grönländer mehrere Schiffe in Westen vorbeyseegeln. —

Freytags, den 7 April,

Ueberlieferte ich an Herrn Inspekteur Myhlenphort eine aus ... Stücken bestehende Samlung von Mineralien des Südlichen Inspectorats, nebst dem Catalog, für das Archiv des südlichen Grönlands.

Sonntags, den 9 April

Stand den ganzen Nachmittag ein grosser Ring um die Sonne.

Dienstags, den 10 [11] April

Morgens gegen 1 Uhr wurde abermals Erdstösse verspühret.

Freytags, den 14 April

Sahen die Grönlænder wieder in der Strasse ein Schiff westlich bey Kangek. Abends zwischen sechs und sieben Uhr bemerkten wir hier eine Verfinsterung von ungefehr einem Drittel der Sonnenscheibe gegen Nordost. Die Sonne gieng gleich darauf unter.

Dienstags, den 18 April

Erhielten wir die traurige Nachricht, dass das Transportboot der Kolonie 3 Meilen von hier auf der Reise nach Zukkertoppen auf eine Klippe gerathen und gesunken sey. Mannschaft und Takelage wurde geborgen. Das Boot war noch unbeladen. —

Donnerstags, den 20 April

Reiste Herr Platou, mit 2 Umiaks nach dem Wrak des Transportbootes ab. —

Freytags, den 21 April

Morgens giengen 2 Kajaks mit Briefen von hier nach Fiskenæs ab, um Brod für unsre Noth zu requiriren.

Sonntags, den 23 April

Wütete Nachmittags und die Nacht durch ein grässlicher Südweststurm. Er kostete 2 Grönländern zu Lichtenfels, welche auf dem Fang waren, das Leben.

Mittwochs den 26 April

Kamen die Postkajaks von Lichtenfels wieder zurück. Sie hatten diese 20 Meilen in 20 Stunden gerudert. Zu Fiskenæs war wenig Schnee. Um 11 Uhr Abends bemerkte man hier abermals Donner.

Donnerstags, den 27 April

Hatten wir durch Thauwetter grosses Wasser bey der Kolonie. — Die Schnee und Eisströme bahnten sich einen neuen Weg, und überschwemmten das Koloniewohnhaus und mehrere Grönländische Häuser.

Sonnabends, den 29 April

Um 4 Uhr Nachmittags kam unter einem starken Südweststurme das Fiskenæsser Transportboot mit etwas Proviant glücklich zur Kolonie. Nachmittags fiel ein Grönländischer Knabe von Neu Herrnhut bey unserer Wohnung in eine Schneekluft, wurde aber bemerkt und von dem Catecheten Paul Andersen vermittelst eines Taues gerettet.

Der ganze April Monat war eine Kette von Südweststürmen, welche eine ungeheure Menge Schnee brachten, so dass es nun wie im Anfang des Jänners aussah.

Monat May.

Montags, den ersten May

Rasete abermals ein schwerer Südweststurm mit Schnee und Schneegestöber, so dass man nicht aus der Thüre gehen konnte. — Die Grönländer mangelten Speise und Speck zu den Lampen; sie waren zum Theil schon so weit gekommen, dass sie alte Felle zusammen schneiden, kochen und essen mussten. —

Dienstags, den 2 May

kam endlich Herr Platou nach einer Abwesenheit von 12 Tagen, da wir bereits für sein Leben fürchteten, mit beyden Umiaks glücklich vom Wrack zur Kolonie zurück. Seit langer Zeit hatten wir heute wieder Nordenwind, und ziemlich ruhige See.

Sonnabends, den 6 May

Kam viel Treibeis aus dem Fiord. Die Grönländer reisten häufig zum Nepisæt und Angmaksæt Fang.

Sonntags, den 7 May

Sahen die Grönländer zu Kangek ein Schiff, welches nach Norden zu seegelte. —

Abreise von **Godthaab** nach dem **Südlichern Grönland**

Sonnabends, den 13 May

Vormittags um halb neun Uhr verliess ich die Kolonie Godthaab, um noch einmal die südliche Küste Grönlands zu bereisen. — Ich wurde mit einem Umiak von 5 Grönländerinnen und dem Blanding Adam Bech als Steuermann besetzt, befördert. Ich nahm zugleich auch die Postdepeschen mit, welche nach Süden abgehen sollten, um doppelte Ausgaben zu ersparen. Um 10 Uhr reisten wir den Hjortetakken (Kingiktorsoak) vorbey. Ein hoher steiler und schneebedeckter Berg, welcher hinter demselben liegt, wird von den Grönländern Kallisaursak oder der Nabel genannt. Pikiudlit lag uns zur rechter Hand. Wir giengen Ikertosoeitsiak vorbey, wo der Kolonist Lars Similius vor einem Jahre bey seiner unglücklichen Kanterung mit der Jolle ans Land kam, und 5 Tage hungerte, bis eine vorbeyreisende Grönländerfamilie ihn bemerkte, und mit sich nach Kariæt nahm. Er verlohr einige Tage darauf seine beyden bey dieser Gelegenheit erfrornen Füsse, welche sich von selbst ablösten. — Die Insel Ikertosoeitsiak ist ziemlich flach, bey derselben ist ein Hafen für Transportboote, Grundhafen genannt. Auf der linken Seite gegen Ameraglik zu ist Strömhafen, und jenseits unter dem festen Lande Se..... oder Spanhafen. Bey Narksak giengen wir ans Land, um etwas Treibholz zum Kochen einzunehmen. Von da fuhren wir nach der dabeyliegenden Insel Alliortok (Spögelsesöe) wo ich auf Excursion gieng, während das Volk sein Mittagsbrod verzehrte.

Auser den oben Seite 167 berührten Fossilien fand ich Milchquarz als Gemengtheil des Granits mit eingewachsener Hornblende, kleine Bergkristalle, schönen labradorischen, in Adular übergehenden Feldspath, schwarzen Glimmer in grossen Tafelen, etwas verwitterten Sahlit und Kokkolithsand. —

Das Thermometer zeigte Mittags in der Sonne 24° Wärme, der Wind war östlich und die Luft klar. — Auf dem östlichen Ende von Kikertarsoak steht eine Vare, welche der Vormann JOHANNES SMIDT von Fiskenæs aus dem Schedel und den Gebeinen eines gefundenen Nordkapers errichtet hat. — Die höchsten Berge im festen Lande bey Kariæt sind: Sermesok, welcher eine gebogene zakkichte Spizze hat; an ihn gränzt der Berg .... Vor uns lag ...., und in Westen Angisok, eine grosse flache Insel. Unter Sermesok in Süden zeigt sich eine hohe steile Felsenmauer, von den Grönländern Imnarsoak genannt, unter welcher sich das Thal .... hinaufzieht. — Wir hielten uns nun mehr westlich gegen die äussern Inseln zu, kamen Karosulik, eine Insel, von den grossen Höhlen so genannt, welche die See an ihrem Strande ausgespühlt hat.

Sie besteht wie alle, die ich auf dieser Strekke sah, aus Granit, in welchem lagerweise gemeine Hornblende und Hornblendschiefer ligt. Die Lager sind am Seestrande grösstentheils verwittert und ausgespühlt; auf diese Weise sind die Höhlen entstanden. Wir blieben auf der südlichsten Insel von Kellingarsuk, auf einer Stelle, wo mehrere alte grönländische Häuser, und Gräber waren, über Nacht. Die Gebirgsart ist Granit mit vieler Hornblende. Das Thermometer zeigte abends 6 Grade Kälte. —

Sonntags, den 14 May

Reisten wir um 6 Uhr Morgens ab, und setzten über Merkoritsub Ikera, oder Buxefiorden. Der letztere Name soll daher kommen, weil die Grönländer einmal in Ermangelung eines Seegels ein paar Beinkleider aufpflanzten, um überzusezzen. Wir giengen zwischen Simiutæt und Kingiktosoeitsiak durch. — Erstgenannte Inseln liegen gegen Westen quer über den Fiord. Die See ist hier meistens sehr unruhig, doch kamen wir gut hinüber, obgleich der Wind ziemlich rasch blies. Wir giengen .... oder Splithullet vorbey. In Westen liegt Saitut, flache Inseln, woselbst beständig die See viel Treibholz aufwirft. Sodann kamen wir nach dem Holländerhafen, oder der Grönländerbucht, grönländ......

Unter Merkoritsok zieht sich ein schmaler, 1½ Meile langer Fiord ins Land hinein, Kangerdluarsungoak genannt, wo die Fregatte Marie Luise vor 8 Jahren sank. Unbegreiflich ist es mir, wie der Schiffer durch so viele Inseln und Scheeren durch diese Wasserzunge kommen konnte. Gegen Mittag kamen wir nach Ikertupersoit, oder Teltöerne, 7 Meilen von der Kolonie entlegen, woselbst eine Garnstelle für den herbstlichen Seehundfang der Kolonie Godthaab ist. Die Inseln bestehen aus Granit mit grossen Hornblendelagern. Wir reisten weiter zwischen .... und .... Kimik durch, und kamen nach Tre Brødrehavn, oder ...., wo man den halben Weg zwischen Godthaab und Fiskenæs hat. Wir passirten hierauf .... Die Insel besteht aus Granit. Der tre Brödrehavn hat seinen Namen von den daselbst befindlichen 3 Varen erhalten. — Da die See zu hoch und gefährlich für mein schwaches Fahrzeug gieng, so blieb ich, da wir ohnedies auf eine blinde Scheer zu sitzen kamen, wodurch der Ueberzug unser Umiaks ein paar schlimme Löcher kriegte, zu Kellingeit über Nacht. Hier stehen die Überbleibsel einiger Grönländischen Häuser und einer Flaggstange. Auf dieser Stelle wohnten ehmals viele Grönländer, bey welchen ein nationaler Katechet angestellt war. Nun ist die Insel unbewohnt. Ich bemerkte eine grosse Menge alter Gräber. Die Gebirgsart ist Granit mit Lagern von Hornblende, und grossen horizontalen Gängen von Urgrünstein. Die Felsen sind mit *Lichen proboscideus, saxatilis,* und *jubatus* ganz überzogen. Von den Europæern werden diese Inseln Klingarne genannt, ein Wort welches vermuthlich aus Missverstand des Grönländischen Namens Kellingeit entstanden ist. Unter dem festen Lande liegt der sogenannte Mönsterplads. (Musterplatz, grönländisch Máraksoak). Er besteht aus einer ungeheuren Menge zusammengeschwemmter Geschiebe. Die See unter dem Lande um Kellingeit ist voll Untiefen und Scheeren.

Montags, d: 15 May

reiste ich frühe Morgens von Kellingeit wieder ab. Wir giengen durch Ikaresarsuk, einen durch mehrere Inseln gebildeten Sund, in welchem sich ein Bootshafen findet, welcher durch zwey Varen angezeigt ist. Mit Schiffen von einiger Grösse kann man den vielen Untiefen wegen nicht durchkommen. Wir sezzten über Kangerdluarsuk, oder Grædefiord, welcher sich 16 Meilen nordöstlich ins Land hineinzieht. Er soll den Dänischen Namen einer Grönländischen Leiche wegen, welche unter vielem Geheul hier begraben wurde, erhalten haben. Unter dem festen Lande liegt der Berg Kognek, von einer auf derselben befindlichen Kluft so genannt. In Westen liegen die Innuksuktusut, eine lange Reihe von Inseln, welche sich über Kangarsuk hinaus erstreckt. Sie haben ihren Namen von den auf ihren Gipfeln befindlichen Varenähnlichen Erhöhungen erhalten, welche aus verwitterter Hornblende bestehen. Der Einlauf am südlichen Ufer des Grædefiords ist von einigen Grönländerfamilien von Lichtenfels bewohnt. Im Sommer kommen die Grönländer auf den Angmaksætfang, und auf die Rennthierjagd in denselben. — Wir sezzten Kangarsuk vorbey. Die Gebirgsart dieser in die offene See hinausragenden Spizze des festen Landes ist Granit mit vielem Quarz und grossen Lagern von sehr zerklüftetem Hornblendgestein.

Unter dem festen Lande von Kangarsuk in Osten ist die Insel Sergveit, welche den Namen von den vielen Theisten *(Uria grylle)*, welche hier in den Klippen nisten, erhalten hat. In Südwesten liegt .... eine grosse lange Insel, bey welcher wir in der Ferne einige Kajakken auf dem Fange bemerkten. Wir giengen durch Ikarasek, und den Sund Kaneitsut vorbey, kamen nach ...., wo alte Ueberbleibsel von Häusern stehen, und nach Itersermiut, einer Winterwohnstelle einiger Grönländerfamilien von Lichtenfels, deren zahlreiche Kinder am Strande herum Front machten. — Wir passirten sodann Agpet, eine Felsenmauer, dem Aufenthalte unzählicher Alken, und Innuksumiut, eine verlassene Wohnstelle. Die zerfallenen Häuser derselben stehen tief an die See hinab, so dass man zu glauben geneigt seyn möchte, die See hätte hier seit einiger Zeit zugenommen. Bey dem Sunde Am........ liegt zu oberst auf dem Berge ein grosses konisch gestaltetes Felsenstück ...., an diesen Berg schliesst sich eine zakkige Felsenkette mit steilen Mauren Illejutit und .... genannt. Sodann kommt man nach ...., welches nach Westen liegt, und ehemals ein Grönländischer Winterwohnplatz war. Auf der Höhe über den zerfallenen Häusern ist eine Vare errichtet, welche einen Bootshafen, den sogenannten Svovelstikhavn bezeichnet. Von hier aus giengen wir eine Garnstelle Kidlarne, die entfernteste und westlichste vorbey, wo der Grönländer Hans Ravn den Seehundgarnfang betreibt. Es ist die beste der Loge Fiskenæs. Näher bey der Loge liegt die Garnstelle ...., welche auch Skydested genannt wird. Die neueste Garnstelle Kabluneitsieit wird von einem Grönländer betrieben. Eine andre zu Niakortelik musste aufgegeben werden, weil die schwere Strömung viele Garne mitnahm. — Endlich kamen wir in den Fiskefiord, setzten über denselben nach dem Etablissement der Mährischen Brüder, Lichtenfels, grönländisch .... genannt, kamen endlich Okaitsungoit vorbey, und langten um 9 Uhr bey der Loge Fiskenæs, grönländisch .... an, wo ich von Heilmann sehr freundschaftlich aufgenommen wurde. — Fiskenæs liegt von Godthaab 18 bis 20 Dänische Meilen entfernt. —

Dienstags, den 16 May

Stand das Thermometer auf 4° Kälte mit Schnee und Nordsturm.

Mittwochs, den 17 May

Trafen bey der Loge die ersten Posten von Friederichshaab und Julianehaab ein. Ich gieng auf Excursion und fand in der Nähe der Loge im Granit, welcher die Hauptmasse der ganzen Insel ausmacht, einen stehenden Gang von Quarz mit eingemengtem Kupferblau, Kupfergrün und Kupferkies, grosse

Gänge von Grünstein, lagerweise Tremolith, mit etwas Kalkspath, Kyanit, gelblich grünliche kleine Kristalle in Quarz mit Glimmerschiefer, das gadolinitähnliche, kristallisirte Fossil in Feldspath, grüne Hornblende, auch Hornblendschiefer.

Donnerstags, den 18 May

Machte ich mit Herrn HEILMANN eine Tour nach Lichtenfels, weil ich der ungestümen Witterung wegen nicht weiter reisen konnte.

Sonnabends, den 20 May

Fand ich auf einer Wanderung in Glimmerschiefer bräunlichen Tremolith und Kupferkies. —

Reise
nach **Friederichshaab**.

Montags, den 22 May, an Pfingsten

Morgens halb 8 Uhr reiste ich von Fiskenæs wieder ab. Meine Begleiter waren: der Vormann JOHANNES SCHMIDT als Steuermann, die Grönländer ESAIAS und AMOS als Kajaksmänner, und 5 Grönländerinnen das Umiak zu rudern. Wir giengen hinter der Insel der Loge weg. In Norden lag uns der steile Berg Illuartelik, wir passirten Okaitsut, und liessen Kidlia in Westen liegen, wo die Grönländer so eben den ersten Seehund für dieses Jahr gefangen hatten. Sie theilten ihn nach altem Brauche samt dem Felle in so viele kleine Theile, als Interessenten beym Fang waren, und schickten mir auch durch meine Kajaksmänner ein paar Striemen davon zum Frühstück. Diese Ausstükkelung des ersten gefangenen Seehundes soll nach ihrer Meinung zu einem glücklicken Fang verhelfen. Kidlia gegen über in Osten unter dem festen Lande ist eine grönländische Wohnstelle Okaitsorsoit. — An derselben zieht sich eine Bucht ins feste Land hinein, welche von steilen Felsen umgeben ist, ... genannt.

Hier vorunglückten vor 4 Jahren 3 Grönländische Mädchen, welche über das Eis gehen wollten, und seit der Zeit halten wie gewöhnlich die Grönländer diese Stelle für unglücklich und bewohnen sie nicht mehr. Wir giengen durch einige schmale Sunde Ikarasek genannt, zwischen kleinen Inseln durch, und kamen nach Kangarsuk. Aussen in Westen liegen mehrere Inseln, A........ genannt, welche sich von Süden nach Norden ziehen.

Kangarsuk selbst besteht aus Glimmerschiefer, Hornblendschiefer, und eingelagerten Granit mit Magneteisenstein, auch viel angeschwemmtem Sande.

Man sieht hier mehrere alte Grönländische Wohnstellen, und

rechnet von Fiskenæs zwey Meilen hieher. — Wir sezzten sodann Kangeitsiak vorbey. Innen um Kangeitsiak geht ein Lauf mit sehr schwerer Strömung durch, welcher deswegen nur mit innestehender Ebbe und Fluthzeit zu passiren ist. Bey einer in Westen liegenden Insel Ukaleselik genannt, ist ein Bootshafen. Gegen Osten erhebt sich im festen Lande Pattefield, grönländisch Iviengit, zwey steile Bergspizzen. — Hier kann man schon den bekannten Eisblink sehen. Nahe dabey gegen Süden liegt der Berg Kakarsoak. Wir giengen durch mehrere Inseln, konnten aber nicht durch den grossen Sund Ikaresarsuk kommen, da er noch zugefroren war. Aussen vor liegen in Westen mehrere Inseln, worunter Arngarsoak ehemals eine grönländische Wohnstelle war. Wir setzten hierauf über eine grosse Bucht unter Kakasoeitsiak ins feste Land hinein. Hier liegt die Wohnstelle .... Zu ...., einer Insel gieng ich ans Land. Hier finden sich mehrere alte Häuser und Gräber.

Die Gebirgsart ist sehr verwitterter Hornblendeschiefer mit vielen Quarzlagern.

Ich setzte für heute die Reise noch bis an den Bärsund, Adlomersut genannt, fort, und kam gegen Abend an seine äusserste feste nordlichste Næs, Kangidlamiut, wo ich über Nacht blieb. Wir hatten Abends zehen Uhr mit heftigem Südweststurme sechs Grade Kälte, und starken Schnee, welcher auch noch den darauf folgenden ganzen Tag unausgesetzt anhielt. —

Dienstags, d: 23. May,

War ich den ganzen Tag auf Wanderung. Die Gebirgsart dieser zu Grönländs Continent gehörigen Landspizze ist Granit mit Grünsteinschiefer. In dem röthlichen Feldspath der Hauptmasse fand ich hie und da Adern von Bleyglanz, und lagerweise grauen Hornstein. —

Diese Næs war ehemals stark von Grönländern bewohnt, welches mehrere Hausüberbleibsel, und viele Gräber, besonders auf einer Höhe gegen Norden zu anzeigen. Gegen 10 Uhr Abends hatten wir 5 Grade Kälte mit Sturm und Schnee. —

Mittwochs, d: 24. May

Reiste ich Morgens 5 Uhr ab, und in dem Bärsunde oder Adlomersut aufwärts. Dieser Sund soll ehemals eine Durchfart nach der Ostseite Grönlands gehabt haben. Vieleicht hat er selbst den alten Normännern noch gedient. Nun ist er mit Eis verstopft. Das nordliche Ufer des Sundes ist flach, und hat mehrere kleine Buchten. Gegen das nordliche Ende steht Thonschiefer und Kieselschiefer in steilen Kuppen an, von wo aus er sich sodann etwas südöstlich wendet und eine Bracksee bildet, in welche das Seewasser mit der Fluth hinauf geht, und Gelegenheit zu gutem Seehundfang, besonders *Kassigiæt*, giebt. Die Grönländer halten sich deswegen im Frühjahre oft hier auf. — Auf der südlichen Seite dieses Sundes bey der Krümmung desselben ist eine Thonschieferkuppe, Niakornarsuk genannt, hinter welcher an einem Lachselve gegen Osten zu sich Norische Rudera finden. Sie machen ein gegen 80 Fuss langes, und 40 Fuss breites Viereck aus, dessen Abtheilungen nicht mehr zu erkennen sind. — Lose Steine sind rund herum zwischen dem Gebüsche zerstreut. Die Grasplätze tragen sichtbare Spuren ehemaliger Kultur. Das Ende dieses 8 Meilen langen Sundes war noch mit Wintereis belegt, auf welchem viele Seehunde besonders *Kassigiæt* sich an den kargen Sonnenblicken erquickten. —

Die Gegend ist schauerlich, das südliche Ufer des Sundes ist sehr steil, und dessen Felsen bestehen aus Glimmerschiefer. Der Berg Kakarsoak, welchen ich bestiegt ist grauer Glimmerschiefer mit Granaten, so wie auch der daranstossende Berg ....

Der unübersehbare Eisblink sticht überall hervor. Zu äusserst, der Südseite des Sundes gegen die offene See zu, liegt Ravns Storöe oder Kikertarsoak. Die Nordseite des Sundes begränzt die schmale Insel Langeland oder Kakitsok. — Bey der Reise auf dem Fiord kamen wir an einem hohen gespaltenen Berge, ... vorbey, in dessen Nähe Sergveit oder Theistoe liegt. Wir passirten hierauf eine in Westen liegende grosse Insel und giengen durch den Strömsund. (........) Er hat heftigen doppelten Strom, welcher aus dem ....fiord komt. — Die nördliche Strömung geht stets mit der Ebbe gegen Norden, die südliche gegen Süden, und mit der Fluth die nördliche gegen Süden, und die südliche gegen Norden. Die See wirft beständig kleine Wellen, wie kochendes Wasser aussehend. — Der Strom geht pfeilschnell. — Der Fiord Kunnilik reicht unter den Eisblink, ist für den Seehundefang sehr zuträglich, und war dermalen noch gefroren. In demselben findet man nach Aussage der Grönländer ebenfalls Normännische Rudera. Zu Ikartok, einer grossen langen auf der Südseite des Fiords belegenen Insel blieben wir über Nacht. Das Thermometer stand bey Regen und Schnee, abends 10 Uhr auf 4° Kälte. —

Donnerstags, d: 25. May,

stand gegen Mittag das Thermometer in der Sonne auf 25 Graden Wärme, im Schatten auf 7 Graden. Ich gieng mit dem Umiak südlich in der Bucht bey Ikartok hinauf. — Die ganze Insel ist in kleine Kuppen von der nemlichen Steinart vertheilt, welche Hornblendeschiefer und Glimmerschiefer mit vielem Quarz gemengt ist. — Die Schichtung geht von Westen nach Osten und ist beynahe senkrecht. Auf und zwischen dem Glimmerschiefer liegt Thonschiefer und Kieselschiefer. Im Glimmerschiefer sind Granaten in Dodekaedern, welche oft die Grösse einer Mannsfaust haben, aber sehr spröde sind. — Der Thonschiefer geht auch in Wetzschiefer über. — Die Hornblende liegt zuweilen hahnentrittförmig und feinstrahlig im Glimmerschiefer, wie die bey Schneeberg. Im Hornblendschiefer sieht man grosse Quarzlager. Zunächst an Ikartok liegt Kikertarsoak, eine grosse aus sechs durch schmale Thäler abgesonderten Bergen bestehende Insel. Kleine Ströme trennen sie vom festen Lande. — Die Hauptmasse der ganzen Bucht ist Glimmerschiefer mit figurirtem (gehaktem) Topfsteine, in den Ablösungen mit kuglichtem Glimmer, kristallisirtem Feldspath und Granaten. In kleinen Lagern kömt grüner Stralstein und Asbest vor.

Viele Seehunde lagen hier auf dem anstehenden Wintereise. Ich entwarf von der Höhe des Berges die Lage der Gegend, und kehrte wieder nach Ikartok zurück. —

Freytags, den 26 May,

Machten wir uns früh auf den Weg, um den Eisblink oder Sermersoak vorbeyzukommen. Wir erreichten gegen Tullugartelik, eine Insel, welche mitten auf dem Wege dieser Eisstrekke liegt.

Die Gebirgsart ist Glimmerschiefer, über welchen eine ungeheure Menge des allerfeinsten Quarzsandes hergeschwemmt ist, welcher aus dem ewigen Kampfe der wüthenden See gegen die Klippen verbunden mit der natürlichen Auflösung des Granits und Glimmerschiefers durch Eis und Schneewasser, entstanden ist.

Von hier aus giengen wir nach Pokkiktok. An dieser Stelle habe ich im Jahre 1806 bey meiner ersten Reise über 4 Tage in der schrecklichsten Witterung des Oktobermonats stille liegen müssen, welches mir damals Zeit und Gelegenheit genug zu Excursionen gab.

Hier wechselt Granit mit Gneiss ab. — Die Schichten des letztern sind wellenförmig und laufen horizontal in schönen Schlangenlinien am Fusse der Berge weg. Der Glimmer ist grünlich schwarz, und die Schaalen des Gesteines lassen sich leicht absondern. In saigern Gängen findet sich rother Feldspath mit Magneteisenstein.

Die grossen flachen Sandbänke liegen von dem Eisblinke an über 3 Meilen in die See hinaus, und fallen, einige kleine Kanäle abgerechnet, welche die Fluth abwechselnd von Zeit zu Zeit im Sande bildet, bis an den Eisblink hin, in der Ebbe ganz trokken, so dass man nach dem Eisblinke gehen kann. Ich versuchte diese beschwerliche Wanderung auf meiner ersten Reise, und wagte es auch, den Eisblink zu erklettern, und über denselben ein Stück weit ins Land hineinzugehen. Der Anblick dieses fürchterlichen Eismeeres mit allen seinen glimmernden spiegelglatten Klippen, mit seinen unabsehbaren Spalten und Schlünden, die Aussicht rund umher, so weit das Auge ins Laud hineinreichen kann, in die erstarrte erstorbene Natur, wo kein lebendes Wesen, kein Vogel, kein Insekt, kein Wurm sichtbar ist, und nur das Schlagen der empörten Wellen, das Knittern des gefrorenen Schnees, oder der Donner berstender Eisberge die schauerliche Stille unterbricht, fesselt den Reisenden in sprachlosem Erstaunen, und wirkt auf seine gespannten Sinne so lebendig, wie die reizendste Gegend Italiens. — Dorten ewige Freude hier ewige Trauer in der Natur! — Und doch — die unbeschreibliche schönen Riesengrotten, welche die Sonne und die See mit vereinten Kräften, bald in saphirblaue, bald in schmaragdgrüne, bald in silberweise kristallklare Eisklippen am Strande gebohrt hat, welche der Ewigkeit zu trozzen scheinen, und doch oft augenblicklich in Trümmer zusammenstürzen, erfüllen die Seele mit einer gewissen bange Freude. — Ein schönes Nordlicht, welches in farbichten Stralen bereits über diesen Schauplatz schwermüthiger ängstlicher Wohllust zu blitzen begann, erinnerte mich, dass es Zeit sey, diese schlüpfrige Bahn zu verlassen, und in meinem thranigen Zelte bey rauchender Lampenwärme Schutz vor der Kälte der Nacht zu suchen. — Und wirklich war es die höchste Zeit, denn die Fluth hatte über den Sandbänken bereits so sehr zugenommen, dass ich mit genauer Noth noch durchwaten und mein Gefolge am Strande erreichen konnte. Die Nacht durch rasete ein fürchterlicher Nordsturm mit Schneegestöber. Die Brandung schlug bis zu unserm Zelte hinauf, welches doch über 80 Schritte von der See abstand. Am folgenden Morgen sah ich, dass der Sturm einen ganzen Damm von Sand und Seetang um uns her geworfen hatte. Noch wirbelte der Sand wie Schneegestöber in dicken Wolken um uns her, und erst den fünften Tag darauf als den vierten October waren wir endlich so glücklich, dieses beyspiellose schrecklichschöne Naturtheater zu verlassen, wo nur Auflösung und Zerstörung haust. — —

Ich kehre nun von dieser Ausschweifung wieder in den Gang meiner dermaligen Reise zurück, wo wir glücklich Sakriesok, das erste Land am südlichen Ende des Eisblinks erreichten. Hier sind mehrere Rudera alter grönländischer Häuser. Die herrschende Gebirgsart ist Glimmerschiefer. Wir blieben über Nacht zu Sioramiut; einer der Spijskammeröer. Hier ist ein Bootshafen. In dieser Gegend verunglückte vor einigen Jahren ein Umiak mit vielen Menschen, welche in einer Gruft des Berges begraben sind. — Die Insel ist dermalen unbewohnt.

Die herrschende Gebirgsart ist Gneiss mit Hornblendeschiefer, und Glimmerschiefer mit Granaten. —

Sonnabends, den 27 May,

Reisten wir wieder ab, und sezzten über den Fiord .... Er hat diesen Namen, weil ein grosser Theil desselben mit der Ebbe trocken fällt, welches von dem Sande des Eisblinks herrührt, an den er stösst. Er zieht sich nach Nordost, dann nach Osten, und hatte noch viel Wintereis. — Von da aus setzten wir über den Fiord K......., so genannt, weil er am Ende breit und an der Mündung schmal ist. Er zieht sich gegen Südost, reicht an den Eisblink, und ist gegen 6 Meilen lang. Hieher kommen die Grönländer auf den Angmaksæt und Rennthierfang. Von den Europäern wird der Fiord *per abusum* Kaxefiord genannt. Unter dem festen Lande zieht sich der Sund Ikaresak durch. Aussen gegen die See zu liegt Simiutæt. Wir kamen nach Nordre Storöe, grönl. Kikertarsoak, hierauf nach Söndre Storöe. — Beyde sind im Winter bewohnt, und gute Fangestellen für Friederichshaabs Grönländer.

Die Gebirgsart auf beyden ist Granit mit Grünsteinporphyrlagern, auf der ersten Insel wechselt der Granit mit Glimmerschiefer ab. Gegen über im festen Lande liegt der Berg Kakarsoak, und der Fiord Kangerdluarsunguak. — Endlich erreichten wir Pamiut, oder den Schwanz, eine lange schmale aus Glimmerschiefer bestehende, in die See hinausreichende Inselgruppe, zu welcher .... gehört, und kamen um vier Uhr Abends zu Friederichshaab an,

Sonntags, den 28 May

Wohnte ich dem Gottesdienste bey, welchen Herr Missionär Jessen hielt. Abends um 9 Uhr kamen wider alles Erwarten Postkajakke von Fiskenæs mit der Nachricht, dass Kapitän Erken mit dem Schiffe Jupiter von Flekkeröe aus dorten eingelaufen wäre, und brachten zugleich die Briefe aus Europa mit. Ich erhielt unter andern das Duplikat eines Schreibens von der Königlich Grönländischen Handelsdirection. — Die politischen Neuigkeiten waren leider nicht so beschaffen, dass sie uns froh machen konnten, ob wir gleich warmen Antheil an der muthvollen Vertheidigung Norwegens, und allem glücklichen Fortgang der Dänischen Waffen zu Wasser und zu Lande nahmen. — Mir war der Verlust aller meiner mühsamen Samlungen und naturhistorischen Arbeiten, welche bey dem Brande des Petri Priesterhauses ein Raub der Flammen wurden, zwar nicht unerwartet, aber doch schmerzlich; wozu noch die Bestättigung des Verlustes aller meiner durch zwey Jahre in Grönland gesammelten Naturprodukte kam, welche in die Hände des Feindes fielen. Ich war sogleich entschlossen, aller ungünstigen Aussichten ungeachtet, noch ein Jahr im Lande zu verbleiben, um die Lücken doch einigermassen wieder durch neues Einsammeln zu ergänzen, da es mir überhaupt nicht rathsam schien, mich selbst oder den Rest meiner gemachten Sammlung einer so unsichern Seereise anzuvertrauen.

Montags, den 29 May

Giengen die Posten wieder zurück. — Ich meldete mit dieser Gelegenheit Herrn Inspecteur Myhlenphort meinen Entschluss noch ein Jahr im Lande und zwar bey ihm auf Godthaab zuzubringen. —

Monat Junius.

Donnerstags, den 8 Junius

kam endlich der Grönländische Umiak zur Kolonie, welcher mich wieder weiter befördern sollte.

Freytags den 9 Junius

trat ich mit 4 Grönländerinnen, einem Kajaksmann, und dem Blanding Ole Olsen, welcher in Diensten des Königlichen Handels ist, die Reise nach Arksut an. —

Reise nach **Forsöget Arksut**.

Ein anderer Kajaksmann, welchen ich gestern Abends um 4 Uhr akkordirte, kriegte eine Stunde darauf Appetit zum heiligen Ehestande, liess sich auch wirklich noch den nemlichen Abend um 6 Uhr copuliren, und verlor deswegen die Lust mir zu folgen. — Wir sezzten um 8 Uhr Morgens über den Quannefiord, grönländisch Kwannetsok, welcher voller Treibeis lag. Dieses kömmt aus dem Fiord selbst, weil der Eisblink in demselben seit einigen Jahren so sehr zugenommen hat, dass er nun bis in die See hinabreicht, und also von Zeit zu Zeit sich eines Theils seiner Bürde entledigen kann. Vor 20 bis 25 Jahren konnte dieser Fiord nach des alten Zimmermanns Ole Østerberg, des Vormanns Pehr Ohlsen und anderer Erfahrung noch kein Eis auswerfen. Ein hinlänglicher Beweis, wie sehr das Eis des festen Landes von Jahr zu Jahr zunimmt. Die Stücke haben oft schon eine Höhe von 20 Ellen und drüber. Vor der Mündung des Fiord liegt Quannöe, grönländisch Kangilinek, woselbst im Winter ein paar Familien wohnen, welche zum Friederichshaabsdistrikte gehören. Von hier aus giengen wir durch einen langen Sund .... genannt. Im Einlaufe in denselben liegt links von der Kolonie aus ein Bootshafen, Banked Bygshavn genannt. Am Ende dieses Sundes ist die Steile Klippe ...., welche eine Insel bildet. Wir giengen Omenak vorbey, setzten über eine offene Bucht, und kamen nach Westerland, grönländisch .... genannt. Dieses Land besteht aus mehrern Inseln, durch welche schmale Sunde gehen. Am Einlaufe in dieselben liegt links eine alte verlassene Winterwohnstelle, Ujortlek, von den Europæern Michel genannt. — Wenn man die Sunde durchfahren hat, kommt man an eine Bucht, auf deren sudlichen Seite die knubbede Øe, grönländisch .... ligt. Diese Insel zieht sich gegen das feste Land zu, woselbst sich auf der entgegengesetzten Seite Kaksersoak der sogenannte Profoshavn befindet; es ist die Stelle, wo Herr Assistent Wolff ungefehr vier Wochen früher, nemlich den vierten May dieses Jahres mit der Jacht Libertas im Eise verunglükte, und sich noch mit Mühe auf dem sinkenden Fahrzeuge ans Land retten konnte.

Die Stelle liegt neun Meilen südlich von Friederichshaab. Wir giengen noch durch Smale Sund, grönländisch Ikaresarsuk, an dessen Ende wir unter dem festen Lande über Nacht blieben. —

Die Inseln von Friederichshaab hieher, besonders Westerland, bestehen aus Granit mit vielem Glimmerschiefer, so wie auch Narksalik, eine Insel und grönländische Winterwohnstelle, welche westlich von einem Fiord gleiches Namens liegt. Auch dieser Fiord wirft jährlich von dem Eisblinke, welcher sich in demselben angelegt hat, eine ungeheure Menge Treibeis aus. In Smalesund findet man im Granite grosse Lager von Hornblendeschiefer. Diese ganze Nacht durch fiel ziemlich Schnee. —

Sonnabends, den 10 Junius

reisten wir Morgens um 6 Uhr von hier wieder ab. — Als wir aber die offene See erreichten, fand sich, dass ein sehr heftiger Nordwind blies. Wir krochen dem ungeachtet unter dem Lande noch ein Stückchen Wegs weiter fort, und giengen in die Bucht welche nördlich bey Tindingen sich in das feste Land hineinzieht, und .... heisst. Da es unmöglich war, bey dem starken Seegange sich weiter zu wagen, so legten wir auf Omanarsuk, einer kleinen steilen Insel, welche von Tindingen nur durch einen schmalen Lauf abgesondert ist, ans Land. Ich liess mich über denselben sezzen, um den Berg zu ersteigen.

Tindingen von den Grönländern Kingiktorsoak genannt gehört mit unter die höchsten und steilsten Berge dieses Landes. Die Unterlage dieser grossen Gebirgsmasse ist feinkörniger röthlicher Granit, welcher nur 3 bis 4 Lachtern über des Meeres Oberfläche reicht; auf demselben liegt Urtrapp, nemlich Hornblendegestein, Hornblendschiefer und Urgrünstein miteinander abwechselnd, durch welches Gestein der unterliegende Granit gang und lagerweise sich drängt. Mit dem ersten Absazze des Berges in einer Höhe von ungefehr 2500 Fuss nimmt der Granit wieder die Oberhand und der Urtrapp erscheinet lager und gangweise, und so verhält es sich bis auf die Spizze, eine Höhe von ungefehr 4000 Fuss, welche ich des Glatteises wegen nicht ganz erreichen konnte. In dem Granite findet sich das gadolinitähnliche prismatische Fossil und gemeine Hornblende eingewachsen. Zwischen dem Granit zeigt sich in kleinern Lagern Amianth, Asbest, Stralstein, gemeiner Talk nnd grünlicher Quarz grösstentheils in edeln Serpentin, vieleicht eine Art Beilstein eingewachsen.

Um den Tindingen herum wächst schöner grossblätteriger *Lichen Islandicus* in unbeschreiblicher Menge. *Cochlearia anglica, Oxalis acetosella, Leontodon taraxacum, Angeliea Archangelica* und *Azalea procumbens* sind ebenfalls häufig. Mittags zeigte das Thermometer auf der Höhe des Tindingen in der Sonne 11° und im Schatten $1^1/_2$° Wärme. Nachmittags 4 Uhr bestieg ich die Spizze der Klippe auf Omanarsuk, welche Insel ebenfalls Granit zur Unterlage, und Urtrapp aufgelagert hat, und errichtete auf dem höchsten Punkte der Insel eine Vare.

Diese Insel war ehemals im Winter bewohnt, welches mehrere Hausrudera und Gräber zeigen. Bey einem der letztern fand ich einen vermoderten Kajak und Fanggeräthschaften aus den Zeiten des Heidenthumes. Es schneyte abermals die ganze Nacht durch. —

Sonntags, den 11 Junius

Reisten wir um 4 Uhr Morgens wieder ab, giengen Tindingens Näs oder Kingiktok vorbey, und kamen gegen Kangarsuk zu.

Bey letzterer Stelle kann man einen Theil des Eisblinks übersehen. Wir begegneten hier 3 Südländischen Umiaks, mit vielen Menschen beladen, und 6 Kajaksmännern, welche allesamt nach Godthaab auf die Rennthierjagd reisen wollten. Wir giengen um die nördliche Näs von Tiksalik, grönländisch Kangek, und kamen auch die südliche Näs .... glücklich vorbey. In der grossen Bucht, welche bey Tiksalik ins Land hineingeht, ligt Sermesut, eine grosse mit vielen schroffen Felsenspitzen versehene, beständig mit Schnee und Eis bedeckte Insel. — Hinter derselben südöstlich die berüchtigte, der schlimmen Grönländer und gefährlichen Windstösse wegen so verschriene Insel Tornarsuk, in deren Hintergrunde unter dem festen Lande der alte, grönländische Wohnplatz Issek liegt, wo sich viel Magneteisenstein im Granit findet. Westlich aussen vor Sermesut ligt Sermesuts Omanak. — Wir giengen nun beständig auf offener See am Lande weg, und kamen nach Arksuts Omanak, und endlich nach Arksut oder Arsut selbst. Ueber diese Gegend und den Berg Konnak habe ich in meinem ersten Tagebuche, Seite 10 und 11 gesprochen. Die Stelle, wo die Königliche Handelscompagnie ein Forsög hat, heist Portugok. Wir reisten noch $1^1/_2$ Meile südöstlicher in Arsutsfiord hinauf, und blieben zu Tuapeitsiak, einer Stelle, wo die Grönländer im Sommer auf Angmaksætfang stehen, über Nacht. Arsuts Entfernung von der Kolonie Friederichshaab, zu welcher diese Versuchs-Stelle gehört, beträgt gegen 22 Meilen. —

Montags, den 12 Junius

war die Witterung ausserordentlich stürmisch. Die vorige Nacht durch fiel unter einem heftigen Südweststurme viel Schnee. — Vor ein paar Tagen ertrank auf dieser Fangestelle ein Knabe von 5 Jahren dicht beym Zelte seiner Eltern in einer kleinen Seepfütze, welche die Fluth beym Austreten zurückgelassen hatte. — Als er ein paar Stunde nachher vermisst wurde, fand man ihn nur mit dem Kopfe unter Wasser; — aber alle Mittel ihn zum Leben zu bringen, waren vergebens. — Ein Beweis von der Unachtsamkeit der Grönländer in Ansehung ihrer Kinder. —

Die Witterung wurde fast jeden Tag ungestümer, —

Dienstags, den 13 Junius

Warf der Sturmwind mir das Zelt in einer Nacht zweymal über dem Kopf zusammen, wesswegen ich mich genöthigt sah, unter ein stärker gebauetes grönländisches Zelt zu flüchten, wo ich auch die noch übrigen Tage, welche ich der Witterung wegen hier mich aufhalten musste zubrachte. —

Donnerstags den 15 Junius, bis

Sonnabends, den 17 Junius

war ich stets auf Excursion in der Gegend umher. —

Die Hauptgebirgsart auf dieser Halbinsel, welche nur durch

einen schmalen flachen Strich Landes *(Itiblik)* mit dem festen Lande gegen Nordosten zusammenhängt, ist Gneiss, und Glimmerschiefer; ersterer oft in letztern übergehend; in grossen Gängen und Lagern Urgrünstein und Hornblendegestein, zuweilen auch Hornblendeschiefer, seltener Thonschiefer mit Quarz und Kalkspath in eingewachsenen Kristallen; in dem Quarze Kupferkies und Schwefelkies. Gegen Westen der Halbinsel ist ein Granitlager in welchem Hornstein, und grüner Jaspis auch Heliotrop als Gemengtheil sich findet, und mit Feldspath und Quarz einen Trümmerachat bildet. In diesem Granit findet sich auch magnetischer Eisenstein, und kleine Spuren von Zinn; — hie und da Chloritschiefer.

Die Stelle war ehemals sehr bewohnt. Ich fand drey Hausruinen, viele Zeltpläzze, und viele sehr alte mit Moos überwachsene Gräber, unter welchen Kajaküberbleibsel und Fanggeräthschaften lagen. In den Gräbern waren auch Hunde und Isatisschedel mit niedergelegt. Nirgends habe ich so viele *Angelica* und so schönen breitblätterigen *Lichen Islandicus* wie hier gesehen. Die Grönländer dieser Gegend, welche grösstentheils noch sehr wild sind, gehen im Sommer in den Fiord des Angmaksætfanges wegen. — Vor wenigen Jahren noch wurde auf der Stelle, wo ich wohnte, eine arme alte Grönländerinn, welche im Verdachte der Hexerey war, in ihrem eigenen Hause erschlagen. Im zerfallenen Eingange in dasselbe sah ich noch den durchlöcherten Schedel und ihre Gebeine liegen. Man hält Tornarsuks, Kangarsuks und Assuts Grönländer für die wildesten und schlimsten im ganzen südlichen Grönland.

Sonnabends, den 17 Junius

kamen zwey Postkajakke von Norden her mit Briefen und Paketten nach Julianehaab hier an. Ich übernahm sie sämtlich, da ich ohnedies den nemlichen Weg reisen wollte, um die weitere Sendung mit Kajaks zu ersparen.

Reise nach **Julianehaab.**

Sonntags, den 18 Junius

Verliess ich von dem Vormann des Forsögs zu Arsut, Jonas Berglund, 4 Grönländerinnen und 2 Kajaksmännern von Arsut begleitet, Tuapeitstiak. Wir giengen Arsutsoe, und Hvidserk vorbey. Gegen über in Arsutsfiord auf dem festen Lande liegen die Sommerwohnplätze Upernavik und Narksak; links geht ein

Arm des Fiords namens Ikek ins feste Land, welcher sich gegen Süden und Norden wieder in 2 Arme theilt. — In dem einen Arm sieht man einige Grünsteinklippen am Ufer, welche die Einbildungskraft der Grönländer zu versteinerten Menschen gemacht hat. Wir kamen Alangok oder Lusenæs vorbey, wo die Grönländer zuweilen im Winter wohnen, weil guter Seehundfang daselbst ist. Es ist eine ziemlich grosse Insel. Hinter derselben stecken Senneruts Spizzen hervor, ebenfalls eine grosse steile, eisbedeckte Insel aus Granit bestehend. —

Wir kamen nach Ujorbik, ebenfalls eine grosse Insel, und mussten daselbst wegen zu heftigem Nordenwinde und hartem Seegange zwey Stunden liegen bleiben.

Die Hauptgebirgsart ist Granit, mit grossen Lagern von Hornblendschiefer.

Wir sezzten unsere Reise, die grosse Insel Kornok und die Bucht gleiches Namens vorbey, weiter fort, und kamen um 5 Uhr Abends nach dem östlichsten Ende von Sennerut bey Krippisako an, wo wir bey den Grönländern Michael und Salomon, welche mir als Kajaksmänner folgen sollten, über Nacht blieben. Ich gieng nach dem äussersten Ende des Laufes gleiches Namens, welcher mir noch von meiner ersten Reise bekannt war; worüber ich auch Seite 40 und 41 Nachricht gegeben habe.

Die Gebirgsart ist von den Verheerungen des nahe liegenden Eisblinks ganz zerstört. Die Unterlage scheint Granit zu seyn, welches sich aus den vielen grossen Geschieben schliessen lässt. Die sichtbare in Schutt und Sand verwandelte, darauf liegende Hauptmasse ist Glimmerschiefer und schiefriger Hornstein. Im Syenit, welcher in jenem lagerweise sich findet, kommen schmale Basaltgänge vor; am Strande ist viel magnetischer Eisensand aufgeschwemmt. Die See, welche nur ein paar Kabbeltaues Längen von hier noch bis 100 Faden tief war, wird hier so seicht, dass man bey der Ebbe kaum mit einem Umiak über den Sand weggleiten kann. Der Grund besteht aus blaulichtem sandichtem Thone, so dass das Wasser davon das Aussehen einer geronnenen Milch erhält. —

Montags, den 19 Junius

Reisten wir Morgens 8 Uhr ab, giengen durch den schlangenförmig sich krümmenden schmalen Lauf, von seinen Biegungen

Krippisako genannt, und kamen nach einer kleinen Insel, Kikertangoak, welche mitten in diesem schmalen Fahrwasser ligt.

Sie besteht aus Granit mit Lagern von grünlichem Hornstein. — Die kesselförmigen, und kugelichten Höhlungen der Gebirgsart sind mit weissen und röthlichen Bergkristall-drusen ausgeschmückt. Die ganze Küste des festen Landes rund umher besteht aus Urtrapp, vorzüglich Syenit und Urgrünstein. —

Wir setzten über Senneruts südliche Bucht, und blieben eines zunehmenden Südstürmens und Regens wegen zu Itiblingoak liegen. Dies ist eine Stelle, wo man, um sich den Weg zu verkürzen, den Umiak über einen schmalen Landstrich aus einem Fahrwasser in das andre tragen kann. — Die Grönländer nennen solche Stellen nach ihrer Breite oder Beschaffenheit — Itiblik — Itiblingoak — Itiblilit, Itiblirsoak und Itibliarsuk. — Dieser Trageplatz ist der schmaleste, den ich im ganzen Lande getroffen habe; denn er ist in der Flutzeit nur 30 Schritte breit, und heisst daher Itiblingoak. Man hält an solchen Stellen gewöhnlich Nachtquartier, um das doppelte Löschen und Laden zu ersparen.

Die herrschende Gebirgsart in dieser Gegend ist Urgrünstein; der Eisblink ist nur eine Meile von hier entfernt. —

Dienstags, den 20 Junius

mussten wir wegen Südweststurm den ganzen Tag stille liegen. Ich gieng auf Excursion in das östliche feste Land, gegen den Eisblink zu. —

Mittwochs, den 21 Junius

Mittags reisten wir ab, giengen durch den langen Sund Ikaresak, welcher Nunarsoit von dem festen Lande trennt, mussten aber, weil es alsobald wieder zu stürmen und zu schneyen anfieng, zwey Meilen südlich von Itiblik auf dem südlichsten Ende von Nunarsoit, Ikartik genannt, stehen bleiben. —

Die Hauptgebirgsart ist feinkörniger grauer Granit mit mächtigen vertikalen Gängen von Syenit und Urgrünstein, in welchem sich kleinere Lagen von feinkörnigem Granit mit eingemengten geschiebenähnlichen Urgrünsteinbrokken befinden. Der Urgrünstein geht an vielen Stellen in Grünsteinporphyr mit kristallisirtem blättrigem Feldspath, zuweilen auch Arctizit über.

Hier so wie zu Itiblingoak wächst der *Lichen Islandicus* besonders schön grossblätterig und häufig. Das Land ist hier von vielen kleinen Buchten durchschnitten, und mit Geschieben überdeckt.

Donnerstags, den 22 Junius

Die Nacht durch fiel bey zwey bis drey Graden Kälte und Nordenwind einen halben Fuss tiefer Schnee. Wir reisten um 10 Uhr Vormittags mit vortrefflichem scharfem Nordwinde ab, und legten gegen Mittag die südlichste Spizze von Nunarsoit und Kikerteitsiak zurück. Auf letzterer Stelle pflegen stets im Winter einige Familien, welche zu Julianehaabsdistrikt gehören, des guten Fanges wegen zu wohnen. Wir kamen durch eine Reihe von Inseln, Pisiksalik genannt, wo wir vieles Eis von Spitzbergen, welches die letztern Südwestwinde unter Land getrieben hatten, antrafen. Als wir über den Fiord Ikersoak setzen sollten, wollten meine faulen und wiederspenstigen Grönländer Halt machen, und auflegen, ungeachtet es nur erst 3 Uhr Nachmittags war. Als sie aber sahen, dass ich mich nicht dazu bereden liess, so giengen sie endlich weiter. Um 6 Uhr Abends kamen wir nach Ikartongoak, einer mittelmässig grossen Insel, wo wir Nachtquartier machten. Sie ligt ungefehr 5 Meilen von der Kolonie Julianehaab gegen Westen. Hier lag die See voll von westlichem Treibeise.

Die Gebirgsart ist grauer Granit, zuweilen mit Hornblende übermengt, grosse senkrechte Gänge von Grünsteinporphyr, schmalere von Basalt und lauchgrünem Jaspise durchschneiden das Hauptgestein, und Syenit, welcher sehr verwittert ist, findet sich lagerweise auf den höheren Punkten.

Freytags, den 23 Junius

Reisten wir Mittags ab, mussten aber wegen Sturm, Schnee und Regen in Ikaresak auf einer Insel, $1^1/_2$ Meile von der vorigen Stelle liegen bleiben. Es war ein saurer Tag und ein nasses trauriges Nachtlager. Die Gebirgsart dieser Insel ist Granit mit vielen Urgrünsteinlagern. Hier stehen einige Hausrudera; an mehrern Stellen sind alte Gräber mit Fanggeräthschaften. —

Sonnabends, den 24 Junius

Nahm das schreckliche Wetter noch mehr zu. Das Wasser gieng in Strömen durch mein Zelt und Bett, und verdarb einen Theil meines Proviants. Wir waren nicht im Stande Feuer anzumachen. Abermals der Nässe wegen eine Mark und Bein durchdringende Nacht mit Regen und Schnee. —

Sonntags, den 25 Junius.

Da der Regen gegen Mittag nachliess, so reisten wir um 1 Uhr ab, um die Kolonie zu erreichen. Allein wir kamen leider bald in das westliche grosse Eis, in welchem wir 7 Stunden lang unter viele Gefahr hin und her trieben, und endlich mit genauer

Noth eine der Pilepilaksinseln im Kakortokfiord, nemlich Partlit, bey Itiblilit erreichen konnten.

Die Gebirgsart auf diesen Klippen ist Granit, meistens feinkörnig mit grossen Lagern von porphyrartigem Grünstein, und Trümmern von feinkörnigem beynahe dichtem Grünstein. Der porphyrartige findet sich hier auch gangweise, und der Syenit in kleinen Lagern. Ein Gang des erstern reicht durch die ganze Insel von Süden nach Norden. —

Diese Insel bildet mit noch einer andern kleinern einen Bootshafen, welcher durch Varen angezeigt ist. Auf der Insel jenseits des schmalen Sundes steht ein unbewohntes grönländisches Haus. — Hier setzte der Himmel meine Geduld sehr auf die Probe. — Denn wir hatten kaum unser Zelt aufgeschlagen, so trieb ein ungnädiger Südweststurm alle das Eis, welches noch Platz nehmen konnte, von der See in den Fiord hinein, welches sich nun um diese mitten im Fiord liegenden Inseln lagerte, und uns, so nahe bey der Kolonie und doch so fern, eine traurige Aussicht gewährte. — So lagen wir vom 25 Junius bis zum 4 Julius, unter anhaltenden Stürmen von Südwest mit Regen und Schnee, von diesen gefährlichen schwimmenden Batterien eingeschlossen, welche abwechselnd Tag und Nacht kanonirten. — Keiner von uns konnte, da das Wasser von den Klippen unaufhörlich nach unserm Zelte zuströmte, welches zum Unglücke erbärmlich durchlöchert war, einen trockenen Faden auf dem Leibe erhalten. — Proviant und Thran waren bereits alle geworden; wir mussten uns zuletzt mit ungekochten Muscheln und Tang behelfen, da die Insel ganz kahl und ohne Gesträuche war. Ich gieng von Zeit zu Zeit, um mir die Grillen zu vertreiben, und mich zu erwärmen auf Excursion, welche auf dieser kleinen Insel unglücklicherweise auch sehr beschränkt war.

Bey dieser Gelegenheit bemerkte ich grosse Geschiebe von röthlichem Feldspathe mit eingemengtem grauem Speiskobalte. Im Tange fand ich viele *Actinien, Aphroditen* und *Mytilen.*

Mittwochs, den 28 Junius

Traf ich auf einer Excursion 3 zerfallene grönländische Häuser auf der Westseite der Insel, und eine Menge alter Gräber. In einem derselben hatte eine blaue Isatis ihre Herberge aufgeschlagen. In der Nähe der Gräber fand ich Milchquarz in grobkörnigem Granit. —

Meine Grönländerinnen vertrieben sich die Zeit und den Hunger mit Schlafen und Lügen. Eine derselben wollte den Geist des Grönländers Adam, welcher im verflossenen Winter zu Arsut mit dem

Kajak im Sturme verunglückte auf dieser Insel gesehen, ja sogar mit ihm gesprochen haben. Sie nahm es sehr übel auf, als ich über ihre Einfall, oder vielmehr Unverschämtheit lachte, und die andern Grönländerinnen glaubten ihren Erzählung steif und fest. Solche Lügen erfinnen sie gerne aus Langerweile, um bey ihrer Zurückkunft ihren Landsleuten etwas neues zu erzählen, welche es dann sorgfältig rund umher ausbreiten.

Monat Julius.

Montags, den 3. Julius

fieng endlich das Eis um die Insel sich etwas zu zertheilen an. Ich liess daher meinen Kajaksmann Michal, wie Noah die Taube aus der Arche fliegen, um das Eis zu kundschaften. — Und siehe, er kam ein paar Stunden darauf, zwar mit keinem Oelblatte, aber doch mit einem andern Grönländer zurück, welcher uns etwas Thran, Treibholz und Seehundefleisch verehrte, auch eine Ulkenangel borgte, so dass doch fürs erste geholfen war. — Ans Reisen durften wir aber heute noch nicht denken. — Doch gieng es nun flott her — man fischte Ulken, und kochte Seehundefleisch. —

Dienstags, den 4 Julius

Hatte der Strom eine Rinne durchs Eis geöffnet. Ich beschloss also im Vertrauen zum Himmel und meiner guten Sache mich ins Eis zu wagen, da mich so sehr nach den Fleischtöpfen der Kolonie, deren Schorsteine ich täglich rauchen sehen konnte, lüstete. Wir verliessen um halb sieben Uhr Morgens das verwünschte *Pathmos* Itiblilit, wo wir durch 11 Tage Elend genug ausgestanden hatten. — Ein Beweis, wie leicht man in diesem Lande selbst so nahe bey einer Kolonie in die äusserste Verlegenheit kommen kann. Einen andern Fall, welcher sich bey Godhavn zutrug, habe ich in meinem Tagebuche Seite 84 angemerkt. Das traurige Ende des Kaufmanns Neergaard, welcher vor einigen Jahren auf den grünen Eilanden in der Diskobucht, ebenfalls nahe bey den Kolonien mit aller Mannschaft theils erhungerte theils erfror ist hier im Lande noch in frischem Andenken. Meine Absicht für heute war nur durch das Eis nach dem nordlichen Ufer überzusezzen, weil man sodann im Nothfalle über Land nach der Kolonie kommen kann. Wir kreuzten uns in allen Richtungen unter dem heftigsten Regen durch die krachenden Eisberge, und kamen endlich nach drittehalb gefahrvollen Stunden auf dem nordlichen Ufer des Fiords an, und erreichten Grönlands Kanaan hungrig und bis auf die Haut durchnässt um 11 Uhr Vormittags, wo ich von Herrn Mörch sehr freundlich aufgenommen wurde. —

Freytags, den 7 Julius

Nach zweyer Tage Erquickung auf die sonderbare Diæt, welche

ich auf Itiblitit pflegen musste, reiste ich begleitet vom Herrn Mörch heute nach Cap Farvel zu. Wir giengen um Mathiesens Land oder Akkia, einer grossen Insel auf der Südseite des Kakortokfiords, durch den Sund Ikaresak. Akkia besteht aus feinkörnigem Granit mit Hornblendeschieferlagern. Sodann kamen wir nach Kangek, 3 Meilen von der Kolonie. Die Felsenmasse ist grösstentheils grobkörniger Granit. Wir setzten über die Bucht Kangerdluarsuk, am Ende derselben unter dem festen Lande kann man auch über Itibliarsuk eine schmale Landstelle setzen; doch ist es sehr beschwerlich das Boot auf der nördlichen steilen Seite derselben hinaufzubringen und überzutragen. Gegen die See zu liegen die Inseln Omenalik, und noch weiter hinaus Omenak. Sodann passirten wir Upernavik, welches auf dem festen Lande zur Linken, und Sadlok, eine Wohnstelle, gegen Westen, wo man den halben Weg von Julianehaab nach Lichtenau, nemlich 4 Meilen, rechnet. Der Urgrünstein wechselt in dieser Strecke mit Granit ab. Wir giengen über Omanarsoæt-Tunnua, eine Bucht zwischen Inseln, welche die Europæer wegen ihrer runden Form und des meistens darinnen herumtreibenden Eises Aerterkiedlen nennen, wo wir uns mühsam durchkreuzten, setzten Omanarsoak vorbey, eine hohe steile Insel, welche aus Granit und angelehntem Urgrünstein besteht, und kamen nach Karsuk, woselbst ein Schiffshafen, Heibergshavn genannt, sich befindet. — Hier schon fängt der Grünstein sich allgemein zu verbreiten an. In demselben findet sich bey obengedachtem Hafen ein betrachtliches Trapplager mit Mandeln und Nieren von straligem Zeolith. — Omenarsuk, eine Insel, welche uns in Westen lag, besteht grösstenthels aus Grünstein. —

Weiter hinaus gegen die See zu liegen die Inseln Omenartut. Bey der folgenden westlichen Insel Ujarartafik (zwey beysammenliegende haben einerley Namen) ist die Hauptgebirgsart Granit, mit angelehntem Hornblende- und Glimmerschiefer, welche mit gemeinem Stralsteine gemengt sind. Von hier aus bey Sergvartursok und Tindingen oder Kingiktok, oder vielmehr zwischen beyden, zieht sich eine beträchtliche Bucht unter das feste Land hinein, welche von der entgegengesetzten Seite zu dem obengedachten Itibliarsuk führt. Von Omenarsuk aus rechnet man noch 1½ Meile nach Lichtenau. Da Ikaresarsuk oder Pass an der festen Landzunge bey Tindingen noch mit Eisstücken verstopft war, so mussten wir aussen um die lange Næs herumgehen. Als wir noch 1 Meile von Lichtenau entfernt waren, fieng es heftig zu regnen an; gegen Mitternacht endlich kamen wir glücklich aber ziemlich nass daselbst an. —

Sonnabends, den 8 Julius

lagen wir bey den gutmüthigen mährischen Brüdern stille, und wurden gut bewirthet. —

Sonntags, den 9 Julius

Reisten wir weiter nach Süden ab. Wir verliessen um 2 Uhr Nachmittags, weil es zu regnen aufgehört hatte, unsere gefälligen Wirthe, giengen um Akulliarusek, oder Nikolainæs, nach einem alten Grönländer so genannt, welcher durch viele Jahre hier wohnte, und noch lebt, sezzten von da gerade über die See bey der grossen Insel Tuktuktuarsuk vorbey, welche nach Herrn Mörchs Meinung Eriksey der alten Normänner, nach Herrn Justizrath Eggers Meinung Hvalsey ist, und kamen um 6 Uhr Abends durch unaufhörliches Treibeis, zwischen welchem sich ein paar Nordkaper ganz nahe bey unserm Umiak sehen liessen nach Kikertaursak bey Kangek auf Cap Farvel an, wo wir Quartier nahmen.

Montags, den 10 Julius

Giengen wir nach der nordöstlichen Felsenhöhe von Cap Farvel. Die Hauptgebirgsmasse daselbst ist feinkörniger Granit, mit grossen Urgrünstein, Glimmerschiefer auch Quarzlagern. Nesterweise findet sich Gadolinit in doppelten 4 seitig, piramidalisch zulaufenden Prismen, zugleich mit magnetischem Eisenstein in röthlichem schiefrigem und sehr bröcklichem Granit eingewachsen. — In dem schroffen Felsenthale dieser Ekke von Cap Farvel sieht man aufgehaufte ungeheure Berge von niedergestürzten Felsenstücken, in welchen sich Akanthikone in Quarz und kristallisirte gemeine Hornblende findet.

Ein Theil dieser lothrechten Klippen ist mit Schnee bedeckt, welcher zur Sommerzeit in dem Kessel dieses amphitheatralischen schauerlichen Felsenthales einen beträchtlichen See bildet, welcher sein Ueberwasser durch eine selbst gewühlte gekrümmte Felsenkluft von vielen Abstürzen mit schrecklichem Gebrause von sich stösst. — Es zieht sich tiefer im Thale unter einem Chaos von Millionen losgerissenen Felsentrümmern durch und strömt nach der See zu. Am Strande sieht man zerfallene Hauspläzze, und dabey viele heidnische Gräber mit zermorschten Geräthschaften. Die Gegend ist schauerlich schön. Am Strande fand ich viele Geschiebe von schiefrigen Hornstein.

Dienstags, den 11 Julius

Reisten wir um 5 Uhr morgens, um nach der westlichen Näs gegen die offene See zu, genannt .... zu gehen. Als wir aber auf den halben Weg dahin, nach Niakornak kamen, hörten wir von einigen dorten stehenden wilden Grönländern, dass des schweren Seeganges wegen unmöglich dahin zu kommen wäre. Wir mussten uns also entschliessen, wieder umzuwenden.

Die Landspizze hier besteht fast ganz aus zusammenverwachsnen Feldspathkristallen, mit wenig Quarz und noch weniger Glimmer. Sie sind von der Grösse der losen Karlsbaderkristalle.

Wir tauschten uns Seehundefleisch und Speck gegen Tobak ein, und nahmen zwey junge Wilde mit, welche uns den Weg über Land nach Karsitsiak auf der Nordseite von Cap Farvel weisen sollten.

Die Gebirgsart daselbst ist feinkörniger Granit, auf welchem Urgrünstein ligt, in diesem finden sich beträchtliche horizontale Kalkspathgänge, und im Granit Akanthikongänge.

Von hier aus setzten wir den Weg weiter fort nach Ounartokfiorden auf der südlichen Seite desselben findet sich ein von den alten Normännern aus Steinen in die Erde eingelegtes Kreuz. Wir giengen quer über die Insel Ounartok nach den warmen Quellen, wovon ich Wasser mitnahm. Ich habe der Stelle schon Seite 26 und 27 in meinem Tagebuche erwähnt. Es sind eigentlich 3 nur einige Schritte von einander entfernte warme Quellen, deren Temperatur zwischen 31 und 32° Wärme nach Reaumur hat. — Dieser Wärme ungeachtet halten sich im Wasser am Rande der Quellen viele Tangläuse auf. Herr Mörch hält diese Insel für .... der alten Normänner. Von hier aus auf dem festen Lande gegen über nordlich zu .... sind auch Norische Rudera. Wir reisten um 6 Uhr abends von hier ab, und kamen gegen 9 Uhr wieder nach Lichtenau im Agluitsokfiord zurück, wo wir über Nacht bleiben wollten.

Mittwochs, den 12 Julius

Giengen wir Nachmittags am Strande des Agluitsok aufwärts. Ein steiler Berg Akulliarasersoak theil denselben in zwey Hauptarme. Wir kamen Yttrevijg der alten Normänner vorbey, welches Thal östlich bey Tindingen gegen Itibliarsuk zu wendet, und hierauf auch Indrevijg oder Kangerdluluk vorbey; dies ist ein grosses breites Thal, welches sich von einer Näs aus um eine Bucht herumzieht. In diesem sollen sich nach Arctander in der Nähe des Lachselves 20 Normännische Rudera finden. Wir sahen wol den Lachselv, aber keine Rudera. Auch weder die Grönländer noch die mährischen Brüder wussten etwas davon zu sagen. Die Gegend ist bis zu einer Meile Entfernung von Lichtenau auf dieser Seite flachhüglig, und besteht aus Hornblendegestein und Urgrünstein (cf. Seite 17).

Donnerstags, den 13 Julius

Morgens 7 Uhr verliessen wir wieder Lichtenau, giengen, weil das Eis uns diesmal nicht hinderte durch Ikaresarsuk, Tindingen oder Kingiktok oder Sergvartursok vorbey, und stiegen zu Ujarartafik ans Land. Die Gebirgsart ist Granit mit Hornblendelagern, und Glimmerschiefer mit eingemengtem Stralstein. Von hier aus sollen die alten Normänner nach der Sage der Grönländer ihre Steine zu dem Kirchenbau bey Redekammen geholt haben. Zum wenigsten sind die dortigen Bausteine, welche ich sah, theils Glimmer- theils Hornblendschiefer, welche sich am Redekam nicht so tauglich finden. — Wir reisten weiter, und hatten Omenarsuk, Omenartut und .... in Westen, und Karsuk in Osten, setzten bey Omenarsoak über Tunnua oder Aerterkjedlen und giengen zwischen Upernavik und Sadlok 2 Wohnstellen, dem halben Weg dieser Reise, durch, nachdem wir über Kangerdluarsuk waren, so passirten wir Omenalik, sodann Kangek, 5 Meilen von Lichtenau, giengen durch Ikaresak um Akkia oder Matthiesensland und kamen um 8 Uhr Abends nach Julianehaab zurück.

Sonnabends, den 15 Julius

Reiste ich mit Herrn Mörch nach Kikertarsoak oder Kobberöe. Ich habe ihrer bereits im ersten Jahre Seite 29 erwähnt. —

Die vorwaltende Gebirgsart dieser Insel ist Granit, durch welchen horizontale Quarzgänge gehen; in denselben, welche zuweilen sehr verdrückt sind, findet sich mit einem ins grünliche sich ziehenden Quarze dichtes blättriges Kupferglanzerz, welches zuweilen in Buntkupfererz übergeht, mit angeflogenenem Kupfergrün und Kupferblau. Die reichsten Stellen finden sich auf der südöstlichen Seite der Insel in der Nähe der Wohnplätze Ukusiksæt. In einigen vorkommenden Grünsteinlagern findet sich schiefriger Talk (Veegsteen) doch in unbedeutender Menge. Der heidnische Grönländer Anannek oder Ajak, welcher hier wohnte, hat das Kupfererz zuerst gefunden.

Von Sonntags den 16, bis Dienstags den 18 Julius konnte wegen unruhiger See und beständig anhaltendem Regen an keine Reise gedacht werden. —

Mittwochs, den 19 Julius

Morgens um 6 Uhr gieng ich mit Herrn Mörch in einem Umiak nach Kangerdluarsuk, einen Fiord. Wir kamen Kakortok, oder hvide Næs, Uglespeils Bagerovn, und die für mich so merkwürdige Pilepilaksöer vorbey, und giengen bey Tinnitakiursak durch Skovlöbet.

Der Berg unter diesem Laufe heisst Kingiktok, und besteht aus Granit, von einem breiten vertikalen Trappgange beynahe mitten durchschnitten, welcher in der nemlichen Richtung durch mehrere weiter auswärtsliegende Inseln durchsetzt. In dieser Gegend, gegen Osten auf dem festen Lande, bey der Stelle .... genannt, sollen einige Norische Rudera sich finden. Wir setzten über Kangerdluarsuksfiord nach der nördlichen Næs desselben Akulliarusek. Die Gebirgsart daselbst ist grobkörniger Granit mit angelehntem Urgrünstein.

Von hier aus giengen wir unter dem nordlichen Lande weiter im Kangerdluarsukfiord, wo wir einem Umiak begegneten, welcher von dem Angmaksætfange zurückkam. Ein heftiger Südost fieng zu blasen an, welcher aber doch bald wieder abstillte. Als wir gegen den Zelteplatz, Angmaksivik zu kamen, auf dessen entgegengesetzter Seite Nunarsoeitsiak ligt, blies ein rascher Westwind, und wir seegelten, was das Zeug halten konnte, unter dem Berge Nunasornaursak zu dem Ende des Fiords, wo wir unser Zelt aufschlugen. Die Angmaksætzüge bedeckten noch immer in Millionen den Meeresgrund.

Donnerstags, den 20 Julius

Gieng ich mit Herrn Mörch auf Excursion nach Nunasornaursak. Die Grundfeste dieses steilen Berges ist Granit, auf seinen Höhen ist Urgrünstein gelagert, welchen zwey grosse Basaltgänge horizontal durchschneiden. In dem Granit, so wie in dem Urgrünsteine findet sich Reisbley in kleinen Lagern und horizontalen Gängen. Nester und trümmerweise durchsetzt den Urgrünstein kubischer, oktaedrischer und derber Flussspath, begleitet von rhombischem späthigem Eisenstein- und Kalkspathkristallen, welche leztere zuweilen mit einer Chalzedonrinde überzogen sind. In Nieren und Trümmern sah ich auch schönen Bleyglanz und verhärtete blaue Eisenerde. An dem südlichen Fusse des Berges, so wie auf der östlichen Seite zu einigen Lachtern Höhe ist ein besondrer kristallisirter Syenit eingelagert, welcher dikflasrig geschichtet ist, und stets in rundlich abgesonderte knollige Stücke zerfällt. Dieser erwächst auf der Südseite des Fiords, so wie auch auf der Ostseite gegen das feste Land zu beträchtlichen ziemlich steilen Kuppen, und schält sich in dicke Flasern gleichsam ab, und ist auf der Oberfläche beynahe in Schutt und Gruus zerfallen. Die Kuppen der Südseite sehen von ferne bald wie kreisförmig gestreift, bald wie gefurcht aus. Der Feldspath dieses Syenits ist fast durchaus grünlich, und oft findet sich ein granatförmiges apfelgrünes Fossil (Mylopsit) und granatförmiges Braunsteinerz daselbst ein. Horizontale, bis zu einer Elle und drüber breite Gänge, gefüllt mit grossen mit granatförmigen Braunsteinerze verwachsenen schwarzgrünen Hornblendekristallen und lichtgrünem fasrigem Stralsteine durchsezzen diesen sonderbaren Syenit. Gegen Südost begränzt ihn ein grosses Lager von Urgrünsteinschiefer, welcher mit fasrigem lichtgrünem dünnschiefrigem Strahlsteine und mit kristallisirter gemeiner Hornblende gemengt ist, und bis unter den Redekam reicht. Der obengedachte Syenit ist in dem nördlich angränzenden Tunugliarbikfiord auf der nördlichen und südlichen Seite desselben ebenfalls in grosser Menge angelagert zieht sich hinter dem Berge Narksak gegen Norden hin und reicht bis nach Sermilik oder grossen Eisblink, unter welchen er sich verliert. Abends 5 Uhr kamen wir ziemlich müde wieder nach unserm Zelte zurück.

Freytags, den 21 Julius

Giengen wir gegen den Redekammen zu. — Weitere Nachrichten über diesen Fiord finden sich Seite 34 etc. — Die Vegetation ist hier unbedeutend; doch findet man viele *Angelika*, einige Pflanzen, und Gebüsche, besonders Wachholder Weide und Birke.

Sonnabends, den 22 Julius

Reisten wir Morgens um 3 Uhr den obenangezeigten Weg wieder zur Kolonie zurück. Man rechnet dahin vom Ende des Fiords 5 Meilen, der Fiord selbst ist 3 Meilen lang. — Nachmittags gieng ich nach dem grossen Thale, welches südöstlich von der Kolonie liegt. Die Hauptgebirgsart ist Granit in welchem sich Adern und gangweise Kalkspath mit grünlichem Quarz Akanthikone und fasriger Stralstein finden, cf. Seite 15. — Die Berge und

Thäler um Julianehaab sind ziemlich grasreich, die *Campanula rotundifolia*, *Bartsia alpina*, *Alchemilla vulgaris* und *alpina*, *Pinguicula vulgaris*, *Andromeda hypnoides*, *Erigeron uniflorum*, *Potentilla aurea*, *Eryophorum vaginatum*, *Leontodon taraxacum*, *Lychnis alpina*, *Rhodiola rosea*, *Orchis* und *Ophrys*, *Epilobium lati-* und *angustifolium* und *Cerastium alpinum* wachsen hier in Menge. Auf Kobberoe habe ich auch die *Pedicularis grönlandica*, so wie *Osmunda lunaria* häufig gefunden.

Sonntags, den 23 Julius

gegen Abend kamen Posten aus Norden, mit welchen ich Duplicate von 2 Schreiben von der Königlich Grönländischen Handelscompagnie erhielt, welche mit dem Archangelschen Schiffe im vorigen Jahre angekommen waren.

Abreise von **Julianehaab**.

Mittwochs, den 26 Julius

Verliess ich die Kolonie, nachdem ich in der Gegend derselben 3 Jahre [Wochen] umhergereist war. Meine Beförderung zurück nach Norden geschah mit einem Umiak besetzt von 5 Grönländerinnen, dem Böttcher Sören Geraae, als Steuermann, und einem Kajaksmann.

Wir giengen um 10 Uhr Kakortok, oder die weisse Näs von dem weisslichen Granit, woraus sie besteht, so genannt, und Uglespeils Bagerovn vorbey. Letzterer ist eine Höhle im Granit, von der Form eines Backofens. Sie scheint aus einem ausgewitterten kleinen Grünsteinlager entstanden zu seyn. Um 2 Uhr passirten wir Kingiktok und um 4 Uhr Akulliarusek vorbey, wo ich mich eine Stunde aufhielt. Das Land besteht aus grobkörnigem Granit mit Urgrünstein. Um 5 Uhr sezzten wir unsere Reise weiter fort, und hielten uns auf die südliche Seite des Tunugliarbikfiords, welcher 16 Meilen weit ins Land hineingeht. Syenit und Urgrünstein waren auf dieser Strecke vorwaltend. Wir giengen das Thal, welches hinüber nach Kangerdluarsuksfiord zu dem Zelteplatze Angmaksivik führt, und unter dem westlichen Abhange des Berges Nunasornaursak hinzieht, vorbey, und blieben unter dem Berge an einer ziemlich steilen Stelle, Siksariesok genannt, über Nacht. —

Hier finden sich dem Ufer entlang, im Urgrünsteine Lager von kristallisirtem weissem Quarz und nieren und nesterweise körniger grüner Quarz. Die ganze Bergstrekke rund umher ist mit losgerissenen Felsstücken, worunter auch rother alter Sandstein ist, überdeckt. —

Donnerstags, d: 27 Julius

Um 8 Uhr Morgens liess ich den Umiak nachfolgen, und gieng über die nordliche Seite des Berges Nunasornaursak längs dem Strande eine Meile weit hin, um das geognostische Verhältniss desselben auch von dieser Seite zu beobachten.

Die Gebirgsart dieses Berges so wie des daranstossenden verhält sich eben so, wie ich sie von der südlichen Seite im Kangerdluarsukfiord, nach Seite 34 etc. und Seite 212 etc. gefunden habe. Sie wechselt mit Urgrünstein und weiter östlich mit porphyrartigem Grünsteine, dann Granit mit rothem Feldspath in Lagern. — In grossen Blökken rother grobkörniger Sandstein, mit inneliegendem Kieselconglomerat oder Quarzbreccia, welcher Sandstein weiter östlich gegen Igalikko zu die Hauptmasse ausmacht und in welchem sich horizontale Gänge von Braunstein finden.

Um 5 Uhr Nachmittags kamen wir zu Itiblik, oder Itiblirsoak an. Dies ist die Stelle bey welcher man über eine 1/2 Meile breite Erdzunge durch ein ziemlich grasreiches Thal nach Igalikkosfiord hinüber zu Johann Andersens Wohnung gehen kann.

Hier findet sich stahldichtes Schwarzbraunsteinerz in einem horizontalen, oft 1/2 Elle bis zu einer Elle mächtigen Gange, welcher östlich und westlich fortsezzt. Er liegt auf und in rothem Sandsteine, welcher oft in Hornstein übergeht, und auch eben so auf der nordlichen Seite dieses Fiords ansteht, vergl. des Tagebuchs Seite 33. Ich gieng nach Igalikko hinüber, fand aber Andersen nicht zu Hause. Er war heute früh nach der Kolonie gereist. Auf dieser Wohnstelle, wo sich ehemals mehrere Normännische Familien aufgehalten haben trifft man ein grosses zur Flötzformation gehöriges Lager, von horizontal, doch etwas abfallend geschichteten braunrothen ältern Sandstein, welcher oft in Hornstein übergeht. Auf und über demselben findet sich Kieselconglomerat aus Quarz und Hornsteingeschieben durch röthlichen Thon verbunden, welches in Trümmerporphyr und Hornsteinporphyr übergeht, auch mit schwarzgrauer Wakke abwechselt, welche oft blasig ist, oft auch kleine Kalkspathmandeln enthält. — Dieser Mandelstein so wie die Wakke sieht aus, als ob sie durch einen Erdbrand Veränderung erlitten hätte.

Das Thal und selbst die Klippen sind sehr grasreich, das Gras reicht an manchen Stellen bis an die Knie. Die Gegend ist stark von Bergströmen bewässert, bey welchen *Angelica Archangelica* und *Oxalis acetosella* in grosser Menge wächst. *Potentilla aurea* und *reptans*, *Gentiana lutea*, *Cerastium arvense*, *Bartsia alpina*, *Cochlearia grönlandica*, *Leontodon taraxacum*, *Pinguicula vulgaris*, *Statice armeria*, *Eriophorum vaginatum*, *Lychnis alpina* und *Pyrola minor* sind hier allgemein verbreitet. Diese ganze Thalfläche trägt noch, nach verflossenen Jahrhunderten, das unleugbare Gepräge ehemaliger Kultur. Von den alten Normännischen Ruinen sind einige noch sehr kenntlich. — Eine gegen Osten nahe an der See ist 20 Ellen lang und 10 Ellen breit, der Eingang ist gegen Norden, die Mauer ist vier Fuss dick, von ungeheuren Steinen aufgeführt, welche ohne künstliche Heberverkzeuge gewiss nicht in die Höhe gebracht worden sind. Eine andre Ruine gegen Südwesten ist 26 Ellen lang, 13 Ellen breit, die Mauern beynahe drey Ellen dick, und die grösste noch bestehende Höhe derselben 3 Ellen. Der Eingang ist gegen Norden und 3 Ellen breit. — Eine dritte ist nur noch aus dem länglichen Vierecke kenntlich, welches sich aus zusammengefallenen Steinen auf einer flachen glatten rothen Sandsteinklippe erkennen lässt. Die Stelle dient dermalen zu einem Begräbnissplatze. Bey Johannes Andersens dermaligem Zelteplatze stand der grösste Bauerhof, welcher aber dermalen mit hohem Grase überwachsen, und in seinen Abtheilungen nicht mehr zu erkennen ist. Ein Stück Mauer, welches noch in Nordosten steht, soll nach des verstorbenen Anders Olsens Meynung eine Kirche gewesen seyn. Zähne und Gebeine von Pferden und Trümmer von Glocken wurden hier gefunden. Gegen Süden sieht man zwey viereckige Ruinen von niedern Mauern, welche wahrscheinlich ehemals Ländereyen begränzten. Auf einer Klippe in der See, nahe am Strande stehen auch Grundmauern eines Norischen Gebäudes, welches 26 Ellen lang und 15 Ellen breit ist. Die Mauern sind $4^1/_2$ Fuss dick, und noch 2 Ellen hoch. Der Eingang ist 4 Fuss breit und wendet gegen Norden. Weiter östlich sieht man noch zwey Ueberbleibsel von Gebäuden. Nachts gieng ich wieder nach Itiblik zurück.

Freytags, den 28 Julius,

Morgens um 8 Uhr reiste ich nach dem kleinen östlichen Arm des Fiords Korossoak genannt, welcher zum Eisblink führt, und jeden Monat eine beträchtliche Menge Eis aufwirft, auch beständig damit so voll gepfropft ist, dass man selten in denselben kommen kann. Er ist $1^1/_2$ Meile lang. Unweit von Niakornak, einer rundlichen Ausbiegung des Gebirges nach der See zu liess ich den

Umiak auf die Klippen ziehen. Ich wanderte über Niakornak nach den höhern Gebirgen zu, wo sich mir eine schöne Aussicht über den schaudervollen Eisblink eröffnete. Der hohe steile Niviarsiabkakat, oder Jomfruefieldet, so genannt, weil er noch von keinem Menschen erstiegen worden ist, mit seinem silberglänzenden Eisdache schien unter meinen Füssen im Thale zu beginnen, da er doch einige Meilen weit im festen Lande jenseits des Eisblinks ligt. Ich gieng auf der östlichen Seite von meinem Standpunkte hinab nach dem Eisblink zu, welchen ich nur mit vieler Mühe durch Steigeisen erklettern konnte, da das Eis nicht dicht am Berge anligt. Ich mochte ungefehr eine halbe Meile auf dieser Polarbrükke gegangen seyn, als sich nahe bey mir eine mehr als klafterbreite Kluft zeigte, welche mir umzukehren gebot. Ich legte mich auf den Bauch nieder, und liess einen 50 Ellen langen Bindfaden mit einem Steine in die Eiskluft hinabgleiten, konnte aber damit noch nicht das Ende derselben erreichen, und verliess diese gefährliche Promenade, welche meinem Suchen kein Finden hoffen liess. —

Südöstlich in Korossoak geht ein breites äusserst zerstörtes, und mit Millionen Felsenstücken überdektes Thal ins feste Land hinein, aus dessen Mitte von den begränzenden Eishöhen ein brausender Bergstrom herabstürzt. Von diesem Thale hat dieser Arm des Fiords seinen Namen Korossoak (ein grosses Thal). Der Seestrand nahe um dasselbe ist seicht und thonicht. — Der viele Thon lässt vermuthen, dass Grünstein- oder Wakkengebirge in der Nähe im festen Lande anstehen mögen.

Die Gebirgsart dieses Arms des Tunugliarbik ist für den Mineralogen ihrer Manigfaltigkeit wegen merkwürdig. Das Hauptgestein ist ein sehr verwitterter Granit mit vielem meist grossblättrigem schwarzem Glimmer. — Lagerweise Magneteisenstein derb und dodekaedrisch kristallisirt. In kleinen Lagern Urgrünstein mit rhombisch kristallisirter Hornblende, beym Magneteisenstein ein pistaziengrünes der Skorza ähnliches Fossil in abgesonderten leicht zertrennbaren rundlichen Körnern. Ichthyophthalmit in Rhomben, auch fasrige blaue Hornblende. —

Man hat unglaubliche Mühe sich durch die ungeheuren niedergestürzten Steintrümmer, welche mit dichtem Kratte durch und überwachsen sind, sich durchzuarbeiten. — Einige Arten der *Ophrys* und *Orchys*, die *Osmunda lunaria*, die *Pedicularis lapponica*, und *grönlandica* wachsen hier in Menge. —

Wir mussten die Nacht über, da die Fluth das Eis unters Land gesetzt hatte, hier bleiben, und auf den losen Steinen am

Strande unter unserm Umiak Nachtquartier nehmen. — Über diesen Arm des Fiords habe ich bereits in meinem ersten Tagebuche Seite 37 einige Bemerkungen gemacht.

Sonnabends, den 29 Julius

Reisten wir Vormittags um 9 Uhr von Korossoak ab, setzten über den Fiord quer durch das Eis nach Kangersuangoak zu, und langten um 2 Uhr wieder zu Itiblik an. Ich gieng nach Igalikko, weil JOHANNES ANDERSEN zurückgekommen war.

Sontags, den 30 Julius

reiste ich mit JOHANNES ANDERSEN und seinem Umiak nach dem Ende des südlichen Arms von Igalikkofiord, Kyadlek genannt. Der Weg dahin betrug etwas über drey Meilen.

Die Gebirgsart auf dieser Strekke von der Næs Nouga, so wie auf der entgegenstehenden Næs (Nuniariarbik) ist röthlicher Granit, welcher in porphyrartigen Granit übergeht. Wir giengen bey Akulliarasiarsuk ans Land, wo sich viel aufgeschwemmtes Sandland mit grauem Tone und vielen Geschieben gemengt findet. Hie und da stecken Hornsteinporphyrmassen hervor, in welchen grünliche 6 seitige talkartige Prismen ohne Zuspizzung eingewachsen sind.

Ein Landsee zieht sich von hier bis nach Korossoak hinüber, welcher sein Ueberwasser an den Seite 217 berührten Lachselv oder Bergstrom abgibt. Zu Innuksieitkakeit nahe bey Akulliarasiarsuk an einem Lachselve so wie auch gerade gegen über zu Kaksiarsuk sind Normännische Rudera. Das Thal an letztgenannter Stelle ist beträchtlich gross, und die Spuren ehemaliger Bebauung unverkennbar. — Die Mosquitos misshandelten uns heute erbärmlich. Um 8 Uhr Abends reisten wir ab, und kamen um Mitternacht nach Igalikko.

Montags den 31 Julius

Musste ich des unaufhörlichen Regens wegen stille liegen.

Monat August.

Reise

von Itiblik nach Arksut.

Dienstags, den ersten August

Gieng ich morgens früh noch nach dem Braunsteinlager nach Itiblik und beurlaubte mich alsdann von dem ehrlichen Grönländer JOHANNES ANDERSEN, und seiner Schaar von Kindern. Er erwies mich mit gutem Herzen alle die Gefälligkeiten, welche in seinen Kräften standen, welches ich ihm nie vergessen werde. — Zum Lebewohl liess er noch auf einem seiner beschneyten Berge eine Kirchenmelodie von seinem Waldhorne ertönen. —

Wir setzten sogleich quer über Tunnugliarbik nach Augpadlartok zu, und kamen hierauf eine steile Felsenwand aus Quarz und Hornsteinporphyr bestehend, vorbey, welche der unzähligen hier nistenden Mäwen und Tattarats wegen Naviarsoit heisst. Ich schoss ein paar zu einer guten Abendmalzeit. — Von hier aus giengen wir nach Epiutak, wo beträchtliches Birken und Weidengebüsche wächst, welches von Julianeshaabs Mission als Brennholz benuzzt wird. Auch viel Gras findet sich auf dieser Stelle. Der Grund ist sehr thonicht. Ein kleines Stück Wegs von der See aufwärts finden sich einige zerfallene und unkenntliche Norische Rudera. — Gegen Norden, eine Viertelmeile vom Strande ab, stehen in einer Granitklippe schöne Drusen von weissem Bergkristalle an. Hinter einer Verhöhung zieht sich von Osten ein kleiner Bergstrom herab. — Eine Meile von hier bey Tunnuamiut sind ebenfalls einige Norische Rudera. Ein Ueberbleibsel 9½ Ellen lang und 6½ Ellen breit ist noch am kenntlichsten. Die Mauern stehen gegen zwey Ellen über die Erde unbeschädigt, und sind gegen zwey Fuss dick. — Wir kamen unter Nunarsornak, von den Europäern seiner Form wegen der runde Humpel genannt. — Er besteht grösstentheils aus Hornsteinporphyr und grünlichem Quarzporphyr, an seinem Fusse ist Mandelstein abwechselnd mit Grünstein gelagert. In beyden Steinarten trifft man Kalkspath- Prehnit- und Zeolithnieren mandeln- und adernweise. Hinter dem Berge in dem langen Thale trifft man ebenfalls Norische Rudera. Der Berg ist sehr steil. — Da wir zunehmenden Westwind und auch den Strom gegen uns hatten, so mussten wir unter diesem Berge über Nacht bleiben. Es regnete sehr stark. cf. Seite 38. —

Mittwochs, den zweyten August

reisten wir morgens 10 Uhr von Nunasornak. Quarz und Porphyrschiefer wechselten beständig bis Narksak mit einander ab. — Die Unterlage scheint Granit zu seyn. Bey Kortlortok, wo ich ans Land gieng, findet sich wieder am Fusse des Berges der nemliche Syenit anliegend, welcher in Kangerdluarsuk so grosse Lager ausmacht, und sich wie ich oben Seite 212 bemerkte durch den Tunnugliarbikfiord hinter Narksak bis unter den Eisblink bey Sermilik hinzieht. Auf der nordlichen Seite des Tunnugliarbiks zeigt er sich schon westlich von Nunasornak. Bey Kortlortok begegneten wir dem heidnischen Grönländer Kajutak, und Koajek seinem ältesten Sohne. Kajutak hat zwey Weiber, und mit denselben 10 Söhne gezeugt, welche alle noch am Leben sind. — Ein seltenes Beyspiel Grönländischer Fruchtbarkeit. Er wohnt im Winter unter Narksak. Bey dem westlichsten Elv der Nordseite des Tunnugliarbikfiords, fand ich in einer Kluft, in welcher ein halbzerstörtes Granitlager liegt, eine beträchtliche Menge Porzellanerde, und feinfasrige blaue Hornblende. — Wir verliessen begleitet von Koajek Tunnugliarbiksfiord, giengen unter Narksaksfield heraus, und kamen nach .... Hier findet sich im Urgrünstein ein Gang von blauem und grünem schiefrigen Jaspis, dem jaspisartigen Kieselschiefer ähnlich, und schillernde Hornblende in kleinen Geschieben. —

Auf Narksak sind auf beyden Seiten eines beträchtlichen Bergstromes mehrere ganz zerfallene Normännische Rudera. — Die Ebene unter dem hohen Berge umher ist beträchtlich, daher sie auch den Namen Narksak erhalten hat, und hat viel Gras. Der Sand am Strande ist sehr mit grauem Thone gemengt. Im Winter wohnen hier viele Grönländer. — Hier war es, wo ich auf meiner ersten Reise (siehe Seite 39) mit dem Umiak beynahe verunglückt wäre. Der Strand war dermalen von Narksak an bis .... mit vielen Grönländischen Zelten besetzt. Das Volk, meistens Heiden, liegt hier gewönlich auf dem Sommerfange, weil die Seehunde, des vielen Treibeises wegen, welches von Sermilik herauskommt, in grosser Menge sich hier einfinden. — Die Norischen Rudera, welche hier standen, sind nun durch den zunehmenden Eisblink ganz zugedeckt. —

Wir konnten nur mit vieler Mühe Fahrwasser durch das Treibeis finden, und mit grosser Gefahr erreichten wir noch die Insel Sirksaluktok, welches so viel heisst, als: ein gefährlicher Landungsplatz, wo wir die Nacht zubrachten. — Diese Insel liegt im Ikersoaksfiord, und heisst eigentlich Iglut, obengedachter Name komt hauptsächlich dem Landungsplazze zu. Sie ist über 1 Meile lang, über 1/4 Meile breit und theilt den Ikersoak in zwey Arme, den Südlichen und Nordlichen. Gegen über in Süden liegt ebenfalls eine lange schmale Insel Tuktuktok genannt, von *Tukto*, ein Rennthier, deren es ehemals viele daselbst gegeben haben soll.

Die Gebirgsart auf Iglut und Tuktuktok ist verwitterter Syenit, welcher zuweilen mit Grünstein abwechselt, und starke Basaltgänge hat. Der Basalt nähert sich oft dem jaspisartigen Kieselschiefer.

Die Insel war ehemals bewohnt, und ist für den Fang fürtrefflich belegen. Es stehen hier viele Ueberbleibsel von alten Grönländischen Häusern. Vor mehreren Jahren starben ganze Familien aus, welches noch die Menge von Grabhaufen anzeigt. Die Eisberge rund herum kanonirten gewaltig die ganze Nacht hindurch. —

Donnerstags, den 3. August,

reisten wir Vormittags 9 Uhr ab, und befuhren die Insel Iglut ihrer ganzen Länge nach. — Am westlichstem Ende derselben fieng ich einen lebendigen Isatis. — Wir handelten auf dem Wege Seehundefleisch gegen Tobak ein, und verliessen endlich den südlichen Arm des Ikersoakfiords, welcher sich bey Sermilik (dem Eisblinke) endet, und 8 Meilen lang ist. Wir giengen durch Ikaresarsuk einen Sund zwischen kleinen hüglichten Inseln, welcher zum nördlichen Arm des Ikersoak führt. —

Die Gebirgsart dieser Inseln ist Granit in Syenit übergehend mit Gängen von porphyrartigem Grünstein.

Ich sah in der See Millionen des *Cancer oculatus,* von den Grönländern *Irsigak* und *Irsitugak* genannt. Sie sind die Lieblingsspeise des Ulken, des Dorsches, des Wallfisches und der *Alca Pica.* Wir setzten über den nördlichen Arm des Ikersoakfiords, welcher ebenfalls voller Treibeis lag, das von Sermilik her kommt, und kamen um sieben Uhr abends auf dessen nördliche Seite und blieben zu Kernertongoit, einer Stelle, welche mit zum festen Lande gehöret, über Nacht.

Die Gebirgsart daselbst ist feinkörniger Granit mit Nieren und Flecken von schwarzer Hornblende, weswegen auch die Stelle ebengemeldeten Namen, das ist das kleine Schwarze, hat.

Gegen Westen nach der See zu liegen quer vor diesem Arme von Ikersoak die Pissiksalikinseln. Nach dem Berichte des kleinen Davids, welcher auf einer dieser Inseln wohnt, hatten die Grönländer nahe unter dem Lande zwey grosse Schiffe gesehen, welche vor vollem Südwestwinde vier bis fünf Meilen vom Lande nach Norden zu seegelten. Die Nacht durch krachten die Eisberge um uns her unaufhörlich. —

Freytags, den 4 August.

Der Isatis, welchen ich gestern gefangen hatte, fand heute Nacht durch die Nachlässigkeit meiner Grönländer Gelegenheit zu entwischen. Wir reisten um 9 Uhr morgens ab, giengen durch einen Sund nach .... wo ich den Grönländer Andreas abholen wollte, welcher mich durch Torsukatak begleiten sollte. Er war aber auf den Fang ausgefahren, daher wir sogleich wieder weiter reisten. Wir setzten über eine Bucht, welche voller Scheeren ist, worunter besonders drey mit der Ebbe bemerkbar sind und kamen nach Kaksimiut, wo die Grönlander gerne im Frühjahre auf dem Fange stehen. Nun setzten wir nach Kikerteitsiak über, woselbst einige Grönländerfamilien gewöhnlich im Winter wohnen. Man rechnet von hier aus, welcher der Kolonie Julianehaab nördlichster Erwerbplatz ist, bis zu der Kolonie 12 Meilen. Wir kamen eine Meile nördlicher Kakelikeitsiak vorbey, wo eigentlich Torsukataks Sund beginnt. Hier wird im Herbste zwischen einigen Inseln Seehundegarnfang für Julianehaabs Rechnung getrieben. Doch soll der Strom für die Garne etwas zu stark gehen. — Die Insel Kakelikeitsiak zeichnet sich durch einen besonderen runden aus Grünstein bestehenden Knopf auf der Spitze eines Berges vor allen übrigen aus. Von Sermilik an verflächt sich das Land ziemlich bis gegen Nunarsoit zu, selbst die Inseln sind weder hoch noch steil, und von Narksak aus bis nach Arksut, eine Strecke von 18 bis 20 Meilen ist der Eisblink fast immer sichtbar. — Wir blieben nördlich bei Kakelikeitsiak, bey einem Bootshafen, Mörchshafen genannt, über Nacht. In der Gegend ringsumher nisten viele Ternen (*Imerkoteilak, Sterna hirundo*).

Die Inseln, welche wir von Kernertongoit aus bis hieher theils besuchten, theils passirten, bestehen durchaus aus feinkörnigem rothem Granit. Von Kakelikeitsiak an zeigt sich viel Grünstein. —

Sonnabends, den 5 August

Warteten wir bis Mittag auf den Grönländer Andreas, welcher uns begleiten sollte. Er kam aber nicht. Auf der Insel, wo wir lagen ist eine Landsee mit etwas Lachs. Um 11 Uhr reisten wir von Mörchshafen ab, giengen durch Torsukatak, wo durchaus der Granit vorwaltend und der Grünstein untergeordnet ist, und kamen Abends gegen sieben Uhr an die Biegung dieses Sundes Knækken genannt, wo wir auf Nunarsoit über Nacht blieben. Hier nimmt der Urgrünstein die Oberhand, in welchem sich grosse Lager von porphyrartigem Grünstein mit grossen weissen und grünlichen Feldspatkristallen findet. Er ähnelt sehr dem *Antiko verde*. —

Die Stelle, wo wir über Nacht blieben, heisst .... Man muss sie vorbeygehen, man mag nach Norden oder Süden reisen wollen. Der Sund ist hier sehr schmal, biegt sich stark, woher auch sein Name komt, und hat in dieser Gegend ein paar Untiefen.

Sonntags, den 6 August

konnten wir der Trägheit der Grönländerinnen wegen erst um Mittag abreisen. — Der Wind hatte sich bereits zu sehr gegen uns erhoben, so dass wir nur wenig vorwärts kamen. — Wir fuhren in Torsukatak weiter fort, kamen Kjærshuus, oder die Stelle vorbey, wo der Schiffer Kjær mit noch zwey andern, nachdem er auf Kapitän Burchards Brigg Jomfrue Cathrine, Schiffbruch gelitten hatte, sich eine Erdhütte bauete, und einige Zeit aushalten musste, bis er von dem Grönländer Moses von Lichtenau, welcher mit seinem Umiak vorbeyreiste, gerettet wurde. Wir blieben auf der nordlichen Seite des Sundes bey Iglitsiak, einer Stelle, wo die Trümmer eines kleinen grönländischen Hauses stehen, auch einige Zelteplätze sind, über Nacht.

Die Gebirgsart auf beyden Seiten des Torsukataks von Amiartafik an ist durchaus Syenit, und Urgrünstein in Lagern. Beyde sind eisenschüssig und sehr verwittert. —

Montags, den 7 August

Reisten wir Morgens 9 Uhr von unserm Nachtquartier ab; ich gieng bey Niakornak ans Land. Während ich auf Excursion war, gieng mein Molluskennetz durch Nachlässigkeit des Volkes über Bord, und konnte nicht wieder aufgefischt werden, da die See hier sehr tief ist. Wir giengen hierauf auf Torsukatak heraus.

Auf dieser ganzen Strecke ist die einzige Gebirgsart bröcklicher Syenit, und etwas Grünstein in Gängen. Im ersten ist fleckenweise grüner Feldspath, (Amazonenstein) und gangweise grossblättrige Hornblende von blauem Striche eingewachsen. Ueber diese Gegend kann auch Seite 13 des Tagebuchs nachgesehen werden. —

Wir setzten von hier aus nach der offenen See, zu den Kitiksutsinseln, welche gegen über liegen, woselbst ich vor 3 Jahren mit Kettelsen im Eise eingeschlossen beynahe 4 Wochen lag. Ich landete anf Portusok, wo David Kleists Vare steht, und ein Bootshafen ist.

Hier, und auf allen Kitiksut bestehen die Felsen aus Syenit, in demselben Magneteisenstein in sehr mächtigen Lagern, und nieren auch lagerweise kristallinische Hornblende mit Zirkonit und Magneteisenstein. Der Zirkonit findet sich fürnemlich da ein, wo die Hornblende vorwaltend ist, ausserdem ist er selten. —

Auf dieser Insel fanden meine Grönländer ein grosses Stück Maktak von einem geflensten *Keporkak* oder *Balæna Boops.* Wahrscheinlich hat denselben einer der heimreisenden Englischen Wallfischfänger in der Strasse erlegt und geflenst; denn der Maktak war ganz frisch. Dies war meinen Grönländern so sehr auch das daran sitzende Fleisch stank, ein willkommender Leckerbissen. Sie fielen wie heisshungrige Wölfe drüber her, und bis zum folgenden Morgen war das ganze Stück, welches 24 bis 25 Pfunde wiegen mochte, ausser ihrem gewöhnlichem Abendbrode rein aufgefressen. — Um 6 Uhr Abends reisten wir von den Kitiksut wieder ab. Mehrere Bemerkungen über diese Inseln, auf welchen die Grönländer nur zuweilen im Sommer der Duun und Eyersammlung wegen sich aufhalten, habe ich im ersten Tagebuche Seite 12 gegeben. —

Wir wollten gerade über die offene See nach Arksuts Storöe, welche gegen 4 Meilen von Portusok in Norden liegt, steuern. Wir waren aber kaum eine Meile über Kitiksut hinausgekommen, als wir mit einemmale einen fliegenden schweren Südweststurm auf den Rücken kriegten. Wir hielten aus Leibeskraft unter die grosse Insel Sennerut ein, und kamen um 9 Uhr Abends an einer sehr klippichten Stelle, wo wir mit der äussersten Noth kaum den Umiak zu löschen im Stande waren, ans Land. —

Dienstags, den 8 August

Rasete der Sturm fort, und die See gieng sehr hohl. — Ich musste heute stille liegen, um den Umiak ausflikken zu lassen, welcher durchs Eis und beym Löschen am Strande 7 Löcher ins Fell bekommen hatte, und auch im Vordersteven beschädigt war. —

Auf meiner Excursion fand ich als Hauptmasse feinkörnigen Granit, welcher an wenig Stellen im Lande so rein und so gleich gemengt ist. Er ist von grauer Farbe, ohne andre als die gewönliche Gemengtheile. Doch findet sich lagerweise rother Granit von gröbern Gemengtheilen, und in diesem öfters weisser und rother Feldspath, oder auch weisser und grüner Glimmer zugleich ein. — Viele Trappgänge durchschneiden horizontal und vertikal die Hauptmasse, diese Gänge bestehen bald aus Basalt, bald aus Grünstein. — Im ersten bemerkte ich straligen Zeolith in kleinen Körnern. — Der Grünstein wird oft porphyrartig. — Bey den senkrecht niederstürzenden Bergströmen wächst viele *Angelika.* Auf der östlichen Seite der höchsten und schroffesten Bergspizze biegt sich eine Bucht in die Insel hinein, welche wir gestern des

Sturmes wegen nicht erreichen konnten. Die Länge der Insel von Westen nach Osten ist $3^1/_2$ Meile, die Breite beynah eine Meile. Sie ist von 3 Seiten sehr steil, und verflächt sich gegen Osten, wo sie von dem festen Lande durch den schmalen Sund Krippisakko getrennt wird, welche Absonderung vermuthlich erst in späthern Zeiten geschah. Das Land verflächt sich hier weiter gegen Osten mehr und mehr, und der in der hohen Gebirgsreihe hier allgemein verbreitete Granit nimmt in den niedern Kuppen mächtige Lager der Urtrappformation als Urgrünstein und Hornblendeschiefer auf. In der Nähe des Eisblinks sind die Berge auf ihrer Oberfläche verwittert und verstürzt, und gleichen einem undurchgänglichen Chaos. —

Mittwochs, den 9 August

Reisten wir ab, ungeachtet noch sehr schwere See gieng, welches um diese Insel beynahe immer der Fall ist. — Mein Kajaksmann kanterte mit dem Kajak, da wir aber in der Nähe waren konnten wir ihm gleich zu Hülfe kommen. Wir giengen die Insel Sennerut entlang nach Osten zu, durch Krippisakko's Lauf, wo der Grönländer MICHAL, welcher mich vorher auf meiner Reise nach Julianehaab begleitet hatte, mit seinem Zelte [stand], und sezzten hierauf über Sennerutsfiord, den Eisblink, und die Insel Kornok vorbey, und kamen nach der Insel Ujorbik, wo wir unser Zelt aufschlugen. Von dieser Insel habe ich Seite 203 des Tagebuches gesprochen. —

Die ihr gegenüber stehenden Gebirge bestehen aus Thonschiefer mit Kieselschiefer abwechselnd (cf. Seite 41). Ueber Krippisakko's Gegend habe ich oben Seite 41, und spätherhin Seite 203 ausführlich berichtet.

Donnerstags, den 10 August.

Vorige Nacht sahen wir das erste Nordlicht für diesen Sommer in West und Südwest. Wir reisten unter anhaltendem Regen morgens 9 Uhr von Ujorbik ab, und giengen abermals Kornok oder Hvidserk vorbey. — Den letzten Namen hat diese Insel von den grossen Eisfeldern erhalten, womit die Schluchten und Thäler ihrer Berge bedeckt sind. Endlich kamen wir zu der Südlichsten Mündung von Arksutfiord. Ringsum standen mehrere Grönländerfamilien von Friederichshaabsdistrikt in Zelten. Wir passirten Ikek, oder den südöstlichen Arm dieses Fiords, wo die sogenannten versteinerten Menschenfiguren sich finden (vergl.

Seite 203). — Nun erreichten wir auch das südöstliche Ende von Arksut'öe. Diese grosse Insel besteht aus Gneiss und Glimmerschiefer. Auf letzterm ruhen grosse Urthonschieferlager, dünn- gerade- und wellenförmig schiefrig, mit eingemengtem Quarz und späthigem Eisensteine, und stehenden Basaltgängen mit glasigem Feldspathe. Wir giengen nun im nordlichen Arme von Arksutsfiord hinauf, — auf dessen südlicher Seite gegen Südosten zu. Das Ufer hat abwechselnd zwischen den sehr schroff ansteigenden Bergen ein paar beträchtliche grasreiche Flächen mit Bergströmen, woselbst sich die Grönländer im Frühjahre des Angmaksætfanges wegen aufzuhalten pflegen, doch waren sie nun bereits weggezogen.

Die Hauptgebirgsart ist Gneiss, angelagert Glimmerschiefer und Hornblendeschiefer, der letztere geht oft in Grünstein über, und ist sehr eisenschüssig. Mittags kamen wir nach Ivikæt, einem ziemlich grasreichen Orte, wo die Grönländer ebenfalls im Frühjahre in Zelten zu stehen pflegen. Die Hauptmasse ist hier eine Steinart, welche sich bald dem Granite, bald dem Glimmerschiefer nähert, meistens aber vollkommener Gneiss ist. Dieselbe durchsetzen Trümmer und horizontale Gänge von kristallinischem Zinnsteine, welcher auch in die Gebirgsart selbst eingesprengt ist. Der in den Trümmern und Gängen vorkommende Zinnstein ist auch zuweilen in kleinen pyramidalischen einfachen und Zwillingskristallen, oder sogenannten Visirgraupen kristallisirt, und wird von Strahlkies, späthigem Eisenstein in Rhomben, gemeinem derbem und rhombischem Arsenikkiese etwas Flussspath und Steinmark begleitet. Über demselben verbreitet sich ein eingeflötztes Kryolithlager, welches von Südosten nach Nordwesten über 100 Lachter in die Länge, und ungefehr 50 Lachter in die Breite zum Theile entblösst zu Tage liegt. Der Kryolith findet sich von weisser und graulichweiser, wein und orangegelber bis ins rothgelbe und bräunlich rothe sich verlaufenden Farbe, ist auf der Oberfläche verwittert, scharf und spissicht, wie von der atmosphärischen Luft angegriffenes Steinsalz aussehend, und wird, da er an die See reicht zum Theile von derselben bespühlt; der ihr am nächsten liegende Theil steht in der Fluth der Springzeit, in welcher ich mich gerade hier aufhielt, unter Wasser.

In dem Kryolith ist in grosser Menge späthiger durchaus kristallisirter Eisenstein eingewachsen, in mittlern und grössern Rhomben, zuweilen mit eingestreueten Quarz und Bergkristallen, Nieren und Nestern von gemeinem Bleyglanze oft zu mehrern Pfunden schwer, welchem noch gemeiner derber Schwefelkies, auch Kupferkies beygemengt ist. — Der Bleyglanz kommt hier auch, wiewohl selten in Kuben mit abgestumpften Ecken und in Oktaedern oder 4 seitigen Pyramiden vor. Zuweilen ist er auf der Oberfläche mit einem gelblichen Kalke überzogen, welcher wie Schwefel brennt und riecht. Sobald der Kryolith mit späthigem Eisensteine vorkommt, erscheinet er in den obenangeführten röthlichen und bräunlichen Farbenabänderungen, der metallfreye ist weiss und graulich weis. Beyde Arten verwittern von den Tagewassern leicht; denn ich fand an einer Stelle einige zum Theil noch mit Dammerde bedeckte, zum Theil eingestürzte Höhlen, wo zelliger Quarz aus den Wänden hervorstach, und der Kryolith bey schwachem Anschlagen des Hammers in ein mit Dammerde vermischtes Mehl niederfällt. — Kristallisirt fand ich ihn nirgends; denn die losen Rhomben und Kuben, welche ich sah rühren von einer durch die Atmosphære oder durch das Seewasser verursachte Absonderung der Theilganzen her, welche man auch sonst beym Kryolithe, wie beym Kalkspathe, zuweilen erhalten kann, wenn man sie mit dem Hammer zerschlägt. — Die Grönländer nennen diesen Stein, weil er wie der Seehundespeck aussieht, *Orsuksiksœt* (vom Worte *Orksok* Speck) und verwenden ihn, wie den weissen Kalkspath seiner leichten Bearbeitung wegen, zu Gewichtsteinen an Fischangeln. — Er ist, wie bekannt, sehr weich. —

An dieses soeben beschriebene Kryolithlager stösst in Westen ein dem Anscheine nach eben so mächtiges Lager von weissem kristallinischen oder stängligen und auch zum Theile kristallisirten gemeinen Quarz, welcher oft in Bergkristall übergeht. Diesem ist ebenfalls kristallisirter späthiger Eisenstein, Schwefelkies, Arsenikkies, Steinmark, Flussspath und Bleyglanz doch vorzüglich pyramidalisch kristallisirter Zinnstein auf- und eingewachsen. Die Kristalle des Quarzes sind zuweilen gross und sehr gross, ich sah sie hier bis zu zwey Fuss Länge und eine halben Fuss Dicke. — Dieses letztere Lager ist nur am Strande der See entblösst, von welcher es ebenfalls bespühlt wird, und mit Dammerde bedeckt. Es zieht sich wahrscheinlich weiter gegen Südwest in horizontaler Richtung fort. In demselben entdeckte ich auch einen lothrechten einen halben Fuss mächtigen Gang von violettem ins nelkenbraune sich ziehende dichte Fluss, welcher beym Reiben einen hepatischen Geruch entwickelt. — Er zerspringt leicht in scharfkantige, matte beynahe erdige Bruchstücke, und ist mit einer andern geträuften gelblichen, beynahe erdigen Steinart gemengt, welche ich für erdigen Apatit halte, und auch beym obengemeldeten Eisenspathe bemerkt habe. Der dichte Fluss von röthlicher violetter und grünlicher allezeit sehr lebhafter Farbe macht hie und da das Saalband der schmalen obenbeschriebenen Zinnsteingänge. Mehrere Grünsteinadern, in welchen sich, doch selten, röthlicher Zeolith eingesprengt findet, durchschneiden horizontal diese Gebirgsmasse in Gängen zu 1 bis 2 Fuss Mächtigkeit. Das höhere im Hintergrunde dieser Lager südlich liegende Gebirge besteht aus Urgrünstein und Syenit. Weiter gegen Osten hin am Strande ist porphyrartiger Grünstein angelehnt. Von den Bergen stürzen zwey grosse Ströme herab, welche bey den Lagern in die See gehen. Als Geschiebe fand ich am Strande dichten Feldspath mit blaulichen Flecken, dem Krieglacher ähnlich, und blaulich schwarzen Dachschiefer.

Freytags, den 11 August.

War ich den ganzen Tag auf Excursion, fand am Strande gegen Osten ein paar heidnische Gräber mit Jagdgeräthschaften, sammelte einige Pflanzen, und Mineralien, und kam gegen Abend müde und durchnässt nach meinem Zelte zurück. Es regnete den ganzen Tag unaufhörlich. Meine Grönländer hatten indessen auf Instruction des Herrn Mörchs ebenfalls gesammelt.

Sonntags [Sonnabends], den 12 August

Reiste ich mit dem Umiak am Strande gegen das Ende des Fiords hinauf, fand aber keine Spur des Kryolith- oder Quarzlagers mehr. Die Hauptgebirgsart verhält sich wie zu Ivikæt, und bey Kakortongoak, einem grossen, weissen Granitflecken, fand ich Gneisslager, welche ebenfalls mit Zinnstein eingesprengt waren, — am Strande hin Lager von sehr eisenschüssigem Urgrünsteine, welcher zuweilen mit einem Glimmerschiefer abwechselt, den ich für kobalthältig halte. Die nemliche Steinart habe ich auch zu Tuapeitsiak auf der Nordseite dieses Fiords, eine Meile von hier gefunden. —

In dieser Gegend sieht man ein grosses mit Gras und Gesträuche bewachsenes Thal, durch welches zwey grosse Bergströme herabstürzen, welche an der See hin sehr lachsreich sind. Ich gieng auf dem Strande nach dem grossen Lachselv bey Kakortongoak ins Gebirge hinauf, und entdeckte ungefehr eine halbe Meile von der See aufwärts Ueberbleibsel eines Normännischen in Schutt zusammengestürzten Gebäudes, woselbst ich ein Stück von braunrothem polirtem Jaspis fand. —

Als ich auf dieser Wanderung an einer Stelle ausglitt, brach ich im Fallen den kleinen Finger der rechten Hand aus dem Gelenke, welchen ich doch flugs wieder eindrehte, und riss mir an der linken Hand zugleich den Nagel des Zeigefingers los. Beym Springen über die Felsenstücke des Stroms glitschte ich abermal aus, und fiel über den halben Leib in denselben, watschelte aber doch glücklich, so reissend er auch war, auf der entgegengesetzten Seite wieder heraus. — Dieser Arm des Fiords bildet auf dieser seiner südlichen Seite noch eine beträchtliche Bucht, wendet sich sodann gegen Nordost, und hierauf gerade nach Süden. —

Um 2 Uhr Nachmittags kamen wir nach Ivikæt wieder zurück; ich liess sogleich das Boot laden, sezzte über den Fiord nach einer Zeltstelle, wo sich Kupfergrün und Kupferkies in Gneiss, lagerweise apfel- und grasgrüner schiefriger Chlorit in weissem Glimmerschiefer, und Schwefelkies in Quarz findet. Wir kamen Tuapeitsiak vorbey wovon ich Seite 201 bereits gesprochen habe, und giengen in die Bucht unter

Kognaks-Field, welche sich gegen Südosten zieht, wo wir endlich unser Nachtquartier aufschlugen.

Sonntags, den 13 August

War ich den ganzen Tag auf Excursion, wo mir die Moskitos erbärmlich zusetzten.

Kognaksberg ist einer der höchsten in diesem Lande, und steigt von dieser Seite sehr steil auf. Die Hauptmasse desselben ist feinkörniger Granit. — Der Quarz in dem ersten Absatze ist zuweilen milchblau, auf diesem ruht stark mit Hornblende gemengter Syenit, dessen Feldspath fast durchaus labradorisch ist. Aus allen Beobachtungen in so verschiedenen Ländern geht hervor, dass der Labrador der Urtrappformation angehören muss. — Der labradorische Feldspath dieses Bergs ist zuweilen in vierseitigen Prismen kristallisirt. — In kleinen Klüften und Höhlungen des Gesteines finden sich Bergkristalle und rhombischer späthiger Eisenstein auch Amethystkristalle. Im ganzen Granitgemenge ist hie und da kristallisirte gemeine Hornblende, Magneteisensteiu und Zirkonit sichtbar. — Auch der Zirkonit scheint dem Urtrappe anzugehören. — Viele eisenschüssige niedergestürzte, bröckliche Syenitmassen liegen umher, und erfüllen das ganze grosse Thal hinter dem Berge in Osten mit grobem Gruus und Sand.

Fünf grosse Bergströme stürzen auf dieser Seite nieder nach der See zu. — Von hier aus führt ein breites Thal um den ganzen steilen Berg herum nach Westen und zu der See hinaus, in welchem, so wie am Berge selbst etwas; *Angelica* und Gesträuche wächst. — Der Berg vertoont sich von Südwest wie ein schroffes Hausdach mit 3 Flächen und war auch diesmal schon mit Schnee um den Gipfel herum bedeckt.

Das Gestein der kleinern Erhöhungen, welche diesen hohen Berg umgeben ist Gneiss mit eingelagertem und angelehntem Chloritschiefer, in welchem derber und kristallisirter Quarz vorkömmt.

Die Grönländer nennen den Hauptberg Kognak, auch Kognæt, oder Kognæt pamiedluæt, das ist der zerklüftete, mit dem langen Schwanz, (nemlich den anhängenden kleineren Gebirgen, welche an die See reichen). Abends um 8 Uhr reiste ich in einem dichten Nebel von hier wieder ab. Wir giengen unter dem Berge Kognæt weg durch den schmalen Sund, in welchem ich vor 3 Jahren mit Kapitän Kettelsen auf der Brigg Frühling vor Anker lag, Hundeöen oder .... vorbey, und kamen um 8 Uhr Abends zu Potokok, woselbst Arksuts Forsög ist, bey dem Vormann Jonas Berglund an. Hier waren bereits vor 14 Tagen Briefe an mich eingelaufen, mit welchen ich die Nachricht erhielt, das Kapitän Erken bey Friederichshaab vor Anker läge. Dies bewog mich, so viel als möglich zu eilen, um das Schiff noch zu erreichen. Viele Grönländer standen nun zu Potokok.

Montags, den 14 August

Reisten wir Vormittags um half elf Uhr von Arksut ab. An einer nordlichen Klippe nahe am Seestrande bey Kognæt fand ich Kupferkies und Kupfergrün in Chloritschiefer, mit derbem und kristallisirtem Quarz. — In der grossen, nördlichen Bucht unter Kognæt, welche zugleich einen Schiffshafen bildet, den ich vor 3 Jahren besuchte, ist die Hauptgebirgsart Gneiss mit grossen Trappadern durchzogen. — Die Schichtung des Gneises ist vertikal, die Bruchstücke sind Tafeln und grosse Rhomben. Man sieht sehr grosse zusammengestürzte Massen, viele und grosse Geschiebe. — Der Trapp geht bald in Basalt bald in iaspisartigen Kieselschiefer über. —

Grosse Bergströme stürzen hier nieder. — Viel diches niedriges Gesträuche, häufiges *Ledum palustre*, *Angelika* und einige wenige Tyltebeere sind die einzigen Gewächse welche man findet. — Die Gegend einem menschenscheuen Einsiedler anzuempfehlen. —

Wir reisten Hans Olsens Hafen, welcher sich in Westen gegen die offene See zwischen ein paar Klippen bildet, vorbey, so wie auch Omanak, worüber ich bereits oben berichtet habe, und kamen nach Issamiut, von den Europæern Rakkerkule genannt, weil hier die Windstösse durch eine Kluft aus dem festen Lande, besonders mit Ost und Südost so fürchterlich sind, dass sie Raben im Fluge niederstürzen und zerschmettern sollen. Dieser Kluft in der Nähe ligt Issæt, eine grönländische Winterwohnstelle: der dorten beständig wohnende Grönländer wird scherzweise Commandeur af Rakkerkulen genannt. — Wir giengen die grosse Insel Sermesut, deren Zinnen beständig mit Eis bedeckt sind, vorbey. Auch von diesen herunter sind östliche und südöstliche Windstösse für Umiakke, so wie für Schiffe sehr gefährlich.

Sermesut besteht aus Granit, welcher mit Hornblende übermengt ist, und ist von der südlichen so wie von der nördlichen Seite äusserst schroff und steil. Mehrere, und darunter hauptsächlich zwey grosse Grünsteingänge, welche zuweilen über drey Lachter mächtig sind, durchschneiden diese grosse Insel senkrecht von Norden nach Süden beynahe in ihrer Mitte. Am westlichsten Ende findet sich Glimmerschiefer, Talkschiefer und Topfstein in Lagern, welche beyde letztere Steinarten die Grönländer zu ihren Lampen, Töpfen u. s. w. verarbeiten, und deswegen oft 40 bis 50 Meilen von Süden aus hieher machen. —

Sonst ist die Insel des schweren Seeganges wegen niemalen bewohnt. Nur wenn viele Treibeis in der Davis Strasse westlich vor der Insel liegt, kann man zu dem grossen Talklager kommen. — Wir giengen um Sermesut herum nach Torngarsuks Hul oder Sund zu. Er bildet sich durch die Insel Sermesut und den gegen über stehenden Berg Torngarsuk, welcher mit dem festen Lande zusammenhängt. Er hat eine rundliche Kluft oder Höhlung auf seiner Höhe, welche durch einen senkrecht niedergehenden verwitterten Grünsteingang, den nemlichen, welcher auf Sermesut streicht, entstanden ist. Die Windstösse von Norden, welche durch diese Kluft herunter toben, sind so heftig, dass die Seeleute, sobald sie sich hier dem Lande nähern, fast alle Seegel einziehen müssen. Wenn sein Gipfel mit einer Wolke bedeckt ist, ist ihm nicht zu trauen. Die wilden Grönländer meynen, dass Torngarsuk, ihr Gott oder Teufel in diesem Loche residire, und ihre Fahrzeuge in Abgrund des Meeres hinunterschlage, um sie zu verzehren.

In der ganzen Gegend von Arksut bis Tiksalik, wechselt Granit mit Gneiss, von Urgrünstein durchschnitten. An mehrern Stellen ist Glimmer- Talk- und Chloritschiefer angelehnt. —

Wir giengen Tiksalik und Omanak vorbey, woselbst einige Grönländerfamilien im Winter wohnen, und setzten, des schweres Seeganges ungeachtet, um ...., eine gefährliche Næs zur offenen See nördlich von Tiksalik. Weil wir aber durch die heftigen Stürzungen ziemlich viel Wasser in den Umiak kriegten, auch eine Stange im Kiele desselben brach, so mussten wir sogleich in die, eine Meile lange daselbst befindliche Bucht, in Süden von Kangarsuk, Ekalluangoit genannt, einlaufen, und Halt machen. —

Dienstags, den 15 August

Hatten wir sehr stürmisches Wetter, so dass an kein Reisen zu denken. Ich gieng auf Excursion.

Die Hauptgebirgsart ist Glimmerschiefer mit grossen Lagern von grauem Thone und Wetzschiefer.

Ein beträchtlicher Bergstrom stürzt mitten durch das schmale Thal in Osten herab. Mein Kajaksmann HABAKUK reiste, des Sturmes ungeachtet, nach Sermiliarsuk zu Kangarsuks Grönländern, um — ein Stück frisches Seehundefleisch zu speisen. —

Mittwochs, den 16 August

Mussten wir abermals stille liegen. Gegend Abend kam HABAKUK glücklich wieder zurück. —

Donnerstags, den 17 August

Reisten wir Morgens um 7 Uhr von Ekalluangoit ab, passirten Kangarsuk und setzten über Sermiliarsuk, des hier vorstechenden mächtigen Eisblinks wegen so genannt, wo man eigentlich die Frobisherstrasse oder die ehemalige Durchfahrt nach der Ostseite vermuthet. Das ganze feste Land ist bis in die See hinaus mit ewigem Eise bedeckt.

Die Hauptgebirgsart ist hier Gneiss, welcher in grosse dünne Platten und Rhomben zerspringt, angelehnt Glimmerschiefer mit grossen Quarzparthien, welche von Chlorit und Strahlstein ganz grün gefärbt sind — grosse Syenit und Grünsteinlager in mächtigen Kuppen, doch von geringer Höhe. —

Als wir Kingiktok oder Tindingensnäs vorbeygiengen, erhub sich mit einmal ein schwerer Südoststurm, welcher uns zwang auf Omenarsuk zu bleiben. — Gebirgsart: Gneiss und Granit, aufliegend: — Urgrünstein und Hornblendeschiefer. —

Freytags, den 18 August

liess ich mich auf 2 Kajakken über den Sund nach Tindingen oder Kingiktorsoak hinüber boxiren, um diesen Berg noch einmal zu besteigen. Ich habe über sein geognostisches Verhälten mich bereits oben Seite 200 erklärt. —

Sonnabends, den 19 August

Reisten wir endlich bey noch starkem Seegange wieder von Omenarsuk ab, morgens um 6 Uhr, kamen bey schwerer See glücklich die nordlichste Næs, ..., vorbey, wo wir einige Kajakken begegneten. Wir giengen durch Smalesund oder Ikaresarsak, und knubbede Öe vorbey. Von Omenarsuk hieher rechnet man zwey Meilen. — Von Torngarsuk aus bis Smalesund einen Weg von 8 Meilen muss man über die offene See reisen, welches allezeit für Umiaks ein gefährliches Stück Arbeit bleibt. — Wir setzten über beyde Arme des Narksalikfiords, und Narksalik vorbey, wo ich mehrere *Lepades balænares* fand, und giengen sodann durch die Narksaliksinseln.

Die Gebirgsart dieser kleinen Insel ist durchaus reiner Granit und Gneiss, mit angelagertem Hornblendschiefer.

Der Fiord lag wie gewönlich voller Treibeis. Abends 7 Uhr gieng wir auf dem Continente, an einer abgelegenen Stelle zum Nachtlager ans Land.

Sonntags, den 20 August

Reisten wir Morgens um 8 Uhr ab, passirten den Inselberg Karsut und die schmalen Sunde durch viele kleine Inseln gleiches Namens, aus welchen wir uns des dichten Nebels wegen schwer finden konnten, sezzten über den Quannefiord bey ziemlich ruhiger See, Kangilinek oder Quanneinsel vorbey, und kamen endlich um 5 Uhr Abends nach einer 4 wochentlichen Reise von Julianehaab aus glücklich zu Friedrichshaab an, woselbst das Schiff Jupiter noch vor Anker lag. —

Mittwochs, den 23 August

kamen Postkajaks von Godthaab hier an. — Da meine Sachen alle sich noch theils zu Godthaab, theils zu Godhavn befanden, und nun also nicht mehr daran zu denken war sie hieher erhalten zu können; so musste ich mich entschliessen, ungeachtet ich bereits mit Kapitän Erken Verabredung wegen meiner Abreise getroffen hatte, noch ein Jahr hier im Lande zu verbleiben und von hier nach Godthaab abzureisen. —

Donnerstags, den 24 August

Abends um 5 Uhr lichtete Kapitän Erken mit frischem Nordwinde die Anker und verliess den Hafen zu Friederichshaab. Wir Europæer alle begleiteten ihn durch die Scheeren hinaus über 1 Meile in die offne See, mit herzlichem Wunsche einer glücklichen Heimreise nach dem Vaterlande, und giengen mit unsrer Jolle wieder zurück. — Der anhaltende frische Nordwind verhinderte meine Abreise noch. Endlich

Montags, den 28 August

Verliess ich mit einem Umiak, besezzt von 4 Grönländerinnen und dem Blanding Ole Pehrsen als Steuermann, auch einem Kajaksmann von Storöe die Kolonie.

Reise nach **Fiskenæs.**

Wir reisten um halb 10 Uhr Vormittags ab; ich nahm die Postpakette und Briefe nach Norden mit. Wir giengen durch die kleinen Sunde von Pamiut durch viele kleine Inseln nach der See hinaus, setzten nach Söndre Storöe oder Kikertarsoak über,

1 Meil Wegs, giengen über Kangerdluarsuk, eine 3 Meilen ins feste Land hinein sich erstreckende Bucht, und kamen nach Nordre Storöe, ebenfalls Kikertarsoak genannt, 1 Meile Wegs. Wir fuhren hierauf über Nerutusoksfiord, welcher 7 Meilen ins Land hineinreicht, und besonders des Angmaksæt und Rennthierfanges wegen stark besucht wird, und kamen sodann über den Karksæt, von den Dänen Kaxefiord genannt, welcher ebenfalls 7 bis 8 Meilen in das feste Land hineingeht. Von hier setzten wir über Tingminektok, eine Bucht, welche sich nach Nordost und dann nach Osten zieht, kamen nach Sioramiut, oder Spiiskammeröerne und blieben zu Sakriesok, 6 Meilen von Friederichshaab über Nacht. — Hier ist Glimmerschiefer die herrschende Gebirgsart (verglichen mit Seite 197).

Dienstags, den 29 August

Reisten wir Morgens um sieben Uhr ab, giengen bey ruhigem Wetter Pokkitsok (cf. S. 196) und Tullugartelik, (cf. S. 195) am Eisblink vorbey, kamen hierauf durch kleine Inseln, zwischen welchen mehrere Bootshäfen sich befinden, wo die Hauptmasse Glimmerschiefer ist, und giengen innen um Ravns-Storöe, oder Kikertarsoak.

Der Granit ist hier herrschend, hat viel Feldspath und wenig Glimmer, lagerweise Hornblendschiefer und dünnschiefrigen Gneiss, letzterer hat viel schwarzen Glimmer.

Wir setzten sodann über Aglomersæt oder Bærsund nach Takkirsok oder Langeland über, wo wir nach einer Tagreise von 6 Meilen über Nacht blieben. Hier stehen die Rudera von mehrern Häusern, in deren Nähe man viele *Cochlearia* und am Strande vieles Treibholz findet.

Diese ziemlich lange und schmale Insel, welche sich von Osten nach Südwesten gegen die offene See hinaus in einem halben Monde zieht, besteht aus Granit und dünnschiefrigem Gneiss, mit Hornblende und Glimmerschieferlagern, ohne metallische Spuren. Es ist ziemlich guter Graswuchs hier. —

Mittwochs, den 30 August

Verliessen wir Morgens um 8 Uhr Langeland, giengen eine uns in Westen liegende Insel Ukaleselik, bey welcher ein Bootshafen ist, vorbey, und um Kangeitsiak herum, von wannen aus wir nach Kangarsuk übersezzten (cf. S. 192). Aussen in Westen liegen mehrere Inseln, Amartut genannt. Wir kamen durch kleine zwischen mehrere Inseln durchziehende Sunde, namens Ikaresek, giengen die Bucht Kigutilik, die Insel Kitlia und das Land Okaitsut vorbey, innen um die Insel Kikertarsoeitsiak, auf welcher Fiskenæs liegt, und langten über den Fiskefiord um 5 Uhr Nachmittags bey der Loge Fiskenæs an.

Donnerstags, den 31 August

Vormittags gieng ich auf Excursion, und fand gemeines Titanerz in Hornblende und das Gadolinitähnliche Fossil in Granitadern zwischen Glimmerschiefer.

Nachmittags gieng ich mit Herrn Heilman nach Lichtenfels zu den Mährischen Brüdern. Zu Land ist es eine, zu Wasser eine halbe Meile wegs. —

Monat September.

Freytags, den 1 September.

War ich beschäftigt, um meine gesammelten Sachen einzupaken.

Sontags, den 3 September

Gieng ich mit Herrn Monrad auf Excursion. Ich fand im Glimmerschiefer in kleinen Lagern blauen Kyanit, mit Glimmer gemengt. —

Die Grönländer hatten hier im Herbste ziemlich Seehund- und ausserordentlich guten Kabliaufang. Auch fanden sich die Mallemukken *(Procellaria glacialis)* zu tausenden hier ein, welche gewönlich nur in der Diskobucht gesehen werden, wo sie den Wallfischäsern nachgehen. —

Montags, den 4 September

gieng ich mit Herrn Monrad auf Excursion nach Okaitsungoit. — Gebirgsart Glimmerschiefer, abwechselnd mit Hornblendschiefer, beyde Steinarten mit Stralstein gemengt, beyde sehr bröcklich und verwittert.

Dienstags, den 5 September

gieng ich auf Excursion zuerst westlich nach dem kupferhaltigen Berge (cf. Seite 191) wo sich der Kyanit mit Glimmer in einem Lager, der Titanit gangweise mit Hornblende findet. Sodann gieng ich südwestlich gegen die grosse Bucht zu, wo ich zu unterstem Strande Granit, und weisslichen Gneiss mit Granaten, auf demselben Glimmerschiefer und Hornblendeschiefer auch das gadolinitähnliche Fossil fand. Auf der Höhe der Klippe bey der Ware sind viele heidnische Gräber. —

Donnerstags, den 7 September

wollte ich morgens abreisen. Da aber Herr Heilman durch einen unglücklichen Fall gestern abends den rechten Arm aus der Schulter sich gerenkt hatte, welchen ich ihm mit Herrn Monrads Hülfe wieder einrichtete, so wollte ich ihn diesen Tag nicht verlassen. —

Freytags, den 8 September

Trat ich meine Reise nach Godthaab an, da Herr Heilmann sich besser befand. Mein Umiak war mit dem in Handelsdiensten stehenden Grönländer Esaias als Steuermann, und 6 Grönländerinnen zum Rudern besetzt. Ausserdem folgten zwey Kajaksmänner. Ich nahm die Briefe nach Norden mit.

Reise
nach **Godthaab.**

Ich reiste Mittags ab durch den Fiskefiord nach Lichtenfels, wo ich über Nacht bleiben wollte, weil ich noch diesen Nachmittag die Westseite von Kikertarsoeitsiak zu bereisen beschlossen hatte. Herr Missionär Kleinschmidt brachte mich mit seinem Umiak dahin.

Wir fuhren nach dem sogenannten marmorirten Berg, weil die Grönländer so viel Aufhebens davon gemacht hatten. Er besteht aus Hornblendegestein mit breiten weissen Quarzadern und Gängen, und sieht von weitem schön aus, ist aber ganz metallleer. In dessen Nähe in einem Thale ist ein Kieselconglomerat (grünliche Hornsteinbreccie) eingeflötzt.

Wir fuhren über den Fischerplatz, woselbst fürtreffliche Kabliaubänke sind, und den Marshals Hafen abend späthe wieder nach Lichtenfels zurück, wo ich über Nacht blieb. —

Sonnabends, den 9 September

um 8 Uhr Morgens reiste ich ab. Wir setzten über den Fiskefiord durch die Inseln, und zur Westergarnsted grönl. Kaiktorbik; in den Kitlarne giengen wir ans Land, um Zeltstangen mitzunehmen. Um 11 Uhr kamen wir Ittersarmiut und um 1 Uhr Kangarsuk vorbey, und blieben auf einen kleinen Insel auf der Südseite des Grædefiords über Nacht (cf S. 190).

Sonntags, den 10 September

Reisten wir 6 Uhr morgens ab, und giengen auf der südlichen Seite des Grædefiords oder Kangerdluarsuk hinauf. Die Berge desselben sind beym Einlaufe von unbedeutender Höhe; erheben sich aber immer mehr, sind fürchterlich steil, mit hohen Eiskuppen von allen Seiten überdeckt, und gehören am Ende des Fiords mit zu dem grossen Eisblink. Die Gebirge bestehen aus Glimmerschiefer Hornblendschiefer und Hornblendegestein. Bey dem ersten Eisblink auf der Südseite gieng ich in das Hohe Gebirge hinauf, wo die Bergströme unglaubliche Zerstörung angerichtet haben. Alle Schluchten werden von ihnen durchströmt, und von Zeit zu Zeit stürzen grosse Eisberge herunter, welche ganze Felzkuppen mit sich nehmen. Zu Kangiursak, wo der Fiord sich südöstlich wendet, blieben wir über Nacht. Er ist von der äussersten Mündung 14 Meilen lang.

Montags, den 11 September

Reisten wir morgens um 7 Uhr wieder ab. Die Berge wurden immer steiler und schroffer. Um 1 Uhr Mittags kamen wir zu Kingoa unter dem steilen Kakarsoak am Ende des Fiords an. Ich machte zuerst meine Wanderung nach den Bergen gegen Osten, und gieng durch das über eine Meile lange Thal, welches am Ende von hohen Bergen begränzt wird, welche an den Fiskefiord reichen, wieder zurück. Durch dieses ganze Thal, welches nun bloss von einem breiten Bergstrome bespühlt wird, hat ehemals die See gereicht, bis dass das Land durch die ungeheure Menge von stets niederstürzenden Felsenstücken zu hoch aufgefüllt, und dadurch das Wasser des Meeres zurückgedrängt wurde. Auf beyden Seiten des Thales sieht man hohe Bänke von Geschieben, zu 8 bis 10 Lachtern hoch, und ziemlich viel Gesträuche, welches zuweilen Mannshöhe erreicht. Von den alten Normännern ist hier keine Spur.

Die Hauptbergart ist reiner Gneiss, welchen ich auch bey der zweyten Exkursion, welche ich gegen Südost und Süden nach einem grossen Wasserfalle machte, vorwaltend fand. Hier sah ich auch lagerweise fleischrothen Granit. — Es gibt oft viele Rennthiere in der Nähe, daher die Grönländer von Fiskenæs gerne hieher auf die Jagd gehen.

Dienstags, den 12 September

früh morgens um 7 Uhr machten wir uns wieder auf den Weg, giengen auf der Nordseite des Fiords unter dem Lande weg, und kamen Kakarsoak, Upernaviarsuk, einen Zelteplatz, und Ukusiksæt. vorbey.

Bey letzterer Stelle bestieg ich das Gebirge, und fand im Gneisse Topfstein mit beygemengten Glimmerblättchen lagerweise. Letzterer ist auch mit asbestartigem und gemeinem Strahlsteine durchwachsen. Auf gleiche Weise, doch in geringerer Masse kommt er auf der entgegengesetzten Seite, so wie auch zu Kangiursak mit Talkschiefer vor. — Bey einer grossen Bucht, weiter westlich sah ich einen der breitesten und brausendsten Bergströme, unter allen, welche ich noch hier im Lande gesehen habe. —

Hier fieng ich auf des Meeres Oberfläche einen jungen Falken, welcher seine Klauen in einen jungen Mäwen geschlagen hatte, aber zu schwach war mit ihn aufzufliegen, und so in Gesellschaft mit dem Raube ein Opfer seiner Verwegenheit werden musste. — Da uns die Nacht überfiel, so mussten wir auf einer sehr steilen Stelle Quartier nehmen. In Osten hatten wir den holen zakkichten Berg Kiklauait. Seine Gebirgsart ist Urgrünstein. —

Mittwochs, den 13 September.

Giengen wir den Zelteplatz Angmaksivik vorbey, und dann aus dem Grædefiord oder Kangerdluarsuk heraus, durch Ikaresarsuk, unter dem hohen steilen Kikertaursak weg, welcher Berg auf einer Halbinsel steht, und legten zu Márak oder Maraksoak von den Europæern Mönsterplads (Musterplatz) genannt.

Es ist eine grosse ungefehr 2000 Schritte breite und lange von Kikertaursaks Fusse gegen Nordwesten sich erstreckende Sandbank, in welcher sich die Geschiebe der ganzen Gegend und ein beträchtliches blaulich graues Thonlager befinden. Die Gebirgsart, welche darunter und zur Seite liegt, ist Granit, Glimmerschiefer und Hornblendeschiefer mit schweren horizontalen Urgrünsteingängen.

Diese Bank ist von der See zwischen das feste Land und die Inseln eingeschwemmt, denn die Brandung ist mit nordlichen und südlichen Stürmen gleich stark. Aussen gegen die See zu ist ein guter Bootshafen, Kitiksoeitsiak genannt. Wir giengen ferner durch die Inseln Killangeit, von den Europæern Klingarne vermuthlich aus Corruption des grönländischen Wortes so genannt, sezzten über eine Bucht und blieben auf der Insel Sennerák über Nacht. — Sie besteht aus Granit. —

Donnerstags, den 14 September

Auf die gestrigen Nebensonnen folgte ein schwerer Sturm, und wir mussten stille liegen. Ich gieng auf Excursion, und sah viele alte Gräber. Die Insel ist gross, hat auf der Seeseite viele tiefe Einschnitte, welche seicht zulaufen und viel Treibholz aufnehmen. Ich fand hier auch ein Bruchstück von dem Reyling einer Englischen Schaluppe. Die Gebirgsart ist Glimmerschiefer mit Lagern von grobkörnigem Granit, welcher oft aus milchblauen Quarz, weissem Feldspath dem zu Alliortok ähnlich, und wenig schwarzem Glimmer besteht. Die Insel liegt in Westen von Sermilik, einem Theile des Eisblinks, welcher einen schönen Anblick von hier aus gewährt. —

Freytags, den 15 September

Reisten wir Morgens um 8 Uhr ab, und passirten die tre Brödre. Zu Kyadlik gieng ich ans Land. — Die Gebirgsart daselbst ist Granit und Glimmerschiefer mit Granaten. Wir kamen durch Ikertupersoit oder Teltöerne an der Garnstelle (Ikertok) vorbey. — Hier fieng mein Kajaksmann Jonas mit dem Wurfpfeile einen schwimmenden Isatis, welcher so eben durch den Sund von einen Insel zu der andern übersetzen wollte. Wir giengen durch mehrere Inseln über Kangerdluarsungoak, und blieben auf der nördlichen Seite dieser Bucht bey Merkoitsok in einem schmalen Laufe über Nacht. Die Gebirgsart ist hier Granit mit Hornblendeschiefer. Die Nacht durch wütete ein fürchterlicher Südweststurm mit Schnee und Hagel, welcher mein Zelt ein paar mal übern Haufen warf.

Sonnabends, den 16 September

Musste ich des harten Wetters wegen stille liegen. —

Sonntags, den 17 September

Reisten wir gegen 8 Uhr Morgens ab, Merkoitsokfield vorbey, setzten über den südlichen Arm des Buxefiords, konnten aber des zunehmenden Sturms wegen nicht weiter als bis Simiutæt kommen, und blieben daselbst über Nacht. Simiutæt ist eine Gruppe von Inseln mitten vor der Mundung des Fiords 7 bis 8 an der Zahl, welche alle äusserst kahl sind.

Sie bestehen aus Glimmerschiefer mit eingemengten kleinen Granaten, auch Tremolith und Hornblende. In schmalern und breitern Gängen findet sich zwischen dessen Schichten röthlicher, blaulicher gelblicher und schwärzlicher Milchquarz; letzterer von einem blassgrünen, blättrigen Fossil begleitet, — lagerweise Granit mit schwarzem Glimmer und Magneteisenstein. Der Milchquarz macht oft einen Gemengtheil des Granits aufs. —

Montags, den 18 September

Mussten wir des schweren Seeganges wegen abermals stille liegen. Ich war den ganzen Tag auf Excursion. —

Auf der Südlichen Næs der Insel kommen im Glimmerschiefer grosse rothe Granaten bald mit weissem bald mit gelbem Quarze asbestartiger Tremolith mit Glimmer (Herrn SCHUHMACHERS Ichthyophthalmit) Turmalin mit Quarz, und das obengenannte grüne blättrige Fossil vor. Magneteisenstein ist ebenfalls dem Gesteine beygemengt.

Dienstags, den 19 September

Reisten wir Morgens um 6 Uhr ab, giengen bey stiller See über den nördlichen Arm des schlimmen Buxefiords, und auf der westlichen Seite von Killangarsuk vorbey, und durch die schmalen Sunde setzten wir über den Ameraglikfiord, und kamen Neu Herrnhut vorüber; und um 4 Uhr Nachmittags langte ich glücklich nach einer beschwerlichen 4 monatlichen Reise unter anhaltendem Unwetter zu Godthaab an, wo ich mein Winterquartier zu nehmen beschloss.

Aufenthalt
zu **Godthaab**.

Donnerstags, den 21 September

Zeigte das Thermometer in der Sonne 19 Grade, während dass das Wasser im Schatten wieder zu gefrieren anfieng.

Mittwochs, den 27 September

gieng ich auf Excursion nach dem Seestrande, von da nach Stachs Ware und sodann über den Sumpf und Thorhallesens Ware zurück.

Donnerstags, den 28 September

liessen sich auf Baals Revier die ersten Alken *(Alca Pica)* die Vorboten des Winters in Menge sehen. — Es schneyte viel den ganzen Monat hindurch. —

Monat Oktober.

Sonntags den 8 Oktober

Machte ich eine Excursion dem Seestrande entlang.

Montags, den 13 [9] Oktober

gieng ich nach Kassigiengoit, und vilde Mandshavn. Beym letztern bemerkte ich im Granit ein Lager von talkartigem mit bläulichem Quarz gemischten Gesteine, in welchem lauch und apfelgrüne auch indigblaue, 6 seitige Kristalle eingewachsen sind. Den Tag drauf machte ich die nemliche Excursion. —

Sonnabends, den 14 Oktober

Reiste ich mit Herrn PLATOU in einem Umiak nach der eine Meile von der Kolonie entlegenen Quannebucht, deren Steinarten ich oben im Tagebuche Seite 163 beschrieben habe. Ich füge noch hinzu, dass auf der Ostseite des östlichsten Bergstromes in dieser Bucht auf einer beträchtlichen Höhe ein Landsee sich befindet. Auch traf ich hier im Granite viel Milchquarz. Wir sammelten aus dem Schnee die dürren Blätter der *Angelika*, des *Leontodon taraxacum*, des *Epilobium* und der *Alchemilla*, um sie bey unserm Mangel als Rauchtobak zu gebrauchen. Um 4 Uhr abends reisten wir zurück

Freytags, den 27 Oktober

kamen für dieses Jahr die lezten Posten von Fiskenæs.

Monat November.

Mittwochs, den 1 November

Reisten die Postkajakke von hier nach Fiskenæs wieder zurück. — Es schneyte nun unaufhörlich. —

Montags, den 13 November

Lag der Schnee an vielen Orten zu einer Tiefe von 4 Ellen.

Freytags, den 17 November

kam das Transportboot Neptunus von der Garnstelle Savsavik wieder zurück. Der Fang war äusserst schlecht. Die Kolonisten hatten vom 10 Oktober bis zum 16 November nicht mehr als 35 Seehunde in den Garnen erhalten. —

Sonntags, den 25 November

wurden bey der Kolonie noch *Kopaunauarsut (Emberiza nivalis)* gesehen. Etwas unerhörtes, da sie gewönlich im Anfange des Oktobers das Land verlassen.

Monat December.

Die Witterung dieses Monats war ausserordentlich hart. Unaufhörliche Stürme bald aus Südwest, bald aus Nordost wechselten unter anhaltendem Schnee und Gestöber mit einander ab. Die Kälte stieg bis zu 17 Graden. Die See war beständig voller Treibeis, so dass die Grönländer selten auf den Fang kommen konnten, frühzeitig Hunger zu leiden anfiengen und aus Mangel an Thran von der Kälte viel auszustehen hatten. Leztes war bey uns Europæern auch der Fall. — Die Nordlichter waren in diesem Monate sehr häufig, meistens in Süden und Südwesten, und am Tage war dichter Frostrauch über die ganze See verbreitet. —

Freytags, den 22 December

Zur Sonnenwende wütete vormittags ein heftiger Südost, welcher nachmittags in einen noch fürchterlichern Nordweststurm übergieng, welcher von unablässigem Schnee und Gestöber begleitet war, so dass man sich vor dem Hause kaum auf den Beinen halten konnte. Der Schnee hatte bereits bey den Königlichen Gebäuden, besonders beym Inspectoratshause, welches am höchsten steht, so zugenommen dass er bis an die Dächer reichte. Ich konnte von meinem Zimmer aus weder die See, noch einen der umliegenden Berge sehen. —

Montags, den 25 December

Versammelten die nahe wohnenden Grönländer dieses Distrikts sich wie gewöhnlich, nm ihr Weinachtslied bey den Europæern zu singen, wobey sie mit Erbsen und Grüzze beschenkt wurden, welches ihnen bey ihrem Mangel sehr wohl that.

Mittwochs, den 27 December

Zeigte sich ein ausserordentlich schönes bogenförmiges in den schönsten rothen grünen und gelben Farben spielendes, gestreiftes lebhaftes Nordlicht, hauptsächlich von 8 Uhr abends bis 12 Uhr Mitternacht. Es brannte von Ost Nordost auf, und wirbelte unaufhörlich nach West und Südwest, oft mit einem Leuchten welches dem Wetterleuchten oder sogenannten Abkühlen des Himmels an Sommerabenden in warmen Landen sehr ähnlich sah. Es schien nicht sehr hoch zu stehen, man konnte zuweilen sehr deutlich ein Knittern in der Luft über sich vernehmen. Das Knittern glich dem Rauschen des gejagten gefrorenen Schnees. Für Augenblicke war es oft wie ein Blitz rein verschwunden; sodann aber leuchtete es auch mit erhöheter Klarheit wieder, umgab einigemale die Spizze des eisbedeckten Hjortetakken, wie mit einer Glorie, gleichsam als wenn er von ihm aufgehalten wurde und einen Augenblick darauf war es wieder erloschen. — Dessen höchster Glanz war doch sanft, und that dem Auge wohl, wenn er es auch noch so sehr durch sein plötzliches Auflodern überraschte. — Die Kälte war diesen Abend 12 Grade, und die Luft sehr klar. Das Barometer stand auf 27.8$^1/_2$ und der Wind war den ganzen Tag schwacher Nordost.

Sonntags, den 31 December.

Schlossen wir Europæer das Jahr, weil der Abend sehr schön war bey der Versammlung der Grönländischen Brudergemeinde zu Neuherrnhut. Die Kälte war 14$^1/_2$ Grad.

Bericht
einer mineralogischen
Reise
in Grönland.

In Form eines Tagebuchs

gehalten von

D. **Karl Ludwig Giesecke.**

Fünftes Jahr.

1810.

Godthaab in Südgrönland
und Godhavn, auf Diskoeiland.

Aufenthalt zu **Godthaab** im Jahre 1810.

Monat Jänner.

Die Kälte war in diesem Monate sehr anhaltend; sie stieg am Anfange und Ende desselben bis auf 18 Grade, und die See war beständig mit Treibeis bedeckt. Die armen Grönländer konnten daher nichts erwerben. Die Nordlichter waren nicht so häufig als am Ende des vorigen Jahres. — Wir hatten beständigen Frostrauch, welcher den Augen sehr wehe thut. —

Sonntags, den 7 Jänner.

bemerkte ich grosse weisse Lichtstreifen in Nord u. N. West,

und Montags den 8 Jänner

ebenfalls solche Streifen von Nordost nach Südwest. — Heute kamen viele Weissfische *(Delphinus albicans)* in den Fiord, aber die Grönländer konnten des vielen Treibeises wegen nicht auf den Fang kommen. —

Dienstags den 9 Jänner

folgte auf die ebengemeldete Lichtstreifen harte Nordost- und Südweststurme mit Schnee und Gestöber diesen, und den nächsten Tag

Freytags, den 19. Jänner, und

die beyden folgenden Tage fiel Thauwetter mit Südostwind bey zwey bis drey Graden Wärme ein. —

Sonntags, den 28 Jänner

feyerten alle Europæer von Godthaab und Neuherrnhut bey einem von Herrn Inspecteur Mylenphort angestellten Mahle den Geburtstag Seiner Königl. Maiestæt.

Monat Februar.

Dieser Monat, welcher hier im Lande nie gnädig ist, war diesmal für die Grönländer, so wie die Europæer, welchen beyde Brennmaterial mangelten, besonders strenge. — Die Kälte war anhaltend, und stieg bey einem stehenden beissenden Nordost bis zu 21 Graden. Die Fenster hatten einwärts über einen Zoll dickes

Eis, und alle Nägel in den Zimmern waren schneeweiss. Man sah wenig Nordlichter.

Dienstags, den 13 Februar,

wüthete ein so fürchterlicher Südweststurm mit Schnee und Gestöber, dass Herr Missionär Wolf und Kaufmann Platou, welche von dem Inspectoratshause nach der Kolonie, einer Entfernung von 100 Schritten den Weg nicht finden konnten, wieder auf der nemlichen Spur zurückkehren mussten. —

Sonntags den 24 [25] Februar, bis

Montags, den 26 Februar

Abends stand die Kälte mit Nordostwind bis zu 24 Graden, und den 27 Februar nahm sie plözlich bis $4^1/_2°$ ab.

Monat März.

War gegen alles Erwarten sehr gelinde, und vom

Donnerstags, den 1 März

bis zum 17ten beynahe anhaltendes Thauwetter mit Ost und Südostwind, welches bey unserm Holzmangel eine grosse Wohlthat war. Der Fang der Grönlænder blieb dem ungeachtet, die Alken ausgenommen, äusserst schlecht.

Sonnabends, den 3 März

versuchte ich meine erste Fusswanderung über das Eis gegen den Mallinaberg zu. — Die Buchten waren alle dicht zugefroren. —

Montags, den 5 März

Gieng ich über das Eis nach Kassigiengoit.

Donnerstags, den 8 März

wurde auf der offenen See bey Kangek der erste Hälleflynder gefangen, welches selten so frühzeitig zu geschehen pflegt. Das Thermometer stand Nachmittags um 2 Uhr in der Sonne, bey Südostwind, auf $15^1/_2°$ Wärme, und im Schatten nur auf 0. —

Montags, den 11 [12] März,

stand das Thermometer um 1 Uhr Nachmittags bey Windstille in der Sonne auf $16^1/_2°$ Wärme, und im Schatten auf $2^1/_2°$ Wärme.

Mittwochs, den 14 März

sahen die zu Kangek wohnenden Grönländer Vormittags ein Schiff in der Strasse nach Norden zu seegeln. —

Sonntags, den 18 März

Stieg die Kälte mit Nordoststurm und Schnee wieder zu 11°. —

Mittwochs, den 21 Marz

kamen die ersten Postkajakke mit Briefen von Fiskenæs, Friederichshaab und Julianehaab hier an. — Der Winter war in ganz Süden streng, besonders die Menge des Schnees überall ungeheuer. Die Kälte stieg zu Lichtenfels den 27 Februar bis zu 22 Graden, und zu Julianeshaab den 27. Februar bis zu 19 Graden. — Die Grönländer brachten die Nachrichten mit, dass ihr Landsmann JONAS, welcher mich im Herbste von Fiskenæs hieher begleitet hatte, kurz darauf im Sturm zwischen Fiskenæs und Grædefiord im Kajak umgekommen sey.

Freytags, den 23 März

Stieg bey beissendem Nordost und klarer Luft die Kälte wieder zu 13 Graden. — Die Rennthiere lassen sich nahe bey der Kolonie auf jener Seite des Fiords zu Akunak in Menge sehen. — Eine seltene Erscheinung! — Das Thermometer zeigte in der Mittagssonne 3° Kälte. —

Sonnabends, den 24 März

Zogen die Tattarakken, die ersten Vorboten des Frühjahrs in grossen Schaaren in den Fiord zu ihren künftigen Brüteplätzen. —

Donnerstags, den 29 März,

Abends stieg die Kälte bey anhaltendem Nordostwind bis zu 19½ Graden. Abends sah man ein starkes Nordlicht in Südost. Die Grönländer leiden unbeschreiblich durch Mangel und Kälte.

Monat April.

Freytags, den 6 April

Sahen wir bey der Kolonie die ersten *Kopaunauarsut (Emberizæ nivales)* bey elf Graden Kälte. Sie sollen die Vorboten des Grönländischen Frühlings seyn. —

Sonntags, den 15 April,

Reisten die Posten, welche der strengen Kälte wegen 3 Wochen stille liegen mussten, wieder nach Fiskenæs zurück. Die Kälte nahm mit anhaltenden Schnee und Schneegestöber, welches die Häuser ganz begraben hat, zu; bis

Montags, den 30 April

wo das Thermometer abermals mit Nordost, welcher beynah den ganzen Monat durch wehte, auf 6 Graden Kälte stand.

Monat May.

Donnerstags, den 3 May.

Gieng ich auf Excursion nach Kassigiengoit und Herrnhut.

Dienstags, den 8 May,

Abends um 8 Uhr kamen abermals Postkajakke aus Süden hier an. Selbst in den südlichsten Gegenden litten die Grönländer sehr durch Hunger und Kälte. — So gieng es auch zu Zukkertoppen, welches die Nachrichten vom 14 May bestättigten. —

Reise
nach **Ameraglik,**
und **dem innern festen Lande.**

Donnerstags [Dienstags] den 22 May

Verliess ich Vormittags um 9 Uhr mit einem Umiak, von 4 Grönländerinnen, dem Vormann FRIEDRICH OLSEN, und dem Kajaksman PAUL begleitet, die Kolonie Godthaab, um nach dem Ende des Ameraglikfiords zu gehen, von wannen aus ich mit einigen Rennthierjägern eine Fussreise in das Innere des festen Landes zu machen gesonnen war. Wir kamen bey gutem Wetter den Hjortetakken vorbey, und legten Mittags im sogenannten Hamburgersund, bey der Insel Pikkiudlek, an der Näs Johannersoak ans Land.

Die Gebirgsart der Insel ist Granit mit grossen Quarzlagern, welche in Milchquarz übergehen. In schmalen horizontalen Gängen sieht man im Quarze Kupferkies mit Kupfergrün. Die gemeine Hornblende findet sich nesterweise ein.

Die Insel liegt auf der rechten oder westlichen Seite des Hamburgersundes. Hierauf sezzten wir über den Ameraglikfiord, die Inseln Simiutak und Simiktok, welche vor dessen Mündung liegen, vorbey, und kamen um 4 Uhr Abends nach Narksak, wo wir über Nacht blieben. Von dieser Grönländischen Wohnstelle habe ich schon auf meines Tagebuchs Seite 167 geredet.

Mittwochs, den 23 May

reisten wir um 7 Uhr Vormittags von hier ab. Ich liess bey Alliortok (Spögelses-öen) anlegen. Diesen sonderbaren Namen hat diese Insel dem Aberglauben der Grönlænder zu danken, welche in den seltsamen nach verschiedener Richtung anders aussehenden zakkigten Felsenspizzen zuweilen wandelnde Gespenster zu sehen glauben, welche, (vermuthlich im Nebel) sich bald höher, bald niedriger darstellen.

Von den Steinarten dieser kleinen, aber doch sehr merkwürdigen Insel habe ich schon weiter oben Seite 167 und 188 gesprochen. — Ausser den damals bemerkten Fossilien fand ich diesmal auch stark eisenschüssigen etwas verwitterten

Sahlit in 6 seitigen Prismen; gangweise kristallisirte Hornblende und lagerweise Schriftgranit mit stark schillerndem graulich weissem Feldspathe. —

Wir reisten noch diesen Tag weiter, und Kariæt vorbey, nach dem in der Kariætsbucht befindlichem, oben Seite 166 des Tagebuches beschriebenen Talklager, woselbst wir über Nacht blieben. — Das Thermometer zeigte heute Mittags in der Sonne 27½ Grade Wärme. —

Donnerstags, den 24 May,

kamen wir Nachmittags um 4 Uhr im Innersten dieser beträchtlichen Bucht zu Kariæb-Kingoa an. — Das Innerste derselben war noch mit dichtem Wintereise belegt, auf welchem Seehunde, besonders *Kassigiæt* in grosser Menge lagen. — —

Der Glimmerschiefer macht von Godthaab an, den store Mallina und Hjortetakken vorbey, über Narksak, Kariæt, und Kingoa, und von da aus weiter gegen Süden nach Igloib-Ikerasak und Imnarsoak zu, eine zusammenhængende Gebirgsmasse aus, welche wahrscheinlich durchaus auf Granit an und aufliegt. Wenigstens ist bey den vorstehenden kleinern flachern an dem Hauptgebirge hinstreichenden Inseln, welche meistentheils mit Glimmerschiefer bedeckt sind, der Granit immer sichtbar. — Doch ist er selten ganz rein, und geht, bey zunehmender eingemengter Hornblende, welche in Grönland beynahe überall sich sehen lässt, in Syenit, und der Glimmerschiefer in Grünsteinschiefer und Hornblendeschiefer über. — Der Glimmer ist meistens schwarz oder auch gelblichbraun, im erstern Falle sehr kleinblätterig und dann oft schwer von der Hornblende zu unterscheiden. — Der Glimmerschiefer nimmt in Kariæbkingoa auch Lager von Stralstein und von Granit auf, und enthält oft Granaten. — Der Granit dieser Lager ist bald fein, bald grobkörnig, und hat zuweilen magnetischen Eisenstein beygemengt. —

Am Ende des Thales, welches sich in Nordosten hinaufzieht, stürzt sich ein Bergstrom über eine gegen 200 Ellen hohe Felsenwand herab, welcher besonders im Frühjahre durch des schmelzenden Schnees erhöhete Treibkraft und Wassermenge ein fürtreffliches Schauspiel gibt. — Ich gieng bis zu dessen Ursprung, und sodann nach dem südöstlichsten Ende der Bucht, wo sich im Glimmerschiefer Milchquarz mit sehr feinen Glimmerflintern in kleinen Nestern findet. — In dieser Bucht sah ich mehrere Adler und Falkennester. — Die Vögel waren noch in der Brütezeit. — Die Gegend ist unbewohnt, wird aber zuweilen des Seehundefanges auf dem Eise wegen von Kariæt aus besucht.

Freytags, den 25 May,

Reistens wir Morgens um 7 Uhr ab, und auf der Südseite der Bucht hinaus, Igloib Ikaresak und Imnarsoak vorbey, giengen um Ræveöen, grönlændisch Kikertarsoak, welche aus Granit besteht, und sezzten nach Alliortok, und von da nach dem festen Lande über, welches wir um 4 Uhr Nachmittags bey gutem Wetter und stiller See erreichten, auch daselbst über Nacht blieben. Auf Igloib Ikaresak fand ich im Schnee eine noch wohl erhaltene Schneeeule *(Strix nyctea)* welche in dem strengen Winter vermuthlich verhungert war.

Sonnabends, den 26 May,

lag ich zu Narksak auf dem festen Lande stille, um die Gegend gegen den Ameraglik zu, oder das sogenannte nördliche Land zu durchwandern. —

Ich fand ausserdem, was ich im Tagebuche Seite 167 angemerkt habe, oben auf dem nördlichsten Gebirge, in der Nähe der grossen Kluft einen stehenden oft bis zu einer Lachter breiten von Osten nach Westen sich erstrekkenden Gang, dessen Hauptmasse Quarz und Feldspath, oder ein unvollkommener Granit ist, welcher durch den Glimmerschiefer streicht. In diesem Gange findet sich kristallisirter und derber Sahlit, gemeines Titanerz, Hornblende und Granaten. Das Titanerz macht oft in sehr kleinen Kristallen einen Gemengtheil dieser Steinart aus. — Höher hinauf findet sich ein Lager von körnigem Magneteisenstein mit eingemengtem Asbest oder auch Tremolith. — Ein anderer schmaler Quarzgang, welcher Sahlit, vielen verwitterten Kies, Molybdæn und etwas Granat enthält, zieht sich von Norden gegen Süden nach der See zu. — In dessen Nähe liegen auf der Oberfläche des Gebirges lose Stükke Wiesenerz, dem Ungarischen von Rohniz ähnlich, zerstreut. In demselben finden sich kleine unbestimmbare Kristalle.

Ameraglik Fiord

Sonntags, den 27 May.

Früh um sieben Uhr reisten wir von Narksak ab, und liefen in den Ameraglikfiord ein; kamen glücklich den steilen Innuksursoak vorbey, eine Strecke Wegs, welche bey einfallendem Sturm keine Rettung für den Reisenden gewährt, und erreichten um 4 Uhr Nachmittags die kleine Bucht Kassigiengoit über welche ich im Tagebuche Seite 168 Meldung gethan habe. Schnee und Eis, zwey Feinde, mit welchen wir bisher täglich zu kämpfen hatten, herrschten noch hier allgemein, wie auf der ganzen Schattenseite des Landes, und erschwerten jeden Schritt der Auswanderungen. Wir blieben hier über Nacht. —

Montags, den 28 May

Reisten wir um 9 Uhr morgens mit raschem Nordostwind ab, giengen Ikerdlek, Karsut, Nougerdluk, und Anortleuitsok vorbey, und sezzten über den östlichen Arm des Fiords zu den Grönlænderzeltepläzzen nach Nouga über, weil ich an einiges dortenstehendes Volk Fangegeräthschaften abzugeben hatte. Hier standen fünf Familien in ihren Zelten, und harrten des Angmaksætfanges, welcher so eben begann. Wir sezzten Nachmittags noch von hier über den östlichen Arm des Fiord nach Ekalluit, oder Store Laxebugt (siehe Seite 169) einer ehemaligen Wohnstelle der alten Normänner, von deren Häusern noch ein paar unbedeutende Rudera stehen.

Die Gebirgsmasse des Glimmerschiefers liegt auf Granit auf; hat Lager von Strahlstein und schiefrigem Talke.

Die Grönländer gehen von hier aus gerne auf die Rennthierjagd. Das Wasser ist hier reich an *Nepisœt (Cyclopterus Lumpus)* Lachsen und grossen Krabben. — Erstere finden sich auch in gewaltiger Menge zu Kassigiengoit. — Das Land hat ziemlich viel Gras, an den beyden Lachsströmen grosse hohe aufgeschwemmte Sandberge, in dem höhern Gebirge viel Schnee und Eis, und, besonders in den sandigen Thälern am Strande, hübsches Erlengesträuche. — Im Hinter-Grunde des hohen Gebirges liegt der hohe und steile Berg Nukákpiabkakat, (Junggesellenberg).

Dienstags, den 29 May.

Der starke westliche Sturm erlaubte uns erst um 10 Uhr Abends zu reisen. — Es gieng sehr schwere See; und wir konnten nur mit äusserster Anstrengung über den Fiord sezzen. — Um Mitternacht kamen wir endlich auf dessen entgegengesezzter Seite zu Nouga, bey dem Zelte des Catecheten Paul Andersen an, wo wir übernachteten. —

Mittwochs, den 30 May.

Heute früh begann auf dieser Stelle der Angmaksætfang. Mit ihnen kamen die Seehunde, besonders die *Atarsoit (Phoca Grönlandica)* in grossen Schaaren in den Fiord, und die Grönlænder fiengen deren sehr viele. Auch der Angmaksætfang gieng sehr glücklich. — Er wird auf die einfachste Weise von der Welt getrieben. Die Grönlænder und ihre Weiber, doch meistens die letztern stehen am Strande, und schöpfen diese kleinen Fische mit Schöpfgarnen, welche netzförmig aus den Sehnen des Seehundes geflochten sind, aufs Land. — Sie kommen millionenweise, meistens mit der Fluth in den Fiord, so dass die See am Strande hin von ihrer Menge wie schwarz gefärbt aussieht, und durch ihr Andrängen ans Ufer Wellen schlägt. — Dass sich ausser Seehunden und verschiedenen Fischarten auch die Fischadler *(Vultur albicilla)*, die Mæven *(Larus glaucus)* und die Tattarakken *(Larus tridactilus)* hier in Menge einfinden, versteht sich. — Es gibt ein lebendiges Bild der Nahrungsuchenden Geschöpfe in dieser sonsten unbelebten unbewohnten Gegend. — Die Kälte betrug Abends mit Nordwind 4 Grade.

Donnerstags, den 31 May.

Reiste ich von Nouga ab, nach dem Ende des Fiords zu. — Einige Grönlænder, welchen ich meinen noch übrigen kleinen Vorrath an Pulver, der etwas über 1 Viertelpfund betrug, zur Rennthierjagd versprochen hatte, folgten mir willig. Wir kamen diesen Tag bis zu Killaæsarbik bey Iglorsoit im festen Lande. —

Hier ist der grobkörnige Granit überall sichtbar, und sein Feldspath oft in schwarzen Glimmer wie eingewikkelt. Lager von Glimmerschiefer mit Granat, und Gänge von Feldspath mit Moroxit, Titanerz und Wernerit finden sich in ihm. Die See gibt im Anfange des Aprils schöne Krabben. Mehreres über diese Stelle findet sich im Tagebuche S. 170.

Reise
in das feste Land,
und nach dem Eisblink.

Monat Junius.

Freytags, den ersten Junius,

Reisten wir Morgens um 6 Uhr von Iglorsoit ab. Ungeachtet im Thale gegen die See hinaus Südwest bliess, so hatten wir doch auf dem Gebirge beissenden Nordost. Unsre Anzahl bestand aus 8 Personen, nemlich 3 Rennthierjägern, welche mit Büchsen, und ich als Steinjäger mit Fäustel und Eisen versehen waren. Vier Grönländerinnen folgten mit, um Proviant, das etwa zu erbeutende Fleisch, und einige Seehundefelle zum Nachtlager zu tragen.

Wir passirten an dem Berge Killaersarbik hinauf, von welchem die Grönländer die läppische Fabel sich erzählen, dass diejenige, welche mit Krätze behaftet sind, derselben los werden können, wenn sie sich mit dem Kothe der *Kopernauarsut (Emberiza nivalis)*, welche auf dem Gipfel dieses Berges nisten, beschmieren. — Die Nation hält überhaupt viel auf Koth. — Der Koth des Rennthiers, des Hasen, und des Rypen sind ihre Lieblingsgerichte, *Nerrokak* genannt. — Der Koth des ersten wird besonders als eine wichtige Verehrung nach andern Orten, wo keine Rennthierjagd ist, versendet. Nicht selten wurden meinem Reisegefolge solche parfümirte Posen anvertraut, deren Gegenwart der Nase sehr merkbar ward. Wir giengen, von der Spizze des obengenannten Berges aus, einen beschwerlichen Weg über steile Klippen, wo wir oft bis über den halben Leib in den durchbrechenden Schnee einsanken, und machten der Weiber wegen mehrmalen Halt. — Endlich kamen wir nach Tongmeraglik, oder der steinernen Brükke. — Dies sind ungeheure Felsstükke, welche die Natur quer durch einen der Seen, an der Nähe des Bergstroms, und zwar am westlichen Ende des Sees quer über gelegt hat, und wirklich das Ansehen einer Brükke haben. Dieser See hängt durch Bergströme mit mehrern andern zusammen und die Grönländer fahren auf der Rennthierjagd zuweilen mit Kajaks von Kapiselik in Godthaabsfiord bis an Sermersoak oder den Eisblink des Ameragliks, von welchem Eisblinke, so wie von dem Schnee der benachbarten Gebirge diese Seen ihre Wasser erhalten. Sie sind lachsreich, und diese Fische steigen besonders im August durch die Bergströme, welche zum Meere hinabgehen, in dieselben hinauf: daher findet man hoch oben im Lande, zwey bis drey Meilen vom Ende des Fiords entfernt, noch zwey Hausüberbleibsel, das eine gegen Süden, das andre gegen Westen von Steinen aufgeführt, in welchen die alten Normänner vermuthlich im Sommer zur Zeit des Fischfanges und der Rennthierjagd sich aufhielten, ihre Fische trockneten und ihre Magazine hatten. Ungefähr eine ähnliche Sage haben auch die Grönländer von diesen Gebäuden. Das eine derselben ist noch sehr gut erhalten, und die Mauern, aus gut gewählten Felssteinen errichtet, sind noch ziemlich unbeschädigt. Die Tiefe des Schnees verhinderte mich ihre Höhe zu messen. Ihre Dicke beträgt über eine Elle, das Gebäude ein ziemlich vollkommenes Quadrat. —

Die beyden Bergseiten, in deren Thälern die Seen sich durchziehen, sind sehr steil, oft beynahe lothrecht. —

Endlich kamen wir nach Auaitsirksarbik, eine halbe Meile von Sermersoak, oder dem grossen Eisblink, entlegen, wo wir Halt machten, und über Nacht bleiben wollten.

Das ganze Gebirge vom Seestrande an bis zum Eisblink ist Glimmerschiefergebirge, welches auf Granit aufliegt; lezteres lässt das Hervorstechen desselben in den tiefsten Punkten der Thäler vermuthen. — Der Glimmerschiefer ist durchaus sehr ungleich gemengt, bald ist der Quarz, bald der Glimmerschiefer vorwaltend, so dass man diese durchaus so ungleichen Gemengtheile oft für kleine Lager oder Nester zu halten geneigt seyn könnte. — Der Glimmerschiefer wird hie und da von dünnen Schichten von Hornblendschiefer durchzogen, und geht zuweilen bald in diesen, bald in dünnflaserigen Gneiss über. — Diese drey Gebirgsarten sind durchaus sehr verwittert, und zerfallen bey dem geringsten Anschlagen in Gruus und Sand; der Feldspath des Gneisses ist durchaus weiss und sehr feinkörnig. — Alle diese drey Gebirgsarten sind beständig von dem ausgezeichnet schiefrigem Fossile begleitet, welches unter dem Namen Grönländischer Granat bekannt, und stets in kleinen Stükken oder Splittern durch die Rennthierjäger zu den Kolonien gebracht wurde. Er ist meistentheils sehr verwittert, und in 4 seitige stänglig abgesonderte Stücke oder Prismen zerfallen. Seine äussere Gestalt ist meistens unförmig und knollig, und nähert sich selten der deutlichen Kristallform des Dodekaeders; er ist gewöhnlich auf den Absonderungsflächen mit Glimmerblättchen durchzogen, auch mit kleinen weissen Feldspathpunkten durchwachsen. Die Grösse der äussern Gestalt zeigt sich von der Kleinheit einer Erbse, bis zu der Grösse von fünfzig und mehr pfündigen Klumpen. — Seine Lagerung ist mit dem des Glimmerschiefers ziemlich verbreitet. — Die Schichtung des ganzen Gebirges überhaupt geht von Nordwest nach Südost, und verliert sich unter dem Eisblinke. —

Im und beym Glimmerschiefer findet sich in schmalen Trümmern und kleinen Nieren ein seltenes Fossil ein, dessen Vorkommen bisher ebenfalls unbekannt war, nemlich, die labradorische Hornblende, bald feinkörnig, bald strahlig, bald kristallisirt in 4 seitigen flachgedrückten stark geschobenen Prismen. — Der Durchgang ihrer Blätter ist zweyfach, der

Glanz Fettglanz. — So sehr sie auch verwittert und aufgelöst ist, so ist sie doch nie okkergelb oder rostfärbig angelaufen, sondern behält ihre schwarze Farbe, welche bald sammetschwarz, bald grünlichschwarz, bald rabenschwarz ist, und nur selten ins Nelkenbraune übergeht, wo sie sodann ihr Farbenspiel verliert. Die Kristalle sind auf der Oberfläche gestreift, wie der Turmalin, öfters auch gefurcht. Das Farbenspiel dieses Fossils ist das schönste satteste Himmelblau; selten messinggelb oder bronzefärbig, wie sie bey dem Fossil von der Küste Labrador ist. Alles Suchens ungeachtet habe ich in der Nähe desselben keine Spur von labradorischem Feldspath finden können. — Die ins körnige übergehende labradorische Hornblende findet sich hier am seltensten. —

Der alles zerstörende Eisblink hat diese ganze Gebirgsmassen grösstentheils in Schutthaufen verwandelt. — Ausser den angeführten Steinarten kommt hier auch noch der rosenrothe und milchweise Milchquarz, ferner ein saphirblaues ins amethystfarbige übergehendes Fossil vor, in welchem weisse vierseitige Prismen liegen. Diese sind stark geschoben, ihr Glanz ist zwischen Fett- und Wachsglanz. — Auch das oftgenannte Gadolinitähnliche Fossil, welches dem Glimmerschiefer insbesondere anzugehören scheint, findet sich hier in kleinen Lagern. — Von Metallen findet man hier keine Spur, etwas gemeinen Schwefelkies und Magneteisenstein ausgenommen, welcher leztere sich auf Grönland fast überall zeigt. — Ich gieng noch diesen Abend bis an den fürchterlich schönen Eisblink, (grönländisch Sermersoak) welcher mit einem See umgeben, und an den niedrigsten Stellen gegen 80 Fuss hoch ist. — Sein äusserster Rand ist von oben bis unten in keilförmig zugespizzte Prismen zerspalten, welche zuweilen beynahe piramidalisch zugespizzt sind. — Seine Oberfläche hat grosse oft wellenförmige Erhöhungen und Vertiefungen. — Der erste Anblick ist schauderlich; die rund umher ganz ausgestorbene Natur sezzte mich in eine wehmüthige Stimmung;

mir schien es, als ob ich in eine andre Welt versezzt wäre. Es war Mitternacht — ich ruhte einsam in dieser traurigen Gegend aus, welche wohl vor mir noch kein Europäer betreten hatte. Und bald genoss ich ein erquickendes grosses Schauspiel in dieser Wüste, das Aufsteigen der Sonne hinter diesem kolossalischen Eisspiegel, welcher über seine ganze unabsehbare Oberfläche ihre bluthrothe Strahlen aufnahm, und mit millionfachem Wucher wiedergab. Ein Augenblick schuf den Eisblink zum Feuermeere um, und ein unbeschreibliches Gefühl ergriff mich, und machte mich alles diesen Tag ausgestandne Ungemach vergessen. —

So unbegreiflich auch dieses Zusammenhäufen und jährliche Vermehren des Eisblinks scheint, gerade auf den niedrigsten und zum Theile der See nächsten Punkten des Landes, da doch die höchsten Bergspizzen hier im Sommer sich enteist zeigen, so deutlich wird doch, wie mir scheint, dieses Phänomen bey Zusammenhalten der Umstände. — Das Thal in welchem diese Eismasse ruht zieht sich in ziemlich gerader Linie durch das ganze Land von Nordost nach Südwest. — Da die herrschende Winde Grönlands Nordost und Südwest sind, so fegen sie also den Schnee unaufhörlich in diesem Eisbelte auf und nieder. Aller Schnee des ganzen Landes, welcher unter diesem Striche fällt, muss also in diesem Belte sich anhäufen, welches von Jahr zu Jahr zunehmen muss, da die Sonne in der kurzen Zeit ihrer Kraft doch zu wenig Kraft hat, den Schnee aufzuzehren, welcher da er doch auf der Oberfläche immer etwas thaut, und dieses Thauwasser die ganze Masse durchzieht, nach und nach zu Eis wird. Aehnliche Bewandniss hat es mit all den andern kleinen Eisblinken, welche sich auf Sermesok oder Hamburgerland nördlich von Sukkertoppen, auf Sermitsiak oder Sadelen bey Godthaab, auf Diskoeilands thalförmigen Bergvertiefungen und mehrern andern Stellen dieses Landes ansetzen. Dass die höchsten Bergspitzen desselben jedes Jahr vom Eise frey werden kommt von ihrer Schroffheit her, welche den Schnee nicht zu halten vermag. Diese Schroffheit ist Mitursache, dass das Eis und der Schnee der Thäler im Frühjahre sich vermehrt.

Sonnabends, den 2 Junius

war die Luft den ganzen Vormittag klar, und der Wind Nordost, aber gegen 5 Uhr Nachmittags erhub sich ein schwerer Südweststurm mit einem starken Platzregen, welcher uns, da wir ganz ohne Lee und Obdach waren bis an die Haut durchnässte, welches meine Grönländerinnen, die dem Regen überhaupt nicht sehr gut sind, ziemlich missmuthig machte. Auch meine Jäger wurden sehr verdriesslich, da sie nicht zum Schusse kommen konnten. — Die Rennthiere, deren es übrigens hier genug gab, waren ausserordentlich scheu, weil seit ungefähr 8 Tagen in dieser Gegend über 30 Thiere geschossen wurden. — Ich verwandte den ganzen Tag zu Wanderungen, und hatte unter freyem Himmel der Nässe und Kälte wegen eine unangenehme Nacht, welche doppelt fühlbar wurde, da wir nicht mehr Feuer machen konnten! —

Sonntags, den 3 Junius,

brachen wir frühe auf, und kamen nach einem beschwerlichen Marsche von fünf Meilen unter anhaltendem Regen wieder nach Iglorsoit zurück. — Wir sezzten, da der Himmel sehr stürmisch aussah, sogleich, ungeachtet es bereits Abends war, unsern Umiak in die See, um, wo möglich noch vor dem Ausbruch des Unwetters Nouga erreichen zu können. — Wir giengen Niviersiekakeit vorbey, und legten zu Niakoursät ans Land, um *Angelika* zu sammeln. Hier stehen ebenfalls noch Ruinen von den Häusern der alten Normänner, welche aber grösstentheils mit Kratt, Gras und *Angelika* überwachsen sind, und wenig mehr über die kleinen Hügel der Bergströme, welche das Land durchschneiden, sich erheben. — Um Mitternacht kamen wir endlich bis auf die Haut nass, zu Nouga an. — Der Südweststurm, welcher uns den ganzen Tag über gedroht hatte, brach nun endlich aus. —

Montags, den 4 Junius,

Hielt der Sturm mit Regen an, so dass wir nicht weiter reisen konnten. Ich gieng mit der Grönländerin Anne nach Oriatarbik, einem Berge, welcher die Zeltstelle Nouga beherrscht, auf welchem ein Topfsteinbruch ist. — Er macht ein beträchtliches Lager auf der höchsten Spitze eines Glimmerschiefergebirges aus und ist eigentlich, wie der meiste sogenannte Topf- oder Weichstein Grönlands, bald gemeiner bald verhärteter bald schiefriger Talk. Dieser ist bald grau, bald röthlich, bald blaulich. — Die lezte Farbe hat er vermuthlich der beygemengten Hornblende zu danken. Hie und da findet sich leberbraune oktaedrische Kieskristalle. — Auch Strahlsteinlager finden sich in diesem Glimmerschiefer, und ein besonderes zähes talkartiges Gestein mit rundlichen weissen Feldspathflecken. —

Der Name Oriartarbik oder Speyestelle (Spyttested) kommt der Sage nach daher, weil einst ein tollkühner Grönländer einer Wette wegen auf den oben in der steilen Felsenwand befindlichen hervorragenden schmalen Stein hinauskletterte, um über diese Felsenwand in die See — — hinabspeyen zu können. Eine besondere Bravour! — — Nouga wird nunmehr nur in der Angmaksätzeit, und des Weichsteins wegen besucht. Vor mehreren Jahren wohnte hier auch im Winter eine Familie, doch ist die Stelle, ohne Eisgarnfang zu treiben, unsicher für den Lebensunterhalt, weil der Fiord im Winter um diese Gegend zufriert. Auch der Unterland, ist sehr steil, und zum Trocknen der Angmaksät der kahlen Klippen wegen sehr gut und brauchbar. —

Abends war ich vom Cathecheten Paul Andersen zu einem Grönländischen Gastgebot auf Seehundefleisch geladen. —

Dienstags, den 5 Junius.

Um 6 Uhr Morgens reiste ich von Nouga ab; gerade gegen über liegt die Näs Nougerdluk, ebenfalls eine Sommerfangstelle. — Von der Næs Nouga aus drehet man sich um Oriartarbik, und kommt in den Nördlichen Arm des Fiords nach Kingangoak, (die kleine Nase) einer Landspizze, dann an die Felsenwand Itarsurtikæt.

Sie besteht aus Glimmerschiefer, und hat ihren Namen von den weissen Quarzstreifen erhalten. Östlich bey dieser ist Tupersoeitseit, ein Fischplatz, und dann folgt bey Noorsoak abermals eine aus Glimmerschiefer bestehende Felsenmauer, Terkerak genannt. Hierauf der Berg Kakkelak, welcher aus Hornblendeschiefer mit grossen Grünsteinlagern besteht.

Weiter östlich Kornok, und dann Ekallugielik, woselbst ein Lachselv ist. — Hier biegt sich das Land aus Süden nach Osten zu Norden. Die erste Stelle auf der nördlichen Seite, Ekallugielik gerade gegen über ist Kirksoviak, von den vielen dorten nistenden Falken so genannt, mit einem Zelteplatz. Westlich von dieser Stelle biegt sich eine Sandbucht von dem Lande heraus, wie ein Haken nach Osten sich krümmend, daher sie den Namen Niksik hat. Sie besteht aus aufgeschwemmten Lande. Westlich von dieser auf Iglorsoit sind Rudera der alten Normänner, und von diesen zieht sich der Itiblirsoak nach Kapiselik in Godthaabsfiord hinüber. Hierauf kommt man nach Niakornak. Von Kirksoviak nach Niakornak zu verflächt das Land sich ziemlich, und ist mit sandigem Thon und Geschieben bedeckt. Westlicher von hier liegt Kamabik, das heisst Fangestelle, und die kleine Insel Kikertangoak, ebenfalls mit Sand und Geschieben überschüttet. Im Sande findet man lose kubische Kieskristalle. — Von dieser Insel habe ich bereits in meinem Tagebuche Seite 170 gemeldet. —

Man nähert sich hierauf den Zelteplätzen Akajaminek und Nunangitsok zwischen welchen sich eine Bucht und ein kleiner Hafen bildet. Diese Gegend ist sehr mit Gesträuche besonders Erlen, Weiden und Birken *(Betula nana)* bewachsen. — Die Rennthiere finden sich des schönen Mooses wegen oft in Menge hier ein. —

Westlich von dem Hafen liegt der Berg Norsannak, von einer in demselben sich herunterziehenden Rinne, welche der Rinne eines Wurfbrettes ähnelt, so genannt. — Westlicher liegt Quanneit, wo man auch einige Normännische Rudera antrifft. Sodann kommt man nach Kook unter dem Berg Uioa, hier ist ein grosser Lachselv. — Gegen Abend kamen wir endlich zu Karosulik an. Dieser Zelteplatz liegt Noordluk, oder dem schlechten Näs gegen über. — Wir machten hier Nachtquartier. Ueber Karosulik, eine merkwürdige Stelle habe ich bereits auf der 171ten Seite des Tagebuchs ein mehreres gesagt. —

Mittwochs, den 6 Junius,

Lagen wir Vormittags stille; ich gieng auf Excursion, und mein Gefolge auf die Jagd. Nachmittags reisten wir nach Nunangiät ab. Auch hierüber habe ich bereits Seite 172 des Tagebuchs etwas gemeldet.

Meine Excursion gieng hier diesmal am Elv hinauf, bis nach dem grossen Thale Kokkok (Korrok) in Baals Revier zu. — Ich fand hier durchaus das Glimmerschiefergebirge auf Granit aufruhend, den Glimmerschiefer häufig von Granaten und etwas weniger labradorischer Hornblende begleitet, welche leztere sich auch hie und da in kleinen Parthien im Granit einfindet. — In diesem trift man ferner rauchgrauen schiefrigen Quarz, und in beyden viel Schwefelkies, welcher grösstentheils verwittert ist, und die Steinarten theils okkergelb theils urangelb gefärbt, oft auch zugleich aufgelöst hat. — Ausserdem sieht man noch Granat mit gemeinem Schörl in Lagern. Die labradorische Hornblende ist lange nicht so ausgezeichnet, wie jene Seite 256 bemerkte von Auaitsirksarbik. — Der Bergstrom war hier eben in seiner voller Mächtigkeit, und gewährte ein schönes Schauspiel.

Freytags, den 8 Junius.

Morgens früh 4 Uhr reisten wir von Nunangiæt ab, passirten bey stiller See die steilsten und gefährlichsten Stellen, giengen Nivinganek, Tuaparsoit, Itivinga, und Tuapaksangoit vorbey. —

Auf dieser ganzen Strecke ist der Glimmerschiefer allgemein verbreitet, von Tuaparsoit aus findet sich lagerweise viel Hornblendeschiefer ein. —

Als wir endlich gegen Mittag lille Nougarsuk und Store Nougarsuk vorbeygekommen waren, und den Hjortetakken, welcher die Landspizze zwischen Ameraglik und Kobbefiord oder Kangerdluarsungoak ausfüllt, vorbeysezzten erhob sich ein Südweststurm. Wir giengen in leztgenannten Fiord, dessen beyden Ufer von den steilen Felsen der Gebirge Hjortetakken (Kingiktorsoak) und Mallina begränzt sind, hinein, und blieben, beynahe am Ende desselben zu Itiblirsoak, von welcher Stelle aus man hinüber zu Kikertarsoaks Sund und Land in Godthaabsfiord hinüber sehen kann, über Nacht. —

Die Gebirgsarten des Hjortetakken, so wie des Mallina, welcher leztere die nördliche Seite des Fiords und die westliche des Itiblirsoak ausmacht, sind: Hauptmasse: Grobkörniger Granit mit Magneteisenstein und blauem Quarz; an und aufgelagert, Glimmerschiefer, Grünstein, Thonschiefer und Grünsteinschiefer in grossen Lagern und Gängen, lezterer sehr verwittert. (Verglichen mit Seite 174). Auf der Westseite des Mallina grosse Lager von schiefrigem, auch verhärtetem Talke. (Veegsteen, grönländisch *Ukusiksät.*) —

Im Fiord liegen drey kleine Inseln; die Krabben dieses Wassers *(Cancer Phalangium)* sind die grössten im südlichen Grönland. — Auch gibt es bey Itiblirsoak am grossen Bergstrome viele Lachse; die Grönländer nennen diesen Fiord oder Bucht Kangerdluarsungoak. — Den Namen Kobbefiord hat er von dem Norischen

Worte Kobbe erhalten, welches einen Seehund bezeichnet. — Diese, besonders die Gattung Kassigiät halten sich im Frühjahre hier in Menge auf dem Eise auf, und geben oft guten Fang. —

Sonnabends, den 9 Junius.

Ich gieng Morgens nach dem Ende der Bucht, wo ich ausser den vorhingemeldeten Gebirgsarten lagerweise blaulichgrauen Quarz fand. Das Eis lag noch am Ende des Fiords fest, und die Bergen waren durchaus mit Schnee bedeckt. Nachmittags gieng ich nach des nördlichen Strandes steilen Abhängen. — Gegen Abend reisten wir ab, und kamen auf die nordwestliche Seite des Malinaberges oder Ukusiksät, wo ein Bergsturz vor einigen Jahren grosse Zerstörung angerichtet hat. Eine ziemliche Strekke des Abhanges ist mit ungeheuren Gebirgstrümmern überdeckt. Die Hauptmasse zeigt auch hier, wie oben angemerkt worden, den grobkörnigen Granit, auf welchem Glimmerschiefer, mit Hornblendeschiefer abwechselnd, aufliegt. — In demselben sind kleine Lager von verhärtetem Talke, daher dieser Berg von den Grönländern den Namen Ukusiksät erhalten hat. Nach dem Thale zu erstreckt sich ein Lager von gelbem Töpferthone, und unter dem Torfe, welcher sich hier im Thale verbreitet, eisenschüssiger Sand.

An Ukusiksäts Felsenabhängen wächst viel *Angelika* im Thale eine Menge von *Lichen Islandicus, rangiferinus* und *Parmelia tartarea.* Wir hielten hier unser Nachtquartier. —

Sonntags, den 10 Junius

Reisten wir Morgens 5 Uhr von Ukusiksät ab, giengen Rypöe und Ravnöe, auch Neuherrnhut vorbey, und kamen um 8 Uhr Vormittags nach einer dreywochenlangen Reise am Pfingstsonntag nach

der Kolonie Godthaab

glücklich zurück. Um 2 Uhr Nachmittags kam Herr Heilmann von Fiskenäs hieran —

Donnerstags, den 14 Junius,

Nachmittags um 9 Uhr kam Herr Fog mit dem Boote Haabet von Nye Sukkertoppen hier an, um Proviant abzuholen. Er hatte in weniger als 24 Stunden die Reise von jener Kolonie hieher gemacht. — Die Witterung war dieses ganze Frühjahr hindurch ziemlich angenehm; in den Gärten zu Godthaab und Neuherrnhut zeigten sich bereits Rüben und Rettiche, obgleich der Saame schon über 4 Jahre alt war.

.Reisen nach **Korrok, Alangorsoak Kornok,** und **Sermitsiak** in Godthaabsfiord.

Mittwochs, den 20 Junius,

Reiste ich von Godthaab wieder ab. Ich bediente mich auf diesem Ausfluge eines Umiaks besetzt von 4 Grönländerinnen, Karitas, Marie, Lydie und Anne Marie. — Der Böttcher Friedrich Olsen folgte abermals als Steuermann und der Grönländer Josua als Kajaksmann mit. Um 8 Uhr Morgens passirten wir Kassigiengoit, und Ekallungoit oder Quannebucht, dann Itiblirsoak, welcher Trageplatz Sadelen, oder Sermitsiak gegen über liegt. Hier ist am Seestrande ein grosses Lager von Thonschiefer. — Wir sezzten sodann nach Kikertarsoak über, und blieben auf dieser Insel zu Kooksuengoak über Nacht. — Hier traf ich die Mährischen Brüder von Neuherrnhut, welche mit Holzsammeln beschäftigt waren.

Die Hauptgebirgsart ist hier sehr feinkörniger Granit mit weissem Quarz, weissem Feldspath und sehr feinem schwarzem Glimmer; an mehrern Stellen grosse Lager von Hornblendeschiefer, Thonschiefer und Glimmerschiefer, welcher lezte durchaus am Fusse des Gebirges von ganz Kikertarsoak verbreitet ist. — Im Hornblendeschiefer trift man, besonders gegen Westen zu, Kupfergrün, und Kupferkies. — In dem eingelagerten grobkörnigen Granite findet sich magnetischer Eisenstein und das so oft berührte prismatische gadolinitähnliche Fossil; der Feldspath dieses Granits ist hochroth. — Der Glimmerschiefer hat Tremolith, gemeinen und glasartigen Stralstein eingemengt. —

Auf einer Stelle, weiter östlich von Kooksuengoak ist vor zwey Jahren eine grosse Granitmauer niedergestürzt. — Das untere Gebirge hat etwas Kratt, meistens Erlen und Weidengesträuche. —

Donnerstags, den 21 Junius

Sonnenwende. Das Barometer stand auf 28, das Thermometer im Schatten auf 15, in der Sonne auf 21° Wärme. Der Wind war bey der Kolonie nordöstlich mit klarer Kuft, doch im Fiord westlich. —

Wir sezzten über Kikertarsoaks Sund, und kamen nach 3 Stunden in den südlichsten Arm von Gotthaabsfiord, Kokkok (Korchok) genannt, und zwar zuerst in dessen südliche Bucht, welche sich gegen Westen nach Nunangiät in Amerägliksfiord hinüber zieht (cf. Seite 261).

Die Berge bestehen aus dem eben erwähnten feinkörnigen weissen Granit, welcher hier im Lande selten vorkömmt. — Der Glimmerschiefer und Thonschiefer ist in Kokkok minder häufig als auf Kikertarsoak. Auf einer beträchtlichen Höhe fand ich ein Lager von eisenschüssigem sehr löcherigem Granit. — Die leeren Räume desselben rühren von ausgewittertem Schwefelkiese her; das Gestein ist auch hie und da auf den Ablösungen mit einer weissen kalkartigen mehligen etwas vitriolischen Kruste überzogen und sehr bröcklig. —

Mitten durch das Thal zieht sich ein Lachselv herunter. Die Grönländer kommen zuweilen auf den Angmaksätfang und die Rennthierjagd hieher. — Das ganze Thal hat viel eingeschwemmtes thonig-sandiges Unterland. — Das Gebirge ist sehr steil. — Ich kam zweymal in augenscheinliche Lebensgefahr, indem ich über Felsenwände einen Weg aufwärts stieg, welchen ich hernach im Nebel nicht wieder finden konnte, und mich durch einen Sprung retten musste. — Auf den Abstürzen wächst viel Moos und *Angelika,* welches dieselben für den Wanderer noch unsicherer macht. Im Thale sowol hier als auf der entgegengesetzten Seite in Ameraglik zu Nunangiät wächst viel Erlengesträuche und eine unsägliche Menge *Ledum palustre.*

Freytags, den 22 Junius,

Reisten wir Morgens 7 Uhr aus der südlichen Bucht ab, und kamen Tattarait vorbey, wo sich die Tattarakken *(Larus tridactylus)* zu hunderttausenden um ihre Eyer zu brüten, eingefunden hatten. — Wir erhielten in weniger als einer halben Stunde in den wenigen Nestern, welche wir erreichen konnten, über hundert Eyer. — Der Arm der Bucht (Kokkok) auf dessen Ende wir nun losgiengen, zieht sich südöstlich und östlich. Man wird am Ende derselben, wenn man eine unbeträchtliche Höhe des Gebirges erstiegen hat, mit einemmale durch ein paar lange Thalperspective überrascht, welche von beyden Seiten, so wie am Ende mit unübersteiglichen Felsenmauern begränzt sind. Aus dem Hintergrunde beyder Thäler stürzen sich über lothrechte Felsenwände schäumende Bergströme aus dem ewigen Schnee herab, welche erst sich in Seen sammeln, und dann in mehrern Armen durch kleinere Abstürze dem Meere zueilen. — Ihr Ufer ist hie und da mit Kratt und *Angelika* verbrämt. — Selten sah ich hie und da ein Rennthier weiden. —

Das Hauptgebirge dieser Felsenmauern ist feinkörniger weisser mit manigfaltigen schwarzen Moosarten überzogener Granit. — In Lagern fand ich Hornblendschiefer mit Quarzadern in welchen Akanthikone und gemeine Hornblende eingewachsen sind, auch Glimmerschiefer mit Granaten, asbestartigen und gemeinen Strahlstein, Milchquarz und grünliches grobkörniges talkartiges Gestein, gleichfalls mit Strahlstein gemengt. — Bey dem Auslaufe von Kokkok weissen, labradorischen Feldspath als Gemengtheil eines grobkörnigen schönen Granits. — Schillerstein in Geschieben. —

Sonnabends, den 23 Junius,

Reisten wir mit frischem westlichem Winde um 9 Uhr Morgens von Kokkok ab. — Diesem Thale gegen über ligt der Zelteplatz Sirksakriesongoak, dessen ich im Tagebuche Seite 157 Erwähnung gethan habe. — Gegen Abend kamen wir in die beträchtliche Bucht Alangorsoak, (verglichen mit Seite 156 [?]). Wir fiengen hier in einer Viertelstunde über eine halbe Tonne Angmaksät (*Salmo arcticus*).

Auch hier ist der mehrmalen berührte weisse Granit vorwaltend, und in ihm Glimmerschiefer mit gemeinem Strahlstein, grünes grobkörniges talkartiges sehr bröckliches Gestein, derber Akanthikone, Molybdän mit Hornblendeschiefer, und gemeiner Tremolith auch hie und da edler Serpentin in Geschieben. — Die Bucht hat sehr hoch aufgeschwemmtes Sandland mit Thone gemengt, und beträchtlichen Geschieben, auch einen grossen Lachselv. — Sie ist am Strande sehr seicht und wird seit langer Zeit nicht mehr im Winter bewohnt.

Sonntags, den 24 Julius [Junius]

Johannistag. Wir reisten um 6 Uhr Morgens ab, giengen Angmaksivib Nouga, Kikertangoak und Omenak vorbey. Leztere beyde Inseln bestehen aus grobkörnigen Granit mit angelehntem Hornblendschiefer. Die erstgenannte Stelle, wo die Grönländer gewöhnlich im Sommer auf dem Angmarsätfange stehen, gehört zum festen Lande.

Wir passirten Amitsuarsuk und Portusok, zwey Buchten, so wie auch Ittivik (verglichen Seite 154) und giengen zwischen Kikertarsoak und dem festen Lande durch Ikaresak um Kangek herum, und Kangeiursak vorbey. Die Felsen zwischen beyden Buchten, so wie von diesen nach Kangek und Kangeiursak zu, sind sehr steil. Hier wechselt grauer Granit mit Gneiss und schiefrigem Syenit ab. — Wegen zunehmenden Windstössen aus Südwest und heftigem Regen musste ich auf Sedliarusät über Nacht bleiben. Der Berg Kajutak steigt lothrecht an diesem steilen Zelteplazze auf, welchen man nur im Nothfalle wählt.

Montags, den 25 Junius,

reisten wir um 9 Uhr Morgens von Sedliarusät ab. Es stürmte die ganze vorige Nacht hindurch heftig aus Südwest mit anhaltendem Platzregen. Gegen Morgen wurde es ruhiger, aber der Fiord lag voller Treibeis. — Wir setzten durch dasselbe und kamen gegen 12 Uhr auf die entgegengesezzte Seite nach Tessiursak, woselbst mehrere Grönländerfamilien von Sadlok und Neuherrnhut auf dem Seehund- und Angmaksät-fange in Zelten standen. Ich sezzte eigentlich hier herüber, um Seehundefleisch und Speck für meine Reisegefährten einzukaufen, dessen wir nun so sehr benöthiget waren. —

Tessiursak ist eine Bucht, welche mit vielen Krümmungen in mehrern Armen sich ins feste Land hineinzieht.

Die Gebirgsart: grauer, feinkörniger Granit mit grossen Lagern von Hornblende und Glimmersehiefer, in welche viel gemeiner und glasartiger Strahlstein gemengt ist. Das Gebirge um die Bucht ist von geringer Höhe. —

Der Wind war heute im Fiord Südost, dagegen zu Godthaab 12 Meilen von hier gegen die See zu Südwest, und die Moskitos plagten uns zum erstenmale für diesen Sommer jämmerlich.

Dienstags, den 26 Junius,

mussten wir eines westlichen Sturmes wegen den ganzen Tag stille liegen. Die See trieb voller Eisberge, welche uns von allen Seiten umschanzten, und Tag und Nacht unaufhörlich kanonirten. —

Mittwochs, den 27 Junius,

War der Wind im Fiord Nordwest und zu Godthaab Nordost. Morgens fiel eine ziemliche Menge Schnee. Wir reisten um 8 Uhr ab, und sezzten über diesen Arm des Fiords nach Kornok oder Björneöe über. Nach einigen Nachrichten soll diese Insel den Dänischen Namen erhalten haben, weil vor vielen Jahren ein Eisbär hier geschossen wurde, nach andern, weil ein Missionär Björne genannt, hier zuerst wohnte. *Sic fabula narrat!* —

Wir blieben auf der südlichen Seite derselben, Tinnitokirsak genannt, bey den zerfallenen Häusern, über Nacht. Dieser alte Wohnplatz bildet mit der Ebbe eine Insel für sich. —

Die Grundgebirgsart der ganzen beträchtlichen Insel Kornok ist feinkörniger grauer Granit, welcher sich auch auf der ganzen Bergstrekke von Tessiursak bis Nougarsuk findet. Er geht oft in Gneiss und dieser in Glimmerschiefer über, hat dann im letztern Falle beträchtliche Lager von Hornblendeschiefer und verhärtetem Talk mit edelm Serpentin, auch viele gemeine Hornblende. Der graue Granit schliesst grosse Lager von grobkörnigem röthlichem Granit ein. Ein, eine Lachter und drüber, breiter Basaltgang, welchen feine Trümmer von Strahlzeolith durchsezzen, durchschneidet die Gebirgsmasse von Süden nach Norden. Als Geschiebe findet sich gemeiner Strahlstein häufig am Strande. — Heute und gestern Abends hatten wir 2 Grade Kälte. —

Donnerstags, den 28 Junius,

reisten wir um 8 Uhr Morgens durch den Sund ab, welcher die Insel Kornok und Kikertarsoak von einander trennt. — Die Gebirgsart bleibt der obenerwähnte graue Granit; weiter gegen Westen ist Glimmerschiefer auf ihn gelagert, welcher mit Kieselschiefer abwechselt. — Bey der westlichsten Näs im Sunde beginnt mit Chloritschiefer, Wetzschiefer und schiefrigem Talke ein grosses Talklager, welches von gedachter Näs Sidlisit (Wetzsteine genannt) Karosut vorbey, bis gegen Pingoarsuk in Nordwesten sich erstreckt, und, das Talklager zu Kariät ausgenommen, wovon ich Seite 166 und 251 des Tagebuchs gesprochen habe, das grösste ist, welches ich hier im Lande zu bemerken Gelegenheit hatte. — Bey Karosut nimmt es, ausser gemeinem Talke, Topfstein, Strahlstein, Amianth, Asbest und gemeine Hornblende auf. Gegen die See zu findet sich auch Tremolith und Schillerstein; und im Glimmerschiefer, so wie im verhärtetem Talke gemeiner, kubischer und magnetischer derber Schwefelkies. — Hier sind auch zwey doch unbeträchtliche Felshöhlen, daher die Stelle den grönländischen Namen — Karosut oder Karosuk erhalten hat. —

Freytags, den 29 Junius.

Wir reisten um Mittag ab, und sezzten von Karosut nach der Insel Sermitsiak oder Sadelen über. — Das Aussehen des höchsten Berges derselben hat den Dänischen Namen Sadelen (der Sattel) veranlasst. — Er dient den Schiffern bey der Einseegelung in den Fiord zum Warzeichen. — Die Grönländer nennen ihn des vielen Eises wegen, mit welchem seine Thäler und Klüfte gefüllt sind, Sermitsiak, von *Sermek*, Eis. —

Auch dieser Eisblink hat in diesem Frühjahre (1810) zum erstenmale angefangen zweymal Eisberge von den niedrigsten Punkten seiner hochliegenden Eismasse abzustossen. — Als wir vorbeyfuhren, gieng so eben auch eine grosse Steinmasse nieder. — Dieser Sattel oder höchste Berg der Insel ist ausserordentlich steil, und besteht durchaus aus grauem feinkörnigen Granit, welcher grosse Lager von Hornblendeschiefer, Glimmerschiefer und grobkörnigem Granit einschliesst. — Letzterm ist Magneteisenstein beygemengt. —

Wir blieben auf Ersaak, bey den Ueberbleibseln mehrerer alten Grönländischer Häuser über Nacht. — Eine flache längliche Insel, Kikertak, liegt westlich von dieser Stelle mitten im Fiord. —

Sonnabends, den 30 Junius,

hörten wir Vormittags eilf Uhr bey Windstille, und trübem regnichten Wetter von ferne donnern. — Der Wind wurde hierauf westlich. Ich gieng Vormittags auf Excursion, kam den Zelteplatz Poaktorbik vorbey, und von da zur südlichsten Näs bis gegen Kikertarsoak über, und fand die obenangezeigte Gebirgsarten, ferner grosse Lager von grobkörnigem Granit, mit vorwaltendem blaulichtem Quarz, welcher oft in Milchquarz übergeht; ferner grosse Lager von Glimmerschiefer mit vorwaltendem schwarzem Glimmer und kleinen eingesprengten Spargelsteinkristallen, Asbest, Strahlstein; — — grosse Gänge von hornblendartigem Basalte in allerley Richtung streichend. — Hoch auf einem Berge sahe ich ein altes heidnisches Grab, in welchem ausser den Gerippen auch sechs Schedel lagen. — Um 3 Uhr Nachmittags reisten wir von Sadelen oder Sermitsiak ab, und kamen um 6 Uhr Abends zur Kolonie Godthaab zurück. Hier hörten wir, dass die Grönländer aussen vor Kangek ein Schiff gesehen haben wollten!

Schluss des Grönländischen Handelsjahres 1809.

Monat Julius.

Dienstags, den 3 Julius.

gieng ich auf Excursion nach Kassigiengoit. — Ich bemerkte hier im Quarze, welcher sich nesterweise im Glimmerschiefer einfindet, kleine apfelgrüne sechsseitige vollkommene Prismen, und in einer kleinen Entfernung davon ebenfalls im Quarz vier und sechsseitige vollkommene Prismen von blaulichgrüner Farbe. — Die lezten ähneln etwas dem Moroxit, und kommen an der nemlichen Stelle auch im Glimmerschiefer vor. — Weiter hinaus gegen die Näs dieser Bucht sah ich labradorischen Hornblendschiefer, auf Glimmerschiefer angelehnt: in dessen Nähe ein Lager von Quarz mit Schwefelkiese.

Mittwochs, den 4 Julius,

besuchte ich die nemliche Stelle. —

Donnerstags, den 5 Julius,

war ich auf Excursion nach der Westlichen Näs und Stachs Vare, wo ich Milchquarz und kristallisirten Feldspath, beyde in Lagern, fand. —

Reise nach Kangek, den Kooksinseln und dem Nordlande von Baalsrevier.

Freytags, den 6 Julius,

verliess ich Vormittags 9 Uhr, nachdem ich ein paar Tage ausgeruht hatte, zum drittenmale für dieses Jahr die Kolonie Godthaab. Ich reiste mit einem Umiak begleitet von dem Katecheten Paul Andersen als Steuermann und 4 Grönländerinnen als Rudermädchen. Wir setzten gerade über den Fiord, giengen die Bucht

Ekallungoit vorbey, und durch Ikaresak oder den sogenannten verkehrten Sund (forkeerte Löb). — Von hier aus wurde ANDERS ANDERSEN oder ITTUK, ein Grönländer abgeschickt nach dem Nepisætsunde, um den Grönlænder HENDRIK, welcher mir zum Wegweiser dienen sollte, abzuholen; aber ich kriegte weder den einen noch den andern mehr zu Gesichte. — Die Eingebohrnen zeigten sich überhaupt, seit der Zeit, da wir selbst anfiengen Mangel zu leiden, und ihre Wünsche und Forderungen nicht mehr befriedigen konnten, sehr gleichgültig und ungefällig gegen uns, und wollten durchaus keine Rücksicht mehr auf Bezahlung mit Gelde nehmen. — Wir mussten uns also gefallen lassen, für diesmal ohne Kajaksmann mit einem noch obendrein stark beschädigten Umiak nach den Kooksinseln hinauszugehen. — Wir fuhren unter der westlichen Seite des Nordlandes weg, besahen die Stelle, woselbst Bischoff HANS EGEDE die erste Kolonie errichtet hatte, und nahmen weiter westlicher zu Iglorpeit, wo die Ueberbleibsel mehrerer Grönlændischer Häuser stehen, auf dem Nordlande unsern Zelteplatz.

Ich gieng auf Excursion. — Die Hauptgebirgsart dieses Theiles des festen Landes ist Granit, oft mit vieler Hornblende gemengt, und mit vielen grossen Gängen grobkörnigen Syenits von häufiger bald schwarzer bald auch dunkelgrüner Hornblende durchzogen. Auf und in jener Hauptgebirgsart liegt ein grobkörniger Granit, welcher aus blaulichem Quarz, gelblichgrünlichem auch graulichem Feldspathe und schwarzem Glimmer besteht. — Das Land rundumher hat eine Menge Buchten, welche eben soviel kleine Hafen bilden. —

Um 6 Uhr Abends kam Herr PLATOU mit der Schaluppe der Kolonie auf die nemliche Stelle. Er hatte von dem von den Grönländern vergeblich gesehenen Schiffe, wegen welchem er eigentlich ausgereist war, nichts entdecken können, und blieb hier bey uns über Nacht.

Sonnabends, den 7 Julius,

reisten wir Morgens um acht Uhr von Iglorpeit ab. Herr PLATOU gieng mit der Schaluppe nach der Kolonie zurück. Ich setzte Savsavik die Garnstelle der Kolonie, ein grönländischer Winterwohnplatz, dann die alte verlassene Wohnstelle Kigutilik und die westlichste Näs des Nordlandes, Kangek bey gutem Wetter vorbey, gieng über den nördlichen Arm von Godthaabsfiord, und kam zu den Kooksinseln, von den Grönländern Kittiksut genannt, welches so viel als die westlichen bezeichnet. — Sie liegen westnordwestlich von Godthaab in der Mündung des Fiords. Die Anzahl derselben ist beträchtlich. Sie liegen sich sehr nahe, haben viele Scheeren und mehrere derselben machen oft in der Ebbezeit nur eine Insel aus. — Ehemals, bevor noch die Grönländische Volksmenge durch Blattern und andre ansteckende Krankheiten vermindert wurde, waren diese Inseln wegen ihrer vortheilhaften Lage zum Seehundefange sehr stark bewohnt, wie man aus den vielen zerfallenen Häusern abnehmen kann. Nun aber sind sie im Winter ganz verlassen; nur im Frühjahre und Sommer werden sie zuweilen der Helleflynderfischerey *(Pleuronectes Hippoglossus)* des Vogelfanges, und der Duunsammlung wegen besucht. Mäven, Theiste, Ternen, und vorzüglich Eidervögel halten sich in grosser Menge hier auf. — Auch der Fuchsfang auf dem nahen festen Lande (dem sogenannten Nordlande) ist zuweilen sehr beträchtlich. Die Bänke der Helleflynder (Heiligbutten) westlich vor den Inseln sind sehr ausgiebig. — Doch werden sie im Frühjahre mühsam, das heisst in einer Tiefe von zweyhundert Faden und drüber mit Schnüren gefischt, noch obendrein in einer Entfernung von anderthalb bis zwey Meilen von den äussersten Inseln in der offenen See. Doch kommen sie gegen das Ende des Junius näher zum — auch wohl in den Fiord herein. Zuweilen erreichen sie eine Schwere von zwey bis drey Centnern. — Der grosste welchen ich (und zwar dieses Frühjahr) hier gesehen habe, war von der Nase zur Schwanzspizze zwey Ellen, 22 Zolle lang, 1 Elle 10 Zolle breit, und beynahe $^1/_2$ Elle dick. — Die Grönländer lebten dieses Frühjahr, da der Seehundfang in dieser Gegend ganz fehlschlug, einzig von diesen Fischen. — Das Fleisch ist sehr mager, aber die Finnen ausserordentlich fett. —

Auf der Insel Pokkitsoeitsiak, wo ich landete, fand ich blaulich und röthlich blaulich weissen Quarz, in dem Seite 271 beschriebenen Granite und labradorsche Hornblende mit messinggelber Spielung in kleinen Parthien. Die übrigen Gebirgsarten dieser Inseln verhalten sich vollkommen wie die zu Iglorpeit (Siehe Seite 271).

Wir passirten gegen Mittag die drey nordwestlichsten Inseln, steile und unfruchtbare Klippen von den Grönländern Aktorsoit genannt, und kamen um zwey Uhr nachmittags zu der Insel Angirsok, wo ich das Zelt aufschlagen liess. — —

Die Gebirgsart dieser Felsen verhält sich eben so wie die oben beschriebenen zu Iglorpeit. Auch hier trifft man alte Winterhäuser und viele Gräber. — Vor mehrern Jahren verunglückte hier zwischen den unzähligen Scheeren dieser Inseln eine Englische Wallfischfängerfregatte, welche im Nebel zu weit unter Land gekommen war. — Die Mannschaft wurde grösstentheils gerettet. Der Schiffsdoktor, welcher vorzüglich an diesem Unglücke schuld war, sprang aus Verzweiflung über Bord, und ertrank. —

Sonntags, den 8 Julius,

hatten wir die Nacht durch einen schweren Südweststurm mit Regen und Schnee. — Ich gieng Vormittags auf Excursion, und fand im Granit ein kleines Lager von Weisstein. — Um 12 Uhr Mittags reisten wir, da der Sturm sich gelegt hatte und die See ruhiger geworden war, durch die südlichsten Kooksinseln, und wendeten sodann wieder um. — Die Gebirgsart bleibt sich durchaus gleich; nur die Hornblende findet sich bald in grösserer, bald in geringerer Menge. — Wir giengen die steile Felseninsel Ullamertok, von ihrer länglich runden Figur so genannt, vorbey, und nahmen auf der Insel Tugleronarsoit-kyjellia, welche in der Ebbezeit mit mehrern andern Inseln zusammenhängt, unser Nachtquartier. — Auf dieser und den mit ihr in der Ebbe verbundenen fünf kleinern Inseln zählte ich 19 zerfallene Häuser.

Cochlearia wächst sowol hier als zu Ullamertok in ungeheurer Menge, so wie auch zu Tugleronarsoit und Kogniak oder Maagefield, doch findet sich auf der lezten Insel die meiste. —

Die Gebirgsart verhält sich auf Tugleronarsoit-kyjellia wie auf den andern Inseln, doch sah ich hier noch ein paar beträchtliche Lager von grobkörnigem Granit mit beygemengtem Indigolith, und sehr grossblättrigem röthlichem Feldspathe. Auf beträchtlichen Höhen trift man alte Gräber. —

Montags, den 9 Julius.

Wir reisten um 7 Uhr morgens ab, verliessen um 9 Uhr die Kooksinseln, und setzten über Godthaabsfiords nördlichen Arm nach dem verkehrten Sunde hinüber, und hielten bey Maagefields Felsenwand an, um *Cochlearia* zu sammeln. Die Grönländer nennen diese Stelle Akpalekkiksaarbik. Sie soll nach ihrer Erzählung diesen Namen von einer von ihrem Manne verfolgten Grönländerinn erhalten haben, welche mit ihrem Kinde auf dem Rükken im Amautpelze in der Angst quer über diese Felsenmauer weggelaufen seyn soll. — Sie besteht aus feinkörnigem Granit.

Von hier aus giengen wir unter dem westlichen Nordlande weiter, und in die Bucht Kangerdluluk hinein, welche einen grossen und guten Schiffshafen hat, worinnen die Englischen Wallfischfänger in ältern Zeiten zuweilen vor Anker gelegen haben. —

Der Grönländer Hendrik soll einmal in dieser Bucht Steinkohlenstükke gefunden haben; wahrscheinlich waren diese, wenn man seinen Worten Glauben beymessen will, Ueberbleibsel von den Engländern. — Soviel ist indessen doch richtig, dass in der ersten Krümmung auf der Westseite dieser Bucht sich etwas aufgeschwemmtes Land befindet, dessen Oberfläche noch, weil sie ein Thal bildet, durchaus mit Schnee bedeckt war. Doch konnte ich am Absturze gegen die See so viel bemerken, dass dieses aufgeschwemmte Land dem Steinkohlenlager zu Godhavn oder Schanze auf Diskoeiland ähnelt. — Zu oberst liegt schwarzer mohriger Torf, unter demselben loser gelber eisenschüssiger Sand, unter diesem gelblicher sehr mürber Sandstein, von wenigem Zusammenhalte, voller kleinen Geschiebe von Granit, Glimmerschiefer, Hornblendeschiefer, etc.

Ich durchgieng die ganze gegen eine halbe Meile lange oder tiefe Bucht in der Runde herum, fand aber ausser der besagten Stelle nur wenig und flaches Sandland. — Ich habe übrigens Ursache den Bericht des Grönlænders für unsicher zu halten, weil er sein Versprechen mir dahin zu folgen, nicht gehalten hat, als es Ernst wurde, wie ich bereits Seite 271 anmerkte. Von Ekallungoit habe ich so gleich an Herrn Inspecteur Myhlenphort einberichtet, wie ich die Sache gefunden habe. —

Es wäre mir sehr lieb gewesen, wenn ich von diesem Gerüchte früher als im lezten Augenblicke meines Aufenthaltes zu Godthaab hätte Nachricht erhalten können, weil man sodann doch einige Versuche mit Nachgraben hätte machen können, welches nun unmöglich war, da die wenigen tauglichen Arbeiter dieser Kolonie mit Provianttransporten und Holzreisen genug zu bestellen hatten. —

Die Steinart des festen Gebirges dieser Gegend ist grauer Granit mit beträchtlichen Lagern von grobkörnigem röthlichem Granit mit kristallisirtem schwarzem Glimmer, Magneteisenstein, und (selten) kleinen Moroxitkristallen; in kleinern Lagern Glimmerschiefer, welcher zuweilen viel Quarz hat, der etwas grünlich gefärbt ist. — Der Quarz des Granits ist meistens blaulich; häufig findet sich Hornblende ein, und dieser Syenit geht nicht selten in Syenitschiefer über.

Ein äusserst feiner weisser Sand, welcher sich am Strande mehrerer Stellen dieser Bucht findet, wäre wol zu Sand und Loguhren zu gebrauchen. — An einer Stelle fand ich 9 eiserne Reifen eines 4 tonnigen Speckfasses und zwey grosse eiserne Mastbänder, welche ich mit mir nahm, um sie an die Kolonie abzuliefern. —

Dienstags, den 10 Julius,

Reisten wir Morgens um acht Uhr ab, giengen Kognerit, von einer Bergspalte so genannt, vorbey, passirten sodann Ujaraksoak, Erisak, welches einen Hafen hat, und Sennerak, eine alte grönländische verlassene Wohnstelle.

Die Steinart ist durchaus Granit, mit grossen Lagern von Glimmerschiefer und Hornblendeschiefer. —

Mehrere kleinere Inseln liegen aussen vor den eben genannten Plätzen, zwischen welchen man mit Umiaks durchlaufen kann, zu diesen gehört auch Rens-öe, grönländisch Tuktub-kikertak. Ich fieng daselbsten zwey junge Svartbagen, grönländisch *Nayardluk*, (*Larus marinus.* Mantelmeve).

Diese kleine Insel besteht aus grauem feinkörnigem Granit, hie und da in Syenit übergehend, und etwas Glimmerschiefer. — Viel *Cochlearia* wächst hier auf den Mevenhügeln. — Von da giengen wir nach Kematulivät, oder rodned Field, seiner verwitterten und bröcklichen Steinart wegen so genannt. Sie bestehet aus grauem Granit mit vielem Hornblendeschiefer, welcher sehr aufgelöst ist, auch Lagern von Glimmerschiefer mit vielem Quarze. —

Von hier aus liefen wir innen um die Insel in die Bucht, Ekallungoit genannt, ein. Auch in dieser liegen ein paar kleine

Inseln. Das Wasser in derselben ist seicht, so dass man zur Ebbezeit an mehreren Stellen durch die Bucht gehen kann. Auch zieht sich von hier eine Ebene oder vielmehr ein Moorland nach den Zeltepläzzen des Nepisätsundes, Itiblingoak genannt, hinüber, eine Entfernung von einer halben Meile. — Man sieht deutlich, dass die See noch vor kurzem über diese Fläche gieng. — Die Grönländer kommen zuweilen vom Sunde herüber, um *Kassigiœt* zu schiessen, welche gerne in Ekallungoits Bucht gehen.

Die Hauptgesteinart ist der auf dem Nordlande allgemeinverbreitete Granit mit vieler Hornblende, (Syenit) Lager von Gneiss und Glimmerschiefer, und Basalt in Gängen, Adern und Trümmern, bald im Granite, bald im Gneisse. — Im Glimmerschiefer kleine Parthien von Stralstein. — Als Geschiebe am Strande der Isländische schwarze Bimsstein in Menge. —

Die Bucht ist reich an allen Arten von Ulken, hat auch viele Muscheln *(Mytilus edulis)*. Drey Grönlænderinnen kamen vom Nepisätsunde auf Besuch herüber, und erzählten viel von angekommenen Staffeten von Nord und Südgrönland, und von Nachrichten von Dänischen und Englischen Proviantschiffen, welche bey der Kolonie Godthaab eingelaufen seyn sollten. —

Mittwochs, den 11 Julius,

morgens ein Uhr erhielt ich wol Nachrichten von der Kolonie, aber leider keine von angekommenen Schiffen, welchen wir doch bey dem zunehmenden grossen Mangel an Pulver, Bley, Tabak und andern Bedürfnissen sehnlichst entgegensahen. Ich sezze also meine Reise weiter fort.

Wir verliessen Vormittags um 9 Uhr Ekallungoit, und giengen die Bucht Kassigiengoit, welche sich östlich von jener bildet, vorbey. — Aussen vor liegen mehrere kleine flache Inseln, Saitongoit genannt, welche bis an den Nepisätsund reichen. — Wir passirten den Einlauf dieses Sundes, grönländisch Kakorsoisortok genannt, vor welchem die Insel Kakasoeitsiak liegt, und giengen sodann zwischen zwey andern Inseln durch. Die eine grössere dem Lande nächste heisst Kikertarsusuk, und die kleinere südliche Kikertarsuksuarak.

Ich gieng auf der lezten, wo viel *Cochlearia* wächst, ans Land, und fand grauen Granit als Hauptgestein mit bläulichem Quarze, lagerweise viel Hornblende und Glimmerschiefer. Beynahe alle Saitungoitinseln bestehen aus dem erstgedachten Granite. —

Nun kamen wir an der Bucht Makkaksuksuk oder Thonbucht vorbey, wo der diesem Fiord eigne sandartige die Thäler ausfüllende Thon eigentlich in Masse beginnt. — Das Hauptgebirge des Nordlands besteht aber durchaus aus dem oftgenannten grauen Granit, welcher zuweilen in Gneiss übergeht, mit beträchtlichen Hornblende- und Glimmerschieferlagern. Um 1 Uhr kamen wir bey der Insel Akunak an, welche vor der Bucht gleiches Namens liegt.

Hier stehen die Ueberbleibsel dreyer alten zerfallenen Häuser; das Unterland hat ziemlich viel Gras, einen guten Hafen, und liegt Godthaab gerade gegen über. — Akunak wäre nach meiner Meynung eine passendere Stelle für eine Kolonie gewesen, als jene worauf Godthaab angelegt wurde.

Der Granit sezzt sich auch hier fort, und wird von einem andern, rothen grobkörnigen in breitern und schmalern Gängen durchschnitten. Diesem brechen Turmalin, Granat und Magneteisenstein bey, doch sparsam. — In beträchtlichen Lagern findet sich auch ein andrer Granit, von milchblauem Quarz, graulich blauem Feldspath, und wenig Glimmer, oft auch statt des Glimmers wenig Hornblende ein. Diese Hornblende ist zuweilen von haarbrauner Farbe. Auf dem Granit liegt ein sehr verwitterter Glimmerschiefer, dessen Quarz röthlich und gelblich ist; diese Gebirgsart wechselt mit Gneiss ab. Eine Kuppe dieser, in Vergleichung mit dem innern festen Lande, unbeträchtlichen Berge besteht aus grünsteinartigem Basalt, welcher sich in vierseitige Prismen ablöst. Diese Gebirgsart gehört wol der Uebergangstrappformation an. Gegen Abend gieng ich nach dem nahen aufgeschwemmten Lande zu Makkaksuksuk hinüber; es macht einen Damm von beträchtlicher Höhe, welcher gegen die Mitte zu über fünfzig Fuss erreicht, und an beyden dem östlichen und westlichen Ende etwas abfällt, wo er von zweyen Bergströmen begränzt wird. — Die Geschiebe derselben, so wie des Damms selbst sind von beträchtlicher Grösse, und meistens Granit und Grünstein-, seltener Gneis- und Glimmerschieferarten. Die Oberfläche des Dammes ist mit lockerer Torferde, und mehrern Lyng- und Moosarten bedeckt, und sehr zerrissen. Der thonige Sand ist von grauer Farbe. — — Die Nacht durch stürmte es sehr aus Südwest unter heftigem Regen. —

Donnerstags, den 12 Julius.

Als der Sturm etwas nachliess reisten wir ab. Wir passirten die Näs Angalik, von den vielen schwarzen Bimssteingeschieben so genannt, welche sich hier in der Dammerde finden. Sie werden von der See angeschwemmt, und kommen vermuthlich mit dem Eise von Iisland.

Wir kamen sodann die Bucht Kangerdlua, und die Näs Paoktorbik vorbey. Diese Stelle hat den Namen von einem grünen Grasflecken, welcher noch in einer Felsenwand daselbst zu sehen ist, erhalten, auf welchem eine Grönländerinn, um ihre Geschicklichkeit im Klettern zu zeigen, ihre nassen Seehundefelle ausgespannt und getrocknet haben soll! *Credat Judæus!* Hierauf kamen wir eine andre Felsenmauer, Sejakiksok vorbey, und giengen sodann zwischen dem festen Lande und der Insel Malotuk durch. — Auf jenem sieht man abermals ein grosses weit verbreitetes Thon und Sandlager Makkak, welches durch die in der Mitte hervorragende Klippe Makkabkakeit in zwey Theile getheilt wird. — Dann legten wir Makkasubnouga zurück, kamen an die Bucht Sangmersok, wo ein guter Bootshafen ist, und nahmen zu Illuvilek bey dem grönländischen Hause in der Bucht gleiches Namens unser Nachtlager. —

Die Gebirgsart auf dieser ganzen Strecke verhält sich ziemlich gleichförmig mit den vorhinbeschriebenen. — Die Hauptmasse bleibt der feinkörnige graue Granit mit beträchtlichen Lagern von meistens verwittertem Glimmer- und Hornblendeschiefer, der Quarz der ersten blaulich. Die Klippen sind von unbeträchtlicher Höhe, steil und unfruchtbar, die Thäler sind mit Sand und Thon gefüllt. Als Geschiebe fand ich häufig asbestartigen und gemeinen Strahlstein, auch viele Stücke von verhärtetem Talk oder sogenannten Veegsteen; ich hatte aber nicht Gelegenheit ihn anstehend zu finden. — Diese Fangestelle wird nun gewöhnlich im Winter von Neuherrnhuts Grönlændern bewohnt. Von hier aus führt ein kurzes Thal nach Kaneitsut, oder der Ulkebucht hinüber. — Ich besuchte auch dieses Land noch einmal; doch verweise ich hiebey auf dasjenige, was ich bereits hievon Seite 139 des Tagebuches gesagt habe. —

Freytags, den 13 Julius,

reisten wir morgens um 7 Uhr von Illuvilek ab, und fuhren der heftigen Strömung wegen, welche in Godthaabsfiord unaufhörlich herrscht über eine Meile unter dem Nordlande weg, und innerhalb der Insel Malotuk. Sie besteht aus röthlichem Granit und hat grosse Thonlager. Bey Poaktorbik setzten wir endlich quer über Godthaabsfiord, und kamen nach einer achttägigen beschwerlichen Reise, nachmittags zwey Uhr glücklich bey der Kolonie Godthaab wieder an. —

Aufenthalt zu Godthaab.

Sonnabends, den 14 Julius

reisten die vom nördlichen Grönland angekommenen Postexpressen wieder zurück. —

Sonntags, den 15 Julius,

war ich auf Excursion in der Gegend von Neuherrnhut und Kernertok. An letzterer Stelle fand ich Kupferkies in Hornblendschiefer. —

Montags, den 16 Julius,

kam die Schaluppe und der Umiak, welche gestern auf den Helleflynderfang nach den Kooksinseln gereist waren, mit 115 Fischen zurück, welche sie in 12 Stunden gefangen hatten. Der grösste war drey Ellen lang, und in der Mitte 1 Elle 4 Zolle breit. Seit der Mitte des März wurden gegen 2000 Fische gefangen. — cf. S.

Dienstags, den 17 Julius,

gieng ich nach Kassigiengoit auf Excursion und fand feinkörnige labradorische Hornblende. Die südlichen Posten reisten ab. —

Mittwochs, den 18 Julius,

betrug die Ebbe zu Kassigiengoit in Springzeit, den zweyten Tag nach Vollmond 10 Fuss netto. —

Donnerstags, den 19 Julius,

Gieng ich abermals nach Kassigiengoit, um die gesammelten Steine zu holen.

Freytags, den 20 Julius

war der wärmste Tag in diesem Jahre. Das Thermometer stand auf 32 Graden.

Sonnabends, den 21 Julius

früh um 6 Uhr kam Herr Inspecteur Motzfeldt von Nordgrönland mit einem Umiak aus dem Nepisätsunde hier an. —

Sonntags, den 22 Julius,

kamen die beyden Jachten Omenak und Dorothea von Godhavn, welche der Ebbe und des schweren Stromes wegen im Nepisät-sunde vor Anker gehen mussten, bey der Kolonie an. Omenak war daselbst auf eine Scheer gerathen, kam aber doch ohne bedeutenden Schaden ab. — Nachmittags um zwey Uhr kamen abermals Posten aus Süden an, welche kaum durchs Westeis kommen konnten. Es lag bis zu Fiskenäs dicht unter Lande. —

Sonntags, den 29 Julius

hielt Herr P. Wolf Dänischen und der Catechet Paul Andersen Grönländischen Gottesdienst, welchen wir beywonten.

Montags, den 30 Julius,

reisten die südlichen Posten nach Fiskenäs wieder zurück.

Dienstags, den 31 Julius,

giengen um neun Uhr Morgens die beyden Jachten Omenak und Dorothea, nachdem sie ihren Proviantantheil eingenommen hatten, mit der Strömung aus dem Fiord. Ich beschloss, auf die freundschaftliche Einladung des Herrn Inspekteurs Motzfeldt, die gute Gelegenheit zu benüzzen, und mit ihm nach Godhavn abzureisen, weil ich nicht ohne Grund vermuthen konnte, von Nordgrönland aus vieleicht noch in diesem Herbste, oder doch im Frühjahre nach Europa zurückgehen zu können.

Abreise von **Godthaab** nach dem **nördlichen Grönland**.

Wir traten Mittags die Reise an. Da Herr Inspecteur Myhlenphort so eben auch eine Amtsreise nach Sukkertopen vornehmen wollte, so gieng Herr Inspecteur Motzfeldt, Herr Pastor Wolf, und ich in seiner Gesellschaft mit einem Umiak. Herr Pastor Wolf wollte sodann mit uns in Amtsgeschäften auch nach Holsteinsburg reisen. — Wir hatten sechs Ruderinnen einen Steuermann und zwey

Kajaksmänner zu unserer Befördrung. — Wir sezzten bey neblichtem Wetter über Godthaabsfiord durch den Nepisætsund. — Kaum waren wir Kangarsuk, drey Meilen nördlich von der Kolonie, vorbey, als wir wegen zunehmendem Nebel und Regen die lange schmale Bucht, welche sich im Nordlande des Kontinents hinaufzieht, einlaufen, und dorten unser Nachtlager nehmen mussten. —

Monat August.

Mittwochs, den ersten August.

Wir wurden die vorige Nacht in unserm elenden Zelte ziemlich durchnässt; es stürmte unaufhörlich, so dass wir heute stille liegen mussten. — Ich gieng auf Excursion.

Die Gebirgsart dieser Gegend ist Granit mit blauem Quarz, lagerweise Grünstein und Grünsteinporphyr. —

Donnerstags, den 2 August

reisten wir Morgens um sechs Uhr ab, durch Setiksut, Pissurbik; Ullomik und Flagstang vorbey, nach Fiskefiord, welcher eine Meile breit ist, durch einige kleine Inseln in zwey Hälften getheilt wird, und viel Treibholz hat. — Wir setzten des starken Seeganges wegen ein Stück in denselben hinein, und blieben über Nacht.

Die Gebirgsart dieser beträchtlichen Bucht ist Granit, mit Grünsteinlagern. —

Freytags, den 3 August.

Wir sezzten vollends über den Fiskefiord, giengen Kalottens Näs und Tattarait vorbey. — In dieser Gegend sahen wir einen blauen Isatis, welcher über eine breite von einer Insel zur andern vor unserm Fahrzeuge vorbeyschwamm, und glücklich das entgegengesezzte Ufer erreichte. — Endlich kamen wir nach Kalotten, der Hälfte des Wegs zwischen beyden Kolonien. — Wir fuhren über die Haybucht, auf deren Südseite Finnfieldet, oder Sullursoit über Sildebugt, nach Nappasok, einer von Sukkertopens Grönländern bewohnten Insel. Südwestlich von dieser liegen Lallöerne, und westlich Vragöerne. —

Auf jenen findet sich ein grobkörniger Granit, dessen schwarze Glimmerkristalle oft bis 1 Elle in die Länge und über $^1/_2$ Elle in die Breite haben, den Sibirischen sehr ähnlich. —

Wir sezzten hierauf über Nappasok, oder Pustefiord, durch Stralsund nach Bredefiord, welcher über eine Meile breit ist, und blieben mitten auf demselben auf einer kleinen Insel, des drohenden Südweststurmes wegen, über Nacht. —

Die Steinart ist Granit mit vielem weissgrauem Feldspath und Lagern von Glimmerschiefer, bey welchem sich viel Glimmersand findet. In den kleinen Buchten sieht man vieles Treibholz, welches von der See oft ziemlich hoch aufgeworfen wird. Die ganze Nacht durch regnete und stürmete es sehr heftig.

Sonnabends, den 4 August,

setzten wir Morgens sieben Uhr bey ziemlich ungestümer See und regnichtem Wetter über die nördliche Hälfte des Bredefiords, giengen Kangarsuk, Ukaleselik, Tornarsulik, Omenarsuk, und Sillakangitsortorbik oder Brændvinsmanden vorbey, setzten über den Isertokfiord, und kamen nach der Insel Dragkiste, passirten endlich den Rävebugt, og Nye Sukkertopensfiord, und kamen um 5 Uhr abends zur

Kolonie
Nye Sukkertopen

Herr Assistent Fog war so gütig, mir sein Zimmer zum Gebrauche zu überlassen —

Sonntags, den 5 August

hielt Herr Pastor Wolf Grönländischen Gottesdienst in einem Zelte, welchem wir beywohnten. —

Die beyden Jachten Omenak und Dorothea waren bereits am Mittwoch hier angekommen. Es wurde heute noch gelöscht und geladen. —

Montags, den 6 August,

um neun Uhr morgens verliessen wir mit den beyden Jachten diese Kolonie, die Jacht Neptunus von Nye Sukkertopen folgte mit nach Holsteinsburg um Bedürfnisse abzuholen. —

Wir giengen mit West und Westnordwest durch den Hamburgersund, oder Ikaresak, und Manetsok vorbey. Bey Kjerlingfield oder Arngnakoeksabkakat mussten wir, drey Meilen von der Kolonie bey gänzlicher Windstille in einem Nordwestlichen Hafen daselbst vor Anker gehen. — —

Wir giengen ans Land nach dem Eisblink zu. —

Die Gebirgsart dieser Stelle der grossen Insel Sermesok von den Europäern Hamburgerland genannt, an dessen westlichen Spizze der stolze Kin of Sal (Omenak) wolkenansteigt, besteht aus Granite mit röthlichem Feldspathe, bläulichem Quarz, vielen Granaten, verwitterter Hornblende, und hie und da eingesprengtem Titanium.

Hier vertheilten sich die Reisenden auf ihre Fahrzeuge; Herr Pastor WOLF und Herr Assistent GRÖNWALD giengen auf Neptunus, Herr Inspecteur MOTZFELDT und ich auf Omenak am Bord. Mehrere andre Umstände, diesen Sund, Hamburgerland, die grönländischen Wohnstellen daselbst, und Akpamiut betreffend, finden sich Seite 50, und 132 bis 133 des Tagebuches.

Dienstags, den 7 August,

früh morgens um halb ein Uhr giengen wir bey einem schwachen südlichen Winde unter Seegel, kreuzten, oder schleppten uns vielmehr mühsam zum sogenannten Komandanten hin, wo Neptunus die Lust verlor, weiter die See zu pflügen und vor Anker gieng. — Wir kreuzten weiter und kamen endlich gegen vier Uhr Nachmittags nach vielen Schlägen bey der Insel Akpamiut vor Anker. Hier standen zwey grönländische Zelte mit Familien. —

Der Weg von Kjerlinghafen zum Komandanthafen beträgt eine Meile, von dorten zum Theehafen oder auch Akpamiutshafen zwey Meilen, und die Entfernung von Nye Sukkertopen nach Akpamiut sechs Meilen. —

Abends 7 Uhr giengen wir unter die Nordseite von Sermesok nach Alangoak, einer Bucht, welche sich bey einem grossen Lachselv endet, der mit dem Eisblinke in Verbindung steht. Hier trafen wir auch drey Grönländische Zelte auf dem Lachsfange. — Wir fiengen mit einem Garne 17 grosse Lachse, und blieben im Zelte DANIELS, eines Sohn des hier bekannten Schwärmers, oder sogenannten Propheten HABAKUK über Nacht. —

Ich machte in dieser eine Excursion am Lachselve hinauf nach dem Eisblinke zu. —

Die Gegend ist sehr verwüstet, und mit Geschieben der ehemaligen nunmehr sehr veränderten Bergströme überdeckt; die Steinarten selbst sind meistens sehr verwittert. Die Hauptgebirgsart ist der nemliche Granit, welcher bey Kjerlingefield ansteht, mit viel Granat, Hornblende, und grossen Trappgängen.

Mittwochs, den 8 August,

morgens fünf Uhr giengen wir mit unserer Jolle von Alangoak, einer Meile wegs, nach dem Hafen von Akpamiut wieder zurück. —

Nachmittags giengen wir nach dem festen Lande von Akpamiut. —

Die Steinart ist daselbst verwitterter Granit mit Granaten und vielen Trappgängen. —

Donnerstags, den 9 August,

abends gegen neun Uhr boxirte sich das Transportboot Neptunus zu uns in Hafen. Es war schon den siebenten vom Kommandanten wieder ausgelaufen, um zu uns zu kommen, wurde aber von dem Strome bis Kjerlingshafen zurückgetrieben, und musste dorten ankern.

Freytags, den 10 August

giengen wir abermals mit der Jolle nach Alangoak, und fiengen 31 Lachse. —

Sonnabends, den 11 August

hielt Herr P. Wolf auf der Insel Akpamiut Grönländische Predigt und Taufe, weil die Grönländer von Alangoak mit Umiak deswegen hieher gereist waren. Um halb zehen Uhr reisten wir ab, boxirten im Anfange bis zur Schildwache, einem hohen Steine, welcher am Strande frey in die Höhe steht, eine Meile von Akpamiut. Hier kam Neptunus auf eine Scheer zu sitzen, wurde aber, da es Fluth und stille See war, ohne Schaden wieder flott. —

Wir giengen sodann Sandhullet, Kangamiut, Omenak, oder gamle Sukkertoppen und Hellefiskeöerne vorbey. — Wir passirten Söndre Strömfiord, Simiutät, und Näsfieldet, grönländisch Kingarsoak und suchten hierauf die offene See, um aussen um Grundene, Omenak und Anders Olsens Sund zu gehen, weil die unter dem Lande, des dichten Nebels wegen gefährlich wurde. —

Sonntags, den 12 August,

gegen drey Uhr Morgens kamen wir diese gefährliche Stellen, Grundene, und Omenak, vorbey. — Wir fischten mitunter, da es zuweilen ganz stille war, besonders aussen vor Kangamiut und Grundene, wo fürtreffliche Kabliau- und Helleflynderbänke sind. — Ohne mit den nöthigen Fischgeräthen versehen zu seyn, fiengen wir doch in Zeit von einer Stunde über 50 Kabliau und Helleflynder auf beyden Fahrzeugen. Diese Fische giengen in gedrängten Reihen dicht an des Wassers Oberfläche, wie Häringe. — Es müsste vielen Vortheil bringen, wenn eine Anlage von tauglichem und fleissigem Fischervolke im Sommer sich bloss mit diesem Fange beschäftigte. — Wir hatten nun den ganzen Tag über stürmisches Wetter und schwere See mit Südwestwind, da doch zu gleicher Zeit bey Kangarsuk, zwey Meilen nördlich von Holsteinsburg ein Sturm aus Norden bliess, wie wir von Herrn Assistent Wolf erfuhren, welcher daselbst auf Fischerey lag; also in einer Entfernung von 8 bis 10 Meilen zwey ganz entgegengesetzte Winde. —

Wir entferneten uns in der Nacht, um den vielen Scheeren zu entgehen, und ganz sicher zu seegeln, acht bis neun Meilen von der Küste. Mit Anbruch des Tages hielten wir wieder Land ein, und gegen 9 Uhr Morgens waren wir demselben auf 5, bis 6 Meilen nahe, beym Fiord Itiblik. —

Im Anfange steuerten wir mehr östlich, dann nordöstlich; die drey Jachten verlohren einander nie aus dem Gesichte. Es gieng beständig sehr schwere See und das Fahrzeug schlingerte gewaltig. Gegen Mittag, als wir lille Ikertok näher kamen, wurde der Wind südlicher und schwacher. — Um 4 Uhr abends sezzten wir über Nepisene, giengen aussen um Fuglöerne, welche südwestlich von Omenarsuks Anlägg liegen, und dann endlich auch diese Insel vorbey. —

Es war nun beynahe ganz stille geworden, und wir konnten bey dem schweren Seegang, welcher in dieser Gegend nun beständig, der vielen Hukke, Gründe und Fiorde wegen, herrscht, nicht vorwärts kommen bis Herr Hjorth bey den Amertloks uns mit einer Schaluppe zu Hülfe kam. Wir boxirten aussen bey Pararsuks Löb und Tömmermandsöe vorbey, und kamen endlich um Mitternacht zur

Kolonie Holsteinsburg.

Montags, den 13 August,

wurde gelöscht und geladen. — Herr Hjorth war so gütig mir Quartier anzutragen, welches ich auch mit Dank annahm.

Dienstags, den 14 August,

hielt Herr Pastor Wolf Dänischen, und Tags drauf

Mittwochs, den 15 August,

Grönländischen Gottesdienst und Confirmation. Wir nahmen alle Theil daran.

Abends gieng ich auf Excursion nach Temerdlit, wo ich in einer Höhle Kalktropfstein fand.

In dieser Gegend traf ich auch ein heidnisches Grab in einer Höhle, mit mehrern Todenschedeln. — Ungeachtet dasselbe schon vor Gründung der Kolonie (1756.) existirte, so sass doch noch an einem Kopfe Haut und Haar unversehrt, nur eingeschrumpft, ebenso auch an den Gebeinen.

Donnerstags, den 16 August.

Wohnten wir die Verehligung des Schmidts Dahl als Zeugen bey. —

Reise nach Egedesminde.

Freytags, den 17 August,

wurden wir um neun Uhr vormittags aus dem Hafen boxirt. — Um 10 Uhr giengen wir von Prästefield aus unter Seegel, und passirten um zwey Uhr Nachmittags Kangarsuks Näs. — Zwischen den Inseln bey Kangarsuk geriethen wir, da es Ebbezeit war, mit beyden Fahrzeugen auf den Strand oder vielmehr auf einige Scheeren, welche mitten in dem schmalen Fahrwasser sind, und sassen über eine Stunde fest, bis wir endlich mit der Fluth gegen halb vier Uhr Nachmittags ohne weitern Schaden abkamen. —

Die Steinart dieser Inseln ist Syenit mit etwas Granat, und Hornblendeschieferlager.

Wir sezzten von hier aus glücklich über das gefährliche Rief, welches nordwestlich von Kangarsuk weit in die See hinausreicht. Andreas Larsen, der Führer der Jacht Dorothea musste ein Stück Wegs vorausseegeln, weil er in diesem Fahrwasser bekannter war. — Hierauf setzten wir über Söndre und Nordre Kangerdluarsuk, eine grosse breite Bucht, welche durch eine Bergreihe von mehrern Inseln in zwey Hälften getheilt ist, giengen über Söndre und Nordre Isortoksfiord, passirten Temerdlit, und die zahlreichen Piritisutsinseln, ehemals bewohnt, sodann die Näs Niakok, und kamen endlich um sieben Uhr Abends zum Nördlichen Strömfiord oder Nerksutok, womit wir also das Südliche Grönland verliessen. —

Reise
im Nördlichen Grönland.

Wir flogen beynahe die Simiutätsinseln, welche mitten in diesem seiner fürchterlichen Strömung wegen so gefährlichen Fiord liegen, bey einem heftigen Seegange und anhaltendem Sturm vorbey. Ich sass mitten auf dem Verdecke im Lee der umgekehrten Jolle. — Eine schwere Welle, welche von der Luvartseite hereinbrach, hätte mich beynahe über Bord genommen, wenn nicht im nemlichen Augenblik eine andre von der Leeseite hereingestürzt wäre, welche mich wieder unter die Jolle gleichsam zurückwarf. Ganz durchnässt dankte ich Gott, und — kroch in die Kajüte. —

Um 8 Uhr Abends passirten wir Rommelpotten, oder grönländisch Ekalluarsoit, um 10 Uhr Omenarsuk oder Rifkiol, um 11 Uhr Isisortok, oder Fattighusfiorden; und nun liess der Wind, welcher uns vorher beynahe zu viel wurde, mit einemmale nach. —

Sonnabends, den 18 August,

Kamen wir ungefehr gegen acht Uhr Morgens, Nunarsoak, Simiutuluk, oder Frygt og Fare, Atarnarme und Aulusiviksfiord vorbey. Das rothe Land in lezterm ist Keppingarsuk, das blaue Kikertarsoeitsiak. — Bey diesem Fiord nahm das Baumtau des grosses Seegels meinen lezten einzigen Hut über Bord, doch liess es Gottlob den Kopf unbeschädigt! — — Um ein Uhr Nachmittags passirten wir Innuksulik, oder Björnenäs, um 3 Uhr Angeltaskeðen. Von beyden habe ich Seite 56 gesprochen. —

Nun wurde es ganz stille, so dass wir uns mit vieler Mühe südlich bey der Insel Okaitsok mit Boxiren in einen Hafen helfen mussten. Um 11 Uhr abends kamen wir glücklich vor Anker bey einer Insel, welche uns vor Südwestwinden schützte. — Dieselbe besteht aus Granit, und hat am Strande umher beträchtliche aufgeschwemmte Muschelbänke. —

Sonntags, den 19 August

lagen wir wegen widrigem Winde stille. — Wir giengen morgens sehr frühe mit der Jolle nach der uns in Südost liegenden Bucht um Holz zu sammeln.

Gegen das Ende derselben unweit Augpadlartok, da wo der Itiblingoak über die Landfläche geht, fand ich ein grosses Lager von körnigem Kalke, in welchem sich Tremolith, ein himmelblaues körniges Fossil, Turmalin, Glimmer, Sahlit, Akanthikone und Granat finden. — Doch gehören die fünf lezten Fossilien eigentlich dem das Kalklager begränzenden Glimmerschiefer an. Auf lezterm liegt ein bis über drey Fuss breiter Gang von Kupferkies, und Schwefelkies, magnetischem Kies, und Leberkies. Im magnetischem und Leberkies kommt gemeiner Schwefelkies in octoedrischen Kristallen eingewachsen vor. — Der Kalk ist körnig, und sehr bröcklich, enthält oft blaulichgrauen und ziegel- auch braunrothen grossblättrigen Kalkspath eingemengt. — In kleinern Parthien bricht auch ein weissliches, bald körniges bald blättriges dem Feldspathe ähnliches Fossil mit ein. — Dieses beträchtliche Lager wird auf beyden Seiten von sehr feinblättriger Hornblende und Glimmerschiefer begränzt und abgeschnitten. Ich machte nachmittags über Land eine Auswanderung nach dieser Stelle, um sie genauer zu besehen.

Montags, den 20 August,

giengen wir morgens 6 Uhr aus dem Hafen; Okaitsok, Aukpadlartok eine grosse Insel, Nivaksfiord, und die Winterwohnstelle Mangamiut vorbey. Sodann passirten wir gegen 8 Uhr nachmittags bey schwachem Nordwest, welcher aber so gleich wieder in Westen gieng, Kangarsuk und Strömhullet. Auf dem Lande der leztern Stelle lag der Kajak eines vor einiger Zeit in dieser

Gegend ertrunkenen Grönländers. — Er wurde dem Moder Preis gegeben, weil niemand sich dessen mehr bedienen wollte, um — nicht auch zu ertrinken!! — —

Endlich kamen wir Räveöen vorbey, und kamen um 5 Uhr abends glücklich in Hafen bey

Egedesminde

Ich logirte bey Herrn Kaufmann Bast. —

Dienstags, den 21 August

wurde hier theils gelöscht, theils geladen. —

Mittwochs, den 23 [22] August.

verliessen wir Egedesminde morgens um 4 Uhr, mit schwachem westlichem Winde, passirten Manetsok, und giengen gegen Nordost zu aus den Inseln. Der Wind wurde nördlich, und trieb uns gegen das Waygat. — In der Diskobucht sahen wir mehrere *Turnolit (Balæna Physalus* Finnfisch) und eine Menge *Keporkæt, (Balæna Boops.* Butskopf) welche in ihrer Begattung waren, und durch ihre Sprünge, frey schwebend über die See uns in Erstaunen sezzten. Wir kreuzten! —

Donnerstags, den 23 August,

trieben wir hin und her. Die Keporkät zeigten sich in grosser Menge um uns. Eine Klappmüzze verzehrte nahe bey uns einen grossen Helleflynder über dem Wasser. — —

Ankunft
und Aufenthalt zu Godhavn

Freytags, den 24 August,

Morgens zwey Uhr fieng ein frischer Südost zu blasen an, welcher uns so gut forthalf, dass wir beynahe im Schlafe um 7 Uhr Morgens zum Einlaufe des Hafens kamen, uns hineinkreuzten, und um acht Uhr vor Anker giengen. — Hier lagen schon drey Jachten aus der Diskobucht, welche auf den zu hoffenden Proviant aus Süden lauerten.

Sonnabends, den 25 August.

Morgens 8 Uhr gieng ich auf meine erste Excursion nach Aukpadlartok, eine Meile von der Kolonie in Westen gelegen, und kam Abends um sieben Uhr wieder zu Hause. —

Ich bestieg auf dieser Wanderung den Gipfel des Kognersoak, eines Basaltberges, welcher jenseits des Hafens westlich von Lyngmarken in ziemlich gerader Linie dem Inspektorats-Gebäude gegen über steht. — Seine Oberfläche ist ziemlich eben, obgleich der Berg selbst von allen Seiten schroff und steil und des vielen losen Basalt und Wakkengesteines wegen sehr schwer zu besteigen ist. — Der grösste Theil seiner Oberfläche ist mit ewigem Eise bedeckt. — Dieses verbindet sich vermittelst einer ziemlich gewölbten bogen- oder sattelförmigen Eisbrücke, welche sich nördlich hinter einer Bergschlucht hinzieht, deren beyde Mauern über ein hundert Lachtern tief hinabspringen, und schliesst sich an das Eis des in Osten zunächst angränzenden Berges Ounartorsoak.

Aus der eben erwähnten lothrechten Bergschlucht stürzt in ziemlich gerader Linie vom Eisblinke ein alles zerstörender Wasserstrom herab, welcher sich durch vorstehende Urberge ein tiefes ebenfalls steiles Beete gewühlt hat, und mit betäubendem Brausen der See zueilt. — Das Wasser dieses Stroms, so kalt es auch ist, friert niemals ganz bis auf den Grund, selbst bey der strengsten Kälte nicht, daher nennen die Grönländer, des vielen Eises ungeachtet, diesen so wie den östlichern Bergstrom Ounartoarsuk, und Ounartok, (das Warme). — Die Bucht, in welche das Wasser des Ounartoarsuk fällt, wird die Englische Bucht, der Englische Hafen genannt. —

Auf der Oberfläche des vorhin genannten Berges Kognersoak, welche aus säulenförmigem Basalte besteht, ist eine unglaubliche Menge von Granitgeschieben umhergestreut, des nemlichen Granits, auf welchem hier das Trappgebirge aufliegt. — Die vorhin beschriebene tiefe Kluft endet sich zwischen beyden obengenannten Bergen, Kognersoak und Ounartorsoak, welche allen Kennzeichen der Lagerung und Schichtung zu Folge ehemals einen Einzigen ausmachten, in ein sehr schroffes trichterförmiges Thal von vulkanischer Form. Dem ungeachtet ist keine Spur von Vulkanismus vorhanden. — Im Basalte findet sich der Chabasie häufig in kleinen vollkommenen Rhomben. — Am Fusse des Berges in der Schlucht bey Augpadlartok liegt bituminöses Holz auf Basalt, auf demselben Mandelstein mit Mesotype, gelbem Kalkspath, Analcime, rothem dichtem Zeolith, rothem und schwarzblauem bolähnlichem Thone und Chabasie. Der blaue Thon möchte wol verhärtetes Steinmark seyn. — In einem andern Mandelsteine trifft man zeisiggrünes Steinmark in rundlichen Körnern einer Erbse gross. — —

Auch in dieser Kluft zwischen Kognersoak und Aukpadlartok fliesst ein reissender Bergstrom, welcher sich aus dem Innern des Landes, zwischen mehrern Bergen mühsam durch Steintrümmer hindurcharbeitet, bald ab, bald zunimmt, und endlich, bey Aukpadlartok über eine Felsenmauer sich stürzend, in feinem Regen die Gegend benetzt.

Sonntags, den 26 August

waren bey Herrn Inspecteur Motzfeldt 15 Europäische Handelsoffizianten versammelt. — Wirklich eine ausser der Schiffzeit selten so zahlreiche Gesellschaft in diesem Lande. —

Montags den 27 August

Gieng die Jacht Dorothea nach Egedesminde wieder zurück.

Dienstags, den 28 August

War ich abermals auf Excursion nach Aukpadlartok, dem Elve entlang über 1 Meile im Lande hinauf. —

Mittwochs, den 29 August

Giengen die Jachten Martinette und Schwertfisch wieder nach der Bucht zurück. Ich gieng Nachmittags mit Herrn Inspecteur Motzfeldt nach dem grossen Elv auf Excursion nach einer Felsenwand, und fand daselbst Haarzeolith. —

Donnerstags, den 30 August

gieng ich auf Excursion nach Ounartok, dann gegen die Spizze des Berges Kognersoak zu. Nahe an dessen Gipfel fand ich schönen Chabasie in rothbrauner mit Okker überzogener Wakke. —

Freytags, den 31 August

gieng ich, begleitet von dem Grönländer Ussuktok, zuerst nach der Nordseite von Skarvefield (Imnersoak) von dannen über das grosse Thal, (Bläsehullet) den Bergstrom und die grosse Kluft zu Hause. Ich fand weiter nichts merkwürdiges, als was ich Seite 81 u. f. des Tagebuchs angemerket habe. —

Monat September.

Sonnabends, den 1 September

kam Herr Winding der ältere, welcher mit der Schaluppe Urhan nach Kronprinzenseiland um Proviant gereist war glücklich wieder zurück. —

Montags, den 3 September

war ich auf Excursion unter Skarvefieldet.

Dienstags, den 4 September

verliess Herr Winding der jüngere nach drey vergeblichen Versuchen endlich mit der Jacht Hvalen die Kolonie, um mit Proviant zurück nach Omenak zu reisen. —

Nachmittags war ich auf Excursion nach Kognersoak; ich fand verhärtetes Erdpech in Mandelsteine.

Donnerstags, den 6 September

reiste ich mit Herrn Inspecteur Motzfeldt in einem Umiak nach Kablunamiut, bey Fortunebay. Die Schichtungs- und Lagerungsverhältnisse dieses Gebirges verhalten sich, wie auf der ganzen Süd Seite von Diskoeiland, im hohen Gebirge gleichförmig. — Die Unterlage der Trappformation ist Granit, zuweilen in Gneiss übergehend, mit grossen Hornblendeschieferlagern. — In der Wakke finden sich zugleich mit dem Chabasie öfters Kalkspathrhomben, und dann ist die Wakke meistens mit Kalkspath zusammengeküttet.

Freytags, den 7 September

Blies ein heftiger Nordwind, und brachte vielen Schnee und Schneegestöber mit sich. — Und

Sonntags, den 9 September

fiel über einen halben Elle tiefer Schnee, welcher das ganze Land bedeckte. —

Mittwochs, den 12 September

begann ich dieses mein Tagebuch für 1810 zu ordnen. — Es schneyte den ganzen Tag. —

Donnerstags, den 13 September

war ich auf Wanderung zu Ounartoarsuk.

Freytags, den 14 September

gieng ich nach Skarvefield und Tunnusua, drey Meilen von der Kolonie entlegen. — An lezter Stelle fand ich kugligen Strahlzeolith, und Chabasie mit abgestumpften Ecken. Mehrere Bergströme, welche von verschiedenen Gebirgen sich kreuzten, haben hier eine unbeschreibliche Zerstörung angerichtet, durch welche man sich kaum durcharbeiten kann. —

Sonnabends, den 15 September

war ich mit dem Grönlænder ALUSAK zu Kognersoak

Sonntags, den 16 September,

kam eine Schaluppe von Kronprinzenseiland hier an. Herr WINDING hielt Betstunde, welcher wir alle beywohnten. — Erstes Nordlicht, in diesem Herbste. —

Dienstags, den 18 September

zog sich von Osten aus ein Nebel, welcher vollkommen wie ein nahe liegendes Schneegebirge aussah, über Diskobucht, westlich bis unter Skarvefield, wo er gegen zwey Stunden von 9 bis 11 Uhr Vormittags unbeweglich stehen blieb, sodann aufstieg, und sich mit einemmal vertheilte. Die Luft wurde ganz klar. Doch begann

Mittwochs den 19 September

zur nemlichen Zeit (9 Uhr) ein schwerer Nordoststurm, mit Nebel Schnee und heftigem Gestöber, welcher

Donnerstags, den 20 September

unter den nemlichen Umständen den ganzen Tag fortwüthete. Die Berge so wie das Unterland war mit Schnee ganz bedeckt, und in den Bergströmen sezzten sich bereits beträchtliche Eismassen an. — Die See gieng, ferne in der Bucht, südwestlich. Der Fang der Grönländer war schlecht.

Freytags, den 21 September

liess bey zunehmendem Ostenwind der Sturm nach. —

Freytags, den 28 September

war ich auf Excursion nach Kognersoak. Eine grosse Gefahr war mir nahe. — Einer der vielen grossen losen Steine, welcher vermuthlich durch die Last des Schnees losgedrückt, und bey dem eingefallenen Thauwetter ganz frey wurde, tanzte mir über dem Kopfe weg, streifte die Krempe des Hutes, und die Schulter, und nahm den Hut mit sich, welchen mein Grönländer nach vielem Suchen wieder fand. Der Hut gehörte Herrn MOTZFELDT zu, der meinige gieng auf der Reise hieher über Bord. Herr Inspecteur MOTZFELDT reiste heute morgens in Amtsgeschäften von hier nach Kronprinzenseiland. — Das Thermometer zeigte Mittags 14° Wärme in der Sonne. —

Sonnabends, den 29 — und
Sonntags, den 30. September

war ich auf Excursion nach Skarvefield (Imnarsoak). Die Bergströme, welche schon seit einigen Tagen zugefroren waren, fiengen nun wieder sich zu ergiessen an. — Einer derselben, welcher sich senkrecht über eine Felsenmauer herunterstürzt, zeigte in der Mittagsstunde durch die Brechung der Sonnenstralen, einen Regenbogen, so schön als ihn der berümte Staubbach in der Schweiz nur immer gewähren kann. Ich wanderte durch Trümmer von Basaltpfeilern, welche bald horizontal, bald lothrecht, bald bogenförmig gebauet sind, und dem getäuschten Auge Ruinen von geschleiften Burgen und Schlössern der Vorzeit mit Thürmern, Hallen, Bogengängen, Mauern, Thorpforten und Verliesen vorzaubern. Die Prismen dieses Basalts sind meistens fünf und siebeneckig, nur wenige drey und noch wenigere vierkantig. — Eine hohe Mauer besteht aus wellenförmig gebogenen Säulen. Eine andere, welche ich abzeichnete stellt das Schiff einer gotischen Kirche vor. Dieser Basalt oder eigentlicher Basaltporphyr, seines eingemengten Feldspaths wegen, ruht auf Basalttuff, in dessen Masse von sehr ungleichem Korne oft Bruchstücke dieser Basaltsäulen eingemengt sind. Ein bräunlicher und bräunlich abfärbender Schiefer liegt in schmalen Schichten zwischen diesen Gebirgsarten. — Der Basalttuff hat nur selten Mesotype, Stilbit, oder Analcime, niemals Chabasie eingemengt, und besteht fast nur aus Grünsteinartigem Basalt und Wakkenstükken, wird aber auch von senkrechten derben Basaltgängen durchschnitten. Die See an welche dieser Tuff unmittelbar gränzt, löst ihn zu grobkörnigem Sände auf. — Dieser enthält sehr fein zerriebenes magnetisches Eisen, welches wol auch zum Theile von dem unterliegende Gneisse herrühren kann. — —

Der Schnee jagte mich zeitig zu Hause. Abends kam Herr Inspecteur Motzfeldt von Kronprinzenseiland wieder zurück. — —

Die Witterung war in diesem Monate anhaltend gut und meistens gelinde. — Die höchste Wärme war noch den 28ten in der Sonne 14, und im Schatten 7 Grade; die höchste Kälte betrug $4^1/_2$ Grad. — Den bergähnlichen Nebel am 18ten habe ich S. 292 berührt.

Monat Oktober.

Montags, den 15 Oktober

begann man Seehundegarne zu sezzen. Der Fang war aber den ganzen Monat hindurch äusserst elend. — Vermuthlich kam dieses von der ungeheuren Menge Hayfische, von welchen die See wimmelte. — Es giengen mehrere in unsere Garne ein; sie waren aber alle so mager, dass 13 derselben kaum eine halbe Ballie Leber gaben. Bey Fortunebay, wo Herr Rasmussen diesen Winter seine Wohnung in einem grønlændischen Hause aufgeschlagen hat, geht es doch besser. —

Donnerstags, den 18 Oktober

fiengen wir einen kleinen *Kassigiak*, welcher zwischen zwey Hayen im Garne fest sass. Doch war er noch unbeschädigt, da diese ihn nicht erreichen konnten. Alle drey lebten noch, und die beyden Haye hatten auch nicht das geringste im Magen.

Sonntags, den 21 Oktober

hielt Herr Missionär Hartz, welcher gestern mit einer Schaluppe hier angekommen war für die Europäer und sodann auch für die Grönländer Gottesdienst, Predigt und Taufactus

Montags, den 22 Oktober

gieng ich auf Excursion nach den Felsenwänden von Ounartorsoak. Das Land war schon durchaus mit Schnee und Eis bedeckt.

Mittwochs, den 24 Oktober

wüthete gegen Abend ein schwerer Sturm von Osten mit Schneegestöber, — und

Donnerstags, den 25 Oktober

ein eben so heftiger Nordoststurm. — Um die Venus war ein starker Wind zu sehen. Drauf folgte

Freytags, den 26 Oktober

ein Orkanähnlicher Südweststurm mit Schnee und Gestöber, welcher auch

Sonnabends, den 27 Oktober

unausgesetzt mit Schnee und Gestöber fortwüthete. —

Sonntags, den 28 Oktober

hielt Herr Missionär Hartz, welchen das anhaltende stürmische Wetter hier festhielt, abermals Gottesdienst für die Europäer und sodann für die Grönländer. —

Mittwochs, den 31 Oktober

war Herr P. Hartz endlich so glücklich abreisen zu können.

Monat November.

Donnerstags, den 1 November

Fiel bey $4^1/_2$ Grad Wärme, Thauwetter mit Südost und klarer Luft ein.

Freytags, den 2 November

war bey Südost und Ostwind, neblichter Luft mit Schnee, und 1 Grad Kälte ein starker Lichtschein in Südwesten zu sehen. —

Montags, den 5 November

wurden unter einem schweren Nordoststurme die ersten Weissfische *(Delphinus albicans)* für dieses Jahr bey Godhavn gesehen. Sie kommen allezeit in diesem Monate doch gewöhnlich etwas späther, und stets mit stürmischem Wetter hier unter Land. —

Donnerstags [Dienstags] den 6 November.

wüthete ein rasender Südoststurm, welcher die Seehunde und Weissfischgarne sehr beschädigte.

Mittwochs, den 7 November

folgte ein grässlicher Seegang, welcher das Spritzwasser bis zu den Häusern hinaufpeitschte.

Donnerstags, den 8 November

fieng Herr Rasmussen zu Fortunebay die ersten Weissfische, und zwar zwey in einem Garne. Die Grönländer machten sich auch sogleich auf den Weg dahin, um sich an dem geliebten Maktak, (der Haut des Fisches) satt essen zu können. —

Freytags, den 9 November

Gieng ich auf Excursion nach Imnarsoak, um *Sudluitsut,* den essbaren Tang einzusammeln, welchen die See hier nach schwerem stürmischem Wetter zuweilen aufwirft. — Die Grönländer essen *Aupalatok* oder *Aupilatut,* den rothen Tang .... weit lieber, welchen ich aber weniger behaglich finde. — Die wenigsten Europäer hier im Lande wollen sich diese beyden Gerichte behagen lassen; doch essen sowohl Herr Inspecteur Motzfeldt als ich beyde Arten sehr gerne. —

Dienstags, den 13 November

überraschte uns ein Postexpresser von Kronprinzenseiland, gerade, da wir es am wenigsten erwarteten, mit der frohen Nachricht, dass Kapitän Mathiesen mit dem Schiffe Freden nach einer gefahrvollen und äusserst müheseeligen Reise den sechsten November im Hafen zu Egedesminde glücklich vor Anker gegangen sey. Nur der, welcher durch eine lange Zeit alle ihm zur andern Natur gewordenen allgemeinen Bedürfnisse des Lebens missen musste, kann ganz fühlen, wie uns zu Muthe war. — Der Name des Schiffes, Freden, erweckte in uns zugleich eine andre süsse Hoffnung, welche aber leider wieder zu Wasser wurde, nachdem wir die Briefschaften, mehr mit Heisshunger verschlungen, als gelesen hatten. — Ich erhielt mit dieser Gelegenheit ein Schreiben von der Königlich Grönlændischen Handelsdirection, aber weiter keine Briefe von meinen Freunden in Kopenhagen.

Donnerstags, den 15 November

Reisten die Herren Rasmussen und Brandt mit einer Schaluppe nach Egedesminde ab, um einige der wichtigsten Bedürfnisse zu holen, da das Schiff der schlimmen Jahreszeit wegen sich nicht mehr aus dem Hafen wagen durfte. —

Sonntags, den 25 November

kamen die Herrn Rasmussen und Brandt nach einer beschwerlicher Reise glücklich mit einigen Erfrischungen hier an. Die Angesichten der Kolonisten und Grönländer, welche sich bisher in schlimme Falten gezogen hatten, glätteten sich allmählich wieder aus. — Es ist wirklich hart, bey dem dieses Jahr aller Orten durchaus fehlschlagenden Fang, mit halber Kost sich durchzuschlagen, welche allen ohne Ausnahme seit einiger Zeit zugemessen wurde. — Der Mangel an Brennmaterial macht diese Entbehrungen noch fühlbarer; denn der Proviantreise nach Godthaab wegen konnten in diesem Sommer keine Kohlen gebrochen werden. —

Monat December.

Dienstags, den 4 December,

lächelte Fortuna uns abermal freundlich; denn es wurden mit einemmale sieben Weissfische gefangen. Einer der grössten, welchen man seit langer Zeit gesehen hatte, sass in einem der Garne des Herrn Inspecteur Motzfeldt. Er war ganz weiss, und hatte nur um die Flossen blauliche Flecken. Seine Länge war von der Nasenspizze zur Schwanzspizze volle 8 Ellen, der stärkste Umfang, 6 Ellen, die Flossen 1 Fuss breit, der Schwanz $1^1/_2$ Fuss lang. Es war ein männlicher Fisch. Das tumultuarische Verfahren der

Grönländer bey solcher Beute habe ich bereits Seite 107 des Tagbuchs geschildert.

Mittwochs, den 5 December

fanden sich abermals fünf, doch kleinere Weissfische in den Garnen. Der Speckschneider Hans Nielsen hatte in dieser Zeit allein 17 Fische gefangen.

Donnerstags, den 13 December

wurden die ersten Wallfische gesehen und deswegen

Freytags, den 14 December

die erste, wie wohl vergebliche Brandwache gehalten.

Donnerstags, den 20 December

so wie den drauf folgenden Tag waren 2 starke Ringe um die Venus zu sehen. Die Bucht war gefroren.

Sonntags, den 30 December

Zerplatzte hoch in unserm Zenith eine Feuerkugel mit blauem Scheine, abends 4 Uhr bey klarer Luft, und 20° Kälte. Ihre Richtung war von Nordwest nach Südost.

Bericht
einer mineralogischen
Reise
in Grönland.

In Form eines Tagebuchs
gehalten von
D. **Karl Ludwig Giesecke.**

Sechstes Jahr.
1811.

Godhavn, Omenak, Noorsoak,
Haseneiland, Waygat.

Aufenthalt zu Godhavn
im Jahre 1811.

Monat Jänner.

Dienstags, den 1 Jänner.

Die Diskobucht war bereits bey der zunehmenden Kälte, einige kleine noch rauchende Stellen abgerechnet, zugefroren. —

Freytags, den 4 Jänner,

morgens um 7 Uhr drohte uns einer der grössten Unglücksfälle zu dieser Jahrszeit und in diesem Lande. — Das Bretterwerk der Decke in meinem Zimmer, auf welches unmittelbar das Eisenblech aufgenagelt war, durch welches, ohne weitere Verwahrung oder Begleitung, die eiserne Ofenröhre durchlief, so wie auch ein Theil des Balkens, welcher in die Schorsteinmauer gieng, gerieth in Feuer. Als ich erwachte, war schon ein ziemliches Loch durchgebrannt. — Vermuthlich muss der Balken, welcher frey durch den Schorstein lief, schon eine geraume Zeit gebrannt, oder doch geglüht haben; da für diesen Morgen noch kein Feuer angezündet war, und seit neun Uhr des vorigen Abends keines mehr im Ofen gebrannt hatte. — Da wir der Kälte wegen kein Wasser erhalten konnten, so verstopften wir das ausgebrannte Loch mit Schnee und Eis, und liessen hernach das brennende und ausgebrannte Holzwerk herausschlagen. — Das Feuer ward ohne Lärmen in einigen Minuten gedämpft, all das Holzwerk, welches der eisernen Ofenröhre zu nahe war, ausgebrochen, und mit Eisenblechstücken ersezzt. —

Es wäre überhaupt zu wünschen, dass die Feuerstellen in diesem Lande besser und sicherer eingerichtet würden, und es ist einem besondern Glücke zuzuschreiben, dass man bey dem überhandnehmenden Leichtsinne mit Licht und Feuer noch nicht mehr Unglück erlebt hat. —

Dienstags, den 8 Jänner,

war abermals ein Ring um den Mond, so wie auch um die Venus zu sehen; so auch den zehenten. Die Bucht war dicht mit Eis belegt. —

Mittwochs, den 16 Jänner,

fanden die Grönländer bey Fortunebay bereits die Spuren des weissen Bären. — Der zunehmende Mangel unter den Eingebohrnen durch den gänzlichen Missfang veranlasste, dass Herr Inspecteur Motzfeldt Proviant unter sie austheilen liess. — Heute war nach achtwochentlicher Nacht die Sonne durch Refraction bemerkbar, und

Donnerstags, den 17 Jänner,

bestrich sie zwischen dünnen Wolken unsern Horizont.

Freytags, den 18 Jänner,

fuhren wir mit Schlitten auf Excursion unter die Felsenwände zu Ippik und Iglitsiak. — Heute wurde von Karl Egede bey blaa Field auf dem Eise der Strasse Davis der erste weise Bär für diesen Winter geschossen.

Donnerstags, den 24 Jänner

Bey dem starken Nordsturm vom 23 zum 24 Jänner, welcher einiges Eis brach, nahm die See 8 Seehundegarne des Herrn Inspecteurs mit. Mehrere Europäer missten Garne. —

Montags, den 28 Jänner,

wurde der Geburtstag Seiner Majestæt Friederich VI mit einem frohen Mahle bey Herrn Inspecteur Motzfeldt gefeyert, wobey alle Königliche Handelsbediente des Orts gegenwärtig waren. — Herr Ritter und Herr Christensen, welche von Rittenbenk mit Hundeschlitten heute Vormittags hier angekommen waren, um Proviant zu holen, feyerten diesen frohen Tag mit. Sie brachten übrigens von der Bucht und von Omenak unangenehme Nachrichten, die allgemeine Hungersnoth unter den Grönländern betreffend, mit. —

Dienstags, den 29 Jänner,

hatte der Südoststurm an einigen Stellen in der Bucht das Eis gebrochen. — Die Oeffnungen wimmelten von Wallfischen, man konnte aber des Sturmes wegen keine Brandwache wagen. —

Mittwochs, den 30 Jänner,

wurde mit fünf Schaluppen Brandwache gehalten. — Ich lief mit Herrn Brandts Schaluppe aus. — — Es wimmelte von Fischen welche hie und da das Eis durchbrachen. — Wir ruderten zuerst östlich, wo wir einen Flokk von 7 bis 8 Wallfischen spielen sahen. — Weil wir uns durch das dünne knitternde Eis mühsam arbeiten mussten, so wurden die Fische durch das Geräusch verscheucht, und flohen unter das fest anstehende dicke Eis. — Wir wendeten, da das dünne Eis um uns her schon bis über zwey Zolle dick zu werden anfieng, Nachmittags nach Westen, nach der Udkiksklippe zu, wo wir ebenfalls viele Wallfische sahen, aber keinen Beute machen konnten. — Der Grönländer Claus sezzte die Harpune in einen, aber sie sprang wieder aus. — Doch schossen die Grönländer einige Seehunde. — Ich halte es für sehr unschicklich und nachtheilig, dass die Grönlænder Schiessgewehre auf den Wallfischfang mitnehmen, da durch ihr ewiges Blaffen der Wallfisch nothwendig erschreckt und verscheuckt werden muss. Dieser Missbrauch nimmt sehr überhand. Um 5 Uhr abends ruderten wir zu Hause. —

Donnerstags, den 31 Jänner.

Das Eis der Bucht fror wieder zusammen. Um 11 Uhr reiste Herr Ritter mit Proviant nach Rittenbenk ab. Auch unter den Grönländern in Diskofiord ist der Nahrungsmangel sehr gross. —

Monat Februar.

Sonnabends, den 2 Februar,

morgens zwischen 2 und 3 Uhr wurde auf Godhavn besonders zu Anlægg ein schwerer Erdstoss verspührt. Es ist ungewiss, ob es eine Erderschütterung war, oder ob eine Bergmasse auf Diskoeiland in der Nähe Godhavns niederstürzte. Gegen Tagesanbruch begann ein schwerer Nordoststurm, welcher hie und da in der Bucht das Eis gebrochen hat. — Karl Egede zu blaa Field schoss 3 Bären, einen alten und 2 einjährige, welche in einer Höhle auf dem Lande ihr Lager im Schnee hatten.

Donnerstags, den 7 Februar,

sahen die Grönländer zu Makkak bey den Stromlöchern viele Weissfische und Narwale blasen. — Sie vermutheten däher, dass sich bald eine Sarps finden möchte.

Montags, den 11 Februar,

konnten wir die Sonne wieder zum erstenmale bey den Häusern der Kolonie sehen. — Nachrichten, welche wir mit Hundeschlitten aus der Bucht erhielten, meldeten die allgemeine Noth der Grönländer. Die Familie Jens Amagers in Torsukatek, einer sonst guten Fangstelle, hat aus Noth die alten Felle, welche das Haus inwendig bekleideten heruntergenommen und aufgezehrt. Zu Jakobshavn war die Noth auch gross, doch nun wird etwas *Kaleraglek (Pleuronectes cynoglossus)* gefangen. —

Freytags, den 15 Februar,

sahen wir von der Aussichtsklippe ein schönes merkwürdiges Schauspiel. Eine Schaar von mehr als 100 Wallfischen liess sich ungefehr zwey Meilen vom Land bey einer Eisöffnung stehen. Sie schwangen sich eben so, wie ich Seite 288 von der Keporkät angemerkt habe, tanzend und springend über des Meers Oberfläche. Ihr unaufhörliches Wasserblasen stellte dem erstaunten Auge dichtgedrängte Reihen von Wassersäulen vor, welchen die Sonne ihren Glanz borgte. So kalt es auch war, so konnten wir uns doch kaum von dieser schönen natürlichen Wasserkunst trennen. —

Sonnabends, den 16 Februar,

zog abends ein flammendes Nordlicht, welches eine unabsehbare Reihe brennender Kerzen vorstellte, von Süden nach Westen. Nachmittags sahen wir zwey Nebensonnen. — Als wir abends von Fortunebay zu Hause fuhren, brüllte die See unter uns unter dem Eise heftig. Der schwere südwestliche Seegang bog dasselbe, während wir drüber wegfuhren, am Strande hin, über eine Elle auf und nieder, so dass die Hunde vor den Schlitten bange zu werden anfiengen. Doch kamen wir glücklich zu Hause. —

Sonntags, den 17 Februar,

kam Herr Assistent Schade, von Noorsoak über Omenak mit fünf Schlitten hier an, um Proviant für Omenak von hier abzuholen. — Zu Makkak fieng heute eine Narval Sarps sich zu eröffnen an. Mehrere Grönländer waren von Godhavn dahin gefahren. —

Mittwochs, den 20 Februar

reiste Herr Schade wieder nach Omenak zurück, ich folgte ihm mit Herrn Inspecteur Motzfeldt und Herrn Brandt, um der Narval Sarps beyzuwohnen, welche zu Makkak sich geöffnet hatte. — Unter Sarps (von *Sarpsipok*) verstehen die Grönländer zusammengetriebene Seethiere, welche bey den Strömlöchern und Eisrinnen zu blasen oder Luft zu schöpfen suchen. — Diese können nun Narvale (Eenhjörninge) Weissfische, oder auch sogar Wallfische seyn. Bey dieser Sarps haben sich ausser den beyden ersten auch Wallfische eingefunden. — Die armen Thiere suchen hier dem Tode des Erstikkens zu entgehen, und werden dafür auf eine weit grausamere Weise umgebracht. — Wir assen Stücke von *Maktak* oder Haut, welche die Grönländer bey dieser Sarps einem noch lebenden Wallfische, welcher Luft zu schöpfen heraufkam, ausgeschnitten hatten. Es waren Stücke, mehr als eine Elle lang. — Abends wendeten wir späthe von dem Eise nach Makkak zu, wo wir bey dem ungetauften Grönländer Uinek über Nacht blieben. In diesem kleinen Haus, welches gewöhnlich nur 20 Menschen fasst, waren, ausser fünf Europäern, 67 Grönländer, die Kinder unberechnet, versammelt. — Die Hizze war bey 15 brennenden Lampen unerträglich. — Die ungebetenen kleinen Gäste, welche bey den Eingebohrnen in unzählicher Menge nisten, quartirten sich auch bey uns ein, wie wir erst bey der Heimreise bemerkten, welche

Donnerstags, den 21 Februar

Mittags erfolgte. Ein Grönländer Daniel fieng einen Narval mit zwey Hörnern, welches eine grosse Seltenheit ist. Ich reiste mit Herrn Brandt zurücke. —

Freytags, den 22 Februar,

kam Herr Missionär Hartz in Amtsgeschäften, zugleich auch mit ihm Herr Kapitän Mathiesen, Herr Rasmussen und Herr Möhl von Egedesminde über die Diskobucht. Der Seehundefang war zu Egedesminde und Kronprinzenseiland kaum mittelmässig, doch hungerten die Grönländer nicht.

Sonntags, den 24 Februar

hielt Herr P. Hartz Predigt und Communion für die Europäer, und darauf beydes für die Grönlænder. —

Dienstags, den 26 Februar

kam Herr Rosbach von Upernavik zu Godhavn mit Schlitten, um Proviant zu holen. Auch dorten ist der Fang schlecht. Er hatte 3 Nächte unter freyem Himmel zugebracht. Die Gäste von Egedesminde reisten morgens früh zurück. —

Mittwochs, den 27 Februar

reiste Herr Dalager, welcher vorgestern von Jakobshavn hier angekommen war, zurück. Die Saps zu Makkak gieng auch zu Ende da die Fische sich dort weggezogen hatten. Die höchste Kälte war bisher 30 Grade, mit Nordwind. —

Monat März.

Reise über Diskobucht, und das feste Land, nach der Insel Omenak.

Sonntags, den 3 März

trat ich mit Herr Rasmussen, welcher in des Herrn Inspekteurs Verrichtungen mich begleitete, diese Reise an. Herr Inspecteur Motzfeldt wollte mich bis Makkak 16 Meilen weit begleiten, und dorten übernachten. Allein sein Schlitten gieng bey Ippik, 2 Meilen von der Kolonie in dem holprichten Eise der Bucht entzwey, und also sah er sich genöthigt, umzuwenden. Wir reisten weiter, und kamen um 3 Uhr Nachmittags bey dem Grönländer Uinek zu Makkak an, wo wir übernachteten.

Montags, den 4 März

reisten wir morgens um 6 Uhr von Makkak ab, kamen gegen Mittag nach Flakkerhuk Diskoeilands östlichster Näs, und sezzten über das Waygat, und einige gefährliche Stromstellen, wo die Schlittenläufe mehrmalen durchs Eis brachen. Es war eine greuliche Kälte zu 34 Graden, mit Nordostwinde, welcher beissend aus dem Waygate auf uns losstürmte. Ich erfror mir die Nase, die Bakken, und das Kinn und litt grosse Schmerzen. — Das linke Auge war von dem anhaltenden Thränenquell zugefroren. — Der Franzbrandwein fror, in Pelzstiefeln an Schlitten gehangen, und in steeter Bewegung, zu Eis. — Bey Flakkerhuk begegneten wir Jens Dalager, welcher mit zwey Schlitten von Jakobshavn nach Godhavn reiste. — — Endlich erreichten wir Arveprinzenseiland, und kamen Abends um 4 Uhr nach der Kolonie Rittenbenk, welche auf einer kleinen Insel ligt, wo wir bey Herr RITTER blieben, und

Dienstags, den 5 März,

der Hunde wegen stille lagen. —

Mittwochs, den 6 März

reisten wir Nachmittags um 3 Uhr in Gesellschaft von 6 Schlitten von hier ab, kamen Niakornak vorbey und langten um 6 Uhr Abends in Torsukatek an, wo wir bey NILS AMAGER, eingebohrnen Katecheten, über Nacht blieben. —

Donnerstags, den 7 März,

reisten wir früh um 6 Uhr wieder ab, und kamen nach einer Meile Wegs über die See, endlich, seit unsrer Abreise von Godhavn, zum erstenmal wieder auf das feste Land, über welches wir 4 Meilen zu passiren hatten. — Die Gebirge dieses Landes bestehen aus Syenit mit grossen Hornblendeschieferlagern. Wir fuhren über Skraabakken, grönländisch Panisàk (Panisät) und hielten am Fusse der langen Bakke, grønlændisch Akuà Mittagsmalzeit. Als wir uns dem Berge Maiorsoeitsiak näherten, kam uns Herr Missionär BRAM, und Herr Chirurgus LERCH mit 9 Schlitten entgegen, welche von Omenak nach Rittenbenk reisten. — Wir kamen den steilen Maiorsoeitsiak glücklich hinab; aber, ungeachtet wir die Hunde von den Schlitten spannten und sie lose hinunterlaufen liessen, so warfen ein paar Schlitten um, jedoch ohne weitern Schaden für die Waaren welche wir mit uns führten. Dieser Berg ist übrigens seiner Steilheit wegen das gefährlichste Stücke Wegs auf dieser ganzen Reise, und kann nicht umgangen werden. — Vormals fuhr man gewöhnlich über Gamle Rittenbenk; seit mehrern Jahren aber hat der Eisblink, welcher dorten das feste Land ganz überzogen hat, den Weg unfahrbar gemacht. — Selbst auf der nun besuchten neuen Strasse wird dies mit dem Eisblinke der nemliche Fall werden, da das feste Landeis von beyden Seiten, nemlich von Osten und Westen kaum eine Viertelmeile von einander entfernet ist. — Die ganze umherliegende Gegend, ist, oben gemeldede Fläche ausgenommen mit Eise auch im Sommer bedeckt. Wir fuhren weiter nach dem beeisten Bergstrome Ekalluit, welcher zur See hinabgeht und kamen um 6 Uhr abends zu Ikaresak unter Omeneitsiak bey dem Grönländischen Hause SVEND LARSENS glücklich an.

Freytags, den 8 März,

reisten wir um 11 Uhr ab; bey den Hälleflynderbänken, wo die Grönländer in Menge auf dem Fange lagen, kam uns Herr SCHADE und ROSBACH entgegen; um 1 Uhr erreichten wir die Kolonie Omenak und endeten also eine Reise von 50 Meilen.

Aufenthalt zu **Omenak.**

Die ersten Tage meines Aufenthaltes zu Omenak, wo ich von Herrn Ole Adolph Winding, dermaligen Verwalter des dortigen Handels sehr freundschaftlich empfangen wurde, war Herr Rasmussen damit beschäftigt, in des Herrn Inspecteurs Namen den Proviantverhalt dieser Kolonie zu untersuchen. Bey dieser Gelegenheit zeigte sich dann auch der von Tag zu Tag mehr zunehmende Verlust, welchen der Königliche Handel, durch Nichtbeseeglung dieser Kolonie leidet. Denn bey einer

Montags, den 11 März

vorgenommenen Untersuchung, zu welcher ich als Augenzeuge gerufen wurde, befand sichs, dass mehrere Fässer bis zur Hälfte leer, und das Speckhaus zu einem Thran-See umgewandelt war. Diesen Schaden vermehrt noch die Menge an losem Speck, welcher täglich eingehandelt wird, und aus Mangel an behörigen Fässern, im Speckhause seinen besten Thran verliert. — Dieser Verlust ist um so mehr zu beklagen, da wie bekannt Omenak den meiste Seehundethran liefert. — —

Dienstags, den 12 März,

reiste Herr Rasmussen, Ritter und Christensen wieder ab.

Mittwochs, den 13 März,

reiste Herr Rosbach von hier nach Okesiksak, um von da nach Upernavik zurückzugehen, mit 5 Proviantgeladenen Schlitten. Ich gieng auf Excursion nach Omenaks steile Felsenklippe. — Die Grundmasse der ganzen Insel ist Gneiss, bald in Granit, bald in Syenit übergehend, mit horizontalen Gängen von Hornblendschiefer, welche dem Berge schwarze Streifen geben. —

Montags, den 18 März

machte ich zu Fuss über das Eis eine andre Reise nach dem östlichen Ende der Insel, und fand das nemliche Verhältniss; bloss die Klippe steiler, und also unter den Abhängen grosse Steinhaufen. —

Dienstags, den 19 März

Die Grönländer des Distriktes, welche sich gestern abends von den fernern Fangstellen hier versammelt, und die ganze Nacht durch baleart, oder ihre Nationalgesänge gesungen hatten, versammelten sich heute morgens früh auf dem Eise des Hafens mit Schlitten zu einem grossen Ballspiele. Es dauerte ungefähr 2 Stunden; und der Ball, welcher das leztemal auch von den Grönländern der Kolonie gewonnen wurde, ward auch diesmal wieder von der jungen Manschaft Omenaks errobert; der Ball blieb abermals bey der Kolonie, und die fremden Besiegten zogen unter dem gewöhnlichen Spottgesange der übermüthigen Sieger mit ihren Schlitten stille wieder ab. —

Donnerstags, den 21 März,

fieng ich an mein Tagebuch von 1810 für die Königliche Grönländische Handelsdirection ins reine zu schreiben.

Mittwochs, den 27 März

Nach beynahe vierteljähriger anhaltender klarer Luft und Nordwind zeigten sich endlich heute einige Streifwolken (Schaafwolken) mit Südwestwind, doch

Donnerstags, den 28 März,

sprang der Wind mit 21 Graden Kälte, wieder nach Norden um. Doch den 30ten und 31ten fanden sich bey Nördlichem Wolkenzuge heftige Windstösse aus Südwesten ein. —

Monat April.

Mittwochs, den 3 April

kamen die nach Godhavn den 22 März abgesandte Schlitten mit Brod und Butter beladen wieder zurück. Sie hatten auf dem festen Lande viel von den Windstössen aus Südwesten ausgestanden. — Diese hatten auch gegen die Strasse Davis zu bey Ubekjendte Eilande das Eis etwas gebrochen. —

Donnerstags, den 4 April.

Da etwas frischer Schnee gefallen war, so fiengen die Grönländer an ihr Heil mit dem Utukfange zu versuchen. Dieser Fang wird nur im Frühjahre getrieben, und hat seinen Namen von *Utipok*, die Haare fallen ihm mit der Wurzel aus, erhalten. — Der Seehund bohrt sich nemlich im Eise des Fiords bey frisch gefallenem Schnee Löcher, um Luft zu schöpfen, er kriecht dann durch diese herauf, um in der Frühlingssonne in dem weichen Schnee sich zu erwärmen, und liegt zuweilen in demselben solange, bis ihm zulezt durch die Wirkung der Sonnenstrahlen die Haare ausgehen; — man sieht zuweilen Felle, welche besonders um den Kopf ganz kahl sind. — Man findet ihn gewöhnlich schlafend auf dem Eise, besonders den *Neitsek (Phoca foetida)* in Omenaksfiord, welcher sehr unvorsichtig ist. — Der Grönländer geht auf diese Jagd mit Hundeschlitten; sobald er einen Seehund sieht, so macht er die dazu abgerichteten Hunde mit einem Peitschenschwung, welcher vor ihren Köpfen weggeht, oder nur mit einem Zeichen stille stehen. Er nimmt dann einen kleinen Schlitten, welcher an der Rückwand des grossen hängt, und mit einem kleinen 1 Elle breiten und $^2/_3$ Elle hohen weissen Seegel versehen ist, welches ein Stück Eis vorstellen soll, und kriecht von demselben bedeckt, den Schlitten mit den Händen vor sich hinbewegend, auf allen Vieren bis zur Schussweite auf den Seehund los, steckt dann durch ein im Seegel angebrachtes Loch den Büchsenlauf, und schiesst auf den Seehund. — Auf den Schuss kommen die Hunde mit dem Schlitten, wie auf ein Signal in vollem Gallop angerannt, und halten den Seehund, falls er nicht ganz todt seyn sollte. — Die Grönländer sagen, dass sie diese Art, die Seehunde zu belauern, von den Eisbären gelernet hätten, welche statt des Seegels sich eines Stückes Eises bedienten, um dasselbe vor sich hinzurücken, und durch diese List den Seehund zu erbeuten. — Ein Grönländer kann auf diese Weise, besonders hier in Omenaksfiord 7 und 8 Stücke in einem Tage fangen. Oft liegen sie paarweise in ihrer Begattungszeit; zuweilen habe ich ihrer zu 20 und 50 auf einer Stelle auf dem Eise gesehen. Sie halten sich besonders gerne in der Nähe der Eisblinke des Fiords auf. Ehmals schossen die Grönländer sie statt der Büchsen mit Bogen und Pfeilen, oder tödeten sie auch mit Harpunen. Statt der Seegel von weisser Leinewand gebrauchten sie weissgegerbte feine Seehundefelle. Einige Grönländer belauerten sie auch ohne Seegel, bloss damit, dass sie das Geschrey und die Grimassen des Seehundes nachahmen. — — Ich wollte diesen Fang, dessen noch in keiner Reisebeschreibung erwähnt wurde, weitläufig beschreiben, um einen deutlichen Begriff davon zu geben. Einen auf diese Weise gefangenen Seehund nennen die Grönländer *Utuk*, und *Utuniarpok* bedeutet: er geht auf den Utukfang. Die ärmern, welche weder Schlitten noch Hunde haben, gehen zu Fuss auf diese beschwerliche Jagd. —

Montags, den 8ten April

reiste ich mit Herrn Winding und Herr Schade auf Schlitten nach der Anlage Omeneitsiak, 4 Meilen östlich von Omenak. In dem hier befindlichen Europäischen Hause wohnt gewöhnlich der Assistent der Kolonie. Die Hauptgebirgsart auf dieser Seite der Insel ist Gneiss und Glimmerschiefer, welche auf Granit ruhen. Auf dieser kleinen Reise kamen wir unversehens mit dem Schlitten in eine offene Wasserrinne, verloren darinnen einiges von unserm Gepäkke, und wurden nass über den halben Leib. —

Dienstags, den 9ten April

waren die Grönländer des ganzen Distrikts mit Schlitten nach Omenak gekommen, um ein grosses Ballspiel auf dem Eise zu halten. — Der Ball ist ein ausgestopftes Seehundefell. Unter das Stroh mischen sie oft Speck und Steine, um ihn schwerer zu machen. — Beyde um den Ball kämpfende Partheyen balgten sich den ganzen Vormittag auf dem Eise herum, bis endlich die Parthey, welche zu Omenak zu Hause ist, siegte, das heisst: den Ball erhaschte, mit ihm die Insel erreichte, und dorten durchs Fenster in ein Haus warf. Die Besiegten zogen auf der Stelle, beschämt, mit ihren Schlitten eiligst ab, und wurden von den Siegern, sowohl Weibern als Männern, ein Stück Wegs unter Spottgesängen begleitet. — Die Männer haben bey diesem Spiele meistens Schuh und Strümpfe an, und sind auch ohne Pelze, um besser laufen zu können. Bei diesem Spiele wurde dem Grönländer KAJIUTASOEITSIAK eine Rippe gequetscht.

Osterdienstags, den 16 April

reiste ich Mittags von hier ab, gieng dicht unter Sedliarusät oder Storöen vorbey, und kam um 5 Uhr Abends nach Ikaresak, unter der Insel Omeneitsiak, acht Meilen östlich von der Kolonie, wo ich im Hause SVEND LARSENS über Nacht blieb.

Mittwochs, den 17 April

Morgens um 8 Uhr reiste ich weiter, um den grossen Eisblink, welcher nordöstlich 6 Meilen von hier in der Bucht Kariak liegt, zu besehen. Wir fuhren durch viele Eisberge und Trümmer, sahen eine Menge Seehunde um uns her, welche bey ihren Luftlöchern auf dem Eise zerstreuet lagen. Ich sah auch bey einzelnen eingefrornen und mit Schnee überdeckten Eisstükken zwey Gruben, in welchen die Seehunde mit ihren neugebohrnen Jungen liegen. Sie sind gewölbt und ziemlich geräumig, haben auch durch das Eis ausgehöhlten gekrümmten Gang in die See hinab. Für die Schlittenfahrt, besonders im Frühjahre sind sie gefährlich, da sie mit Schnee bedeckt sind, welcher dann bey dem Ueberfahren zusammenbricht; — und die Hunde laufen gerne, sobald sie Witterung von dem Seehunde haben, auf diese Stellen zu. — Wir blieben auch mit dem Schlitten in einem solchen Loche, welches zusammen stürzte, fest sizzen. —

Die Gesteinart des festen Landes, welches uns auf der Hinreise zur linken Hand, oder in Norden lag, ist Gneiss, oft in Glimmerschiefer übergehend; auch mit beträchtlichen Lagern von Glimmer- und Hornblendeschiefer. Weiter gegen den Eisblink zu in Nordost fand ich ein beträchtliches Lager von Glimmerschiefer, innig mit asbestartigem Stralsteine gemengt, mit durchsezzenden Trümern von Amianth und Asbest. Der Glimmerschiefer nähert sich zuweilen dem schiefrigen Talke. — Im Glimmerschiefer sieht man ein weisses dem Ichthyophthalme sich näherndes Fossil. — Die Stelle heisst: .... —

Um 10 Uhr kamen wir unter dem Eisblinke zu Kariak an. — Das Eis der See war in dessen Nähe hie und da ziemlich schwach. Doch kamen wir glücklich über die dünnen Stellen der Strömungen. Ich gieng im Gebirge hinauf, um die schauerlichen Massen des festen Eises zu besehen, welches besonders in den Springzeiten des Sommers so unglaublich grosse Berge ausstösst. Es ist fürchterlich zerklüftet, und füllt hier ein beynahe meilenbreites Thal mit Schrecken und Graus. — Seine Höhe wetteifert mit den Gipfeln der naheliegenden Berge, und seine Erstreckung hinauf gegen Nordosten zu ist unübersehbar. — Die nahen Berge bestehen aus Gneiss, welcher sich unter dem Eisblinke verliert. Um 3 Uhr Nachmittags reisten wir wieder von hier ab, erhaschten unter dem Fahren auf dem Eise einen jungen Seehund, und brachten über eine Stunde zu, um einen Schlitten wieder zusammenzulappen, welcher in den Eishökkern entzweygegangen war. Auf diesem Wege, zur Nordostlichen Seite sieht man im Glimmerschiefer zwey Höhlen, welche den Grönländern auf Reisen und im Unwetter zur Zuflucht dienen; die eine benüzzen sie zur Schlafstelle, die andre zur Küche. — In der Gegend des Eisblinks ist eine alte verlassene Wohnstelle mit zerfallenen Häusern, *Kaiautak* genannt. — Um 8 Uhr Abends kamen wir nach den Grönl. Häusern zu Ikaresak.

Donnerstags, den 18 April.

Vormittags gieng ich zu Ikaresak auf Excursion (cf. Seite 314). Die Hauptmasse dieser östlichen Seite der Insel Omeneitsiak ist grauer Granit, auf demselben Gneiss mit rothem Feldspath und schwarzem Glimmer. Lagerweise in demselben ein andrer feinflasriger Gneiss, dessen Feldspath sehr feinkörnig ist. — Dieses lezt genannte Gestein ist von dem vielen eingemengten Arsenik- und Schwefelkies okkergelb gefärbt, ist sehr mürbe, und wechselt mit Glimmerschiefer ab, dessen schwarzen Glimmer oft grossblättrig ist. Der Arsenikkies ist auf der Oberfläche schwarz angelaufen. In diesem Glimmerschiefer komt ebenfalls der vorhin berührte dem Ichthyophthalme ähnliche besondere Feldspath, kleine Moroxitkristalle und etwas labradorsche Hornblende vor. Höher hinauf gegen die steile Felsenkuppe zu ist Syenit und Urgrünsteinschiefer in beträchtlichen Massen auf Gneiss gelagert. Diese Gebirgsart führt auch zuweilen blättrigen Kalk. — — An mehrern Stellen zeigen sich Spuren von Kupfergrün, welches die Oberfläche des Gesteins färbt. —

Um 3 Uhr Nachmittags kam ich wieder nach dem Hause zurück. — Wir reisten gegen 5 Uhr wieder ab, und kamen um 8 Uhr Abends zu Omenak an. — Man rechnet von Ikaresak nach Omeneitsiak vier, und von dorten nach Omenak ebenfalls vier, also in allem acht Meilen, welche wir mit unsern Hunden in drey Stunden zurücklegten. — Heute kamen auch Postschlitten von der Kolonie Upernavik (40 Meilen) hier an. — Der Fang ist dorten ebenfalls sehr schlecht. —

Dienstags, den 23 April

Nachmittags bestieg ich Omenaks Klippe. Die schwarzen horizontalen Streifen in derselben sind Hornblendeschiefer. Zwischen diesen liegen Streifen oder Gänge von okkergelbem sehr verwittertem Gneiss. Beyde Gangarten hatten Granaten und rundliche Quarznieren. Die letzten sind zum Theile ausgefallen, und geben der Steinart ein sonderbares löcheriges Ansehen, cf. S. 307. Dies ist der Fall bey mehrern Hornblendschiefern in diesem Fiord; daher man den Quarz und die Granaten in den Thälern findet. —

Reise
nach **Sedliarusät,** (Storöe)
Akkienne, und **Akudlerne** (Runde Øe.)

Mittwochs, den 24 April

Reisten wir Morgens um 8 Uhr mit Schlitten von Omenak ab und unter der Südseite von Sedliarusät, oder Storöe hin. Diese grosse von dieser Seite sehr steile Insel besteht durchaus aus Granit, und grossen Lagern von Gneiss und Glimmerschiefer, kleinern von grobkörnigem Granit, und Nestern von gemeinem Quarz in Milchquarz übergehend. Ich stieg bey der ersten Näs gegen die Kolonie zu, auch Sedliarusät genannt, bey den zerfallenen Häusern bis zur Felsenwand (Imnarsoak) hinauf. —

Wir reisten gegen Nordosten zu bis zum Abfalle der Insel, und blieben zu Akkia (Akkienne) in einem Hause, welches die Grönländer Erse Schulz von Omenak und Alusak von Rittenbenk gemeinschaftlich haben, über Nacht. Diese beyden Familien bestanden aus mehr als 40 Personen. An Alusaks ältestem Sohne, ungefehr 19 Jahre alt, bemerkte ich, das besondere, dass er 4 Brustwarzen hatte. — Unter den gewöhnlichen ziemlich grossen, ungefehr einen Zoll lothrecht abwärts stehen zwey andre, kleinere, doch sehr deutliche, mit einem braunen Rand, wie die obern haben. (Die Grönländer sitzen wie bekannt in ihren Häusern am Oberleibe ganz nakkend.) Auch bey diesen fand ich die Bemerkung bestättigt, dass die ächten Eingebohrnen schwärzlich graue kleine *Membra* und *Scrota* haben. — —

Auf meiner sogleich angestellten Excursion, so viel nemlich der Schnee und das Eis es erlauben wollte, fand ich hier ein äusserst zerstörtes Land. Das Hauptgebirge ist Gneiss und Glimmerschiefer, lager und gangweise Hornblendschiefer. Der edle Granat findet sich theils in diesen drey Steinarten, theils in dem Quarze, welcher nesterweise vorkommt, ein. Der Glimmerschiefer geht oft in vollkommenen Graphit über, und dann ist sein Ansehen zerborsten und sehr eisenschüssig. Wo er in Menge vorkommt, finden sich grosse Schutthaufen, welche bald von schwefelgelben, bald von gelblichgrünen und zeisiggrünen Farben sind, auf deren Oberfläche der Thon zuweilen wie aufgekocht, aufgeschwollen, oder auch zerborsten aussieht, und starken Schwefelgeruch verbreitet. — Dieser Thon ist sehr vitriolisch. — Die schwefelgelbe Stellen, welche hie und da zu beträchtlichen Hügeln angewachsen sind, sind nie mit Eis, und nur gar selten auf kurze Zeit mit Schnee bedeckt, und werden bey den ersten wärmern Sonnenstrahlen von ihm befreyt. In diesen Haufen findet man Graphit-Granat- und Schwefelkiesstücke. — Die überstehenden Gneis- und Glimmerschiefermassen bilden die seltsamsten Gestalten, sind von der atmosphärischen Luft sehr ausgewachsen, ausgefressen und zerlöchert, und führen in Gängen und Trümern Quarz Moroxit Turmalin und ein andres grünes Fossil (Arctizit) eingewachsen. In grossen Massen findet sich beym Hornblendschiefer ein magnetisches Eisenerz. — Oft ist er auch von Kupfergrün grün gefärbt. — Dieser Theil der Insel hat in der äussern Gestalt der Berge und im geognostischen Verhalten viele Aenlichkeit mit der Insel Ujortlersoak, 20 Meilen nördlich von Upernavik, von welcher ich oben, in meinem Tagebuche für 1807, unterm 23 Julius gesprochen habe.

Donnerstags, den 25 April

Reisten wir Morgens um sieben Uhr von Akkiene wieder ab, und setzten über einen schmalen Sund zu der in Osten gegen über liegenden Insel auf grönländisch Akudlerne (Akudlek) und von seiner Form gewöhnlich Runde Øe genannt. Hier ist eine Winterwohnstelle der Grönländer, welche sie aber schon vor einigen Tagen verlassen hatten. Die Gebirgsart der Insel hat einerley Verhältniss mit der vorherbeschriebenen, ausgenommen, dass sich hier kleine Lager von Schillerspath, asbestartigen und gemeinen Strahlstein und rosenrothen Quarz findet. Die vorhin beschriebenen grünlichgelben Haufen und Thonhügel sind auf dieser Insel gegen Norden zu treffen. Nachmittags 4 Uhr kamen wir wieder nach Omenak zurück eine Reise von 7 Meilen. —

Sonnabends, den 27 April

kam Kajutak, welcher als Postexpresse den 23ten nach Rittenbenk über Land gefahren war, wieder mit Briefen zurück. — Die Noth unter den Eingebohrnen war des schlechten Fanges wegen noch allgemein. —

Montags, den 29 April

reiste ich mit Herr Winding Vormittags um 10 Uhr von hier ab, und kam Nachmittags um zwey Uhr bey Svend Larsens Grönländischem Hause zu Ikaresak auf der Insel Omeneitsiak an (cf. S. 311).

Die Grundmasse derselben besteht aus feinkörnigem grauem Granit, welcher auf der Ost- und Nordseite der Insel eine hohe steile Felsenmauer bildet. Doch nähert sich dieser Granit oft dem schiefrigen und geht in Gneiss über. Nicht ferne von der Felsenwand sah ich ein beträchtliches Lager von grasgrünem Strahlstein in schiefrigem Gefüge; denselben durchschneidet an mehrern Stellen ein schmaler weisser Granitgang, zum Theile Schriftgranit, der Glimmer desselben ist schwarz und an beyden Sahlbändern wie eine Einfassung vertheilt; wo der Glimmer fehlt, findet sich meistens gemeine Hornblende oft in sehr grossen Kristallen ein, in diese so wie in den weissen Feldspath sind kleine Moroxitkristalle eingewachsen. — An einer einzigen Stelle fand ich auch einen Pinitkristall. Der Feldspath findet sich hier zuweilen in sehr grossen Kristallen. — Der Strahlstein selbst ist meistens asbestartig, in demselben ist das braune Fossil eingewachsen, welches sich auch zu Ujortlersoak 20 Meilen nördl. von Upernavik, findet.

Abends 10 Uhr kam ich zu Svend Larsens Hause wieder zurück. Der Grönländer Barnabas, hier wohnend, welcher lezthin den 17 April mit mir nach dem Eisblink als Wegweiser gereist war, hatte vor ungefehr 8 Tagen den tollen Einfall mit einem alten Ehweibe, welches er ihrem Manne dem Grönländer Pingasunek abspenstig gemacht hatte, auf einem Hundeschlitten heimlich durchzugehen. Den Schlitten hatte er bey dem Eisblinke stehen lassen, und den Hunden die Mauler verbunden, damit sie ihn nicht vor der Zeit durch ihr Bellen verrathen sollten. Man hat bisher noch keine Spur von ihnen gefunden*). Sie haben beyde zu Ikaresak verheirathete Kinder, welche über ihre Desertion grosse Trauer hielten.

Heute Abends späthe kam auch ein Rittenbenks Grönländer mit seinem Weibe von seiner Reise über das feste Land wieder zurücke. — Sie bekam unterwegs Wehen, und konnte kaum noch ein Haus bey Ikaresak erreichen. Vor ein paar Jahren wurde ein Kind auf dem Eise zwischen Okesiksak und Omenak geboren. —

Dienstags, den 30 April

reisten wir um 9 Uhr Morgens von Ikaresak ab, und kamen um halb elf Uhr bey Omeneitsiaks Anlägg an, (4 Meilen). Ich gieng auf Excursion. Hier fand sich ausser dem auf Granit und Gneiss gelagerten Glimmerschiefer, welcher leztere sehr mürbe und eisenschüssig ist, ein neuerer Granit mit Granaten lagerweise, Hornblendeschiefer mit Granaten, welcher auch Kupferkies enthält und an sehr vielen Stellen mit Kupfergrün überzogen, und davon gefärbt ist. — Besonders auch noch, mit dem Hornblendeschiefer abwechselnd, ein beträchtliches Lager mit gemeinem Grünstein und derbem Akanthikone. — Avanturinquarz in Glimmerschiefer, — Prismatische Gneisstücke. —

Um 5 Uhr Abends fuhren wir zurück, und waren bey Storöe beynahe in eine breite offene Wasserrinne gerathen, welche sich

---

*) „Ungefähr 8 Tage späther entdeckten einige Grönländer, welche auf Utukfang giengen, ihren Schlupfwinkel in den S. 311 beschriebenen Höhle. Die Flüchtlinge sagten, dass sie erst dann zurückkehren wollten, wenn der Mann Pingasunek nach Upernavik abgereist seyn würde“. —

erst seit gestern auseinandergethan hatte. — Allein zum Glücke blieben die Hunde mit eins stockstille stehen. — Wir hatten nun das Ungemach, dass wir der Rinne entlang bis unters Land fahren mussten, um über zu setzen. — Abends um 7 Uhr kamen wir nach Omenak.

Monat May.

Reise nach **ubekiendte Eiland.**

Freytags, den 3 May.

reisten wir Vormittags halb 12 Uhr von Omenak ab, dicht unter der Nordseite der Insel weg, setzten sodann über den Fiord nach einer grossen Insel zu, genannt Torsukateksöe, oder auch von ihrem kahlen hökrigen Aussehen, Skurvede Öe, grönländisch aber Kassiak. —

Diese grosse, von allen Seiten steile Insel besteht aus sehr zerklüftetem feinkörnigen grauen Granit, welcher auch grobkörnigen rothen Granit einschliesst.

Sie ist im Frühjahre gefährlich zu passiren, weil beständig grosse Steinmassen niederstürzen. Auf ihrer Nordseite trennt sie ein breiter Sund, Torsukatek genannt, von dem festen Lande. Wir giengen westlich um sie, durch einen andern Sund, Akpanät, (von *Akpa*, eine Alke.) auf dessen Westseite liegt die grosse steile Insel Sedlarsoak (Fuglöe oder Fuglefield), auf deren Nordseite in einer sehr steilen Felsenwand im Sommer eine unglaubliche Menge Malmukken, Alken, Theiste und Mäven nisten. Dabey liegen kleinere von den Grönländern im Frühjahre des Fanges wegen bewohnte, und unter dem Namen Fuglöerne bekannte Inseln, welche grösstentheils zur Urtrappformation gehören. —

Sedlarsoak besteht aus dem vorhin berührten bröcklichen Granit, welcher horizontal von zweyen, drey bis 5 Lachter mächtigen Grünsteingängen durchschnitten wird, wovon der eine ungefehr in der Mitte, der andre dicht unter der Oberfläche des Berges sich durchzieht. Auf dem entgegenstehenden Lande, nahe bey Koobik ist eine Lagermasse, in welcher sich bey Paniane Bergkristalle finden. —

Wir setzten von dieser Insel (Kassiak) über den Sund Torsukatek nach dem festen Lande hinüber, giengen einen grossen Elv vorbey, und kamen Abends um 6 Uhr zu Okesiksak, einer Grönländischen Wohnstelle, 10 Meilen von der Kolonie an und logirten uns in dem Grönländerhanse des Garnfänger Leibhard ein. — Hier steht ein Königliches Handels Speckhaus. Ein steiler Berg liegt hinter dem Wohnhause, man kann dessen Felsenmauer von Westen aus einige Meilen weit sehen.

Er besteht aus dem bemeldeten grauen Granit. Am Fusse des Gebirgs ist Glimmerschiefer angelagert, in demselben Lager von grünl. Talkschiefer (Veegsteen) mit glasartigem Strahlstein, Amianth und Asbest mit Schwefelkies. Vom Talkschiefer hat die Stelle den Namen *Okesiksak* erhalten. —

Sonnabends, den 4 May

reisten wir Morgens um 8 Uhr unter einem dichten Nebel von hier ab, setzten über den Inrettsfiord, einen Arm des grossen Omenaksfiord, in welchem zwey beträchtliche Eisblinke bis in die See hinabgehen, welche von Zeit zu Zeit grosse Eisberge abstossen, und hielten uns von hier aus des dichten Nebels wegen beständig unter dem festen Lande hin. — Von hier aus erheben sich fürchterlich steile und durchaus schroffe zackichte Felsen von beträchtlicher Höhe. Das Eis der See lag unter denselben an vielen Stellen bedeckt und zuweilen zerschmettert von den grossen Felsenstükken, welche im Frühjahr herunterstürzen. Wir kamen zu einer Felsenwand, Malemukkefield genannt, wo die Malemukken *(Procellaria glacialis)* zu hunderttausenden umherflatterten. — Hier verunglückte vor einigen Jahren ein Grönländer, welcher nach Eyern kletterte. Er stürzte von einer Felsenwand herab auf eine andre, wo er hängen blieb, und jämmerlich verschmachten musste. — Diese Vögel haben meistens ihre Nester an so sichern Stellen, dass nur Adler, Falken, oder Raben sie erbeuten können, daher sie sich vermehren. —

Alle diese Klippen der Gegend bestehen aus grauem Granit mit angelagertem Glimmerschiefer. — Von der ebengenannten Felsenwand zieht sich abermals ein Arm des Omenaksfiords hinein, welcher Bläsefiord, grönländisch Kangerdluarsuk genannt wird. In demselben findet sich lagerweise grünlicher und blaulicher, auch geflammter Topfstein. — An des Bläsefiords Mündung liegt Tuapeitsiak, wo grosse Steinschutte liegen. — In dieser Gegend sahen wir auf einer Stelle einen Flokk von mehr als 50 Seehunden auf dem Eise. Dieses war zuweilen auf der Oberfläche so scharf und spizzig wie Nadeln, so dass unsre armen Hunde in kurzer Zeit sich die Beine blutig liefen. Da wir das Eis nicht so scharf vermutheten, so hatten wir uns auch nicht mit Stiefeln für sie versehen, eine Vorsorge, welche man besonders im Frühjahre auf dem Eise des Omenaksfiords gebrauchen muss, um diesen armen Thieren das Laufen zu erleichtern. Man lässt Stiefel aus Seehundefellen nähen, und bindet ihnen diese unter die Beine fest, welches sie zwar im Anfange nicht gerne leiden, aber sich doch endlich drein finden. —

Wir erreichten mit vieler Mühe Upernaviks Sund, grönländisch Upernavik-Tunnua. Dieser trennt die grosse steile Insel Upernavik, welche auf der Nordseite von Omenaksfiord liegt, von dem festen Lande. Um 5 Uhr Nachmittags nahten wir die südlichste Näs der Insel, von den Grönländern Upernavik genannt, 8 Meilen von Okesiksak, und 18 von Omenak entfernt, und nahmen bey dem Grönländer TIMOTHEUS unser Nachtquartier. Er wohnte in einem *Ekortok*, einer Art Zelte, welche die Grönländer in Omenaksfiord im Frühjahre gebrauchen, um sich mehr vor der Kälte zu schüzzen. Sie gehen nicht, wie im Sommer ganz schräg hinten zur Erde nieder, sondern die Felle werden auf der Rückseite gegen die Erde zu ganz perpendikular abwärts gebogen, die Brixen werden dadurch schmaler aber auch etwas höher von der Erde gegen hinten zu. Der Eingang, durch welchen man kriechen muss, ist von behaarten Seehundefellen, und nicht, wie im Sommer, von Därmen. Ueber dem Eingange ist ein 3/4 Ellen breites und 1/2 Elle hohes Fenster von weissgegerbtem dünnem Seehundefell angebracht. Es ist also im Zelte ziemlich dunkel. Doch helfen die Lampen zur Erleuchtung. Wir wurden bey unserm übrigens sehr gutwilligen Wirth von einer ziemlichen Menge Läuse gleich in der ersten Nacht heimgesucht, und hatten also ein unruhiges Lager! — — Als ich etwas gegessen hatte, gieng ich auf meine Wanderung.

Ich traf hier unter allen bisher in Grönland bemerkten Sandsteingebirgen das höchste. Dessen Oberfläche ist bis an den Gipfel mit Geschieben und Bruchstükken theils von der nemlichen Steinmasse, theils von uranfänglichen Steinarten bedeckt, und von mehrern Berg- oder Schneeströmen durchschnitten. In einem derselben, gegen Süden liegend, gieng ich vom Gipfel an in der Schlucht abwärts, und fand einige bald grössere bald kleinere Braunkohlenlager, und zwar Pechkohle. — Das mächtigste betrug etwas über eine Lachter, und war in einer Ausdehnung von 6 Lachtern entblöst; doch die Kohle am Tage ziemlich verwaschen. Es ruht auf schiefrigem Sandsteine und ist mit Schieferthone bedeckt; auf diesen folgt abermals Sandstein, in welchem lagerweise grünsteinartiger Säulenbasalt liegt; der obere Sandstein ist unmittelbar von losem Sand und Geschieben bedeckt. Auf der Südostseite dieses Flözes findet beynahe das nemliche Verhältniss statt, doch ist hier die Schichtung deutlicher, weil das Gestein durch die hier oft wüthend anbrechende See ganz entblöst ist. — Zu unterst liegt feinkörniger Sandstein, dann folgen Spuren und Trümmer von Braunkohle, dann Schieferthon, dann grobkörniger Sandstein welcher der Nagelfluh sich nähert, mit dem obenberührten Sandsteine abwechselnd, sodann mindre Schichten von Schieferthon, auf diesem, zu Tage, aufgelöster Sandstein oder Sand. — Dieses ganze Flöz bildet eigentlich die südlichste Landspizze der Insel, und erstreckt sich östlich eine halbe Meile am Strande der See gegen den Fiord einwärts, und südlich gegen das unbekannte Eiland zu ebenfalls eine halbe Meile. An beyden Extremen behauptet das Urgebirge und dessen grauer Granit bis an die See hinab wieder seinen Plazz. Doch wird das Flötz auf der südlichen Seite durch einen beträchtlichen Eisblink, welcher über dasselbe aus einer grossen Bergschlucht herunterschiesst, vom Urgebirge scheinbar abgeschnitten. —

Abends gegen 12 Uhr kam ich wieder nach Hause, nachdem ich mich in dem tiefen einbrechenden Schnee ziemlich müde gegangen hatte. — Darauf folgte, wie oben gesagt, eine unangenehme Nacht. —

Sonntags, den 5ten May,

Die Nacht vom vierten zum fünften war sehr kalt. Das Thermometer zeigte 14 Grade Kälte. — Das Bier fror im Zelte, ungeachtet doch zwey grosse grönländische Wärmelampen brannten, steinfest im Fässchen, so wie auch Butter und gesalzen Fleisch, und wir konnten uns nicht erwärmen, so sehr wir auch unter die Grönländischen Männer Weiber und Kinder uns hineinkrümmten. Des schlechten Wetters, Nebels und Schneegestöbers wegen mussten wir den Tag über stille liegen, doch entschloss ich mich, Abends gegen 5 Uhr die Reise nach ubekjendte Eiland anzutreten. — Wir mochten ungefehr eine halbe Meile vom Lande auf dem Eise seyn, als der dichte Nebel wieder einfiel. — Unsre Hunde wollten, ihre wunden Füsse wegen auch nicht mehr recht fort. — Nach vieler Anstrengung kriegten wir doch endlich um Mitternacht die ebengenannte Insel zu Gesichte. (Ich darf wohl kaum anmerken, dass uns auf dieser Höhe die Sonne beständig treuen Dienst leistete, und aus Nacht Tag machte).

Montags, den 6ten May

Wir hielten uns bey der im Nebel so unsichern Reise gegen die Mitte des Eilands, wo vor mehrern Jahren ein Königliches

Handelsforsög zu Nakerdluk angelegt war, welches aber im Jahre 1803 wieder aufgegeben wurde. Von hier aus fuhren wir dicht unter der Insel weg nach der Nordöstlichsten Näs Ingia, von *Ingik*, eine Spizze so genannt, wo gewöhnlich gefährliche Stromplätze und dünne Eisstellen sind. Doch sezzten wir ohne Anstoss vorbey nach der Nordwestseite der Insel gegen die Strasse Davis zu. Auf dieser Reise, (wir hatten in der Nacht 17 Grade Kälte) hatte ich mir abermals die Nase erfroren. —

Um 3 Uhr Morgens kamen wir endlich nach Karosuk, einer geräumigen Felsenhöhle, welche inwendig mit den schönsten gruppenförmigen Eiskristallen bekleidet war, wo wir etwas Speise und Trank geniessen, und ruhen wollten. Mit Hülfe eines mitgenommenen Stückes Seehundespecks gelang es uns endlich, auf dem Eise Feuer anzumachen. — Weil aber durch die Wärme und den starken Rauch die Eistapeten des Gewölbes herunterfielen, so mussten wir uns von dem Feuer zurückziehen. *Sic transit gloria mundi,* dachte ich mir; diese blendende Eisgruppen, welche noch vor wenig Augenblicken mit ihrem Brilliantglanze unser staunendes Auge ergözt hatten, waren nicht mehr, und der schwarze kahle Felsen deckte uns nun! Diese Höhle, welche die See in die Wakke gewühlt hat, besteht eigentlich aus 2 Abtheilungen; die äussere bildet ein rundes Gewölbe, ist in der Mitte etwas über 3 Ellen, und der gegen 6 Ellen breite Eingang gegen 1½ Elle hoch. — Herr Assistent Schade, welcher mit Herrn Kaufmann Winding aus Gefälligkeit die Reise mitmachte, erzählte mir, dass vor mehrern Jahren die Grönländer öfters mit zwey Zelten, des Fanges auf dem Eise wegen, in dieser Höhle gestanden hätten. — Sie ist gegen 42 Ellen lang, und 31 Ellen breit. —

In die innere Höhle, deren Eingang nun durch einen kleinen Damm von Trappgeschieben geengt ist, muss man hineinkriechen. — Doch ist sie in der Mitte wol viermal so hoch als die äussere. — Ihre Länge beträgt 36, und die Breite 27 Fuss. Nahe beym Eingang in dieselbe auf der linken Seite erhebt sich eine ungefehr 30 Fuss breite, ziemlich steile Felsenkluft, welche am obersten Ende, wo ich nur, auf dem Bauche kriechend, hinkommen konnte, schmal und niedrig zusammenläuft. — Ihr ganzer Abhang ist mit kleinen Wakkenstükken überdeckt: die Höhe derselben beträgt 65 Fuss. Doch konnte ich am Ende keine Öffnung zu Tage wahrnehmen. — Diese innere Höhle ist vor Winden, Schnee und Eis ziemlich gesichert. — Doch mag wol im Sommer durch das lose Wakkengestein viel Tagwasser darinnen sich sammeln.

Wir blieben hier bis fünf Uhr Morgens. In der Nähe dieser Höhle, doch weiter gegen Süden, ist Sakkane (von *Sakkak*, die Sonnenseite) ein Frühjahrsaufenthalt für die Grönländer, des Seehundfanges wegen; doch war diesmal noch keiner hinausgezogen. — Zu Sakkane stand, vor einigen Jahren noch, ein dem Königlichen Handel zugehöriges Speckhaus, welches man des geringen Ertrages wegen, nach Schleifung des Forsögs zu Nakerdluk hat eingehen lassen. — Auf der Südlichsten Näs dieses Eilandes, Rävenäs, — Terrienniak der Grönländer, stehen auch zuweilen Zelte. —

Aus dem Wenigen bereits über die Gebirgsart gesagten ergiebt sich, dass dieses Eiland der Flöztrappformation angehöre. Doch haben dessen Gebirge nicht die Höhe von Diskoeiland, zu welchem sie doch vieleicht, so wie Haseneiland gehört haben, bis sie endlich durch die wüthende See, welche hier aus dem Waygat, der Strasse Davis und der Baffinsbay zusammenstürmet, davon abgespühlt wurden. —

Ubekjendte Eiland, welches seinen Namen von den alten Holländischen Wallfischfängern erhalten hat, und vorhin für einen Theil des festen Landes gehalten wurde, beginnt am Südlichsten Ende mit einem Berge, welcher wie ein Dach auf einer sehr schroffen Felsenmauer, die in die See hinab reicht, aufsitzt; von dieser Erhöhung an bildet die Felsenmauer oben eine Fläche, von welcher aus sich die gegen Norden zu liegenden Gebirge mehr und mehr erheben, bis sie endlich am nördlichsten Ende stark abfallen. — Auf der östlichen und westlichen Seite hängen drohende Eisblinke, welche die Schluchten und Thäler ausfüllen, bis in die See herab. — Ueberhaupt ist dieser Fiord mit Eisblinken vorzüglich geseegnet. Ich habe auf meinen Reisen in demselben gegen 20 Eisblinke gesehen und gezählt, wovon 10 bis zur See hinabreichen und Eis abstossen. Doch sind die auf dem unbekannten Eilande von geringerer Mächtigkeit. — Die Eisblinke des festen Landes stehen grösstentheils mit dem grossen Haupteisblinke, welcher die Mitte desselben durchschneidet, in Verbindung. —

Die Gebirge dieses Eilandes gehören ganz der Trappformation, wie ich oben schon sagte. Die Schichtung und Lagerung ist hier durchaus horizontal; doch gegen Westen ein wenig abfallend. Basalt, Wakke und Mandelstein wechseln in Schichten von ungleicher, doch geringer Mächtigkeit miteinander ab. Der Basalt durchsezzt noch überdies, was ich auf Diskoeiland nicht bemerkt habe, die ganzen Gebirgsmassen in beynah seiger fallenden schwarzen Streifen, welche von ferne wie eiserne Bänder, Riegel oder Schliessen aussehen, und gleichsam die übrige lose Steinart zusammenzuhalten scheinen. Die Säulen, in welche dieser Basalt zerfällt, liegen quer mit der Richtung der Streifen oder Gänge. — Er ist stark magnetisch. — Die Wakke enthält in horizontalen Trümmern dichten Zeolith mit Kalkspath gemengt. — Der Mandelstein, Kalkspath in 6 seitigen Piramiden; überhaupt hat das Gestein mehr Kalkspath als Zeolith. Basalttuff habe ich nicht gefunden. —

Das Eiland erstreckt sich von Süden nach Norden gegen 4 Meilen in die Länge und von Osten nach Westen gegen 1 Meile in die Breite, wo es am breitesten ist. —

Um 5 Uhr Morgens reisten wir wieder ab; obgleich es mit unsern kranken Hunden sehr langsam gieng, so kamen wir doch um 12 Uhr Mittags, auf diesem unsichern, 6 Meilen langen Wege zu Upernaviksnäs bey dem Grönländer Timotheus an, wo wir uns mit einem Stücke Seehundefleisch, denn sie hatten so eben gefangen, erfrischten, und auch unsre Hunde damit erquickten. — Da diese für heute nicht weiter zu bringen waren, so mussten wir mit dem alten Qvartier vorliebnehmen.

Dienstags, den 7 May.

Reisten wir Vormittags um 11 Uhr von Upernaviks Næs ab, und setzten des scharfen Eises wegen gerade auf Fuglöerne zu, um die Hunde zu schonen, weil auf dieser Strecke mehr Schnee lag. Wir wurden alle drey beynahe Schneeblind, und die Augen schmerzten uns unbeschreiblich, welches der vom Winde ins Gesicht gepeitschte Schnee noch vermehrte. — So matt die Hunde auch waren, so rannten sie doch, sobald sie einen Seehund witterten, in die Kreuz und Quere. Wir passirten Bläsefiord und Inrettsfiord, und kamen endlich um 7. Uhr Abends zu Okesiksak bey Leibhard an, wo diesen Tag 7 Seehunde gefangen worden waren, und also flott gelebt wurde. —

Mittwochs, den 8 May

reisten wir um 11 Uhr Vormittags ab, giengen durch Akpanät, und kamen um 6 Uhr Abends bey steetem Nebel und Schnee nach 6 tägiger Abwesenheit wieder nach Omenak, wo wir Briefe von Godhavn vorfanden, mit der Nachricht von der Ankunft der Englischen Wallfischfänger. —

Aufenthalt
zu Omenak

Montags, den 13ten May

reiste Herr Assistent SCHADE mit 11 Schlitten nach Noorsoak ab, um die nach der Bucht bestimmte von hier abgehende Kolonisten dahin zu bringen, und das Schiff Freden zu erwarten. Der Utukfang fieng nun an gut zu werden; dafür nahm die Kaleraglikfischerey ab. Der Grönländer MADS fieng heute auf einer dieser Bänke einen Rochen von besonderer Grösse und Gestalt. —

Freytags, den 17 May

reisten zwey Grönländer MATHÆUS und VILLAS als Postexpressen mit Schlitten über Land nach Rittenbenk. — Die Kälte ist mit steetem Schnee noch anhaltend. —

Sonntags, den 19 May

Abends 7 Uhr kam der Grönländer PEDERSOEITSIAK als Postexpresse von Rittenbenk hier an. Er sollte uns 1/2 Anker Kornbrandwein von Godhavn mitbringen, trank ihn aber auf der Reise mit andern guten Freunden über die Hälfte aus, und füllte den Rest zum Theil mit Wasser. — Nach seiner Aussage lag das Eis in Diskobucht und Waygat noch fest, war aber den vielen Stromlöcher wegen mit Schlitten nicht mehr zu befahren.

Montags, den 20ten May

reiste er wieder zurück, und einer der den 17ten May an Herrn Inspecteur MOTZFELDT abgesandten Postexpressen kam heute unverrichteter Sache wieder zurück. — Die Reise stand ihm nicht an, und also übergab er, ohne weitere Umstände, die Briefschaften zu Torsukatek an einen uns unbekannten Grönländer. — —

Die Kälte stand abends 10 Uhr zu 16 Graden. —

Dienstags, den 21 May

reiste ich Vormittags um 11 Uhr wieder ab, um nach Saitok zu gehen. Wir passirten Storöens westliche Näs, Kangarsoak genannt. Nördlich von dieser steilen Granitfelsenwand ist ein schmales steil aufsteigendes Thal, aus welchem besonders die südöstlichen Windstösse, zumal für kleinere Fahrzeuge gefährlich werden können. — Wir sezzten von hier über das Eis nach Saitok (das Flache) oder eigentlich in der mehrfachen Zahl Saitut (die Flachen); — denn es sind mehrere kleine flachen im Winter von Grönländern bewohnte Inseln. Auf den kleinsten südlichsten wächst ziemlich viel *Cochlearia Grönlandica.* Hier stand ein dem Königlichen Handel gehöriges Speckhaus, welches nun etwas östlicher, nach der eine Meile von hier entlegenen Wohnstelle des festen Landes, namens Tuitelik verlegt worden ist. Um 2 Uhr Nachmittags kamen wir, des auf dem Eise liegenden tiefen Schnees ungeachtet, bey dem Grönländerhause zu Saitok, unweit von Tuitelik an. Viele Seehunde lagen rund um uns her bey ihren Eislöchern. — Die grösste dieser Saitut, oder flachen Inseln besteht aus grauem feinkörnigem Granit. Auf einer andern, westlich bey dieser liegenden finden sich zwey unterirrdische Felsenklüfte, welche den ehemaligen Grönländern zu Begräbnisspläzzen gedient haben. — In der einen liegt ein berümter Angekok begraben; die Grönländer fürchten sich in dieselbe zu gehen. — Auch diese Insel besteht aus grauem Granit von feinem Korn, auf denselben ist, gegen Westen zu, sehr feinblätriger Glimmerschiefer von rauchgrauer Farbe gelagert; dieser ist mit Sahlit und Strahlstein gemengt. — Der Sahlit bildet auch in ihm ein Lager mit Quarz und gemeinem Strahlstein in flachen vierseitigen stangenförmigen Prismen. Der Sahlit ist bloss derb, von abgesonderten Stükken, welche seine eigenthümliche Kristallform verrathen. Der Quarz kommt auch in einem Lager vor, und ist von beygemengtem Strahlstein grünlich gefärbt. — Der in Sahlit eingewachsne Strahlstein ist von wenigem weissem Kalkspath begleitet. — Den Glimmerschiefer durchsezzen auch noch, nach der Lage seiner Textur derbe gemeine Hornblende, und Schwefelkies, beyde in Trümmern. — Den grauen Granit durchsezzt ein, eine halbe Lachter mächtiger Gang von grobkörnigem röthlichem Granit in welchem kleine Kristalle von gemeiner Hornblende liegen. Nesterweise findet sich in ihm rauchgrauer und splittriger grünlicher Hornstein. Abends 11 Uhr kehrten wir in einen dichten Nebel gehüllt, wieder nach Omenak zurück. —

Donnerstags, den 23 May.

Reisende Grönländer, welche von Noorsoak kamen, berichteten, dass ihre dorten in Zelten stehenden Landsleute schon mehrere Narhvale in Kaiakken in offenem Wasser gefangen hätten. Der Utuk-Fang ist nun auch anhaltend gut. —

Montags, den 27 May.

Ich reiste Vormittags um 11 Uhr mit zwey Schlitten von Omenak ab, und sezzte mitten aus dem Fiord den geraden Weg nach ubekjendte Eilands Südlicher Seite Sakkak (Sakkáne) genannt, zu. Diese Stelle hat von den Grönländern den Namen Sakkàk, oder Sonnenseite, von ihrer südlichen Lage erhalten. Sie stehen gerne im Frühjahre mit ihren Zelten auf den Seehund-Narhval- und Weissfischfang hier. Wir kamen unterwegs zu mehreren offenen Rinnen im Eise. Da eine derselben zu breit war, um mit dem Schlitten überzusezzen, aber doch die Länge desselben mit beyden Enden an die äussersten Punkte des festen Eises reichte, so bedienten wir uns seiner statt einer Brücke, um über die Rinne zu gehen, nachdem wir zuerst die Hunde ins Wasser gesprengt hatten, welche hinüber schwammen. Um halb acht Uhr Abends kamen wir zu Sakkàk an, welche Stelle in gerader Linie ungefehr 12 Meilen von Omenak entfernet ist. Ich nahm mein Quartier in dem *Erkortok* (eine Art Frühlingszelt) des Grönländers FRIEDERICH KAJUTARSOEITSIAK. Abends gieng ich auf Excursion.

Die ganze Insel gehört, wie ich bereits oben Seite 321 gemeldet habe, der Trappformation an; doch ist die Schichtung hier etwas abweichend von der Nördlichen Seite derselben. Die Basis macht hier grünlich graue Wakke in einer sehr mächtigen Schichte. Diese durchsetzt an mehrern Stellen (WERNERS) Graustein und Thonporphyr, BORNS *Saxo metallifero* sehr ähnlich, mit Hornblende-, Feldspath- und Glimmerpunkten. Auf denselben ruht Klingstein und Porphyrschiefer in senkrecht stehenden Platten, welche oft so dünne sind, dass sie beym Anschlagen mit dem Hammer, oder auch nur mit der Faust einen dumpfen Klokkenthon von sich geben. Man findet in demselben nichts als feine röthliche Feldspathblättchen. Der obengedachte Thonporphyr ist meistens blassokkergelb; in ihm ist ein erdiges opalähnliches Fossil eingesprengt; die Steinart nähert sich zuweilen der sogenannten Opalmutter von Czervenicza bei Kaschau in Ungarn. Die Wakke wird oft durch kleine Zeolith- Quarz- und Kalkspathnieren zu Mandelstein, der Kalkspath durchsezzt sie auch trümmerweise. Im Grausteine finden sich Olivinkörner. In der Tiefe des Gebirges bey einem Eisstrome bemerkte ich ungeheure unordentlich liegende Blökke von Glimmerschiefer, Thonschiefer Talkschiefer und Kieselschiefer, welches mich vermuthen lässt, dass dieses Trappgebirge wol auf Glimmer- oder Thonschiefer ruhen möchte. —

Am niedrigsten Fusse des Gebirges auf den Zeltestellen Uigvàk Sakkàk, und Narksak stehen die Grönländer, wie gesagt, auf dem Fange, und reisen von hier auch nach den grossen Öffnungen im Eise bey Kanisune der Weissfische und Narhvale wegen.

Dienstags, den 28 May,

Reisten wir Morgens um 10 Uhr von Uigvàk ab, fuhren Sakkàk und Narksak vorbey, und kamen an die Südöstliche Näs der Insel, Rävenäs oder Terrjenniak. Hier hatte der Strom, welche um diese Insel überall heftig ist, auf einer grossen Stelle unter dem Lande das Eis weggefressen, und es zeigten sich ein paar Narhvale, welche heraufkamen, um Luft zu schöpfen. Wir reisten von hier aus noch eine Meile, weiter, nach Nakardluk, so genannt, weil hier das Land sich etwas verflächt. Hier war ehemals eine Königliche Handels Anlage, welche unter Omenak gehörte, aber des geringen Ertrags wegen im Jahre 1803 aufgegeben wurde.

Auch hier macht die graue Wakke den untersten Theil des Gebirges aus. In ihr trifft man nierenweise nadelförmigen, und stänglichen Mesotype, auch stängligen Kalkspath. — Mit dem letztern ist Bergkristall, seltener kubischer und figurirter Chalzedon verwachsen. Bey Nakardluk stürzt ein mächtiger doppelter Bergstrom aus dem hohen Gebirge herab. Die Bahn desselben ist mit uranfänglichen Geschieben aller Art bedeckt, welche ich aber nirgends anstehend finden konnte. Unter denselben zeichnet sich ein grünlicher, und weisser mit Glimmer gemengter Quarz (Avanturin) besonders aus. Um 5 Uhr reisten wir wieder ab, und kamen um 7 Uhr nach Uigvàk zurück. —

Mittwochs, den 29 May

reiste ich Morgens um 7 Uhr von Uigvàk wieder ab, um nach der Westlichen Seite der Insel zu gehen. Es fiel ein starker

Nebel, mit heftigem Schneegestöber, so dass wir kaum hundert Schritte vor uns hin sehen konnten. Das Eis war auch hie und da sehr schwach, so das unsre Hunde mehrmalen durchplumpten. Wir giengen die südlichste Näs vorbey, Kikertalik, von einigen hier in der See liegenden Inselklippen genannt. Am Strande standen drey Grönländerfamilien, des Fanges wegen, mit ihren Zelten.

Von hier an verflächt sich die südlichste Näs, und bildet über eine Meile in die Länge am Strande hin, und eine halbe Meile aufwärts oder einwärts gegen das Trappgebirge zu ein aufgeschwemmtes Land, Anarsuk genannt, welches aus allen beynahe denkbaren aus der Baffinsbay, dem Waygat, der Strasse Davis, und dem Fiord, [Stikkende Jakobsbucht] zusammengeschobenen Steinarten besteht, deren grösster Theil dem Urgebirge, der geringere der Trappformation angehört. — Die vorzüglichsten sind: Der vorhingenannte grünliche Glimmerquarz, allerley Arten von Glimmerschiefer, aus viel feinkörnigem Quarz und wenig weissem Glimmer bestehend, eine Art Aventurin. Ausser diesen finden sich allerley Granitarten, Quarz- Feldspath- Hornblende- Kalkspath- Zeolith- und Chalzedongeschiebe, auch eine Art Hornblende, deren Farbe sich der röthlichbraunen nähert. — Sie ist bald mit Scapolith, bald mit Arctizit, bald mit Epidote gemengt. In dem anstehenden Gebirge, welches aus sehr bröcklicher gelblich brauner Wakke besteht, trift man adern und trümmerweise Kalkspath, grösstentheils halbflach das Gebirg durchschneidend. Dieser ist bald fasrig bald blättrig; der erste gebändert. Er scheint das Mittel zwischen Kalkspath, fasrigem Kalksteine, Igloit und Miemit zu halten. Auf den horizontallaufenden Bänderablösungen sizzen kleine mit gelbem Okker bedeckte Kristalle, dieser Okker ist es auch, der die Bänder oder Streifen verursacht. Die Kristalle selbst sind bald sattelförmige Linsen, bald kleine Rhomben, welche auf dem Gegenstücke der Streifung sich abgedrückt haben. Der mittelste Kalkspath dieses Ganges ist blättrig; in dessen offenen Zwischenräumen haben sich sehr flache stark geschobene Kalkspathrhomben gebildet, welche zuweilen treppenförmig aneinander gereihet sind. Auf den Kalkspathkristallen liegen zuweilen vollkommen ausgebildete klare doch sehr kleine Bergkristalle. Stral- und Faserzeolith in erbsengrossen Kügelchen macht, doch nur selten an dieser Stelle, den Uebergang aus der Wakke in Mandelstein. — Um 9 Uhr Abends fuhren wir wieder nach Uigvàk zurück. —

Donnerstags, den 30 May.

Gegen Mittag zeigte sich durch ein anhaltendes aber doch sehr feines Schneegestöber ein schöner regenbogenfarbiger Ring um die Sonne, welcher mehrere abwechselnde Nebensonnen hatte. Um 10 Uhr Vormittags reisten wir von Ubekjendte Eiland ab, um quer über den Fiord zu dessen südlichem Festen Lande nach Niakornak überzusezzen. Im Anfange gieng es ganz gut, doch ungefehr auf der Mitte des Wegs nach benannter Stelle, welche von Ubekiendte Eiland aus in gerader Linie ungefähr 4 Meilen entfernet ist, kamen wir an eine doppelte offene Eisrinne; doch war die grösste nicht breiter, als dass die beyden Enden der Schlittenläufe das Eis auf beyden Seiten der ersten Rinne berühren konnten. Doch war die Eisspizze, welche beyde Rinnen hier trennte, sehr schwach und ausgespühlt. Zum Glücke kam auf der gegenüberstehenden Seite ein Grönländer angefahren, welcher unsre Hunde, die wir hinüber sprengten aus dem Wasser der Rinne zog. — Wir bedienten uns nun mit seiner Hülfe unsrer Schlitten statt einer Brücke, und kamen glücklich über die erste Rinne. Ueber die zweyte konnten wir dem Ansehen nach, da sie schmaler war, durch einen frischen Sprung kommen. Die beyden mit mir reisenden Hundekutscher, ein Grönländer und ein Schwede kamen glücklich hinüber. Als ich aber meinen Sprung machte, brach das Eis, welches zum Unglück an dieser Stelle von unten zu schon durchfressen war, mit mir ein, und ich plumpte in die See. Doch hielt ich beym Heraufkommen am gegenüberstehenden festen Eise fest, und schwang mich mit einiger Mühe wieder auf das Trockene. Die andern, welche mit Hunden und Schlitten beschäftigt waren, bemerkten diesen Zufall erst, da ich schon wieder auf dem Eise war. — Das beste war, dass ich trockne Unterkleider bey mir hatte, und mich sogleich umkleiden konnte. Wir sezzten unsre Reise fort, und so hatte dieses kalte Bad keine weitere schlimmen Folgen für mich. Nach vieler Beschwerlichkeit erreichten wir endlich um ein Uhr Nachmittags das feste Land bey Sermersoak, welches zur Trappformation gehört. Auf dieser Stelle standen zwey Grönländerzelte. Ohne uns hier länger aufzuhalten, als nöthig war, um uns nach der Beschaffenheit des Eises zu erkundigen, fuhren wir weiter, kamen glücklich über mehrere vom Strome durchlöcherte Eistrümmer, und langten um 3 Uhr zu Niakornak, oder Hovedet an.

Unter den Reisenden befand sich auch ein Grönländer JONATHAN, welcher mit einem kleinen Knaben, seinem Kinds-Kinds-Kinde auf Besuch herüber gereist war. Er ist der älteste Mann in Omenaks Distrikt, vieleicht in ganz Grönland, und doch dabey noch so rasch, dass er einen Seehund im Kajak fangen kann. Ein seltenes Beyspiel eines hohen Alters, welches nur wenige Grönländer erreichen — ein seltenes Beyspiel von Raschheit in diesem harten Lande, wo hauptsächlich die Kraft der Augen durch den schneidenden Glanz des Schnees und Eises besonders im Frühjahre so sehr geschwächt wird, und man so viele beynahe blinde junge Männer trifft. Alle klagen schmerzlich in dieser Kriegszeit über den Mangel des Schnupftobaks, und ihre erste Bitte, wenn man sie besucht, ist — eine Prise. — — Ich nahm zu Niakornak mein Quartier in dem Zelte des Grönländers DANIEL. Diese Stelle hat ihren Namen von einer rundlichen hervorstechenden Felsenklippe, welche sich von ferne wie ein Kopf (grönl. *Niakok*) zeigt.

Das Gebirge eine Fortsezzung des Trappgebirges, welches sich von Noursoak aus bis nach Kook (Kome) in Omenaksfiord erstreckt, ruht auf Basaltbreccia (Trapptuff). Die Bruchstükke oder Geschiebe dieses Tuffs steigen von der Grösse einer Erbse bis zu Centnerschweren Stükken, und sind grösstentheils Basalt, seltener Wakke oder Mandelstein, und durch ein Zement von zerkleinter thoniger Wakke verbunden. Ist aber Mandelstein ein Gemengtheil dieses Conglomerats, so sieht man in demselben Quarz, Chalzedon, fasriger Mesotype (SCHUHMACHERS asbestartiger Zeolith) in Nieren von verschiedener Grösse, welche doch nie das Grosse erreichen. Der leztere geht oft ins krummblättrige über, ist schiefrig, hat einen starken Perlemutter oft beynahe metallischen (Silber-) Glanz, und braust etwas mit Salpetersäure. Seine Kristallisation scheint die sechsseitige Tafel zu seyn. Er ist dem Schieferspathe etwas ähnlich, ausgenommen dass er sich in excentrische keilförmige Stükke absondern lässt, und oft ins strahlige übergeht. — Ich möchte ihn gerne der Analogie wegen schiefrigen Zeolith nennen. Die in nierenförmigen Drusen vorkommende Bergkristallen haben zuweilen nur dreyflächige Zuspizzung. — Der Opal begleitet gewöhnlich den gedachten Schieferzeolith, und findet sich auch in kleinen Nieren. Seine Farbe geht vom weissen ins blaulichweise über. Seltener trifft man hier Kalkspath, und zwar in Trümmern und Adern, zuweilen rhombisch kristallisirt, auf der Oberfläche etwas gefurcht und graulich angelaufen. Die höhern Punkte des Gebirges bestehen aus rauchgrauer Wakke. Auf dieser liegen dem Seestrande entlang beträchtliche Hügel von aufgeschwemmten Trappgeschieben, welche Hügel von mehrern Bergströmen durchschnitten werden, und zum Theile vermuthlich diesen ihre dermalige Gestalt zu danken haben. Weiter ostwärts im Fiord von Karsok (Karsome) an werden dieselben von einem Sandsteinlager von röthlich gestreiftem ziemlich grobkörnigem Sandstein überdeckt, in welchem sich kleine Braunkohlenlager befinden, welche zu Sargvarfik, und Kook (Koome) zunehmen und beträchtlicher werden. Diese Trappformation reicht auf der Südseite des Fiords bis nach Koome am Strande hin, wo sodann das Urgebirge wieder vortritt, und das Trappgebirge zurücksinkt.

Diese ganze Bergstrecke des Ur und des Trappgebirges der Südseite des Fiords wird von vielen Bergströmen durchschnitten, welche von dem obenruhenden allgemein verbreiteten Eisblinke ihren Ursprung haben, und beständig gräuliche Verheerungen anrichten.

Freytags, den 31 May.

Ich war den ganzen Tag auf Wanderung und gieng bis nach dem grossen Thale, welches nach Noursoak zuführt. Das Resultat hievon ist unter dem Berichte der Wanderung des vorigen Tages mittbegriffen. In einem Steingestürze fand ich unter den losen Stücken kleine in Hornstein eingewachsene Kristalle, welche 6 seitige Säulen zu seyn scheinen, und vermutlich des französischen Mineralogen Fleurian's Semeline ist. —

Zu Niakornak fand ich auch die erste blühende *Uniursät*, eine Art der *Pedicularis*, und vorgestern zu Anarsuk die ersten *Kissekisät* in Blüthe. — Die Blumen der leztern Pflanze, welche süsslich schmecken, essen die Grönländer gerne roh, oder als Salat mit Thran. — Von dem Gipfel dieser Gebirge sahe ich in einer grossen Oeffnung im Eise bey Kanneitsut (Kannisune) vier Meilen westlich von Niakornak fünf Englische Schiffe nach Wallfischen umherkreuzen. Nach der Grönländer Bericht lagen fünf solche Schiffe bey Noursoak im Eise, da das Waygat noch zugefroren war. Sie hatten in allem zusammen nur erst fünf Fische gefangen. Die Grönländer hatten ein Wallross von ungeheurer Grösse erlegt, welches zwar unter das Treibeis gieng, aber doch ein paar Tage drauf todt gefunden wurde.

Monat Junius.

Sonnabends, den 1 Junius

Um sechs Uhr Morgens reisten wir von Niakornak wieder ab, sezzten über den bey dem Königlichen Handelsgebäude befindlichen Landsee, weil das Eis um die Näs herum vom Strome aufgefressen war, und mussten auf dieser zwölf Meilen langen Reise unglaublich viele Kreuzzüge des gefährlichen Eises wegen machen. An mehrern Stellen war dasselbe zwischen den auf beyden Seiten offenen Stromlöchern so schmal, dass wir kaum mit Hunden und Schlitten hinüber kommen konnten. Bey Kokkok, (Kokkone) ungefehr 4 Meilen östlich von Niakornak kamen wir an eine über drey Klaftern breite Wasserrinne. Wir mussten an derselben ein grosses Stück Eis loshauen, und es auf die schmaleste Stelle bogsiren, um uns auf diese Art eine ziemlich morsche Brükke zur Ueberfahrt zu bereiten. Doch missten wir bey dieser Gelegenheit 4 losgespannte Hunde, welche nicht übersezzen wollten, und vermuthlich mit dem Eise forttrieben. Von hier aus fuhren wir auf Karsok (Karsome) vier Meilen östlicher zu. Auf dem Eise stand so viel Schneewasser, dass wir oft mit den Schlitten mehr schwammen als fuhren. Endlich kamen wir nach vielem Ungemach Abends um 7 Uhr nach sechstägiger Reise glückl. bey der Kolonie Omenak wieder an. —

Pfingstdienstags, den 4 Junius

Reisten wir Vormittags um 11 Uhr mit Schlitten von Omenak wieder ab, um zu Saitut bey einem Grönländer zu übernachten, und dann den folgenden Morgen nach Tuliktelik zu fahren. Der Mann war aber schon von da weggezogen und das Hausdach eingerissen. Lezteres thun sie allezeit, wenn sie ihre Winterwohnung verlassen, um der mephytischen Luft mehr Abzug zu verschaffen. Wir mussten also unter freyem Himmel kampiren, und Bivouak halten. Die weitere Reise nach Tuliktelik musste ebenfalls unterbleiben, weil das Eis in dieser Bucht so dünn war, dass es mit den Schlitten einbrach. Der ganze Weg von Omenak hieher war gleichfalls von vielen offenen Wasserrinnen durchschnitten, in welchen sich Eidervögel *(Anas spectabilis)* Theiste *(Uria Grylle)* Ternen *(Sterna hirundo)* Mallemukken *(Procellaria glacialis)* und verschiedene Mävenarten in grossen Schaaren aufhielten.

Ueber die Gebirgsarten der Saitut habe ich bereits oben im Tagebuche Seite 324 gesprochen; ich darf nur noch hinzusezzen, dass ich zu Saitorsoit in einem grobkörnigen Granitgemenge Titanit in 4 flächigen Linsen kristallisirt fand. Zwey der kleinsten dieser (Saitut-) Inseln werden, der dorten häufig wachsenden *Cochlearia* wegen Kohl-inseln genannt. Wir blieben hier die Nacht über in der oben Seite 324 erwähnten Grabhöhle eines Angekoks. —

Mittwochs, den 5 Junius

Reisten wir um vier Uhr Morgens, nachdem wir uns vorher mit einem Gerichte Erbsen erfrischt hatten, wieder nach Omenak zurück, wo wir um 6 Uhr ankamen. —

Donnerstags, den 6 Junius

Morgens reiste ich nach Akkia (Akkienne) ab, welches in Osten 4 Meilen von der Kolonie liegt. Die Umwege, welche wir wegen der vielen Wasserrinnen und dem an vielen Stellen durchgefressenen Eise machen mussten, verursachten, dass wir erzt um 4 Uhr Nachmittags daselbst ankamen. Die ungetauften Grönländer Pingasut und Iteitsikaursak standen gegen über zu Akudlek (Akudlerne) oder runde Öe in einem Zelte, wo wir Quartier nahmen. Ich gieng über das Eis des schmalen Sundes, welcher beyde Inseln trennt, hinüber nach Akkia. —

Von dieser Stelle gilt alles das, was ich bereits im Tagebuche Seite 313 gemeldet habe. Ich muss nur noch beyfügen, dass ich, besonders in der Nähe, und unter dem noch anstehenden Glimmerschiefer in den aufgethürmten Thonhaufen beträchtliche Lager von Haarsalz und natürlichen Eisenvitriol in schneeweissen Haaren von ausserordentlicher Reinheit gefunden habe. Dieser mit Sand vermischte Thon, eine Auflösung des Glimmerschiefers ist vom Vitriole auf der Oberfläche ganz überdeckt, so dass es das Ansehen hat, als ob er mit Mehl bestreuet wäre. Eine zusammengebackene Kruste überzieht die Oberfläche desselben, in welchem Splitter von edelm Granate Quarz und blättrigem Graphit wie eingeleimt stecken. Hie und da liegen Bruckstükke von rosenrothem Quarz umherzerstreut. Der weissgraue Quarz, welcher im

Glimmerschiefer in kleinen Nestern vorkommt schliesst edle Granatkristalle von allerley Form ein. Doch zerfällt dieser Granat sehr leicht in Sand, da dessen Gewebe von sehr feinen verwitterten Glimmerblättchen durchzogen ist. Am Glimmerthone findet man zuweilen Spuren seiner ehemaligen Gestalt. — Auf Akudlek (Akudlerne) habe ich ausser den oben Seite 314 bemerkten Steinarten nichts neues als grosse Hornblendschieferlager, und Quarz mit Hornblende, so wie auch in den Strahlsteinlagern etwas Asbest und Amianth bemerkt.

Freytags, den 7 Junius

Morgens halb ein Uhr fuhren wir mit unsern Schlitten wieder ab, und kamen um 6 Uhr früh nach einer beschwerlichen Reise nach Omenak zurück. — Die Grönländer vertauschten nun allmählig ihre dumpfigen Winterwohnungen mit den gesündern Sommerzelten. —

Sonntags, den 8 Junius

Reiste ich abermals auf Schlitten mit dem Böttcher Johannes Kronwald und dem Grönländer Jeremias uber den Fiord nach dem südlichen festen Lande, und gieng, von Killekitòk an, unter dem Lande, so viel es das morsche Eis erlaubte sich zu nähern aufwärts gegen Osten. Östlich von dem Sandsteinflözze bey Kook (Koome) oder westlich von Killakitok hört das Trappgebirge mit seinen Flözen auf, und das Urgebirge nimmt dafür wieder seinen Plazz zunächst am Meeresstrande ein. — Dieses besteht bey Killakitok und Sermesut aus feinkörnigem grauem Granit, und wechselt mit feinkörnigem rothem Granit ab. Diese Gebirge sind, obgleich ihre Höhe nicht sehr beträchtlich ist, mit ewigem Eisblinke bedeckt, welcher durch die gewaltsame Wasserströme des Sommers von ihren Gipfeln aus grosse Schluchten gerissen hat, die ebenfalls mit Eisblinken von mehrerer Klaftern Höhe ausgefüllt sind, und zum Theile bis an die See hinabreichen. Hier stürzen von Zeit zu Zeit däs ganze Jahr hindurch besonders im Sommer grosse Massen nieder. Zwischen der See und dem Eise haben die Bergströme ein ungeheures

Chaos von Steinarten aufgedämmt, welches verhindert, dass das Eis nicht forttreiben kann. Bey Sermesut, wo so eben (im Vollmond) mehrere Eisstücke niedergiengen, bestehen die meisten Steinbrocken aus Granit und Basalt, welcher leztere in vorigen Zeiten zugleich mit dem Sandsteine mag angeflözt gewesen seyn. — Bey Asakkàk und Iterdlek, zwey Stellen, wo ehemals Grönlænder wohnten, so wie auch zu Umiartarbik findet sich in diesem Steinschutte bituminöses Holz und Pechkohle, weiter südlich und östlich ist keine Spur mehr davon. Im Basalte habe ich auch glasigen Feldspath, Olivin und Prehnit entdeckt, die beyden leztern sind in Grönlands und Diskos Trappformation selten anzutreffen. — Die Basaltstükke sind meistens 3—4 und 5 seitige Prismen und Piramiden von verschiedener Grösse. —

Während ich nun meine Wanderung zu Fuss südlich dem Gebirge entlang fortsezzte, wurden meine Schlitten mit den Begleitern, von der Ebbe, welche um diese Jahrszeit, besonders in der Springzeit am Strande hin das Eis zertrümmert, über eine Viertelmeile hinausgetrieben. Mit genauer Noth konnte ich sie endlich, beständig mit dem Tooke sondirend, und über die Eistrümmer watend und schreitend, erreichen. Wir sezzten hierauf die Reise am südlichen festen Lande, so viel es die Schwäche des Eises erlaubte, wieder fort.

Ueberall ist der obenberührte graue und rothe Granit die Hauptmasse, und Glimmerschiefer in beträchtlichen Lagern an und auf demselben. Die Schluchten mit den Eisblinken sind sich alle ziemlich ähnlich; ich zählte von Killakitok aus bis zu dem grossen Bergstrome, über welchen man im Winter durch das Gebirge nach Rittenbenk reisen kann, 8 Eisblinke.

Bey der steilen Insel Tellerok, welche aus röthlichem Granit besteht, wendeten wir nördlich nach Kangerdlursuarsuk, auf der Insel Omeneitsiak, woselbst eine dem Königl. Grönl. Handel gehörige Anlage steht, und hielten uns bey dem daselbst wohnenden Katecheten Jens Hammond ein paar Stunden auf um unsre Kleider und Stiefel zu trocknen.

Ich berufe mich in Ansehung dieser Insel auf das, was ich S. 309 und S. 315 meines Tagebuchs von derselben gesagt habe; nur muss ich noch hinzusezzen, dass ich daselbst Lager von Granit mit grünlichem Glimmer und beygemengtem Strahlsteine und Epidote, so wie auch beträchtliche Lager von gemeinem Quarz und Gänge von schneeweissem Feldspathe gefunden habe.

Auf dieser Seite der Insel sind sehr viele alte heidnische Grabstellen. Auf dem südlichen festen Lande des Fiords sind dermalen nur die Pläzze Killakitok, Sermesut, und Umiartarbik im Winter bewohnt. —

Sonntags, den 9 Junius

Nach Mitternacht, Morgens um halb 1 Uhr reisten wir von Kangerdlursuarsuk wieder ab Es hatte auf dem Fiord bey Nordostwind, und $4^1/_2$ Grad Kälte mit klarer Luft einen Zoll dickes frisches Eis gefroren, welches uns die Rückreise unglaublich erleichterte; da überdies auch alle unsre Hunde mit Stiefeln an den Beinen versehen waren, und also von der Schärfe des Eises wegen keinen Schaden leiden konnten. Doch wurden wir wider Vermuthen durch das vom Strande zurücktretende lose Eis bey der Ebbezeit verhindert, unter dem Lande bey der Näs der Insel Sedliarusät überzufahren. Eine über drey Klaftern breite Wasserrinne versperrte uns auch den Pass an andern Stellen überzusezzen. Wir sahen uns also genöthigt, die Hunde mit Schlitten über das Treibeis des Strandes zu bogsiren, und über die Landspizze der Insel auf die entgegengesezzte Seite, wo kein offenes Wasser war, zu bringen, welches auch gut von Statten gieng. So legten wir nach einer Fahrt von vierthalbstunden diesen 4 Meilen langen Weg von Omeneitsiak zurück, und kamen um 4 Uhr Morgens zu Omenak an. Das Eis um die Kolonie herum war der heftigen Strömung wegen an vielen Stellen wie ein Sieb zerlöchert. —

Montags, den 10 Junius

Reiste ich Vormittags um 8 Uhr begleitet von Johan Kronwald und den Grönlændern Kale und Villas mit drey Schlitten von Omenak ab, um nach Ukusiksak, einer Garnstelle, 10 Meilen nördlich von der Kolonie entlegen, zu gehen. Zwar war ich daselbst schon den dritten und siebenten May gewesen, hatte mich aber des vielen Schnees wegen nicht so genau, als ich es wünschte, umsehen können. Gleich bey Kangarsoak, $1^1/_2$ Meile von Omenak, traten uns die ersten Hindernisse in Weg. Eine Rinne im Eise war seit der leztern Springzeit 5 bis 6 Klaftern breit geworden. Wir mussten uns also aus dem Eise derselben einen Floss loshauen, auf welchem wir 4 Personen mit drei Schlitten und 30 Hunden uns übersezzen konnten. Wir machten denselben, um für die Rückreise gesichert zu seyn, mit einem Taue, auf der Seite, wo wir landeten, fest und sezzten dann nach einer Arbeit von einer Stunde unsre Reise fort. Aber nun gieng die Noth erst recht an; wir kamen von Rinne zu Rinne, und mussten daher, um leichter übersezzen zu können, unter Kassiak oder Torsukateks Insel gehen, welche in dieser Gegend einen guten geräumigen Hafen hat. Hier kamen wir vom Regen in die Traufe: das Eis war durch die heftigen Strömungen, welche hier von verschiedenen Inseln her sich kreuzen, so durchlöchert wie ein Sieb, und dabey so dünne, dass es sich unter den Schlitten bald bog bald theilte, und die Hunde an mehrern Stellen zu 7 und 8 Stükken in die See plumpten. Um den Schlitten über dem Eis zu erhalten, hatten wir auf beyden Seiten über den Läufen 5 Ellen lange Zeltstangen angebunden, so dass der Schlitten einem Tragsessel ähnelte, eine Vorsicht, welche man in Omenaksdistrikt braucht, wenn das Eis schwach zu werden anfängt. —

Wir spazzirten mit leichten Tänzerschritten bey und hinter demselben her, theils um die Hunde zu steuern, theils um die Last zu erleichtern oder doch zu vertheilen. So hatten wir 12 Stunden auf einer Strekke von 4 Meilen zugebracht, und waren nach Torsukatek, einem Sunde, gekommen, welcher vollgepfropft mit Eisbergen lag, die grösstentheils schon rund um offenes Wasser hatten. Ich wollte mich, nach einer mit meinen Reisegefährten abgehaltenen Konferenz, nicht mehr weiter wagen, wandte mich daher östlich nach den Saitut oder flachen Insel zu, welche von den Grönlændern bereits verlassen waren, und landete mit den Schlitten auf Saitungoit, wo wir unter freyem Himmel die Nacht kampiren mussten. Wir kamen um 10 Uhr Abends daselbst aufs Trockne, *per varios casus, per tot discrimina rerum.* —

Von den Saitut habe ich in meinem Tagebuche schon Seite 324 und 332 Meldung gethan. Ich füge noch bey, dass ich auf der Insel Saitungoit, welche sich im übrigen wie ihre Nachbarinnen verhält, körnigen Urkalkstein mit körnigem Sahlit (Malakolith) gemeinem Strahlsteine und Tremolite lagerweise im Glimmerschiefer angetroffen habe. Die Insel Kassiak besteht (verglichen mit S. 316) aus feinem grauem Granit, welcher kleine Kristalldrusen einschliesst, und mit röthlichem abwechselt. Der Oberfläche nahe läuft ein, einige Lachter breiter horizontaler Hornblendeschiefergang durch das Gestein. —

Dienstags, den 11 Junius.

Da die Luft verdächtig stürmisch aussah, und ich befürchtete, das Eis möchte durch die geringste Dinning in dieser Gegend zertrümmert werden, so reiste ich mit meinen Begleitern um 1 Uhr

Morgens Saitorsoit vorbey, mitten auf den Fiord, und kam, da es die Nacht durch ziemlich fror, ohne Anstoss glücklich zu der oben bemerkten grossen Rinne, wo wir unsere wieder festgefrorne Eisbrücke unversehrt vorfanden, sie losarbeiteten und sodann übersezzten. Morgens um halb 8 Uhr kamen wir der Kolonie Omenak auf ein paar Kabbeltaus Länge nahe, mussten nun aber Hunde und Schlitten über die treibenden Eistrümmer schleppen, weil die gewaltigen Strömungen das Eis hier herum seit gestern ganz zusammengefressen hatten. Der Grönländerblanding Jakob Seb kam uns entgegen, gieng bey den schlimmsten Stellen, als ein bekannter Mann, voran, und leistete uns gute Dienste. Die Strömungen um die Insel Omenak sind zu dieser Jahrszeit sehr gefährlich. Vor 4 Jahren ertrank eine Grönländerinn mit ihrem Kinde, welche auf Schlitten hieher kamen, kaum 10 Lachter vom Lande entfernt. Der Mann rettete sich über die Eisstücke. Herr Rasmussen, damals Handelsverwalter zu Omenak, gab sich viele Mühe, um die Ertrunkenen nach den bekannten Vorschriften ins Leben zurückzubringen, und würde wahrscheinlich seiner Zweck erreicht haben, wenn der Eigensinn der Verwandten die Verunglückten ihm nicht mit Macht entrissen hätten. So steht es mit ihrer Aufklärung! — Der Schmidt der Kolonie Anders Jensen büsste auch vor einigen Jahren zwischen Koome und Omenak, und der Assistent Fleischer im Jahre 1806 zwischen Omenak und Omeneitsiak sein Leben ein. Doch war wohl der lezte durch Eigensinn selbst Schuld an seinem Tode. Er wollte reisen, bevor das Eis noch fest lag.

Mittwochs, den 12 Junius.

Der Sturm hatte, wie ich gestern befürchtete, das Eis heute Morgens gegen Osten und Nordosten zu ganz gebrochen, so dass weit und breit da, wo wir gestern noch überfuhren, offenes Wasser war. Wir waren also die lezten, welche über das Eis mit Schlitten nach der Kolonie kamen. —

Donnerstags, den 13 Junius,

War das Eis bey Saitut und Torsukatek, über welches wir gestern [vorgestern] früh fuhren, rein verschwunden. Um ganz Omenak bis nach store Steen war auch offenes Wasser. — Die Grönlænder giengen zum erstenmal wieder in Kajakken aus, fiengen aber nichts.

Ich war auf Excursion nach dem südlichsten Theile der Insel, und fand röthlichen Granit als Hauptmasse mit Glimmerschieferlagern. —

Dienstags, den 18 Junius,

Reiste ich mit Herrn Winding in einer Schaluppe, welche eben nach dem Kohlenbruche, 1 Meile von hier, Koome oder Kook genannt gehen sollte, um das Vorkommen des dortigen Braunkohlenlagers zu besehen. Es liegt auf dem südlichen festen Lande. Wir hatten Mühe, zu den 2 Kolonisten, welche zu Hause waren, noch einen Grönlænder zur Ueberfahrt zu bereden, ungeachtet gestern schon zwey andre dazu gedungen waren, welche aber heute unter nichtswürdigen Ausflüchten ihr gegebenes Wort brachen. So äusserst unzuverlässig und ungewiss sind die Dienste der Grönlænder! Nach vierstündigem Rudern auf einer Meile Wegs kamen wir endlich hinüber. —

Das Flötzsandsteingebirge, in welchem dieses Braunkohlenlager vorkommt, beginnt bei Tuaparsoit, westlich von dem Berge und Wohnplazze Killakitok, und ist an dem Hauptgebirge — Sargvarfik vorbey — bis zu Slibesteenfield angelagert, an mehrern Stellen von heftigen Bergströmen durchschnitten und durchwühlt, und bey diesen durch aufgeschwemmtes Land verschüttet, doch findet man es am Meeresstrande immer wieder. Es erstreckt sich über 2 Meilen von ungleicher Mächtigkeit und erreicht an ein paar Stellen eine beträchtliche Höhe. Die besten Lager sind in der Nähe von Koome und Sargvarbik, und erreichen die Mächtigkeit von anderthalb bis zwey Lachtern. Eines derselben Kampsfield genannt, wollte der nach Grönland gesandte Bergmann Kamp vom Gipfel abteufen; er fand aber in der Faulheit der damaligen Kolonisten wichtige Steine des Anstosses, und musste die Arbeit stehen lassen. Die hier vorkommende Kohle ist meistens gemeine Braunkohle, der Grobkohle sich nähernd, ungemein vitriolisch und kiesig, selten Pechkohle. Der natürliche Vitriol liegt auch schichtenweise fasrig und mehlig in verschiedenen äussern Gestalten in den Ablösungen der Kohle, und die schroffen Felsenwände des Flözes sind, besonders gegen die See zu, ganz von geträuften natürlichen Vitriol überzogen und gelbgefärbt; der Sandstein, der Schieferthon, ja selbst der unterliegende Gneiss sind davon geschwängert, welches den leztern ganz mürbe, und auf der Oberfläche beynahe zerreiblich gemacht hat. Die Schichtung dieses Braunkohlenlagers verhält sich auf der ganze Strecke ziemlich gleich, und ist in beystehender Ordnung geschichtet[1]:

Sandstein.
Schieferthon.
Sandstein.
Schieferthon.
Sandstein.
Schieferthon
mit Kohle.
Sandstein
(mächtigste Schicht).
Alaunschiefer.
Braunkohle,
oft unmittelbar auf Gneiss ruhend.
Zuweilen Gneiss als Unterlage sichtbar.

Die Lage der Schichten ist vollkommen horizontal, doch zuweilen etwas verschoben, welches wol von einer unruhigen Naturoperation zeugt. Selten trifft man im Schieferthone Abdrücke, und zwar eine Art von Farrenkraut. *(Aspidium)* — —

Ueber Sargvarfik, woselbst ebenfalls, wie zu Koome, Kohlen für die Kolonie Omenak zuweilen gebrochen wurde, brauche ich nichts weiter zu sagen, da das Verhältniss das nemliche ist. Doch ist der Bergstrom, welcher beyde Plätze von einander trennt, einer besondern Bemerkung werth. Wenn man über denselben gegen eine Viertelmeile aufwärtsgegangen ist, so stösst man auf der linken oder südöstlichen Seite desselben auf ein ungeheures Lager von weissem und röthlichem körnigem Urkalkstein, welcher sich durch die vielen losgerissenen und niedergeschwemmten weissen Steine verräth. Er liegt dem Sandsteine oder Kohlenflötze sehr nahe, und zwischen röthlichem Granit. An dem höchsten Berge, nemlich Kjerling-

[1]) Her har GIESECKE i Marginen tegnet et løst skitseret Profil, hvoraf Lagenes forskellige Tykkelse nogenlunde fremgaar; navnlig er de to øverste Lag Skiferler omtrent kun halvt saa mægtige som de andre Lag.

field grönlændisch Killértingoit ist ein Wakkenlager mit Zeolith. Diesen grönlændischen Namen hat der Berg von seiner Spizze erhalten, welche sich wie die gebundne Haarwulst eines Grönlændischen Frauenzimmers ausnimmt *(Kellertit).* Die Dänische Benennung ist vermuthlich aus der verderbten Aussprache des Grönlændischen Wortes entstanden. Ich verfolgte meinen Weg, so weit es möglich war, bis ans Ende dieser Stromschlucht, wo bratte überhængende Basaltfelsenwände den Einsturz drohen, und glaubte, über einen mit ungeheuren Granit- Gneis- Glimmerschiefer- und Basalttrümern überdeckten Bergrücken dahin zu schreiten, als ich auf einmal an einer breiten lothrechten Kluft stand, unter welcher das geschmolzne Wasser des überhängenden Eisblinks unbändig hinrauschte. Zu meinem Erstaunen sah ich, dass die Stelle, worauf ich mich befand, ein unter losen Steinmassen vergrabener, von mehrern Strömen durchschnittenen Eisblink war. Ich hatte also Eis über mir, unter mir, und zur Seite. Unter den Geschieben bemerkte ich Zinnstein in Quarz eingesprengt, und Titanit.

Von hier aus gieng ich, da nicht weiter zu kommen war, um sechs Uhr Morgens

Mittwochs, den 19 Junius

nach einem zwölfstündigen Marsche wieder nach dem, dem Königlichen Handel gehörigen Grönlændischen Hause zurück. Die Kohle, welche hier während der Zeit des Kohlenbaues verbraucht wird, bricht man nahe bey dem Gebäude an einer Stelle, welche deswegen Kjökkenbænken genannt wird. Nachmittags gieng ich nach Tuaparsoit, und Karsoarsuk, wo viel aufgeschwemmtes Land ist. Das ehemalige Kolonistenhaus zu Karsoarsuk bey Sargvarfik ist nun ganz zerfallen. Hier wächst viel *Pedicularis, Andromeda,* und *Ledum.* Um 5 Uhr Abends reisten wir mit Kohlen beladen nach Omenak zurück. Wir waren kaum ans Land getreten, als sich ein Südweststurm erhob, und das Eis vollends ausfegte.

Dienstags, den 25 Junius,

Gieng ich zum leztenmale nach Omenaks Klippe gen Westen. Hier bemerkte ich, ausser den S. 307 und Seite 312 angezeigten, ein grosses Lager von Strahlstein, und Glimmergemenge mit asbestartigem Strahlstein und Topfstein, auch kristallisirte Hornblende in Quarz. —

Reise
nach **Noursoak, Haseneiland,** durch das **Waygat,** nach **Rittenbenk,** und über die **Diskobucht,** nach **Godhavn.**

Von 26 Junius 1811, bis zum 28 Julius.

Mittwochs, den 26 Junius,

Verliess ich Vormittags 10 Uhr die Kolonie Omenak, und den gastfreyen Verwalter derselben, Herrn Ole Adolph Winding, bey welchem ich beynahe 4 Monate zugebracht hatte, und sehr freundschaftlich behandelt wurde. Zu meiner Reise nach Godhavn wurde ein Grönlændisches Boot oder Umiak gemiethet; mit diesem folgten die Grönlænderinnen, Lorette, Amalie, Benedicte, Inger, und Euphotea als Ruderinnen, die Grönlænder Villas und Tobias, Mann der Euphotea als Kajaksmänner, und den Katechet Jonas Hammond als Steuermann. Wir sezzten quer über den Fiord, Kook oder Koome, und Sargvarfik vorbey. Lezte Stelle hat ihren Namen daher erhalten, weil vor mehrern Jahren ein Grönlændischer Rennthierjäger über den Bergstrom sezzen wollte, aber von demselben umgerissen wurde, und ertrank.

Wir passirten hierauf die beym Kohlenbruche befindliche Grönlændische und Dänische Hausrudera bey Karsoarsuk, woselbst vor mehrern Jahren auf Kohlen gearbeitet wurde, und kamen Pattorfik vorbey. Der Name dieser Stelle komt von dem Worte *Páttorpok,* er prügelt sein Weib, weil ein vormals hier wohnender Grönlænder sein Weib beynahe zu Tode prügelte. Um 5 Uhr Abends kamen wir zu Karsome (Karsok), vier Meilen von Omenak, an, wo wir unser Zelt aufschlugen und über Nacht blieben. —

Der Sandstein sezzt hier durchaus am Strande des Meeres fort, und bildet beträchtliche Hügel, auf deren Oberfläche das Trappgebirge aufruht. — Beyde Gebirgsarten scheinen von ziemlich gleichzeitiger Entstehung zu seyn, denn nicht selten kommen auch in dem Sandsteine Basalttrümmer vor. Ein Bergstrom, welcher grosse Verheerungen anrichtet, und sich sehr weit ausgebreitet hat, kommt von dem auf den obersten sehr schroffen Spizzen des Trappgebirges ruhenden Eisblinke herab. Die oberste Decke des nach der See zu am nächsten stehenden Sandsteines besteht aus einzelnen noch erhaltenen Zakken eines grünes Sandsteines, welcher aber doch auf der Oberfläche so mürbe ist, dass er bey der mindesten Berührung in Staub zerfällt. — Die unterste Schicht[1]) des äussersten Gebirges ist grobkörniger Sandstein (Nagelfluh), diesem folgt aufwärts sehr mürber grauer Schieferthon mit Pflanzenstielen, meistens unkentlich abgedrückt, dann kommt Wakke, darauf Sandstein, sodann Schieferthon, hierauf wieder Wakke, auf dieser Sandstein, und zu oberst das obengenannte grünliche Sandgestein. Unter den Bruchstükken des Eisstromes zeichnen sich Mesotyp in Geschieben, Lydischer Stein, Kieselschiefer, eine prismatisch kristallisirte der Hornblende ähnliche in bräunliche fallende Steinart in Quarz, und grauer Thonstein aus.

Von Pflanzen wächst hier in unbeschreiblicher Menge *Ledum palustre* und *Grönlandicum*, *Cochlearia Grönlandica*, und *Pedicularis (Ulemiursæt)*. Letztere essen die Grönlænder gerne gekocht als eine Art Langkohl. —

Das Flözgebirge hat zur Unterlage Granit, in demselben streicht ein über eine Lachter mächtiger Gang von grobkörnigem Granit, dessen Gemengtheile in dicken Schichten übereinander liegen. Es ist ein schiefriger Granit, welcher sich dem Gneise nähert; zu unterst liegt eine dicke Schicht Quarz, in der Mitte eine mindre Schicht Glimmer, und die stärkste, rother grobkörniger Feldspath, ist die oberste. — Um ein Uhr nach Mitternacht kam ich zu meinem Zelte zurück. —

Donnerstags, den 27 Junius.

Die Kälte war Morgens 8 Uhr drey Grade. Vormittags um 10 Uhr reisten wir von Karsome ab. Als wir gegen Tupaursarsoit, von den Dänen Turvestagen genannt, kamen, fieng der Grönlænder Villas eine grosse *Phoca hispida (foetida Fabricii)* von den Grönlændern *Tikkarsoak* genannt. Da der wiedrige Wind zunahm, so mussten wir hier Nachtquartier machen. — Der Name

[1]) Her findes i Marginen et løst skitseret Profil, hvoraf det navnlig fremgaar, at de to Lag Skiferler er mindre mægtige end de andre Lag; endvidere angives de to mellemste Sandsten at være hvide og det øverste Skiferlag at indeholde Aftryk.

dieser Stelle Tupaursarsoit bedeutet so viel als: einem grossen Zelte ähnlich, von zwey grossen niedergerollten Trapptuff-Stücken, welche von ferne einige Aehnlichkeit mit grossen, Grönlændischen Zelten haben. Eine ungefähre Aehnlichkeit mit konischen Torfhaufen hat den Dänischen Namen Turvestagen veranlasst.

Hier ist das Sandsteingebirge weit mächtiger, und die Steinarten selbst von mehrerer Consistenz als die zu Karsome, doch haben 2 Bergströme auch hier sehr gewüthet. Das Sandsteinflöz erreicht hier, so wie bey Upernaviksnæs (cf S. 318) eine beträchtliche Höhe, und sezt sich gleich fort bis nach Imnarsongoak, woselbst eine steile Næs von grobkörnigem röthlichem Granit die Untersteinart sehen lässt, auf welcher dieses Flöz aufliegt. Diese Næs ausgenommen zeigt sich das Urgestein auf dieser, Seite des Fiords nicht wieder, als bis man nach Noursoak kömmt. Die beträchtlichste Erhebung des Sandsteines ist Slibesteensfield, wo er auch am feinkörnigsten und festesten ist, und von der Benüzzung einzelner Stücke zu Schleifsteinen den ebengedachten Namen erhalten hat. Zu Tupaursarsoit hingegen ist die unterste Schicht mehr ein Sandsteinconglomerat, in welchem sich nicht selten Trümmer des Basalttuffs oder Trapptuffs| finden; auf dieser liegt röthlicher Sandstein mit Bruchstükken von Schieferthon und Alaunschiefer verbunden. Hier ist die erste und einzige Stelle, wo ich Versteinerungen der *Venus Islandica* und *Mya truncata*, und zwar in eben beschriebenem röthlichem Sandsteine fand. Die Trappbreccia (Trapptuff) liegt hier auf den obersten Punkten des Sandsteines und wechselt mit Säulenbasalt (4 und 6 seitigen Säulen) ab. Auf diesem ruht ein mächtiger Eisblink, welcher sich, durch zwey nach der See herabziehende Trapptufflager im Sandsteine, Luft gemacht hat, und im Sommer seine Wassermassen durch dieses so bröckliche Gestein ausströmt, welches auch, einige einzelne hervorragende Trümmer ausgenommen, bis an das Meer hinab ausgespühlt ist. Die Wakkenstükke dieses Trapptuffs bilden zuweilen mit Zeolith eine Art Porphyr. Der mehrmals berührte glimmrige

Zeolith kommt nur in diesem Trapptuff, und zwar in den Basaltkugeln desselben blättrig und in Kuben vor; diese Kugeln oder Knollen wiederstehen der Zerstörung am meisten. Man trifft allezeit nur im Mittelpunkte derselben das fremdartige Fossil, wie den Kern in der Schaale; äusser dem berührten Zeolith, auch einen blassrothen dichten Zeolith; diese eingewachsene Fossilien sind stets nierenförmig und bald mit Chalzedon-, bald mit Opalrinde umgeben, welche beyde Steinarten auch für sich allein in denselben nierenförmig vorkommen. Nie ist in einer solchen Basaltkugel, so gross sie auch seyn mag, mehr als eine Niere, deren Entstehung problematisch ist. — Um 11 Uhr Abends kam ich nach dem Zelte zurück.

Freytags, den 28 Junius

Die Sonne hatte Morgens drey Nebensonnen, zwey in West, und eine in Süden. — Wir reisten Morgens um 4 Uhr von Tupaursarsoit ab, giengen Imnarsongoak, und Kokkôk oder Kokkone vorbey, und kamen nach Sergveit.

Bey dieser aus Massenbasalt bestehenden Næs, einem Lieblingsaufenthalt der Theiste *(Uria Grylle)* grönländisch *Sergveit* genannt von welchen die Stelle den Namen hat, hört der Sandstein auf, und die Trappformation vertritt dessen Platz bis an die See.

Bey Tertlek fiengen wir einen von einem Schwertfische *(Delphinus orca)* getödeten Seehund *(Neitsingoak)*. Wir kamen Kingiktok vorbey, wo ein Nordweststurm zu blasen anfieng, so dass wir kaum noch die Næs Niakornak oder Hovedet vorbeykommen konnten. Wir schlugen hier unser Zelt auf. Auf dieser Stelle steht ein dem Grönlændischen Handel gehöriges Erdhaus, welches aber seit mehreren Jahren nicht mehr bewohnt wird. Ausser dem Grönlænder Daniel, welcher mich sehr angelegentlich bat, bey ihm zu übernachten, standen mehrere Grönlænder theils getaufte, theils Heiden hier in ihren Zelten. Von einem der leztern, Ussaursak genannt, kaufte ich eine Handvoll gebrannter Kaffeebohnen, welche er von den Englændern erhalten hatte, für etwas Grüzze und Erbsen. Ein abermaliger Beweis, dass unter der ungetauften die verderbliche Begierde nach Kaffee noch nicht so sehr überhand genommen hat. Sie nehmen ihn von den Englændern nur dann, wenn sie nichts anders kriegen können. — —

Wir sahen ein Englisches Wallfischfängerschiff nahe unter

ubekjendte Eiland krenzen. — Vor ein paar Tagen verunglückte daselbst eine Fregatte im Eise; doch wurde die Mannschaft auf ein andres Schiff geborgen. —

Ueber das Gestein zu Niakornak vergleiche man was ich oben Seite 329 bis 330 gesagt habe. Auf dem Hoved selbst, oder der äussersten Næs fand ich in den Basaltkugeln des Basalttuffs blass rothenrothen dichten, und weissen fasrigen Zeolith, einen grünlichen Zeolithporphyr, und Glimmerzeolith in Würfeln.

Sonnabends, den 29 Junius.

Ich gieng auf Excursion. Ausser den von Seite 329 bis 330 bereits angeführten Fossilien fand ich Chalzedon in kleinen Kugeln gehäuft, Kalkspath in flachgedrückten Rhomben mit kleinen Feldspathkristallen besäet, und Opal in Basalt eingesprengt. Daselbst befindet sich auch ein besondres Basaltlager, dessen Säulen rund sind, und horizontal liegen. Von der See aus sieht es wie eine Batterie, daher nenne ich diesen Basalt, welchen ich sonst nirgends sah, Kanonenbasalt. Gegen über steht Basalttuff an. Die runden hervorragenden Basaltknollen desselben sehen vollkommen wie eingeschossene Kanonenkugeln aus. — Das Donnern und Zusammenstürzen der rund umher in der See stehenden Eisberge währte die ganze Nacht hindurch.

Sonntags, den 30 Junius.

Ausser den angezeigten Mineralien sahe ich noch zu Niakornak in einem Wakkenlager braunrothen Eisenokker, und in der Nachbarschaft desselben rothen Jaspis, theils gegen Osten zu, nahe an dem grossen Elv, theils gegen Westen nahe bey Itiblik an einer Felsenwand in Lagern unter dem Trapptuffe. — Morgens um 6 Uhr verliessen wir Niakornak, und ruderten nach Sag-mesok. Das Hauptgestein ist hier Basalt, mit Wakke abwechselnd. In der Wakke sieht man gangweise graulichen von Braunstein gefärbten Kalkspath in grossen Rhomben, und dreyseitigen Piramiden, mit denselben zuweilen

Stilbit verwachsen, ferner geträuften und figurirten Chalzedon mit rhombischen Eindrücken, zuweilen mit kleinen Quarzdrusen.

Hier standen die Grönlænder Jakob und Jeremias in ihren Zelten, sie beschenkten mich mit *Maktak* und *Sarpik*. Nachmittags reisten wir wieder ab, und kamen Noudluk (Nougerdluk) vorbey. Von da aus passirten wir Koome und Kannisune (Kanneitsut), zwey Zelteplāzze. Beym leztern wird im Frühjahre guter Narval und Weissfischfang getrieben. Von hier aus fängt das Trappgebirge an, gegen Noursoak zu, stark abzufallen und flächer zu werden, doch ist es an der See hin zwar nicht hoch, aber sehr steil. Wir kamen hierauf nach Kannioak (Kannioakane), einem verlassenen Winterwohnplatz. Da der scharfe Nordenwind sich nun in einen Sturm verwandelte, so sahen wir uns genöthigt hier zu übernachten. Die Stelle war verschiedener in vorigen Zeiten hier verübter Mordthaten wegen übel berüchtigt. — Man findet viele alte heidnische Grabstellen. — —

Das Gestein ist Wakke in Mandelstein übergehend und hat Lager von okkergelbem Eisenthon. In der lezten Steinart so wie auch in der Wakke fand ich graulich weissen körnigen und blumigblättrigen Igloit, welcher auch concentrische, und zugleich excentrische grünlich gelbe kleine Kugeln in der Wakke bildet. Dieses leztere Fossil ähnelt der sogenannten grünen strahligen Kobaltblüthe, welche ehemals zu Oraviza im Banat vorkam. In der Wakke komt auch der Stängelkalk in 4 seitigen und 6 seitigen Prismen vor. Chalzedon fand ich in obenerwähntem gelbem Eisenthone, und in Wakke, bald geträuft, bald figurirt, zuweilen auch derb, bald mit blumigblättrigem dem Miemit ähnlichen Kalkspathe, bald mit Bergkristall. Den Miemit begleitet gefleckter, muschliger Hornstein. Um Mitternacht kam ich nach dem Zelt zurück.

Monat Julius.
Grönländisches Handelsjahr 1812.
Montags, den 1 Julius

Wir reisten, da der Wind sich gelegt hatte, hier ab, giengen Sermesuarak, Itelelik, Nakardluk, das ist: niedrigstes Land, vorbey, und sezzten um die hohe steile Næs, Kangek genannt, wo, besonders mit nördlichen Winden schwerer Seegang herrscht. Um 7 Uhr Abends kamen wir bey dem Versuchplatz, Forsög Noursoak oder eigentlicher von den Grönländern Itejak genannt, wo ich bey Herrn Assistenten Schade in dem Handelsgebäude wohnte. Ausser diesem steht hier noch ein Speckhaus und ein paar Grönländische Häuser. Die Stelle liegt gut zum Wallfischfange, weil die Fische im May gewöhnlich durch das Waygat, und also hier vorbeyziehen. Aus Mangel an Schaluppen und hinlänglicher Besezzung derselben konnte dieser seit mehrern Jahren nicht betrieben werden. Des anhaltenden Krieges wegen ist Noorsoak nun ganz unbewohnt. Herr Schade reiste von Omenak nur hieher, um das Schiff Freden zu erwarten, Proviant entgegenzunehmen, und Speck abzuliefern. —

Noursoak oder Itejak mit den umliegenden Inseln Irsoarsok, Tiksavik, Kingigtok, Saitok und einigen kleinern besteht aus Basalt mit Adern von Stängelkalk (Igloit) und Nieren von Chalzedon. Auf der äussersten Landspizze ist feinkörniger Granit mit Lagern von Glimmerschiefer und Hornblendschiefer anstehend sichtbar.

Auf den Inseln rund umher wimmelt es von viel tausend Ternen (*Sterna hirundo*) deren Paarungszeit so eben begann. Eidervögel, die *Anas spectabilis* ausgenommen und Theiste sind hier seltener. Noursoaks Hafen ist nur für nördliche Winde ganz sicher. — Die Stelle war gewöhnlich mit einem Assistenten, einem Böttcher, einem Zimmermann und zween Kolonisten besezzt. Der Weissfisch- und Narvalfang ist hier zuweilen sehr beträchtlich.

Von Kannisune aus bis hieher, und von hier gegen das Waygat zu verflächt sich das Land in der Nähe der See beträchtlich — doch sind die Ufer immer sehr steil und ausgespühlt. — Der Basalt ist meistens ganz rein, nur selten mit kleinen Feldspathkristallen gemengt, und wechselt mit Trapptuff ab. Noursoak gerade gegen über in Westen liegt Haseneiland, worüber ich in der Folge mehreres sprechen werde. —

Dienstags, den 2 Julius

Musste ich wegen starkem Seegange stille liegen.

Mittwochs, den 3 Julius

Der Seegang hielt den Tag über an. Da es gegen Abend etwas ruhiger wurde, so gieng ich, von Herrn Schade begleitet, mit einer Schaluppe und 6 Mann nach der Stelle, wo die in Egedes Efterretninger Seite 76 berührte Eisbärenfalle steht. Die Grönländer fabeln über ihr Daseyn, dass ein Grönländischer Hercules namens Tunningajek, in vorigen Zeiten, diese, zum Theil ungeheuren Basaltstükke, einer Wette zu Folge in Einer Nacht hieher zusammengeschleppt, und diese Falle erbauet habe. Sie soll ehedem auch ein Dach von Steinplatten, vermuthlich Tafelbasalt, gehabt haben. —

Wahrscheinlicher ist es mir, dass der berümte Kapitän Munk auf seiner Untersuchungsreise, oder vieleicht auch ein andrer Seefahrer hier überwintert habe, und diese Falle vom Schiffsvolke in ihrer äussersten Noth mag errichtet worden seyn. Ohne Winden oder andres Hebewerkzeug konnten diese schweren Steinstücke nicht aufeinandergesetzt werden. — Alle dazu verbrauchten Steinarten sind Stücke des grünsteinartigen Basalts dieser Landspizze. — Die Form des Gebäudes macht ein beynahe vollkommenes Viereck aus. Dessen äussere Länge beträgt 13½ Fuss, die Breite 14 Fuss, die Höhe der Mauern, wo sie noch am höchsten sind 6½ Fuss. Der Eingang ist gegen Osten, und 3¼ Fuss lang und 2 Fuss breit, der innerste Raum ist 10 Fuss lang, und 4 Fuss breit. Die Dicke der Mauer gegen Süden ist von forne zu 3 Fuss, der Durchschnitt der Ecken ist 5 Fuss. Der gröste Stein zu unterst an der nördlichen Seite und Ecke ist 3 Fuss lang, 2 Fuss breit, und 2½ Fuss hoch. Der grösste Stein am Grunde der südlichen Ecke ist 3 Fuss lang, 2 Fuss breit, und 1¾ Fuss hoch. Das Gebäude steht nahe an der See innerhalb der Inseln in einer kleinen Bucht auf dem festen Lande. Die Steine sind nicht, wie Paul Egede an der angeführten Stelle sagt, zugehauen, sondern lose Brokken von vierkantigem Säulenbasalt von ungleicher Grösse aus der nemlichen Gegend. Man findet am Eingange keine Spur von einer Fallthüre, oder der dazu nöthigen Vorrichtung. Vermuthlich haben die Jäger in der Nähe zwischen den übrigen Basalttrümmern gelauert, und dem unvorsichtigen Bären, welcher so gerne in allen Löchern herumschnuffelt, und des schmalen Einganges wegen sich wol zu der Lockspeise hineindrängen, aber nicht so leicht darinnen wenden und herauskommen konnte, den Fang gegeben. Auf ähnliche Art fieng sich ein Bär zu Godhavn vor einigen Jahren selbst. Er kletterte auf ein festgefrornes vier Tonnenfass, in welchem die Grönlænder etwas Speck verwahret hatten, stürzte hinein und wurde getödtet. Vieleicht war auch das Dach von Steinplatten über der so eben beschriebenen Falle so eingerichtet, dass es bey Ergreifung des Aases zusammenstürzte und den Bären zerschmetterte. Der Hunger macht diese Thiere dreist, er treibt sie im Winter zu Godhavn oft zu den Fenstern der Europäischen und Grönländischen Häuser. —

Donnerstags, den 4 Julius

Wir konnten wegen Nordoststurm, Schnee, Gestöber und unruhiger See nicht reisen. Ich gieng auf Excursion. Siehe herüber Seite 347. —

Freytags, den 5 Julius

Nachmittags um 4 Uhr reiste ich endlich mit einem Umiak ab nach dem Waygat, bey nördlichem Winde. Wir passirten Akudlengoak, das ist: das mittelste kleine, sodann das eigentliche Noursoak, eine Basaltnæs; beyde Pläzze waren alte Grönländische Winterwohnungen. In Nordost ungefehr 16 Meilen von uns lag Svartenhuk, grönländisch Sigjuk, das ist Landspizze. Wir giengen sodann Nedluak, Noudluk oder Nougerdluk, Landspizzen, welche aus Trapptuff bestehen, vorbey. Sie gehören zum festen Lande. Im Hintergrunde erheben sich die hohen Trappgebirge wieder. — Wir kamen nach Nakerdluk, das heisst: das niedrige Land, wo ein reissender Elv, welcher schwere Strömung und in der Fluthzeit unter dem Lande starken Seegang verursacht, sich in die See ergiesst. Von hier sezzten wir über eine seichte Bucht, Makkak, auch Makkarsoak genannt. Auf einer Stelle derselben, Makkeit genannt, standen einige Familien in 4 Zelten, welche des schlechten Fanges wegen Mangel litten. Bey Makkeit stürzt sich einer der reissendsten Bergströme in das Meer. Er komt aus der grossen Kluft unter dem Berge Majoarsoeitsiak, und hat sich durch das ganze Trappgebirge ein schroffes Beet gerissen. Seine Bahn beträgt gegen 20 Meilen durch das feste Land. Wir kamen hierauf an eine runde Klippe Niakornarsuk, welche durch einen Damm von Geschieben mit dem festen Lande zusammenhängt, und dann nach einer Sandspizze, Siorarsoak. Die Urgeschiebe dieser und der vorigen Stelle sind ein Werk des grossen Bergstromes. Um Mitternacht kamen wir endlich zu Noursak (Noursame) an, wo wir unser Zelt aufschlugen.

Die ganzen Küstenstrecke von Itejak bis Noursak gehört zur Trappformation, ausser dass bey Makkak ein grosses Sandsteinlager mit aufgeschwemmten Gebirge sich befindet. Von Itejak nach Makkak rechnet man 4, und von Makkak nach Noursak 2 D. Meilen. Hier ist das nördlichste Ende des Waygats. —

Sonnabends, den 6 Julius

Morgens um 2 Uhr gieng ich auf Excursion. Das Gestein hier ist sehr verwitterter Trapptuff, nur selten mit Adern von derbem und Nieren von rhombischem Kalkspath. Südlich von uns standen einige Grönländer in Zelten, welche auf Besuch kamen; es stürmte sehr.

Sonntags, den 7 Julius

nahm der Südweststurm, mit schwerem Seegange, zu. —

Montags, den 8 Julius.

Der schurkische Grönländer Tobias, mein zweyter Kajaksmann, dessen Hure Euphotea sich auf der ganzen Reise krank angestellt, und, den ersten Tag ausgenommen, nicht mehr gerudert, wol aber stets tüchtig gefressen hatte, verliess uns mit seiner *Dulzinea* hier, da wir ihn zur Ueberfahrt nach Haseneiland am nöthigsten brauchten, und zog über Land zu den nur 1/4 Meile von uns stehenden Grönländern. Ich hatte also nun nur noch einen Kajaksmann und 4 Ruderinnen. Nur zu späth erfuhr ich, dass die beyden Flüchtlinge sich nur deswegen zu dieser Reise dingen liessen, um mit dieser Gelegenheit auf Besuch reisen zu können. Wir sezzten Abends quer über das Waygat, welches hier 4 Meilen breit ist, und kamen gegen Mitternacht zu Igainak auf Diskoeiland an, kurz ehe noch ein tüchtiger Nordoststurm, von einem dichten Nebel begleitet, ausbrach, welcher uns das Land, in einer Nähe von einer halben Kabbeltaues Länge, noch verbarg. Die Stelle, wo wir landeten, Igainak, war vor vielen Jahren von Wilden bewohnt, welche als Meuchelmörder in schlimmen Rufe standen. Die noch übriggebliebenen Haustrümmer sind Zeugen ihrer Bauart. Die Brixen, worauf sie lagen, bestanden aus Steinplatten. Hier stehen auch Trümmer von einem andern kleinen Häuschen, Kakse, wo sie bey gewissen leichtfertigen Spielen des Beyschlafes genossen und wechselseitig ihre Weiber vertauschten. Hier war ausser der Lagerstätte von Steinplatten kein andrer Raum, auch kein Fenster. Der Eingang war so enge und niedrig dass ein Mensch knapp durchkriechen konnte, und gegen 24 Fuss lang. Das platte Torfdach, von welchem aber keine Spur mehr vorhanden war, wurde von einer Basaltsäule gestüzzt. Eine Viertelmeile vom Strande ab, ziemlich hoch im Lande, fand ich mehrere alte heidnische Gräber. Die beyliegende Kajakke und andre Fanggeräthe waren ganz vermodert. Der ganz Kassigiakfang war in vorigen Zeiten auf dieser Stelle sehr ergiebig.

Die Steinart des hohen Gebirges, (denn am Ufer ist viel aufgeschwemmtes Land) besteht aus Wakke und Mandelstein, der lezter ist oft sehr lose, rothbraun, und geht in Eisenthon über. In ihm trifft man Mandeln von Haar- und fasrigem Zeolith, und Adern von derbem Strahlzeolith und Stilbit, auch etwas Analcime.

Die Gegend ist von 4 reissenden Bergströmen durchschnitten, worunter der mittelste, an welchem wir lagen, der grösste ist. Das Gebirge ist ausserordentlich steil. Als ich bey einer Felsenwand aufwärts stieg, fehlte nicht viel, dass das plözzlich niederstürzende Gestein mir den Garaus gespielt hätte, wenn nicht zum guten Glücke die gröbsten Brokken über mich weggeschossen wären. Wir blieben hier über Nacht, weil der stürmische Nord uns gerade entgegen war, und hatten viele Mühe den Umiak und unsre Bagage über das steile Ufer hinauf in Sicherheit zu bringen. —

Dienstags, den 9 Julius

Des dikken Nebels wegen konnten wir nicht weiter reisen. Die Moskitos *(Culex pipiens)* marterten uns sehr. Ich war auf Excursion, und bemerkte unter den Geschieben grosse Platten von schiefrigem Chlorit, doch fand ich ihn nicht anstehend. —

Mittwochs, den 10 Julius

Reisten wir endlich um 5 Uhr Nachmittags ab. Wir fuhren unter Diskoeiland weg gegen Norden und kamen Okaitsut und Sergvarsoit vorbey. Es sind zwey steile aus Basalt und Mandelstein bestehende Felsenwände, deren erste von Skarven (Seeraben, *Pelicanus carbo*), die andre von Theisten (Grönländische Taube, *Uria Grylle*) bewohnt sind. Von ihren Bewohnern haben die beyden Klippen die Grönländische Namen erhalten. Auf die leztgenannte Felsenwand stürzt die See bey nördlichen Winden mit ungeheurer Kraft; wir fanden hier grosse Treibhölzer und Schiffswrack von verunglückten Wallfischfängerschiffen aufgeworfen, unter andern ein 45 Fuss langes Raa, und zwey Schaluppsruder, ein Forderstevn, Planken, Tonnen ünd Fasstrümmer.

Im Basalte fand ich hier Schuhmachers sogenannten asbestartigen Zeolith, glimmrigen Zeolith in Würfeln mit aufsizzendem Haarzeolith, und Analcime in abgestumpften Würfeln, auch Chalzedonnieren, und eine fettige Thonart.

Bey Sergvarsoib Koorsoit sezzten wir über den $2^1/_2$ Meile breiten Sund, welcher Diskoeiland von Haseneiland trennt. Es gieng ziemliche See. — Als wir schon ein gutes Stück von Diskoeiland entfernt waren, fiengen meine Ruderinnen, welchen die Grönländer zu Noursak bange gemacht hatten, dass in dieser Gegend, besonders beym grossen Elv schon mehrere Umiaks zu Grunde gegangen wären, besorgt für ihr junges Leben, zu heulen and, und wollten durchaus wieder umwenden. Eine derselben Benedicte war so läppisch, dass sie verlangte, der Kajaksmann Villas sollte sie auf seinem Kajak wieder nach Diskoeiland zurücke bogsiren. — Da sie aber sahen, dass ich bey meinem Entschlusse blieb, und alle ihre Klagelieder unnüzze waren, so gaben sie sich zufrieden, und ruderten in ihrer Herzensangst fleissiger, als sie noch auf der ganzen Reise nicht gethan hatten. Auf diese Weise kamen wir ohne allen Schaden gegen Mitternacht nach dem Zelteplatz Niakok, auf

Haseneiland, am Waygat.

Diese Insel, von den Grönlændern Kitlerinub Kikertak (die Insel in Westen) oder auch Arserursak genannt, weil ihre Form von ferne Aehnlichheit mit einem Wallfische hat, ist vermuthlich ein von Diskoeiland durch die Macht der See, welche hier von allen Seiten einstürmt, abgerissenes Stück Lands. — Ein schmaler 2½ Meile breiter Sund trennt sie von der grossen Insel Disko. Die Grönländer nennen den Sund Kikertarsoib-Ikera. Vieleicht hieng sie auch in ältesten Zeiten mit ubekjendte Eiland, und den 6 Inseln Kakkiliseit zusammen, welche alle der Trappformation angehören. Dieser Flöztrapp ist über ein mächtiges Stück Land in Osten, nemlich die östliche Seite des Waygats, die südliche Küste von Omenaksfiord, und gegen Norden über das feste Land von Grönland, nemlich Sauit, Svartenhuk, Hytten, Pröven, Karsorsoak, bis nach dem nördlichsten Eisblink verbreitet, also die grösste bisher bekannte Flöztrappformation.

Die auf den Ufern von Haseneiland aufgethürmten Geschiebe des Urgebirges, welche man selbst auf sehr hohen Punkten findet, beweisen wenigstens, dass die See hier unglaublich gehauset haben mag. Die zu hundert und mehrern Ellen hinaufgeschleuderten Wallfischschedel, ein Baumstamm von Treibholz (Föhrenholz) mit der Wurzel, welcher über 40 Fuss lang ist, und gegen die Wurzel zu 4 Ellen im Umkreis hat, beweist, was die See noch vor kurzer Zeit hier ausrichten konnte. Die Eingebohrnen wissen sich zwar sehr leicht zu helfen; sie schaffen sich einen Grönländischen Herkules, welcher um eine Wette zu gewinnen, alle diese Dinge zu Nachzeit so hoch hinaufgeschleppt hat. Er ist der nemliche Hexenmeister TUNNINGAJEK, welcher die oben S. 347 beschriebene Eisbärenfalle zu Noursoak errichtet haben soll. — Die Insel ist nun seit vielen Jahren unbewohnt, da der ungestümen See wegen für die Grönländer wenig zu erwerben ist. Doch kommen sie zuweilen mit Kajaks in den Monaten May und Junius von Noursoak herüber, um *Kassigiaks* oder gesprenkelte Seehunde, *(Phoca vitulina)* welche sich um diese Zeit hier einfinden, zu fangen. Den holländischen Namen Haseneiland hat die Insel vermuthlich durch die Unwissenheit der holländischen Wallfischfänger erhalten, welche die weisse Isatis, deren es hier eine ziemliche Menge gibt (denn sie frassen in der ersten Nacht mein Pöckelfleisch auf) für weisse Hasen hielten, welche Thiere glaubwürdige alte Grönländer hier niemals gesehen haben. —

Der Strand der ganzen Insel ist meistens steil, ausser bey Niakok, wo wir landeten. Die Klippe Niakok oder Haupt, soll den Kopf eines Wallfisches in einiger Entfernung vorstellen. Die Gegend um Niakok ist ziemlich grasreich, das Ufer ist mit allerley Urgeschieben und Trappsand überdeckt, welchen die See aufgespült hat. Das Gebirge selbst ist, ob es gleich nur eine unbeträchtliche Höhe erreicht, auf seinem Rükken mit ewigem Eise bedeckt. So zerrissen auch die Felsenwände desselben sind, so hat es doch in den hohen Punkten, viele grosse Flächen, welche da, wo sie frey vom Eise sind, allerley Geschiebe der Urzeit vorzeigen. Am Strande liegen, wie schon gesagt, der See am nächsten, Quarz und Trappsand, mit grünlichen Körnern, vermuthlich Olivin, gemengt; etwas höher Gerölle der Ur und Trappformation durcheinander. Das feste sichtliche Gebirge hat zu unterst Wakke, auf dieselbe folgt Basaltporphyr, auf diesem liegt reiner Massenbasalt, sodann stark eisenhältiger auf der Oberfläche gelber Basaltporphyr und zu oberst reiner Basalt. Zu Niakok habe ich ausser Kalkspath von weingelber und weisser Farbe bald fasrig, bald blättrig, auch in Rhomben kristallisirt, kein fremdartiges Fossil gesehen, kleine Zeolithkörner in Basalt ausgenommen. Der Kalkspath durchsezzt die unterst liegende Wakke trümmerweise. — Nördlich von dieser Stelle (Niakok) eine Meile, und vom Lande $^{1}/_{4}$ Meile entfernt liegt eine kleine aus Wakke bestehende Inselklippe. Etwas weiter nördlich am Strand, in der Nähe von ein paar uralten zerfallenen und beynahe mit Schutt überdeckten Grönländischen Hausüberbleibseln, bey welchen ich Hyalith in Wakke gefunden habe, zu Kudlisæt befindet sich ein Braunkohlenlager, welches sich durch die überall in die Kohle eingemengten Bernsteinkörner auszeichnet. Es wird zum Theile von der See bespühlt und liegt auf einem feinkörnigen Sandsteinconglomerate mit Quarz und Trappkörnern auf. Das Lager selbst ist gegen die Mitte zu am mächtigsten, und beträgt daselbst über 4 Lachter. Gegen Nord bey Kudlisæt und gegen Süden bey den eben berührten Hausüberbleibseln fällt es ab, und verliert sich. Die gemeine Braunkohle wechselt mit dem bituminösen Holze ab.

Der Bernstein ist durchaus in beyde gemengt. Es ist daher unrichtig, wenn einige behaupten, er käme nur selten daselbst vor. Auf der Kohle liegt grauer aus Wakke entstandener Letten, und auf demselben eine grobe nur lose verbundene aus grössern Geschieben bestehende Breccia. Höher hinauf im auf und anliegenden Gebirge findet sich der Igloit (Stängelkalk) in der Wakke in knolligen Stükken, theils dicht, theils fasrig, theils stänglich, von weisser, gelblicher, rosenrother und grünlicher Farbe. — Eben so kommt er zu Kujarbik vor mit weissem Kalkspath, welcher bald in Rhomben, bald in 6 seitigen Piramiden, bald in Dodekaedern kristallisirt ist. Selten findet sich Chalzedon. — Die hier liegende schätzbare Braunkohle kann leider nur selten benüzzt werden, da kein Hafen, eine kleine Krümmung des Landes bey Kujarbik ausgenommen, in der Nähe ist, wo ein Fahrzeug sicher liegen könnte. —

Donnerstags, den 11 Julius

Reisten wir nach dem Braunkohlenlager bey Kudlisæt, worüber ich bereits das nöthige gesagt habe.

Freytags, den 12 Julius

Reisten wir Abends bey ziemlich unruhiger See über den Sund zurück, und näherten uns Disko bey dem grossen Elv. Hier hatten die Grönlænder ehemals ihren Sommeraufenthalt, und giengen auf die Rennthierjagd, während die Weiber den Lachsfang trieben. Wir giengen unter Disko weg, und blieben eines Nordsturms wegen zu Sergvarsoit, auf

Disko Eiland
Östliche Küste, im Waygat.

Ueber Sergvarsoit habe ich schon oben Seite 351 ein mehreres gesprochen. Das Wasser fror in den leztern beyden Tagen in unserm Zelte bey 2 und 3° Kälte. —

Sonnabends, den 13 Julius

Mussten wir des Nordoststurmes und starken Seeganges wegen stille liegen. Ich gieng auf Excursion.

Sonntags, den 14 Julius

Reisten wir unter Nebel, Regen und Schnee Mittags von Sergvarsoit ab und passirten wir eine lange Reihe von schroffen, spizzigen, hohen Basaltklippen. Wir kamen nach Kooangoak. Hier öffnet sich ein breites Thal, welches 2 grosse und ein kleiner Bergstrom durchschneiden; auf dem Strande lag vieles Schiffswrack, Ruder, Bretter, Tonnen etc. von dem in diesem Frühjahre im Eise verunglückten Englischen Schiffen. Hier findet sich wieder Trapptuff mit Quarz, Chalzedon, Mesotype, dichtem Igloit, Agat etc. ein. Des Seeganges wegen mussten wir hier liegen bleiben. Im Thale wächst *Angelica Archangelica* in beträchtlicher Menge.

Montags, den 15 Julius.

Morgens 7 Uhr seegelte der Vormann von Egedesminde Andreas Larsen mit der Jacht Dorothea bey einem ziemlichen Südweststurm unter dem festem Lande weg uns vorbey nach Noursoak zu, ungefehr 3 Meilen von uns entfernt, jenseits des Waygats. Ich sandte sogleich meinen Kajaksmann Villas mit einem Briefe an ihm ab, um von ihm Grüzze, Erbsen und Brod zu erhalten, da unser kleiner Vorrath beynahe aufgezehrt war, und wir Mangel an allen hatten. Allein vergebens! Er konnte ihn nicht erreichen, da der Südwestwind zu hart blies. Wir mussten auch diesen Tag des widrigen Windes wegen stille liegen.

Ich gieng auf Excursion und fand auf der südlichen Seite des Thales im Trapptuffe viel schönen blauen Chalzedon, braunen Hornsteinagat, dem bekannten Sicilianischen ähnlich, Agat mit Grünerde, Moosagat, und stängligen Quarz.

Um 4 Uhr Abends, da sich der Wind gelegt hatte, reisten wir von hier ab, und kamen um Mitternacht zu Assùk an, wo wir über Nacht blieben. Villas erlegte einen Kassigiak, und wir fanden einen mit einem Pfeile getödeten Atarsoak, welches uns bey unserm Mangel gut zu statten kam. Gott hilft! —

Dienstags, den 16 Julius,

Nachmittags gieng ich auf Excursion, nach dem Gipfel des Trappberges Assùk, welcher noch mit Schnee bedeckt war. Das Trappgebirge wird schon, ungefehr eine Meile nördlich von hier, am Strande unsichtbar, da ein beträchtliches Sandsteinflöz, welches mit Schieferthon geschichtet ist, dessen Stelle einnimmt. Bey dem Schieferthone zeigen sich dünne Lager von Braunkohle. Auf dem Sandsteine ruht unmittelbar

Wakke, auf diese folgt, bis zu Assùks Gipfel, Basalt. In der Wakke so wie in dem Basalte findet sich Chalzedon in Nieren und Kugeln, welche mit Bergkristallen gefüllt sind, zuweilen auch etwas Miemit, und nur sehr wenig Strahlzeolith.

Der untere Theil des Gebirges ist mit magerm Weidenkratte *(Salix reticulata)* bekleidet. Die *Andromeda tetragona* und der Sauerklee finden sich in grosser Menge. Der See entlang zieht sich ein beträchtlicher Damm von Trappgeschieben, welcher ein gutes Stück in die See hinausreicht, und von zwey reissenden Bergströmen durchschnitten wird, welche von einem hinter Assùk liegenden grossen Eisblinke ihren Ursprung haben. Die Strömung ist hier in der Fluthzeit sehr stark. —

Mittwochs, den 17 Julius

Schnee, Hagel, Regen und Sonnenschein wechselten bey umlaufendem Winde in einem weg ab. Ich entschloss mich doch zu reisen, weil wir nach der Grönländer Bericht nur noch eine halbe Meile von Rittenbenks Kohlenbruch (auf Disko) entfernt seyn sollten. Der Erfolg zeigte aber, dass der Weg dahin über drittehalb Meilen austrug. Mit meinen faulen Rudermädchen war nicht aus der Stelle zu kommen; sie waren stets flinker zum Essen als zum Arbeiten. Als wir uns endlich um 9 Uhr Abends dem Kohlenbruche näherten, so kam mit einemmale ein Sturm aus Südwest, welcher die See gegen unsern armseligen Umiak in einem Weg zupeitschte, und ihn jeden Augenblick zu füllen drohte. In dieser Noth war kein andres Mittel übrig, als denselben aufs Gerathewohl auf den Strand laufen zu lassen. Wir kamen zwar alle glücklich auf Gottes festen Boden, aber die überbrechende See füllte das Fahrzeug in einem Augenblicke, und spühlte die leichtern Sachen, als Felle, Kisten, Bettsäcke, Ruder etc. heraus, welche sie aber grösstentheils, da sie aufs Land zustürmte, wieder aufs Trockene warf. Nach vieler Anstrengung waren wir doch so glücklich, das Boot zu bergen; allein es war ganz zerquetscht, und der Kiel gebrochen. Es musste daher, so gut als möglich, in Stand gesezzt werden, um damit über das Waygat und nach Rittenbenk zu kommen, da unser Proviant, bis auf einige getrocknete Fische, rein aufgezehrt war, und ich überdies in Sorgen stand, ich möchte das Schiff, mit welchem ich nach Europa reisen wollte, nicht mehr erreichen. Bey Musterung unsrer Bagage zeigte es sich, dass bey diesem Unglücksfalle die Kugelbüchse meines Führers Jonas Hammond, einer meiner Säkke mit Kleidungsstükken, und einige den Rudermädchen gehörige Kleinigkeiten von der See weggespühlt worden waren. Mehrere andere Dinge wurden dadurch ganz unbrauchbar. — Der Sturm wüthete mit schwerem Seegange die ganze Nacht durch. Wir waren alle bis auf die Haut durchnässt; dies war auch der Fall mit unserm Bettzeuge. — Um mich zu erwärmen gieng ich auf Excursion; — meine Mitreisenden suchten indessen Feuer anzumachen. —

Der Kohlenbruch dieser Stelle ist der ergiebigste und beste unter allen denen, welche ich in diesem Lande gesehen habe. Es ist meistens schöne Pechkohle, welche auf Sandsteine und zwischen demselben in mehrern ungleich mächtigen Schichten liegt. Die mächtigste beträgt 1 bis $1^1/_2$ Lachter, die mindste, welche zu unterst liegt, $^1/_2$ Fuss. und drüber. Im untersten Sandsteine finden sich Pflanzenblätterabdrükke, dem Anscheine nach von der *Angelica Archangelica.* — Die See, welche bey Südweststürmen, wie ich leider Augenzeuge war, hier fürchterlich wüthet, thut dem Flöze, welches von der Brandung leicht bespühlt werden kann, vielen Schaden. Da überhaupt im ganzen Waygat kein guter Hafen ist, so macht es allezeit Schwierigkeit, die Kohlen einzunehmen, selbst wenn sie schon gewonnen sind. Über den Bau der hiesigen Kohle lässt sich nicht viel sagen; es sieht aus, als ob Schweine hier gewühlt hätten.

Donnerstags, den 18 Julius

Auf der Wanderung des heutigen Tages bemerkte ich, dass der Sandstein im Gebirge bis an den Trapptuff hinaufreicht, und auch in tiefern Punkten auf ihm aufzuliegen scheint, weil hie und da einzelne Trümmer desselben zwischen dem Sandsteine sichtbar werden. Ueber diesem sehr feinkörnigen Trapptuffe, welcher mit Stängelkalke (Igloit), sogenanntem asbestartigem Zeolith, und zuweilen auch Analcime gemengt ist, erhebt sich eine lothrechte Felsenmauer von Massenbasalt, welcher sich gegen Westen mit freystehenden dünnen Felsenspizzen endet. Dieser Basalt ist, einzelne kleine Zeolithkörner ausgenommen, ganz frey von andern Gemengtheilen. Gegen Mitternacht gieng ich nach dem Zelte. —

Freytags, den 19 Julius

Morgens um 9 Uhr reisten wir, nachdem ich gestern und vorgestern das Fell meines Umiaks so gut als möglich zusammenflicken, und den gebrochenen Kiel mit Riemen zusammenschnüren lassen, mit diesem elenden Fahrzeuge quer über das Waygat nach dem Zelteplazze Mannik, 4 Meilen von hier auf dem festen Lande, zu, woselbst drey Grönlænderzelte standen.

Die Gebirgsarten auf der ganzen Strecke des festen Landes, oder der östlichen Küste des Waygats verhalten sich vollkommen so, wie die auf der westlichen Küste, oder dem Diskoeiland. Es nimmt nemlich auf der östlichen Küste von Noursak an das Sandsteinflöz seine Stelle am Meeresstrande ein, und behauptet sie ununterbrochen bis nach Imnarsoit, einer Meile nördlich von Gamle Rittenbenk, also einer Strekke von 7 bis 8 Meilen. Das Trappgebirge liegt bald auf ihm, bald hebt es sich hinter demselben empor. — Bey dem grossen Thale, welches sich zwischen Imnarsoit und Rittenbenk (Gamle) ins feste Land hineinzieht, und, den Eisblink unberechnet, bis nach Koomes Kohlenbruch in Omenaksfiord hinläuft, verliert sich auch das Trappgebirge ganz, und von gamle Rittenbenk an gegen Süden zu findet sich der Granit des Urgebirges, welcher am leztgenannten Orte sehr grobkörnig ist. Bey Atanikerdluk macht der schönste weisse feinkörnige Sandstein beträchtliche Lager im Säulenbasalt aus. Eine Stelle bey Noursak (Noursame) ausgenommen, findet sich auf dieser weiten Verbreitung des Sandsteinflözes von beynahe zwölf Meilen nur selten Spur von Braunkohle. — Das niedrige Land ist mit Dammerde überdeckt und mit einigem Kratt und Pflanzen bewachsen.

Von Mannik aus kamen wir nach Kadlù, 2 Meilen, woselbst Hausüberbleibsel stehen; von hier nach Atanikerdluk, eine vormals bewohnte Stelle und dann nach Imnarsoit, zwey Meilen. —

Atanikerdluk bildet eine Næs, und besteht aus Massenbasalt, welcher geformt wie lange schmale Säkke, übereinander her liegt; — Imnarsoit aus Säulenbasalt, beyde ohne andre Gemengtheile. Hier geht eine fürchterliche Strömung. Aussen vor Imnarsoit liegen einige Inselklippen. Zwischen diesen beiden Nässen oder Landspizzen liegt Tartonak; hier zeigen sich einige Braunkohlen-schichten in Sandstein bey einem Bergstrom, ein Stück von der See aufwärts. Abwechselnd mit denselben bricht eine Art Zeichenschiefer, welcher sich auch auf Diskoeiland zu Makkak und Iglytsiak findet; er gibt einen braunen Strich, und schreibt.

Von Tartonak aus zieht eine beträchtliche Bucht sich ins feste Land hinein, Pakitsoarsuk genannt, wo der *Cancer Phalangium (Saitoarsoit)* gefangen wird. Zwischen Tartonak und Pakitsoarsuk sticht die vorhin beschriebene basaltische Næs Imnarsoit hervor. Von hier aus kommt man nach Akudlæt und sodann nach Gamle Rittenbenk, Sakkàk (Sakkànè) genannt, wo wir um Mitternacht ankamen, und auf der kleinen Insel über Nacht blieben. Hier standen mehrere Grönlænderfamilien in 8 Zelten, welche mich alle um Tobak plagten, den ich doch selbst mangelte. Ich hielt mich in dem Zelte des Grönlænderkatechetens Hendrik auf; er hatte durch eine Quetschung im Kajak einen sehr übel zugerichteten Finger erhalten. Ich gab ihm Kampfer, mit Zucker gemengt, das einzige Hülfsmittel, welches ich dermalen noch hatte. — Mit Vergnügen sah ich da dieser Mann im März 1812 mich zu Rittenbenk besuchte, dass sein Finger völlig geheilt war. Er verehrte mir als einen Beweis des Dankes ein Seehundefell, welches mir, seiner guten Meynung wegen, sehr schätzbar war. —

Sonnabends, den 20 Julius.

Wir hatten hier eine sehr unruhige Nacht; bald wurden wir von den Besuchen der Grönländer, bald von den Millionen Moskitos, welche sie und ihre Zelte umschwärmen, geplagt. Die rund umher in unglaublicher Menge verbreiteten Eisberge donnerten und wälzten sich unaufhörlich. Durch eine unabsehliche Menge dieser den Umsturz drohenden Wasserkolossen reisten wir um 12 Uhr Mittags ab, bey einem undurchdringlich dikken Nebel, welcher allzeit das grosse Eis begleitet. Sechs Kajakke folgten uns ein Stück Wegs. Wir kamen Imeritsok vorbey, so genannt von *Imek* Wasser: eine Stelle, wo gutes Wasser ist. Wir kamen nach Narksak, zu zwey Zelten, wo der Grönländer Pedersoeitsiak stand, welcher im Maymonat meinen Brandwein aufgesoffen und das Anker mit Wasser gefüllt hatte. Er hielt nicht für rathsam, sich vor mir sehen zu lassen. Wir sezzten über die Bucht Saputit, so genannt von den kleinen Steindämmen, welche man hier beym Bergstrome des Lachsfanges wegen legt. Von da aus kamen wir nach der Næs Akunak, und dann eine schroffen kahlen Berg, von den Dänen Skurvedfield, von den Grönländern Mannesakut genannt. Hinter der Ebene bey Narksak erhebt sich der Granitberg Ipitsiak. Von da aus giengen wir Karusoit vorbey nach Atlaursok zu, wo drey Zelte standen. Sodann kamen wir nach Iglytsiak, wo ebenfalls 3

Grönländerzelte waren. Sie hatten hier ein Rennthier geschossen, wollten uns aber für Geld nichts überlassen, sondern verlangten, was ich selbst mangelte — Tobak. Also mussten wir mit leeren Händen wieder abziehen. Wir reisten beständig zwischen schauerlichen schwimmenden Eismassen, und mussten uns mit Bootshakken und Tooken den Weg durch die abgefallenen kleinern Stükke bahnen, welche das Fell unsres Fahrzeuges sehr beschädigten, so dass es in allen Nähten Wasser zog. Es fieng nun auch stark aus Südwest zu blasen an; wir konnten die äusserste Næs von Niakornàk nicht mehr erreichen, und mussten uns in Torsukatek, einem Sunde, auf den vor langen Zeiten einmal bewohnten Winterplazz Sagmesok flüchten, wo wir über Nacht blieben. Das Zusammenstürzen einiger in der See nahe liegenden grossen Eisberge verursachte in der Nacht einigemale mit der hohen Fluth einen so starken Seegang, dass das Wasser bis an unser Zelt sprizzte. —

Die ganze Felsenreihe von Sakkak (Sakkamè) bis hieher besteht aus grobkörnigem Granit mit beträchtlichen Lagern von Syenit. Die Insel Niakornak selbst besteht aus Glimmer- und Hornblendschiefer mit Lagern von Talkschiefer, in welchem gemeine Hornblende in geschobenen 4 seitigen Prismen eingewachsen ist. Auch beträchtliche Quarzlager trift man hier. —

Sonntags, den 21 Julius

Wir reisten um 10 Uhr Morgens von Sagmesok ab, sezzten bey ruhiger See um Niakornak, Okaitsut vorbey, über eine breite Bucht nach Kangarsuk zu. Hinter Niakornak zieht sich ein Sund durch, Ikaresengoak genannt. Wir giengen um Kangarsùk herum, und über die breite Bucht Kangerdluk, welche auf den Holländischen Karten unter dem Namen Svarte Vogelbay bekannt ist. Endlich kamen wir nach Auanardlek oder Nordre Øe, und langten um 4 Uhr Abends bey Akpæt, oder Nye Rittenbenk, 6 Meilen von Sakkamè oder Gamle Rittenbenk entlegen, an, wo mich Herr Hans Mossin Fleischer, dermaliger Handelsverwalter, sehr freundschaftlich aufnahm. Wir brachten auf dieser beschwerlichen Reise, wo ein Unglück dem andern auf die Ferse trat, von Omenak nach Noursoak, und Haseneiland, durch das Waygat nach Rittenkenk einer Strekke von ungefehr 70 Meilen beynahe 4 Wochen zu. — Ich erhielt hier bey meiner Ankunft die für mich unangenehme Nachricht, dass Kapitän Lauritz Mathiesen, welcher mit der Brigg Freden vor seiner Heimreise die Kolonie Upernavik proviantiren, und die dortigen Producte mitnehmen, sodann das Forsög Noursoak anlaufen sollte, der Lekkheit seines Schiffes und andrer Ursachen wegen von dieser Reise freygesprochen, und vor ein paar Tagen nach Europa abgeseegelt sey. — Die an mich deswegen abgefertigten Briefe waren mit der Jacht Dorothea, mich vorbey, nach Noursoak gegangen. Ich sehe mich also nothgedrungen, noch ein Jahr auszuharren. —

Montags, den 22 Julius

Ich gieng auf Excursion. Die gegen überliegende grosse Insel, welche die Grönländer Adluktok, und die Dänen Arveprindsenseiland nennen, nimmt eine grosse Strecke auf der Ostseite des Waygats ein, und reicht von der Insel Niakornak bis an die Bucht Pakkitsok. Sie besteht durchaus aus feinkörnigem röthlichem Granit, und hat grosse Lager von Glimmerschiefer und Hornblendschiefer. —

Dienstags, den 23 Julius

kam die Jacht Dorothea, geführt von Andreas Larsen, welche uns im Waygat vorbeygeseegelt war, hier vor Anker. Mit ihr erhielt ich die Bekräftigung der vorläufigen Nachrichten von Mathiesens Abreise. Mein Führer Jonas Hammond that mit dem übrigen Volke die Rückreise nach Omenak an. —

Mittwochs, den 24 Julius

Wollte ich meine Reise über das Waygat und Diskobucht nach Godhavn fortsezzen, musste aber des stürmischen Wetters wegen mein Vorhaben aufgeben.

Donnerstags, den 25 Julius

reiste ich bey neblichtem Wetter von Rittenbenk ab. Ich gieng diesmal mit einer Schaluppe, geführt von Herrn Assistenten Karl Dorff, besezzt mit 4 Grönländern, und zwey Grönländerinnen zum Rudern. — Wir giengen Ujordlek oder Söndre Øe vorbey. Alle die hier liegenden kleinen Inseln bestehen aus feinkörnigem röthlichem Granit. Sie liegen in einer Krümmung oder Bucht, welche die See in Arveprindsenseiland macht. Zwischen der leztgenannten Insel niedrigern Kuppen ist ein Landsee, welcher zuweilen sehr schöne Lachse giebt, die mit dem Bergstrom aufwärts gehen. Wir sezzten über das Waygat, welches hier über 4 Meilen breit ist, nach der sogenannten Moderbucht (Mudderbucht) von ihrem leimichten Boden so genannt, grönländisch Kooak und giengen hierauf um Flakkerhuk, grönländisch Nouk herum. Dieses ist eine über 1 Meile lange Spizze von Sandland und Geröllen, welche die Südseite von der Mudderbucht begränzt und sich aus dem Waygate nach der Diskobucht in Südosten hinaufzieht.

Das grosse Sandsteinflöz, von welchem ich oben Seite 866 gesprochen habe, ziehet sich von Kudlisæt an, an der Küste hin, über Isungoak, Kooak und Flakkerhuk vorbey, und reicht in ungleicher Erhebung bis nach Skarvefield hin, wo es verschwindet.

Auf der Hälfte des Waygats ruderten wir die Jacht Dorothea vorbey, welche Morgens um 9 Uhr ausgelaufen war. Der Wind war umlaufend, bald seegelten, bald ruderten wir, doch gieng es sehr rasch. Gegen Mitternacht kamen wir nach dem grossen Lachselv, von den Grönländern Kidlukseitsok genannt, östlich von der sogenannten Skandse, wo wir über Nacht blieben. Die Grönländer Joseph Wille und Joseph Tikkàk, welche hier in Zelten auf dem Lachsfange standen, halfen uns die Schaluppe mit der Bagage aufs Trockne bringen, welches viele Mühe kostete, da eine schwere südöstliche See gieng. Die Grönländer reisen im Sommer auch gerne hieher, um in dem naheliegende Gebirge *Quannek (Angelica Archangelica)* zu sammeln, welches eine ihrer Lieblingsspeisen ist; und wirklich schmecken die jungen Stengel derselben sehr gut.

Freytags den 26 Julius.

Wir konnten des schweren Seeganges wegen nicht reisen. Ich gieng auf Excursion nach dem westlich vom Lachselv liegenden Kohlenbruche Aumarutiksæt genannt. — In Hinsicht desselben berufe ich mich zuwörderst auf das was ich im Tagebuche Seite 86 hierüber gesagt habe. Auf der ganzen Strecke der hier im Sandsteinflöze vorkommenden Braunkohle bemerkte ich folgende Ordnung der Schichten: zuunterst feinkörniger mürber Sandstein, dann Schieferthon, dann gröberer Sandstein, dann Braunkohle zuweilen mit Pechkohle, dann Sandstein, dann eine dünnere Schicht Braunkohle, zu oberst Sandstein mit grossen plattgedrückten, auch eyrunden Geschieben von gröberem Sandstein und gelblicher eisenschüssiger Farbe, zuweilen auch eingemengten Granitgeschieben. Hie und da wird zu unterst bald Wakke bald Basalt sichtbar mit eingewachsenen Sandsteintrümmern. — Die Kieskugeln sind im Sandsteine sehr häufig, und doch ist die Kohle ganz frey von Kies.

Die ganze Gegend hat ziemlich viel Gras. Das hier stehende dem Handel zugehörige Haus hat der Schnee des vorigen Winters zerstört; die Mauern sind eingestürzt und das Dach ist niedergesunken. — Am Strande sah ich einige Speckfässen und mehrere Wrackstrümmer von der hier im Frühjahre im Eise zerquetschten

Englischen Fregatte Königsberg. — Wir zählten überhaupt von Flakkerhuk an bis hieher gegen 20 theils noch in der See treibende theils auf den Strand aufgeworfene Spekfässer.

Sonnabends, den 27 Julius

Gegen Mittag reisten wir von hier ab, passirten Skandsen oder Imnarsoit, Tuapeit, Nouk und kamen nach Makkak einer Winterwohnstelle. Hier hatte der ungetaufte Grönländer Uinek eine beträchtliche Menge von Englischem Proviant und andern Dingen aus dem Wrak der gescheiterten Fregatte Königsberg geborgen, wovon er doch für keinen Preis etwas an das Handelsmagazin zu Godhavn überlassen wollte, welches doch dessen so sehr bedurfte. Ein abermaliger Beweis von der Denkungsart und Stimmung der Grönländer. Aus Uebermuth brannten sie das beste Rinds und Schweinenfett in ihren Lampen, und kochten sich Suppen von Weizenmehl und Syrup, ein neues Gericht, welches bey ihnen eine sehr unangenehme öffnende Wirkung hatte. Die englische Flagge paradirte bey diesem in seiner Art einzigen Schmause unter freyem Himmel auf der nassen Erde. — —

Bey Makkak beginnt das Sandsteinflöz beträchtlich abzunehmen, bis es sich bey Itiblik gegen Ippik zu ganz verliert, wo die Trappformation bis an die See hinabreicht. — Wir kamen nach Sennefik, wo wir landeten, um *Quannek* zu sammeln, welche hier in Menge wächst. Der 6 seitige Säulenbasalt ist horizontal am Strande hingelagert. — Das sogenannte Troldmandshuus besteht aus diesen Säulen, welche 3 vollkommene Mauern mit einem Hausraum in der Mitte bilden. Es ist nach der Grönländer Meynung das Werk eines ihrer *Angekuts* oder Hexenmeisters. — —

Wir giengen Koorsoak, Tesserarsoit, Nougarsuk, Nyeluk und Iglytsiak vorbey. Bey Nyeluk liegt der Säulenbasalt ebenfalls horizontal. Ueber Makkak und Iglytsiak kann man im Tagebuche Seite 57 und 86 Nachricht finden. Als wir Itiblik passirten, kriegten wir guten Nordost aus dem Thale heraus, und seegelten Assùk, Ippik und Assungarsungarsoak oder Pehr Damms Skib vorbey. Ueber beyde lezte Stellen siehe des Tagebuchs 84—85 Seiten. Wir legten sodann Assungassungaluk, Nakkaanerit und Kikertaluk hinter uns. Es wurde stille. Wir ruderten Arkoteitsok, Kvanneit, Naviengoit, Karartut. oder sorte Huk und Siorarsoak vorbey. Alle diese von Pehr Dams Skib an bezeichneten Plätze liegen unter Skarvefield. Wir giengen endlich um Godhavns Land, und kamen um Mitternacht zu Godhavn an.

Aufenthalt
zu **Godhavn.**

Sonntags, den 28 Julius.

Nachmittags um 3 Uhr sahen wir unter Kronprinzenseiland ein dreymastiges Schiff, welches von Westen kam, und dorten unter Land hielt. Wir hielten es für ein Dänisches, und ich hoffte auf meine Erlösung; aber diese Freude wurde wieder zu Wasser, da wir am Abend hörten, dass es ein Englisches Wallfischfängerschiff gewesen war, welches nach Hause seegeln wollte. —

Montags, den 29 Julius.

Nachmittags um 6 Uhr kam Herr Assistent Brandt mit der Jacht Omenak glücklich von Upernavik zurück, ob er gleich auf der Rückreise unter Diskoeiland in einem Südoststurm in grosser Noth war. Da Mathiesen diese Kolonie nicht beseegeln wollte, so musste diese Jacht nach Norden reisen, um die Mannschaft zu proviantiren. Das Personale wurde daselbst vermindert, und der Unterassistent Larsen Steenholdt sollte mit noch 3 andern der Mannschaft, welche grönländisch verheyrathet sind, die Handelsgeschäfte daselbst besorgen. Herr Brandt berichtete zugleich, dass der englische Wallfischfängerkapitän Foster, welcher mit einem Kaperbriefe versehen ist, das Speckhaus zu Tessiursak, einem Königlichen Handelsversuche 20 Meilen nördlich von Upernavik, woselbst Mads Thomsen Vormann ist, mit Gewalt erbrochen, und die dort befindlichen 80 Tonnen Speck nebst einer beträchtlichen Menge Felle geraubt habe. Er soll sehr betrunken, und seine Mannschaft selbst, mit seiner Aufführung übel zufrieden gewesen seyn. — Mein Begleiter, Herr Assistent Karl Dorff reiste heute mit der Schaluppe nach Rittenbenk zurück.

Monat August.

Dienstags, den 6 August

war ich auf Excursion nach Ounartorsoak. Hans Nilsen gieng mit der Jacht Omenak nach Kudlisæt im Waygat ab, um eine Ladung Steinkohlen für uns zu holen.

Mittwochs, den 7 August,

kam die Jacht Dorothea von Egedesminde hier an, um einige Proviantartikel hier zu löschen, und andre dagegen von hier entgegen zu nehmen. —

Donnerstags, den 8 August.

Ich besuchte hier eine unglückliche Grönländerinn von 15 bis 16 Jahren, welche von Jakobshavn neulich mit der Jacht hiehergebracht wurde, um kurirt zu werden. Sie ist mit einer Art Aufsazz behaftet und lebt abgesondert von ihren Landsleuten in einem viertönnigen Thran oder Speckfasse. Ihr Gesicht und ihr ganzer Leib ist mit Geschwüren, welche roth und erhaben sind, so übersäet, dass man keinen reinen Fleck der Haut finden kann. Diese Geschwüre trocknen öfters ab, aber strax kommen andre an deren Stelle. Doch sind ihre Augen helle, und sie fühlt, ein anhaltendes Jukken ausgenommen, keine Schmerzen. Zuweilen scheint sie nicht recht bey Verstande zu seyn. Da sie beynahe den ganzen Tag singt, so wollte eine alte gutherzige Grönländerinn ihr ein Gesangbuch geben. Allein die Kranke spie darauf, und warf es ihr an den Kopf. Viele Grönländer glauben, dass sie behext, und vom Tornarsùk besessen sey. —

Sonnabends, den 10 August.

Heute und gestern stürzten in der Diskobucht, besonders zwischen Godhavn und Fortunebay mehrere Eisberge mit fürchterlichem Krachen zusammen. Das Thermometer zeigte Mittags in der Sonne $25^1/_2$ Grad Wärme. —

Dienstags, den 13 August.

Wir giengen Nachmittags mit einer Schaluppe nach der Englischen Bucht. Ich bestieg den Ounartorsoak zum zweitenmale. Als ich nordwestlich von der grossen isolirten 6 eckigen Basaltsäule, welche ein gutes Stück in die See hinaus gesehen werden kann, zu stehen kam, erstaunte ich über ein auffallendes Spiel der Natur, welches ein auf dem Ende dieses Basaltpfeilers ruhendes Stück Mandelstein (von dem gemeldtem Standpunkte aus betrachtet) zu einem sehr deutlichen menschlichem Profile, ja beynahe zu einem auf einem Obeliske ruhenden Januskopfe geformt hatte. Die Erhöhung, welche die Nase vorstellt, besteht aus einem Stück Zeolith oder Chalzedon. Eine ähnliche Niere ist an der Stelle des Auges ebenfalls eingewachsen.

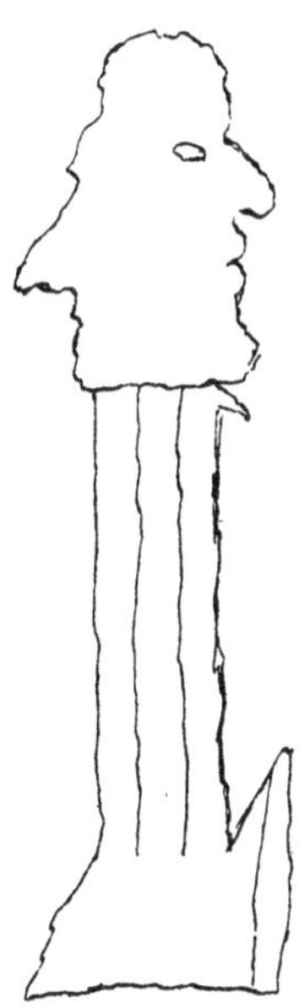

In dieser Gegend fand ich auch in einer Felsenwand schönen in Kugeln gehäuften Mesotype mit 4 fläehig zugespizzten Prismen auf und mit kleinen glasweissen Chabasiekristallen in Mandelstein, Stilbit in kleinen fächerförmigen Kristallen, Basalt in 4 seitigen Prismen; und als ich von dieser Felsenwand durch eine steile Kluft hinabsteig ein zeisiggrünes Fossil (Steinmark?) in Basalt. Um 10 Uhr Abends kam ich zu Hause, da eben Andreas Larsen mit der Jacht Dorothea nach Egedesminde zurückseegelte.

Donnerstags, den 15 August.

Blies ein fürchterlicher Südweststurm mit heftigem Schlagregen. Die See gieng bey hoher Fluth hoch aufs Land. Die Nacht durch fiel viel Schnee.

Montags, den 19 August

Vom 18ten zum 19ten fiel über einen Fuss tiefer Schnee, welcher die ganze Gegend bedeckte. Der Dorsch *(Gadus barbatus)* *Ogak* oder *Ovak* der Grönländer fand sich in der Bucht in beträchtlicher Menge ein, und mit ihm der Sandaal oder Tobiasfisch *(Amodytes Tobianus)* grönländisch *Putorotok*, wobey sich dann eine Menge Ternen und Mallemukken im Hafen der Kolonie einfand. Vom

Dienstags, den 20 August, bis
Mittwochs, den 21 August

schneyte es unaufhörlich bey Nordlichem Winde.

Donnerstags, den 22 August

wollten wir mit einer Schaluppe nach Fortunebay auf den Theistfang gehen, konnten aber des widrigen Windes aus Norden wegen nicht weiter als bis Aukpadlártok, 1 Meile Wegs kommen. Ich gieng bey Nyhavn ans Land, und über Kognersoak und Ounartorsoak auf der Mitte des Gebirgs nach Siorarsoak zu. Bey Ounartorsoak quetschte mir ein niedergefallenes Basaltstück den linken Schenkel, so dass ich nur mit Mühe zu Hause hinken konnte. Der Weg war auch des vielen gefallenen Schnees wegen beschwerlich. —

Ich fand auf Ounartorsoak Chabasie in schönen Rhomben mit abgestumpften Ecken und Kanten. Die Kristalle sitzen in Massenbasalt, welcher sehr magnetisch ist, nierenweise eingewachsen, und auf der Oberfläche mit gelbem Anflug bedeckt.

Sonntags, den 25 August

Abends kam Hans Nilsen mit der Jacht Omenak, welche zur Hälfte mit Kohlen geladen war, wieder aus dem Waygat zurück. Er hatte eine sehr stürmische Reise gehabt, und das Waygat lag voller Eisberge.

Montags, den 26 August

Gegen Mitternacht starb die Seite 364 bemeldete junge Grönländerinn an ihrem Ausschlage oder Aussazze. Sie wurde vor einigen Tagen, weil die Nächte kalt waren, aus ihrem Fasse abgeholt, und von der Kolonie nach Anlægg gebracht, um dem Herrn Chirurg Jerch näher zu seyn, dessen Hülfe sie so sehr nöthig hatte. Dorten lebte sie mit einer Lampe versehen, in einem Grönländischen Hause für sich allein, weil keiner ihrer Landsleute es wagen wollte, sie einzunehmen. — Aber alle Hülfe war vergebens. —

Mein Bein war nun gut, dass ich wieder ausgehen konnte.

Dienstags, den 27 August

Um 10 Uhr Vormittags sahen wir zu allgemeiner Freude in Westen ein dreymastiges Schiff kreuzen. Die Hoffnung, ein Dänisches Schiff im Hafen zu sehen, und Proviant zu erhalten, jagte Jung und Alt nach den Aussichtsklippen. Allein diese frohe Hoffnung wurde gewissermassen getäuscht. Als das Schiff näher unter Land kam, sahen wir dass es ein bewaffnetes Englisches Schiff war, welches 10 Kanonen führte. Der Grönländerkatechet Jens Wille war der erste, welcher von Fortunebay mit einer Wallfischfängerschaluppe zu demselben hinausgieng. Herr Inspekteur Motzfeldt sandte, als es näher kam, eine Schaluppe unter Aufsicht zweyer Handelsoffiziere ab, um zu hören, was es wollte. — Es kam endlich Abends um 7 Uhr bey Godhavn vor Anker, wo wir erfuhren, dass es King George hiess, und vom Kapitän John Turner geführt wurde, welcher viele Jahre in der Hudsonsbay zugebracht hatte, und also in diesem Fahrwasser sehr bekannt war. Es war auch ein Superkargo William Stawers am Bord, welcher ebenfalls vor langer Zeit mehrere Jahre auf den Wallfischfang hieher gegangen war, und noch ein Interessent desselben ist. Ihrer Aussage nach soll noch eine Brigg, Sir Henry Mildmay genannt, zugleich mit ihnen von London abgereist seyn, von welcher sie aber durch das harte Wetter und das Eis bey Cap Farvel getrennet wurden. Beyde sollen für Rechnung der Englischen Regierung mit Proviant und andern Cargaisonswaaren beladen sein, dieselbe hier absezzen, und sodann die Kolonien in der Bucht beseegeln um Handelswaaren des Landes dafür einzunehmen, und sodann nach London zurückzureisen. Ihre Papiere und eigentliche Instructionen konnte man nicht zu sehen kriegen.

Sonnabends, den 31 August.

Man wurde heute mit dem Löschen fertig. — Die Grönlænder kamen von den benachbarten Stellen häufig, theils aus Neugierde, theils aus Lust mit den Engländern zu handeln, nach der Kolonie. —

Monat September.

Montags, den 2 September.

Heute wurde endlich die den 26ten August verstorbne Grönländerinn, nachdem sie 7 Tage in dem Hause todt gelegen war, begraben. Mit genauer Noth, nach mehrern Anmuthungen von Seite des Herrn Inspecteurs waren endlich einige ihrer Landsleute dahin zu bringen, ihren Leichnam aus dem Hause zu schleppen, und mit einem Haufen Steine zu bedekken. —

Donnerstags [Dienstags], den 3 September

war ich auf Excursion um die kleine Insel herum, Karsok genannt, auf welcher Godhavn liegt. In der Nähe von Kangek oder Udkig fand ich im Granit Epidote derb und kristallisirt, gangweise gemeinen Chlorit und in Lagern hochrothen Feldspath. Als Geschiebe ein granatartiges Gemenge mit Strahlstein.

Mittwochs, den 4 September.

Morgens 8 Uhr passirte die Engl. Brigg Sir Henry Mildmay (Kap. JAKSON, Cargo EDDINGTON) hier vorbey nach Rittenbenk.

Fussreise
nach **Diskofiord**.

Donnerstags, den 5 September.

Morgens 6 Uhr gieng Kapitän JOHN TURNER mit der Fregatte King George von hier unter Seegel, um die Rückreise nach England anzutreten. Zu gleicher Zeit reiste Herr Inspecteur MOTZFELDT und Herr Assistent BRANDT mit der Schaluppe Urhau nach Kronprinzenseiland. Ich trat ebenfalls um 7 Uhr Morgens begleitet von den Grönlændern SVEND WEBER und ANDREAS, welche mir zu Wegweisern dienen sollten, eine Fussreise nach dem 5 Meilen von Godhavn in Nordost belegnen Diskofiord an. Gegen Mittag erreichten wir Tunnusuà, den halben Weg, und Abends 5 Uhr kamen wir unter anhaltendem Schnee und Südweststurm nach Kiviktok, in Diskofiord zu dem Grönländischen Hause des pensionirten JOHANN DRENGHAN, wo ich Quartier nahm. — Der Weg dahin führt durch ein langes von Basaltklippen unterbrochenes Thal, welches sich zwischen den Bergen Akkiarut und Imnarsoit (Skarvefield) hinzieht. In der Nacht vom 4ten zum 5ten September bemerkte ich zum erstenmale einen Kometen, welcher in Nordost stand.

Freytags, den 6 September.

Die Witterung war anhaltend stürmisch aus Südwest, von Schnee begleitet. Ich gieng Morgens auf Excursion nach einem in der Nähe von Kiviktok im Süden liegenden Basaltberge, und bestieg dessen Gipfel. Dieser ist, samt dem grössten Theile des darangränzenden kesselförmigen Thales, Sermesut genannt, mit einem beträchtlichen Eisblinke bedeckt, welcher im Sommer dem daselbst niederstürzenden Bergstrome sein Wasser mittheilt. Das Trappgebirge liegt auf grobkörnigem

Granit auf, dessen Feldspath roth und blaulich grau ist. Im leztern Falle wird er labradorisch. Er hat auch, obgleich selten, einen goldgelben Schimmer, der ächte sogenannte Aventurin. Da wo der Granit feinkörniger wird, nähert er sich dem Gneisse, und enthält Moroxit in kleinen Kristallen eingemengt, zuweilen auch gemeine Hornblende und gemeinen magnetischen Eisenstein; im lezten Falle wird die Steinart eissenschüssig und mürbe. Die Trappbreccie (Trapptuff) welche feinkörnig ist, liegt zu unterst; auf derselben in schmalen Schichten zwischen rothbraunem Mandelstein rother bröcklicher Eisenthon, auf den Mandelstein folgt Säulenbasalt, welcher, so weit es des aufliegenden Eises wegen kennbar ist, bis zum Gipfel fortsezzt. Alle diese Steinarten sind äusserst lose und mürbe, welches die grauenvolle auf einander gethürmten Steinschutte zeigen. Der Trapptuff (Trappbreccia) hat nur wenig eingemengten strahligen und Haarzeolith; der Mandelstein enthält fächerförmigen Stilbit und Chabasie, selten einige Spuren von Plasma. Wenn der Chabasie klar ist, erscheinen die Kristalle etwas grünlich, welches von der unterliegenden Grünerde herkommt. Einige obgleich selten vorkommende Kalkspathprismen im Mandelstein sind von Strahlzeolith begleitet, ihre Oberfläche ist matt röthlich, hat viele Einschnitte, und ist verwaschen. Im Basalt sieht man einzelne Analzimkristalle.

Freytags [Sonnabends], den 7 September.

Morgens um 8 Uhr fuhr ich mit des Pensionisten Johann Drenghans Umiak aus, um das Land dieses Fiords zu besehen. Die Stelle, wo die Winterwohnung dieses Mannes steht, heisst, wie schon gesagt, Kiviktok, oder Kevitok. Der Name kommt von *Kepipok,* oder *Kivipok,* er läuft fort an eine einsame Stelle, und hat seinen Ursprung von einer Grönländerinn, welche der Hexerey beschuldigt, und in Gefahr war, auf ihrer vorigen Wohnstelle todtgeschlagen zu werden; weswegen sie mit ihren Kindern an diese einsame Stelle flüchtete. In der Nähe dieses Wohnorts findet sich im Granitfelsen an einem Absturze gegen die See zu eine dreyeckige Felsenkluft, welche ebenfalls einem Grönländischen Einsiedler zum Aufenthalt gedient hat. — Wir giengen die Bucht Kaksè, die Næs Niakornak, und die Bucht Kaksiarak vorbey. — In der Bucht Kaksè pflegen die *Kassigiœt (Phoca vitulina)* zuweilen aufs Land zu kommen. Das unterliegende Gebirge besteht hier, wie überhaupt im ganzen Fiord, aus dem S. 369 beschriebenen Granit, welcher auf seinen sanften Erhebungen mit Moorerde bedeckt, und häufig mit Krækebeeren, Blaubeeren und *Angelica Archangelica* bewachsen ist, daher sich hier besonders im Frühjahre und Herbste die Hasen und Rypen fleissig einfinden. *Ledum palustre* und *Grönlandicum, Andromeda tetragona* und *coerulea, Polygonum viviparum, Eriophorum vaginatum, Pirola minor* und zwischen den Basaltklippen *Papaver nudicaule,* mehrere Saxifragen, besonders *Saxifraga tricuspidata* und *cernua* wachsen hier in unglaublicher Menge. Die Grönlænder trocknen und brennen hier auch die Wurzel des *Leontodon taraxacum* und bereiten sich Caffee daraus. Die *Salix reticulata* und *Betula nana* wachsen hier ebenfalls häufig. Doch fand ich weder den *Juniperus comunis* noch die *Rhodiola rosea,* welche sich beyde in den Fiorden des südlichen Grönlands so häufig finden. Auch der *Lichen Islandicus* ist in diesem Fiord selten. Dafür öfters *Lichenoides Islandicum* und *Lichen Grönlandicus.* Wir ruderten hierauf aufwärts im östlichen Arme des Fiords, und zwar auf dessen südlichster Seite, und kamen Kook einen Bergstrom vorbey, wo viel *Angelica* wächst, aber keine Lachse sich einfinden.

Die Trappformation reicht hier bis zur See hinab, und zwar liegt der Trapptuff wie gewöhnlich zu unterst, das überstehende steile Gebirge ist purer reiner Säulenbasalt, selten mit Zeolithnieren. In dem Trapptuffe findet sich, obgleich selten, der stänglige 4 seitig prismatische Zeolith (Mesotype). — Wir sezzten von hier, unter einem heftigen Südwestwinde gerade über den Arm des Fiords, oder dessen nördliche Seite. Die See fällt hier mit der Fluth weit aus, und das Wasser dessen Grund aus gelblichgrauem sandigem Thone besteht, ist seicht, die Thäler sind gross und breit. In vorigen Zeiten giengen die Grönländer gerne von hier aus auf den Rennthierfang; nun wagen sie es aus Furcht für dem *Amarok,* einem Thiere, welches dermalen vieleicht nur in ihrer Einbildung, und den aus derselben gebrüteten Erzählungen seinen Ursprung hat. Bey Kangikerdlæt hielten wir uns einige Zeit auf. Ich stieg zu der grossen Felsenkluft hinan, welche ein von 2 gegenüberstehenden Gebirgen und aus dem Innern des Landes zusammenkreuzender Bergstrom sich gewühlt hat.

Die Wände derselben sind ausserordentlich steil, und das Eiswasser des Frühjahres führt eine unbeschreibliche Menge ungeheurer Felsenstücke zur See hinab. Beym Aufsteigen in der westlichen Felsenmauer kam ich in nicht geringe Verlegenheit, da ich den Weg nicht wieder zurückfinden konnte; ich suchte daher einen andern weiter aufwärts, welches mir auch gelang, so dass ich sodann unter dem hohen Gebirge wieder abwärts kommen konnte. Die Felsenwände bestehen aus Mandelstein, in dessen Blasenräumen man Stilbit in sechsseitigen Kristallen findet. Ausserdem bemerkte ich auch Kalkspath in Rhomben kristallisirt, und eine gelbliche Thonart. An dieser Stelle war es, wo ich den Chabasie Adern im Mandelsteine constituirend und in Rhomben kristallisirt fand. Hier wachsen besonders schöne Kräkebeere. —

Von hier aus reisten wir dem Lande entlang nach Akulliarursersoak. Auf dieser Næs, welche die Arme des Fiords scheidet, blieben wir über Nacht. Da wir kein Zelt hatten, so mussten wir auf der Erde unter dem Fahrzeuge schlafen, welches des zu Nacht einfallenden Schnees wegen sehr unangenehm war.

Auf dieser Næs ist ein kleines Sandsteinflöz gelagert, welches aus einem sehr grobkörnigen aschgrauen mit rothem Feldspathe gemengten Conglomerate besteht. Auf und zwischen demselben liegen Schichten von bituminösem Holze. Eine besondere Art gemeinen Feldspathes mit bräunlichrothen festungsartigen Zeichnungen, von röthlichem Quarz durchzogen, sieht man hier als Geschiebe. — In dem über dem Sandsteinflöze schwebenden Mandelsteine adernweises gelblich grünes Plasma. Bey dieser Næs kommen die *Kassigiæt (Phoca vitulina)* zuweilen ans Land; besonders im Frühjahre, wo sie die Sonnenwärme suchen. —

Sonntags, den 8 September.

In der Nacht vom 8ten zum 9ten fiel fusstiefer Schnee. Wir reisten Vormittags um 9 Uhr von Akulliarursersoak ab, unter diesem Lande weg, welches aus vier durch schmale schroffe Thäler oder Klüfte von einander abgesonderten Bergen besteht. Sie sind Säulenbasalt. — Wir giengen Netlok, oder Nætlok vorbey, daselbst bemerkte ich im Grunde der See grosse kreidenweisse Flecken; es ist eine über dem Schlamme liegende dünne Rinde, welche einen starken Schwefellebergeruch hat. Von hier fuhren wir nach Anguiartoutit, einem Zeltplatze, woselbst sich auch im Frühjahre zuweilen die Angmaksæt einfinden.

Auf dieser Stelle zeigt sich die Grünerde am Fusse des Berges, welcher aus Trapptuff besteht, häufiger als an irgend einem andern Orte des Diskolandes. Sie färbt den in den Blasenräumen vorkommenden Mesotype und Stilbit zuweilen spangrün, und kommt auch daselbst mit Mesotype in dünnen Adern vor. In dem aufsizzenden Basaltberge findet sie sich nicht; wohl aber in Blasenräumen grauer Chazedon und Quarz mit Eindrücken von ausgewitterten Kalkspath-Prismen, Piramiden, und Rhomben. Der öfters angemerkte Glimmerzeolith kommt auch hier in rechtwinkligen, 4 seitigen Prismen vor.

Hier wächst eine grosse Menge *Angelica.* Von hier aus zieht sich der andre Arm der Bucht gen Nordost. Am Ende derselben liegt Quannersoit, und dorten sind beträchtliche Stellen mit Gras bewachsenen flachen Landes. Wir sezzten nach einigen Stunden Aufenthalts von hier über den Fiord nach Tekkejak zu, wo ein Bergstrom sich über eine Felsenwand von Trapptuff herabergiesst. In demselben trifft man Strahlzeolith. Ich hatte das Unglück beym Ueberwaten des Stroms auszugleiten und ins Wasser zu fallen, doch ohne weitern Schaden, als durchnässt zu werden, welches nun freylich, da ich weder Zelt noch trokne Kleider hatte, in der kalten Nacht etwas empfindlich fiel. Zu dieser Stelle kommen die Angmaksæt auch zuweilen.

Das Gestein am Strande hier ist Trapptuff mit prismatischem kubischem und blumigblättrigem Mesotype in den Blasenräumen. Dieser findet sich auch etwas weiter gegen Ekallungoit zu, doch mehr strahlig, oft auf der Oberfläche mit Mehlzeolith überzogen, und zuweilen mit gelbem Kalkspath gemengt. Etwas vom Strande ab in einer Felsenwand kommt im Mandelsteine schöner vierseitiger prismatischer mit 4 Flächen zugespizzter Mesotype vor. Die Enden dieser Kristalle mit ihren Zuspizzungen sind durchsichtig, der damit einbrechende Haarzeolith ist gelblichgrau, meistens verwittert und zu Mehlzeolith aufgelöst. — —

Die Nacht durch fiel über einen Fuss tiefer Schnee, und wir hatten von Nässe und Kälte viel auszustehen. Auch die kleinen vertraulichen Thierchen mit welchen die Grönländer so reichlich versehen sind, fanden sich als ungebetene Gäste in Menge bey mir ein, und plagten mich besonders zu Nacht. — — Die Stelle, wo wir übernachteten, war nahe bey Tekkejak.

Montags, den 9 September.

Wir reisten Morgens zeitig von Tekkejak ab, um mit der Fluth nach Ekallungoit zu kommen, denn das Wasser fällt in dieser kleinen Bucht mit der Ebbe gegen eine halbe Meile vom Lande aus. Hier ist die beste Stelle für den Lachsfang in diesem Fiord. Von Ekallungoit aus zieht sich ein Thal nach West Nord West hinüber, durch welches man zum Ende des von hier aus in gerader Linie eine Meile entlegenen zweyten Fiords von Diskoeiland, Kangerdluarsùk genannt, kommen kann. Dieser Fiord wird im Sommer zuweilen von den Grönländern des *Angmaksæt-*, *Kassigiæt-* und Lachsfanges wegen besucht.

Das hohe Gebirge ist an der vorhin genannten Fischerstelle, Ekallungoit, etwas mehr zurückgedränget, und das unterliegende Granitgebirge theils mit Gras und Kratt in seinen Thälern bewachsen, theils mit Geschieben aller Art, sowohl des Urgebirges, als auch der Trappformation, Geschieben, welche die reissende Bergströme herbeygeführt und durcheinandergeworfen haben, überdeckt. — Im anstehenden Gestein des Trappgebirges findet man in den Blasenräumen des Basalts Strahlzeolith und Stilbit, Mesotype, und Chabasie, zuweilen auch ein röthliches der Planitzer *terræ mirabili* æhnliches Steinmark, und zwischem dem Basalte und Mandelsteine Heliotrop, in schmalen Trümmern, auch in Blasenräumen vorkommend. Der Granit ist dem oben Seite 369 des Tagbuchs beschriebenen vollkommen ähnlich, doch, so weit ich ihn beobachten konnte, ohne fremde Gemengtheile. —

Um 3 Uhr Nachmittags reisten wir von hier wieder ab, dicht unter dem Lande auf der Nordseite des Fiords hin, giengen Karosoit eine aus Trapptuff bestehende stark ausgehöhlte Felsenmauer vorbey, in welcher man hie und da in Blasenräumen Mesotype bemerken konnte. — Von da aus kamen wir nach Siorangoak, eine ziemlich stark hervorstechende Næs, welche grösstentheils aus Trappsand, dann Trappgeschieben und vielen darunter geworfenen Bruchstükken der Urzeit besteht. Hier ist das Wasser des Fiords ziemlich seicht. Wir kamen sodann nach Kablunak, oder nach andern Kaullunak genannt. Den ersten Namen soll diese Stelle erhalten haben, weil hier ein Holländischer Wallfischfänger begraben liegt. Doch nennen die Grönländer einen Holländer eigentlich *Karlikkak*, von den weiten kurzen Überhosen, welche sie ehemals zu tragen pflegten, oder auch *Niobagiak* (von *Niuerpok*, er handelt) weil sie ehmals viel Handelsgeschäft mit den Eingebohrnen trieben. — Zu Kablunak ist das Unterland stark mit Kratt bewachsen, welches mit einer Menge aus der überhängenden Felsenkluft niedergestürzter Basaltbrokken durchkreuzt ist. — Als wir uns Ikkinek näherten, woselbst ein sehr guter Schaluppshafen ist, fieng es heftig aus Südwest zu stürmen an.

Diese Næs bildet mehrere kleine Buchten, deren Strand aus Granit besteht, und mit einer Menge sehr saftiger Kräkkebeere bekleidet war. Hier giengen wir aufs Trockene und erquickten uns an dieser in diesem Lande sehr willkommenen Frucht, da wir uns mit unserm zerlumpten Boote, auf welchem ein Lappen über den andern genähet war, im Sturme nicht über den Fiord wagen durften. Gegen Abend wurde es jedoch ruhiger; wir reisten weiter, und kamen gegen Abend nach 10 Uhr auf der Südlichen Seite des Fiords zu Kiviktok, oder dem Eremiten an. — Die kleine Bucht, in welcher diese Wohnstelle liegt, wird Kangerdluarsoeitsiak genannt. Der Hafen für kleine Fahrzeuge daselbst ist schlecht, doch sind die benachbarten in den kleinen Buchten Kaksè und Kaksiarak ziemlich sicher. Auf der Landzunge hinter dem Hause ist ein kleiner Landsee.

Dienstags, den 10 September

Gieng ich auf Kiviktoks Næs auf Excursion. Sie besteht aus dem obenbeschriebenen Granit. Dessen Feldspath ist zuweilen schön blaulich grau, und labradorsch. Wenn er sich mehr ins röthliche zieht, so zeigt er in kleinen goldgelben Blättchen eine Art Schiller, wie der sogenannte Aventurin. Diese Abänderung findet sich auch auf Naengisæt, einer kleinen Insel dieses Fiords.

Mittwochs, den 11 September.

Um 9 Uhr Morgens reiste ich von den Grönlændern Peder Amager, Lars und Tulimak begleitet, von Kiviktok zu Fusse wieder ab. Wir giengen Kaksè und Kaksiarak vorbey, über das Granitgebirge nach dem grossen Thale zu, und kamen um 1 Uhr Nachmittags nach Tunnusuà, dem halben Wege, wo wir eine halbe Stunde rasteten und Butterbrod speisten. Bey den kleinen Seen fischten wir einige *Ekallungoit (Salmo rivalis)*, und kamen über Koorsoak, Akkiarut, Siorarsoit und Atanikerdlengoak um 5 Uhr Abends nach Godhavn zurück. Der jüngst gefallene weiche wäsrige Schnee machte den Weg sehr beschwerlich. —

Aufenthalt zu Godhavn.

Freytag's, den 13 September.

War ich den ganzen Tag auf Excursion nach der Spizze von Kognersoak. In der steilen Kluft fand ich Mandelstein mit einem in kleinen Nieren eingesprengten gelblich grauen etwas ins grünliche fallenden fettigem Fossil von muschligem Bruche, welches den Chabasie begleitet. Er schmilzt vor dem Löthrohre leicht für sich zu einem weissen glänzenden blasigen Email. — Mit diesem bricht auch ein andres mir unbekanntes bierbraunes Fossil, vermuthlich eine Zeolithart. —

Sonntags, den 15 September.

Zeigte der Komet sich besonders klar, und sein Schwert sehr glimmernd. Zu Kronprinzenseiland, 6 Meilen von hier wurde er den 8ten September zuerst bemerkt. Dorten giengen heute Morgens die beyden Englischen Proviantschiffen unter Seegel nach ihrer Heimath zu.

Montags, den 16 September

Zeigte sich um den Komet ein düstrer Nebelkreis. — Ich war auf Excursion nach Imnarsoit. Auch hier traf ich das vorhin genannte bierbraune Fossil, und noch ein andres dichtes opalähnliches leicht schmelzbaren in Basalt und Mandelstein mit Mesotype.

Dienstags, den 17 September

Gieng ich abermals auf Excursion nach Imnarsoit. Herr Rousing kam von Jakobshavn mit dem Transportboote morgens hier an, und Abends 8 Uhr Herr Inspecteur Motzfeldt mit der Jacht Martinette von Kronprinzenseiland zurück. —

Mittwochs, den 18 September

Zeigte der Komet sich noch grösser und klarer als den 15ten Er stand um 8 Uhr Abends in Nordost. —

Sonnabends, den 21 September

Gieng ich auf Excursion, und bestieg den Gipfel des Imnarsoit (Skarvefield). In einer Felsenwand fand ich kuglig gehäuften Mesotype, Kalkspath in Rhomben und Prismen in den Absonderungsklüften des Säulenbasalts, und weissen Opal. Ferner das vorhin berührte gelblich grüne fettige Fossil, und Eisenthon von hochrother Farbe in horizontalen Gängen; der Mesotype hatte zuweilen Rhombische Eindrücke von Kalkspath. — Der Komet flammte heute Abends sehr stark.

Montags, den 23 September

Da der Winter sich für dieses Jahr früher als gewönlich mit Strenge zeigte, so mussten Rüben und Rettige, so klein sie auch waren, aus dem Garten genommen werden, da die Erde schon fest gefroren war, und sie bereits durch den Frost Schaden gelitten hatten.

Mittwochs den 25 September.

Der Schwanz des Kometen zeigte heute einen starken flimmernden Glanz, welcher in gerader Linie aufwärts bis zum dritten Schwanzsterne des grossen Bärs reichte. Wir setzten heute die ersten Seehundegarne. —

Sonnabends, den 28ten September.

Dorothea, Martinette, und Sværdfisken reisten nach der Bucht.

Sonntags, den 29 September.

Um 5 Uhr Abends stürzten grosse Steinmassen vom Berge Kognersoak, meinen Fenstern gerade gegen über, herab. Der Komet stand heute etwas ausserhalb des zweyten Sterns im Schwanze des grossen Bären, doch etwas geneigt. —

Montags, den 30 September.

Der Komet stand in gerader Linie abwärts zwischen dem ersten und zweyten Stern des grossen Bärs, mit welchen er ein länglicht geschobenes Dreyeck bildete.

Monat Oktober.

Dienstags, den 1 Oktober, bis
Mittwochs, den 2 Oktober.

Morgens 6 Uhr wüthete einer der unerhörtesten Südoststürme mit heftigem Regen und Schnee. Der Seegang schlug Morgens um 7 Uhr bis an unsre Fenster. Der Horizont sah vor dem Aufgange der Sonne wie ein glühendes Feuermeer aus. Die Brandung erreichte an den Klippen der Englischen Bucht eine Höhe von mehr als 30 Lachtern. Besonders schön zeigten sich die Brandungen bey Anlægg, und über der blinden Scheer, welche in der Bucht ungefehr 3 Meilen vom Lande in Nordwest liegt, und gegen Fortunebay zu mit mehrern Untiefen in Verbindung steht. Ich gieng Nachmittags auf Excursion nach den Brandungen unter Imnarsoit, und Karartut. Die Bergströme flossen durch den heftigen Regen so stark, wie im Sommer.

Donnerstags, den 3 Oktober.

In der Nacht vom 2ten bis dritten fiel über anderthalb Ellen tiefer sehr grossflokkiger Schnee. —

Freytags den 4 Oktober,

war der Komet nur zuweilen sichtbar und zeigte sich westlich von dem äussersten Sterne im Schwanze des grossen Bären, und zwar schräg aufwärts. —

Sonntags, den 6 Oktober

Zeigte sich Nachmittags 5 Uhr ein grosser regenbogenfärbiger Ring um die Sonne mit 3 Nebensonnen. Abends hatte der Mond ebenfalls einen grossen kolorirten Ring.

Montags, den 7 Oktober.

War ich auf Excursion nach Karartut, oder Sorte Huk, und fand mehrere von der See im lezten Südoststurme hoch aufs Land geworfene Trümmer von Rudern, und andre Wrakstükke von Fahrzeugen, welche vermuthlich in dem lezten gräulichen Südost und Südweststurm aus den Hafen von den Tauen getrieben haben, auch grosse Flächen von losgerissenem Rasentorf mit *Cochlearia*. —

Dienstags, den 8 Oktober

war ich auf Excursion nach Siorarsoak und Karartut.

Freytags, den 11 Oktober

Gieng Herr Brandt mit der Jacht Omenak nach Kronprinzenseiland, um einige Proviantwaaren zu holen.

Montags, den 14 Oktober

war ich auf Excursion am Seestrande nach Atanikerdlengoak. Hier finden sich in einem etwas feinkörnigern röthlichen Granit Lager von sehr grobkörnigem in welchem der Feldspath zuweilen blass grün gefärbt ist. Mit diesem wechselt Hornblendeschiefer in beträchtlichen Massen ab.

Der Fang war für die armen Grönlænder sehr schlecht. In unsre Garne kamen meistens nur Haye, welche denselben sehr schädlich sind, da sie nicht nur grosse Löcher reissen, sondern nicht selten mit ihnen davongehen. Ich war auf Excursion nach Karartut, wo die See voller Eisberge lag, und gegen dieselbe grässlich losschlug.

Mittwochs den 16 Oktober

Fingen wir in Einem Garn zwey Seehunde, zwischen welchen auch ein Hayfisch festsass, doch so dass er ihnen nicht nahe kommen konnte; sonst würden wir wol wenig von beyden Seehunden erhalten haben. In einem andern Garn fanden wir zwey Haye.

Ich gieng nach Karartut, wo ich am Strande im Trapptuffe Mesotype und Stilbit, leztern in Rhomben kristallisirt fand, er war von sehr feinem graulich weissem Haarzeolith durchwachsen. — Die Nacht durch war sehr starkes Schneegestöber.

Donnerstags, den 17 Oktober.

Morgens um 8 Uhr stürzten abermals ungeheure Basaltbrokken aus den höchsten Punkten der Felsenwände des Kognersoak, welcher sich gerade über meiner Wohnung erhebt, herab. Abends zeigte sich der Komet von besonderer Klarheit und Grösse. Er schien grösser als die Venus und sein Schweif war wie mit kleinen Sternen besäet und am Ende gespalten.

Freytags, den 18 Oktober

Vormittags um 9 Uhr bemerkten wir eine starke Nebensonne und Abends viele Sternschnuppen in langen Streifen.

Sonnabends, den 19 Oktober

Fuhren zum erstenmale Schlitten über das Eis des Landsees von Anlægg zu der Kolonie. Vormittags stürzte unter fürchterlichem Krachen ein Eisberg, welcher einige Wochen in der Diskobucht bey Anlægg gestanden hatte, zusammen. —

Sonnabends, den 26 Oktober

Liessen sich unter dem Lande bey Godhavn die ersten Weissfische (*Delphinus albicans*) Vorboten des Winters, sehen.

Sonntags, den 27 Oktober

Morgens um 8 Uhr wurden bey Anlægg 2 Wallrosse die Mutter mit dem Jungen von Kajaksfängern erlegt.

Dienstags, den 29 Oktober

Kam die Jacht Omenak, geführt von Herr Brandt von Kronprinzenseinland. Wir erhielten Briefe von Südgrönland.

Monat November.

Montags, den 11 November.

In der Nacht vom 10 zum 11 November wüthete ein heftiger Südweststurm, welcher die vor ein paar Tage ausgesezzten Weissfischgarne mitnahm. Der Hafen war bereits bis zur Weissfischinsel fest zugefroren. Bey dieser werden gewöhnlich die Garne zum Fange dieser grossen Fische gesezzt. —

Donnerstags, den 14 November.

Wurden die Wallfischfängerschaluppen des zunehmenden festen Eises wegen von hier nach Anlægg gebracht.

Dienstags, den 19 November

Liess sich der erste Wallfisch sehen. Eine Erscheinung, welche um diese Jahrszeit in der Diskobucht ganz neu war. Er kam in die Mündung des Hafens, und den Wohnhäusern so nahe, als er des festen Eises wegen kommen konnte. Aber er entgieng doch den Bemühungen unsrer Harpuniere, welche mit den Schaluppen einen zu weiten Umweg nehmen mussten. —

Mittwochs, den 20 November

Fiengen wir in den Weissfischgarnen bey der Mündung des Hafens ein junges Wallross. —

Montags, den 25 November

wurden in des Herrn Inspecteurs Garnen drey, und in Herr Rasmussens und Nielsens Garnen ebenfalls 3 ziemlich grosse Weissfische gefangen. Der grösste maas in die Länge von der Nasenspizze zum Schwanze $12^1/_2$ Fuss. —

Dienstags, den 26 November

wurden die Linien zum Wallfischfange in die Schaluppen geschossen, und dabey das gewönl. Grönländertraktament gegeben.

Mittwochs, den 27 November

sprengte der Seegang eines heftigen Südweststurmes das Eis in dem Hafen. Wir mussten also noch in der Nacht die Krabbenreussen und Wallfischgarne bergen. —

Sonntags [Sonnabends], den 30 November

Seit dem Mittwoch hatten wir die See voller Treibeis, welches das Westeis von Amerikas Küste war. Demungeachtet liessen sich wenig Seehunde sehen, welche gewönlich mit diesem Eise unter Land gehen. — Der Komet entfernte sich von Tag zu Tag mehr. Er gieng uns scheinbar im Zenith auf, und in Nordwest unter. In den lezten 8 Tagen stand er so hoch in Westen, dass er kaum bemerkbar war. — Die Kälte war den ganzen Monat sehr strenge, und stieg heute zu 16 Graden.

Monat December.

Sonnabends, den 7 December

Lange Zeit war uns der Komet der dicken neblichten Luft wegen unsichtbar. Heute zeigte er sich endlich westlich von der

Milchstrasse wieder. Er gieng zwischen 9 und 10 Uhr in Westen unter. —

Mittwochs, den 9 [11] December

Lag das Eis bereits fest über die ganze Diskobucht. Doch waren unterm Lande hie und da offene Stellen. —

Montags, den 16 December

Fuhren wir mit Schlitten nach Fortunebay; ich wurde durch einen Stoss des Schlittens im Fahren am linken Auge beschädigt. — Vom ersten dieses Monats zeigten sich bey den Stromlöchern viele Wallfische, allein das Eis unter dem Lande verhinderte den Fang.

Dienstags, den 17 December.

Der Komet gieng heute um 9 Uhr Abends in Westen unter. Zu gleicher Zeit zeigte sich ein sehr schönes bogenförmiges Nordlicht mit den brennendsten Regenbogenfarben, welches sich über den ganzen Horizont von Südost nach Nordwest erstreckte. Ueber dem Bogen flammten schöne einzelne feuerrothe Strahlen lothrecht, wie Rakketen auf. — Es war mir das schönste unvergleichlichste Feuerwerk der Natur, welches keine Kunst nachzustümpern vermag. Ich hatte das Glück mich an diesem majestätischen Schauspiele über eine Stunde laben zu können, — Den Morgen drauf

Mittwochs, den 18 December

flammte es abermals obgleich mit mindrer Kraft auf, doch waren die Farben nicht so auszeichnend. Auch zog es sich mehr von Süden nach Norden. Abends um 11 Uhr zeigte sich wiederum ein schönes Nordlicht in .Südwest. Heute kamen die ersten Schlitten von Makkak über das Eis der Bucht hier an. —

Freytags, den 20 December, und

Sonnabends, den 21 December

rasete ein heftiger Südweststurm mit Regen und Schnee. Die See stieg in der Fluthzeit ungewöhnlich hoch, und trieb das Wasser über das geborstne Eis.

Mittwochs, den 25 December, bis

Sonntags, den 29 December

fiel mit Südost, und Südwestwinden, bey $1^1/_2°$ Wärme Thauwetter mit Regen und Schnee ein, worauf

Montags, den 30 December, und

Dienstags, den 31 December

das Thermometer plözzlich wieder zu 19 und 21 Graden Kälte fiel, welche schnelle Veränderung allgemein Schnuppen und Husten verursachte. Und so schloss sich dieses Jahr!

Bericht
einer mineralogischen
Reise
auf Grönland.

In Form eines Tagebuchs

gehalten von

D. **Karl Ludwig Giesecke.**

Bergrath.

Siebentes Jahr.

1812.

Diskobucht, Omenak,
Egedesminde, Christianshaab, Godhavn.

Monat Jänner.

Mittwochs, den 1 Jänner.

Das Jahr begann mit sehr stürmischer Witterung aus Nordost, bey 16 Grade Kälte Schnee und Gestöber. Der Komet stand um 3 Uhr Abends in Südwesten, und gieng in Westen unter

Sonnabends, den 4 Jänner.

Heute wurde, weil sich das Eis der Bucht nahe am Lande öffnete, eine Brandwache gehalten. Um 10 Uhr Vormittags setzten die Harpuniers in den ersten Wallfisch (für dieses Handelsjahr) fest, und erlegten ihn, den Grönländern zum Troste in ihrer grossen Noth, da sie schon seit einigen Tagen alte Felle kochen und essen mussten. Um 2 Uhr Nachmittags wurde der Fisch mit 4 Schaluppen unter Land gebracht, und verwahrt. Das war ein männlicher Fisch; er gab 34 Tonnen Speck, das unberechnet, was die Grönländer für sich behielten, und die Länge seiner Barden betrugen 8 Fuss. Gleich beym Fange wurde vom Grönländer Joseph Tikkak, wie gewönlich ein grosses Stück von einem seiner Flossen, dem Lieblingsgerichte der Grönländer, abgeschnitten, welches aber ins Wasser fiel, und von einem Hayfische aufgeschnappet wurde. Dieser Hay wurde den Tag drauf mit dem Stücke im Magen von dem nemlichen Grönländer unterm Lande gefangen. Die erste Harpune wurde von dem Harpunier Hans Nilsen, die zweyte vom Grönländer Joseph Tikkak gesezzt.

Montags, den 6 Jänner

Wurde der gefangene Wallfisch geflenset, und dessen Speck aufs Eis gebracht. In diesen 3 Tagen wurden 37 Haye gefangen, welche bey dem todten Wallfisch sich gemästet hatten. Ihre Leber betrug 6 Tonnen. — Einer derselben war 15 Fuss lang. Unsre halb verhungerten Hunde erholten sich bey dem Aase dieses Fisches wieder. —

Dienstags, den 14 Jänner

Ich gieng gegen Mittag, da es klar Wetter war, aus, um die Sonne wieder einmal zu sehen, deren Anblick wir seit langen 52 Tagen ganz beraubt waren. — Aufs Ravnsöe sah ich sie hervorkommen. Es war mir ein herzerhebendes Gefühl, dessen man nur in diesem Lande fähig ist, sie durch den zitternden Frostrauch optisch vergrössert und verschönert im Feuer und bluthrothen Glanze in Süden heraufsteigen zu sehen. Doch kaum war die Hälfte ihrer Scheibe erschienen, so sank sie schon wieder unter den Horizont. — — Der Komet wurde uns Abends um 5 Uhr auf eine Stunde sichtbar in Südwesten tief am Horizonte, und tauchte sodann wieder ins Meer.

Sonnabends, den 18 Jänner.

Morgens 7 Uhr reiste ich mit Herrn Inspecteur Motzfeldt und Herrn Rasmussen ab, um nach Kiviktok, dem 7 Meilen von hier im Diskofiord gelegenen Wohnplatze des Pensionisten Johann Drenghan zu gehen. — Es waren in allem 6 Hundeschlitten. Ueber Land ist diese Stelle nur 5 Meilen entfernt. Wir giengen Aukpadlàrtok und Fortunebay vorbey, auf welchem Wege uns der tiefe Schnee, selbst auf dem Eise viel zu schaffen machte. Wir fuhren über das feste Land bey Kangarsuk, und kamen sodann über die Lachsbucht, nach dem Lachselve zu, welche Strecke ungefehr die Hälfte des Wegs ausmacht. Hier trafen wir den Grönlænder Kotèk, welcher ein paar Stunden früher fahren musste, um uns Spur im Schnee zu machen. Er war mit Hunden und Schlitten über eine Felsenwand herabgestürzt, und hatte die Kniescheibe zerschmettert. Wir packten ihn auf einen Schlitten, und wendeten zur Kolonie zurück, wo wir nachts um 8 Uhr wieder ankamen. Der Weg war uns eben so ungünstig als das Wetter, da wir den Wind mit einem heftigen Schneegestöber gegen uns hatten, welches unser Angesicht mit einer Eisrinde bedeckte, und uns zuweilen ganz blind machte. —

Sonntags, den 19 Jänner

Stieg die Kälte bis zu 16 Graden. — Abends zeigte sich ein sehr schönes regenbogenfärbiges Nordlicht in Südwest. Der Komet war seit dem 14 Jänner aus unserm Gesichtskreise verschwunden. —

Montags, den 20 Jänner.

Wir reisten früh um 7 Uhr mit 4 Schlitten nach dem 7 Meilen von hier entlegenen Diskofiord ab, kamen um 9 Uhr nach Fortunebay, um 10 Uhr nach Kangarsuk.

Diese Inseln bestehen aus grossen Lagern von feinblättrigem Hornblendschiefer, welche auf feinkörnigem Granit aufliegt, die Næs selbst aus grünsteinartigem Basalt.

Um 11 Uhr fuhren wir über die breite Lachsbucht, auf welcher das Eis sehr dünne war, doch lag gegen 2 Fuss tiefer Schnee über demselben. Als wir über das feste Land fuhren, welches nach dem Fiord sich hinabzieht, zeigte sich die Sonne in all ihrer Pracht, und schmückte das um den ganzen Horizont verbreitete Gewölke mit einem unaussprechlich schönen Farbenreichthume. Ihr brandrother Glanz, welchen doch das Auge ertragen konnte, verlohr sich durch unmerkliche Schwächungen in das herrlichste Goldgelb, welches eine unermessliche Glorie in Westen um sie her bildete. Weiter hin in Nordwesten gieng dieses lebende Feuer in ein sanftes perlgrau und himmelblau über, welches sich in Norden in das schönste Indigblau und schwarzblau umwandelte und verstärkte. Uns gegen über bildete der Widerschein zwischen und auf den eisbedeckten Klippen der unzugänglichen Basaltkolosse das lieblichste Purpurroth, welches an den Spizzen dieser unersteiglichen Naturobelisken in ein sanftes Rosenroth zerfloss. Weder die Feder noch der Pinsel ist im Stande, ein Gemälde zu entwerfen, welches in diesem sonst so freudenleeren winterlichen Lande, unnennbar hohes Gefühl erweckt. Der sonst lobenswürdige Eifer der ältern Missionäre begieng ohne Zweifel einen grossen Fehler, dass sie nicht den alten tadelfreyen Nationalgebrauch der Eingebohrnen im Nordlande, dem Wiederkehren der Sonne ein Fest zu feyern, benüzzten, und diese rohen Naturmennschen an das Wesen erinnerten, welches diesen schönen Körper in seinen Bahn erhält, und ihnen zu seiner Zeit nach seiner Güte wieder zuführt. Mich deucht, eine solche Ermahnung, aus der reichen reinen Quelle der schönen wohlthätigen Natur genommen, müsste auch das kälteste Herz zur Andacht entflammen. Der Schnee, über welchen wir hingleiteten, war wie mit Brillianten besäet. Ebenfalls ein herrlicher blendender, aber dem Auge gefährlicher Anblick. Um 1 Uhr Nachmittags, eben als die Sonne sich hinter den saphirblauen Eisbergen des Meeres verlohr, deren Durchsichtigkeit mich an die Edelsteinklumpen der Feenwelt erinnerte, da beyder Realitæt von gleichem Gehalte ist, fuhren wir nach dem Diskofiord hinab, und eine Stunde darauf kamen wir bey dem Grönländerhause des Pensionisten JOHANN DRENGHAN zu Kiviktok an.

Dienstags, den 21 Jänner,

Ich gieng auf Excursion nach den auf der Nordseite des Fiords aufsteigenden Felsenklüften und Basaltmassen. Die der See nächst anstehende Steinarten bestehen aus Trapptuff, in welchem doch ziemlich sparsam, Mesotype eingesprengt ist. Dieser Trapptuff macht auch hier die Unterlage der hohen Gebirge, und erreicht nie eine beträchtliche Höhe. Auf demselben liegt rother Eisenthon; diesem folgt Mandelstein, und die Gipfel bestehen aus Massenbasalt.

Ich habe niemals in diesem Lande, und zu dieser Jahrszeit eine Berggegend besucht, wo der Schnee so tief und doch so weich war. Mit meinem drey Ellen langen *Took* (eine Art Stock, an dessen Ende ein zwey Zoll breites scharfes Eisen befestiget ist, ein Hülfsmittel um Schnee und Eis zu sondiren) konnte ich noch keinen

Grund finden, und an mehrern Stellen musste ich auf allen Vieren über den Schnee wegkriechen, um nicht zu versinken. Um zwey Uhr Nachmittags kam ich müde und bis aufs Hemde nass wieder nach dem Hause zurück. In der folgenden Nacht machte ein gewaltiger Südoststurm in der Diskobucht grosse Oeffnungen im Eise. —

Mittwochs, den 22 Jänner.

Um 8 Uhr Morgens reisten wir wieder ab, giengen den nemlichen Weg durch das Thal des festen Landes, woselbst uns ein heftiges Schneegestöber überfiel. — Wir mussten meistens hinter den Schlitten herlaufen, weil der Schnee an vielen Stellen einbrach. Als wir auf die Höhe der Landspizze Kangarsuk kamen, sahen wir, dass der Sturm der vorigen Nacht das Eis in der Bucht gesprengt hatte; doch konnten wir nahe am Lande bald auf dem Strandeise, bald auf den losen Eisstücken, Fortunebay vorbey und nach Godhavn kommen, welches wir Abends halb drey Uhr erreichten. (7 Meilen)

Freytags, den 24 Jänner

Weil sich unter dem Lande mehrere Oeffnungen im Eise zeigten, so wurden Morgens 6 Uhr die Schaluppen über das Strandeis hinausgeschoben, und wir giengen mit 4 Schaluppen auf Brandwache. Gleich unter Udkig begegnete uns der erste Wallfisch, allein der Harpunier Jens Wille warf fehl, und der Fisch entkam. Wir ruderten hierauf gegen Südwesten, und kamen nahe bey einer Eisfläche einem Zuge von wenigstens 50 Wallfischen entgegen, der Harpunier Hans Nilsen sezzte seine Harpune in einen der grössten; sie hielt fest, und der Fisch lief unter der Eisfläche $15^1/_2$ Linie aus. Hier lagen wir nun über zwey Stunden an dem Fische fest, welcher auf dieser Seite nicht wieder hervorkam, und auf der entgegengesezzten Seite der Eisfläche war es des andern Treibeises wegen nicht möglich beyzukommen. Endlich gieng die Linie, vermuthlich durch das anhaltende Scheuren derselben unter dem scharfen Eise, entzwey, und der Fisch entkam uns mit der Harpune dem Vorgänger und $1^3/_4$ Linie, der übrige Theil derselben wurde geborgen. Da das Treibois uns einzuschliessen anfieng, so mussten wir weiter gehen. Wir ruderten gegen Osten, und sahen viele Fische. Um 1 Uhr Nachmittags sezzte der Harpunier Jens Wille in einen jungen Wallfisch, welcher ebenfalls unter das Eis gieng und 4 Linien auslief. Ich gieng mit Herrn Assistent Brandt und dem Grönländer Harpunier Claus Anguterpellak mit zweyen Schaluppen nach der entgegengesezzten Seite, wo er wahrscheinlich, um Luft zu schöpfen, heraufkommen musste. Hier kriegte er von Claus den zweyten Harpunstich um 2 Uhr. Er gieng nur auf einige Minuten unter, kam gleich wieder auf die Oberfläche, doch er war schon matt und fieng an Blut mit Wasser zu blasen, allezeit ein Beweis, dass die Lunge beschädigt ist. Nun gaben wir ihm mit den Lanzen vollends den Rest. Die Grönländer fielen wie heisshungrige Wölfe über ihn her, um *Maktak* (Stücke aus seiner Haut) zu schneiden; ein Gerichte, welches roh genossen wird. — Es schmeckt gut, und ist ein bewährtes Mittel gegen den Scharbok. — Endlich wurde der Fisch an die Schaluppen befestigt, und nach dem festen Land bogsirt, wo wir Abends 5 Uhr ankamen. Um 9 Uhr Abends hatten diese Menschen den obern also halben Theil des Fisches bis auf die Rippen geplündert.

Sonnabends, den 25 Jänner.

Nachmittags wurde der gestern gefangene Wallfisch geflenset. Er war jung, und gab nur 14½ Tonnen Speck. — Die längsten Barden hielten nur 9 Fuss. Die Angabe des Specks ist nur richtig für die Quantität welche eingeliefert wird; denn die Grönländer behalten allezeit einen grossen Theil für sich zum Verbrauche. Ein Theil geht auch mit dem *Maktak*, ihrem Nahrungsmittel verloren.

Dienstags, den 28 Jänner

wurde der Geburtstag seiner Majestät des Königs Friederichs VI mit einem fröhlichen Mahle in der Wohnung des Herrn Inspecteurs Motzfeldt gefeyert, woran alle anwesende Offiziere theil nahmen. Aus Mangel an Pulver mussten die gewöhnlichen Salven unterbleiben.

Freytags, den 31 Jänner.

War die höchste Kälte für diesen Monat zu 20½ Grad. Ich gieng der reinen Luft zu geniessen nach dem Berge Ounartorsoak. Der Anblick dieser feyerlichen Winterschönheiten kann auch frohe Gefühle erwecken.

Monat Februar.

Sonnabends, den 1 Februar

zeigte sich auf dem Eise bey Kronprinzenseiland die Hälfte der Sonne blutroth wie in einem Spiegel, die andre Hälfte derselben erschien regenbogenfärbig. Abends war ein starker Ring um die Venus zu sehen.

Sonnabends, den 8 Februar.

Nachmittags um 2 Uhr kamen Schlitten von Kronprinzenseiland. Unter den Reisenden war auch Herr Pastor Hartz.

Sonntags, den 9 Februar

Hielt Herr Missionär Hartz Grönländischen Gottesdienst, und Kommunion — und

Dienstags, den 11 Februar

Predigte er in Dänischer Sprache, und ertheilte den versammelten Europæern das h. Abendmal.

Mittwochs, den 12 Februar

wurden zwey erwachsene Heiden getauft, und

Dienstags, den 13 Februar

Reisten die Fremden wieder ab. —

Reise
mit Hundeschlitten
rund um die Diskobucht
und nach Omenak

Sonnabends, den 15 Februar,

Da Herr Inspecteur Motzfeldt seine gewöhnliche jährliche Amtsreise vornehmen musste, welche wegen der im Augustmonat angekommenen Englischen Schiffe in der Herbstzeit nicht statt finden konnte, so entschloss ich mich, auf sein gütiges Anerbieten, ihn zu begleiten; um so mehr da unsere ökonomische Einrichtung dieses beynah nothwendig machte. Wir reisten also heute Vormittags um 10 Uhr mit 4 Schlitten ab, und sezzten gerade über das Eis der Bucht, Komarfik vorbey, nach Kronprinzenseiland, Godhavn in Südwesten belegen, (6 Meilen entfernt) woselbst wir um 1 Uhr Nachmittags ankamen, und bey Herrn Oberassistent Friedrich Fleischer über Nacht blieben. Das Eis war, ein paar Stromlöcher ausgenommen, fest und eben.

Sonntags, den 19 [16] Februar.

Morgens um 9 Uhr reisten wir mit 5 Schlitten von Kronprinzenseiland ab, und kamen um 5 Uhr Abends nach Hundeeiland zu Herrn Mörck, wo wir zu Mittags speisten. Das Eis war um diese Inseln herum sehr dünne und voller Stromlöcher. Wir mussten deswegen von hier aus einen Umweg um die Insel Kullen machen, giengen sodann durch einen Sund, Haröen vorbey, wo die Strömung das Eis ganz durchgefressen hatte, dass wir kaum über dessen Trümmer kommen konnten, und kamen um 5 Uhr Abends zu Egedesminde an, wo Herr Missionär Hartz so gütig war, mir in seiner Wohnung Quartier zu geben. Abends zeigte sich ein schöner farbiger Nordlichtbogen, einem Regenbogen ähnlich, welcher über den ganzen Horizont von Südosten nach Norden reichte, und über eine halbe Stunde flammte. Zu gleicher Zeit kam Abends um 6 Uhr eine Feuerkugel von Westen, gieng scheinbar horizontal nach Südosten, und sprühte regenbogenfärbige Funken von sich. —

Dienstags, den 18 Februar.

Nachdem wir einen Tag stille gelegen hatten, reisten wir heute Vormittags um 9 Uhr unter Begleitung von mehrern Bekannten mit sieben Schlitten von Egedesminde ab, und giengen durch die Inseln. Ein halbtodter Hund lag auf dem Eise, von dessen Fleische bereits die hungrigen Raben speisten. Bey Nivàk kam uns der Grönländer Jens mit Briefen und zwey Schlitten, welche tüchtig mit Narvalfleisch und *Maktak* beladen waren, entgegen. Als wir über die Südostbucht fuhren, trafen wir mehrere Grönländer von Ikamiut, welche auf dem *Mautok (Maupok)* fange waren, und bereits 5 Seehunde hatten. Wir traktirten sie mit Branntwein. Für uns war der rohe gefrorene Maktak, womit uns der Grönländer Jens beehrte, ein vortreffliches Mittel, um den Durst zu löschen. Der Wind war äusserst beissend; ich erfror die Nase. Wir giengen zwischen den grünen Eilanden, und Tussàk (Tussàme) durch, Nougme (Nouk) vorbey, und kamen um halbsechs Uhr Abends nach Christianshaab.

Donnerstags, den 20 Februar.

Nachdem wir einen Tag zu Christianshaab bey Herrn Geisler stille gelegen hatten, reisten wir wieder ab, und kamen um 12 Uhr Mittags zu Claushavn an, 4 Meilen von der vorigen Colonie entlegen, wo wir bey Herrn Lammersen einkehrten, welcher in einem Grönländischen Hause wohnt. Die Kälte war heute bis auf 36 Grade gestiegen. Der Weissfisch und Narval, so wie auch der Seehundfang war hier sehr gut gewesen. Lezterer war für dieses Jahr zu Egedesminde schlecht. Bis zu unserer Ankunft waren nur 221 Seehunde, 2 weisse und 7 blaue Füchse gefangen wurden. Auch zu Kronprinzenseiland, Hundeeiland und Christianshaab war der Winterfang für dieses Handelsjahr schlecht. —

Die kleinen Inseln, welche von Egedesminde an bis nach Claushavn das feste Land bekränzen, haben in dem Granite beträchtliche Lager von Glimmerschiefer mit eingemengten kleinen Granaten. —

Freytags, den 21 Februar.

Reisten wir Vormittags um 11 Uhr mit 5 Schlitten von Claushavn wieder ab. Ungeachtet es von hier nach Jacobshavn in gerader Linie über den Iisefiord nur eine Meile ist, so mussten wir, der vielen Stromlöcher wegen, welche sich um die zahlreichen Eisberge dieses Fiords finden, um die Mündungen desselben herum nach der See hinaus einen Umweg von 5 Meilen machen. — Dem ungeachtet plumpten unsre Hunde an mehrern Stellen durch, und fielen ins Wasser. Der Grönländerblanding Villas Olsen von Klokkerhuk, welcher den Tag vorher diesen Weg zurückgelegt hatte, war unser Wegweiser. Als wir kaum eine halbe Meile vom Lande waren, mussten wir Halt machen über 1 Stunde, um den sichersten Weg durch das dünne Eis zu finden. Aus dem Eisfiord (Iisefiord) blies der Ostwind ausserordentlich beissend. Durch viele Krumm und Kreuzwege kamen wir endlich um 4 Uhr Abends glücklich bey Jakobshavn an, und logirten bey Herr Rousing. —

Dienstags, den 25 Februar.

Nach einem Aufenthalte von drey Tagen reisten wir heute Morgens um 9 Uhr von hier ab. Die Kälte mit anhaltendem Gestöber verbunden war schmerzlich. — Das Thermometer stand, so wie die lezten drey Tage unveränderlich bey 36 und $36^{1}/_{2}$ Graden Kälte, zu Jakobshavn. — Der Seehundfang, so wie die Kaleraglikfischerey *(Pleuronectes Cynoglossus)* auf dem Eise gelangen daselbst in diesem Winter sehr gut. Wir reisten eine der Bänke vorbey, wo die Grönländer mit Fischen beschäftigt waren. — Um 12 Uhr sezzten wir über die Bucht Pakkitsok genannt, und kamen um ein Uhr nach Klokkerhuk, auf Arveprindsenseiland, wo wir im Grönländischen Hause des Vormanns Jens Dalager uns eine Stunde aufhielten (6 Meilen von Jakobshavn). Diese Stelle, welche zu Rittenbenks Distrikt gehört, ist dieser Winter aus Mangel der zum Wallfischfange nöthigen Mannschaft unbesezzt, und der Vormann, welcher mit seiner Familie dermals allein daselbst wohnt, hat die Aufsicht über die Gebäude. — Das Eis der See war an der Landspizze oder dem Huk aufgebrochen; wir mussten also hier ein Stück Wegs über Land fahren. Wir fuhren Kangek, ebenfalls eine Landspizze, vorbey. Das Eis hatte hier herum viele Stromlöcher. —

Kangek besteht aus Syenit mit grossen Lagern von Hornblendschiefer.

Um 5 Uhr Abends kamen wir endlich nach Rittenbenk halb erstarrt, wo wir an Herrn Mossin Fleischer einen freundlichen Wirth fanden. — Herr Missionär Bram von Jakobshavn, und Herr Ole Winding waren in Amtgeschäften hier. — Rittenbenk liegt 3 Meilen von Klokkerhuk, und neune von Jakobshavn.

Donnerstags, den 27 Februar

bemerkten wir hier Morgens um 2 Uhr eine totale Mondfinsterniss, deren Anfang um 2 Uhr war. Der Mond sah ganz kupferroth aus. —

Freytags, den 28 Februar.

Nachmittags um 2 Uhr reisten wir von Rittenbenk mit 5 Schlitten nach Torsukatek ab. Unser voriger freygebiger Wirth Herr Rousing, welcher uns hieher begleitet hatte, kehrte mit seiner Frau nach Jakobshavn zurück. Wir kamen um 5 Uhr Abends nach der Insel Nougak (4 Meilen) wo wir in dem Grönländischen Hause des Katecheten Niels Amager übernachteten.

Sonnabends, den 29 Februar,

Sezzten wir unsre Reise nach Omenak weiter fort, und kamen um 7 Uhr Morgens ans feste Land (4 Meilen). Wir fuhren über die Skraabakke, und passirten sodann die Langebakke. Nachmittags um zwey Uhr kamen wir nach dem steilen Berg Majoarsoeitsiak. Als wir hier die Hunde vom Schlitten spannten, um sie vor uns den Berg hinunter laufen zu lassen, hatten wir den unbehaglichen Zufall, dass sie, weil sie ein paar Schlitten vorausfahren sahen, im Thale davon liefen. Wir mussten uns also selber vor den Schlitten spannen, und denselben über eine Meile weit schleppen, bis wir endlich fünf der Hunde im Thale bey dem Lachselv (Ekalluk) wieder erhalten konnten. Der Weg auf dem Eise dieses gefrorenen Stromes war sehr glatt und steil, und der in demselben hervorstechenden grossen Steine wegen schlimm zu befahren. Als wir hinab auf Omenaks Fiord kamen, erwartete uns der Grönlænder Jens Amager, welcher drey von unsern Hunden aufgefangen hatte. Einer derselben war nicht mehr zu finden. Den Weg über das feste Land von Skraabakken bis Ekalluk (Ekallune) rechnet man auf 12 Meilen. Wir fuhren auf Omenaksfiord weiter nach Ikaresak zu (6 Meilen) kamen dahin um 5 Uhr Abends, giengen Omeneitsiak vorbey. Wir sezzten über spiegelglattes Eis nach Storöen, und erreichten endlich die Kolonie Omenak um 8 Uhr bey stockfinstrer Nacht. — Herr Inspecteur Motzfeldt war eine Stunde früher daselbst angekommen. —

Monat März.

Sonntags, den 1 März.

Herr Pastor Bram, welcher einen Tag vor uns angekommen war, hielt heute Gottesdienst und Kommunion für die Europæer dieser Kolonie.

Montags, den 2 März

war Grönländischer Gottesdienst und Kommunion für die Eingebohrne. Auch wurden 9 erwachsne Heiden mit ihren Kindern getauft. Herr Inspecteur Motzfeldt hielt Versteigerung über die Verlassenschaft eines mit einer Grönländerinn verheirathet gewesenen Kolonisten Svend Larsen, eines Mannes, welcher als einer der fleissigsten Seehundgarnfänger dem Handel viel genützt hatte. Er hatte sich durch den Genuss einer tüchtigen Portion Seehundefleisch, und einer noch grösseren Menge von (vieleicht unreifen) Kräkebeeren den Tod zugezogen (vieleicht Blutgang).

Mittwochs, den 4 März.

Wurde 6 Paare, theils Grönländer theils Europæer, die lezte mit Grönländerinnen getrauet. —

Freytags, den 6 März.

Reisten wir nach einem Aufenthalte von 6 Tagen in einem Gefolge von 11 Schlitten von Omenak wieder ab, um 11 Uhr Vormittags. Wir fuhren in gerader Linie nach Omeneitsiak zu. Bey den dortigen Kaleraglikbänken erhandelten wir einige Fische. Wir reisten noch 2 Meilen weiter, und kamen um zwey Uhr Nachmittags zu Ikaresak auf der Südseite der Insel an, wo wir in dem Grönländerhause der MARTHE, Wittwe des im September verstorbenen Kolonisten SVEND LARSEN übernachteten. Ein Grönländer, welcher mit Herrn WINDING nach Godhavn zu reisen sich anheischig gemacht, und durch dieses Versprechen ihm ein paar neue Stiefel abgelockt hatte, hier aber ohne weitere Entschuldigung wieder umkehren wollte, musste dieselben wieder ausziehen und sich mit seinen alten begnügen, um dadurch begreifen zu lernen, dass ein Mann sein Wort halten müsse. Der Katechet JANE, ein geschickter Seehundfänger und ein sehr redlicher ordentlicher Mann, war hier vor einigen Tagen gestorben. — Ein seltener Fall, dass ein Katechet zugleich ein guter Grönländischer Erwerber ist. — Der Seehundfang fiel hier, so wie zu Omenak diesen Winter glücklich aus. Zu Rittenbenk war er dagegen äusserst schlecht, so dass wir nicht einmal Futter für unsre Hunde bekommen konnten. —

Ich gieng auf Excursion und zeichnete die Ansicht der Insel Omeneitsiak von dieser südlichen Seite. Ich stieg nach der steilen Felsenwand hinauf, welche gerade über den Grönländischen Häusern empor steigt. Hier sah ich grosse Lager von Hornblendschiefer, welche mit Gneiss abwechseln. Beyde Gebirgsarten liegen auf einem grobkörnigen Granit, welcher in seinem Gemenge adernweise viel derben dichten Epidote hat. — Der Feldspath dieses Granits ist zuweilen röthlich, zuweilen grau, und dann etwas labradorisch. Auch finden sich in diesem Urgemenge hie und da einzelne Kristallen von gemeiner Hornblende. — Man vergleiche damit das S. 311 u. 314 erwæhnte. Um 6 Uhr Abends kehrte ich nach Hause zurück. —

Sonnabends, den 7 März

Reisten wir um 6 Uhr Morgens von Ikaresak ab, und kamen um 7 Uhr nach Ekalluk oder Lachselv. Aus dieser Felsenkluft blies ein schmerzender Nordwind, welcher eigentlich von Süden zu kommen schien, aber richtiger gesagt, aus Norden durch die schmalen Thäler sich wälzte, und hier aus Süden herabstürmte. Als wir uns dieser Gegend näherten zeigte sich in Osten, als die Sonne so eben hinter dem Eisblink heraufstieg, über ihr eine schöne Feuersäule, vermutlich durch die Brechung der Sonnenstrahlen auf dem Rande des Eisblinks hervorgebracht. Sie färbte diese unvergängliche Eisbrücke mit dem schönsten Purpurroth, und ein Feuermeer, dessen Glanz das Auge kaum aushalten konnte strömte über die Oberfläche dieser himmelblauen Eismasse hin. — Wir fuhren nun über den spiegelglatten Lachselv hinauf, welcher sich zwischen

2 steilen Felsenwänden bildet. Um 9 Uhr arbeiteten wir uns den steilen Majoarsoeitsiak hinan. Er war beynahe spiegelglatt, und dessen Schnee so hart wie Stein. Wir mussten uns hie und da Tritte in denselben hauen und so hinaufklettern, da die Hunde kaum im Stande waren sich und den Schlitten aufwärts zu bringen. Von hier aus, wo man gewöhnlich Mittag hält, das heisst, Butterbrod isst und einen Schnaps trinkt fuhren wir über Langebakke, deren Ende wir um halb 12 Uhr erreichten, und kamen endlich um 1 Uhr Nachmittags über Skraabakke auf der entgegengesezzten Seite hinab auf die See. Bey dieser Gelegenheit hvälzten ein paar Schlitten, doch ohne weitern Schaden. Wir fuhren durch Torsukatek nach dem Waygat hinaus, und giengen um die Insel Niakornak. Auf einer Ebene derselben steht ein dermalen bewontes Grönländisches Haus, auf welches alle unsre Hunde in vollem Galopp zurannten, welches sie gewöhnlich thun, weil sie bey solchen Stellen ihr Nachtquartier vermuthen, und gefüttert werden. Wir waren aber nicht dieser Meynung, und wollten noch Rittenbenk erreichen. Inzwischen hielt dieser Seitensprung, wie Seitensprünge zu thun pflegen, uns eine gute Weile auf, bis wir sie wieder aus einander bringen konnten, weil sie sich alle mit den Zugriemen in einander verwikkelt hatten. Um 5 Uhr Abends kamen wir endlich zu Rittenbenk an. — Diese Strecke von 20 Meilen hatten wir in 11 Stunden, den Aufenhalt unterwegs mit eingerechnet, zurückegelegt. Von Ikaresak nach Rittenbenk rechnet man auf dem Schlittenwege 20 Meilen. Das Thermometer zeigte heute Abends zu Rittenbenk 33 Grade Kälte. Im verflossenen Jahre machte ich an dem nemlichen Tage meine obenbeschriebene Reise über das feste Land von Rittenbenk nach Omenak.

Montags, den 9 März.

Besuchte mich der Grönländerkatechet Hendrik, welcher im vorigen Jahre als ich durch das Waygat reiste mit seinem Zelte zu Gamle Rittenbenk (Sakkame) stand. Er lag damals eines zerquetschten und äusserst übel zugerichteten Fingers wegen krank. Er dankte mich nochmals für die Arzneymittel, welche er von mir erhalten hatte, und verehrte mir ein Seehundefell. Sein Finger war in vollkommen gutem Stande. —

Dienstags, den 10 März,

traten wir endlich, nachdem wir zu Rittenbenk zwey Tage stille gelegen hatten, in einem Gefolge von 12 Schlitten unsre Rückreise nach Godhavn an. Wir fuhren um halb neun Uhr Morgens ab, giengen Söndreöe, wo gefährliche Stromlöcher sind, und Kangèk vorbey, sezzten über das Waygat (5 Meilen) und erreichten um 2 Uhr Flakkerhuk (4 Meilen) — um 4 Uhr Skandsen (4 Meilen) — um 6 Uhr Makkak (4 Meilen) und kamen über Iglytsiak Ippik, und Assungasungarsoak, um

9 Uhr Abends nach einer Reise von 27 Tagen mit Hundeschlitten zu Godhavn (6 Meilen von Makkak) an. — Man rechnet von Rittenbenk nach Godhavn 24 Meilen auf diesem Wege. — Der Wind blies sehr scharf, und das Thermometer zeigte bey unsrer Ankunft 29 Grade Kälte. —

Aufenthalt zu **Godhavn**.

Mittwochs, den 11 Marz.

Abends 8 Uhr kam Herr Rousing mit Familie und Herr Missionär Bram von Jacobshavn hier an. — Das Eis war so gut und sicher, dass sie quer über die Diskobucht sezzen konnten. Während unsrer Abwesenheit von Godhavn hatte die strenge Kälte all das Getränke, welches wir hatten, verdorben. Sechs Tonnen Bier nemlich, welche kurz vor unsrer Abreise mit dem lezten Reste Brennholz gebrauet wurden, waren steinfest gefroren, und die Böden aus den Tonnen gesprengt, ob sie gleich in einem Keller lagen, über welchem täglich geheisst wurde.

Freytags, den 12 [13] März

waren zu Godhavn bey dem Herrn Inspecteur 15 Europäische Männer und zwey Frauen versammelt, welche von den in der Bucht liegenden Kolonien mit Schlitten hieher auf Besuch gekommen waren. Es ist etwas seltenes hier im Lande in so zahlreicher Menge sich des gesellschaftlichen Lebens freuen zu können! —

Sonnabends, den 14 März

Gieng ich mit auf Brandwache. Das Eis war ein gutes Stück unterm Lande aufgebrochen, und es liessen sich mehrere Wallfische sehen. Da aber das Eis mit dem Winde wieder unters Land sezzte, so mussten wir uns tummeln, um die Schaluppen wieder in Sicherheit zu bringen.

Montags, den 16 März

Reisten die uns besuchenden Fremden wieder nach ihren Wohnplässen in die Bucht zurück. —

Mittwochs, den 18 März

Gieng ich mit auf Brandwache. Wir sahen nur einen einzigen Fisch, welchem aber des dünnen Eises wegen nicht beyzukommen war, ungeachtet wir ihm 2 Meilen vom Lande nachruderten. Doch wurden heute zwey grosse Weissfische *(Delphinus albicans)* gefangen.

Sonnabends, den 28 März.

Fuhren wir nach Fortunebay zu den Stromlöchern auf Fischerey, fiengen aber nur ein paar Dorsche.

Monat April.

Mittwochs, den 1 April.

Das Eis der Diskobucht war seit dem lezten Nordoststurm (den 30 März) ein beträchtliches Stück aufgebrochen, doch liessen sich keine Wallfische sehen. —

Sonnabends, den 4 April

Sahen wir bey den Oeffnungen im Eise viele Wallfische blasen, allein es hatte sich in den lezten beyden Tagen das Eis um Godhavn herum wieder festgelegt, so dass man nicht auf Brandwache ausgehen konnte.

Montags, den 6 April

Brach das Eis abermals unter Godhavn, und ein grosses Stück in die See hinaus, und trieb westwärts; doch sezzte es

Mittwochs, den 8 April

wiederum unter Land. Heute wurden bey der Kolonie von den Grönländern abermals 2 Weissfische im Kajak gefangen. Die Witterung war in einem fort äusserst rauh und stürmisch mit umlaufenden Winden, Thauwetter, Schnee, und Gestöber. —

Sonnabends, den 11 April.

Sahen wir Morgens um 4 Uhr wider alles Erwarten bereits vier Englische Wallfischfängerschiffe, welche westlich von Kronprinzenseiland bey der Insel Okkak und süd süd westlich im Eise herumkreuzten. Sie waren gegen 4 Meilen von Diskoland entfernt, und hielten Abends östlich und nordöstlich gegen das Waygat zu. Sonsten pflegen sie erst am Ende des Aprils auf diese Höhe zu kommen. Wir giengen um 6 Uhr Morgens mit 4 Schaluppen auf Brandwache, ruderten zuerst unterm Lande bis zu Pehr Damms Skib (2 Meilen) hinauf, sezzten hierauf die Seegel bey und giengen bey dem Winde zwischen die Eistrümmer. Daselbst trafen wir einen einzigen Wallfisch, welchem wir aber des Eises wegen nicht beykommen konnten. — Um 4 Uhr Nachmittags kehrten wir unverrichteter Sache wieder nach dem Lande zurück. Wir waren einem der Englischen Schiffe bis auf anderthalb Meilen nahe gekommen; es hielt aber von uns ab nach der offenen See zu. —

Sonntags, den 12 April

Sahen wir abermals drey andre Englische Schiffe in Westen zwischen dem Eise seegeln. —

Montags, den 13 April.

Hielten wir abermals Brandwache, weil sich zwischen dem Eise mehrere Wallfische sehen liessen. Zwischen ein und zwey Uhr Nachmittags sezzte Herr Assistent Brandt die erste Harpune in einem ziemlich grossen Wallfisch weiblichen Geschlechts. Er lief sieben Linien aus, und hielt sich beständig in der Oberfläche des Wassers, da das Meer an dieser Stelle nicht sehr tief war. Der Speckschneider Hans Nilsen gab ihm die zweyte Harpune, doch er blies schon nach dem ersten Harpunstiche Blut. Der Catechet Jens Wille war der erste, welcher ihm mit der Lanze beykam. Um 2 Uhr war er schon todt, und um 6 Uhr Abends wurde er in der Pauls Bucht unter Land gebracht und befestiget.

Um 5 Uhr kam das Engl. Schiff Truelove, geführt von Kapitän Watson dem Lande ziemlich nahe. Es ist das nemliche Schiff, welches im vorigen Jahre unter Anführung des Kapitäns Foster auf dem Königlich Dänischen Handelsversuchplazze zu Tessiursak, 20 Meilen nördlich von der Kolonie Upernavik eine Menge Thran und Felle raubte. Dieser Kapitän Foster wurde deswegen bey seiner Zurückkunft, der mit den Englischen Schiffern von Herrn Inspecteur Motzfeldt eingesandten Klage zu Folge, von seiner Regiering der Führung des Schiffes entsetzt. Sie soll auch, einer Sage zu Folge auf jede Tonne in Grönland geraubten Thrans eine Geldstrafe von 200 Pfund Sterling gesezzt haben. Der gegenwärtige Führer des Schiffs scheint ein sehr gefälliger Mann zu seyn. Er legte unter Godhavn bey, und zog die Flagge auf, um uns einen Brief erhalten zu machen, welchen er bey seiner Vorbeyreise von Holsteinsburg aus von dem dortigen Handelsverwalter Herrn Grönwald an Herrn Inspecteur Motzfeldt zur Bestellung übernommen hatte. Auch sandte er uns eine Verehrung von Kartoffeln und Zwiebeln, einige Zeitungen, und ein Billet, in welchem er uns meldete, dass der Krieg zwischen England und Dännemark gegen den Wunsch und Willen der Englischen Nation bisher noch fortdaure; eine Nachricht, welche uns alle sehr niederschlug. Herrn Grönwalds Bericht von Holsteinsburg aus waren ebenfalls sehr traurig: „Die Noth im Südlichen Grönland sey sehr gross: Der Fang für die Grönländer habe ebenfalls fehlgeschlagen: Sie hätten nur drey Wallfische gefangen, von welchen sie den dritten durch Sturm im Hafen noch missen müssten; die beyden andere geborgene Fische hätten 222 Tonnen Thran gegeben: Der Garnfang auf Seehunde hätte ebenfalls daselbst ganz fehlgeschlagen und nicht mehr als 17 Tonnen Speck eingebracht.“ — Aus den magern Zeitungen, welche wir bey dieser Gelegenheit erhielten, konnten wir über den gegenwärtigen Zustand in Europa nichts erfahren.

Mittwochs, den 15 April

Giengen wir abermals auf Brandwache, aber vergebens. Die wenigen Wallfische, welche wir sahen, waren so scheu, dass wir ihnen nicht beykommen konnten, ob wir gleich bis Sonnenuntergang auf sie lauerten. — Auch sezzte das gebrochene Eis oder Treibeis dem Lande zu. — Wir sahen heute neun Englische Schiffe in der Bucht. —

Donnerstags, den 16 April

Heute wurde der am Montag gefangene Wallfisch geflenset, und in der Nacht drauf der Speck aufs Land geborgen. — Der Fisch hatte Barden zu zehen Fuss Länge, und gab, das ungerechnet, was die Grönländer sich davon nahmen, 44 Tonnen Speck. Zwey Englische Schiffe näherten sich dem Lande bis auf eine halbe Meile, aber der Oststurm jagte sie bald nach Westen, und das Eis hinter ihnen her. Von einem derselben, Kapitän Lawson erhielten wir die schriftliche Nachricht, dass Grönland dieses Jahr abermals von einem oder zweyen auf Kosten der Englischen Regierung mit Proviant versehenen Schiffen besucht, oder heimgesucht werden würde, und dass kein Dänisches Schiff kommen werde.

Sonnabends, den 18 April.

Vom Donnerstag an zeigte sich dieser Monat in seiner gewöhnlichen unangenehmen Gestalt. Es stürmte in einem weg, meistens aus Südwest. Die dikke neblichte Luft gab uns in diesen drey Tagen zu der bereits ungewöhnlich grossen Menge Schnee noch eine tüchtige Zugabe. — Wir konnten seit einigen Tagen keines der Englischen Schiffe sehen. —

Sonntags, den 26 April

Erhielten wir durch den Englischen Wallfischfänger-Kapitän John Davidsen von Leith die ersten ausführlichen Nachrichten aus Europa. Er erzählte unter andern, dass das Schiff Freden von einem Kaper the Rifflmann aufgebracht nach Leith hineingebracht, aber wieder freygegeben worden wäre. —

Dienstags, den 28 April.

Verliess der Zimmermann Friederich Möller und der Reserve Zimmermann Ole Nilsen heimlich die Kolonie, und beyde nahmen am Bord eines der vor Anker liegenden Englischen Schiffe Dienste. Der lezte ist mit einer Grönländerin verheirathet und Vater zu 3 Kindern. — Er nahm noch seinen Proviant für den künftigen Monat entgegen, bevor er entwich. — Die schlechte unbeständige Witterung dauerte mit Regen, Sturm und Schnee ununterbrochen fort; das gebrochene Eis trieb in der Bucht hin und her. — Der Fang der Grönländer war äusserst schlecht, auch liess sich kein Wallfisch sehen. —

Monat May.

Freytags, den 1 May.

Der Monat begann mit Sturm, Regen und Schnee, welche Witterung bis auf den 4ten unausgesezzt fortdauerte. Die Bucht lag vollgepropft mit Eis, welches hie und her trieb.

Mittwochs, den 6 May

war ich auf Excursion, und fand unter den Felsenwänden die ersten *Kopaunauarsut (Emberiza nivalis*, Schneeammer) die Vorboten des Frühjahrs. — Doch kamen sie des vielen Schnees wegen noch nicht zu den Häusern hinab. —

In der Nähe von Siorarsoak sah ich nesterweise Analcime mit Haarzeolith in gemeinem Basalt. — Acht englische Schiffe lagen des vielen Treibeises wegen bey Anlägg vor Anker.

Sonnabends, den 9 May

Gieng ich Vormittags auf Excursion nach Ounartoarsùk. Ich fand dorten in einer Felsenwand Stilbit in 6 seitigen Tafeln, ganz mit Haarzeolith durchwachsen.

Dienstags, den 12 May

Die 14 Englischen Schiffe, welche gestern, da der Wind Oefnungen im Eise der Bucht gemacht hatte, ostwärts geseegelt waren, wendeten heute wieder um, und richteten ihren Kurs Godhavn vorbey nach Nordwesten. Wir hatten in diesen Tagen 8 bis 10 Grade Kälte, und viel Schneefall.

Donnerstags, den 14 May

Nachmittags sahen wir zwey Englische aus Westen kommende Schiffe, welche mehrmalen versuchten, sich dem Lande zu nähern. —

Ich gieng auf Excursion nach dem Berge Akkiarut, einem unserer Wohnung gegen über liegenden Basaltberge, und fand Chabasie mit abgestumpften Ekken und Kanten, Stral und Haarzeotith in Basalt. —

Es giengen in der Nähe mehrere durch des Eis losgesprengte Basaltmassen nieder, und der Weg war durch den in den lezten Tagen gefallnen Schnee sehr schlecht.

Freytags, den 15 May.

Morgens um 2 Uhr kam der Englische Kapitän Kristoffersen in unserm Hafen, vom Eise gedrängt vor Anker. Nachmittags um 7 Uhr bogsirte er sich von hier aus durch das Eis unter dem Lande weg bis nach Karartut oder Sorte Huk, eine halbe Meile von Godhavn gegen Osten. —

Sonnabends, den 16 May

Das Schiff the Brother kreuzte durch das Eis, Godhavn vorbey nach Osten zu. Ich war auf Excursion nach Ravnöe.

Sonntags, den 17 May.

Heute als am Pfingstsontags wurde Gebet bey der Loge gehalten.

Freytags, den 22 May.

In der Nacht vom 21 zum 22ten fiel gegen $^1/_2$ Elle tiefer Schnee. Abends um 11 Uhr kamen Postexpressen von Holsteinsburg mit Briefen aus dem südlichen Grönland hier an.

Sonnabends, den 23 May.

Gegen Abend nähert sich der Kapitän THOMAS MARSCHAL führend die Fregatte John Marschal dem Lande, um ein paar Briefe von Leith an dem Herrn Inspecteur abzugeben.

Sonntags, den 24 May.

Abends liessen sich mehrere Wallfische sehen; wir giengen deswegen auf Brandwache aus, und kreuzten bis gegen Mitternacht. Aber es war vergebene Mühe; die Fische waren scheu und unruhig. —

Mittwochs, den 27 May

Heute Vormittags zeigte sich ein besonderer grauer und dicker Nebel, welcher das ganze Land und die See einhüllte, ob wir gleich über uns den reinen blauen Himmel hatten. Er zog nach Westen ungeachtet es ganz stille zu Lande und auf der See war. Gegen Abend sahen wir ein Englisches Schiff, welches nach Osten zu seegelte.

Donnerstags, den 28 May.

Der Nebel zeigte sich wie gestern. Auf den Spizzen der Gebirge stehend ist diese Erscheinung gewöhnlich. — Abends reisten die Südlichen Posten wieder zurück.

Freytags, den 29 May

liess sich die *Anas Bernicla,* der Vorbote des Sommers, in grossen Zügen sehen.

Ich war auf Excursion nach Ravnsöe. Diese Insel besteht aus Gneiss, welcher zuweilen in Glimmerschiefer übergeht. Dieser hat horizontale Adern von grobkörnigen rothen Granit. Bey Upernaviks Næs fand ich Aventurinfeldspath im Gneiss. —

Monat Junius.

Montags, den 1 Junius.

war ich auf einer Fusswanderung nach Aukpadlartok $1^1/_2$ Meile von Godhavn. Ich nahm den Weg über den Berg Ounartorsoak, und fand im Thale, welches beyde genannte Berge trennet, in einem eisenschüssigen zum Theile aufgelösten Mandelsteine rothen körnigen Zeolith, Chabasie mit abgestumpften Ecken und Kanten des Rhombus im Basalt, ferner

Chabasie in vollkommenen Rhomben, und Stilbit in rhombischen und 6 seitigen piramidalen zum Theile hohlen und von der Steinart rothgefärbten Afterkristallen ebenfalls in Basalt — rothen Eisenthon in horizontalen Gängen zwischen Wakke — und bituminöses Holz von stänglich abgesonderten Stücken nesterweise in Wakke. —

Der Weg dahin war, der vielen kleinen Eisblinke, des tiefen einbrechenden Schnees und darunter strömenden Wassers wegen sehr beschwerlich. Um 10 Uhr Abends kam ich nach Hause.

Mittwochs, den 3 Junius

Gieng ich auf Excursion nach der Kluft Kognersoak im Berge Ounartorsoak, und stieg über den Eisblink bis auf das höchste Ende desselben hinauf. Hier sah ich einen das menschliche Auge hinreissenden Anblick. Der geschmolzene Schnee brauste unter der über ihn gewölbten Eisbrücke mit Allgewalt hervor, und stürzte über eine beeiste gegen dreissig Ellen hohe Felsenwand hinab. Die Sonne bestrahlte diese blendende Säule, und schmückte sie mit den brennendsten Farben des Regenbogens. Hie und da war dieser unbändige Strom noch mit der dünnen hie und da zerfressenen Eisrinde des vorigen Winters wie mit einem Schleyer umhüllt, durch welchen sich einzelne feine bogenförmige Wasserstrahlen drängten. So ein Anblick belohnt mit Wucher die saureste Mühe. —

Donnerstags, den 4 Junius

Morgens 2 Uhr kamen die Postexpressen mit Briefen aus dem südlichen Grönland an, welche die Nachricht brachten, dass Kapitän Kragh mit der Galease Sælhunden den 20ten May zu Nye Sukkertoppen angekommen sey. Ich erhielt keine Briefe aus Europa, so sehnlich ich auch dieselben erwartete. —

Sonnabends, den 8 Junius

seegelte ein Engl. Schiff vorbey, Kronprinzenseiland zu.

Mittwochs, den 10 Junius

In der Nacht vom 9ten bis 10ten brach das Eis in dem Hafen der Kolonie, und trieb auch mit der Ebbe grösstentheils hinaus. Doch fiel zu gleicher Zeit eine solche Menge Schnee, dass das Land grösstentheils davon überdeckt ward.

Freytags, den 12 Junius

Gieng ich auf Excursion nach Upernaviks Næs. Hier bildet der Avanturinfeldspath lothrechtstehende Gänge im Gneisse, welcher bald in Granit bald in Hornblendschiefer übergeht, da der Feldspath sich ganz verliert, und an dessen Stelle die Hornblende tritt. Der Quarz ist an mehrern Stellen von Kupfergrün gefärbt. In dem rothen Feldspath sind, obgleich selten, kleine Moroxitkristalle eingewachsen. An einigen Stellen ist der Granit auf der Oberfläche rostbraun gefärbt. —

Sonnabends, den 13 Junius

Reisten wir Vormittags um halb 12 Uhr mit einer Schaluppe aus, um auf den nächsten Inseln der Diskobucht Seeschwalbeneyer zu sammeln. Um 3 Uhr Nachmittags erreichten wir die sogenannten 3 Brandweinsscheeren, grönländisch Ausussoit genannt. Sie sind von Godhavn 3 Meilen in Südwesten entlegen. Von diesen steuerten wir nach der Insel Komarfik zu, wo sich gewöhnlich zur Brütezeit viele Meerschwalben (Ternen) zuweilen auch einzelne Theiste und Eidervögel aufhalten. —

Das Gestein dieser Insel, auf welcher ehemals der Wallfischfang getrieben wurde, besteht abwechselnd aus Granit und Gneiss, in welchen breite lothrechte Gänge von grobkörnigem Granite liegen, in welchem braunrother, grossblättriger Feldspath den vorwaltenden Gemengtheil ausmacht. Von hier aus giengen wir nach ein paar andern Inseln, und sodann nach der Insel Kaksarsoak, wo wir offene Tafel hielten, das heist: im Freyen Butterbrod und Eyer schmausten. — Die Insel besteht ganz aus dem nemlichen Gesteine wie die vorige, bloss dass der Gneiss den grössten Theil derselben ausmacht. Um 9 Uhr Abends sezzten wir nach den Brandweinsscheeren (Ausussoit) über, welche alle drey aus Gneiss und Glimmerschiefer mit Lagern von Hornblendschiefer bestehen. Wir sammelten hier etwas *Cochlearia* und Eyer, und traten sodann nach Mitternacht

Sonntags, den 14 Junius

die Rückreise an, und kamen um 4 Uhr Morgens nach Godhavn.

Montags, den 15 Junius

wurde Brandwache gehalten, und um 6 Uhr Abends ein grosser Wallfisch erlegt. Es liessen sich noch ein paar andere sehen, welche aber sehr ungestüm waren und schnelle Fahrt schossen. Um Mitternacht brachten wir ihn in der Pauls Bucht in Verwarung.

Dienstags, den 16 Junius

Nachmittags gieng ich auf Excursion nach Koorsoak oder den grossen Elv zwischen Imnarsoit und Akkiarut, und fand daselbst in Basalttuff ein porphyrartiges Gemenge, welches aus fasrigem und haarförmigem Zeolith mit einer einsizzenden pechähnlichen und pechschwarzen wakkenartigen weichen Steinart besteht. Im Basalt bemerkte ich ein graulich grünes ins lauchgrüne sich ziehendes Gestein, welches von feinen Kalkspathtrümern durchzogen, weicher, leichter und minder spröde als der Basalt ist, einen ebenen, sehr feinsplittrigen Bruch und Thongeruch hat. Um 10 Uhr Abends gieng ich zurück. —

Mittwochs, den 17 Junius

Heute wurden mehrere Wallfische gesehen; da aber schwere See gieng, so konnte keine Brandwache gehalten werden. Der vorgestern gefangene Wallfisch wurde in den Hafen der Kolonie gebracht. — Er war beym Fange sehr wild, und lief $2^1/_2$ Linien aus. Der Grönländer Claus Angúterpellak sezzte die erste, und der Grönländer Joseph Tikkàk die zweyte Harpun in ihn, worauf er endlich mit vielen Lanzenstichen getötet wurde. — Er war ein weiblicher Fisch; die viele Milch zeigte, dass er erst neulich gebohren hatte. Dessen Länge betrug 67 Fuss — die längsten Barden betrugen $11^1/_2$ Fuss. Der Fisch war sehr alt, um die Blaselöcher und auf dem Bauch ganz weiss, der Maktak hart und zähe, der Speck weiss und knorpelicht, und, ob er gleich einen Fuss dick war, war er doch mager an wirklichem Thrane. — Der Fisch hatte den grössten Theil seiner Schwanzspizzen und einen Theil seiner Flossenspizzen, vermuthlich in Gefechten mit dem Schwertfische *(Delphinus Orca*, grönl. *Ardlurksoak)* verlohren. —

Donnerstags, den 18 Junius

Heute wurde ein Finnfisch *(Balæna Physalus*, grönländisch *Tunnolik)* gesehen. Die Grönländer gehen nach diesen Fischen nie auf den Fang aus, weil sie sehr wild sind, und stark laufen. —

Dienstags, den 23 Junius

Fiel abermals ein dicker tiefligender Nebel, wie den 27ten und 28ten May. Ueber uns hatten wir die klarste Luft. Ich war auf Excursion nach Keporkarfik, wo ich den mehrmalen bemerkten Avanturinfeldspath, welcher in gangartigen

Räumen vorkomt, und Turmalin in zusammenverwachsenen Kristallen in Granit antraf. —

Freytags, den 26 Junius

Gieng ich auf Excursion nach Upernaviks Næs, wo ich in dem rothen grobkörnigen Granit schwarzen Glimmer in 6 seitigen Tafeln kristallisirt fand.

Dienstags, den 30 Junius

Morgens um 8 Uhr kamen Postexpressen aus der Diskobucht hier an, welche meldeten, dass der Fang dorten sehr mittelmässig wäre. Ein gleiches hörten wir auch von zwey Kajaksmännern, welche aus dem Diskofiord kamen. Ich war auf Excursion nach Karartut, am Seestrande hin. —

(Grönländisches Handelsjahr 1813)

Monat Julius.

Sonnabends, den 4 Julius

Morgens um 6 Uhr kam Herr Assistent Schade von Omenak mit der Jacht Hvalen durch das Waygat hier an, um Proviant für die Kolonie abzuholen.

Montags, den 6 Julius

gieng ich nach Itibliarsuk, und fand im grauen Granit eingemengten magnetischen Eisenstein, sehr feinkörnigen Zinnzwitter, und Moroxitkristalle. —

Dienstags, den 7 Julius

kam ein Englisches Schiff auf seiner Rückreise bey Kronprindsenseiland vor Anker um Wasser einzunehmen. Seit einigen Tagen sahen wir viele Finnfische unter Land.

Montags, den 13 Julius

Abends kam ein Umiak aus dem Diskofiord an, welcher die Trümmer eines andern Umiaks, welcher vermuthlich irgendwo verunglückte auf einer der äussersten Inseln dieses Fiords von der See aufgeworfen, gefunden hatte.

Sonnabends, den 18 Julius

Morgens um 6 Uhr gieng Herr Assistent Brandt mit der Jacht Omenak nach Upernavik unter Seegel, um die dorten sich noch befindende Mannschaft abzuholen, und die Kolonie ganz zu verlassen, da man bey gegenwärtiger Lage der Dinge einen so fern entlegenen Handelsplatz weder mit Proviant versehen noch auch dessen Produkte abholen und benüzzen konnte. Herr RASMUSSEN gieng mit der Schaluppe Urhan auf Treibholzsammlung.

Dienstags, den 21 Julius

Gieng ein ungeheurer Eisberg, welcher lange Zeit in der Nähe von Godhavn in Westen gestanden hatte, gegen Abend mit fürchterlichem Krachen in Trümmer. — Herr RASMUSSEN kam vom blauem Berge mit Treibholz. —

Mittwochs, den 22 Julius

Gegen Mittag kam Herr ROUSING mit der Jacht Sværtfisken in Upernavikshafen vor Anker. Um 4 Uhr Abends Herr ROSBACH von Rittenbenk mit Martinette um Proviant. Der Mangel an Pulver und Bley verursacht schlechten Fang.

Kangerdlùk und Kangerdluarsùk.

Sonnabends, den 25 Julius

Abends um 9 Uhr reiste ich mit des Herrn Inspekteurens Umiak von Godhavn ab. Um 11 Uhr giengen wir Kangarsùk vorbey. Ueber diese Küstenstrecke habe ich mich schon an mehrern Stellen in meinem Tagebuche, über Kangarsuk und Fortunebay aber insonderheit S. ... und 381 erkläret. Es gieng, ungeachtet es meistens ganz stille war, noch von gestern ziemlich starke nördliche See. Wir sahen viele Seehunde, und einige Finnfische, welche auf der Oberfläche des Meeres spielten, und unserm Umiak ziemlich nahe kamen. Bey Kangarsùk hat das Wasser mehrere Untiefen eine gute Strecke nach dem offenen Meere zu, und die Wuth der Brandungen besonders bey nördlichen und südlichen Stürmen ist unbeschreiblich. Diese Stelle ist im Winter eine der besten für Godhavns Eisgarnfang auf Seehunde; nur Schade, dass des unsichern Eises wegen, welches vom Seegange so leicht und oft zertrümmert wird, viele Garne verlohren gehen. —

Sonntags, den 26 Julius

Um 1 Uhr Morgens giengen wir Naviarsoit, oder Maagefield vorbey. Das Trappgebirge ist hier ausserordentlich steil, und reicht bis in den Grund des Meeres hinab. Und doch muss man sich über ungeheure natürliche Halden von Felsenstükken und Gruus hinaufarbeiten, bevor man zum fest anstehenden Gebirge kommen kann, welches jedoch hie und da durch die Seitentrümmer durchsticht. In diesen ungeheuren zum Theil überhängenden Felsenmauern nisten viele tausend Vögel, vorzüglich die Mallemukken *(Procellaria glacialis)*, die Mæwe *(Larus glaucus)*, und der Seerabe *(Pelicanus carbo)* doch sind ihre Nester der Steilheit des Berges wegen grösstentheils unerreichbar. —

Diese Felsen bestehen durchaus aus Basalt, und zwar Massenbasalt, mit schmalen Gängen von rothem Eisenthone durchschnitten. Sie haben wenig eingemengte fremdartige Fossilien. —

Endlich kamen wir um 5 Uhr Morgens, nachdem wir eine Menge kleiner Landspizzen vorbeygefahren waren, welche bey schweren Stürmen von der See überspühlt werden, an die lezte derselben Ungosiviarsùk oder Mudderbugt woselbst ein guter Bootshafen ist. Hier nisteten dieses Jahr Ternen, etwas ungewöhnliches an dieser Stelle. Das Küstenland besteht aus Säulenbasalt, ist schroff, aber nicht hoch. Hier beginnt die Mündung von Kangerdluk oder Diskofiord. Diese Mündung ist voller Untiefen und kleiner Klippen, ein beträchtliches Stück nach der See hinaus. Die grösste derselben, Saitok genannt, bildet eine kleine Insel, auf welcher die Grönländer des guten Seehundfanges wegen zuweilen sich einfinden. — Sie ist mit Muschelsand und Geschieben ganz überdeckt, welche theils dem Flöztrappe theils dem Urgebirge angehören. — Im Sande findet sich eine ungeheure Menge von Wallrossknochen, zuweilen von ganzen Skeletten, welche wenig verändert sind, die Zähne ausgenommen, welche auf der Oberfläche hie und da Spuren von Calcination zeigen. Die Tradition der Grönlænder berichtet, dass diese Thiere hieherkommen sollen, wenn sie dem Tode nahe sind, um zu sterben. Um 7 Uhr Morgens kamen wir bey Karl Egedes Winterwohnung, Malligiak genannt, an, wo wir Halt machten, und unser Frühstück Brod mit gedörrten Fischen verzehrten. Um das Haus herum wächst üppiges Gras, doch die schwarzen Basaltsäulen, nackt und kahl, machen damit einen schaurigen Kontrast. Um 8 Uhr Morgens erhub sich ein scharfer Nordwestwind. Wir reisten ab, setzten schräg über den Fiord, und giengen Kangerdluarsùks Mündung und Nangirsæt, die vorige Winterwohnstelle Johann Drenghans vorbey. Um 12 Uhr kamen wir an die Næs Ikkinek, hier wurde vorigen Sonntag der Grönländerblanding Peder Amager begraben. Er war ein frischer starker Mann, und starb an einer besondern Krankheit. Er fühlte nemlich ein paar Tage vor seinem Tode heftige Schmerzen in den Ohren, fieng dann am ganzen Leibe stark aufzuschwellen an, welches sich den dritten Tag mit dem Tode endigte. — — Wir wendeten von Ikinek nach dem nördlichen Arm dieses Fiords, und erreichten endlich um Mittagszeit den Fischplatz Ekalluit (Ekallungoit), wo ich in Johann Drenghans Zelt mein Quartier nahm. Ausser ihm stand noch der Katechet Jens Wille, der Grönländer Jakob Kotèk und der Grönländer Kardlinga mit ihren Angehörigen hier auf dem Fange. — Die Lachsfischerey gieng diesen Sommer anfänglich gut von statten, hörte aber auf einemmale auf. —

Nachmittags gieng ich auf Excursion nach dem über dem Zelteplazze sich erhebenden Berge Karsoengoab-kakeit. Er wird von mehrern kleinen lothrecht herabstürzenden Bergströmen durchschnitten, welche das Aufsteigen äusserst beschwerlich machen. — Das erste über den Steinschutt sich erhebende sichtbare Gestein ist Massenbasalt, in welchem Mesotype kristallisirt in kleinen vierseitigen Prismen mit vierflächiger Zuspizzung nierenweise eingewachsen ist. Auf demselben liegt rothbrauner stark eisenschüssiger mit vielen Nieren durchwachsener Mandelstein, welcher sehr spröde und bröcklich ist. In demselben findet man Chabasie, haarförmigen Zeolith, beyde zuweilen mit Stilbit verwachsen, adern und trümmerweise dichten etwas ins fleischrothe fallenden Zeolith. Die Spitze des Berges, welche ich den folgenden Tag bestieg ist mit einem grossen Eisblink bedeckt. Abends späth kam ich zum Zelte.

Montags, den 27 Julius

Ich liess mich Vormittags nach dem jenseitigen Ufer des Lachsstromes (Koob-Akkia) übersezzen. Der Uferstrand ist mit allerley Geschieben der Ur und Trappformation überdeckt; als da sind: Granit, Quarz, Feldspath, Glimmerschiefer, Wakke, Mandelstein- und Basaltgeschiebe, mit ihren fremdartigen Fossilien. Die Grönländer haben dieser Stelle den Namen Tarajungitsomik gegeben, weil die See hier der starken Bergströme wegen süsses Wasser hat, und sie das Salzwasser zum Kochen ihrer Fische ein gutes Stück Wegs von hier aus der See holen müssen. Einige kleine Heliotropgeschiebe, welche ich hier fand, machten mich aufmerksam, dieses aufgeschwemmte Land näher zu untersuchen und bis unters Gebirge zu verfolgen. — Ich gieng an dem Ufer weiter östlich nach Karsoengoak zu, kleinen Felsenwänden, welche aus Basalt bestehen: in diesem findet sich nur Strahlzeolith eingewachsen, welcher oft in Stilbit übergeht, und dann Tafeln bildet, welche bald vierseitig, bald zugeschärft sind und dann sechsseitig werden. — Auf dem entgegengesezzten Extreme geht dieser Strahlzeolith (Mesotype) auch, durch den fasrigen in Haarzeolith über, und dann ist er mit kleinen Chabasiewürfeln verwachsen. Weiter hinaus östlich, gegen Siorangoak zu, bestieg ich das anstehende Gebirge; unterwegs fand ich in einer Basaltmauer Mesotype, dessen Strahlen excentrisch in abgesonderten vierseitigen Prismen auslaufen, an den Enden wasserklar und 4 flächig zugespitzt sind. Das oberste Gebirge besteht aus Massenbasalt mit Lagern von rothbraunem Mandelsteine; im ersten sind nur selten fremdartige Fossilien eingewachsen. In dem lezten fand ich Stilbit in bündelförmig zusammengehäuften Kristallen, Chabasie in Rhomben, Strahlzeolith, dichten Zeolith, und Haarzeolith mit Mehlzeolith. Hie und da ragten einzelne Klippen von sechsseitigem Säulenbasalte hervor. Nachmittags gieng ich zum zweytenmale nach Karsoengoabkakeit, worüber ich oben Seite 405 das nöthige gesagt habe. Um Mitternacht kam ich nach dem Zelte zurück. —

Dienstags, den 28 Julius

Morgens 9 Uhr reiste ich in einer Jolle von Johann Drenghan, seinem Weibe Truen Kutàk und seiner Familie begleitet nach dem sogenannten Quannebucht, grönländisch Kuannersoit, dem innersten Ende dieses Fjords. Wir sezzten zuerst quer über denselben nach dem Zelteplatze Anguiartoutit. Das Land ist hier bald steil, bald flach; ersteres besteht aus Trapptuff mit eingemengter Grünerde, Stilbit, Mesotype und Quarz, lezteres aus Geschieben der ältesten und Flöztrappformation. — Diese ganze sehr grosse Bucht hat viel, grasreiches Unterland, welches reichlich mit Kratt und Lyng bewachsen ist. Ersteres besteht hauptsächlich aus *Salix reticulata*, grönländisch *Sersoit*, und der *Betula nana (Aualekajek)*. Die Blätter des leztern Gesträuches, wenn sie noch ganz zart sind, speisen die Grönländer gerne mit Speck oder Thran, auch gekocht. Sie nennen sie *Pilloursæt.* — Doch ihr Lieblingsgewächs ist die *Quanne (Angelica Archangelica)*, grönländisch *Kuannek*, welche hier in unbeschreiblicher Menge wuchert. Von ihr hat die Bucht den Namen erhalten. Von Pflanzen finden sich in vorzüglicher Menge mehrere Arten der *Saxifraga*, *Pyrola minor*, *Ledum palustre* und *Grönlandicum*, *Papaver nudicaule*, *Leontodon taraxacum*, *Epilobium latifolium*, *Andromeda tetragona* und *coerulea*, *Cerastium alpinum*, *Campanula rotundifolia*, *Diapensia Lapponica*, *Arenaria peploides* und mehrere andre. —

Das hohe Gebirge besteht aus Massenbasalt, und hat nur sparsam fremdartige Fossilien. Wir giengen an mehrern Stellen ans Land.

Von der Næs Nætlok sezzten wir quer über den Fiord, wo sich die meiste *Angelica* findet. Auch hier ist viel grasreiches stark von den Bergströmen gewässertes Unterland, welches durch einige kleine Vögel *Motacilla Oenanthe*, *Fringilla lapponica* und *linaria*, und die *Emberiza nivalis* belebt wird, ein Labsal, das man so selten in diesem unwirthbaren Lande geniesst. Am Strande sah ich auch die *Scolopax lutea (fusca)*. Mit der Ebbe fällt das am Ende dieses Fiords so seichte Wasser bis auf eine halbe Meile aus, und man erblickt an dessen Stelle bloss eine gelbe lettige Masse, die Auflösungen des Trappgebirges. Von dieser Bucht aus pflegten die Grönländer in vorigen Zeiten auf die Rennthierjagd zu gehen, nun aber scheinen diese Thiere auf der Insel ausgestorben zu seyn. Auch sind die Grönländer für einem gewissen fleischfressenden Ungeheuer der Beschreibung nach eine Bärenart, *Amarðk* genannt. bange, welches auf den Eisblinken von Disko zu Hause seyn soll. Es ist wahrscheinlich, dass dieser *Amarðk* die Rennthiere auf Disko vertilgt hat.

Ich gieng an einer Stelle, Kuannisuà genannt, wo wir Halt machten, um etwas Erbsen zu kochen, nach dem anstehenden Gebirge, und fand hier, was ich bisher im Trappgebirge nicht bemerkt hatte, äusserst feinkörnigen Basalttuff, welcher einen ungefehr 2 Lachter breiten horizontalen Gang zwischen Säulenbasalt machte. Dieser ist also gruppirt[1]: Der Basalt, welchen ein senkrechtes Lager von Mandelstein durchschnitt, war ganz rein. Der vorhin bemerkte Basalttuff hatte nur kleine Mandeln von Mesotype, und eingemengte Feldspathkörner. Im (rothbraunen) Mandelstein aber fand sich Chabasie, Mesotype, und bündelförmiger Stilbit. Eine halbe Meile nördlicher von dieser Stelle sah ich Massenbasalt, welchen man wol Mauernbasalt nennen könnte. Eine Basaltmauer erstreckt sich wol gegen 50 Lachtern in die Höhe, und über 200 Lachtern in die Länge ohne die mindste Spur von Absonderung zu zeigen. Sie ruhet auf Trapptuff. Um 7 Uhr Abends reisten wir von hier wieder ab, Ippiksoak und Siorarsoak vorbey; die steilen Felsen des Strandes bestehen aus Trapptuff mit Mesotype und dichtem Zeolith gemengt. Um Mitternacht kamen wir nach dem Zelteplazz zurück. (4 Meilen)

[1]) Her findes i Dagbogen en ikke særlig oplysende Skitse.

Mittwochs, den 29 Julius.

Ich liess mich Morgens über den Lachsstrom sezzen, um von Akkia aus nach der im hohen Gebirge sich befindlichen grossen Bergschlucht zu gehen. Aus dieser stürzet mit mächtigem Gebrause ein durch die hier zusammenstossenden Eisblinke verstärkter Felsenstrom herab, welcher ungeheure Bruchstükke bis an die See herabgewälzet hat. Er hat sich seine Bahn durch das unterliegende Gebirge gebrochen, woselbst ihn zwey lothrechte Mauern desselben begränzen.

Auf diesem zunächst ruht Massenbasalt, über demselben ist Säulenbasalt in sechsseitigen Prismen verbreitet, welcher aber durch Lager von dem öfters bemerkten braunen Mandelstein durchschnitten und unterbrochen wird. Dieser Mandelstein bildet mit Zeolith eine Art porösen Porphyrs, in dessen kleinen Oeffnungen sehr zarte Stilbitblättchen in sechsseitigen Tafeln kristallisirt eingewachsen sind. Diese Stilbitkristalle sieht man auch in beträchtlichen nierenförmigen Drusen durch diesen Mandelstein verbreitet, welcher ausserordentlich zerklüftet und spröde ist, und von Zeit zu Zeit, besonders im Junius und Julius ungeheure Felsentrümmer abwirft. — Endlich fand ich auch unter diesem Mandelsteine im Massenbasalte den Heliotrop anstehend. Er liegt in mehr unförmlichen knolligen als nierenförmigen Stükken in demselben, und ist auf seiner Oberfläche mit einer dünnen erdigen okkergelben Kruste überzogen, welche verursacht, dass er bey dem Losschlagen des Gesteines aus demselben herausfällt. An einer einzigen Stelle sah ich ihn mit Stilbit ein schmales Trum durch den Basalt bilden. Seine Farbe geht von span- und apfelgrünen, in die lauch, seladongrüne und isabellgelbe Farbe über. Die lezte Farbe ist selten, findet sich nur fleckweise, und dann nähert sich das Fossil dem erdigen. Die rothen Jaspispunkte des gemengten habe ich an keinem der gefundenen Stükke bemerkt. Auf seiner Oberfläche trift man zuweilen Stilbitblättchen. Einige Stükke geben am Stahle kein Feuer, der Bruch nähert sich dem matten und erdigen, und dann hängen sie an der Zunge an. Man könnte also den Heliotrop wie den Jaspis in festen und erdigen eintheilen. Einige Stücke ähneln dem Plasma. — Abends 10 Uhr kam ich durchnässt nach dem Zelte zurück. Es regnete den ganzen Tag, welches den armen Grönländern einen grossen Theil ihrer an der Luft getrockneten Lachse verdarb. —

Donnerstags, den 30 Julius.

Die Gebirge wurden heute wieder ganz weiss, da seit gestern Regen und Schnee mit einander abwechselte. Morgens sehr früh machte ich mich auf den Weg, um über die eine Meile breite Landzunge nach dem zweyten Fiord der Insel Disko, Kangerdluarsùk genannt, zu gehen.

Der Weg dahin, welcher sehr sumpfig ist, da er an drey beträchtlichen Landseen vorbeyführt, in welche die Lachse gewöhnl. hinaufstreichen, geht über einzelne Hügel des Urgebirges von unbedeutender Höhe, welche aus rothem Granit, abwechselnd mit Gneiss, bestehen. Dies ist die einzige bedeutende, von der Trappformation unbedeckt gebliebene Urgebirgsstrekke in diesem ganzen Fiord. — Auf beyden Seiten erhebt sich schroffes Basaltgebirge, welches Mesotype und Chabasie in seinen Drusenhöhlen führt. — In Kangerdluarsùks Mandelstein findet sich trümerweise Stilbit in kleinen stark glänzenden, 6 seitigen Tafeln, welche reihenweise mit einander verbunden, und etwas von Grünerde gefärbt sind. Uebrigens hat dies Gebirge nichts besonders auszeichnendes.

Auf dem Rückwege sahe ich auf den oben bemerkten Landseen mehrere *Anates hyemales* und *Colymbi glaciales.* — Der Weg war des anhaltenden Regens wegen sehr beschwerlich. —

Freytags, den 31 Julius

Das ungestüme Wetter dauerte mit Regen und Schnee noch in einem fort, so dass wir in unsern Zelten, welche unter dem Abhange eines Berges (des Karsoengoabkakeit) standen, beynahe schwammen. Ich gieng noch einmal nach dem obengenannten Berge, und beziehe mich auf das, was ich über denselben S. 405 gesagt habe. Gegen Abend klärte sich der Himmel wieder etwas auf. —

Monat August.

Sonnabends, den 1 August.

Vormittags gieng ich abermals auf Excursion nach Karsoengoabkakeit. Ich fand bey dieser Gelegenheit im Basalt und Mandelstein den Mesotype kristallisirt in kleinen vierseitigen Prismen mit vierflächiger Zuspizzung (cf. Seite 406). Nachmittags gieng ich nach Tarajungitsomik. An einer Stelle, nahe an dem Bergstrome, wo das Urgebirge entblösst liegt, fand ich in Hornblendelagern, welche in Granit liegen, gemeinen erdigen und blättrigen Chlorit, welcher leztere etwas mit Hornblendeschiefer gemengt ist; und in dem überliegenden Basalte Mesotyp und Haarzeolith. Um 11 Uhr Abends kam ich nach dem Zelte.

Sonntags, den 2 August.

Ich war entschlossen, heute meine Fussreise über das feste Land nach Godhavn zurück anzutreten. — Da es aber sehr stark aus Nordwesten stürmte, und anhaltend regnete, auch des Seeganges wegen nicht an das jenseitige Ufer des Fiords übergesezzt werden konnte, so musste ich mein Vorhaben aufschieben und wieder umwenden. Abends gieng ich nach den Felsenwänden des Karsoengoabkakeit, und fand in der dortigen Wakke fächerförmigen Stilbit, dichten Zeolith, und Haarzeolith (Verglichen mit Seite 406, und 411). —

Montags, den 3 August

Morgens um 8 Uhr reiste ich mit einem Umiak nach der fünf Meilen breiten Landzunge, welche nach Godhavn führt. Gegen Mittag kamen wir bey dem festen Lande zū Kàksiarak an.

Das Gestein daselbst ist Granit, abwechselnd mit Gneiss, hie und da geht der gemeine Feldspath in Avanturinfeldspath über. Von hier aus gieng ich mit meinen Grönländischen Begleitern Nokopiaràk und Kangursàk durch Korossoak (Blæsedal) ein langes Thal zwischen Basaltbergen und kam um 9 Uhr Abends zu Godhavn an. Ich hoffte hier bereits ein Schiff vor Anker zu treffen, fand mich aber leider abermals getäuscht!

Aufenthalt zu Godhavn

Dienstags, den 4 August

Bey meiner Ankunft hörte ich, dass die Jacht Omenak, welche Upernavik hätte beseegeln sollen bereits d. 31. Julius unverrichteter Sache wieder zurückgekommen wäre. Sie kam nur bis Svartenhuk, wo sie wegen Nebel und nördlichen Stürmen mehrmalen in Gefahr war zu scheitern, und daher umwenden musste.

Donnerstags, den 6 August

Lief die Jacht Omenak wieder aus, um zur Kohlenbruche nach Makkak zu gehen.

Montags, den 10 August

Machte ich einen Ausflug über den Berg Ounartorsoak, und von da Ostwärts. Im dem Thale bey Ounartorsoak, dänisch Lyngmarken genannt, bemerkte ich auf der östlichen Seite eine beträchtliche Basaltkuppe, welche auf sehr mürbem Sandstein ruht, der zuweilen in ein Conglomerat übergeht, in welchem sich rothe Feldspatkörner und Glimmerblättchen finden. Zwischen dem Basalt und Sandsteinlager streicht ein schmaler okkergelber eisenschüssiger Gang, dessen Gestein zuweilen dem Bol sich nähert, zuweilen in Eisenthon übergeht. — Im Basalt ist Stilbit und haarförmiger Mesotype sparsam eingemengt; er wird durch Trapptuff unterbrochen, in dessen knolligen Basaltbrokken sich meistens ein kleinerer oder grösserer Kern von Mesotype findet. Von hier aus gieng ich unter dem Berge Akkjarut weiter östlich nach Koorsoak, oder dem grossen Elv zu. In einer Bergschlucht, in welcher noch grosse Massen von Eis und Schnee lagen, fand ich in zusammengestürztem und beynah ganz aufgelöstem Wakkengestein dichten etwas ins grünliche sich ziehenden Zeolith, erdigen Zeolith, Stilbit in Tafeln und Prismen und excentrisch strahligen Mesotype, welcher zuweilen in fasrigen Zeolith übergeht, mit rhombischen Eindrükken. Er war auf der Oberfläche meistens verwittert. Die Bergströme waren von dem Regen sehr aufgeschwollen. —

Reise
in **Egedesmindes Distrikt,** und in der **Südostbucht,**
bis nach **Christianshaab.**

Donnerstags, den 13 August.

Mittags reiste ich von Godhavn mit einer Wallfischfänger Schaluppe. Der Harpunier Jens Wille führte dieselbe als Steuermann, 4 Grönländer und 2 Grönländerinnen ruderten. Um 4 Uhr Nachmittags erreichten wir die Brandweinsscheeren, grönländisch Aussussoit genannt (siehe Seite 401) — Um ein Uhr kamen wir an die Insel Anamniut, giengen durch den Ræveund, (Ikaresarsuk) und kamen um 6 Uhr Abends bey der Loge Kronprindsenseiland, grönländisch Kitiksuarsoit an. Die Bucht wimmelte von *Keporkaken*, welche von Westen kamen und nach Osten giengen.

Alle diese kleinen Inseln, welche unter dem alten Namen der Wallfischeilande (Kitiksuarsoit) begriffen werden, bestehen aus Granit und Gneis. Im erstern sieht man, besonders auf Kronprinsenseiland grosse Lager von grobkörnigem rothem Feldspathe.

Freytags, den 14 August.

Gegen Mittag reiste ich in Herr Fleischers Gesellschaft von hier wieder ab. Wir passirten Rotten, oder Rotganseiland, (grönländisch Ikartlorsoit) um 1 Uhr vorbey. Diese Insel hat den holländischen Namen von der Rothgans *(Pelecanus Bassanus)* erhalten. Wir kamen um 2 Uhr Nachmittags zu Hundeeiland an, hielten uns aber daselbst nicht auf, weil der Verwalter Herr Lorenz Mörck nach Egedesminde gereist war. Von Kronprindsenseiland nach Hundeeiland rechnet man $2^1/_2$ Meile. Bey der Insel Kullen, grönl. Akpalik oder Akpalelik, begegnete uns ein Fahrzeug von Egedesminde. — Wir giengen Manetsok eine Insel vorbey, durch den Tattaraksund Grönländisch Tattarait, wo eben der Hælleflynderfang begann, passirten Haröen, und kamen um 7 Uhr Abends zu Egedesminde an, wo ich bey Herrn Bast Quartier erhielt. Alle diese kleine Inseln, welche wir passirten bestehen aus feinkörnigem grauem Granit, in welchem grosse Lager von schönem grobkörnigem rothem Feldspath sich befinden. — Abends um 11 Uhr kamen Kajaksexpressen mit Briefen aus Südgrönland hier an. Durch sie erhielten wir die Nachricht, dass Kapitän Erken den 13 Junius mit dem Schiffe Jupiter zu Holsteinsburg angekommen und, den 4den August wieder abgereist sey!!

Sonnabends, den 15 August.

Vormittags reiste mein Führer Jens Wille mit seiner Mannschaft wieder nach Godhavn zurück. — Um 1 Uhr Nachmittags reiste ich, begleitet vom Herrn P. Hartz, mit einer Harpunierschaluppe von Egededesminde nach den südlichen Inseln dieses Distrikts ab. Der Grönlænder Lars Kissiktok folgte als Steuermann, und drey Mannspersonen nebst 3 Frauenzimmer zum Rudern mit. Wir hatten frischen Ostwind und kamen rasch vorwärts durch den schmalen Sund, auf dessen rechter Seite Ræveöe, von den Grönlændern Tupilek genannt, liegt. Als wir diese passirt waren, hatten wir in Osten den langen Sund und zur rechten die eine Meile lange Insel Aukpadlártok, welche aus Granit mit rothem grobkörnigem Feldspath besteht. In Nordwest lag uns die Inseln Okaitsok und Kabluneitsiak. Wir passirten die Næs Kangarsùk, welche frey gegen die offene See liegt, und bey Nordwestwinden gefährlichen Brandungen bloss steht. Hinter ihr zieht sich die grosse Bucht Tessiursarsuk ins Land. In Westen liegen zwey ziemlich grosse Inseln Saitoarsoit genannt, und westlich die Wallfischfängeranlage Westereiland. Wir giengen hierauf die Næs Mangamiut, und die Bucht Tessiursàk vorbey; bey der erstern Stelle standen Grönlænder auf dem Hælleflynderfang. Vor uns in Westen lag Portusok, und das südliche Okaitsok. Wir passirten endlich Kikertarsoeitsiak, und die Akudlek-Inseln, und kamen abends um 10 Uhr nach Sungaursàk, von andern auch Sungangársuk genannt, 8 Meilen südlich von Egedesminde entlegen. Hier wollten wir für heute Halt machen, und unser Zelt aufschlagen. — Es ist ein alter grönländischer Zelteplatz. —

Sonntags, den 16 August.

Ich wendede diesen Tag dazu an, um diesen Theil des festen Landes näher zu besehen. — Da ich diese Gegend schon im Junius des Jahres 1808 besucht hatte, so verweise ich auf das, was ich im bereits Tagebuche S. 117 gesagt habe. Die Hauptmasse dieses Theils des festen Landes ist Granit, auf welchen Glimmerschiefer von sehr grobkörnigen Gemengtheilen gelagert ist. In diesem liegt Moroxit in sechsseitigen Prismen kristallisirt, welcher sehr bröklich und durch die anschlagende See auf der Oberfläche verwittert ist und oft ein gelblich weises mehliges Aussehen hat. Da wo der Glimmerschiefer feinblättriger und kleinkörniger wird, verliert sich der Moroxit ganz. An einigen Stellen verirrt er sich in den röthlichen Feldspath des unterliegenden Granits, und dann wird sein Gefüge dichter. Unmittelbar auf dem Granit liegt ein von Schwefelkies und Kupferkies gemengtes Lager, welches bis in die See hinabreicht. Diese hat das Erz auf der Oberfläche aufgelöst, und gelblich grün gefärbt; daher die Stelle von den Grönländern den Namen Sungaursak oder Sungangarsuk, etwas das an Farbe der Galle ähnelt, von *Sungak*, die Galle, erhalten hat.

Tief nach der See zu sieht man in kleinen Lagern schönen grossblättrigen lauchgrünen Feldspath, und höher hinauf Lager von okkerbraunem Quarz und Feldspath. Der Glimmer und Granit ist zuweilen auf der Oberfläche mit grünlich gelbem Kalktuff überzogen. Höher hinauf im festen Lande fand ich grosse Blökke von grauem körnigem Kalkstein mit gemeinem Tremolith. —

Montags, den 17 August.

Gegen Mittag reisten wir ab, und sezzten nach der Insel Kikertarsoeitsiak, welche uns in Osten lag, über. — Sie ist 1½ Meile von Sungaursak entfernt, und besteht aus Granit, welcher hie und da mit kleinen Granaten übermengt ist. Die Grönländer kommen im Sommer zuweilen nach dieser Stelle, um Lachse zu fangen. Von hier aus fuhren wir durch den Hafen Amia, in welchem wir vor zwey Jahren auf der Reise von Godthaab nach Godhavn mit den Jachten Dorothea und Omenak vor Anker lagen. Wir kamen nach Akudlek (das heisst: der Mittelsten) von mehrern kleinen Inseln nemlich, und schlugen hier unser Zelt auf.

Die Hauptmasse dieser Insel ist grobkörniger rother Granit, welcher beträchtliche Lager von sehr feinblättrigen Hornblendeschiefer und Glimmerschiefer aufnimmt. Ersterer führt da, wo der Quarz sich einfindet, kristallisirten Epidote oder Akanthikone mit sich. Wenn man tiefer in die kleine Bucht dieser Insel hineinkommt, so trifft man ein sehr zusammengesezztes Gestein an, in welchem sich, ausser dem Glimmerschiefer und körnigen Kalkstein als Gebirgsarten, Akanthikone oder Epidote, Strahlstein, Hornblende, Moroxit, Sahlit, Tremolith, Asbest, Kupferkies, Schwefelkies, Turmalin etc. finden. Um dieses sonderbare Gemenge, deren einige Steinarten in ziemlicher Menge vorkommen, anschaulicher zu machen, will ich hier die Lage des Gesteins näher bezeichnen[1]):

---

[1]) I Dagbogen findes alle Lagene afskaarne til Venstre, og ved Siden af dem er med lodret Skrift tilføjet: »Rother grobkörniger Granit, Hauptmasse«.

0. Rother grobkörniger Granit.
Hauptgebirge.

1. Glimmerschiefer und Hornblendschiefer, abwechselnd mit Epidote, Sahlit, und Nestern von grobkörnigem Feldspathe mit weissem und grauem Glimmer. (stehend)

2. Urgeschiebe.
Ein altes vertrocknetes Beet eines Bergstromes

3. Glimmerschiefer, mit ♀ und 🜍kies in Lagern.

4. Grobkörniger weisser Granit mit krummblättrigem weissem Glimmer und Granaten.

5. ♂schüssiger brauner Glimmerschiefer mit ♀ und 🜍kieslagern, wie Nro: 3.

6. Grobkörniger Granit. Der Quarz und Feldspath ist innig mit Amianth gemengt.

7. Grobkörniger schiefriger Kalkstein mit Tremolith, Moroxit, Glimmer etc. Sehr saiger.

8.

Sahlit mit Strahlstein und Glimmer.	Epidote / Sahlit	Strahlstein	Sahlit mit Epidote	Strahlstein	Sahlit.

9. Grobkörniger eisenschüssiger gelber Granit. Sehr mürbe und bröcklich.

10. Weisser mürber feinblättriger Glimmerschiefer, abwechselnd mit Dolomit, in welchem Tremolith, Moroxit, Sahlit, Schwefelkies, grauer und gelber Kalkspath, (wie Nro: 7.) —

11. Grüner Glimmerschiefer mit Sahlit, Hornblende, selten Turmalin.

12. Grobkörniger rödlich brauner Granit, wie Nro: 9.

13. Weisser grobkörniger Kalkstein mit Tremolith etc., wie Nro: 7 und 10.

14. Glimmerschiefer mit ♀ und 🜍kies, wie Nro: 3 und 5. —

15. Hornblendschiefer mit Akanthikone und Quarz, wie Nro: 1.

16. Rother grobkörniger Granit.
Hauptgebirge.

Alle diese Gänge sind meistens stehend, streichend von Osten nach Westen. Das mit No. 0 und 16 bezeichnete Hauptgebirge verbreitet sich über die ganze Bucht. Der Hornblendschiefer ist meistens stark magnetisch. — Mit dieser genauern Prüfung dieser Gegend kann das verglichen werden, was ich oben S. 287 des Tagebuchs gesagt habe. — In ältern Zeiten waren diese Inseln bewohnt, weil sich die Seehunde in kleinen Buchten gerne einfinden.

Donnerstags [Dienstags], den 18 August.

Gegen Mittag reisten wir von Akudlek ab, giengen durch mehrere kleinere Inseln, und die Insel Aukpadlartoak vorbey; in Westen lagen die Inseln Saitut vor uns. Es war ganz stille; die See gieng aber doch sehr hoch, und die Sonne schien blutroth. Wir umfuhren die Insel Aukpadlártok, nördlich von Innuksulik, ganz. Als wir nach dem westlichen Ende dieser Insel kamen, zeigte sich die grosse Rothe Felsenwand, von welcher sie den Namen erhalten hat. Die Stelle kann man zur See, in einer beträchtlichen Entfernung vom Lande, bemerken. Dieses Rothe ist grobkörniger Granit, in welchem die See, die bey Nord und Südweststürmen 15 und mehrere Lachter hinaufschlagen kann, grosse Löcher ausgespühlt, und das Gestein ganz mürbe gemacht hat. Auf diesem Gesteine sind mächtige Lager von Strahlstein mit Sahlit gemengt verbreitet. In dem Strahlsteine kommen durcheinander verwachsne und unvollkommen kristallisirte Skapolithstängel vor. Der Skapolith durchsetzt auch trümmerweise von Epidote und Kalkspath begleitet, das Gestein; in diesem Falle ist er in deutliche 4 seitige Prismen kristallisirt. In kleinen Lagern findet man schneeweissen Schriftgranit. Gänge und Lager von Magneteisenstein mit Strahlstein gemengt durchschneiden in verschiedenen Richtungen das Hauptgestein, den rothen Granit. Im Strahlsteine sieht man zuweilen kleine Moroxitkristalle. Der Granit dieser Insel wird auch feinkörnig, und dann geht dessen Feldspath aus dem ziegelrothen in das röthlich weisse über. Wir schlugen unser Zelt am östlichen Inselende auf, um zu übernachten. —

Mittwochs, den 19 August.

Wir reisten Morgens 9 Uhr von Aukpadlártok ab, behielten Okaitsok zur Rechten, sezzten über den Nivàksund und Mangamiut vorbey, passirten Tessiursarsuk und Kangarsuk, wo einige Grönländer auf Fischerey lagen. In Norden war uns Saitoarsoit und Kabluneitsiak. Endlich kamen wir den langen Sund vorbey, welcher sich zwischen den Inseln Tupilek und Egedesminde (Ausiæt) durchzieht. In einer Felsenwand der Insel Tupilek liegt ein *Angekok* aus Südgrönland begraben, welcher seiner vorgeblichen Hexenkünste wegen von den Grönländern dieses Distrikts im Kajak überfallen und getödet wurde. Unter den Mördern waren selbst ein paar *Angekut* oder Hexenmeizter. — Es trifft doch in Grönland wie überall das alte Sprichwort ein: *Figulus figulum odit.* — Um 5 Uhr Abends kamen wir zu Egedesminde wieder an, nachdem wir auf dieser Tour 5 Tage zugebracht, und ungefehr 24 Meilen zurückgelegt hatten. —

Mittwochs, den 26 August

Vormittags um 8 Uhr reiste ich mit einer Schaluppe, begleitet von Herrn Missionär Hartz wieder ab. Lars Kissiktok folgte abermals als Steuermann mit. Wir sezzten quer über Egedesmindes Bucht, und giengen zu Kakkarsoak, einer Felsenwand auf der Insel Manetsok ans Land. Das Gestein daselbst besteht aus rothem feinkörnigem sehr eisenschüssigem Granit. Oben auf dem Gebirge liegt ein grosser sehr tiefer See, dessen Ueberwasser durch grosse Steintrümmer nach dem Meere zueilt. Er zieht sich nordwestlich gegen Tarajungitsok hin. Dieser See hat zuweilen Lachse. Von dieser Stelle giengen wir unter dem Lande weg nach dem östlichen Ende dieser Insel, Kangilinek genannt. Hier stehen 3 Grönländische Häuser, welche im Winter von einigen Familien bewohnt werden. In Westen von Manetsok liegen die Inseln Anartelik, und Kajok oder Hareöe. Sie bestehen aus feinkörnigem bald röthlichem bald graulichem Granit. Bey den Grönländischen Häusern am östlichen Ende von Manetsok schlugen wir das Zelt auf. Auf dieser Seite sieht man in obenbemerktem Granit ein Lager eines andern perlgrauen bald grob bald feinkörnigen Granits, dessen Feldspath bald mehr bald minder labradorisch von himmelblauer Spielung ist. Dieser Feldspath macht das Hauptgemengtheil aus, minder ist der graue Quarz, und ein weisser Glimmer findet sich nur in einzelnen Blättchen. In dem Hauptgranite dieser Insel zieht sich von Osten nach Westen ein grosses Glimmerschieferlager, welches durchaus bald mit mehr bald mit weniger Granatdodekaedern gemengt ist. In dem Quarz dieses Schiefers sieht man einzelne Turmalinkristalle. Die Schichten des Schiefers stehen nach der Lage seiner Textur vollkommen lothrecht. Ihm ist hie und da der Weissstein beygegeben, in welchem sich einzelne kleine Kristalle des gemeinen Titanits finden, die sich auch zuweilen in den Glimmerschiefer verlaufen. Auch habe ich einzelne doch seltene Spuren von gemeinem Bleyglanz und Molybdän in dieser Steinart bemerkt. — Paralell und zunächst mit dem Glimmerschiefer läuft ein Gang von feinkörnigem dem schweizerischem sehr ähnlichen Kalkstein, mit asbestartigem, gemeinem, und glasartigem Tremolit, nächst diesem gleichfalls gangweise, Sahlit, begleitet von späthigem Kalk und Arctizit, Hornblende, gemeinem und asbestartigem Strahlstein, auf welchen abermals der feinkörnige Kalkstein folgt, ungefähr auf diese Weise:

Glimmerschiefer.	Feinkörniger Kalkstein mit Tremolit.	Sahlit mit Arctizit und Stralstein.	Feinkörniger Kalkstein mit Tremolit.	Glimmerschiefer mit Granaten, nächst der See.

Diese Gänge oder gangartigen Räume vertäufen sich alle in die See. Der Glimmerschiefer macht bey weitem die beträchtlichste Masse aus. —

Donnerstags, den 17 August.

Da wir des heftigen Sturmes aus Südwest wegen uns nicht auf die See wagen durften, so gieng ich heute noch einmal nach der vorhin beschriebenen Stelle der östlichsten Næs.

Ich fand daselbst im Quarz des Glimmerschiefers, welcher

zuweilen, besonders da, wo der Granat fehlte, in grossen Knollen vorkam — Turmalin in sechs und neunseitigen Prismen mit dreyflächiger Zuspizzung. Der Glimmer war an einigen Stellen dieser Gegend zu mildem gelblich weissem Mehle aufgelöst. — In losen Blökken fand ich auch den gemeinen Tremolit von aschgrauer Farbe in geschobenen vierseitigen Prismen. Da die See nach dem Sturme sich etwas gelegt hatte, so reisten wir ab, und giengen die Insel Angitsok vorbey, welche aus röthlichem Granit, und Glimmerschieferlagern besteht. Von da hielten wir Ostwärts nach der Insel Anarsuk zu, woselbst ich ein Talklager vermuthete, weil die Grönländer dorten lose Stükke von Topfstein wollten gefunden haben. Allein die ganze Insel besteht aus Grünstein und Grünsteinschiefer, auch körnigem Hornblendegesteine, in welchem hie und da kleine Quarzlager liegen.

Da die Insel meistens in ältern und neuern Zeiten von Grönländern bewohnt war, auch einen geringen Umfang hat, so ist es nicht zu vermuthen, dass sie eine für sie so wichtige Sache sollten unbemerkt gelassen haben, welche zur Verfertigung ihres Küchengeräthes unentbehrlich ist, und im Nördlichen Grönland, wenn ich Pakitsok bey Klokkerhuk und Ukusiksak bei Omenak ausnehme, meines Wissens nirgends in beträchtlicher Menge sich findet. — Von Anarsuk sezzten wir nach einer der kleinern Inseln über, welche Isuarmiut heissen, und in vorigen Zeiten des Fanges wegen stark bewohnt waren. Hier schlugen wir unser Zelt und Nachtquartier auf.

Freytags, den 28 August

Die kleinen Inseln, welche unter dem Namen Isuarmiut begriffen werden, bestehen durchaus in der Hauptmasse aus aschgrauem und blaulich grauem Urthonschiefer, dessen Schichten etwas geneigt sind. Er hält viel Schwefelkies, welcher aber grösstentheils verwittert ist, daher das Gestein, besonders auf der Oberfläche sehr eisenschüssig oder okkergelb aussieht. Dieser Thonschiefer ist sehr dünnschiefrig und selten mit Quarz noch seltener mit gemeiner Hornblende gemengt, wo er sodann in sehr dünnblättrigen Hornblendeschiefer übergeht, und von den Grönländern als Wetzschiefer benuzzt wird. —

An einer Stelle fand ich ein ganzes Thal, mit einem stark eisenschüssigen Thonschieferconglomerate ausgefüllt, welches in horizontalen Schichten liegt. Der Thonschiefer ist an vielen Stellen mit einem gelblichen dem Galmey ähnlichen Kalktuff überzogen. Auf einer andern Stelle sah ich Glimmerschiefer mit ährenförmiger gemeiner Hornblende und Granaten ein Lager bildend. Noch auf einer andern ein Lager von gemeiner, kristallisirter Hornblende mit gemeinem Strahlsteine, und späthigem Kalksteine. Die Hornblende war zuweilen krummblättrig, und der Kalkspath leberbraun. Die östlichsten Inseln haben ziemlich guten Torf, welcher an einigen Stellen über zwey Fuss mächtig ist. — Als Geschiebe fand ich silberweissen Glimmerschiefer mit eingewachsenen vierseitigen Granatitkristallen; die Steinart ist der Schweizerschen von Gotthardsberge sehr ähnlich. — Schwefelkies doch sehr verwittert, findet man lose, aus dem Thonschiefer herausgefallen, auf den meisten dieser Inseln, welche ehemals stark bewohnt waren, weil sie zu allen Arten Grönländischen Fanges gut gelegen sind, dermalen sind sie ganz verlassen. Am Strande liegt Hornblendeschiefer mit eingemengten Granaten in grossen Blökken zerstreut umher. — Nachmittags reisten wir ab und kamen Abends späth zu Egedesminde an.

Sonnabends, den 29ten, und
Sonntags, den 30ten August.

Musste ich wegen unruhiger See stille liegen. Ich packte die gesammelten Steinarten ein, und machte kleine Streifzüge auf dieser Insel. —

Reise
in der Südostbucht.

Montags, den 31 August

reiste ich Vormittags um 9 Uhr mit einer Schaluppe von Egedesminde wieder ab, um nach dem Innern der Südostbucht und nach Christianshaab zu gehen. Der vormalige Grönländische Katechet Jens Weber gieng als Steuermann mit, ausser ihm 6 Personen zum rudern. Wir kamen um 11 Uhr Vormittags nach Nougarsuk, 1 Meile.

Diese Næs besteht aus grobkörnigem grauem Granit mit Lagern von rothem Granit. Wir giengen durch einen von mehrern Inseln gebildeten Sund, deren Gesteinart Granit abwechselnd mit Gneis ist. Grosse Lager von Hornblende und Quarz sind darin verbreitet. Wir kamen Akunak, und Tullugartelik vorbey. Leztere Insel besteht aus Granit. In den steilen Felsenwänden derselben finden sich Drusen von rauchgrauem Bergkristall. Wir kamen nach der grossen Næs Nouk, gewöhnlich Nogme, auch Gamle Nogme genannt. Sie besteht aus Granit mit grobkörnig rothem Feldspathe, lagerweise Glimmerschiefer und Hornblendeschiefer mit Granaten.

Von der Næs zieht sich eine Bucht ins Land hinein, welche zu einem Hafen dienlich ist. Ungefehr 400 Schritte von der See ab ist in einer Felsenwand des Granits eine Höhle, welche die Grönländer in ältern Zeiten zu einem Begräbnissplazze angewendet haben. Man sieht noch vier Grabhaufen mit vielen Gebeinen und vermoderten Grönländischen Geräthschaften. — Diese Bucht wimmelte von *Keporkaken*, *(Balæna Boops)* welche unsre Schaluppe umgaben. Sie schwangen sich mehrmalen mit ihren ungeheuren Körpern über die Oberfläche des Meeres und gaben ein seltenes schönes, aber für den nahen Zuschauer und dessen Fahrzeug doch gefährliches Probestück ihrer Tanzkunst, welches man vom Lande aus mit ruhigerm Behagen anschauen kann. Diese Thiere sind überhaupt sehr vorwizzig, und verfolgen kleine Fahrzeuge gerne, welche sie vieleicht für ihres gleichen ansehen. Die See wimmelte hier von Medusen und *Misautit*. — Wir sezzten von Nouk über die See nach einigen kleinen Inseln, Kikertarmiut genannt, wo wir zwischen ein paar Inseln, welche einen Hafen bilden, übernachteten. — Die Steinart dieser Inseln ist Granit, mit grossen Lagern von Glimmer- und Hornblendeschiefer. Hier steht ein Haus, welches gewönlich im Winter bewohnt wird. Die in der Nähe auf dem Hälleflynderfang stehenden Grönländer besuchten uns, und theilten uns gegen Grüzze und Erbsen von ihren Fischen mit.

Monat September.

Dienstags, den 1 September

Wir reisten Morgens um fünf Uhr von hier ab, und steuerten nach der Insel Upernavik in der Südostbucht zu. Sie besteht aus rothem grobkörnigem Granit, in welchem kleine Adern von magnetischem Eisensteine streichen, und hat beträchtliche Lager von Glimmerschiefer, abwechselnd mit Hornblendschiefer. Von hier aus sezzten wir über die Südostbucht gerade nach Tussàk oder Tussàme zu. Diese grosse Insel, welche auf der Südwestseite einen Hafen hat, ist zuweilen von den Grönländern des guten Fanges wegen bewohnt. Sie besteht aus röthlichem grösstentheils feinkörnigem Granit mit schmalen stehenden Gängen von Magneteisenstein und hat beträchtliche Lager vom Glimmerschiefer mit Granaten, in welchem nesterweise asbestartiger, auch gemeiner Strahlstein vorkommt. Von Osten nach Westen zieht sich eine horizontale mächtige Schicht von körnigem mit Tremolit gemengtem Kalkstein zwischen sehr dünnschiefrigem Glimmerschiefer. — Nachmittags um 3 Uhr kamen wir bey der Colonie Christianshaab an. Herr Geisler war gestern nach Claushavn geseegelt.

Mittwochs, den 2 September.

Ich brachte heute und gestern meine Zeit mit Auswanderungen zu. Von der Berggegend um Christianshaab habe ich bereits im zweyten Jahrgange meines Tagbuchs von S. 98 bis 100 gesprochen. — Ich will nur noch mit wenigen Worten einiges beyfügen. Der Bergrükken Kakkarsoit, dessen Höhe ich gestern zum zweytenmale bestieg, erstreckt sich über eine halbe Meile von Osten nach Westen, und besteht durchaus aus grobkörnigem Granit, dessen Quarz sich bald dem Bergkristalle, bald dem Hornsteine nähert, und dessen Feldspath zuweilen klar und glasigen Bruches wie der Adular ist. Der Glimmer meistens silberweiss ist dessen mindster Gemengtheil. — Die S. 98 und 99 des Tagebuches beschriebene Lager und Gänge befinden sich auf dem östlichen Abhange des Berges, grönländisch Isuà (oder das Ende) genannt. Ausser den angeführten Steinarten bemerkte ich noch Bergkork oder Bergpapier auf den Ablösungen des körnigen Kalksteines, und glasartigen Strahlstein in Quarz. Gegend Abend kam Herr Geisler mit der Jacht Godhavn von Claushavn zurück.

Donnerstags, den 3 September

Ich war auf Excursion nach Tunullià und Kangerdlulùk. — Erstere Stelle, eine Thalvertiefung, welche sich in Süden unter den Höhen von Kakkarsoit hinkrümmt, besteht wie Kakkarsoit aus Granit, doch stösst man hier auf Glimmerschieferlager, welche im hohen Gebirge fehlen. Bey einer Felsenwand habe ich im Granit einzelne Moroxitkristalle bemerkt. Bey der Næs Kangerdlulùk, welche sich nach Südwesten hinzieht, (verglichen mit S. 99 bis 100 des Tagebuchs, ist der Glimmerschiefer grösstentheils okkergelb, und meistens mit Granaten gemengt. — — Der Granit nimmt hier auch Moroxitkristalle, und der Glimmerschiefer Lager von (etwas labradorischem) Hornblendeschiefer mit derbem Sahlit und Strahlstein auf. Der Glimmerschiefer mit Granaten ist über die ganze Diskobucht verbreitet. Er macht von hier aus über Nogme und Nogmefiord oder Opiksòk, über die ganze Südostbucht und deren westliches Land, über Ikamiut, Puaviarsùk, und Naiarmiut ein beträchtliches Stückgebirge aus, welches sich noch weiter gegen Westen durch den Nivàksund und Tessiursàk, über Tessiursarsuk Sersinilik und Kuteselik, nach Mangamiut hin, ja bis nach Sungangarsok, einer Strecke in die Runde von mehr als 25 Meilen verbreitet. — Auch die übrigen Inseln der Südostbucht, Manétsok etc. sind mit diesem Gesteine reichlich versehen. — —

Freytags, den 4 September

Viele Mühe hatte ich, meine Grönländer beyderley Geschlechts von Christianshaab, diesem Canaan loszureissen, wo sie die Magen und die Säkke mit Rauschbeeren und Blaubeeren füllen konnten, deren es in diesem Herbst eine ausserordentliche Menge gab; und ich muss gestehen, dass diese trockene Früchte, auf welche man in dem leckern Europa mit Verachtung blickt, mir auf meinen mühsamen Wanderungen in diesem saft und kraftleeren Lande Melonen und Ananas zu seyn schienen. Wegen stürmischem Wetter aus Südwest, einem uns gerade zu widrigem Winde, musste ich noch Vormittags stille liegen; um ein Uhr Nachmittags reisten wir auf der Südostbucht westlich weiter. —

Die **grünen Eilande** lagen uns in Norden. Sie bestehen aus vier grössern, und einigen kleinen Inseln, oder vielmehr Scheeren. Die grössten sind: Niakornak, Kikertæt, Imnarsoeitsiak, und Agissæt. Die erste liegt westlichst, die lezte östlichst, ungefehr zwey Meilen von Christianshaab. Diese, so wie die Scheeren, welche sie umgeben, bestehen aus sehr verwittertem Hornblendegestein, Hornblendeschiefer und Glimmerschiefer. — Das Unterland ist sehr sumpfig, und hat vielen Torf. Die Inseln sind mehr mit grünem Moose als mit Grase bewachsen; man kann sie also mit eben dem Rechte grün nennen, mit welchem man das ganze Land mit diesem Namen beehrt. — Hier war es, wo vor mehrern Jahren der Kaufmann Nörregaard mit dem Boote, und samt seiner Mannschaft halb erhungern und halb erfrieren musste. Diese Inseln sind nun nicht mehr bewohnt. —

Wir ruderten unter dem Lande weg nach Noub kikertangoak, einer kleinen Inseln, welche wir zu rechten Seite hatten. — Sie besteht ganz aus Glimmerschiefer mit Granaten. Der Quarz des Glimmerschiefers ist an einigen Orten innig mit sehr zartem Amianth gemengt, welches Gemenge auch auf der oben beschriebnen Insel Akudlek vorkommt. — Das gegen über stehende feste Land besteht aus dem nemlichen Glimmerschiefer, so wie die ganze Bucht Orpiksok oder Nogmefiord, welche sich gegen eine Meile nach Osten ins Land hineinzieht. — Sie hat den Namen Orpiksok (von *Orpik*, Gesträuche) von dem vielen Kratte erhalten, welcher daselbst wächst. Bey der Næs oder Mündung ist im Glimmerschiefer ein grosses grobkörniges Granitlager verbreitet, dessen Granit sich durch die verschiedene Färbung des Feldspathes bald in das blaulich graue, bald in das blasslauchgrüne zieht. An dem Strande hin zeigen sich mehr und minder mächtige Gänge von derbem Sahlit, mit gemeinem Strahlstein gemengt, körnigem Kalksteine mit Tremolith, und grossblättrigem graulich grünem ins Lauchgrüne sich ziehendem Labrador. — Diese Steinarten sind auf der Oberfläche, zuweilen ziemlich verwittert, zuweilen ganz zu Gruus aufgelöst. —

Von hier aus sezzten wir über einen Theil der Südostbucht, grönländisch Orpiksoak, und deren Schattenseite Alangorsoak genannt, gerade nach der Insel Akudlek über, drey Meilen von

Christianshaab entlegen, der Insel Tussàk (Tussàme) gegen über. Akudlek hat einen kleinen Hafen. Hier wurde vor mehrern Jahren unter Führung des Herrn Kaufmanns STEEN der Wallfischfang für Rechnung der Kolonie Christianshaab getrieben. Die Insel war ehemals sehr bewohnt, man sieht die Ueberbleibsel mehrerer alter Winterwohnungen, bey welchen eine grosse Menge von schöner *Cochlearia Grönlandica* wächst. —

Akudlek besteht aus röthlichem ziemlich feinkörnigem Granit, mit kleinen Lagern von Glimmerschiefer mit Granaten. Von Osten nach Westen zieht sich ein ziemlich breites von schroffen Felsenwänden begränztes Thal, dessen Fläche ganz mit Urgeschieben überstreuet ist. Die hervorragende einzelne morsche Granitfelsentrümmer sind an vielen Stellen mit einem starken Anfluge von Kupfergrün bekleidet. Da die Witterung Abends sehr stürmisch war, so mussten wir unser Zelt aufschlagen, und hier Nachtquartier halten. —

Sonnabends, den 5 September

Der Südweststurm zwang uns, hier Vormittags stille zu liegen. Nachmittags ein Uhr machten wir Versuch, auf der Südostbucht weiter westlich zu reisen, wir kamen aber der stürmischen See wegen nur bis Saordlit, eine Meile westlich von Akudlek. Unterwegs passirten wir die kleine Insel Alieneitsok, wo mehrere Scheeren liegen. —

Die Inseln Saordlit, und Ujordlit sind nur durch einen schmalen Sund von einander getrennt, und bilden zusammen einen halben Mond. Sie bestehen aus Glimmerschiefer mit grossen Lagern von Hornblendschiefer. Auf Saordlit hat der Glimmerschiefer, ausser Knollen dichten Feldspaths? noch auch kleinere Lager von gemeiner Hornblende, begleitet von Epidote, Sahlit, Strahlstein, und Kalkspath. Auch bemerkte ich im Glimmerschiefer mehrere mit fremdartigen Fossilien ausgefüllte Gänge, deren zween paralell miteinander streichen. Der eine besteht aus Epidote, der andere aus Hornblende, Sahlit, und Arctizit mit wenigem Kalkspathe. Auf den Sahlbändern waren kleine Titanit (Brunon) kristalle eingewachsen.

Eine blaue Isatis begleitete mich eine ziemliche Strecke Wegs, und lief wie ein Hund hinter mir her, doch trauete sie dem Landfrieden nicht ganz, und blieb stehen, wenn ich stehen blieb. Es scheint dass diese Thiere wissen, wenn ihr Fell gut ist; im Winter sind sie nicht so zahm. —

Sonntags, den 6. September

Morgens fünf Uhr reisten wir von Saordlit wieder ab. Wir ruderten unter dieser Insel und Ujordlit ein langes Stücke aufwärts um unter den Wind zu kommen, da es stark Südwest blies. Wir passirten die nahe am festen Lande liegenden Inseln Kikertarsusursoak, und Kikertarsursuk, wo eine Reihe von niedrigen Inseln uns das Innere der Südostbucht öffnete. Das feste Land, so wie die Inseln, besteht aus Glimmerschiefer. Auf der entgegengesezzten Seite des festen Landes stechen zwey grosse steile Landspizzen hervor, die östliche ist Akulliarasursoak, und die westliche Akulliarasusuk, unter leztere liegt die Insel Ikkerok, welche aus Granit besteht. — Hier sind mehrere Scheeren, und eine Klippe, in deren Nähe die Landzunge Ikamiut sich ein ziemliches Stükke nach der See zu ausdehnt, und zwey beträchtliche Buchten bildet. Diese Stelle liegt drey Meilen von Saordlit in Westen. In der Bucht, welche zwischen den Landspizzen Ikamiut und Puaviarsuk sich bildet, blieben wir über Nacht. —

Die Steinart dieser ganzen Gegend gehört, wie ich schon oben Seite 424 angemerkt habe, zu dem hier allgemein verbreiteten Glimmerschiefergebirge, welches hier sich dem Gneise nähert, da es sehr schönen schnee und milchweissen Feldspath zuweilen knollenweise in seinem Gemenge hat, in welchem Falle aber gewönlich der Quarz fehlt; — ein gleiches geschieht, wenn der Glimmerschiefer zu sehr mit Granaten übermengt ist. Lagerweise findet sich blass rosenrother Quarz. Mitten in der Bucht zeigt sich ein eingeschwemmtes Lager von blaulich grauem sandigem Mergel in welchem man zuweilen die bekannten Abdrücke der arctischen Lodde findet (Grönl. *Angmaksak*). — Zuweilen komt auch verhärteter figurirter Mergel in wunderlichen äussern Gestalten vor. — Bey Puaviarsùk, woselbst alte längstens verlassene Haustrümmer stehen, bemerkte ich in dem Quarze des Glimmerschiefers auf einer Scheer, welche nur bey der Ebbezeit über dem Wasser steht, Turmalin in dreyseitigen an beyden Enden zugespizzten Prismen, und Hornblende in grünlichem Hornstein. In der ganzen Bucht ist viel Granatsand. — Ikamiut wird im Winter gewönlich von ein paar Familien bewohnt. Ehemals war die Volksmenge hier sehr zahlreich, welches die Hausrudera, und viele alte Gräber zeigen. —

Montags, den 7 September

Morgens um sechs Uhr reisten wir von Ikamiut wieder ab, giengen den Sund Nivàk und Najarmiut vorbey, und kamen nach der Insel Ujarartarfik. Ein vor mehrern Jahren verstorbener Grönlænder wollte zwischen Ikamiut und der leztgenannten Insel lose Steinkohlen im Sande gesehen haben. Vermuthlich waren es die hier befindlichen Hornblendschiefergeschiebe, welche er des Aussehens wegen für Steinkohlen hielt, vieleicht auch wirkliche von reisenden Fahrzeugen hinterlassene Bruchstücke von Braunkohle. — Im Nivaakfiord sieht man im Herbste die *Sepia Loligo (Amikok)* in unglaublicher Menge, daher sich alsdann die Seehunde häufig hier einfinden. —

Wir reisten weiter, und hatten Tessiursarsuk mit seinem hohen bergichten Lande, welches schon beschneyt war, in Süden, desgleichen Tessiursak, und die Insel Uingasùk. Bey dem Bergstrome in Tessiursak werden zuweilen schöne Lachse gefangen. Ein Grönländer von Claushavn, welcher bey Nivàbnougarsùk mit seinem Zelte stand, begegnete uns hier im Kajak, und überliess uns etwas Seehundefleisch für Brod. —

Wir passirten die Insel Augursak, eine runde steile Granitklippe. In Norden lagen uns die Inseln Saitoarsoit, Kingiktoarsuk, bey welcher man den *Echinus saxatilis* in ungeheurer Menge findet, ferner Tullugartelik, Kikertoagik, und die flache schmale Insel Merkoariksòk, welche mit der Insel Akunàk eine grosse runde Bucht bilden. In Osten und Nordosten hatten wir beyde Inseln Mardlutsieit, und die Insel Upernavik. Bey der leztern ist ein Hafen. Wir bogen in einen schmalen Sund ein, Ikarekangoak oder Ikaresengoak genannt und blieben auf der grossen Insel Akunàk über Nacht. Gegen über in Westen liegt die Insel Kassigiarsoak. Dorten standen einige Grönländer, von welchen ich für etwas Erbsen ein paar Mæwen erhielt. — Nach der Insel Akunàk, welche zuweilen auch bewohnt wird, kommen die Grönländer oft, um *Kassigiæt (Phoca vitulina)* zu fangen, welche sich daselbst in der grossen Bucht einfinden. —

Die Steinart dieser grossen Insel ist röthlicher Granit, meistens feinkörnig, mit abwechselnden horizontalen Schichten von Glimmerschiefer, Hornblendeschiefer, und derbem Epidote, in welchen kleine rothe Feldspathkristalle eingewachsen sind. Am Ufer findet man grosse Blöcke körnigen Kalksteines mit gemeinem Tremolit, und kleine Geschiebe von weissgrauem

Bimssteine. — Mit der Ebbe ist das Wasser in dem kleinen Sund sehr seicht. —

Gegen über liegt die grosse Insel Suillarsok, welche durch den Sund Ikaresak von Nivàks Land getrennt wird, und dann, näher nach der Insel Egedesminde zu, kleinere Inseln Porosiarsùk genannt. In Norden liegen die Inseln Tessilik, und Ujarartarfik, und zwey kleinere, von ihrem schwarzen Aussehen Kernertoarsuk genannt. — Bey Kassigiarsoak sieht man Tukkurtòk, und in Nordwesten Anarsuk, und die Isuarmiut. Bey der Insel Manetsok östlicher Næs liegt Takkamugàk, Mamertok, und etwas mehr südwestlich die Insel Angitsok. — Der Glimmerschiefer ist über alle diese Inseln verbreitet, bald in Lagern, bald in Stückgebirgen.

Dienstags, den 8 September

Wir ruderten Morgens um acht Uhr von Akunàk ab, giengen immer unter dem Lande weg nach Nougarsùk, der östlichsten Landspizze der Insel Egedesminde, welche aus grobkörnigen Granit besteht. In Nordwesten lag vor uns die Insel Igfeit, der Suud Tattarait, Anartelik, und Kajok oder Haröe. Zu äusserst gegen die See zu Kullen, grönländisch Akpalik, oder Akpalelik, mit zwey Scheeren. Im Tattaraitsunde die Inseln Akkitsok, und Ullamertok. Nördlich die grosse Insel Manetsok. Westlich vor uns die Inseln Tupilèk, oder Räveöe — Inniartarfik, Okaitsut, und Netak hinter derselben. —

Von Nougarsùk aus passirten wir noch die Inseln Iperarsoak, oder Præstöe, Iperangoak, oder lille Torföe, und noch ein Iperarsoak, oder Store Torföe. — Diese haben ihren grönländischen Namen von *Iperàk*, einer Moosart, welche hier häufig wächst. Die Grönländer benuzzen es statt der Dochte zu ihren Lampen, und in Thran getaucht statt eines Lichtes. Um ein Uhr Nachmittags kamen wir nach Egedesminde zurück.

Mittwochs, den 9 September

Nachmittags besuchte ich einen in diesem Distrikte sehr berüchtigten Mann, namens Puppik. Er war ehemals ein sehr berümter *Angekok* oder Grönländischer Hexenmeister, und Urheber des vor einigen Jahren an einer alten der Hexerey beschuldigten Grönländerinn verübten Mordes. Er ist nun einige 70 Jahre alt, eine Seltenheit unter den Grönländern, hat Kinder und Kindskinder, welche getauft sind, und den Ruf fleissiger und ordentlicher Menschen haben. Auch der Alte war einer der besten Seehundefänger des Distriktes, ein Mann von seltener Leibesgrösse und starkem Knochenbau; doch nun ist er bestandig krank, und durch die Gicht ganz lahm. Es ist unter seinen Landsleuten nun so verhasst, wie er ehedem gefürchtet war, und wohnt deswegen mit seiner Familie gewöhnlich an entlegenen Plätzen, von andern abgesondert, da er wol weiss, dass seine eignen Landsleute ihn längst aus der Welt geschafft haben würden, wenn er nicht so tüchtige Söhne und Schwiegersöhne hätte. Er stand nur im Zelte bey der Kolonie, und will im künftigen Winter zu Anársuk wohnen.

Sonnabends, den 12 September.

Seit ein paar Tagen zeigten sich mehrere von hier wandernde Züge der *Anas Bernicla*. Die *Sterna hirundo* hatte schon seit einigen Tagen, wie gewöhnlich, ihren Sommeraufenthalt auf diesem Lande verlassen.

Sonntags, den 13 September.

Morgens früh reiste ich, begleitet von Herrn Bast, nach dem westlichen Ende der Insel Manetsok. — Wir giengen Kajok, oder Hareöen, Anartelik, und Upernavik vorbey. Diese Inseln bestehen aus Granit, welcher bald ins röthliche, bald ins grauliche sich zieht (cfr. S. 418). Zu Anartelik bemerkte ich am Seestrande einen beträchtlichen Gang von Hornblendeschiefer. Die ganze Insel Manetsok, auf welcher wir in der Nähe von Tarajungitsok landeten, besteht fast durchaus aus grobkörnigem Granit, welcher nur selten dem feinkörnigen sich nähert. Dieser ist an mehrern Stellen von Norden nach Süden zerspalten. Diese senkrechte oft über eine Lachter breiten Klüfte scheinen unausgefüllte Gänge zu seyn. Der Quarz dieses Granits hat zuweilen Drusenhöhlen, in welchen Bergkristalle sich gebildet haben. Ausser kleinen Nieren von Magneteisenstein ist dieser Granit metallleer. In einem zerstörten Lager, welches sich von Osten nach Westen zieht, fand ich im Granit Spuren von Speiskobalt im losen Gesteine, und in einer zertrümmerten Glimmerschiefermasse Granaten, Granatit, Hornblende, und Glimmer in Prismen kristallisirt. — Herr Karl Dalager, welcher so eben von der Duunsammlung aus Süden zurückgekommen war, stand im Zelte hier. Abends kehrten wir nach Egedesminde.

Dienstags, den 15 September

Da der Winter sich schon mit starken Schritten zu nähern schien, denn in der Nacht zwischen gestern und heute fiel bereits eine halbe Elle tiefer Schnee, so kamen täglich Grönländische Familien in ihren Umiaks hier von der Rennthierjagd aus Süden zurück, um ihre Winterwohnungen zu beziehen. — Diese erzählten nun allerley gereimte und ungereimte Neuigkeiten, unter andern: dass Schiffer Matthiesen vor 3 oder 4 Wocken in Süden angekommen wäre, und einen Inspecteur, einen Bischoff, einen Astronomen und einen Mineralogen mit sich gebracht hätte. Wir wussten nicht, was wir davon glauben sollten, da wir keine Zeile Nachricht von irgend einem Handelsbedienten in Südgrönland mit diesen Reisenden erhielten. — Die Angekommenen wurden sehr niedergeschlagen, als sie hörten, dass noch kein Schiff mit Unterstüzzung aus Europa angekommen sey, und prophezeyten sich wegen gänzlichem Mangel an Pulver und Bley einen harten Winter.

Sonntags, den 19 [20] September

Waren die Grönländer mit dem Harpunier Andreas Larsen nach zwey *Keporkaken (Balæna Boops)* aus, welche sich in Egedesmindes Hafen sehen liessen. Der Harpunier verwundete die Mutter mit Lanzen. Da aber die Nacht einbrach, und die Mutter mit dem Jungen nach der offenen See zugiengen, so war alle Mühe vergebens, und die Schaluppen kamen zurück.

Dienstags, den 22 September

Ich fuhr Vormittags nach der Insel Tupilàk, oder Ræveöen. Auf deren höchsten Spizzen steht eine Aussichtswarte, von welcher man ziemlich frey nach der See sehen kann. Die Insel besteht aus feinkörnigem röthlichem und grünlichem Granit, mit kleinen Lagern von schwärzlichem Glimmerschiefer. Die Insel ist stark mit Moos bewachsen, besonders mit *Lichen islandicus*, *proboscideus*, *rangiferinus* und *niveus laciniatus.*

Mittwochs den 23 September

war ich auf Excursion nach der Westseite von der Insel Egedesminde. Ich fand daselbst als Geschiebe grünlichen Variolith, körnigen Kalkstein, und Hornstein, in Lagern kristallisirte Hornblende in Glimmerschiefer.

Sonntags, den 27 September.

Vormittags 8 Uhr reiste ich in Gesellschaft des Herrn Pastors Hartz und Herrn Bast mit der Jacht Dorothea geführt von Andreas

Larsen, von Egedesminde. Wir giengen zwischen Tupilèk und Kajok, sodann zwischen Netàk und Upernavik, endlich zwischen Tattarait und Manetsok durch. Der schwache Wind verwandelte sich hier in Sturm, so dass wir in 1 Stunde Hundeeiland erreichten, wo Herr Mörch an Bord kam, um mit nach Godhavn zu gehen. Mit raschem Südwest kamen wir um 3 Uhr Nachmittags zu Kronprinzenseiland vor Anker.

Montags, den 28 September.

Ich wai auf Excursion. Ausser dem S. 413 bemerkten fand ich hier im Granit Nester von Hornblende mit Epidote.

Dienstags, den 29 September

Giengen wir Morgens unter Seegel, mussten aber wegen Nord-[wind] wenden, und um 3 Uhr Nachmittags wieder vor Anker gehen.

Monat Oktober.

Donnerstags, den 1 Oktober.

Seegelten wir Morgens 9 Uhr mit schwachem Südwest ab, welcher aber bey Komarfik in scharfen Ost übergieng und kamen gegen Mitternacht zu Godhavn vor Anker.

Aufenthalt zu **Godhavn**.

Sonntags, den 4 Oktober

Hielt Herr Pastor Hartz Dänische Predigt, darauf Communion für die Europäer.

Sonntags, den 11 Oktober

Hielt Herr P. Hartz, welcher wegen anhaltender widriger Witterung nicht reisen konnte, abermals Predigt. —

Montags, den 12 Oktober

Gieng ich auf Excursion, und bestieg abermals den Gipfel des Berges Akkiarut, auf welchem der neue Schnee schon über eine Elle tief lag. In der grossen Felsenkluft fand ich gangweise im Basalte eine schmuzig weisse zuweilen gelbliche körnige Zeolithart, welche sich vor dem Löthrohre ungemein stark aufbläht; auch Chabasie mit Mesotypenadeln durchwachsen. — — Fasrigen Mesotype in Nieren. —

Dienstags, den 13 Oktober

Reisten die Herren Hartz, Bast, Mörch und Fleischer mit der Jacht Dorothea über die Bucht ab. —

Donnerstags, den 15 Oktober

War ich auf Excursion nach Karartut, um einige Steinarten abzuholen, welche ich im Frühjahre gesammelt, und dorten aufbewahret hatte.

Freytags, den 16 Oktober

War ich auf Excursion nach Upernaviks Næs. — Ich fand hier im Granit mehrere Spuren von Kupfergrün, selbst der Quarz desselben war an mehrern Stellen grün gefärbt. Hie und da waren auch kleine Moroxit und Turmalinkristalle eingemengt.

Abends um 3 Uhr kam Hans Nilsen mit der Schaluppe von Kronprindsenseiland zurück. Wir erhielten mit dieser Gelegenheit die so sehnsuchtsvoll erwarteten Nachrichten aus Südgrönland von Mathiesens Ankunft daselbst. Die mitfolgenden Briefe erstickten den lezten schwachen noch in der Asche glimmenden Funken von Hoffnung auf Hülfe von Europa, und die Aussicht auf einen langen dürftigen Winter, entblösst von so manchen Bedürfnissen des Lebens machte uns sehr niedergeschlagen. Mein sehnlicher Wunsch in diesem Jahre nach Europa zurückezukehren, musste also auch diesmal unerfüllt bleiben, da ich das Schreiben von der Hohen Königl. grönländischen Handelsdirection datirt vom 15ten May 1812 erst nach Abreise der Schiffe von Grönland erhielt, und überhaupt eine Reise von hier nach Godthaab einen Weg von 120 Meilen, des undurchdringlichen, grossen Eises wegen unmöglich war. —

Mittwochs den 21 Oktober

verrenkte sich Herr Inspecteur Motzfeldt durch einen schweren Fall den linken Arm aus der Schulter.

Sonnabends, den 31 Oktober

ertrank der Grönländer Jeremias Egede, ein Jüngling von 17 Jahren im Diskofiord auf dem Seehundefange. Wie es damit zugegangen weiss man nicht, da er als ein tauglicher Fänger alleine ausgefahren war. Es wurde nun sein leerer Kajak gefunden; den Leichnam konnte man, aller Mühe ungeachtet, nicht finden. —

Monat November.

Donnerstags, den 5 November

Gieng ich nach Karartut auf Excursion, von dannen nach Koorsoak, und kam Abends späth zu Hause. —

Freytags, den 6 November

Giengen zwey Kajaksexpresse mit Briefen nach Kronprinzenseiland. Ich war auf Excursion nach Kangek.

Montags, den 9 November

kamen die nach Kronprinzenseiland und Hundeeiland abgesandte Postexpressen wieder zurück. —

Mittwochs, den 11 November

Gieng Herr Inspecteur Motzfeldt zum erstenmale nach einem auf seinen Fall erfolgten dreywochentlichen Krankenlager, wieder aus. Da aber der Arm, in Abwesenheit des Herrn Lerchs, welcher zu Omenak sich befindet, und aus gänzlichem Mangel an allen medizinischen Hülfsmitteln nicht gepflegt werden konnte, so ist er noch nicht ganz hergestellt. —

Freytags, den 13 November

Heute liessen sich die ersten Weissfische (*Delphinus albicans*) die Vorboten des Winters, auch mehrere Wallrosse sehen; wir sezzten daher die grossen Garne in den Einlauf des Hafens. Nachmittags wanderte ich nach Itibliarsuk.

Montags, den 16 November

wurde zu Aukpadlártok, eine Meile westlich von Godhavn der erste Weissfisch in H. Rasmussens Garn gefangen.

Freytags, den 20 November

wurde in Herr Inspecteur Motzfeldts, und Hans Nilsens Garnen, welche beyde den Fang in Gemeinschaft trieben, drey Weissfische gefangen.

Sonnabends, den 21 November

wurde in Herrn Motzfeldts und Nilsens Garnen 4 Weissfische gefunden. Ein männlicher war 18 Fuss 2 Zolle lang, dessen Schwanz $2^1/_2$ Fuss breit. Ein gefangenes Weibchen, $13^1/_2$ Fuss lang war kurz vorher von einem Jungen entbunden worden. Das Junge entfloh. Die Milch der Mutter war dich und von grünlich gelber Farbe. —

Sonntags, den 22 November

erhielten wir sechs Weissfische, worunter drey sehr grosse weibliche und ein grosser männlicher waren. Der grösste der weiblichen mass 17 Fuss 14 Zolle.

Dienstags, den 24 November

Erhielten wir einen männlichen, und 1 weiblichen Fisch.

Donnerstags, den 26 November

Erhielten wir 2 weibliche und 1 männlichen Fisch. —

Sonnabends, den 28 November

wurden sechs Fische, zwey grosse männliche, zwey grosse weibliche, und zwey kleine männliche gefangen. Der Schwanz des einen weiblichen war 2 Fuss und 10 Zoll breit. —

Sonnabends [Sonntags], den 29 November

wurde ein grosser männlicher gefangen. Er war $17^1/_2$ Fuss lang; dessen Schwanz hielt von der einen Spizze zu der andern 3 Fuss 4 Zolle. Herr RASMUSSEN fieng zu Aukpadlártok bisher in allem 9 Weissfische. Die Grönländer zu Makkak fiengen mit Harpun und Blase in der vorigen Woche vier Weissfische.

Montags, den 30 November

wehte ein fürchterlicher Sturm bald aus Südost, bald aus Südwest, welcher unsre Krabbenreusen mitnahm, und die Weissfischgarne sehr beschädigte. Die Grönländer konnten schon seit einiger Zeit nicht auf den Kajaksfang kommen, und lebten bloss vom Garnfange der Europæer auf Weissfische.

Monat December.

Dienstags, den 1 December

Fanden wir abermals einen grossen männlichen Weissfisch in den Garnen. Er war von der Schnauzze zur Schwanzspizze 17 Fuss 4 Zolle lang, hatte in der Mitte $9^1/_2$ Fuss 2 Zolle im Umfange, die Breite des Schwanzes war 3 Fuss 8 Zoll von einer Schwanzspizze zu der andern, die Länge desselben 1 Fuss und 8 Zoll, die Länge des Kopfes 2 Fuss 4 Zolle, die Breite desselben 1 Fuss 1 Zoll, die Länge der Flossen 1 Fuss 4 Zolle, die Breite derselben 8 Zolle.

Mittwochs, den 2 December

erhielten wir einen weiblichen Fisch von mittler Grösse.

Donnerstags, den 3 December

wurde zu Aukpadlártok ein Fisch, und

Sonnabends, den 5 December

abermals daselbst ein Weissfisch von mittlerer Grösse gefangen. —

Montags, den 7 December

Der *cancer pedatus und oculatus*, die Vorboten des Wallfisches liessen sich im Hafen zu Millionen sehen. Die Grönländer zu Makkak fiengen vorige Woche zwey Weissfische. —

Dienstags, den 8 December

wurde alles zum Wallfischfange vorbereitet, und wie gewöhnlich, bey Anlægget unter wehender Flagge die Fangelinien in die Schaluppen eingeschossen. —

Sonnabends, den 14 December

Da sich kein Weissfisch mehr sehen liess, und der Hafen sich schon den 10ten mit dünnem Eise belegte, so wurden die Garne bey Godhavn aufs Trockne gebracht. Ein gleiches geschah zu Aukpadlártok. In allem wurde zu Godhavn von Herrn Inspecteur Motzfeldt und Hans Nilsen 27, von Herrn Brandt 1, von Herrn Rasmussen zu Aukpadlártok 11, also in allem 39 Weissfische gefangen. — Eine grosse Hülfe für uns und die Grönländer. Wir bedienten uns des frischen Thrans aus gänzlichem Mangel der Butter.

Dienstags, den 15 December

Da der Hafen nun mit festem Eise bedeckt war, so wurden die ersten Garne unters Eis für die Seehunde gesezt. Im Diskofiord war Noth und Missfang.

Donnerstags, den 17 December

Brach bey einem heftigen Nordoststurme mit starkem Seegange das Eis ein gutes Stück in Hafen herein, und eine Menge Eisgárne giengen bey dieser Gelegenheit durch den Eisgang verlohren.

Donnerstags, den 24 December

Da die Wallfische sich schon seit einigen Tagen sehen liessen, so wurde die erste Brandwache gehalten. Abends hatten die Grönländer ihr gewöhnliches Weihnachtstractament, Grüzze und Erbsen.

Freytags, den 25 December

war zweyte Brandwache, und Mittags wurde der erste Wallfisch durch Hr Assistent Brandt erlegt.

Donnerstags, den 31 December

wurde der Speck des geflensten Wallfisches auf Schlitten zur Kolonie geführt. Der am Weihnachstage erlegte Fisch war ein männlicher. Er gab 30 Tonnen Spæck, und die Barden hielten 7 Fuss. Der Seehundefang war anhaltend schlecht, und dieser Wallfisch gab den armen Grönländern grosse Hülfe.

Bericht
einer mineralogischen
Reise
auf Grönland.

In Form eines Tagebuchs

gehalten von

Karl Ludwig Giesecke.

Achtes Jahr.

1813.

Godhavn.

Monat Jänner.

Sonntags, den 3 Jänner,

zeigten sich Abends, im Zenith, in West, und Südwest zugleich, sehr schöne heftig aufflammende, und plözzlich wieder verschwindende strahlige grünlichgelbe Nordlichter, welche das schönste natürliche Feuerwerk darstellten.

Mittwochs, den 6 Jänner.

Morgens gieng der Grönländer Blanding JÜRGEN WEBER aus, um nach seinen Eisgarnen bey Fortunebay, ungefehr 2 Meilen westlich von Godhavn, zu sehen. Er fiel vermuthlich in eine Wasserrinne, (Eisspalte, deren es mehrere auf der zugefrornen See gibt) welche die Nacht durch dünn überfroren und verschneyt war. Um 10 Uhr fand ihn der Zimmermann der Kolonie, CHRISTIAN PETERSEN, ein gebohrner Amager, welcher ebenfalls nach seinen Garnen fahren wollte, auf dem halben Wege, in der Nähe von Aukpadlártok, auf dem Eise sizzend. Seine elenden von Wasser durchnässten zerrissenen Seehundekleider waren steif wie Horn gefroren. Er war so schwach, dass er kaum sagen konnte, er hatte seinen Took und die Handschuhe verlohren. Der Zimmermann hub ihn auf seinen Hundeschlitten, und fuhr mit ihm nach der Kolonie zu. — Als er aber bey seiner Wohnung ankam, war er schon todt. Da Herr Chirurgus LERCH, mehrerer Kranken wegen, nach Omenak gereist war, so liess ich alle die in unsern Händen sich befindlichen Hülfsmittel anwenden, um ihn ins Leben zurückzubringen, aber vergebens! Er blieb todt! — Vieleicht hat die bekannte unnatürliche Wärme der Grönländischen Wohnungen, das Fahren auf dem holprichtem Eise über eine halbe Meile, und die gekrümmte Stellung, in welcher er auf dem Schlitten liegen musste, seinen wirklichen Tod beschleunigt. Doch brachte ich es dahin, dass sie ihn noch eine Nacht im Hause liegen liessen; aber er blieb todt. — Der Mann hinterlässt eine Wittwe mit 4 kleinen Kindern in elenden Umständen. —

Donnerstags, den 7 Jänner,

kamen zum erstenmale drey Grönländerschlitten aus dem Waygat und von Makkak an. Der Fang war an beyden Stellen schlecht und die Grönländer duldeten grosse Noth. —

Montags, den 11 Jänner.

Seit einigen Tagen liessen sich die Rypen schaarenweise zwischen Godhavn und Anlægg, und nahe bey den Häusern sehen. Ein Zufall dessen sich der älteste Grönländer nicht erinnern kann. Wir mussten sie leider vorbeyfliegen lassen, da wir weder Pulver noch Bley hatten. —

Freytags, den 15 Jänner

Sahen wir endlich die seit dem 25ten November für uns verlohrene und mit Sehnsucht erwartete Sonne wieder. — Die Grönländer kamen von Waygat, Diskofiord, Malligiak, und Makkak hieher, um sich Wallfischfleisch für ihre hungernden Familien zu erbetteln. —

Sonnabends, den 16 Jänner

hatte ein heftiger Oststurm das Eis der Diskobucht zwischen Godhavn und Kronprinzenseiland wieder gebrochen, und der Strom grosse Löcher gemacht.

Donnerstags, den 21 Jänner

Ich fuhr mit Herrn Inspecteur Motzfeldt zu unsern Garnen nach Fortunebay über das Eis der Diskobucht. — Wir sahen dort etwas um diese Jahrszeit unerwartetes, nemlich einige *Emberizae nivales*, (Grönl. *Kupanauarsut*). — Dies bestärkt mich in meiner Vermuthung, dass diese Vögel Grönland im Winter nicht verlassen, sondern sich im Innern des Landes, in Bergspalten etc. aufhalten und vieleicht da einen Winterschlaf geniessen. — Es war die ganze Bucht mit Frostrauch überdeckt; die Stralen der Sonne brachen sich in demselben, und theilten ihm das Aussehen einer mit Rauch bedeckten Flamme mit. — In Norden zeigten sich mehrere blutrothe Sturmwolken. —

Freytags, den 22 Jänner

kam Herr Mossin Fleischer von Rittenbenk über das Waygat hier mit Schlitten an. Er brachte Briefe von der Kolonie Omenak mit, wobey wir die Nachricht erhielten, dass die im Sommer im dortigen Distrikte ausgebrochene epidemische Krankheit zwar am Ende des Augusts aufgehört, aber doch 149 Menschen weggerafft habe. Herr Chirurgus Lerch, welcher dahin abreiste, um den Kranken Hülfe zu leisten, wurde selbst, vier Wochen nach seiner Ankunft, an Wassersucht, vermuthlich eine Folge des Scharbocks, womit er stets geplagt war, tödtlich krank. — Alle Umstände, welche ich durch Briefe und mündliche Nachrichten über bemeldete Seuche einholen konnte, vereinigen sich in folgendem: Die Epidemie brach zu Sakkáne auf Ubekjendte Eiland aus, woselbst die Grönländer im Frühjahre und Sommer des guten Seehund-fanges wegen sich zu versammeln pflegen. — Nach mehrerer Grönländer Aussage sollen die zwey oder drey ersten Kranke sich besonders dadurch ausgezeichnet haben, dass ihre Lippen gleichsam zu faulen und abzufallen begannen, so dass man die blossen Zähne sehen konnte. — Die übrigen Symptomen der Seuche, welche allen Kranken gemein waren, bestanden in Rücken- Brust- und Kopfschmerzen, besonders im Hinterhaupte, bey dem einen auf der rechten, bey dem andern auf der linken Seite, darauf wurden, besonders auf dem Vorderleibe, viele blaue Flecken sichtbar. Das Angesicht wurde aufgeschwollen, und roth, die Lippen weiss, und dann folgte der Tod. — Die meisten Kranken starben den ersten Tag. Doch hatte man auch ein Exempel an einem Weibe, dass man diese Krankheit einige Zeit heimlich im Körper tragen könne: sie war nemlich einige Tage nach dem Absterben ihres Mannes gesund, wurde dann mit den vorhingemeldeten Kennzeichen krank, und starb. Die einzige Familie Friedericks Kajutakaursàk, welche krank nach Omenak kam, entgieng dem Tode. Sie brauchten Laxative, und rieben sich den Leib mit Brandtewein, welchen sie von den Engländern erhalten hatten. — Man vermuthet, dass die Grönländer die Krankheit von den Englischen Schiffen erhalten haben, welche um Ubekjendte Eiland herum lagen. Merkwürdig ist, dass diejenigen Grönländer, welche von Niakornak und Noorsoak (dem festen Lande aus) die Englischen Schiffe besuchten, nicht angesteckt wurden. Der Aberglaube der Nation zeigte sich bey dieser Gelegenheit wieder in vollem Lichte. — Sie ermordeten ihren Landsmann Kinawina und dessen Weib, weil sie den Verdacht hatten, dass er und sein Weib ihnen diese Uebel auf den Hals gehexet hatte. Die Hunde, welche die umherliegenden Leichname verzehrten, nahmen keinen Schaden.

Sonntags, den 24 Jänner.

Der Südoststurm der vorigen Nacht zertrümmerte das Eis unter Skarvefield bey Godhavn auf einer Strekke von zwey Meilen, dabey giengen gegen vierzig Seehundegarne verlohren. —

Montags, den 25 Jänner.

Der Südweststurm der vorigen Nacht jagte das Eis wieder in die Bucht zurück. Wir sahen von der Aussicht zu Kangek viele Wallfische, welchen aber nicht beyzukommen war. —

Donnerstags, den 28 Jänner

Feyerten wir den Geburtstag seiner Majestät Friederichs des Sechsten mit einem zwar kleinen, doch frohen Mahle. — Die lezten zwey Flaschen Wein, welche Herr Inspecteur Motzfeldt zu diesem feyerlichen Tage aufbewahrt hatte, wurden ans Wohl des Königlichen Hauses von den hiezu eingeladenen Handelsoffizieren ausgeleeret. Auch die Kolonisten und Arbeitsleute wurden bewirthet. —

Freytags, den 29 Jänner.

Fiel der Grönländer Kapseersoak zwischen Makkak und Godhavn, zwey Meilen von seiner Wohnung entfernt, durch das dünne

Eis in die See. Er wurde aber doch glücklich wieder aufgefischt, und lebend nach Hause gebracht. —

Sonntags, den 31 Jänner

Abends wüthete ein grässlicher Südoststurm mit Orkanstössen, welcher das Eis zertrümmerte, und eine Menge Garne, an Werthe über 50 Reichsthaler zu Grunde richtete. Es war ein schmerzlicher Verlust bey dem nunmehrigen Mangel an Garnen. —

Monat Februar.

Dienstags, den 2 Februar

Giengen wir, da unter Godhavn ein Stück der See offen war, Morgens um 7 Uhr mit fünf Schaluppen auf Brandwache aus. Wir ruderten Ostwärts und trafen bey Karartut, oder Sorte Huk auf drey beysammen schwimmende, grosse Wallfische. — Da aber die Schaluppe, worauf ich mich befand, klein, alt, und schwach besezzt war, so wollte der Harpunier Tikkåk sich nicht zwischen die Fische wagen. Sie bliessen auch nur einmal, und da wir ihnen zur Seite kamen, so giengen sie unter. — Nicht weit von diesem kam ein andrer Fisch herauf. Da wir seinen Rachen gerade gegen über lagen, so mussten wir in einem grossen Kreise ihn umrudern, um ihm auf die Seite zu kommen; mittlerweile gieng er unter. Wir trieben mit dem Winde und Strome ostwärts durch mehrere Eisberge bis nach dem östlichen Ende von Skarvefield, und begegneten noch mehrern Wallfischen, aber sie waren alle scheu und unruhig, welches gewöhnlich bey aufgerührter See der Fall zu seyn pflegt; so bald wir ihnen nahe zu Leibe kamen, so suchten sie den Grund. — Bey stillem Wetter ist ihnen überhaupt am leichtesten beyzukommen. — Auch die andern vier Schaluppen jagten vergebens nach mehreren aufkommenden Fischen. — Da gegen drey Uhr Nachmittags der Wind mit Schnee und Gestöber zunahm, so dass man kaum einige Faden lang vor sich hinsehen konnte, und überdies auch die Nacht hereinbrach, so mussten wir nach dem Lande zurück eilen. —

Mittwochs, den 3 Februar.

Hielten wir die fünfte Brandwache. Wir erhielten den zweyten Wallfisch für dieses Handelsjahr, und zwar einen jungen weiblichen. Um 9 Uhr Vormittags sezzte der Grönländer Harpunier Joseph Tikkåk die erste Harpune in ihm fest, gleich darauf der Harpunier Hans Nilsen die zweyte, und der Grönländer Jens Wille die dritte, deren Vorgänger zerriss. — Der Fisch schlug bey der zweyten Harpune gegen Hans Nilsens Schaluppe, und hätte sie beynahe gekantert; doch füllte er sie mit Wasser. Nach dem ersten wohlangebrachten Lanzenstiche von Joseph [?] Wille legte er sich auf die Seite, und war beynahe todt. — Um zwey Uhr Nachmittags wurde er von den Schaluppen ans Land gebracht. —

Donnerstags, den 4 Februar

wurde der gestern gefangene Wallfisch, da er nicht sehr gross war, mit Winden auf das Eis gehoben, wo ich also Gelegenheit hatte ihn genau zu besehen. Seine Länge von der Gabelspizze des Schwanzes bis zur Nasenspizze war 36 Fuss, die Länge des Kopfes alleine 13 Fuss, 5 Zoll. Die Länge des Nasenbeines war 7 Fuss, 10 Zoll. Die Breite des Kopfes 7 Fuss, 2 Zoll. — Die Hauptröhre des Herzens hatte einen halben Fuss im Durchmesser, der Blasekanal zunächst am Schlunde eben so viel. Der Schlund selbst war nur etwas über einen Zoll weit. Der Blasekanal ist mit einer sehr feinen schneeweissen Haut bekleidet, so wie die Zunge, welche meistentheils aus Fette und Nerven besteht. Der Magen war mit Millionen des *Cancri oculati* und *onisci abyssini* gefüllt. Die Kinnbeine ruhen in grossen elastischen aus vielen tausenden sich durchkreuzenden Nerven und Sehnen bestehenden Polstern. Die Gedärme sind von der Dikke eines Mannesarmes, inwendig mit feinen Haaren bewachsen, von aussen sind sie grünlich weiss, mit geschlängelten bluthrothen Adern marmorirt. Sie waren mit unzähligen weissen *Tæniis* in den Falten gefüllt. Die Farbe des frischen Fleisches ist dunkelbraunroth, und wird durch das Seewasser auf der Oberfläche stalgrün, das welches zunächst an den Kinnbeinen sizzt, ist sehr knorplicht, und ziemlich wohlschmeckend, so lange es recht frisch ist, ungefehr wie das Fleisch eines bejahrten Ochsen; es geht aber in wenigen Stunden in die Faulung über, und riecht dann unleidlich. Auch das Fleisch, welches zunächst am Gaumen oder Zungenbande sizzt, ist geniessbar, — versteht sich, für eine Zunge, welche nicht lekker ist. — Die äusserste Haut *(Maktak)* ist schwarz, die unterliegende Fetthaut *(Maksak)* ist weiss, und sehr zahe, da sie aus feinen Nerven besteht. Beyde aufeinandersizzend mit etwas anstehendem Speck werden roh, gefroren, an der Luft getrocknet, gekocht und gebraten gegessen. Jede für sich ist gegen einen Zoll dikke. Es ist ein Lieblingsgericht der Grönländer. Ich ass sie auch, besonders gefroren sehr gerne. Die Haut am Bauche ist die feinste und wohlschmeckendste. — Die Knochen des Schwanzes endigen sich in eine aus Knorpeln und Sehnen bestehende Masse, aus welcher auch die beyden Flossen bestehen. Diese sind unter der Haut, wie eine Hand in fünf Finger abgetheilt. — Diese knorplichte Substanz des Schwanzes *(Sarpik)* ist den Grönländern eine leckere Speise. — Die Augen des Wallfisches sind nicht grösser als Ochsenaugen, und sind ebenfalls ein Nationalleibgericht. Der Rachen misst von dem Mundwinkel bis zur Nasenspizze 9 Fuss 8 Zoll auf jeder Seite, und in der Peripherie 22 Fuss, 6 Zoll. Die längsten Barden dieses Fisches, deren er ohne die allerkleinsten ... hatte hielten nicht über 6 Fuss. Sie sind mit kleinern von der Dikke eines Federkiels umgeben, welches alles zusammen in weissem zähem etwas elastischem Zahnfleische sitzt. — Sie sind nur im obern Theile des Kopfes, und gehen senkrecht zwischen den Kinnbein und ihren Umgebungen nieder. Die innere Hautbekleidung der Kinnbeine ist wie die äussere schwarz, doch äusserst dünne im Vergleichung gegen die äussere. Dieser Fisch gab nur ... Tonnen Speck. Bey der Zerlegung desselben wurden 17 Haye gefangen, ungebetete Gäste, welche an dieser reichen Tafel mit dem Fette des Wallfisches sich mästen wollten. Der grösste derselben maas 16½ Fuss. — Die Leber nimmt auf beyden Seiten des Körpers in 2 langen Streifen die ganze Länge desselben ein. Das Herz ist 3 eckigt, und nicht grösser als die Hand eines einjährigen Kindes. Der Magen, ein länglich runder Sack liegt mitten inne. Das Herz kann sich noch 3 bis 4 Stunden nach Zerlegung des Fisches krampfartig zusammenziehen. Der Fisch, nach seiner ganzen Länge aufgeschlizzt, und seiner Leber beraubt, schwimmt davon, wenn er sogleich wieder ins Wasser geworfen wird. Das Fleisch zieht sich bey Berührung noch den 2ten und dritten Tag krampfartig zusammen. —

Freytags, den 5 Februar

Die seit einigen Tagen wieder zunehmende Kälte verursachte, dass das Eis der Bucht wieder zusammenfror.

Donnerstags, den 11 Februar

Vormitttags gieng ich auf Excursion über das Eis nach einer kleinen Insel, Kjödöe, grönl. Kikertàk genannt. Sie besteht aus feinkörnigem rothem Gneiss u. Granit, in demselben liegen kleine Lager von grossblättrigem rothem und blaulichem Avanturinfeldspath, und in Nestern schwarzer Glimmerschiefer mit rauchgrauem Quarz.

Montags, den 15 Februar.

Morgens um halb 4 Uhr zeigte sich eine totale Mondfinsterniss, welche gegen halb fünf Uhr ihren höchsten Punkt erreicht hatte, und nach halb 6 Uhr ganz vorbey war. Ungefehr eine Stunde drauf liessen sich 3 Nebenmonde sehen. Der Mond war den Abend vorher beym Aufgange blutroth. — Den Tag über machte ich eine Fusstour auf dem Eise und um Godhavns Insel, sodann nach Karartut, und wieder zu Hause. —

Freytags, den 19 Februar.

Um 5 Uhr Nachmittags kam der Vormann Mads Thomsen von der Kolonie Upernavik mit Schlitten hier. Wir hatten bereits seit 2 Jahren keine Nachricht von dorten erhalten. Die Noth war daselbst im vorigen Winter bey Grönländern und Europäern gleich gross gewesen. Auch von Rittenbenk und Klokkerhuk kamen traurige Nachrichten. Der gänzliche Missfang verursacht an beyden Stellen grossen Mangel. — Eben so ist es auch im Waygat.

Sonnabends, den 20 Februar

Ich fuhr Morgens auf der Diskobucht, der Insel entlang, Karartut, Kikertaluk, und Assungassungarsuk vorbey, nach Ippik, einer kleinen Bucht, 3 Meilen von Godhavn entlegen, um die dorten an der Küste verbreiteten Basaltmauern, Kuppen, Gruppen, und Klüfte näher zu besehen. Die meisten dieser fünfeckigen Basaltsäulen stehen lothrecht, und haben kleine glasige Feldspathkristalle eingesprengt. Ueber denselben liegt Trapptuff, dessen Bindungsmittel sehr feiner Stilbit ist. Schwarz angelaufne Zeolithkörner sind demselben ebenfalls beygemengt. Bey der zweyten Gruppe liegt ein leberbrauner Bolartiger sehr bröcklicher schiefriger Thon unter den Basaltsäulen. Der Trapptuff ist hie und da stark mit Grünerde gemengt. Ueber die Basaltmauern beyder Gruppen stürzen im Sommer beträchtliche Wasserfälle herab. — Auch die beyden dorten befindlichen Klüfte bestehen aus Säulenbasalt. An einer andern Stelle in der Nähe sah ich denselben in gebogenen Säulen, welche sternförmig (excentrisch) gelagert sind. Sie sind gegen den Mittelpunkt zu vierseitig und werden beym Auslaufen fünfseitig. — Auf der Ebne vor denselben liegen viele Geschiebe der Urzeit zerstreut. Unter denselben fand ich gemeinen Tremolith derb und kristallisirt. Auf den Rückweg traf ich zwischen Assungassungarsuk und Kikertalük Mesotype in abgestumpften Würfeln und Grünerde nierenförmig in Trapptuff eingewachsen. Um 5 Uhr Abends kam ich nach Hause zurück. —

Sonntags, den 21 Februar.

Mads Thomsen reiste nach Upernavik wieder zurück. Abends kam ein verwegener Grönländer, Martin Kongesuk über das nur halb zusammengefrorene Eis der Diskobucht (6 Meilen) zu Fusse mit Briefen hier an. Dorten und zu Hundeeiland war ebenfalls grosse Noth unter den Grönlændern. —

Montags, den 22 Februar.

fuhr ich früh Morgens, begleitet von Friederich Egede Midluk über das Eis nach den Inseln der Fortunebay. Sie machen zusammen ein Stück Gebirge aus, welches nur durch die See getrennt ist, und bestehen aus feinkörnigem grauem Granite, welcher bedeutende Lager von Glimmerschiefer und Hornblendeschiefer aufnimmt. Zuweilen wird der Granit grobkörniger und dann ist er mit Hornblende gemengt, auch mit horizontalen Gängen von rothbraunem Avanturinfeldspathe durchsezzt. In der Hornblende liegen öfters kleine Parthien von gemeinem Schwefelkies und gemeinem Strahlstein. Der Quarz und Feldspath ist hie und da bald von Kupfergrün, bald von braunem Eisenokker gefärbt, hält auch stellenweise etwas gemeinen Kupferkies. Von hier fuhr ich nach der Kluft, welche den Berg bey Fortunebay von dem Berge Aukpadlártok trennt. Das Gestein ist hier Massenbasalt mit kleinen eingesprengten Feldspathpunkten. — Ueber den Berg Aukpadlártok habe ich schon an mehrern Stellen gesprochen. Nachmittags um vier Uhr kehrten wir wieder nach Godhavn zurück. —

Dienstags, den 23 Februar.

Der starke Strom, welcher schon seit einiger Zeit von Osten nach Westen zu sezzt, hatte in der vorigen Nacht das ohnehin schwache Eis aus der Diskobucht und von Godhavns Land getrieben, und viel offenes Wasser gemacht. —

Mittwochs, den 24 Februar.

Die äusserste Noth und gänzlich misslungener Fang trieb den Pensionisten Johann Drenghan mit seiner ganzen Familie aus dem Diskofiord nach Godhavn, um hier bis zur Zeit des Frühjahrfanges zu verbleiben. Der Seehundefang missglückte zwar auch hier gänzlich, doch gaben die zween gefangenen Wallfische den Grönländern einigen Lebensunterhalt.

Dienstags [Donnerstags], den 25 Februar

Vormittags fuhr ich mit Herrn Inspecteur Motzfeldt übers Eis nach der Næs Kangarsùk, mit welcher die westliche Küste von Diskoeiland beginnt. Sie besteht aus grünsteinartigem Basalte, in welchem das hornblendeartige sehr kenntlich ist. Dieser so wie der höher anstehende Massenbasalt ist rein, und frey von allen fremdartigen Gemengtheilen. — Auch zieht der lezte sich ins graulich grüne, und hat an den dünnesten Kanten einigen Grad von Durchscheinenheit. — Die ganze Næs ist bis an das nahe anstehende hohe Gebirge Meeresgrund in der Vorzeit gewesen, und mit allen Arten von Geschieben der Urwelt überdeckt. Mitten auf derselben ist ein kleiner Landsee, in welchem im Sommer einige Lachse streichen. —

Wir trafen einige Grönländer, welche auf dem *Mautok- (Maupok-)* Fange waren. — Kronprinzenseiland zeigte sich sehr hoch und steil, ein Vorzeichen stürmischer Witterung aus West oder Südwest. Der Sturm der vorigen Nacht hatte all loses Eis gebrochen, aber wieder unter das Land getrieben, so dass man kein offenes Wasser sehen konnte. Wir sahen nach unsern Seehundengarnen, aber sie waren wie gewöhnlich leer, und standen doch auf einer der besten Fangstellen in der ganzen Gegend um Godhavn. Einige östliche in vorigen Jahren ergiebige Garnplätze unter dem Lande versagten gleichfalls dieses Jahr den Dienst.

Monat März.

Mittwochs, den 3 März.

Ich fuhr Vormittags mit Herrn Inspecteur Motzfeldt nach Fortunebay, und bestieg das dortige Gebirge. — Auf dem Rückwege machten wir des Dorschenfanges wegen bey der Torskenæs, grönländisch Karusoit Halt. — Hier zieht sich eine hohe steile, einige Lachter von oben zu über die See hervorspringende Felsenwand heraus in welcher im Frühjahre viele Theiste oder Grönländische Tauben *(Uria Grylle)* nisten. Sie besteht aus grauem feinkörnigem Granit, welcher bald in Gneiss, bald in Glimmerschiefer übergeht. Er nimmt auch stellenweise gemeine Hornblende auf, und nähert sich dem Syenit. Schmale Trümmer von rothem Avanturinfeldspath durchkreuzen ihn. Dieser graue Granit beginnt schon bey Ounartorsoak sich zu erheben, nimmt viele Lager von grobkörnigem rothem Granit auf, in welchem der Feldspath der Hauptgemengtheil ist, constituirt die Inseln von Fortunebay, und verliert sich wieder auf dem westlichen Ende derselben. — Ausser kleinen Parthien von gemeinem magnetischem Eisenstein ist er ganz metallleer, die Kupferanzeigen bey Fortunebay ausgenommen. — Er führt auch ausser einigen kleinen Moroxitprismen, derbem und kristallisirtem Epidote keine fremdartige Fossilien. — Abends neun Uhr zeigte sich ein sehr schönes bogenförmiges farbiges Nordlicht, welches sich über den ganzen Horizont von Norden nach Süden erstreckte.

Donnerstags, den 4 März,

Morgens reiste ich, von dem Grönländer Friederich Egede Midluk begleitet, mit Schlitten, unter Skarvefield weg, nach Assungassungarsuk. — Diese in der See stehende Klippe besteht aus sechsseitigem Säulenbasalt, welcher in allen Richtungen durchlagert ist. Sie bildet von ferne ein Schiff, und ist unten zu von der See durchbrochen. Im Basalte finden sich Zeolith- Stilbit und Chalzedonnieren. Von hier aus wendete ich wieder um, und hielt mich bey Kikertalùk auf. Von Assungassungarsuk bis hieher zeigt sich am Fusse des Skarvefields der sechsseitige Säulenbasalt, auf dieser folgt eine schwere Lagerung Massenbasalt, welcher bis in die höchsten Punkte fortsezzt. Dieser Basalt ist frey von fremdartigen Gemengtheilen, einzelne kleine Zeolithkörner und Feldspathpunkte ausgenommen. Bey Kikertalùk behauptet der verdrängte Trapptuff wieder seine Stelle zu unterst. — In ihm findet sich in Trümmern und Nieren weingelber Kalkspath, Mesotype und Chabasie, in Nieren Bergkristall und Chalzedon. Østlich von Kikertalùk ist ein beträchtliches Lager von rauchgrauem Thone, vieleicht eine Wakkenart. Østlich von Assungassungarsuk ist grösstentheils Säulenbasalt am Fusse des Gebirges bis Ippìk, Iglytsiak und gegen Makkak hin verbreitet. Abends um 5 Uhr kehrte ich nach Hause zurück. —

Sonnabends, den 6 März

kam Herr Winding von Omenak mit Schlitten an, und

Dienstags, den 9 März

reiste er wieder dahin zurück. Der Seehundefang mit Eisgarnen wird, wie gewöhnlich daselbst mit gutem Vortheile getrieben. Gegen

Abend kamen zween Grönländer als Postexpressen von Hundeeiland zur Kolonie Godhavn. Da das Eis der Bucht auf dieser Fahrt an mehrern Stellen gebrochen war, so mussten sie mit ihren Kajakken auf dem Kopfe reisen, um über die offenen Rinnen und Löcher sezzen zu können; und doch legten sie den sauren Weg von 6 Meilen, von Kronprinzenseiland hieher in einem Tage zurück. Zu Kronprinzenseiland, Hundeeiland und im ganzen Egedesmindesdistrikt war die Hungersnoth wegen misslungenem Fange unter den Grönländern allgemein. Deswegen hatten 3 Grönländer, Magnus von Egedesminde, und zween andre von Jakobshavn sich entschlossen, etwas bisher noch unversuchtes zu versuchen, das heisst: eine Reise mit Schlitten nach Holsteinsburg, einer unbewohnten Landstrekke von 40 Meilen, zu wagen, um sich Pulver und Bley zu verschaffen. Sie giengen den 11 Februar von Egedesminde ab, über den Auleitsavik-Fjord, und kamen den 1sten März auf einem andern Weg über das innere Land und Ikamiut glücklich wieder zurück. Bey den Grönländern in Auleitsaviksfiord, wo sie auf der Hinreise über Nacht lagen, waren aus Mangel an Speck alle Lampen bereits verloschen, sie hatten all ihr Lederswerk aufgezehrt, und mussten die wenigen Ulken, welche sie fangen konnten, roh geniessen. Zween von ihnen waren so ausgehungert, dass sie sich nicht mehr von ihrem Lager erheben konnten. Zu Holsteinsburg war bis jezt nur ein Wallfisch gefangen, und die Noth unter den Grönländern war auch allgemein. — Ein Gleiches war der Fall auf den Inseln der Südostbucht, und Manetsok.

Montags, den 15 März

Gestern und heute liessen sich mehrere weisse Bären (Polarbären) in der Nähe der Häuser sehen.

Dienstags, den 16 März.

kam Herr Johannes Winding von Jakobshavn über die Bucht, und brachte die ersten Nachrichten von den dortigen Kolonien, von welchen wir seit dem Oktober nichts gehört hatten. Auch dorten herum stand es nicht viel besser als an andern Stellen. Doch halfen sich die Grönländer zu Jakobshavn und Claushavn mit dem Flynderfange welcher zeitlich begann.

Sonnabends, den 27 März

Zeigte sich in Süden ein schönes Nordlicht, brennenden Fakkeln ähnlich, welche hoch auflodern, und sodann plötzlich verlöschen. Die Streifen waren bündelförmig abgetheilt.

Mittwochs, den 31 März

Brach ein Sturm aus Osten abermals das Eis der Bucht.

Monat April.

Sonnabends, den 3 April.

Der Südweststurm der vorigen Nacht zertrümmerte abermals das Eis der Bucht zwischen Diskoeiland und Kronprinzenseiland; dabey fiel gegen 3 Fuss tiefer Schnee.

Sonntags, den 4 April

Fror das Eis bey 22 Graden Kälte wieder zusammen.

Ostersonntags, den 18 April

Hatten wir bey stürmischem beissendem Nordostwinde eine Kälte von $18^1/_2$ Graden. —

Mittwochs, den 21 April.

Fuhr ich, begleitet von Herrn Inspecteur Motzfeldt nach einer Felsenwand bey Kikertalùk, auf Disko. Mit Hülfe seiner Leiter, welche wir auf den Schlitten mit uns nahmen, gelang es mir zu einer Stelle in dieser aus Trapptuff bestehenden Felsenmauer zu kommen, wo sich nierenweise fleischrothe Chabasie mit abwechselnd abgestumpften Ecken fand. Der Weg dahin war äusserst schlecht. An einigen Stellen lag über 3 Fuss tiefer Schnee auf dem Eise.

Donnerstags, den 22 April

Abends 5 Uhr kamen die Grönländer Peter Hammer und Aaron Kittik von Kronprinzenseiland hier an, und brachten Nachricht von einer zweyten, aber unglücklich ausgefallenen Reise, welche die Grönländer von Egedesminde aus nach Holsteinsburg unternommen hatten, um Pulver und Bley zu holen. Sie reisten unter Anführung des Herrn Assistenten Mörch den 18 März von Egedesminde ab mit fünf Schlitten, und legten den ersten Tag 8 Meilen, den zweyten ungefehr 16 Meilen zurück. — Von hier an begann das Unglück sie zu verfolgen. In der zweyten Nacht frassen die Hunde einen Theil des Riemwerkes auf, welches zur Bespannung der Schlitten gehört. In der folgenden Nacht kam diese Schaar bissiger Bestien, welche nicht zusammengewöhnt waren, in Schlägerey. Die verwundeten wurden von den Siegern vor den Augen ihrer Herren in Stücke zerrissen und aufgefressen. — Die Reisenden mussten also zwey Schlitten im Stiche lassen, ihr Gepäcke auf die noch bespannte laden, und zu Fuss gehen. So brachten sie fünf Nächte unter freyem Himmel zu, und kamen endlich den 26 März Morgens von Hunger und Frost ganz entkräftet, ohne Hunde und Schlitten zu Holsteinsburg an. — Den lezten Schlitten mit dem Ueberreste der Hunde mussten sie eine halbe Meile nördlich von

Holsteinsburg im Stiche lassen, weil die armen entkräfteten Thiere ihn nicht mehr zu ziehen vermochten. Sie wurden den Tag darauf abgeholt. Da nun 33 von ihren Hunden theils verhungert, theils verlaufen, theils aufgefressen waren, so konnten die Reisenden nicht alle mehr auf diesem Wege zurückkommen. Der Grönländer MAGNUS machte sich mit noch einem andern, mit Hülfe der übrig gebliebenen 8 Hunde auf den Rückweg, und kam acht Tage drauf glücklich zu Egedesminde an. — Herr MÖRCH und die andern Grönländer, deren einer, namens ANDERS RASMUSSEN, ein Blanding, in Gefahr steht, durch den Frost einen Fuss zu verlieren, müssen nun dorten eine Gelegenheit abwarten, um im Frühjahre nach Nordgrönland zurückkommen zu können. — Zu Holsteinsburg leben die Grönländer nun recht vollauf, da sie seither 6 Wallfische gefangen hatten.

Donnerstags, den 29 April

Liessen sich bey Godhavn die ersten *Emberizae nivales*, die Vorboten des Frühlings, sehen.

Monat May.

Sonntags, den 2 May

Morgens 6 Uhr gieng ich nach Kangèk, um mit auf die Brandwache zu gehen. Es kostete unglaubliche Mühe, um die Schaluppen über das dünne morsche Eis nach der See zu schleppen. Wir vertheilten uns auf dem offenen Wasser nächst dem Eisrande, wo die Wallfische sich gerne aufzuhalten pflegen, in ungefehr gleich weiten Entfernungen. — Hier trieben wir bis gegen fünf Uhr Nachmittags, und sahen zwar einige Fische, konnten ihnen aber doch nicht sehr nahe kommen, weil sie zu scheu waren. Endlich gegen 6 Uhr Abends glückte es dem Herrn Assistent BRANDT einem grossen Fische eine Harpune beyzubringen. Er wurde sehr wild, schlug mit dem Schwanze, drehte sich in einem Kreise, und rannte mit Heftigkeit durch die Oberfläche des Wassers nach dem festen Eise zu, und lief unter demselben eine ganze Schaluppslinie aus. Wir lauerten nun in einiger Entfernung von der festen Schaluppe (so nennt man diejenige, an welche der Wallfisch hängt) auf dessen Zurückkunft, um ihm die zweyte Harpune zu geben. Aber er kam nicht. Er hatte durch die über eine halbe Elle dicke Rinde des Eises ein Loch gebrochen, um Luft zu schöpfen und Wasser zu blasen. Wir liefen also über das Eis dahin, schafften die losen Stücke weg, und gaben ihm mit den Lanzen den Rest. Er blies Blut, ein Zeichen seines nahen Todes. Das Blut des Wallfisches stinkt unerträglich. Sodann wurde er mit der Linie, durch deren Harpune er an unsern Schaluppen fest lag, unter dem Eise hervorgezogen, ein Loch durch den Schwanz gehauen, um ihn ans Bogsiertau zu befestigen, während die Grönländer über seine Haut herfielen, und dieselbe vom ganzen Bauche in weniger als einer Stunde abschälten, denn der Fisch legt sich meistens auf den Rücken, sobald er todt ist. Nun gieng es ans Bogsieren, welches von allen hintereinander verbundnen Schaluppen gemeinschaftlich geschieht. Gegen 12 Uhr Mitternachts kamen wir mit dem Leichname beym festen Lande an. Die Stelle, wo er getödet wurde war gegen $1^1/_2$ Meile davon entfernt. Schaaren von Weissfischen *(Delphinus albicans)* tummelten sich bey und unter unsern Schaluppen, ein Schauspiel, welches die langsame Arbeit des Bogsierens verkürzte. Ausserdem folgte uns ein Heer von Hayfischen, Mallemukken, Mäwen, welche von den Brosamen speisten, die von der Reichen Tische fielen. Eine kleine Mäwenart (*Kejukik, Kejukingoak* genannt), sonst hier selten, fand sich dieses Frühjahr in Menge ein. Sie nistet nicht im Lande.

Mittwochs, den 5 May

Giengen wir abermals Morgens 6 Uhr bey neblichter Luft und vieler Schnee auf Brandwache mit 5 Schaluppen, und kreuzten rund umher, konnten aber keinen Wallfisch zu Gesichte bekommen. Dagegen wimmelte es von Weissfischen und Narvalen. Die Luft war mit viel tausend Zugvögeln, verschiedenen Mäwenarten, Mallemukken, Alken etc. angefüllt. —

Freytags, den 7 May.

Waren wir abermals auf Brandwache. Wir sahen viele Wallfische; sie waren aber alle sehr scheu und unruhig, und tauchten, sobald man sich ihnen näherte, sogleich unter. Zum Theile wurden sie auch von denen zu tausenden umhergaukelnden weissen Delphinen verscheucht. — Der verwichenen Sonntag gefangene Wallfisch war ein weiblicher. Er war 43 Fuss lang, sein Kopf allein hatte eine Länge von 19 Fuss. Seine längsten Barden massen 9 Fuss 11 Zolle. —

Sonntags, den 9 May

hielten wir abermals Brandwache, und fiengen Nachmittags um 3 Uhr den vierten Wallfisch. Herr Assistent Brandt gab ihm die erste, und Hans Nielsen die zweyte Harpune. Der Fisch war ausserordentlich wild, wenn er nach der Oberfläche des Wassers kam, und schlug in einem weg mit dem Schwanze um sich, sobald sich eine Schaluppe ihm näherte. Endlich musste er doch den vielen Lanzenstichen unterliegen. Allein er ward kaum eine halbe Meile bogsirt, als sich ein Sturm aus Norden erhob, welcher die bogsirenden Schaluppen immer mehr vom Lande abtrieb, und sie mit Wasser zú füllen drohte, so dass man sich genöthiget sah, den Fisch zu kappen, um sich und die Schaluppen zu retten, welche mehrere Seestürzungen kriegten. Mit äusserster Anstrengung gelang es endlich doch gegen Morgens 6 Uhr durchnässt und durchfroren das Land zu erreichen. —

Montags, den 10 May.

Gegen Abend wurde der gestern aus Noth verlassene und der See preisgegebene Fisch, auf welchem viele tausend Vögel offene Tafel hielten, von der Aussichtsklippe entdeckt, und sogleich die Schaluppen ausgeschickt, um ihn einzuholen, welches auch gelang. —

Dienstags, den 11 May

war ich Nachmittags auf Excursion. Ich gieng über den Hafen nach der Englischen Bucht, und Kassigiarársoit, und von dorten stieg ich bey einer Felsenwand nach Kognérsoak hinauf. In der benannten Bucht finden sich in dem feinkörnigem grauem Granit, ausser beträchtlichen Lagern von Glimmerschiefer, welche zuweilen von Kupfergrün gefärbt sind, auch ein rother grobkörniger Granit ein, welchem derber und kristallisirter Epidote, und lichte graulichgrüne grossblättrige gemeine Hornblende beygegeben ist. Der Feldspath ist zuweilen in kleinen Rhomben kristallisirt, und von fleischrother Farbe. —

Mittwochs, den 12 May.

Heute wurde der am Sonntage gefangene Wallfisch geflenst. Es war ein männlicher. Seine Länge war 40 Fuss. Seine längsten Rippen 10 Fuss. Seine längsten Barden 10 Fuss 2 Zolle. Die Länge der längsten Rippen soll mit der, der längsten Barden in Verhältniss stehen.

Freytags, den 14 May.

Früh um 8 Uhr sahen wir in Südwest, ungefehr 4 Meilen von Godhavn zwischen dem Eise die 4 ersten Englischen Wallfischfängerschiffe, welche aber eines Nordsturmes wegen wieder nach der See wendeten. — Seit Manns Gedenken sind sie nicht so späthe erschienen.

Sonnabends, den 15 May.

Vormittags erhielten wir von Kapitän Tater (Fregatte Leviathan) welcher bey Kangarsùk kreuzte, einige Englische Zeitungen. Es kamen Schlitten von Niakornàk über das Waygat hier an. —

Sonntags, den 16 May

Sahen wir mit einemmale 21 Englische Schiffe in Westen kreuzen. Kapitän Watson (Fregatte Truelove) kam ans Land. — Die ganze Diskobucht, besonders gegen Osten ist noch von Eis bedeckt. —

Mittwochs, den 19 May.

Lagen 10 Englische Schiffe unter Godhavn. Sie haben schlechten Fang. Einige Kapitäne kamen ans Land. —

Dienstags, den 25 May,

kamen einige Grönländerschlitten an, welche noch über das Waygat fuhren. Sie erzählten dass es an dem festen Eise des Waygats von Fischen wimmelte. Der Mangel an Pulver und Bley trieb sie hieher, die Engländer aufzusuchen. Die Kälte war heute 16 Grade.

Sonntags, den 30 May.

Das Eis der Bucht fieng an sich zu vertheilen. Die *Anas Bernicla*, der Vorbote des Sommers, kam heute und gestern in grossen Zügen vorbey, nach dem Lande zu. — Kein Englisches Schiff ist zu sehen. — Die Kälte dieses Monats war ausserordentlich strenge. Das ganze Land sieht noch aus, wie mitten im Winter. —

Monat Junius.

Mittwochs, den 2 Junius

Heute fiel der erste Regen wieder; seit dem 7ten November des vorigen Jahres. — Ein starker Südoststurm zertrümmerte dabey das Eis in der Bucht.

Donnerstags, den 3 Junius

Sahen wir in Westen, 4 Meilen vom Lande 5 Englische Seegler; sie konnten des Eises wegen nicht in die Bucht kommen, und hielten Nordwärts. Einer derselben hatte Flagge auf dem Vortop. — Wir sahen Abends einen Wallfisch, und hielten desswegen Brandwache; aber vergebens! —

Pfingstsonntags, den 6 Junius,

kamen Postexpressen von Kronprinzenseiland an. Sie berichteten, dass dorten ein, und zu Hundeeiland 2 Wallfische gefangen worden wären. Allein die leztern beyden mussten des schweren Seeganges wegen mit einem Verluste von 2 Harpunen und 5½ Schaluppsline verlassen werden. — — Das gebrochene Eis trieb nun der Strasse Davis zu. —

Mittwochs, den 9 Junius.

Mann konnte heute, welches ein seltner Fall ist, deutlich das ganze ringsum die Bucht liegende Land mit allen Buchten und Fiorden von Westereiland aus, bis nach Arveprinzenseiland, und nach dem Waygat sehen. Manetsok und Kronprinzenseiland zeigte sich ausserordentlich hoch und steil. Es trieb viel Eis aus der Südostbucht durch die Diskobucht. Wir sahen mehrere Keporkake, Finnfische und weisse Delphine in Menge, doch keinen Wallfisch. —

Donnerstags, den 10 Junius

war ich auf Excursion nach Karartut, um die im verflossenen Herbste gesammelten Steinarten von dorten abzuholen. Das Strandeis lag daselbst noch fest; es war über drey Ellen dick. —

Freytags, den 11 Junius

seegelten vier Englische Wallfischfänger Schiffe Godhavn vorbey nach dem festen Lande zu. Ein einziges dieser Schiffe hatte einen Wallfisch erhascht. — Nachts hatten wir starken Frost. —

Sonntags, den 13 Junius

wurde der Grönländer Michael, Joseph Tikkaks Sohn, ein guter, geschickter, und fleissiger Jüngling von 17 Jahren, begraben. Er war in der verflossenen Nacht, an einer Entzündung mehrerer Geschwüre am und im Kopfe gestorben, eine gewöhnliche Krankheit unter den Eingebohrnen. Vormittags seegelte ein Englischer Wallfischfänger vorbey. Wir hörten von ihm, dass eines ihrer Schiffe bey Noursoak vom Eise zerquetscht, und untergegangen sey, wobey zween Matrosen ihren Tod gefunden haben. Kronprinzenseiland und die übrigen südlichen Inseln zeigten sich heute sehr stark. —

Montags, den 14 Junius

Den ganzen Tag hüllte ein dicker tiefliegender Nebel uns ein; über uns hatten wir den reinen blauen Himmel. Der halbe Theil unsers Garten wurde besäet. Ich war auf Excursion nach Ounartoarsuk, und sah die ersten Blumen, *Kissekiksæt,* (*Azalea procumbens*), die *Diapensia Lapponica,* und das *Ledum Grönlandicum* in der Blüthe.

Mittwochs, den 16 Junius.

ich war auf Excursion, und bestieg zum viertenmale den Gipfel des Ounartorsoak. Der *Culex pipiens* beehrte mich mit seiner marternden Gegenwart. Das Thermometer zeigte in der Sonne 22 Grade Wärme. Die südlichen Eilande stellten sich sehr hoch und steil dar. — Abends kam Magnus und zween andre Grönländer mit Kajak von Egedesminde. Sie erzählten unter andern, dass dorten ein todter *Tunnolik* (Finnfisch, *Balæna Physalus*) eingekommen sey. — Wir warteten mit Schmerzen, doch vergebens, auf Nachrichten von Südgrönland. Das Eis füllt noch die Südostbucht, und alle Sunde südlich von Egedesminde. —

Donnerstags, den 17 Junius

Die Grönländer beziehen ihre Sommerresidenzen, nemlich ihre Zelte. Die Wärme war heute Mittags abermals 22 Grade in der Sonne. Ich war auf Excursion nach Koorsoak und Akkiarut, und fand am lezter Stelle mehligen und dichten Zeolith in Basalt. —

Reise
nach **Kronprinzenseiland**

Sonnabends, den 19 Junius

Reiste ich Morgens 8 Uhr in Gesellschaft des Herrn Inspecteurs Motzfeldt und Herrn Rasmussen mit einer Harpunierschaluppe, geführt von Hans Nilsen, von Godhavn ab, um Ternen (Seeschwalben-) Eyer zu sammeln. Wir kamen gegen Mittag nach den sogenannten Brandweinscheeren, grönländisch Aussussoit, drey Inseln, von welchen ich oben im Tagebuche Seite 401 gesprochen habe. Hier liegen einige Englische und Holländische Matrosen begraben. So auch zu Rotganseiland (Nuneitsiak). Von den Inseln flogen die Seeschwalben oder Ternen, *(Sterna Hirundo*, grönl. *Imerkoteilak)* zu tausenden auf, aber wir fanden nur einige wenige Eyer. Doch fiengen wir mehrere *Akpalliarsut (Alca Alle)* welche hier unter grossen Steingeröllen brüten, und sich durch ihr Pfeifen verrathen. Auch der *Killangàk (Alca Arctica)* hatte sich schon seine Höhlen unter die feuchte Erde gegraben. Wir reisten von hier wieder ab nach der Insel Komarfik, (cfr. S. 401) wo wir Butterbrod speisten und Thee tranken. Hier gab es ebenfalls eine ungeheure Menge Seeschwalben, aber noch keine Eyer, weil erst seit wenigen Tagen ihre Brutplätze von Schnee befreyt worden waren. Wir besuchten noch einige kleine Inseln, wo wir eben so wenig Fang machten, giengen nach den östlichen Inseln, und durch den Rævesund, wo noch vieles Eis lag, und kamen um 7 Uhr Abends nach der Loge Kronprinzenseiland.

Sonntags, den 20 Junius.

Ich gieng Vormittags mit einer Schaluppe nach Pingoakseiland. Den Namen erhielt es von dem Grönländer Pingoak. Es besteht durchaus aus feinkörningem grauem Granit mit Lagern und Gängen von grobkörnigem rothem Granit. Im ersten fand ich nierenweise ein strahlsteinartiges Gemenge, und einzelne kleine Granaten; als Geschiebe grünlichen Hornstein. Man sieht einige alte Gräber und bemooste Haustrümmer. — Diese, und die gegenüberliegende Insel (Storöe) sind vom Gipfel bis in die See hinab zertrümmert und zerspalten, und grösstentheils ohne Vegetation.

Um 2 Uhr Nachmittags reisten wir in Herrn Fleischers Gesellschaft wieder ab, durch den Rævesund nach den östlichen Inseln, und von diesen nach Komarfik zu. Hier überfiel uns ein schwerer Nordoststurm, es zeigte sich drey Nebensonnen, wir wendeten, und kamen um 9 Uhr Abends nach Kronprinzenseiland zurück. —

Montags, den 21 Junius.

Wir reisten Vormittags um 10 Uhr wieder ab, giengen westlich durch die Inseln zwischen Pingoakseiland und Storöe, woselbst viele Mäwen, Tattarakke und Seeraben nisten, und kamen Okkàk, und Kaalöe vorbey. Von hier aus sezzten wir gerade nach

Ausussoit, oder den drey Brandweinsscheeren über, wo wir eine ziemliche Menge Ternen-eyer fanden, auch etwas *Cochlearia Grönlandica* für unsre Haushaltung einsammelten. Um 5 Uhr Nachmittags reisten wir ab, und kamen um 8 Uhr nach Godhavn zurück. Dor Sturm von gestern hatte einen grossen Theil des Eises in Hafen gebrochen, so dass wir über die Trümmer nach unsrer Wohnung gehen mussten.

Aufenthalt zu **Godhavn.**

Freytags, den 25 Junius.

Ich gieng nach dem grossen Elv, watete durch denselben an einer seichten Stelle, und bestieg sodann den Berg Imnarsoit oder Skarvefield vom westlichen Eisblink aus. Ich fand, ausser den an mehrern Stellen angezeigten Fossilien, Chabasie mit abgestumpften Ecken und Kanten, auch feinstraligen Mesotўpe mit Haar- und Mehlzeolith. Auf dem Rückwege gieng ich unter den Basaltmauer des Bergs Akkiarut durch die grosse Kluft, woselbst ich dichten Zeolith, Mesotype und Chabasit fand. — Heute wurde unser Hafen endlich von Eise frey. —

Mittwochs, den 30 Junius,

Kam der Schiffer Lindberg mit Hvalfisken hier vor Anker. Er brachte 3 Mährische Missionärs mit ihren Frauen, welche er eigentlich in Südgrönland hätte ans Land sezzen sollen. Abends 9 Uhr kam Herr Mörch von seiner unglückl. Schlittenreise von Holsteinsburg mit Schaluppe zurück, und brachte Briefschaften von Südgrönland mit. Die *Angmaksæt (Salmo Arcticus)* fanden sich bey Godhavn ein. —

Grönlændisches Handelsjahr 1814.

Monat Julius (1813).

Reise nach der **Westküste** von **Diskoeiland.**

Dienstags, den 6 Julius.

gegen Mittag reiste ich mit einer Wallfischfänger-Schaluppe, geführt von dem Grönländerharpunier Claus Anguterpelák, welcher mit seiner Familie auf der Angmaksætfang reiste, von Godhavn ab, um die Westliche Küste von Diskoeiland zu besuchen. Wir passirten um 2 Uhr Nachmittags Aukpadlártok, und kamen um 4 Uhr nach den Fortunebayinseln, 2 Meilen in Westen von

Godhavn gelegen. Da wir Wind und Strom gegen uns hatten, so mussten wir auf dem festen Lande daselbst, zu Kablunamiut, unser Zelt aufschlagen. Wir besuchten einige der naheliegenden Inseln, um Vogeleyer zu sammeln, fanden aber nur einige Theist-eyer.

Ich gieng Abends noch auf Excursion, und fand in dem, dem Trappe unterliegenden, Urgebirge kristallisirte gemeine Hornblende mit schwarzem Glimmer und etwas Magneteisenstein gemengt, in grobkörnigem Granit, und lagerweise in dem Granit grünlich weissen grossblättrigen etwas gestreiften, der Adularia sich nähernden Feldspath. Ueber das aufliegende Trappgebirge habe ich schon an mehrern Stellen des Tagebuchs mich erkläret. Es ist hier Torfland, daher uns die Mükken *(Culex pipiens)* die Nacht hindurch unbeschreibl. marterten.

Mittwochs, den 7 Julius.

Wir reisten Vormittags um 8 Uhr von hier wieder ab, giengen die Næs Kangarsúk vorbey, welche aus aufgeschwemmten Lande und grünsteinartigem Basalt besteht, und sezzten über die Lachsebucht, bey welcher sich ein sogenannter Trageplatz, (Itiblik) oder ein breites Thal zwischen zwo Felsenreihen bildet, welches nach dem ersten Arme des Diskofiords oder Kangerdlùk führet. Wir kamen nach der Felsenwand Navieitsieit, wo die Mäwen zu tausenden nisten. Hier ist ein Hafen für kleine Fahrzeuge. Bey Koïanártok mussten wir Halt machen, weil der Nordwind abermals heftig zu blasen anfieng. — —

Schon bey Aukpadlártok verliert sich der Trapp- und Basalttuff als unterste Gebirgsart, und Massenbasalt liegt unmittelbar auf dem Urgebirge auf, welches jedoch hier an einigen Stellen unsichtbar wird, und sich in die See verliert. Dieser Basalt ist grösstentheils ohne Gemengtheil, etwas gemeinen milchweissen und milchblauen Opal ausgenommen, welcher, obgleich sparsam, in schmalen Trümmern ihn durchsezzt. — Der Basalt nimmt kleine Lager eines grünlichen thonigen, sehr mürben, mit Steinmark gemengten Gesteins auf, welches einige polyedrische Chabasiekristalle in sich führt. Nur selten sieht man Mesotype in kleinen Mandeln. Zuweilen ist dieser Basalt auf seinen Ablösungen und Klüften mit zinnoberrothem Anfluge bekleidet. —

Nach dreyen Stunden Aufenthalts sezzten wir unsere Reise weiter fort gegen Norden, und kamen nach Kakordluit, oder Malemukkefield. Diese ungeheure steile Felsenmauer wird von einer tiefen Kluft durchschnitten, welche ein reissender Bergstrom sich gewühlt hat. — Er stürzt von dem höchsten Punkte des Gebirges in vier mächtigen Armen auf ein plattenförmiges Basaltbekken herab, verbreitet von demselben eine bewunderungswürdig schöne Staubwolke um sich her, welche im Glanze der Sonne mit den sanftesten Farben des Regenbogens pranget, und braust sodann, in Eine Wassersäule zusammengeschmolzen, über sieben Kascaden nach der wogenden See zu, welche hier bey allen Winden in ewiger Empörung ist. Das grauenvolle Dunkel der okkerbraunen von schwarzem Moose (*Lichen saxatilis* etc.) in ewige Trauer gehüllten Basaltgruppen, welche dieses schauerlich schöne Schauspiel darstellen, wird durch eine Legion von Mallemukken, Tattarakken und blendendweissen Mäwen, welche hier ihre unersteiglichen Wohnungen haben, belebt. Der Knall einer Muskete jagt und schreckt in einem Nu diese menschenscheuen fliegenden Amphibien aus ihrem sichern Lager auf, lebendige Wolken umschweben das Gebirge, dessen Scheitel vom unvergänglichen saphirblauen Eisblinke des Nordpols umkränzt ist; und das manchfältige wilde Geschrey, erhöht und vermehrt durch das Echo der beeisten Felsenklüfte erregt ein unbeschreibliches wehmüthiges Gefühl, welches sich nur langsam verliert, im Herzen des Wanderers. —

Wir reisten, da der Wind sich etwas gelegt hatte, und die See ruhiger geworden war, von diesem melancholischen Ort, an dessen Strande Felsenstücke, Treibholz, Trümmer von Fahrzeugen, Knochen und Barden von Wallfischen durcheinander geworfen lagen, weiter westlich der Küste entlang, kamen Nouk kangidlék, kitterdlék und kittlék vorbey, sodann nach Auartarbait, Naviarsoit, Ivitosok, und Ongosoviarsùk, oder Mudderbugt vorbey. An lezterer Stelle ist ein guter Bootshafen. Daselbst findet sich auch sehr feiner Wezzschiefer von gelblicher Farbe unter andern Urgeschieben. Wir sezzten nach der Insel Saitok über. Von dieser habe ich bereits im Tagebuche des vorigen Jahres gesprochen. Der Grund umher besteht aus Muschelsand. Auch fand ich darunter die *Venus Islandica, Ostrea Jacobæa, Mya truncata* etc. in Menge. Mir scheint, dass die Wallrosse, deren Gerippe sich hier in grosser Menge im Muschelsande finden, von einer grossen Bewegung der See lebendig begraben wurden. Ich sammelte hier mit meinen Reisegefährten Seeschwalbeneyer ein, deren es hier eine Menge gibt.

Donnerstags, den 8 Julius.

Wir reisten Morgens 5 Uhr von Saitok wieder ab, kamen in den Diskofiord oder Kangerdlùk, und um 6 Uhr nach Mallégiak, der Grönländers Karl Egede Winterwohnungsplazz. Die ganze südliche Næs des Fiords, welche schon bey der Mudderbugt oder Ongosiviarsùk beginnt, besteht aus Säulenbasalt, welcher nur selten einige Feldspathpunkte zeigt. Hier bey Mallégiak ist schönes Gras- und einiges Torfland. Wir legten uns nieder um ein paar Stunden zu schlafen. Um 12 Uhr Mittags reisten wir wieder ab, sezzten mit gutem Nordwind quer über Kangerdluk nach Kangerdluarsùk, und dessen südlicher Næs Kangek, welches der gewöhnliche Plazz ist, auf welchem die Grönländer die *Angmaksæt (Salmo arcticus)* fangen, welches ihnen statt des Brodes dienen. Sie hatten aber diese Zeltestelle bereits verlassen, da diese Fische sich nicht einfanden. Wir drehten also wieder ab, giengen Kematullivæt, und Niakornangoak vorbey, und kamen um 4 Uhr Nachmittags nach Naingirsæt, woselbst 4 Zelte standen. Ich nahm in des Grönländers Karl Egedes Zelt Quartier, weil ich bereits vorher mit ihm Abrede genommen hatte, dass er mich mit seinem Volke und Umiak weiter auf der Westküste von Diskoeiland befördern sollte. Der Angmaksætfang war bisher noch schlecht, sie fanden sich nicht so häufig wie in andern Jahren ein. Diese Stelle, von den Dänen Halteplads oder Hinkstelle genannt, hat ihren Grönländischen Namen, Naingirsæt, von einem ehemals sehr gebräuchlichen Nationalspiele erhalten. Die Spielenden mussten nemlich in gerader Linie nach einem Ziele, welches mit einem Steine bezeichnet wurde, auf einem Beine hüpfen oder hinken. Welcher nun am besten oder weitesten hüpfen oder hinken konnte. gewann den Preis. Man sieht noch auf dem Plazze lange Reihen solcher angelegten Steine. — Sodann versuchten sie ihre Stärke im Häckeln oder Finger- und Armziehen, auch im Ringen, worauf das Schlagen mit der flachen Hand auf die aufgeblasenen Wangen folgte. Hierauf wurde Wettrennen zu Wasser mit Kajaks und Umiaks gehalten, wobei manches der letztgenannten Fahrzeuge, wenn man nach dem Strande zurannte, in Trümmer gieng. Der Beschluss wurde gewöhnlich mit Balliarspiel und Streitgesängen gemacht. Noch vor 10—15 Jahren übten sie sich im Nördlichen Grönland in dergleichen Spielen, welche nun nach und nach aus der Mode kommen, und dem verderblichen Kartenspiele Platz machen. — — Naingirsæt wurde noch vor 4 Jahren von dem Pensionisten Johann Drenghan im Winter bewohnt, welcher nun aber tiefer in den Fiord gezogen ist. — — Abends machte ich eine kleine Excursion gegen Westen.

Nur auf der Næs ligt das Urgebirge entblösst, welches mit Granit und Gneiss abwechselt. Uebrigens ist am Strande der Massenbasalt allgemein verbreitet, in welchem ich grauen und milchblauen Chalzedon derb und geträuft theils in Nieren zuweilen mit kleinen Bergkristallen bekleidet, theils in schmalen Trümmern fand. Seltener sieht man in diesem Basalt kleine derbe Mesotypenieren. Zwischen den Klüften und Ablösungen des Basalts sezzen sich schmale Trümmer einer Art Breccie durch, welche aus dichtem Zeolithe und Eisenthone besteht In denselben ligt ein wachsgelbes, thoniges, zuweilen dem Halbopale sich näherndes Fossil. —

Freytags, den 9 Julius.

Ich seegelte Vormittags mit der Schaluppe aufwärts im Fiord, nach Kiviktok zu, wo der Pensionist JOHANN DRENGHAN wohnt. Von hier aus gieng ich über das Urgebirge, welches hier einige entblösste Landspizzen mit kleinen Buchten bildet, nach einem Stücke Gebirge zu, welches von dem Eisblinke, womit es ewig bedeckt ist, Sermesut genannt wird. Ich habe hievon schon oben im Tagebuche des Jahres 1811 ein mehreres gesprochen. Nur muss ich noch hinzufügen, dass ich in einer rothen stark eisenschüssigen Wakke Kalkspath, Quarz und Chalzedon in einzelnen Nieren eingewachsen gefunden habe. Der Kalkspath sass meistens ganz los in derselben; denn er war auf der Oberfläche von der atmosphærischen Luft, und dem das Gestein durchsinternden Tagewasser angegriffen, und matt; die aufgelösten Theile haben diese Wakke mit dünnem Kalktuff auf den Ablösungen überzogen.

Abends reisten wir wieder ab, und sezten quer über den Fiord nach Anársuk zu. Die Stelle hat ihren Namen von dem Unrathe der hier nistenden Vögel erhalten. Diese kleine Næs besteht aus ungemengtem Säulenbasalt, welcher auf Granit aufliegt. Der Granit ist mit derbem Epidote gemengt. — Wir fiengen mit Garnen eine Parthie Lodder, welche sich eben hier einfanden. Auch bey unserm Zelteplatze Naingirsæt waren die Grönländer, als wir wieder zurückkamen, so eben in vollem Fange begriffen. —

Sonnabends, den 10 Julius.

Ich bestieg den Gipfel des Berges Naingirsæt, welcher in Norden bey unserm Zelteplatze sich erhebt. Ich gieng durch eine schmale steile Bergschlucht hinauf, welche sich bald, gewühlt durch einen ehemals sehr reissenden Wasserfall, in zwey Arme absondert. Ich stieg in dem rechten Arme weiter aufwärts, und erreichte endlich, nach vieler Anstrengung, welche die ungeheuren Steingestürze, und die sich unterbrechenden schroffen Felsenmauern vermehrte, auf den Gipfel dieses Berges, welcher oben abgeplättet und mit Moorerde bedeckt ist. Er hat für seine Höhe, ziemlich viel Vegetation, Weidenkratt, einige Arten der *Pedicularis* und *Saxifragæ* finden sich auf dieser Oberfläche. Des Berges Länge erstreckt sich von Norden nach Süden über 2 Meilen, dessen höchste Breite beträgt nicht viel über 1/4 Meile. Ich genoss von dieser Höhe eine schöne Aussicht über die Diskobucht, die Strasse Davis, und einen grossen Theil des nördlichen Diskoeilands. Unter mir in Süden lag der Fiord Kangerdlùk, in Norden der Fiord Kangerdluarsùk, und Kooksak, die Basaltinsel Kekertàk. Die Trappformation des Berges Naingirsæt reichet, eine kleine Granitnæs, auf welcher unsre Zelte standen, ausgenommen, von welcher ich Seite 460 gesprochen habe, bis zur Oberflache des Meeres hinab. Zu unterst am Strande steht der Massenbasalt mit Chalzedonnieren an, dessen ich bereits Seite 460 und 461 Erwähnung gethan habe. Von hier aus läuft das Land flach aufwärts, und ist, bis unter des Berges steile Felsenwände, mit Vegetation bedeckt, welche aus einigen Weiden, der *Andromeda tetragona, Papaver nudicaule, Campanula rotundifolia, Ledum palustre* und *Grönlandicum, Cochlearia Grönlandica, Rumex acutus*, einigen *Pedicularen*, einigen *Saxifragen*, der *Betula nana, Lycopodium Selago* etc. besteht.

An der Felsenwand liegt Säulenbasalt zu unterst, auf diesem in einer schmalen Schicht, rothbraune bröckliche Wakke, abwechselnd mit Mandelstein. In beyden findet sich Chabasie in Rhomben mit geträuftem kugligem Mesotype, Chabasie in abgestumpften Rhomben, Stilbit in bündelförmig gehäuften Kristallen, dichten Zeolith, und, wiewol selten, Kalkspath.

Ich gieng über die Oberfläche des Bergs bey einem kleinen Eisblink, welcher sich in einer nach Kangerdluarsùk hinabreichenden Schlucht gebildet hat, auf dem nördlichen Abhange dieses Berges nach Kangerdluarsùk hinab und fand hier auf dieser Seite das nemliche Verhältniss. Gegen Mitternacht kam ich wieder nach dem Zelte zurück. Die Grönländer fiengen Lodden mit Netzen und Schöpfgarnen. Von der Spizze des Berges aus sah ich die Brigg Hvalfisken in Südwest von Kangerdlùk umherkreuzen. —

Sonntags, den 11 Julius.

Die Jacht Omenak, welche Upernavik beseegeln sollte, kreuzte seit gestern vor der Mündung des Fiords gegen Nordlichem Wind. Im Fiord selbst blies ein schwerer Südweststurm mit Regen. Wir hielten Grönländische Betstunde. —

Montags, den 12 Julius.

Der gestrige Südweststurm hielt mit Regen an. Ich gieng abermals nach dem Berge Naingirsæt auf Excursion; — und stieg in dem linken Beete der oben Seite 461 gedachten Bergschlucht hinauf. Dieses theilt sich gegen die Oberfläche des Berges zu abermals in zween Arme. Ich fand daselbst im Massenbasalte lagerweise ein weisses mit zinnoberrothen Punkten und Flecken gefärbtes Gestein, vermuthlich derber Chabasie mit in und ansizzenden Kristallen (Chabasiewürfeln). Mit demselben bricht isabellgelbes Steinmark, und eine graulich weisse, dem feinkörnigen Sandsteine ähnliche Gebirgsart. An ein paar Orten bemerkte ich im Basalte Spuren von Kupfergrün, und sehr feine Braunsteindendriten. Letztere findet man äusserst selten in diesem Lande. An einer andern Stelle sah ich Stilbit in stark geschobenen Rhomben, welche in vierseitige Säulen übergehen. Der Stilbit kommt daselbst auch in kugligen, oft dem geträuftem sich nähernden äussern Gestalt vor; in seiner Nachbarschaft findet sich dichter Zeolith ein. Den Chabasie traf ich auch mit Kalkspat in 6 seitigen Prismen, doch sind die Kristalle des erstern allezeit sehr klein. —

Dienstags, den 13 Julius.

Gieng ich nach dem östlichen Abhange des Berges Naingirsæt gegen die Felsenwand Imnarsoit zu, wo ich zwischen dem über dem Basalt liegenden Mandelsteine mehrere Schichten von braunrothem Eisenthone bemerkte. Im Mandelsteine kommt Chabasie und Stilbit in Rhomben vor. —

Mittwochs, den 14 Julius

Es stürmte und schneyte den ganzen Teg. Ich konnte erst Abends um 10 Uhr auswandern. Ich gieng nach den höhern, Naingirsæt in Westen liegenden, Felsenwänden, wo ich traubig geträuften Mesotype, Stilbit mit Chabasie und bundelförmigen Stilbit in den Nieren des Mandelsteines fand. Die *Angmaksæt* fanden sich, obgleich nur sparsam, heute und gestern unter dem Lande ein. — Ein grosser Theil der bereits getrockneten wurde durch den Regen verdorben, welcher verursacht, dass der Wurm drein kommt, da sie sodann sauer werden und faulen. —

Donnerstags, den 15 Julius

Ich gieng auf Excursion nach dem am Strande hin sich ziehenden entblössten Urgebirge. Das merkwürdigste hierüber habe ich bereits Seite 460 und an andern Orten angeführt. Nur muss ich noch beyfügen, dass dessen Granit und Gneiss besonders auf einer der kleinen Inseln von röthlichbraunem zuweilen ins blauliche fallenden Avanturin-feldspathe durchsezzt wird. Auch findet sich hie und da die gemeine Hornblende mit etwas derbem Epidote, und gemeinem Magneteisensteine ein. Der Glimmer des Granits ist bald weiss, bald schwarz. — Als Geschiebe habe ich auch gelblich grauen sehr feinkörnigen Wetzschiefer am Strande gefunden. —

Reise nach den Fiorden **Kooksàk** und **Akudlèk.**

Freytags, den 16 Julius

Morgens um drey Uhr reiste ich mit einem Umiak weiter von Naingirsæt nach dem westlichen Küstenlande von Disko. Das Fahrzeug wurde von dessem Eigenthümer Karl Egede, einem Grönländer, dessen Weibe Debora, dessen Tochter Else, und dem Weibe des Pensionisten Johann Drenghan Kutàk, gerudert. Ich vertrat die Stelle des Steuermanns. Wir giengen unter dem Lande weg, Niakornangoak vorbey, woselbst zwischen den kleinen Inseln ein guter Bootshafen ist, kamen darauf nach Kematullivæt, wo sich noch etwas Urgebirge am Strande zeigt. Wir wendeten hierauf um Kangek. Hier stehen die Grönlænder gewöhnlich auf dem Angmaksætfange, doch fanden sich diese Fische diesmal hier nicht ein. Der Strand ist mit Basaltgeschieben überdeckt. Bey Igarsoak sezzten wir quer über den Fiord Kangerdluarsùk, und näherten uns auf dem jenseitigen Ufer bey Upernaviarsùk dem Lande wieder. In Westen gen Nordwesten lag vor uns die grosse Insel Kikertàk, welche ein etwas geschobenes Viereck bildet. Sie besteht aus Basalt und Mandelstein. Von Upernaviarsuk aus kamen wir nach der Næs Upernavik, giengen Sioràk, Kosukæt, Matta, Tinguarsúk vorbey, und kamen in den dritten Fiord der Insel Disko, von den vielen niederstürzenden Bergströmen Kooksàk genannt, welcher Fiord bei der Næs Kooksaengoak beginnt. Bey Quanningoit ist ein beträchtliches Unterland, welches mit vielem Grase, Kratte und *Angelica* bewachsen, und von mehrern kleinen Bergströmen durchwässert ist. Wir sezzten quer über diesen Fiord nach Quanneit zu, woselbst ein brausender Bergstrom in wunderschönen Kaskaden senkrecht niederstürzt; und giengen bei Kortlortòk ans Land. Die Hauptgesteinart ist hier Massenbasalt, in welchen kleine Mesotypenadeln sparsam eingewachsen sind. Von hier aus giengen wir weiter aufwärts nach dem Ende des Fiords zu, und blieben bey dem grossen Trageplatz oder

Itiblirsoak, um unsern Wohnplatz unter dem Boote aufzuschlagen, da wir kein Zelt hatten. Das Wasser fällt hier in der Ebbezeit bis zu einer Viertelmeile weit aus, da der Boden der See von den durch die Bergströme aufgelösten Fossilien, vorzüglich der Wakke und dem Eisenthone sehr lettig und schlammig ist. Gegen über lag uns eine kleinere Bucht des Fiords, Kooksoangoak genannt, und in derselben Atleniarisæt, woselbst der Bergstrom zuweilen aus einem Thale Stücke von verhärtetem Talke niederschwemmen soll; daher die Grönländer diese Stelle Ukusiksérsoak nennen. Anstehend kann derselbe sich daselbst nicht finden, da alle dies Thal begränzende Gebirge der Trappformation angehören. — Ich gieng um 10 Uhr Vormittags nach einem uns in Westen gelegenen mit Eis ausgefülltem kesselförmigem Thale, welches sich zwischen schroffen unersteiglichen Basaltmauern bildet, und mit ewigem Eise ausgefüllt und bekleidet ist.

Die Unterlage dieser schauerlichen Felsen ist Massenbasalt, welcher zuweilen in Mandelstein übergeht; über demselben liegt in schmalen Schichten rothbrauner sehr bröcklicher Eisenthon, über dem Eisenthone rothbrauner sehr eisenschüssiger bröcklicher Mandelstein; auf denselben folgt wiederum eine schmale Schicht von rothbraunem Eisenthon, und zu oberst ist Säulenbasalt verbreitet, welchen ein grosser Eisblink bedeckt. — Die Grönländer nennen dieses Thal Sermebkorossoak. Die dieser Trappformation eingemengten Fossilien sind: Gelber dichter Zeolith, Stilbit in kleinen fächerförmigen Kristallen, Chabasie in Rhomben mit abgestumpften Ecken und Kanten, auch linsenförmig in blasigen Mandelstein von graulich weisser und glasweisser Farbe, zuweilen bald von Kupfergrün, bald von Grünerde etwas gefärbt, und Kalkspath, derb auch adernweise, den Mandelstein durchsezzend. Das ganze Thal ist bis auf den Grund, mit Bruchstücken der Trappformation, in kleine Berge zusammengehäuft, angefüllt, welche durch das unauflösliche Eis gleichsam ein Conglomerat geworden sind. Ungeheure Steinmassen rollen in einem fort diesem Thale zu. Wir wurden, besonders gegen Mittags, da das Boot in einem sumpfigen Thale lag, von den Moskitos sehr gequält. —

Sonnabends, den 17 Julius.

Morgens drey Uhr machte ich mich mit KARL EGEDE und seiner Tochter ELSE auf den Weg, um eine Landreise nach dem fünf Meilen von Kooksàk entfernten Ende des Fiords Akudlèk vorzunehmen. Der Weg dahin zieht sich bogenförmig über eine steinige sumpfige, von Erhöhungen unterbrochene Thalstrekke, welche auf beyden Seiten von hohen schroffen fürchterlichen Eis bedeckten Basaltbergen beschränket ist, deren Absonderungsthäler oder vielmehr Schluchten mit drohenden oft überhängenden Eisblinken ausgestopft sind, von welchen verheerende Bergströme nach dem grossen Thale hinabstürzen, und den unbetretenen beschwerlichen Weg in mannigfaltigen Richtungen durchkreuzen, so dass der Wanderer in einem fort Berg auf und Berg ab steigen muss, um über dieselben sezzen zu können. Unter fürchterlichem Knalle stürzte in einiger Entfernung von uns ein grosses Eisstück nieder, in ein kesselförmiges Thal, aus welchem eine ganze Wolke von Schnee und Eisflimmern wie ein silberner Nebel aufstieg, welcher im Glanze der Morgensonne mit den lebhaftesten Farben des Regenbogens unser Auge täuschte. — Wir mussten uns bald über Steingeschiebe, bald über Kratt, bald über Bergströme und Eismassen wegarbeiten, bis wir, ungefähr auf dem halben Wege, auf einer Bergerhöhung standen, von welcher wir hinter uns einen Theil des Kooksàk und vor uns den ganzen Fiord Akudlèk übersehen konnten. — Genannte Erhöhung sondert auch die beyden Hauptströme ab, deren einer sich nach Kooksàk, der andre nach Akudlèk hinabzieht, doch ist der lezte ungleich grösser. In demselben gibt es, besonders im August, eine grosse Menge Lachse; die Seehunde, besonders die *Phoca vitulina (Kassigiak)* finden sich häufig in diesen Fiord ein und gehen mit der Fluth weit im Strome hinauf, wo sie dann oft zur Ebbezeit im Schlamme stecken bleiben, und von den Grönländern erschlagen werden. — Ein Gleiches geschieht im Frühjahre, wo sie in der Fluth gerne aufs Eis gehen, welches bey der Ebbe unmittelbar auf dem Schlamme aufliegt, wo sie sich dann ebenfalls gefangen geben müssen, weil sie nicht unter das Eis kommen können. Wir sahen gegen Mitternacht mehrere im zähen Beete des Stromes festliegen, konnten ihnen aber ohne Kajak nicht beykommen. — Auf der ganzen Wanderung durch diese melancholische Thalgegend war, ein paar *Fringillæ* abgerechnet, ein Rype *(Tetrao lagopus)* das einzige Geschöpf, welches wir sahen. — Gegen Mittag kamen wir endlich am Ende des Akudlèk an. Meine beyden Reisegefährten legten sich sogleich schlafen, und schliefen auch über 14 Stunden. —

In einer der Felsenwände bey Kakkarsoak bemerkte ich in rothbraunem Mandelsteine, ausser Stilbit, fasrigen Mesotype und Chabasie in vollkommenen Rhomben; auch Stängelkalk, derb, nieren- und knollenweisse. Er nahert sich dem strahligen, und ist mit dichtem blassröthlichem Zeolithe verwachsen. Ich wandte mich nach der südlichen Seite des Fiords, woselbst sich eine Bucht ins Gebirge hineinkrümmt, welche in der Ebbe ganz ohne Wasser ist. Die Bucht ist rundum von einem grauenvollen Eisblinke (Sermersoak) umgeben, von welchem unzählige Wasserbäche durch tiefgefressene Rinnen hinabsprudeln. Die ganze Eismasse ist nach allen Richtungen zerspalten. In dem Chaos von Steinklumpen, welche das Wasser des Eisblinks mit sich herabstürzt, fand ich Chabasie u. Stilbit in grauem Mandelsteine, auch Kalkspath mit Chabasie und Stilbit.

Ich gieng über Kammanèk und Capputaursæt nach Kassimavæt und Sakkàk zu, wo ich die nemlichen Steinarten fand. Bey Kassimavæt ist das Wasser sehr seicht, und Sandgrund. Gegen über, bey einer steilen tiefen Bergschlucht liegt eine grosse Felsenwand Karsok, bey welcher der mit mir reisende Grönländer Karl Egede gewöhnlich im Sommer mit seinem Zelte auf dem Seehundfange steht. Von dem Gipfel des vorhin genannten Sermersoak konnte ich einen Theil der Strasse Davis bis Haseneiland, und den Petersfiord oder Nouangirsæt bey dem melancholischen Scheine der Mitternachtssonne übersehen. Mit dem Ende dieses Fiords vereinigt sich einer der reichlichsten Lachsströme, auch ist daselbst sehr guter Seehundefang, doch wird er seit vielen Jahren von den Grönländern nicht mehr besucht. — Wenn man den Fiord Akudlèk von der Seeseite aus bereisen will, so sezzt man über den Kooksàk nach Quanneit zu, und kommt von da nach der kleinen Insel Kikertàrsuk, sie besteht aus Granit und Glimmerschiefer mit beygemengten kleinen Granaten. Hier bildet sich eine kleine Bucht. — Von dieser geht man Blaafield, ein ungeheures aus Massenbasalt bestehendes Gebirge vorbey, hinter welchem sich die Bucht Ekalluit eine gute Strecke ins Land hineinzieht. — Als ich gegen Mitternacht nach der Stelle zurückkam, wo ich meine beyden Reisegefährten verlassen hatte, fand ich sie noch in tiefem Schlafe begraben, und gleichsam zwischen vier Mauern verschanzt, welche sie in meiner Abwesenheit aus Torf errichtet hatten, um sich vor dem kalten Nordwind zu schüzzen, welcher zu pfeifen anfieng. Der Nebel war so dichte, dass man kaum 30 Schritte vor sich hin sehen konnte.

Sonntags, den 18 Julius.

Da ich auf meinem Marsche ziemlich warm geworden war, und also keine Lust hatte, mich in dem nassen Moose schlafen zu legen, so weckte ich meine Begleiter, welche ich nur mit vieler Mühe auf die Beine bringen konnte. Wir trafen Morgens um 2 Uhr unsere Rückreise an, und kamen über Stock und Stein gegen Mittag wieder zu unserm Boote zurück. Die Vegetation dieses langen Thales ist äusserst ärmlich, und besteht nur aus ein paar Arten der *Salix*, der *Betula nana*, einigen *Saxifragen*, *Rumex* und *Papaver nudicaule*. Merkwürdig ist es, dass in diesem langen mit Geschieben gefüllten Thale nur wenige der Urzeit sich finden.

Montags, den 19 Julius.

Schon Morgens um 2 Uhr übte mein Reisegefährte Karl Egede das Wiedervergeltungsrecht an mir aus, und jagte mich ebenfalls aus dem Schlafe auf, wie ich gestern mit ihm gethan hatte. Wir reisten um halb drey Uhr von Kooksàk ab, sezzten über diesen und Kangerdluarsuksfiord, woselbst wir bey Kangèk ans Land legten, und kamen um 10 Uhr Vormittags bey raschem Seegelwinde nach Naingirsæt zurück. — Da Karl Egede unartig, ja grob zu werden anfieng, und meine Bagage nicht einmal nach dem Zelte bringen, sondern am Strande stehen liess, so kehrte ich nicht mehr bey ihm ein, und campirte einstweilen im Freyen, bis Claus Anguterpellàk, der nemliche Grönländer, welcher mich hieher gebracht hatte, mit seiner Schaluppe in Ordnung war, um mich weiter zu führen. Nachmittags reiste ich mit diesem Manne und einer Schaar von Weibern, und Kindern, und Hunden von hier wieder ab. — Zum Glücke hatten wir bis zum bestimmten Zelteplatze raschen Seegelwind: zu rudern wäre unmöglich gewesen, da die Schaluppe so voll gepackt war, dass man keinen Fuss regen konnte. Wir giengen die Felsenwand Anarsuk, oder Anarsoit vorbey, und kamen nach Karsotsiak. Hier findet sich nesterweise ein zusammengeschlemmter röthlicher sehr feiner fettiger Thon unter der Dammerde. — Wir kamen nach Kiaktòk, und sodann nach einer sehr kleinen Insel, woselbst ein sehr guter Bootshafen, Nyhavn genannt, ist. Wir passirten Karsorsoak, wendeten um die Næs Ikkinèk-Kablunàk, und Siorangoak vorbey, und kamen mit gutem Seegelwinde nach Ekallungoit, oder dem Lachselve, wo der Pensionist Johann Drenghan sein Zelt aufschlug, in welchem ich Quartier nahm. Im Strome lag noch ein gegen drey Ellen dicker Eisblink. Wir fischten einige Lachse. Der Grönländer Jens Wille, welcher vor einigen Tagen hier auf dem Lachsfange gewesen war, war damals mit einem grossen Lärmen zu uns nach Naingirsæt gekommen, weil er zu Ekallungoit die Spuren des so gefürchteten Grönländischen Amaròks (*Ursus luscus*), und zwar eines alten und jungen gesehen haben wollte, welche alle Zelteplätze zerstöret hätten. Doch, beym Lichte besehen, waren es nur zwey hungrige Hunde, ein alter und ein junger gewesen, welche uns sogleich ihre Aufwartung machten, sobald wir ans Land kamen.

Ich gieng auf Excursion nach der entgegengesezzten Seite des Bergstromes, am Strande aufwärts, nach Tarajungitsomik, und Iggainàk zu, und fand, ausser den obenangezeigten Fossilien, Stilbit, von Mesotypenadeln und dünnen Mesotypeprismen durchstochen und durchwachsen, feinfasrigen derben Mesotype, excentrisch strahligen Stilbit, kugligen Glimmerzeolith in feinen fast zerreiblichen Blättchen, und die öfters erwähnte neue Zeolithart, von stänglich abgesonderten Stükken, in Kuben und Prismen kristallisirt, mit abgestumpften Ecken. Alle diese Fossilien sind in Basalttuff, und zwar in die Basaltkugeln dieses Tuffs eingewachsen. Bey Iggainàk sieht man in der nemlichen Steinart sehr schönen in abgestumpften 4 seitigen Tafeln kristallisirten Stilbit. —

Dienstags, den 20 Julius.

Ich gieng auf Excursion nach Tarajungitsomik, fand aber nichts neues merkwürdiges daselbst. —

Mittwochs, den 21 Julius

Gieng ich auf Excursion nach Karsoengoabkakeit. — Ueber die Verhältnisse dieses Berges habe ich mich bereits oben im Tagebuche des Jahres 1812 ausführlich erklärt. Im braunen Mandelsteine fand ich kristallisirten Stilbit in 6 seitigen Tafeln, und Chabasie mit abgestumpften Rhomben.

Donnerstags, den 22 Julius.

Ich brachte den Tag über mit Einpakkung der eingesammelten Mineralien zu. Gegen Mittag kam Karl Egede mit seinem Umiak von Naingirsæt auf den Lachsfang hieher. Er war nun wieder höflich gegen mir geworden, da er sah, dass ich seiner Hülfe nicht mehr bedurfte. — Abends 9 Uhr reiste ich mit Drenghans Jolle von hier ab. Sein Weib Kutàk, seine Tochter Dorothea, und Karl Egedes Stieftochter Kia, nebst ihrem Bruder Tulimàk, beyde ungetaufte, folgten als Rudervolk mit. Ich steuerte das Fahrzeug selbst. Da die See zu unruhig war, als dass wir es wagen dürften überzusezzen, so giengen wir bei Ikkinèk ans Land, um auf dieser Næs, welche der Stelle, wohin wir wollten, gerade gegen über lag, eine bessere Gelegenheit abzuwarten.

Hier liegt ein grosser Theil des Urgebirges, welches aus grauem Granit, in Syenit übergehend, besteht, von der Trappformation bis zu den höhern Punkten entblösst. Das aufliegende Trappgebirge hat Massenbasalt zur Unterlage, auf welchem schmale Schichten von braunrothem verhärtetem Eisenthon liegen. Auf diesen folgt rothbrauner Mandelstein, welcher zuweilen stark von Grünerde gefärbt, und mit Stilbitblättchen gemengt ist. In demselben finden sich Nieren von derbem Quarz, welcher ebenfalls von Stilbitblättchen durchzogen ist, Chabasie und Stilbit.

Aus einer grossen Schlucht stürzt ein mächtiger Bergstrom herab, dessen Beet mit ungeheuren Steinbrokken der Trappformation gefüllt ist. — Die Gegend ist stark mit Gesträuche bewachsen, daher sie den Namen Ikkinèk (von *Ikkèk*, Gesträuche) erhalten hat. Da es inzwischen etwas ruhiger geworden war, so sezzten wir über den Fiord Kangerdlùk und landeten auf der entgegengesezzten Seite zu Kemmertok, wo ich ans Land gieng. — Die Stelle hat den Namen von einer klafterbreiten schmal zu Tage ausgehenden Felsenspalte im Granit erhalten, in welcher ehemals ein Grönländer als Einsiedler gelebt haben soll. Ich fand in der Höhle einige Menschenknochen. Bey Kaksiaràk tranken wir Thee von den Blättern der *Saxifraga tricuspidata;* ich entliess mein Rudervolk und trat, von dem Grönländer Tulimàk begleitet, nach Mitternacht meine Landreise nach dem 5 Meilen entlegenen Godhavn an. —

Freytags den 23 Julius.

Dieser Weg war ausserst beschwerlich. Wir mussten in einem fort bergauf und bergab wandern, um den angeschwollenen Bergströmen auszuweichen. Bey Tunnusua war es unmöglich überzusezzen, da grosse Fluthen aus dem überhängenden Eisblink stürzten. Wir mussten also das Gebirge nochmals ersteigen, und über den Eisblink selbst gehen. Nach einem wirklich gefährlichen Marsch erreichten wir die entgegengesezzte Seite, und kamen Abends 5 Uhr nach Godhavn.

Aufenthalt zu **Godhavn.**

Hier waren indessen mehrere Fahrzeuge angekommen. Die Jacht Sværtfisken, welche Herrn Pastor Bram nebst Frau und 4 Kindern zur Heimreise nach Europa hiehergebracht hatte, seegelte eben nach der Bucht.

Sonnabends, den 24 Julius,

Kam die Jacht Martinette, welche die Missionäre der Mährischen Gemeinde nach Egedesminde gebracht hatte, wieder zurück. Die gemeldte Reisende wurden von dorten mit der Jacht Dorothea den 17ten Julio weiter nach Süden befördert. —

Sonntags, den 25 Julius,

kam die Jacht Godhavn von Christianshaab hier an, um Proviant abzuhohlen. Herr Missionär HARTZ hielt Dänische Predigt.

Donnerstags, den 30 [29] Julius.

In der Nacht vom 29ten zum 30ten Julius fiel über einen halben Fuss tiefer Schnee, welcher die ganze Gegend in ihr trauriges Wintergewand hüllte. — Noch heute Mittag lag er bey den Häusern. —

Monat August.

Sonntags, den 1 August.

Mehrere Grönländer mit Umiaks und Kajaks kamen hier an, in Hoffnung, von dem angekommenen Schiffe Pulver und Bley zu erhalten; aber vergebens! —

Dienstags, den 3 August.

Die Witterung war äusserst ungestüm. Es stürmte heftig aus Südwest mit starkem Schnee und Gestöber. Der Grönländer LARS wollte gestern in Südwesten ein zweymastiges Schiff seegeln gesehen haben. —

Donnerstags, den 5 August

war ich auf einer Auswanderung nach dem Berge Akkiarut begriffen, um einige dorten zurückgelassene bereits losgehauene Steinarten einzusammeln. Abends kam die Grönländerin KUTÀK aus dem Fiord mit dem Reste meiner dorten im vorigen Monate zurückgelassenen Mineralien.

Freytags, den 6 August,

Bestieg ich in der nemlichen Hinsicht nochmals den Berg Ounartorsoak.

Sonntags, den 8 August,

Vormittags hielt Herr Missionär BRAM zum leztenmale in diesem Lande Dänischen Gottesdienst und Predigt, in welcher er sich von den Zurückebleibenden beurlaubte. Abends 9 Uhr kam Kapitän LINDBERG nach einer 4 wöchentlichen Reise von Omenak zurück. Ich berichtete ihm noch den nemlichen Abend schriftlich meinen Entschluss mit der Brigg Hvalfisken Grönland zu verlassen, und ersuchte ihn im nemlichen Briefe um die Gefälligkeit, da es noch so zeitlich im Jahre war, auf der Heimreise die Kolonie Holsteinsburg anzulaufen, woselbst alle meine im südlichen Grönland gesammelte Naturalien, einige Bücher, Bettzeug und andre mir gehörige Sachen eingepackt und zum Empfange bereit standen. Ich hatte auch vorläufig Herrn GRÖNWALD, Kaufmann zu Holsteinsburg schriftl. ersucht, bey des Schiffes Annäherung mit einer Schaluppe entgegen zu kommen. — Auf dieses mein schriftliches Ansuchen antwortete

Montags, den 9 August

Kapitän LINDBERG in einem ziemlich laconischen Briefe, dass er dieses keineswegs thun könnte. Dieses ungefällige Betragen, dessen Grund ich mir schlechterdings nicht erklären kann, sezzt mich in die unangenehme Lage, dass ich nicht, wie ich es gewünscht hätte, im Stande bin, die Belege zu meinen im Tagebuche ertheilten Nachrichten über Südgrönland, sogleich mit dem Tagebuche abzuliefern; so wie ich auch unter den jezigen Umständen nicht bestimmen kann, wann dieses geschehen wird. — Mein Ansuchen an K. LINDBERG, so wie die von ihm hierauf ertheilte Antwort habe ich meinem Schreiben an die Hohe administrirende Direction des K. Grönländischen Handels wörtlich beygefügt.

Dienstags, den 10 August

Gieng ich Vormittags noch einmal auf Excursion nach Kangèk. Ich fand daselbst gemeinen Schwefelkies in vollkommenen Würfeln kristallisirt mit sparsam eingemengten grünen Flussspath in feinkörnigem rothem Granit, und Spuren von Kupfergrün im eingemengten Hornblendschiefer.

Heute Morgens 5 Uhr kam nach einer 4 wöchentlichen Reise die Jacht Omenak, welche unter Anführung des Wallfischfänger-Assistenten Herrn BRANDT nach Upernavik abgereist war, um die dorten sich noch befindtlichen Arbeitsleute des K. Grönländischen Handels mit ihren Familien abzuholen, glücklich zurück. Dieses kleine Fahrzeug hatte 30 Menschen mit ihren Habseeligkeiten und 26 Hunde am Bord. Man kan es wirklich für ein halbes Wunder ansehen, dass dieser Transport auf eine kleine baufällige Jacht zusammengepackt, glücklich an Ort und Stelle kam. Der einzige Böttcher NILS LARSEN STEENHOLDT wollte sich zu dieser gewagten Reise nicht entschliessen, und blieb mit seiner Familie alleine zu Upernavik zurück. —

Mittwochs, den 11 August
wurde der Reisende Gepäcke an Bord gebracht. —

Donnerstags, den 14 [12] August

wurde Kapitän LINDBERG mit den Connoissements versehen, und das Schiff lag seegelfertig. —

Rückreise
nach Europa.

Montags, den 16 August.

Morgens 1 Uhr gieng Herr Missionär BRAM, dessen Frau, mit 4 Kindern, 5 Kolonisten, und ich an Bord der Brigg Hvalfisken, wohin uns Herr Inspecteur MOTZFELDT und die übrigen Herren Handelsbediente begleiteten. Es fiel mir wirklich schwer, ein Land zu verlassen, welches mich durch so viele Jahre freundlich beherbergt hatte; mich von Freunden und Bekannten zu trennen, mit welchen ich in den lezten Jahren manche bittre Stunde, manche trübe Aussicht brüderlich getheilt hatte. — Auch die frohen Stunden, welche mir ihr theilnehmender Umgang gewährte, wird mein dankbares Herz nie vergessen. — In vollem Maasse sey mein Dank den beyden würdigen Herren Inspecteuren MOTZFELDT und MYHLENPHORT gebracht, deren täglicher Umgang mir die ewig langen Winternächte versüsste. Herzlicher Dank sey den Herren Missionären und Verwaltern des K. Handels gesagt, welche den Wandernden unter ihr Dach nahmen, und mit Speise und Trank erquickten! — Dank allen den Arbeitsleuten, welche mir zu Dienste waren! — Dank allen den Edeln der Nation, welche mir gefällige Gefährten auf meinen oft sauren Land und Seereisen waren und täglich vereint mit mir die Beschwerden des Climas duldeten. Ich sehe sie nicht wieder! — Um 2 Uhr Morgens verliessen wir Godhavn mit gutem Winde, und seegelten Kronprinzenseiland um fünf Uhr vorbey. Doch nun lief der Wind, welcher bisher nordöstlich gewesen war, in Südwest über, und war uns gerade entgegen. — Wir kreuzten. —

Dienstags, den 17 August.

Die Luft wurde dicker, und stürmischer. Es regnete anhaltend. Nachmittags hatten wir Godhavn in Südost, und Fortunebay in Ost gen Süd. Die See war ausserordentlich aufgeregt, und das Schiff schlingerte sehr stark. Gegen Abend nahm der Sturm mehr und mehr zu, und fieng um Mitternacht heftig zu wüthen an. — Er verschlug uns über 1 Grad nördlicher. —

Donnerstags, den 19 August.

Gestern und heute wüthete unausgesezzt ein fürchterlicher Südweststurm. Die See brach mehrmalen über das Schiff. Wir giengen vor kleinen Sturmseegeln.

Freytags, den 20 August

Der Sturm wüthete in einem fort. Wir kriegten Seestürzungen von der Steuer und Bakbordseite. Die See rasete unbeschreiblich. Wir mussten Abends das Fockseegel beysezzen, um das Schiff zu stüzzen. —

Sonnabends, den 21 August.

Morgens in der Hundewache nahm der Sturm etwas ab. Gegen Mittag gieng der Wind in Nordwest über. Abends mit Bram und Leeseegels Kühlung.

Sonnabends, den 22 August.

Wir seegelten bey Nordost fünf bis sechs Meilen in der Wache. Nachmittags vier Uhr hatten wir das feste Land von Holsteinsburg zwey Meilen in Luvart von uns. Wer solche Reisen gemacht hat, kann fühlen, wie schmerzlich es für mich seyn musste, so nahe dem Lande zu seyn und doch meine dorten verwahrten Samlungen, die Früchte so mancher sauern Anstrengung, zurückelassen zu müssen; ungewiss, ob unter dermaligen Umständen sobald sich eine so gute Gelegenheit treffen möchte, diese Samlungen abzuholen, und zweckmässig zu verwenden. Allein ein ungünstiger Stern, welcher seit einigen Jahren so düster für mich schien, wollte auch bey dieser Reise, wo ich es am wenigsten vermuthete, nicht freundlich glänzen. — Gegen Abend sahen wir bey starkem Winde die Schwertfische in grossen Schaaren uns vorbeyziehen. Sie gehen gewönlich gegen Strom und Wind, um ihren Raub desto leichter zu überlisten. — Ferne von uns in Westen waren einige Eisberge zu sehen. —

Montags, den 23 August.

Ein Sturm aus Nordosten fieng zu blasen an. Wir seegelten 6¾ bis 7 Meilen in der Wache. Ferne von uns sahen wir mehrere Eisberge. Wir steuerten West gen Süd. Die nördliche Breite war: 66° 59′. —

Mittwochs, den 25 August.

Gestern und heute hatten wir schwachen nördlichen Wind. Die *Procellaria glacialis* war der einzige Vogel, welcher uns seit unsrer Abreise von Diskoeiland unaufhörlich folgte.

Donnerstags, den 26 August

Waren mehrere Schwertfische und Eisberge uns sehr nahe. Wir hatten 62° 21′ Nördlicher Breite.

Sonnabends, den 28 August.

Der Wind war seit 5 Tagen wie ein Passatwind, nördlich, mit Bram und Leesegels Kühlung. Nördl. Breite: 59° 46′.

Sonntags, den 29 August.

Wir hatten 59° 20′ Nördliche Breite. Der Wind sich gleich. Etwas ungewöhnliches in dieser Strasse! —

Montags, den 30 August.

Länge: 328° 41′. Wir sahen Cap Farvel in Osten, ungefehr 10 Meilen von uns, seegelten 8 Meilen in der Wache, und stachen

Dienstags, den 31 August

in den Atlantischen Ozean, oder die Spanische See. Länge: 333° 23′ — Breite 59° 13′. —

Atlantische Ozean

Monat September.

Mittwochs, den 1sten und Donnerstags, den 2 September.

Blies bey dicker neblichter Luft ein heftiger Südweststurm. Wir kriegten mehrere schwere Seen über Bord. —

Freytags, den 3 September.

Begann ein Sturm aus Nordost, welcher bey anhaltender südwestlicher See bis zum 9ten September dauerte. Schwere Regenströme stürzten anhaltend nieder. Wir seegelten in einem fort vor den Vind 5 bis 7 Meilen in der Wache, und sahen viele Delphine *(Delph. Delphis).* Den 4ten zeigte sich ein Regenbogen in Westen. —

Sonntags, den 5 September.

Gegen Mitternacht brach eine schwere See durch das Verdecksfenster in die Kajüte, beschädigte den Hängecompass und strömte zum Theile in meine Koje, welche in Lee lag. Wir hatten eine schwere Nacht.

Montags, den 6 September

Kriegten wir abermals See in die Kajüte. — Die Porten mussten wir auf der ganzen Reise verschlossen halten. Wir waren auf der Höhe von Eiland Bus, und seegelten in diesem Etmal 42 Meilen. Länge: 352° 39′.

Mittwochs, den 8 September.

In der Nacht vom 6 zum 7ten wurden meine Kassen mit Grönländischen Pflanzen, welche ich in 7 Jahren mühsam gesammelt und gepflegt hatte, von den Seestürzungen sehr beschädigt. Aus zweyen spühlte die See Pflanzen und Erde rein heraus. Auch mein Thermometer gieng bey dieser Gelegenheit über Bord. —

Donnerstags, den 9 September

Der Wind gieng in Nordwest über. Länge 8° 20′ Breite: 60° 1′. Morgens sahen wir mehrere Landvögel von Südost kommen.

Freytags, den 10 September.

Wir sahen Morgens früh den sogenannten Jan van Gent in Menge, und um 8 Uhr in Nordösten Fuglöe oder Foulöe, die nordlichste der Hetlandsinseln, hohes steiles, der Flöztrappformation angehöriges Gebirge. Abends war Fairhill uns in Südosten. Länge 12° 14′. —

Sonnabends, den 11 September.

Wir hatten Fuglöe in Nordost gen Ost, und Fairhill in Süd gen Ost, nach dem Compass. Wir mussten aber wegen Nebel und unbeständigem Wind vom Lande wenden.

Sonntags, den 12 September.

Vormittags hatten wir 2 Seegler in Nordosten. Der uns nächste war zweymastig und ungefehr 2 Meilen von uns entfernt. Vormittags um 11 Uhr hatten wir den südlichen Huck von Hetland oder Shetland in Ost Nordost, gegen 3 Meilen entfernt, und Fairhill in Südwest. Um 8 Uhr Abends war uns der Nordhuck von Fairhill in Nordwest. Wir waren kaum eine halbe Meile vom Lande. Alle diese umherliegenden Inseln, mit Inbegriff von Mainland und Shetland, gehören der Flöz-Trappformation an. Sie bestehen grösstentheils aus mannigfältig gruppirten Basaltmassen. —

Montags, den 13 September

sahen wir Morgens 8 Uhr einen Seegler in Norden. In voriger Nacht kriegten wir endlich Fairhill hinter uns. —

Nordsee

Dienstags, den 14 September

Wir hatten einen der schwersten Stürme auf der ganzen Reise, und zwar aus Nordwest, mit grässlichem Seegang und heftigem Gewitterregen. Vormittags steuerten wir westlich, Abends nordöstlich. Wir kriegten mehrere Stürzungen über das Schiff, und Nachmittags eine schwere See in die Kajüte. Gegen Mitternacht nahm der Sturm sehr ab.

Sonntags, den 19 September

Nach langem Hin- und Herkreuzen durch fünf Tage kamen wir heute Morgens 1 Uhr glücklich auf der Rheede bei Leith vor Anker.

Einige Worte
über und für Grönlands
Aufkommen.

Seiner Königlichen Majestæt

allerunterthänigst zugeeignet

von

Karl Ludwig Metzler-Giesecke.

Euer Königliche Majestæt!

In einem Zeitpunkte, wo es an der Tagsordnung ist, von Grönland zu sprechen, wo alle Tagsblätter mit Nachrichten vom Nordpole überfüllt sind wo so manche Journale das Aufsuchen der geseegneten Østerbygd anempfehlen — in einem solchen Zeitpunkte werden Euer Königliche Majestät es nicht ungnädig aufnehmen, wenn ein Mann, welcher in den Polarländern mehrere Jahre zugebracht hat, seine Meynung über diese Länder äussert.

Diese wenigen Bemerkungen werden keine Vorschläge enthalten um das verlohrne Land aufzusuchen, und mehr dahin gehen, das einmal gefundene, die Westküste oder Westerbygd so viel als möglich zu benuzzen.

Dass diese die ausgelegten Unkosten immer mit Wucher bezalt hat, wenn man die Zeiten des Kriegs ausnimmt, wo die blühendste Länder in Unterbalanz kamen, beweisen die Bücher des Königlich Grönländischen Handels zur Genüge. Dass aber jene Küste, nemlich die Østerbygd, welche zu beseegeln allezeit äusserst gefährlich, jo unmöglich seyn möchte, eine Handelsspekulation lohnen würde, ist äusserst unwahrscheinlich.

Wenn man die Østerbygd in vorigen Jahrhunderten eine Speisekammer genannt hat, so muss man sich, wie mir scheint, in jenen Zeiten zurückedenken, wo der zufriedene Mensch des Nordens das Land reich nannte, wo er sein hinlängliches Auskommen fand, für minder nothwendige Bedürfnisse etwas zurückelegen, oder für den Drang künftiger Unglücksfälle etwas aufsparen konnte. Grönland ist wirklich ein wulstiges Land.

Wie würden sonst handelnde Nationen jedes Jahr die gefahrvolle Reise unternehmen, wenn es sich nicht der Mühe lohnte; doch bin ich nicht der Meinung, dass die Ostliche Küste, wenn sie auch wirklich beseegelt werden könnte, grössere Vortheile für den Handel darbieten würde, als die Westliche wirklich schon gewährt hat. Zudem reichen die an der letzten errichteten Kolonien reichen Stoff zur Spekulazion für die Erweiterung des Handels und die Vermehrung der Handelsprodukte dar. Ich habe alle die Anlagen an der ganzen Küste mehrmalen bereist, und keine darunter gefunden, welche nicht die Unkosten hinlänglich bezalte. Unter allen Koloniedistrikten steht wol der südlichste oder

Julianeshaabsdistrikt

oben an. Er ist der volkreichste, indem er gegen 2000 Seelen, oder beynahe den dritten Theil der Bevölkerung der ganzen Küste enthält. Dessen Produktion ist die wenigst kostspieligste, indem das meiste durch Grönländer-Hände gewonnen wird. Wenn dieser Distrikt auch in Hinsicht auf Thran und Barder den Wallfishfängerkolonien Godhavn und Holsteinsburg nachstehen muss, weil hier keine Gelegenheit zum Wallfishfang ist, wenn dieser Distrikt auch gleich keine Eiderduunen produzirt, da dieser Vogel hier selten zu sehen ist, so gewinnt er doch ein beträchtliches Obergewicht durch die Einhandlung der kostbaren blauen Fuchsfelle. Auch sind die Ausgaben der Kolonie minder beträchtlich, da hier weder Wallfish-fängergeräthschaften noch die zu diesem Fange nothwendig im Solde stehende grössere Mannschafts-anzahl erfordert werden. Dieser Distrikt zu welchem die Ostliche Küste so weit sie bewohnt ist, gerechnet wird, begreift auch die Südöstliche Küste unter sich, welche sich von Staaten-huk bis Cap Farvel erstreckt, und an der Westküste bis ans Cap Desolation oder Nunarsoit reicht. Der Distrikt hat ausser der Kolonie Julianeshaab noch einen Handelsplatz bey Cap

Farvel auf der Insel Nenortelik, welcher unter der Aufsicht eines Grönländer-Blanding steht.

Dieser Platz ist meiner Meinung nach äusserst wichtig, da alle die östlich wohnenden Grönländer hieher kommen, um ihre Produkte zu verhandeln. Der Grönländer-Blanding welcher diesem Handelsgeschäfte vorsteht ist ein träger saumseeliger Mensch, und überdies zu diesem Posten untauglich, da er nicht rechnen kann. Es würde sehr vortheilhaft für den Handel seyn, wenn dieser Platz durch einen dänischen Mann besetzt wurde, welcher bereits im Lande gedient hat, und so viel von der Grönländischen Sprache versteht um mit den Eingebohrnen Reisenden handeln zu können. Ein solcher Post könnte immer zu einer Belohnungen für solche Unterbedienten werden, welche durch mehrere Jahre im Lande treu gedient haben.

Es würde wol auch zu grossem Nuzzen für den Handel seyn, wenn an der Östlichen Küste, an dem Fjord Illuarmiut, wo gute Lachsfisherey ist, oder bey Cap Discord ein Grönländisches Haus unterhalten würde; weil sich hier die Grönländer der Östlichen Küste gewöhnlich im Frühjahre in ziemlicher Anzahl des guten Seehundefanges und der Lachsfisherey wegen einfinden. Es ist ungereimt, wenn man einwendet, dass das Treibeis dieses verhindern würde; denn wenn der hier wohnende Grönländer mit seiner Familie in seinem Umiak oder Weiberboote nach Nennortelik reisen kann, so kann ja auch der dorten wohnende Handelsbediente auf eben diese Weise zum Grönländer kommen. Der Handel würde dann viele Waaren erhalten, welche bey der gewöhnlichen Nachlässigkeit der Grönländer zu Grunde gehen würden, und der Grönländer würde viele Zeit, welche er auf den Reisen nach Nennortelik verliert besser zum Erwerb für seine Familie und den Handel anwenden können.

Man sollte auch hier in diesem so einträglichen Distrikte dass thun was im nördlichen Grönland der damalige Inspekteur

Herr Motzfeldt, nunmehriger Mitdirekteur des K. grönländischen Handels in Koppenhagen mit sehr gutem Erfolge gethan hat, man sollte nemlich die besten Erwerber der Eingebohrnen, welche die meisten Produkte an den Handel abliefern durch kleine Belohnungen oder Prämien zu einem ruhmlichen Wetteifer aufzumuntern suchen. Doch müssten diese allezeit in einer Versammlung von Eingebohrnen ausgetheilt werden. Die Grönländer sind ehrgeizig, und eine solche Auszeichnung würde vieleicht manche andre gute Folgen haben. Es wohnt in Entfernung von wenigen Meilen von Julianeshaab ein Eingebohrner namens Paul Andersen, welcher von einem dänischen Vater abstammt — ein Mann, welcher wol der einzige in seiner Art ist, da er in einem sehr grasreichen Fiord, dem ehemaligen Aufenthalte der alten Normänner, wohnt, so hat er dem Beyspiel seines verstorbenen Vaters zu Folge sich auf die Viehzucht gelegt. Er hatte, da ich ihn vor 12 Jahren besuchte 7 Kühe auf der Weide gehen. Ich träumte mich hier in die gepriesene Østerbygd versezzt, als er mir gute Milch und selbst bereitete Butter vorsezte, und noch mehr wurde ich überrascht als er mir bey meiner Abreise einen Laib selbst verfertigten Käses und ein Pfund selbst gegossener Talklichter verehrte, welche so gut waren, als man sie nur von einem Lichterzieher erwarten konnte. Bei einer zahlreichen Familie von 8 bis 9 Kindern war er doch im Stande von Zeit zu Zeit frisches Fleisch an die Kolonie zu verkaufen, da er sich nebenbey zu der seinigen Unterhalt als ein guter Seehundefänger die Produkte, welche ihm das Meer darbietet, zu verschaffen wusste. Er ist ausserdem ein geschichter Zimmermann, und hat von den Mährischen Brüdern das Waldhorn zu blasen gelernet. Er baut auch Gartenfrüchte als Kohl, Salat, Spinat, Rettiche, weisse Rüben, welche wohl gedeihen, und wohnt in den Ruinen eines alten Norwegischen Gebäudes. Seine Industrie wurde nie belohnt; ja nicht einmal bemerkt. —

Fredrikshaab

ist der nördlich an Julianeshaab stossende Distrikt. Im Fjord Arksut, welcher in der Mitte dieses Distrikts liegt, habe ich reiches Bleyerz und Kupferkies und Zinnerz gefunden. Auf Arksuts Storøe finden sich ungeheure Massen von Magnetischem Eisensteine. Friederichshaabs Distrikt hat, wenn ich den Quannefiord ausnehme wenig fruchtbares Erdreich, aber der Seehundefang ist hier sehr beträchtlich. Auch wird hier eine Art kleinerer Wallfische gefangen. Auf diesen Fang dürfte mehr Sorgfalt gewendet werden. Kabliau u. Helleflynder Bänke sind in der Nähe.

Fiskernæs

der nächstfolgende Distrikt ist einer von den kleinern. In diesem liegt das Etablissement der Mährischen Brüdergemeinde zu Lichtenfels. Hier hat sich der Handel in kurzer Zeit beträchtlich verbessert, seitdem man sich auf den Seehunde Garnfang gelegt hat, welcher theils von den Eingebohrnen theils von der im Solde stehenden Mannschaft getrieben wird. An mehreren Stellen dieser Umgebungen sind ergiebige Fischbänke, besonders eine sehr gute Kabliaubank in der Nähe der Mährischen Colonie. Man hat davon von Zeit zu Zeit mehrere Tonnen niedergesalzen und nach Koppenhagen gesandt, welche sich gut bezalten, ob sie gleich nicht zum besten zubereitet waren. Die Fischerey könnte hier sehr wichtig werden, wenn Dörr-häuser errichtet würden. Doch müsste dieser Fang vorzüglich von Europäern getrieben werden, welche mit Fischerey, Trocknung u. Einsalzung der Fische umzugehen verstehen; auch müssten die Grönländer für das, was sie in gutem Stande abliefern, besser bezalt werden. Im Jahre 1806, als ich dorten war, erhielten sie vom Handel für einen Kabliau von 4—5 Pfunden einen bis 2 Schillinge in Bezahlung. Vogelfedern, welche die Grönländer gewöhnlich wegwerfen, weil sie zu schlecht bezalt, und überhaupt nur bey der Kolonie Godthaab als Handelswaare betrachtet werden, würden auch guten Vortheil abwerfen. Das Isländische Moos, welches hier auf diese Insel und überhaupt auf der ganzen Küste in unbeschreiblicher Menge wächst könnte mit Nuzzen ebenfalls eingesammelt werden, besonders da diese Arbeit Kinder und alte Personen beschäftigen würde, welche sonst nichts verdienen können.

Die Kolonie Godthaab

in Baals Revier oder Fiord, auf welcher der Inspekteur des südlichen Grönlands Herr Myhlenphort seinen Wohnplazz hat, ist einer der wenig beträchtlichen Handelspläzze. In der Nähe ist Ney Herrnhut, das älteste Etablissement der Mährischen Brüder. An der Mündung von Baalsrevier bey den Kooksinseln ist eine sehr ergiebige Hälleflynderbank, auf welcher Fische zu einem Centner schwer u. drüber gefangen werden. Dieser Fisch wird nicht als Handelswaare, sondern nur für den täglichen Gebrauch benuzzt. In den Elven des Fiordes finden sich schöne Laxe ein. Der Duun und Federnhandel ist hier nicht unbedeutend; auch wird Seehundegarnfang getrieben.

Kolonie Sukkertoppen.

Die Kolonie stand in vorigen Zeiten nördlicher an einer bessern Stelle, und wurde nach dem Eigenwillen eines Handelsbedienten auf die Insel Manetsok verlegt, wo sie noch steht. Dies geschah zu einer Zeit, wo noch keine Inspekteure im Lande waren. Der Distrikt zählt etwas über 300 Eingebohrne, welche durchaus sehr strebsame Erwerber sind. In der Nähe der Kolonie wurde in vorigen Zeiten bis gegen das Ende des verflossenen Jahrhunderts der Wallfischfang, den Produktionstabellen zu Folge mit Vortheil getrieben. Warum er aufgegeben wurde, weiss ich nicht. Inzwischen ist ein solcher Verlust in diesem Lande kein Verlust, wenn der Fang nur mit Grönländer-Händen betrieben werden muss, da dieser zu viele Hände dem Seehunde-fange entzieht, welcher letztere dem Eingebohrnen unentbehrlich ist, da er ihm ausser der gewöhnlichen gewissern Nahrung auch Kleider und starke Felle gibt, um seine Fahrzeuge zu überziehen. Und überhaupt kann man auch nicht leugnen, dass die Moralität der Grönländer an allen den Orten abgenommen hat in dem Grade wie der Wallfischfang zunahm. Der Grönländer wird an den Wallfischfänger-pläzzen bey reichlicherm Auskommen zu sehr modernisirt und zu lüstern nach den Europäischen Fleischtopfen gemacht. — Dies ist indessen ein Uebel, welches vieleicht vermindert aber wol nicht ganz abgeschaft werden kan: wenn man bessern Auswahl in Hinsicht der nach dem Lande zu sendenden Kolonisten braucht, nicht Leute aufnimmt welche gekattet und vom Holme gejagt worden sind, und wenn man dann solche, welche Unordnungen dorten im Lande angefangen, oder gar schwere Verbrechen begangen haben bey ihrer Heimsendung exemplarisch straft. Ich kannte in der Zeit meines Aufenthaltes Matrosen zu Sukkertoppen, welche ihren Vorgesezzten beohrfeigten. Sukkertoppens Distrikt hat von der Kolonie an bis zu den sogenannten Grundwassern (Grundene) in der Nähe von Holsteinsburg vortreffliche Fischbänke von Kabliauen und Hälleflyndern. Wir fiengen auf einer Reise im August des Jahres 1810 in einer Stunde mit der Angel über 50 grosse Fische beyder Art. Zu Akpamiut sind gute Lachsfischereyen. Es würde der Mühe lohnen, wenn in diesen Gegenden eine Anlage für Garnfischerey errichtet würde, womit man auch den Seehundefang in Garnen verbinden könnte. Doch müsste dieses Werk durch taugliches und ordentliches Volk betrieben werden, welche die See gewohnt sind, und die gute Behandlung der Fische aus dem Grunde verstehen.

Die Kolonie Holsteinsborg

ist eine der besten im Südlichen Grönland in Hinsicht des Wallfischfanges. Diese wird im, und um den Fiord Amertlok von den Wallfischer-Anlagen Kikurtursok und Omenarsuk aus, mit dem besten Erfolge getrieben, welcher äusserst selten fehlschlägt. Seit einiger Zeit geht es auch mit dem Seehunde-Garnfang hier ziemlich vorwärts. Diese Kolonie liefert auch, wenn ich Egedesminde ausnehme die meisten Eiderdunen an den Handel. Doch befürchte ich, dass diese sogenannte Dunen-Sammlung, welche auch Æggetogt genannt wird, mit der Zeit den gänzlichen Ruin dieses Handelsartikels nach sich ziehen muss, da durch die Kolonisten in der Brut-Zeit die Eyer zu tausenden aus den Nestern genommen und die Vogel verscheucht werden, wie es der Fall in den südlichen Distrikten (und auch auf den Färöinseln) war. Diesem Schaden kann in Rücksicht auf die Grönländer wohl schwerlich vorgebeugt werden; es müsste nur durch die nachdrückliche Vorstellung der Missionäre geschehen; aber von Seiten der Handelsbedienten könnte wohl diesem schädlichen Unfuge gesteuert werden, wenn sie die Fahrzeuge des Handels, im Falle des Missbrauchs, hiezu verweigerten, die Erlaubniss zu sammeln auf eine bestimmte Zeit und bestimmte Anzahl von Eyern einschränkten, und nicht selbst auf ihrem Einsammeln der Mannschaft mit bösem Exempel vorgiengen. Man sammelt gewöhnlich mehr Eyer ein als man geniessen kann, und ich habe selbst gesehen, dass die Matrosen zu Holsteinsborg mit Eyern nach einem gesteckten Ziele warfen, und dass die in der Brutzeit getödeten Vogel auf dem Plazze der Kolonie den Raben zum Futter dienten. Nördlich von Holsteinsborg sind einige Fischbänke. Mit dieser Kolonie endet sich das südliche Inspektorat von Grönland. Da das meiste was ich bisher gesagt habe von Grönland überhaupt gilt, so kann ich in wenig Worte zusammenfassen, was das nördliche Grönland überhaupt angehen könnte.

Das Nördliche Inspectorat

besteht meistens aus Kolonien, deren ersten Augenmerk auf den Wallfischfang gerichtet ist, da dieser Koloss regelmässig zu bestimmten Jahreszeiten sich in der Diskobucht einfindet. Der Fang dieses Thieres ist durch das unermüdete Bestreben des Herrn Motzfeldts, nunmehrigen Mit-Direkteur des Grönländischen Handels in Koppenhagen zu einer solchen Vollkommenheit gediehen, dass wol schwerlich mehr etwas zu wünschen übrig bleibt, ausgenommen, dass die Englischen Wallfischfänger, welche während den Jahren des Krieges ihren Schleichhandel mit den Grönländern nur zu sehr ausgedehnt haben, in die gehörigen Gränzen wieder zurückgewiesen werden könnten. In wie weit dieser fromme Wunsch erfüllt werden möchte, weis ich nicht, das was gethan werden kann von des Handels Seite, ist: dass man die Strebsamkeit der Engelländer mit vermehrter Strebsamkeit zu Boden kämpfe, und dass man die Handelsmagazine Grönlands mit allen den Bagatellen, und Erfrischungen, berauschende Getränke ausgenommen, versehe, nach welchen sich die Grönländer so sehr sehnen, aber die meist auffallende Handelswaaren nur dann erst ihnen vorzeige, wenn man die Englischen Schiffe erwartet. Ich bin überzeugt, sie werden den unbedeutendsten Artikel an den Handel abliefern, ehe die Engländer im Frühjahre an die Küste kommen können, wenn etwas in Handelsmagazin ist, welches den grossen Kindern gefällt. Wäre noch etwas meinen Wünschen zum besten des Landes übrig, so möchte es die Wiederherstellung der nördlichsten Kolonie Upernavik seyn, welche in den Jahren des Krieges aus Mangel an Provision, und an Fahrzeugen dieselbe zu überbringen, verlassen werden musste. Sie hat an Handelsartikeln aller Art beträchtlich geliefert, und würde die freilich bedeutenden Kosten der Wiederherstellung mit der Zeit reichlich bezalen. Doch hievon ist Herr Direkteur Motzfeldt, ein mit dem Lande so genau bekannter und redlicher Mann besser unterrichtet als ich. Sein Eintritt in die Königlich Grönländische Handelsdirektion, und seine Mitwirkung mit den andern Directeuren wird von grossem Nuzzen seyn. Ich bin überzeugt, dass auch die im Lande angestellte Handelsbediente zum besten des ganzen unverdrossen mitwirken werden, wenn sie nach einer Reihe dorten verlebter trauer Dienstjahre bey der Zurückekunft nach ihrem Vaterlande in dem Schoosse ihrer Familien einem gesicherten ruhigen Auskommen entgegensehen dürfen.

Ich lege diese wenigen Worte Euer K. Majestät zu Füssen, mit dem dankbarsten Gefühle für die höchste Gnaden, deren Euer Königliche Majestät mich gewürdigt haben, und geharre in allertiefster Unterthänigkeit

Euer Königlichen Majestæt!
allerunterthänigst gehorsamster:
Karl Ludwig Metzler-Giesecke.

Koppenhagen,
d. 14 May 1818.

Lokaliteter,

der er omtalte af Giesecke.

Up.	betegner	Uperniviks	Distrikt.	*H.*	betegner	Holstenborgs	Distrikt.
Um.	—	Umanaks	—	*S.*	—	Sukkertoppens	—
R.	—	Ritenbenks	—	*Gb.*	—	Godthaabs	—
Gn.	—	Godhavns	—	*Ft.*	—	Fiskernæssets	—
Jn.	—	Jakobshavns	—	*Fb.*	—	Frederikshaabs	—
C.	—	Christianshaabs	—	*Jb.*	—	Julianehaabs	—
E.	—	Egedesmindes	—				

Die grönländischen Ortsnamen in Gieseckes Reisejournal.

Von

William Thalbitzer.

Gieseckes Verzeichnis der Ortsnamen, die in seinen grönländischen Tagebüchern vorkommen, ist die erste grössere geordnete Sammlung eskimoischer Ortsnamen, die wir kennen. Aus seinen eigenhändigen Manuskripten, die sich in Kopenhagen und Dublin befinden, geht hervor, dass er selbst ein vollständiges Verzeichnis aller von ihm erwähnten Ortsnamen angefertigt hat. Die meisten von diesen sind natürlich eskimoische Namen, eine grosse Anzahl sind dänische, einige sind holländische und stammen aus der Zeit, wo holländische Walfischfänger im 17. und 18. Jahrhundert Grönland besuchten. Man kennt und braucht die Namen noch heutigentags in Grönland.

In der früheren Ausgabe von Gieseckes Journal (1878) hatte H. Rink an das Ortsnamenverzeichnis einige Bemerkungen über die Rechtschreibung und Etymologie der grönländischen Ortsnamen geknüpft.[1]) Der Herausgeber der ersten Ausgabe, F. Johnstrup, hatte gewünscht, «Gieseckes Ortsnamen bloss einigermassen nach der neueren Schreibweise umzuschreiben». Infolge dieses Wunsches half Rink ihm dabei, alle eskimoischen Namen, die Giesecke nach den Regeln der alten Ortographie

[1]) H. Rink: «De grønlandske Stednavnes Retskrivning og Etymologi». Beilage zu F. Johnstrups Ausgabe des Reisejournals: «Gieseckes mineralogiske Reise i Grønland» (Kjøbenhavn 1878), S. 361—366.

Eine kleine Studie über eskimoische Ortsnamen «Eskimo Placenames from North Greenland» ist in meinem Buch «A phonetical Study of the Eskimo Language» (= Meddelelser om Grønland, Bd. XXXI (1904) S. 327—371) zu finden. Dort ist auch eine Uebersicht über frühere Sammlungen eskimoischer Ortsnamen gegeben.

aufgezeichnet hatte, nach den Prinzipien der neueren Orthographie (Kleinschmidts Ortographie, die erst viele Jahre nach Gieseckes Zeit eingeführt worden war) zu transskribieren. Dieses Prinzip, das ein Anachronismus war, hat man in der hier vorliegenden Ausgabe aufgegeben, um zu Gieseckes eigener Schreibweise der Namen zurückzukehren. Die Ortsnamenliste giebt also in dieser Ausgabe ein zuverlässiges Gesamtbild der grönlandischen Ortsnamen, so wie Giesecke selbst sie aufgefasst und wiedergegeben hat. Sie haben besonderen Wert, weil er persönlich sie und die Orte, die sie bezeichnen, während seines langen unfreiwilligen Aufenthalts an der Westküste Grönlands — von 1806 bis 1813 — kennen gelernt hatte.

Bei der Schreibung der eskimoischen Namen hat Giesecke natürlich die Orthographie seiner Zeit benutzt. Diese war hauptsächlich von dem ersten gelehrten Grammatiker der grönländischen Sprache, Paul Egede, dem Sohne Hans Egedes, begründet worden, der 1750 ein grönländisches Wörterbuch, 1760 eine Grammatik (bereits 1739 verfasst) herausgab. Giesecke hat jedoch bei der Aufzeichnung der grönländischen Namen eher die grönländischen Bücher des Missionars Otho Fabricius (Grammatik 1791, zweite Ausgabe 1801 und Wörterbuch 1804) als Richtschnur gehabt oder sich von ihnen beeinflussen lassen. Aber die Rechtschreibung Fabricius' war in allem wesentlichen mit der Paul Egedes identisch. Auf diesem Standpunkt der Geschichte der Orthographie steht also Gieseckes grönländische Schreibweise. In den meisten Fällen ist es ihm gelungen, die für das Land eigentümlichen Namen in der für jene Zeit korrekten Form aufzufassen oder sich zu verschaffen.

Indessen wurde die grönländische Orthographie 40 Jahre später durch den Missionar Samuel Kleinschmidt stark geändert. Sowohl durch seine «Grammatik der grönländischen Sprache» (Berlin 1851), als auch durch mehrere Unterrichts- und Andachtsbücher für die Grönländer in ihrer eigenen Sprache verschaffte er seinen Rechtschreibungsprinzipien eine bald allgemein anerkannte Autorität. Kleinschmidts Ortographie ist auch auf den modernen Karten von Grönland[1]) benutzt worden. Dies hat zur Folge, dass es bei verschiedenen Namen schwierig ist, die bei Giesecke angeführten Namen mit den entsprechenden Namen auf den Karten zu identifizieren; die Formen stimmen nur annähernd überein. Während Giesecke in seinem Journal die Formen Omenak, Ikaresak, Noursoak, Itiblik hat, werden dieselben Orte auf fast allen existierenden Karten Grönlands Umanak, Ikerasak, Nugsuak, Itivdlek genannt. Diese Verschiedenheiten, die zahlreich und durchgängig sind, werden leicht eine Unsicherheit darin zur Folge haben, ob in einem gegebenen Falle mit den beiden verschiedenen Formen derselbe Ort gemeint ist.

Hierzu kommt noch, dass Giesecke selbst in seiner Schreibung der eskimoischen Namen nicht konsequent war. Er hat selbstverständlich diese Namen während seiner Boots- und Schlittenreisen längs der Küsten von den Eingeborenen mündlich überliefert erhalten. Er hat die meisten von ihnen zum ersten Mal gehört, als er sie niederschreiben sollte, und auf den einsamen Strecken hat er nicht viel Gelegenheit gehabt, die Richtigkeit der angegebenen Formen dadurch zu kontrollieren, dass er viele verschiedene Menschen sie aussprechen hörte. Besonders im Anfang sind die eigenartigen Laute der fremden Sprache für sein Ohr ungewohnt gewesen. Daher kommt es, dass er oft die Namen, die ihm die Eingeborenen mitteilten, missverstanden hat. Er hat sie, namentlich wo er

[1]) Als Gieseckes Journal im Jahre 1877 zur Herausgabe vorbereitet wurde, wurden drei Karten über westgrönländischen Küstenstrecken mit Angabe der wichtigsten von Giesecke besuchten Stellen ausgearbeitet. Für diese wurden hauptsächlich einige Manuskriptkarten Kleinschmidts zu Grunde gelegt — und so kam Kleinschmidts Schreibweise der Ortsnamen auf die grönländischen Karten, jedoch unter Uebergehung der wichtigen Unterscheidung zwischen k und ĸ (q), indem k in allen Fällen beibehalten wurde. Vergl. «Meddelelser om Grønland» Vol. IV, 1898 (Anmerkung).

auf seltene Namen stiess, nach bestem Ermessen buchstabieren müssen.

Im Laufe seines Aufenthalts im Lande hat Giesecke unzweifelhaft durch seinen Umgang mit den Eingeborenen und mit den der grönländischen Sprache kundigen Missionaren einige Kenntnis der Sprache erlangt. Vielleicht hat er bei dem wiederholten Abschreiben seines Tagebuchs seine Kenntnis der Orthographie der Missionare dazu benutzt, seine eigene Schreibweise der Namen aus der ersten Zeit teilweise zu revidieren; aber eine absolute Gleichartigkeit hat er nicht durchzuführen vermocht. Wir müssen damit zufrieden sein, dass es ihm doch in den meisten Fällen gelungen ist, diese Ortsnamen so richtig aufzufassen und so genau wiederzugeben, dass wir verstehen können, was er mit ihnen gemeint hat. Einzelne von den Namen, die er anführt, sind ja allerdings so entstellt und so unverständlich geworden, dass es ohne eine genaue Lokalkenntnis nicht möglich sein würde, sie zu identifizieren und ihre richtige Form und Bedeutung (fast alle grönländischen Namen können ja sonst übersetzt werden) zu bestimmen.

Zu diesen Namen zweifelhafter Form, die sicher eskimoisch sind, deren sprachliches Verhältnis mir aber unklar ist, zähle ich z. B. Annik, Assuk, Atlaursok, Atleniarisæt, Augursak, Igainak, Igannak, Ikaretusuk, Ikariut, Ikartik, Ikkerok, Illuyelik, Irasutsuit, Isisortok, Issamiut, Issæt, Itarsurtikæt, Ittivinga, Jussurartok, Kakelikeitsiak, Kakkelak, Karsarsak, Kassiak, Kognak, Kogniak, Kosukæt, Malotuk, Netak, Onoarsuk, Pilepilak, Poaktorbik, Pomiasuk, Puaviarsuk, Sonen, Soutit, Suillarsok, Sungangarsuk, Tatok, Tertek, Tertlek, Tikarnak, Tiksavik, Tippok, Tolloktok, Ujorbik. Es ist wohl möglich, dass die meisten von diesen Namen an und für sich von Giesecke in Uebereinstimmung mit seiner gewöhnlichen Bezeichnungsweise (oder mit einer seiner Bezeichnungsweisen) richtig wiedergegeben sind; aber mir fehlen die Mittel, um die Korrektheit der Formen zu kontrollieren und mich von ihrer Bedeutung zu überzeugen.

In mehreren Fällen gebraucht Giesecke doppelte Formen für dieselben Namen, das heisst, er wendet an verschiedenen Stellen seines Tagebuchs ungefähr gleiche, aber nicht ganz gleiche Formen für denselben Namen an, sei es nun dass dieser dieselbe Oertlichkeit, sei es dass er verschiedene bezeichnet. Die Formen gleichen sich so stark (bis auf einen oder zwei Buchstaben), dass sie augenscheinlich dasselbe bedeuten sollen. Aber sie sind zu verschiedenen Zeiten, eventuell auch an verschiedenen Orten und nach der Aussprache verschiedener Zungen aufgezeichnet worden. Ich weiss aus eigener Erfahrung, wie oft die Aussprache variirt, oder wie leicht man von einem Mal zum anderen einen Namen verschieden auffast.

Ich führe einige von Gieseckes Varianten der Ortsnamen hier an:

Agpet 1 mal), Akpet (1 mal) und Akpæt (1 mal) = Agpat auf den Karten (so heisst z. B. die Kolonie Ritenbenk); phonetisch *appät*. «Die Alken».

Akonak (2 m.) und Akunak (3 m.).

Augpadlartok (1 m.), Aukpadlartok (17 m.) und Aukpallartok (5 m.) = *augpatdlârtoĸ* (?) und *augpalârtoĸ* nach Kleinschmidts Orthographie. «Roth.»

Arksut (11 m.), Arsut (3 m.) und Assut (4 m.), (ob identisch mit Assuk (2 m.)?) = Arsuk auf den Karten.

Ekalluit (Pluralis) und Ekalluk (Singularis) (3 m.) «Der Lachs».

Ikersoak (4 m.) und Ikersuak (2 m.).

Ikarasek (4 m.), Ikaresak (29 m. inclusive Ikaresarsuk), Ikaresek (2 m.), Ikerasek (suak) (1 m.) = Ikerasak auf den Karten. «Das Sund».

Iglytsiak (8 m.) und Iglitsiak (1 m.) = *igdlutsiaĸ* nach Kleinschmidts Orthographie. «Das ziemlich kleine Haus».

Iviengoit (1 m.), Plur. von Iviengoak (1 m.), von demselben Stamm wie Iviengit, Iviangarnek und Iviangnuset. Vergl. *iviangeĸ* «Brust des Weibes, Euter».

Kablunak (2 m.) und Kaullunok (1 m.) = *ĸavdlunâĸ* nach Kleinschmidts Ortographie, «Europäer, weisser Mann». Vergl. Kabluneitsieit (3 m.), im Egedesminde- und Fiskernäs-Distrikt: «Die alten Isländer, die Nordländer in Grönland im Mittelalter».

Kaneitsut (2 m.), Kanneitsut (5 m.) und Kannisune (2 m. «in Kannisut»). Vergl. vom selben Stamm Kannioak (1 m.), Kannioakane (1 m.), Kanniorsoit (1 m.), Kannitsieit (1 m.). — Vergl. *kanísut* nach Kleinschmidts Orthographie, «die Kaulköpfen».

Karosuk (3 m.), Karosut (4 m.), Karosoit (2 m.) und Karusoit (2 m.). — Vergl. in Kleinschmidts Orthographie *ĸârusuk* «Felsenhöhle», Pluralis *ĸârusuit*.

Karosulik und Kausulik «ein Ort, wo sich ein *ĸârosuk*, eine Felsenhöhle, befindet».

Karsok (5 m.), Karsome («in Karsok», 3 m.) und Karsuk (4 m.), Karsut (2 m.). Von demselben Stamm Karsoarsuk (1 m.), Karsoengoak (5 m., inclusive Karsoengoab), Karsorsoak. — Vergl. in Kleinschmidts Orthographie *ĸaersoĸ* «ein Felsen mit flachem Gipfel, ein Felsen ohne Spitzen.

Kokkok und Korchok, Korrok (sieh unten). «Thal».

Krippisako (3 m.) und Krippisakok (6 m.).

Kunnak (7 m.) und Kognak (2 m.). «Felsspalt».

Kuannersoit (1 m.), Kuannisua (1 m.) und Kwannorsoit (1 m.), vom selben Stamm wie Kvanneit (2 m.), Kwannetsok, Kvannengoit. In Kleinschmidts Orthographie: *kuáneĸ* «Engelwurz, Angelica».

Naiait (1 m.), Nauiet (1 m.), Najait (1 m.) und Najak

(Sing. 1 m.). — In Kleinschmidts Ortographie *nauja*, Plur. *naujat* «die Möwen».

Naingirsät (6 m.), Nangirsæt (1 m.) und Naiengisæt (1 m.). In Kleinschmidts Orthographie: *nãngissat* (von *nãngivoĸ* «hüpfen»), wozu im Wörterbuch folgende Erklärung geknüpft wird: «grosse Steine, die in einer Reihe mit nicht unbedeutenden Zwischenräumen auf dem flachen Felde liegend an mehreren Stellen gefunden werden, und die von der Sage den Isländern zugeschrieben werden, die sie hingelegt haben sollen, um auf ihnen bis zum Ende der Reihe auf einem Beine zu springen.»

Nepiset (Nepisene «in Nepiset» 4 m.), Nepisæt 5 m.), Nepisät (1 m.). Von *nipisaĸ* «Seehase, Lump.»

Niakornangvak (3 m.) und Niakornænguak (1 m.).

Noorsoak (1 m.) und Noursoak (3 m.) «die grosse Landspitze».

Okesiksak (3 m.), Plur. Okesiksæt (1 m.), Ukusiksak (1 m.), Plur. Ukusiksæt (3 m.) «Weichstein».

Omanak (24 m.), Omannak (1 m.), Omenak (über 30 m.) und Umenak (1 m.).

Ongosoviarsuk (1 m.) und Ungosiviarsuk (1 m.).

Pikiudlit (2 m.) und Pikkiudlek (1 m.).

Pisiksalik (1 m.) und Pisisalik (3 m.).

Pissukbik (3 m.) und Pissurbik (1 m.).

Sagmesok (3 m.) und Sangmersok (1 m.).

Saitok (12 m.) und Saitut (7 m.) «flache Insel».

Simiutak (5 m.), Plur. Simiutæt, Simiutät (8 m.) «Sehr gewöhnlicher Name von Inseln, die in der Mündung eines Fjords liegen» (Kleinschmidt). Vergl. *simik* «ein Propfen in einer Oeffnung».

Tinnitakiursak (1 m.), Tinnitokirsak (1 m.), Tinnutakiursak (1 m.). — Vergl. in Kleinschmidts Wörterbuch *tinuteĸassâĸ* und *tinuteĸussâĸ* «ein Lauf, der bei niedrigem

Wasser so seicht wird, dass er nicht mit Booten passiert werden kann. Kommt besonders als Ortsname vor.»

Torsukatak (4 m.) und Torsukatek (9 m.). In Kleinschmidts Wörterbuch *torssukátak* «kommt einige Male als Name eines schmalen Laufs mit hohem Land auf beiden Seiten, der in ein geräumiges Bassin hineinführt, vor.» Vergl. *torssût* «der Hausgang oder die Höhle, die in ein grönländisches Haus hineinführt.»

Tuliktelik (1 m.) und Tuitelik (2 m.) (?) Das erstere bezieht sich jedoch eher auf den an demselben Ort liegenden Wohnplatz Tûgdligtalik [*to·λitalik*].

Tunugliarbik (1 m.), Tunuliorbik (4 m.), Tunullia (1 m.).

Tussak (4 m.), Tussame «in Tussak» (3 m.), Tüssame (1 m.), Tyssok (1 m.).

Ujordlek (1 m.), Plur. Ujordlit (1 m.) und Ujortlek (1 m.), Plur. Ujortlit (1 m.).

Eine kleine Anzahl derartigen Namenvarianten ist durch einen leicht erklärlichen Irrtum entstanden, der auf Gieseckes Unkenntnis in der Sprache der Grönländer zurückzuführen ist. In dieser wird der casus locativus durch Hinzufügung eines Suffixes -me, im Plural -ne gebildet. In mehreren Fällen hat indessen Giesecke diesen Kasus als die Grundform des Namens aufgefasst, so Akudlerne «in Akudlek« neben Akudlek; Kanniokane «in Kannioakat»; Koome «in Kook»; Nogme «in Nouk»; Nepisene «in Nepiset»; Sakkane «in Sakkak».

Die meisten von den Varianten in der Schreibweise sind natürlich auf Gieseckes eigene Unsicherheit in der Auffassung und auf das Fehlen einer konsequent durchgeführten Ortographie zurückzuführen; aber eine Anzahl beruht sicher auch auf lokalen Variationen in der Aussprache. Die Namen sind ja zu verschiedenen Zeiten und an verschiedenen Orten, nach der Aussprache verschiedener Zungen, aufgezeichnet worden.

Es besteht daher grosse Wahrscheinlichkeit dafür, dass die vielen kleinen Dialektverschiedenheiten von Ort zu Ort an der Westküste ein mitbestimmender Faktor bei der Zeichnung des ziemlich bunten Bildes gewesen sind, das Giesecke uns von den Ortsnamen Grönlands vor 100 Jahren gegeben hat. Es würde jedoch leichtsinnig sein, aus Gieseckes Namenvarianten Dialektverschiedenheiten herauszulesen, es sei denn dass sie gerade mit den Verschiedenheiten zwischen den Dialekten zweier Gegenden zusammenfallen, die uns auch von anderer Seite her bekannt sind. Vielleicht darf man wirklich solche Spuren des Unterschieds zwischen einem nördlicheren und einem südlicheren Dialekt in folgenden drei Fällen sehen:

Nördlicher Dialekt.

1. Tornarsuk [*n*] (Sukkertoppen u. Godthaab).
2. Iglytsiak [*ü*] (Sukkertoppen u. Diskobai).
3. Kannioak, Kannisune [*i*] (Umanak u. Godthaab).

Südlicher Dialekt.

1. Torngarsuk [*ŋ*] (Frederikshaab).
2. Iglitsiak [*i*] (Julianehaab).
3. Kaneitsut, Kanneitsut [*ai̯*] (Godthaab u. Frederikshaab).

Schliesslich weisen Gieseckes Namenformen einzelne Züge auf, die von einer altertümlichen Aussprache, von einer älteren Sprachstufe zeugen. Dies ist jedoch wahrscheinlich ebenso oft eine Folge davon, dass er eine Ortographie benutzt hat, die aus Egedes Zeit stammte, als davon, dass er selbst die angeführte Aussprache angetroffen oder beobachtet haben sollte. Es ist ungewiss, ob Giesecke noch *rs* (uvular + s) mit vorhergehendem uvularisiertem Vokal hörte, wo Kleinschmidt 40 Jahre später die assimilierte Gruppe *ss* (nach einem normalen i oder u) einführte, z. B. in Noursoak, Pusursuak, Illulirsæt (= Jakobshavn), Irsoarsok, Nangirsæt, Sirksalutok usw. Kleinschmidt schreibt *Nûgssuaĸ, Ilulíssat, Nangissat, Sigssalugtoĸ* usw. Jede Spur des *r* ist in der jetzigen Aussprache verschwunden, aber es ist wahrscheinlich einmal auch in Grönland in diesen Worten ausgesprochen worden. Eine wirkliche und richtige Beobachtung kann auch Gieseckes Korchok, Korrok oder Kokkok zu Grunde liegen, die alle Kleinschmidts *kôroĸ* («das Tal, die Schlucht») entsprechen; wenn Kleinschmidt die 100 Jahre ältere Aussprache gehört hätte, würde er möglicherweise dasselbe Wort, übereinstimmend mit Gieseckes Formen, *kôrĸoĸ* oder *kôrroĸ* geschrieben haben. Vergleiche auch Gieseckes Makkak, Marak mit Kleinschmidts *marraĸ,* worin rr ein stark aspiriertes r, ein *hr* bezeichnet. Einer älteren Aussprache entspricht möglicherweise auch Gieseckes *ts* in z. B. Kamutsoit, wo im modernen Grönländisch nur gewöhnliches langes *s* (*ss*), *qamussuit,* gehört wird; und ordl in Kakordloit, wo jetzt *uλλ*, nämlich *qaquλλuit*, gesagt wird. — Es kann in diesem Zusammenhang auch angeführt werden, dass Giesecke ausschliesslich und überall die Form Upernavik anwendet, so wohl für die nördlichsten, wie für die südlichsten Oertlichkeiten dieses Namens, während Kleinschmidt nur Upernivik als die richtige Form anerkannte. Die letztere Form drang daher irrtümlich auch für die nördlichste dänische Kolonie ein, die jetzt offiziell diesen Namen trägt, obwohl sie tatsächlich von den Eingeborenen beständig Upernavik genannt wird. Weiter südlich hört man dagegen oft die Form Upernivik benutzt werden, die möglicherweise neueren Ursprungs ist.

Um Gieseckes Schreibweise der Namen zu würdigen, ist es also nicht ausreichend, auf seine Abhängigkeit von der alten Orthographie und seine eventuellen Missverständnisse der Aussprache der Eingeborenen hinzuweisen. Seine Schreibweise verrät vielmehr nicht selten, dass er ein scharfes Gehör für Eigentümlichkeiten in der Aussprache gebabt hat, die in der üblichen Orthographie, auch in der neueren (Kleinschmidts), keinen Ausdruck finden. Bei einer genaueren Untersuchung der Phonetik der grönländischen Sprache zeigt es sich nämlich, dass keine von «den autorisierten Ortographien» einer kritischen Betrachtung standhalten kann, die moderne Ansprüche an eine phonetische Schreibweise stellt. Viele von Gieseckes «Ungenauigkeiten», einschliesslich der Abweichungen von Egedes und Fabricius' Orthographie, sind in Wirklichkeit, phonetisch betrachtet, ebenso gut zu verteidigen, wie die Schreibarten derselben Worte in der autorisierten Ortographie. Kleinschmidts Ortographie ist eine allzu stramme Uniform, die in einzelnen Punkten ein fehlerhaftes Bild von der wirklichen Natur der grönländischen Sprache giebt. Sie ist ausserdem auf Erklärungen der etymologischen Beziehungen der Wörter zu einander aufgebaut, die in vielen Fällen vor einer gründlicheren Untersuchung nicht stichhalten. Jedenfalls besteht kein Zweifel darüber, dass der lautliche Charakter der Sprache mit den Lautbezeichnungen der modernen phonetischen Wissenschaft z.B. mit denen, die von «l'Association phonétique internationale»[1]) angewendt werden, ganz anders wiedergegeben werden müsste.

Giesecke hat, wie gesagt, die Ortsnamen nach und nach in der Reihenfolge aufgezeichnet, wie er die Orte, die ihn interessierten, passierte. Da die Wege längs der Küsten ungefähr dieselben bleiben, kommt es oft vor, dass Gieseckes Namenreihe ungefähr mit der eines späteren Aufzeichners zusammenfällt. Ich habe seine Ortsnamen von seiner Reise längs der Nordseite der Nugsuak-Halbinsel (zwischen Diskobucht und Umanakfjord) mit denen verglichen, die ich während einer Schlittenreise längs desselben Weges im Jahre 1901 aufzeichnete. Da ich diese Namen phonetisch so korrekt wie möglich aufzuzeichnen pflegte, wird es vielleicht einiges Inter-

---

[1]) Proben einer Transskription der eskimoischen Sprache nach diesem System finden sich in dem Organ der genannten Gesellschaft Le Maître phonétique» für 1905 (S. 80) und 1908 (S. 39—40).

esse haben, Gieseckes und meine Formen der Namen, die wir gemeinsam haben, Seite an Seite mit den Kleinsmidtschen Formen dieser Namen aufzuführen (die letzteren sind mit denen der Karten identisch, abgesehen davon dass das k der Karten sowohl *k* wie *ĸ* bezeichnet).

G = Gieseckes Reisejournal S. 340—346.

K = Kleinschmidts gewöhnliche Ortographie.

T = mein Buch «A Phonetical Study of the Eskimo Language» S. 355—358.

Die aufgeführten Orte werden von Killertingoit (von den Dänen in Grönland Kjerlingfjeld «Weiberberg» genannt) westwärts aufgezählt.

G. (ältere Formen)	K.	T. (moderne Formen)	
Killértingoit	*ĸilertínguit*	*qilertiŋuit*	«Haarschöpfe, die Frisur der grönländischen Frau» (Berggipfel)
Tuaparsoit	*tuapârssuit*	*toapa·rsuit*	«auffälliger Kies oder Rollsteine (kleine Steine)»
Karsoarsuk	*ĸârssuarssuk*	*qa·rsuarsuk*	«der auffällige gipfellose Fels»
Pattorfik	*pátorfik*	*pättorφik*	«der Ort, wo Mann und Frau sich schlugen, wo der Mann seine Frau prügelte (od. umgekehrt)»
Kingiktok	*kingigtoĸ*	*kiŋittoq*	«der hoch emporragende» (Berg)
Niakornak	*niaĸornaĸ* (Pl. -at)	*niaqornät*	«kopfähnliche Felsen»
Itiblik	*itivdleĸ*	*itiwλe*	«Übertragsstelle, Senkung zwischen zwei Fjorden oder Fjordarmen»
Sagmesok	*sangmisoĸ*	*sämmisoq*	«vorwärtsgewandt» (Felsenpartie)
Koome	*kûk* (locat. *kûme*)	*ko·k*	«der Fluss»

G.	K.	T.	
Kan̓nisune (Kanneitsut)	*̦kanísut*	*kanissut*	«die Kaulköpfe»
Kannioak (Kannioakane)	*kaniuaraĸ* (Pl. *kaniuarĸat*)	*kaniuaqqät*	«die kleinen Kaulköpfe, die jungen Kaulköpfe»
Sermesuarak	*sangmisuarak*	*sàmmisuaraq*	«der kleine vorwärtsgewandte» (Fels?)
Itelelik	?	*itatalik*	«Ort, wo Zelt-Felle lagen» (?)
Nakardluk	*naĸerdloĸ* (oder *-dluk?*)	*naqerλoq*	«die Vertiefung»
Kangek	*kangeĸ*	*kaŋeq*	«das Vorgebirge», auf der Karte «Hukken» (70° 44′ n. Br., 54° 28′ w. L.)
Noursoak	*nûgssuak*	*no·šuaq*	«die grosse Landspitze», Nugsuak auf der Karte
Itejak	*itîjaq* (?)	*ite·ⁱaq*	(Bedeutung unsicher)

Zu diesen Namen, die eine zusammenhängende Reihe längs einer bestimmten Küstenstrecke bilden, möchte ich noch einige zerstreute Beiträge hinzufügen, namentlich um Gieseckes Formen zu ergänzen oder zu korrigieren.

G.	K.	T.	
Agisæt		*aŋisät*	«Grönne Eylænder» auf der Karte
Adluktok	(*Agdlugtoĸ*)	*aλλuíttoq*[1])	«Arveprindsens Eyland»
Ausiæt	*ausiat*	*a·wsia·ⁱt*	«die Spinnen» = Egedesminde

[1]) Die Verschiedenheit zwischen Gieseckes Form dieses Namens und der von mir aufgezeichneten ist von entscheidender Bedeutung für die Etymologie des Wortes. Der Wortstamm scheint mit Ausnahme dieses Namens in Grönland verloren gegangen zu sein, da weder die älteren Wörterbücher noch Kleinschmidt ihn haben. Dagegen findet er sich im Labrador-Wörterbuch, nach dem akluvok = «er ist arm» und akluipok = «er ist reich» ist. Gieseckes Adluktok sollte also bedeuten «die arme Insel», während meine Form «die reiche Insel» bedeutet. Ich halte *Aλλuittoq* für die richtige Form.

G.	K.	T.	
Baals River			Baals Revier
Igfeit	*igfit*	*iφφit*	«das Gras»
Iglofik	*igdlorfik*	*iλλorφik*	«die Schachtel, die Kiste, die Zeugkiste» = «Dragkistefjäldet»
Illimennak	*ilimának*	*ilimánnak*	«Klaushavn»
Illulyelik	*ilulialik*	*ilulialik*	«wo Eisberge sind»
Imnaiuortok	(wird von Rink mit *Iwnajuattoq* identifiziert)		
Ivitosok	*ivitusôĸ*	*iwíttusó·q*	«der (die) grasreiche»
Kakordloit	*ĸaĸugdluit*	*qaquλλuit*	«die Malemuk-Möven» = Mallemukkefjæld
Kamabik	*qámavik*	*qammawik*	«Ort, wo man einem Seehund oder einem anderen Seetier auflauert»
Musotut	*mussatût*	*mussato·t*	«reich an mussak(Pflanze)»
Musset	*mussat*	*mussät* (Plur. von *mussak*)	«die essbare Wurzel einer Pflanze»
Nouk	*nûk*	*no·k*	«die Landspitze»
Tattarait	*tâterâit*	*ta·teraät*	«dreizehige Möven» (Larus tridactylus)

Die Aussprache ist zu Gieseckes Zeit kaum erheblich abweichend von der jetzigen gewesen. Wenn wir daher in der eben angeführten kleinen Reihe von Ortsnamen aus dem südlichen Teil des Umanakfjords die Formen Sermesuarak, Nakardluk, Itelelik gegenüber den von mir im Jahre 1901 notierten Formen Sämmisuaraq, Naqerloq und Itatalik finden, so scheint der grosse Unterschied zwischen diesen Namenpaaren wesentlich auf eine falsche Auffassung der Aussprache zurückgeführt werden zu müssen. In einzelnen Fällen scheint eine Singularform eines Ortsnamens im Laufe der Zeit von einer Pluralform abgelöst worden zu sein: wo Giesecke z. B. Niakornak schreibt, habe ich Niaqornät aufgezeichnet (*-t* ist die Pluralendung). Dass Giesecke in Killértinguit auf das *e* ein Accentzeichen setzt, ist ebenso richtig, wie dass Kleinschmidt in demselben Wort das Zeichen auf das *i* in der nächsten Silbe setz: denn sowohl die zweite wie die dritte Silbe sind in diesem Worte stark accentuirt, und beide Silben müssten also eine Accent haben. Alles in allem kan man sagen, dass, obwohl Gieseckes Namenformen keineswegs immer genau aufgefasst sind noch seine Schreibweise konsequent ist, sie doch ein gewisses Interesse für unsere Kenntnis der Geschichte der grönländischen Sprache und für das Verhältnis des Aufzeichners zu der gleichzeitigen Ortographie bieten. In dem Folgenden will ich mich über einige Einzelheiten in der grönländischen Orthographie äussern.

Giesecke wendet ebenso wie vor ihm Egede und Fabricius und in späterer Zeit Kleinschmidt Lautgruppen wie *angm* (G. variirt diese mit *gm*), *ags* und *aks* an, z. B. in Angmagsivik und Angmaksivik, Tingminektok, Tongmeralik. Im modernen Grönländisch hört man indessen absolut kein *ng* [*ŋ*] zwischen a und m, kein *g* oder *k* zwischen a und s; ich glaube auch nicht, dass Giesecke diese Aussprache gehört hat, seine Schreibweise ist hier rein traditionell. Dagegen gehört es unleugbar mit zur Aussprache dieser Silben, dass man mit einem stärkeren Nachdruck auf ihrem konsonantischen Teil verweilt, als wir in unseren Sprachen (deutsch, dänisch, französisch, englisch usw.) zu tun gewohnt sind. Die Grönländer unterscheiden zwischen einem kurzen *m*-Laut und einem langen *m*-Laut (*mm*.), zwischen einem kurzen *s*-Laut und einem langen *s*-Laut (*ss*) usw. (dies gilt von den allermeisten der zahlreichen Konsonanten der Sprache). In der Schreibweise *ngm*, *ngn*, die bereits Paul Egede benutzt (*angmak*, *ingnek*), um die Verlängerung der nasalen Laute zu bezeichnen, haben wir wahrscheinlich keine heterogene Lautgruppen zu sehen, sondern bloss *mm* und *nn*. Der erste Aufzeichner der Sprache hat den Wunsch gehabt, mit dieser künstlichen Schreibweise eine Eigentümlichkeit in der grönländischen Sprache zu bezeichnen, ein Verweilen auf dem oder ein Ausdehnen des konsonantischen gleichartigen Lauts, der fremdartig auf das Ohr des Aufzeichners wirkte und, wie ihm dünkte, notwendig mit einem besonderen Zeichen bezeichnet werden musste. Dass er sich dafür entschied, *ng* vor dem *m* (*n*) zu setzen, hängt möglicherweise damit zusammen, dass der vorhergehende Vokal schwach nasaliert war. Die Ungenauigkeit ist also dem Wunsche entsprungen, so grosse Genauigkeit wie nur möglich zu erreichen, und zeigt, dass Egede ein scharfes Gehör für die grönländische Aussprache gehabt hat. Es kann indessen zweifelhaft sein, ob seine Bezeichnungsweise besonders glücklich gewählt ist. Giesecke weicht übrigens einige Male von der traditionellen Schreibweise ab, z. B. in Nogme (6 mal) und in Sagmesok (2 mal), die sonst *Noungme* (Fabricius), (phonetisch [*nõ·me*], wo ˜ die Nasalisation des Vokals bezeichnet) und *Sengmisok* (Fabricius Wörterbuch S. 413) geschrieben sein sollten.

Dasselbe gilt von der Verlängerung der nichtnasalierten Konsonanten, die Egede und nach ihm Fabricius und Giesecke mit *kt*, *ks* und *kp* bezeichnen. Giesecke schreibt z. B. Aktorsuit, Kingiktok, Kiviktok, Kakse, Niksik, Siksak, Kitiksut, Kooksak; Akpet u. s. w., wo Kleinschmidt *gt*, *gs* und *gp* einführt: *Agtorssuit, Kingigtok*, *Nigsik*, *Agpat* usw., während ich in Uebereinsstimmung mit der jetzigen Aussprache *tt*, *ss* und *pp* vorziehen würde: *Aittorsuit*, *Kiŋittoq*, *Qiwittoq*, *Qasse̦* *Nissik*, *Appät* etc. Auch hier weicht Giesecke dann und wann von der traditionellen Schreibweise ab (wohl aus Unkenntnis derselben) und schreibt Kassiak (für Kaksiak?), Ippik für Ikpik, Agpet für Akpet (Akpæt). Ausserdem hat er zuweilen inkonsequent *kt* statt *rt*, z. B. in Kernektok (2 mal) statt Kernertok (3 mal). Wenn Giesecke in anderen Fällen *tt* (Ittivik) und *ss* (Kassigiengoak) hat, so stimmt das mit der Orthographie jener Zeit überein; Kleinschmidt führte in diesen Fällen *t* und *s* (*Iti-*, *Kasi-*) ein, was vom phonetischen Standpunkt aus vorzuziehen ist. (Vergl. das ältere *ll* = dem späteren *l*.)

k ist bei Giesecke wie überhaupt in der Ortographie der damaligen Zeit doppeldeutig; Kleinschmidt erst führte die konsequente Trennung zwischen den beiden Arten des Zeichens (*k* und *ĸ*) für die beiden entsprechenden Laute ein, die es in der Sprache giebt und die die Grönländer nie verwechseln. Statt des von Kleinschmidt erfundenen Zeichens *ĸ* für den uvularen Verschlusslaut ziehe ich das zur Bezeichnung desselben Lauts in den semitischen und anderen Sprachen allgemein gebrauchte Zeichen *q* vor.[1]) Es würde zu weitläufig sein, hier alle Ortsnamen aufzuzählen, bei denen Giesecke diese beiden Laute vermengt. Als Beispielsweise mag angeführt werden, dass sein Ekalluit als *Eqaluit* verstanden werden soll, Akaja- als *Aqaja-*, Kakka- als *Qaqqa-*, Kakse als *Qasse,* Karosuk als *Qarosuk*, Karsok als *Qārsoq*, Kikertak als *Qiqertaq*, Kernektok als *Qernertoq*, Kingoa als *Qiŋoa*, Kogner- als *Qunner-*, Niakornak als *Niaqornak,* Oka- als *Oqa*, die Endungen -ok, -oak, -sek als *-oq, -oaq, -seq*, während die Endungen -uk, -ik, -uk mit einem gewöhnlichen *k* die Aussprache genau wiedergeben. Ebenso wird das gewöhnliche *k* (wie im Deutschen) in Akia, Akulia-, Ika-, Ike-, Kanga-, Kange-, Kingi-, Kook, Nouk, Uku- usw. ausgesprochen.

Ganz willkürlich schreibt Giesecke in seiner eigenen Weise *kr* [*q*] in Krippisako, Krippisakok (*Qippisaqoq*). Gleich Egede und Fabricius schreibt er *rk* statt *r* in Arksut, Narksak, Nerksutok (phonetisch *narsaq*, *nersuto·q*).

ll, das bei Egede zuweilen für das charakteristische,

---

[1]) Es ist nicht notwendig hinzuzufügen, dass wenn Giesecke *q* braucht, dies nur als der Laut *k* verstanden werden soll, z B. in Quannengoit = Quannebucht. Er hat niemals mit q den uvularen Laut (Kleinschmidts ĸ) bezeichnet.

aspirirte *l* im Grönländischen steht, bedeutet in Gieseckes Schreibweise nur ein gewöhnliches stimmhaftes *l*, z. B. in Illuarmiut, Illuilek, Ekalluit. Möglicherweise ist jedoch Illejutit eine Ausnahme hiervon (von *iλλaiutit*?, bedeutet in diesem Falle «der Kamm»), sicher kyjellia (in Tugleronarsoit-kyjellia) «der (die) südlichste». Denselben aspirirten *l*-Laut bezeichnet Giesecke in der Regel mit *dl* (Pikkiudlek, Nougerdluk), bisweilen mit *tl* (Amertlok). Nach dem Vokal *i* labialisiert zieht er *bl* (Itiblik), nach gewöhnlichem *i* und *u* *gl* (Iglo-, Tugle-) vor.

r bezeichnet bei Giesecke in den eskimoischen Namen ausschliesslich das uvulare *r*, das in der Regel aspirirt ist, namentlich immer vor einem stimmlosen Konsonanten, z. B. in Arksut (*aρsut*), Ikerdlek [*ikéρλeq*], dagegen ist es vor *m* und *n* gestimmt, z. B. in Kernertok [*qernertoq*]. In Marak (1 mal) «das Moor», das eine Variante von Makkak (13 mal) ist, soll *r* sicher ein aspirirtes *r* bezeichnen; kk in Makkak bezeichnet wohl eher *qq*, obschon man aspirirtes *r* erwarten sollte. Gieseckes Makkaksuksuk, das in derselben Form in Johnstrups Ausgabe übergegangen ist, müsste nach Kleinschmidts Orthographie *Marragsugsuk* geschrieben sein; phonetisch: *maρρassussuk.* Dem entsprechend ist es nicht unwahrscheinlich, dass Gieseckes Kokkok (auch Korchok, Korrok) *qo·qqoq*, *qo·ρρoq,* oder (im nordgrönländischen Dialekt) *ko·ρρoq* «die Kluft, die Schlucht» bezeichnen soll.

gn bezeichnet bei Giesecke in Kognek ein langes *n* nach einem labialisierten Vokal: *quwnneq* «Felsenspalte», Kognersoak = *quwnnersuaq* «die grosse Felsenkluft». — *gm* in Nogme siehe oben, *mn* in Imnarsoak (auch Imnersoak) ist gleich *wnn*: *iwnnarsuaq* «die grosse Felswand.»

kb, rb in Pissukbik, Pissurbik bezeichnet vermutlich *-ppik*, oder *rpik*, vielleicht *rfik.* (Serbek?).

gv, *rgv* kann nur bilabiales *f* [*φ*], *rf* [*ρφ*] bezeichnen, z. B.

in Sergveit «Lummen», Sargvar- «Strom», Uigvak [*u'iφφaq*] «das Farrenkraut».

Was die Vokale anbelangt, so unterscheiden die älteren Grammatiker zahlreichere Nüancen als Kleinschmidt, der nur *a*, *e*, *i*, *o*, *u* anwendet. Bei Giesecke wird daher *a* und *æ* (*ä*) von einander unterschieden, z. B. in Agisæt, Akpæt, Ivikæt, Kikertæt, Killaæsarbik, Nætlok. In vielen Fällen gebraucht er *e* zur Bezeichnung eines *æ*-Lautes z. B. in Netlok (= Nætlok), Omenak (= Omanak), Nenortalik. Sonst hat *e* natürlich oft ungefähr denselben Wert, wie im Französischen (z. B. in Nepisene), nicht selten uvularisiert (in Sermilik). Selten steht es für *i* (Usesoak).

Auch wendet Giesecke *y* zum Unterschied von *u* an: Iglut, «die Häuser», Akua «Flussmündung», aber Iglytsiak «Häuschen», Kyadlek (Kleinschmidt: kujatdleĸ) «der (die) südlichste», phonetisch vielleicht = *küäλ·eq*, Tyssok (verkehrt statt Tyssak?). Derselbe *y*-Laut ist es wahrscheinlich, der in Nyeluk (Kleinschmidt: *Nûluk*), phonetisch vermutlich = *nö·luk*, als lang bezeichnet wird. *o*-artiger, lang und schwach diphtongisch ist der *ou*-Laut [*o·*] in Gieseckes Nouk «Landspitze», Ounartok «warme Quelle» (Kleinschmidt: *nûk*, *ûnartoĸ*).

u in Auartarbeit ist halbvokalisches *w*, phonetisch; *a·wartarφe·t* «Renntierjagdplätze». —

Giesecke kehrte bekanntlich nach seiner siebenjährigen Reise in Grönland mit verschiedenartigen, wissenschaftlichen Sammlungen zurück, die die Kenntnis der Naturverhältnisse Grönlands bedeutend vermehrten. Seine seltene ethnographische Sammlung im Wiener Hofmuseum trägt gleichfalls zu unserer Kenntnis einer jetzt verlassenen Kulturstufe der Einwohner Grönlands bei. Sein Journal von der Reise enthält ausserdem eine beträchtliche Anzahl wertvoller Beobachtungen des Lebens und des Charakters der Grönländer sowie Mitteilungen über die Ueberbleibsel der Bebauung des Landes durch ihre Vorfahren (Ruinen und Gräber).

Diesen Beobachtungen der eskimoischen Kultur des Landes reiht sich seine Sammlung der grönländischen Ortsnamen an. Trotz grosser Zufälligkeit in Inhalt und Form ist diese Sammlung sowohl von folkloristischem, wie von sprachlichem Interesse.

Tafel I.

Tafel I.

Tafel I. In der Roy. Dublin Society giebt es ein Bild von Giesecke (vgl. auch Tafel IV) von Sir HENRY RAEBURN. R. A. Von diesem verschaffte sich A. E. NORDENSKIÖLD, als er sein Werk: Den andra Dicksonska Expeditionen till Grönland, Stockholm 1885, ausarbeitete, photographische Kopien, nach denen der Holzschnitt in seinem Buche S. 74 geschnitten ist. Da das Gemälde sehr beschädigt ist, wurde die Photographie nur undeutlich. Nach einer dieser Photographien ist der Lichtdruck hier wiedergegeben. Die Unterschrift ist wiedergegeben nach einer der Unterschriften im Tagebuch. Man beachte den Buchstaben D vor dem Namen und das Freimaurerzeichen: das Dreieck mit den drei Punkten, mit dem er gewöhnlich seinen Namen oder seinen Titel beschloss.

D. Karl Ludwig Giesecke,
K. Pr. Bergrath

FOTOTYPI PACHT & CRONE

Tafel II.

Tafel II.

Tafel II ist eine Wiedergabe einer Tafel in Gieseckes Abhandlung: On the Mineralogy of the Disco-Island in Edinb. Roy. Soc. Transactions IX. 1823, die den Berg Unartorsuak bei Godhavn zeigt.

OUNARTORSOAK ON THE SOUTHERN COAST OF DISKO ISLAND.

Tafel III.

Tafel III.

Tafel III ist eine Wiedergabe einer Tafel in demselben Werk wie Tafel II. Es trägt die Bezeichnung Mannik in Waygat, und die Bergspitze kann wohl kaum eine andere sein als die Bergspitze Ugpatdluk. Vgl. das Profil dieser Küste vom Grafen MOLTKE, Beilage zu M. o. G. XXIV.

MANNIK in the WAYGAT Eastwards from DISKO ISLAND.

Tafel IV.

Tafel IV.

Tafel IV. Cand. W. THALBITZER brachte von Dublin mit nach Hause eine photographische Kopie einer Zeichnung mit schwarzer Kreide nach dem Gemälde des Sir HENRY RAEBURN in der Roy. Dublin Society. Die Zeichnung ist von A. MC. GOOGAN ausgeführt. Die Unterschrift ist eine getreue Wiedergabe der Unterschrift Gieseckes auf seine letzten Arbeit im Jahre 1832.

SIR CHARLES LEWIS GIESECKE,

Knight Commander of the Royal Order of Danebrog;
Professor of Mineralogy;
Director of the Museum, and Honorary Member of the Royal Dublin Society;
V. P. R. I. A.; F. R. S. E.; F. G. S. L.; M. M. B. S. L.; V. P. G. S. D.;
Member of the Wernernian Society; of the Royal Societies at Upsala and Copenhagen;
Member of the Royal Danish Antiquarian Society;
Of the Societies at Petersburgh, Dresden, Jena, Wetterau, Frankfurt upon the Mayn;
Honorary Member of the Royal Polytechnic Society at Munic, Prague, &c.

MONOGRAPHS ON GREENLAND | MEDDELELSER OM GRØNLAND

ABOUT THE SERIES

Monographs on Greenland | Meddelelser om Grønland (ISSN 0025 6676) has published scientific results from all fields of research on Greenland since 1878. The series numbers more than 345 volumes comprising more than 1250 titles.

In 1979 Monographs on Greenland | Meddelelser om Grønland was developed into a tripartite series consisting of Bioscience (ISSN 0106-1054), Man & Society (ISSN 0106-1062), and Geoscience (ISSN 0106-1046).

Monographs on Greenland | Meddelelser om Grønland was renumbered in 1979 ending with volume no. 206 and continued with volume no. 1 for each subseries. As of 2008 the original Monographs on Greenland | Meddelelser om Grønland numbering is continued in addition to the subseries numbering.

Further information about the series, including addresses of the scientific editors of the subseries, can be found at www.mtp.dk/MoG.

MANUSCRIPTS SHOULD BE SENT TO

Museum Tusculanum Press
University of Copenhagen
126 Njalsgade, DK-2300 Copenhagen S
DENMARK
info@mtp.dk | www.mtp.dk
Tel. +45 353 29109 | Fax +45 353 29113
VAT no.: 8876 8418

ORDERS

Books can be purchased online at www.mtp.dk, via order@mtp.dk, through any of our distributors in the US, UK, and France or via online retailers and major booksellers. Museum Tusculanum Press bank details: Amagerbanken, DK-2300 Copenhagen S, BIC: AM BK DK KK, IBAN: DK10 5202 0001 5151 08.

DISTRIBUTORS

USA & Canada: ISBS International Specialized Book Services, 920 NE 58th Ave. Suite 300 - Portland, OR 97213, Phone: +1 800 944 6190 (toll-free), Fax: +1 503 280 8832, orders@isbs.com

United Kingdom: Gazelle Book Services Ltd., White Cross Mills, High Town, GB-Lancaster LA1 4XS, United Kingdom, Phone: +44 1524 68765, Fax: +44 1524 63232, sales@gazellebooks.co.uk

France: Editions Picard, 82, rue Bonaparte, F-75006 Paris, France, Phone: +33 (0) 1 4326 9778, Fax: +33 1 43 26 42 64, livres@librairie-picard.fr

www.ingramcontent.com/pod-product-compliance
Lightning Source LLC
LaVergne TN
LVHW080112011026
849160LV00013B/1080
* 9 7 8 8 7 6 3 5 2 1 6 0 4 *